Springer Collected Works in Mathematics

More information about this series at http://www.springer.com/series/11104

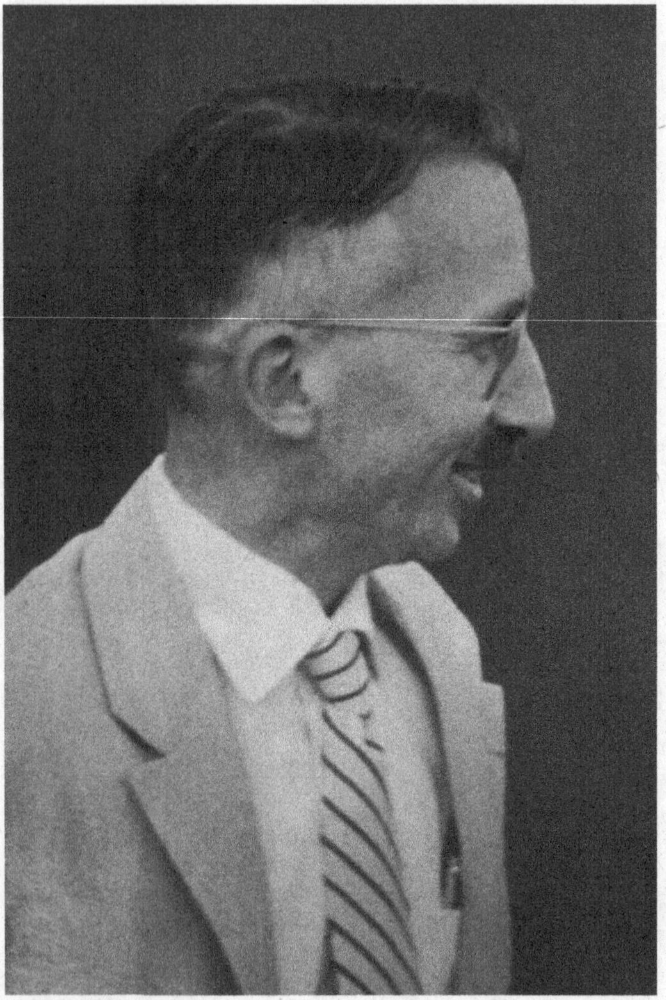

Henri Cartan 1960

Henri Cartan

Oeuvres - Collected Works II

Editors
Reinhold Remmert
Jean-Pierre Serre

Reprint of the 1979 Edition

Springer

Author
Henri Cartan (1904 – 2008)

Editors
Reinhold Remmert
Mathematical Institute
University of Münster
Germany

Jean-Pierre Serre
Collège de France
Paris
France

ISSN 2194-9875
Springer Collected Works in Mathematics
ISBN 978-3-662-46908-8 (Softcover)
978-3-540-09189-9 (Hardcover)
DOI 10.1007/978-3-662-46909-5
Springer Heidelberg New York Dordrecht London

Library of Congress Control Number: 2012954381

Mathematical Subject Classification (2010): 09.0X, 09.1X, 32.00, 01A70

Printed on acid-free paper

Springer-Verlag GmbH Berlin Heidelberg is part of Springer Science+Business Media
(www.springer.com)

HENRI CARTAN

ŒUVRES
Collected Works

VOLUME II

Edited by
R. Remmert and J-P. Serre

SPRINGER-VERLAG
BERLIN · HEIDELBERG · NEW YORK 1979

ISBN 3-540-09189-0 Springer-Verlag Berlin Heidelberg New York
ISBN 0-387-09189-0 Springer-Verlag New York Heidelberg Berlin

CIP-Kurztitelaufnahme der Deutschen Bibliothek
Cartan, Henri:
[Sammlung]
Œuvres-Collected Works / Henri Cartan. Ed. by R. Remmert ; J-P. Serre. - Berlin, Heidelberg, New York : Springer.
ISBN 3-540-09189-0 (Berlin, Heidelberg, New York)
ISBN 0-387-09189-0 (New York, Heidelberg, Berlin)
Vol. 2. - 1979.

Printing: Julius Beltz, Hemsbach/Bergstr. Binding: Konrad Triltsch, Würzburg
2140/3130-5 4 3 2 1

Preface

We are happy to present the Collected Works of Henri Cartan.

There are three volumes. The first one contains a curriculum vitae, a «Brève Analyse des Travaux» and a list of publications, including books and seminars. In addition the volume contains all papers of H. Cartan on analytic functions published before 1939. The other papers on analytic functions, e.g. those on Stein manifolds and coherent sheaves, make up the second volume. The third volume contains, with a few exceptions, all further papers of H. Cartan; among them is a reproduction of exposés 2 to 11 of his 1954/55 Seminar on Eilenberg-MacLane algebras. Each volume ist arranged in chronological order.

The reader should be aware that these volumes do not fully reflect H. Cartan's work, a large part of which is also contained in his fifteen ENS-Seminars (1948–1964) and in his book "Homological Algebra" with S. Eilenberg. In particular one cannot appreciate the importance of Cartan's contributions to sheaf theory, Stein manifolds and analytic spaces without studying his 1950/51, 1951/52 and 1953/54 Seminars.

Still, we trust that mathematicians throughout the world will welcome the availability of the "Oeuvres" of a mathematician whose writing and teaching has had such an influence on our generation.

Reinhold Remmert Jean-Pierre Serre

Curriculum Vitae

1904 (8 juillet)	Né à Nancy
1923–26	Elève à l'Ecole Normale Supérieure
1926	Agrégé de mathématiques
1928	Docteur ès Sciences mathématiques
1928–29	Professeur au Lycée Malherbe à Caen
1929–31	Chargé de cours à la Faculté des Sciences de Lille
1931–35	Chargé de cours, puis maître de conférences à la Faculté des Sciences de Strasbourg
1936–40	Professeur à la Faculté des Sciences de Strasbourg
1940–49	Maître de conférences à la Faculté des Sciences de Paris
1945–47	Détaché pour deux ans à la Faculté des Sciences de Strasbourg
1949–69	Professeur à la Faculté des Sciences de Paris
1940–65	Chargé de l'enseignement des mathématiques à l'Ecole Normale Supérieure
1969–75	Professeur à la Faculté des Sciences d'Orsay, puis à l'Université de Paris-Sud
1967–70	Président de l'Union Mathématique Internationale
	Professeur honoraire à la Faculté des Sciences de Strasbourg, puis à l'Université Louis Pasteur
	Professeur honoraire à l'Université de Paris-Sud.

Foreign Honorary Member of the American Academy (Boston), 1950
Foreign Honorary Member of the London Mathematical Society, 1959
Membre de l'Académie Royale des Sciences et des Lettres du Danemark, 1962
Membre correspondant de l'Académie des Sciences (Institut de France), 1965
Associé étranger de l'Academia di Scienze, Lettere et Arti di Palermo, 1967
Honorary Member of the Cambridge Philosophical Society, 1969
Foreign Member of the Royal Society of London, 1971
Membre correspondant de l'Académie des Sciences de Göttingen, 1971
Membre correspondant de l'Académie des Sciences de Madrid, 1971
Foreign Associate of the National Academy of Sciences (USA), 1972
Membre de l'Académie des Sciences (Institut de France), 1974
Membre correspondant de l'Académie Bavaroise des Sciences, 1974
Membre associé de l'Académie Royale de Belgique (classe des Sciences), 1978
Médaille d'or du Centre National de la Recherche Scientifique, 1976.
Docteur honoris causa de l'Ecole Polytechnique Fédérale de Zürich (1955), des Universités de Münster (1952), Oslo (1961), Sussex (1969), Cambridge (1969), Stockholm (1978).

Brève analyse des travaux*

I. Fonctions analytiques

1) Fonctions d'une variable complexe

C'est à elles que sont consacrés mes tout premiers travaux. Quelques Notes aux Comptes Rendus se rapportent à la fonction de croissance de Nevanlinna et à la répartition des valeurs des fonctions méromorphes. Dans ma Thèse [3], j'ai réussi à prouver, en la précisant, une inégalité conjecturée par André Bloch: pour tout nombre réel $h>0$, les points du plan complexe où un polynôme unitaire de degré n est, en valeur absolue, au plus égal à h^n peuvent être enfermés dans des disques dont la somme des rayons est au plus égale à $2\,eh$ ($e=$ base des logarithmes népériens). J'ai montré de plus que l'on peut considérablement généraliser ce résultat; cette généralisation a été ensuite reprise et utilisée par Ahlfors. L'inégalité de Bloch s'est révélée un instrument précieux dans l'étude de la répartition des valeurs d'une fonction analytique.

Dans [25], j'ai étudié la croissance d'un système de fonctions holomorphes, c'est-à-dire, en fait, d'une application holomorphe dans un espace projectif, généralisant à cette situation les théorèmes de Nevanlinna. Cette étude a été reprise, d'une façon indépendante, par Hermann et Joachim Weyl.

C'est dans ma Thèse [3] que j'ai étudié les familles normales d'applications holomorphes d'un disque dans l'espace projectif $P_n(\mathbb{C})$ privé de $n+2$ hyperplans en position générique. Ce sujet semble redevenu d'actualité à la suite de quelques travaux récents (notamment de P. Kiernan et S. Kobayashi, Nagoya Math. J. 1973).

2) Problèmes d'itération et de limite pour les fonctions holomorphes de plusieurs variables complexes ([14], [24], [29])

J'ai notamment prouvé le résultat suivant: soit D un domaine borné de $\mathbb{C}^n$, et soit f une application holomorphe $D\to D$. Si, dans l'adhérence de la suite des itérées f^k, il existe une transformation dont le Jacobien n'est pas identiquement nul, f est nécessairement un *automorphisme* de D. Ce résultat est susceptible de nombreuses applications; M. Hervé l'a utilisé avec succès à diverses occasions. En voici une application immédiate [24]: pour $n=1$, s'il existe un point a du plan complexe $\mathbb{C}$, hors de D, et une courbe fermée de D dont l'indice par rapport

* écrite par H. Cartan en 1973.

à a soit non nul, si de plus f transforme cette courbe en une courbe dont l'indice est non nul, alors f est nécessairement un automorphisme de D. Autre application: pour n quelconque, si f: D→D possède un point fixe en lequel le Jacobien est de valeur absolue égale à 1, f est un automorphisme de D.

3) Automorphismes des domaines bornés ([13], [20], [33])

Que peut-on dire du groupe de tous les automorphismes holomorphes d'un domaine *borné* D de $\mathbb{C}^n$? (Cf. aussi *4)* ci-dessous). Soit G(a) le groupe d'isotropie d'un point $a \in$ D, c'est-à-dire le sous-groupe formé des automorphismes qui laissent fixe le point a. Un premier résultat est le suivant: l'application qui, à chaque élément de G(a), associe la transformation linéaire tangente en a, est un isomorphisme de G(a) sur un sous-groupe (compact) du groupe linéaire GL(n,$\mathbb{C}$). J'ai prouvé cela à partir d'un lemme très simple, qui dit que si une transformation holomorphe f de D dans D (non supposée bijective) laisse fixe un point $a \in$ D et est tangente à l'identité en a, c'est l'application identique. Ce lemme est aussi valable pour les groupes formels (cf. le livre classique de Bochner et Martin). Il a aussi l'avantage de pouvoir s'appliquer tel quel aux fonctions holomorphes dans un espace de Banach complexe de dimension infinie, beaucoup étudiées aujourd'hui.

Le résultat précédent m'a conduit à une démonstration très simple du théorème suivant: soient D et D′ deux domaines *cerclés* dont l'un au moins est supposé borné (un domaine D est dit cerclé s'il est stable par toute homothétie de rapport λ tel que $|\lambda| = 1$ et s'il contient l'origine); alors tout isomorphisme holomorphe f: D→D′ qui transforme l'origine en l'origine est nécessairement *linéaire*. Ce théorème était auparavant connu dans des cas particuliers, ou sous des hypothèses restrictives relatives à la frontière (Behnke). Il est, lui aussi, valable dans un espace de Banach.

L'article [13] contient beaucoup d'autres résultats, notamment sur l'existence de développements en séries de types particuliers.

La détermination du groupe de *tous* les automorphismes d'un domaine cerclé borné a été faite complètement pour le cas de deux variables dans [20]. A part quelques types spéciaux de domaines cerclés (qui sont explicités), le groupe de tous les automorphismes se réduit au groupe d'isotropie de l'origine.

4) Groupes de transformations holomorphes en général

Le groupe des automorphismes holomorphes d'un domaine borné D de $\mathbb{C}^n$ est *localement compact:* c'est un résultat nullement évident que j'ai prouvé dans [24]. La question se posait ensuite de savoir si c'est un *groupe de Lie*. Ce problème ne doit pas être confondu avec le fameux cinquième problème de Hilbert, qui du reste n'était pas encore résolu à l'époque (1935). Dans [32], j'ai démontré le théorème fondamental suivant: tout «noyau» compact de groupe de transformations holomorphes, dans $\mathbb{C}^n$, est un noyau de groupe de Lie. Il en résulte d'une part que le groupe des automorphismes holomorphes d'un domaine borné est un groupe de Lie (à paramètres réels); d'autre part que le groupe des automorphismes d'une variété analytique complexe *compacte* est un groupe de Lie, comme BOCHNER l'a montré plus tard. Quant au théorème fondamental ci-dessus, publié en 1935, il fut retrouvé huit ans plus tard par MONTGOMERY sous une forme plus générale, valable pour les groupes de transformations différentiables; la méthode de Montgomery est essentiellement la même, mais en utilisant le théorème de Baire il réussit à l'appliquer au cas différentiable.

5) Domaines d'holomorphie et convexité ([16], [23])

La notion de «domaine d'holomorphie» est bien connue aujourd' hui. Dans l'article [16], j'ai pour la première fois montré qu'un domaine d'holomorphie possède certaines propriétés de «convexité» par rapport aux fonctions holomorphes. Cette notion de «convexité» s'est, depuis lors, montrée féconde et elle est devenue classique. Dans [16], j'ai prouvé que la «convexité» est non seulement nécessaire pour que D soit un domaine d'holomorphie, mais qu'elle est suffisante pour certains domaines d'un type particulier (par exemple les domaines cerclés). Qu'elle soit suffisante dans le cas général a été démontré peu après par P. THULLEN. En mettant en commun nos idées, Thullen et moi avons écrit le mémoire [23] consacré à la théorie des domaines d'holomorphie. La notion de convexité holomorphe s'introduit aussi dans les problèmes d'approximation.

6) Problèmes de Cousin

Le premier problème de Cousin (ou problème *additif* de Cousin) consiste à trouver une fonction méromorphe dont on se donne les parties principales (polaires). Le deuxième problème de Cousin (ou problème *multiplicatif*) consiste à trouver une fonction méromorphe admettant un «diviseur» donné (variété des zéros et des pôles avec leurs ordres de multiplicité). On sait aujourd'hui que le problème additif est toujours résoluble pour un domaine d'holomorphie, et plus généralement pour une «variété de Stein». Ce résultat a été prouvé pour la première fois par K. OKA. Avant Oka, j'avais vu (cf. [31]) que le problème additif pouvait se résoudre en utilisant l'intégrale d'André WEIL, mais comme à cette époque il manquait certaines techniques permettant d'appliquer l'intégrale de Weil au cas général des domaines d'holomorphie, je renonçai à publier ma démonstration. Par ailleurs, je savais que, dans le cas de deux variables, le premier problème de Cousin n'a pas toujours de solution pour un domaine qui n'est pas un domaine d'holomorphie. En revanche, pour trois variables, j'ai donné le premier exemple (cf. [34]) d'ouvert qui n'est pas domaine d'holomorphie et dans lequel cependant le problème additif de Cousin est toujours résoluble; il s'agit de $\mathbb{C}^3$ privé de l'origine. Ma méthode de démonstration pour ce cas particulier (utilisation des séries de Laurent) a été utilisée plusieurs fois depuis dans des cas plus généraux, notamment par FRENKEL dans sa Thèse.

Aujourd'hui, les problèmes de Cousin trouvent leur solution naturelle dans le cadre de la théorie des faisceaux analytiques cohérents (voir ci-dessous, 7)).

7) Théorie des faisceaux sur une variété analytique complexe

L'étude des problèmes globaux relatifs aux idéaux et modules de fonctions holomorphes m'a occupé plusieurs années, en partant des travaux d'OKA. Dès 1940, j'avais vu qu'un certain lemme sur les matrices holomorphes inversibles joue un rôle décisif dans ces questions. Ce lemme est énoncé et démontré en 1940 dans [35]; dans ce même travail, j'en fais diverses applications, et je prouve notamment que si des fonctions f_i (en nombre fini), holomorphes dans un domaine d'holomorphie D, n'ont aucun zéro commun dans D, il existe une relation $\Sigma c_i f_i = 1$ à coefficients c_i holomorphes dans D. Dans [36], j'introduis la notion de «cohérence» d'un système d'idéaux et je tente de démontrer les théorèmes fondamentaux de ce qui deviendra la théorie des faisceaux analytiques cohérents sur une variété de Stein; mais je n'y parviens pas dans le cas le plus général, faute de réussir à prouver une conjecture que K. OKA démontrera plus tard (1950) et qui, en langage d'aujourd'hui, exprime que le faisceau des germes de fonctions holomorphes est *cohérent*. Sitôt que j'eus connaissance de ce théorème d'OKA (publié avec beaucoup d'autres dans le volume 78 du Bulletin de la Société mathématique de France), je repris l'ensemble de la question dans [38], en introduisant systématiquement la notion de *faisceau* (introduite alors par LERAY en Topologie) et celle de faisceau cohérent (mais pas encore dans le sens plus général et définitif qui sera celui de mon Séminaire 1951–52). Il s'agit essentiellement de ce qu'on appelle aujourd'hui les «théorèmes A et B». Cependant, la formulation cohomologique générale du théorème B ne viendra que dans le Séminaire cité, à la suite de discussions avec J.-P. SERRE. La conférence [41] est consacrée à une exposition d'ensemble de ces questions (sans démonstrations), avec indications sur les diverses applications qui en découlent pour la théorie globale des variétés de Stein, et en particulier pour les problèmes de Cousin.

8) Un théorème de finitude pour la cohomologie

Il s'agit du résultat suivant, obtenu en collaboration avec J.-P. SERRE (cf. [42], ainsi que mon Séminaire 1953–54): si X est une variété analytique complexe *compacte,* et F un faisceau analytique cohérent, les espaces de cohomologie $H^q(X,F)$ sont des $\mathbb{C}$-espaces vectoriels de dimension finie. Le même résultat vaut, plus généralement, si X est un espace analytique compact.

Ce théorème n'est aujourd'hui que le point de départ du fameux théorème de GRAUERT qui dit que les images directes d'un faisceau analytique cohérent par une application holomorphe et propre sont des faisceaux cohérents.

9) La notion générale d'espace analytique

C'est après 1950 qu'apparaît la nécessité de généraliser la notion de variété analytique complexe, pour y inclure des singularités d'un type particulier, comme on le fait en Géométrie algébrique. Par exemple, le quotient d'une variété analytique complexe par un groupe proprement discontinu d'automorphismes n'est pas une variété analytique en général (s'il y a des points fixes), mais c'est un espace analytique (cf. [43]). Dès 1951, BEHNKE et STEIN tentaient d'introduire une notion d'espace analytique en prenant comme modèles locaux des «revêtements ramifiés» d'ouverts de $\mathbb{C}^n$; mais leur définition était assez peu maniable. Ma première tentative date de mon Séminaire 1951–52 (Exposé XIII); j'ai repris cette définition des espaces analytiques dans mon Séminaire de 1953–54 en introduisant la notion générale d'*espace annelé,* qui a ensuite été popularisée par SERRE, puis par GRAUERT et GROTHENDIECK. En 1953–54, ma définition conduisait aux espaces analytiques *normaux* (c'est-à-dire tels que l'anneau associé à chaque point soit intégralement clos). C'est SERRE qui, le premier, attira l'attention sur l'utilité d'abandonner la condition restrictive de normalité. Ensuite GRAUERT puis GROTHENDIECK introduisirent la catégorie plus générale des espaces annelés dans lesquels l'anneau attaché à un point n'est plus nécessairement un anneau de germes de fonctions mais peut admettre des éléments nilpotents.

J'ai démontré dans [48] un théorème de «prolongement» des espaces analytiques normaux, suggéré par des travaux de W. L. BAILY, et qui s'applique à la compactification de SATAKE dans la théorie des fonctions automorphes.

10) Quotients d'espaces analytiques ([43], [51], et Séminaire 1953–54)

Tout quotient d'un espace annelé X est canoniquement muni d'une structure d'espace annelé (ayant une propriété universelle aisée à formuler). Le problème suivant se pose: lorsque X est un espace analytique, trouver des critères permettant d'affirmer que l'espace annelé quotient est aussi un espace analytique. J'ai montré que lorsque la relation d'équivalence est définie par un groupe proprement discontinu d'automorphismes de X, le quotient est toujours un espace analytique. Puis, dans [51], j'ai donné un critère valable pour toutes les relations d'équivalence «propres» et j'ai étendu au cas des espaces analytiques généraux un théorème prouvé (par une autre méthode) par K. STEIN dans le cas des variétés sans singularités, et que voici: si f: X→Y est une application holomorphe, et si les composantes connexes des fibres de f sont compactes, le quotient de X par la relation d'équivalence dont les classes sont les composantes connexes des fibres est un espace analytique. D'autres applications du critère sont données dans [51].

11) Fonctions automorphes et plongements

Ayant défini le quotient d'un espace analytique X par un groupe G proprement discontinu d'automorphismes, il s'agissait de réaliser dans certains cas cet espace quotient comme sous-espace analytique d'espaces d'un type simple. Le premier cas que j'ai traité est celui où X est un ouvert borné de $\mathbb{C}^n$ et où X/G est compact: en m'appuyant sur des résultats de M. Hervé (repris dans [47]), j'ai prouvé dans [43] que les formes automorphes d'un poids convenable fournissent un plongement de X/G comme sous-espace analytique (fermé) d'un espace projectif. Donc X/G s'identifie à l'espace analytique sous-jacent à une «variété *algébrique* projective». Au même moment, ce résultat était démontré tout autrement par Kodaira, mais seulement dans le cas où G opère sans point fixe (la variété algébrique étant alors sans singularité). C'est par ma méthode que, plus tard, W. L. Baily prouva la possibilité de réaliser dans l'espace projectif le compactifié de Satake du quotient X/G dans le cas où G est le groupe modulaire de Siegel; X/G est alors isomorphe à un ouvert de Zariski d'une variété algébrique projective. J'ai moi-même repris la question dans mon Séminaire 1957–58 et prouvé la réalisation projective de X/G non seulement pour le groupe modulaire, mais pour tous les groupes qui lui sont «commensurables».

12) *Fibrés holomorphes*

Les premières indications relatives à l'utilisation de la théorie des faisceaux pour l'étude des fibrés holomorphes remontent à une conférence que j'ai faite au Séminaire Bourbaki (décembre 1950). Ma contribution à la théorie a ensuite simplement consisté en une mise au point, au Colloque de Mexico (1956), des théorèmes fondamentaux de Grauert sur les espaces fibrés principaux dont la base est une variété de Stein, théorèmes dont la démonstration n'était pas encore publiée mais dont les grandes lignes m'avaient été communiquées par l'auteur. Dans la rédaction [49], j'ai donné des démonstrations complètes.

13) *Variétés analytiques réelles* ([44], [45], [46])

L'un des buts de [44] était de prouver l'analogue des théorèmes A et B pour les variétés analytiques réelles, dénombrables à l'infini. A cette époque le théorème de plongement de Grauert n'était pas encore connu; il a pour conséquence que les théorèmes que j'ai énoncés pour les variétés plongeables sont, en fait, toujours vrais. A partir de là on obtient, par les procédés usuels de passage du local au global, une série de résultats de caractère global; par exemple, une sous-variété analytique fermée d'une variété analytique réelle (dénombrable à l'infini) peut être définie globalement par un nombre fini d'équations analytiques. Toutefois, il est une propriété (d'ailleurs de caractère local) qui différencie le cas réel du cas complexe: le faisceau d'idéaux défini par un sous-ensemble analytique réel n'est pas toujours cohérent, contrairement à ce qui se passe dans le cas complexe; j'en donne des contre-exemples dans [44], et je donne aussi un exemple d'un sous-ensemble analytique A de $\mathbb{R}^3$, de codimension un, tel que toute fonction analytique dans $\mathbb{R}^3$ qui s'annule identiquement sur A soit identiquement nulle. D'autres situations pathologiques sont étudiées dans les Notes [45] et [46], écrites en collaboration avec F. BRUHAT.

II. Topologie algébrique

1) Fibrés et groupes d'homotopie

Dans les Notes [89] et [90], en collaboration avec J.-P. SERRE, nous introduisons l'opération qui consiste à «tuer» les groupes d'homotopie d'un espace X «par le bas», c'est-à-dire à construire un espace Y et une application f: Y→X de manière que les groupes d'homotopie $\pi_i(Y)$ soient nuls pour $i \leqq n$ (n entier donné), et que $\pi_i(Y) \to \pi_i(X)$ soit un isomorphisme pour $i > n$. L'on peut choisir pour f une application fibrée (en construisant avec SERRE des espaces de chemins), et l'on a donc une suite spectrale reliant les homologies de X, de Y et de la fibre. Cette méthode permet le calcul (partiel) des groupes d'homotopie d'un espace à partir de ses groupes d'homologie.

2) Détermination des algèbres d'Eilenberg-MacLane $H_*(\Pi, n)$ ([91], [92], [93])

Rappelons que $K(\Pi,n)$ désigne un espace dont tous les groupes d'homotopie sont nuls, sauf π_n qui est isomorphe à une groupe abélien donné Π. Un tel espace est un espace de HOPF et par suite ses groupes d'homologie forment une algèbre graduée $H_*(\Pi,n)$. Le problème du calcul explicite de ces algèbres avait été posé par EILENBERG et MACLANE. Je suis parvenu à ce calcul par des méthodes purement algébriques, basées sur la notion de «construction», et qui permettent un calcul explicite. Les résultats s'énoncent particulièrement bien lorsqu'on prend comme anneau de coefficients le corps $\mathbb{F}_p$ à *p éléments* (*p* premier). Le cas où $p = 2$ et où le groupe Π est cyclique avait été entièrement résolu par J.-P. SERRE, par une méthode un peu différente. A l'occasion de ces calculs j'ai été amené à introduire la notion d'algèbre graduée *à puissances divisées;* l'algèbre d'Eilenberg-MacLane possède de telles «puissances divisées». C'est une notion qui s'est avérée utile dans d'autres domaines, et notamment dans la théorie des groupes formels (DIEUDONNÉ, CARTIER).

3) Suite spectrale d'un espace où opère un groupe discret ([82], [83])

On considère un groupe G opérant sans point fixe, de façon proprement discontinue, dans un espace topologique X. Dans une Note commune, J. LERAY et moi avions envisagé le cas où le groupe est fini. J'ai étudié ensuite le cas général, qui a de nombreuses applications. On trouve une exposition de cette question au Chapitre XVI de mon livre «Homological Algebra» écrit en collaboration avec S. EILENBERG.

4) Cohomologie des espaces homogènes de groupes de Lie ([86], [87])

Il s'agit de la cohomologie à coefficients réels d'un espace homogène G/*g*, G étant un groupe de Lie compact connexe et *g* un sous-groupe fermé connexe de G. La méthode utilisée est celle de l'«algèbre de Weil» d'une algèbre de Lie. J'obtiens pour la première fois une détermination complète de la cohomologie réelle de G/*g*; il suffit de connaître la «transgression» dans l'algèbre de Lie de G, et l'homomorphisme I(G)→I(*g*) (où I(G) désigne l'algèbre des polynômes sur l'algèbre de Lie de G, invariants par le groupe adjoint; de même pour I(*g*)). Ces résultats ont été ensuite repris par A. BOREL qui les a en partie étendus au cas plus difficile de la cohomologie à coefficients dans $\mathbb{F}_p$. A ce sujet, on peut consulter le rapport de BOREL dans le Bulletin de l'A.M.S. (vol. 61, 1955, p. 397–432).

5) Opérations de STEENROD

La première démonstration de la formule du produit pour les «carrés de Steenrod», improprement appelée «Cartan formula» puisque c'est WU-WEN-TSÜN qui m'avait proposé de prouver cette formule, se trouve donnée dans la Note [85]. Son seul mérite est d'avoir suggéré à STEENROD une démonstration de la formule analogue $\mathscr{P}_p^k(xy) = \sum_{i+j=k} \mathscr{P}_p^i(x)\,\mathscr{P}_p^j(y)$ pour les opérations de Steenrod modulo p (p premier impair). Aujourd'hui on a de meilleures démonstrations de ces relations.

Dans [94], je détermine explicitement les relations multiplicatives existant entre les générateurs St_p^i de l'algèbre de Steenrod pour p premier impair (le cas $p = 2$ avait été traité par J. ADEM; le cas où p est impair a ensuite été traité indépendamment par J. Adem au moyen d'une méthode différente de la mienne).

6) Cohomologie à coefficients dans un faisceau

Cette notion maintenant fondamentale, aussi bien en Topologie qu'en Analyse, avait été introduite par J. LERAY d'une façon relativement compliquée. Dans mon Séminaire de 1950–51 j'en donne la première exposition axiomatique, qui est aujourd'hui adoptée (voir par exemple le livre classique de R. GODEMENT). Cette présentation a permis ultérieurement de faire rentrer la théorie des faisceaux (de groupes abéliens) dans celle des «catégories abéliennes» et de lui appliquer les méthodes de l'Algèbre homologique (foncteurs dérivés, etc. ...). D'autre part, c'est dans le cadre de la cohomologie à valeurs dans un faisceau que j'ai placé le théorème de DE RHAM (relatif au calcul de la cohomologie réelle d'une variété différentiable au moyen des formes différentielles), ainsi que la «dualité» de POINCARÉ des variétés topologiques, triangulables ou non. Ces idées sont devenues courantes; elles ont permis à P. DOLBEAULT d'étudier le complexe de d''-cohomologie d'une variété analytique complexe.

III. Théorie du potentiel ([70], [71], [72], [73], [74], [75], [84])

C'est sous l'influence de M. BRELOT que je me suis intéressé pendant la guerre aux problèmes de la théorie du potentiel (potentiel newtonien et généralisations diverses). J'ai utilisé d'une manière systématique la notion d'*énergie,* en commençant par prouver le théorème suivant: l'espace des distributions positives d'énergie finie, muni de la norme déduite de l'énergie, est *complet.* Ce fut l'occasion d'employer la méthode de projection sur un sous-ensemble convexe et complet (dans un espace fonctionnel). Le théorème précédent suggéra à J. DENY d'introduire en théorie du potentiel les distributions de SCHWARTZ; il prouva que l'espace vectoriel de toutes les distributions d'énergie finie (et plus seulement les distributions positives) est complet.

J'ai aussi introduit la notion de *topologie fine* (la moins fine rendant continues les fonctions surharmoniques), qui s'est avérée utile notamment dans les questions d'effilement à la frontière, et, plus récemment, dans les nouveaux développements axiomatiques de la théorie du potentiel en relation avec les Probabilités.

J'ai donné la première démonstration d'un théorème que désirait BRELOT, et qui se formule ainsi: la limite d'une suite décroissante (ou, plus généralement, d'un ensemble filtrant décroissant) de fonctions surharmoniques, si elle n'est pas identiquement $-\infty$, ne diffère d'une fonction surharmonique que sur un ensemble de capacité extérieure nulle.

Enfin, je crois avoir été le premier à introduire une théorie du potentiel dans les espaces homogènes [71].

IV. Algèbre homologique

Ecrit entre 1950 et 1953, paru seulement en 1956, le livre «Homological Algebra» est dû à une longue collaboration avec Samuel EILENBERG. On y expose pour la première fois une théorie qui englobe diverses théories particulières (homologie des groupes, homologie des algèbres associatives, homologie des algèbres de Lie, syzygies de HILBERT, etc. ...), en les plaçant dans le cadre général des foncteurs additifs et de leurs foncteurs «dérivés». Les foncteurs $\mathrm{Tor}_n(A,B)$ (foncteurs dérivés gauches du produit tensoriel $A \otimes B$) sont introduits dans cet ouvrage, ainsi que les foncteurs $\mathrm{Ext}^n(A,B)$ (foncteurs dérivés droits du foncteur $\mathrm{Hom}(A,B)$). Auparavant, seul le foncteur $\mathrm{Ext}^1(A,B)$ avait été explicitement considéré dans la littérature (Eilenberg-MacLane). On montre notamment le rôle qu'ils jouent dans la «formule de Künneth», qui est pour la première fois énoncée en termes invariants.

Cet ouvrage de 400 pages semble avoir servi de catalyseur: il a été à l'origine de rapides développements tant en Algèbre pure qu'en Géométrie algébrique et en Géométrie analytique. Le terme lui-même d'«algèbre homologique», donné comme titre à notre livre, a fait fortune. Dans ce livre nous avions traité le cas des modules sur un anneau; mais l'exposition avait été conduite de telle sorte qu'elle pouvait immédiatement se transposer à d'autres cas, comme il était d'ailleurs indiqué dans l'Appendice à notre livre écrit par D. Buchsbaum. Il devait revenir à Grothendieck d'introduire et d'étudier systématiquement les «catégories abéliennes», ce qui permit aussitôt, par exemple, d'intégrer dans l'Algèbre homologique la théorie de la cohomologie d'un espace à coefficients dans un faisceau de groupes abéliens. C'est aussi Grothendieck qui, à la suite de Serre, introduisit systématiquement l'Algèbre homologique comme un nouvel outil puissant en Géométrie algébrique et en Géométrie analytique. Faut-il mentionner, à ce sujet, l'immense ouvrage de Dieudonné et Grothendieck, les fameux E.G.A. (Éléments de Géométrie Algébrique)? Les élèves de Grothendieck (et, pour n'en citer qu'un, Pierre Deligne) ont montré tout le parti que l'on peut tirer des méthodes d'Algèbre homologique, non seulement pour explorer de nouveaux domaines, mais aussi pour résoudre des problèmes anciens et justement réputés difficiles.

V. Divers

1) Théorie des filtres

J'ai introduit en 1937 la notion de filtre dans deux Notes aux Comptes Rendus ([61], [62]). Cette notion est devenue d'un usage courant en Topologie générale, ainsi que celle d'ultrafiltre qui lui est liée. Cette dernière intervient aussi dans certaines théories logiques.

2) Théorie de Galois des corps non commutatifs ([79])

La théorie a ensuite été étendue aux anneaux simples, notamment par Dieudonné.

3) Analyse harmonique

Il s'agit d'un article écrit en collaboration avec R. Godement [80]. C'est l'une des premières présentations «modernes» de la transformation de Fourier dans le cadre général des groupes abéliens localement compacts, sans faire appel à la théorie «classique».

4) Classes de fonctions indéfiniment dérivables ([63] à [68])

J'ai établi par voie élémentaire de nouvelles inégalités entre les dérivées successives d'une fonction d'une variable réelle. Puis, en collaboration avec S. Mandelbrojt, nous les avons appliquées à la solution définitive du problème de l'équivalence de deux classes de fonctions (chacune des classes étant définies par des majorations données des dérivées successives).

5) Extension et simplification d'un théorème de RADO ([40])

J'ai formulé ce théorème de la manière suivante: une fonction continue f qui est holomorphe en tout point z où $f(z) = 0$ est holomorphe aussi aux points où $f(z) = 0$. La démonstration que j'en ai donnée est très simple et basée sur la théorie du potentiel. De là on déduit le théorème de RADO sous sa forme usuelle (i.e.: une fonction holomorphe qui tend vers zéro à la frontière est identiquement nulle, sous des hypothèses convenables relatives à la frontière). De plus, sous la forme où je l'énonce, le théorème s'étend trivialement aux fonctions d'un nombre quelconque de variables, et même aux fonctions dans un ouvert d'un espace de Banach.

VI. Collaboration au Traité de N. BOURBAKI

Pendant vingt ans, de 1935 à 1954, j'ai participé au travail collectif d'élaboration des «Eléments de mathématique» de Nicolas BOURBAKI. Ceci doit être mentionné dans cette Notice, non pour évoquer ma contribution personnelle qu'il est d'ailleurs bien difficile d'évaluer, mais pour dire tout l'enrichissement que j'en ai retiré. Ce travail en commun avec des hommes de caractères très divers, à la forte personnalité, mus par une commune exigence de perfection, m'a beaucoup appris, et je dois à ces amis une grande partie de ma culture mathématique.

Liste des travaux

Reproduits dans les Œuvres:

Volume I

1. Sur quelques théorèmes de Nevanlinna
2. Sur un théorème d'André Bloch
3. Sur les systèmes de fonctions holomorphes à variétés linéaires lacunaires (Thèse)
4. Un nouveau théorème d'unicité relatif aux fonctions méromorphes
5. Sur la croissance des fonctions méromorphes d'une ou plusieurs variables complexes
6. Sur la fonction de croissance attachée à une fonction méromorphe de deux variables et ses applications aux fonctions méromorphes d'une variable
7. Sur la dérivée par rapport à log r de la fonction de croissance $T(r;f)$
8. Sur les zéros des combinaisons linéaires de p fonctions entières données
9. Sur les fonctions de deux variables complexes
10. Les fonctions de deux variables complexes et les domaines cerclés de M. Carathéodory
11. Les transformations analytiques des domaines cerclés les uns dans les autres
12. Sur les valeurs exceptionnelles d'une fonction méromorphe dans tout le plan
13. Les fonctions de deux variables complexes et le problème de la représentation analytique
14. Sur les fonctions de deux variables complexes: les transformations d'un domaine borné D en un domaine intérieur à D
15. Sur les variétés définies par une relation entière
16. Sur les domaines d'existence des fonctions de plusieurs variables complexes
17. Les transformations analytiques et les domaines convexes
18. (avec E. Cartan) Les transformations des domaines cerclés bornés
19. Les transformations des domaines semi-cerclés bornés
20. Sur les transformations analytiques des domaines cerclés et semi-cerclés bornés
21. Sur une classe remarquable de domaines
22. Sur les transformations pseudo-conformes des domaines cerclés bornés
23. (avec P. Thullen) Zur Theorie des Singularitäten der Funktionen mehrerer komplexen Veränderlichen
24. Sur les fonctions de plusieurs variables complexes. L'itération des transformations intérieures d'un domaine borné
25. Sur les zéros des combinaisons linéaires de p fonctions holomorphes données
26. Détermination des points exceptionnels d'un système de p fonctions analytiques de n variables complexes
27. Sur les groupes de transformations pseudo-conformes
28. Sur les groupes de transformations pseudo-conformes
29. Sur l'itération des transformations conformes ou pseudo-conformes
30. Sur les transformations pseudo-conformes du produit topologique de deux domaines
31. Les problèmes de Poincaré et de Cousin pour les fonctions de plusieurs variables complexes
32. Sur les groupes de transformations analytiques
33. Sur les fonctions de n variables complexes: les transformations du produit topologique de deux domaines bornés
34. Sur le premier problème de Cousin

Volume II

35. Sur les matrices holomorphes de *n* variables complexes
36. Idéaux de fonctions analytiques de *n* variables complexes
37. Sur un cas de prolongement analytique pour les fonctions de plusieurs variables complexes
38. Idéaux et modules de fonctions analytiques de variables complexes
39. Problèmes globaux dans la théorie des fonctions analytiques de plusieurs variables complexes
40. Sur une extension d'un théorème de Rado
41. Variétés analytiques complexes et cohomologie
42. (avec J.-P. Serre) Un théorème de finitude concernant les variétés analytiques compactes
43. Quotient d'un espace analytique par un groupe d'automorphismes
44. Variétés analytiques réelles et variétés analytiques complexes
45. (avec F. Bruhat) Sur la structure des sous-ensembles analytiques réels
46. (avec F. Bruhat) Sur les composantes irréductibles d'un sous-ensemble analytique réel
47. Fonctions automorphes et séries de Poincaré
48. Prolongement des espaces analytiques normaux
49. Espaces fibrés analytiques
50. Sur les fonctions de plusieurs variables complexes: les espaces analytiques
51. Quotients of complex analytic spaces
52. Problèmes d'approximation dans la théorie des fonctions analytiques
53. Faisceaux analytiques cohérents
54. Some applications of the new theory of Banach analytic spaces
55. Sur le théorème de préparation de Weierstrass
56. Sur l'anneau des germes de fonctions holomorphes dans un espace de Banach
57. Sur les travaux de K. Stein
58. Domaines bornés symétriques dans un espace de Banach complexe

Volume III

59. (avec E. Cartan) Note sur la génération des oscillations entretenues
60. Sur les transformations localement topologiques
61. Théorie des filtres
62. Filtres et ultrafiltres
63. Sur les inégalités entre les maxima des dérivées successives d'une fonction
64. (avec S. Mandelbrojt) Solution du problème de Carleman pour un intervalle ouvert fini
65. Solution du problème de Carleman pour un intervalle fermé fini
66. Sur les maxima des dérivées successives d'une fonction
67. (avec S. Mandelbrojt) Solution du problème d'équivalence des classes de fonctions indéfiniment dérivables
68. Sur les classes de fonctions définies par des inégalités portant sur leurs dérivées successives
69. Sur la mesure de Haar
70. Sur les fondements de la théorie du potentiel
71. La théorie générale du potentiel dans les espaces homogènes
72. Capacité extérieure et suites convergentes de potentiels
73. Sur les suites de potentiels de masses ponctuelles
74. Théorie du potentiel newtonien: énergie, capacité, suites de potentiels
75. Théorie générale du balayage en potentiel newtonien
76. Méthodes modernes en Topologie Algébrique
77. Extension de la théorie de Galois aux corps non commutatifs
78. Les principaux théorèmes de la théorie de Galois pour les corps non commutatifs
79. Théorie de Galois pour les corps non commutatifs
80. (avec R. Godement) Théorie de la dualité et analyse harmonique dans les groupes abéliens localement compacts

81. Sur la notion de carapace en topologie algébrique
82. Sur la cohomologie des espaces où opère un groupe, notions algébriques préliminaires
83. Sur la cohomologie des espaces où opère un groupe, étude d'un anneau différentiel où opère un groupe
84. (avec J. Deny) Le principe du maximum en théorie du potentiel et la notion de fonction surharmonique
85. Une théorie axiomatique des carrés de Steenrod
86. Notions d'algèbre différentielle; application aux groupes de Lie et aux variétés où opère un groupe de Lie
87. La transgression dans un groupe de Lie et dans un espace fibré principal
88. Extension du théorème des «chaînes de syzygies»
89. (avec J.-P. Serre) Espaces fibrés et groupes d'homotopie. I. Constructions générales
90. (avec J.-P. Serre) Espaces fibrés et groupes d'homotopie. II. Applications
91. Sur les groupes d'Eilenberg-MacLane $H(\Pi, n)$: I. Méthode des constructions
92. Sur les groupes d'Eilenberg-MacLane. II
93. Algèbres d'Eilenberg-MacLane
94. Sur l'itération des opérations de Steenrod
95. Sur la notion de dimension
96. Réflexions sur les rapports d'Aarhus et Dubrovnik
97. Emil Artin
98. Structural stability of differentiable mappings
99. Les travaux de Georges de Rham sur les variétés différentiables
100. Théories cohomologiques

Non reproduits dans les Œuvres:

Séminaires de l'Ecole Normale Supérieure

(publiés par le Secr. Math., 11 rue P. et M. Curie, 75005 PARIS, et par W. A. Benjamin, ed., New York, 1967)

1948–49 Topologie algébrique
1949–50 Espaces fibrés et homotopie
1950–51 Cohomologie des groupes, suites spectrales, faisceaux
1951–52 Fonctions analytiques de plusieurs variables complexes
1953–54 Fonctions automorphes et espaces analytiques
1954–55 Algèbres d'Eilenberg-MacLane et homotopie
1955–56 (avec C. Chevalley) Géométrie algébrique
1956–57 Quelques questions de Topologie
1957–58 (avec R. Godement et I. Satake) Fonctions automorphes
1958–59 Invariant de Hopf et opérations cohomologiques secondaires
1959–60 (avec J. C. Moore) Périodicité des groupes d'homotopie stables des groupes classiques, d'après Bott
1960–61 (avec A. Grothendieck) Familles d'espaces complexes et fondements de la géométrie analytique
1961–62 Topologie différentielle
1962–63 Topologie différentielle
1963–64 (avec L. Schwartz) Théorème d'Atiyah-Singer sur l'indice d'un opérateur différentiel elliptique

Livres

(avec S. Eilenberg) Homological Algebra, Princeton Univ. Press, Math. Series, n°19, 1966 – traduit en russe.
Théorie élémentaire des fonctions analytiques, Paris, Hermann, 1961 – traduit en allemand, anglais, espagnol, japonais, russe.
Calcul différentiel; formes différentielles, Paris, Hermann, 1967 – traduit en anglais et en russe.

Divers

Sur la possibilité d'étendre aux fonctions de plusieurs variables complexes la théorie des fonctions univalentes, Annexe aux «Leçons sur les fonctions univalentes ou multivalentes» de P. Montel, Paris, Gauthier-Villars (1933), 129–155.
(avec J. Dieudonné) Notes de tératopologie. III, Rev. Sci., 77 (1939), 413–414.
Un théorème sur les groupes ordonnés, Bull. Sci. Math., 63 (1939), 201–205.
Sur le fondement logique des mathématiques, Rev. Sci., 81 (1943), 2–11.
(avec J. Leray) Relations entre anneaux d'homologie et groupes de Poincaré, Topologie Algébrique, Coll. Intern. C.N.R.S. n°12 (1949), 83–85.
Nombres réels et mesure des grandeurs, Bull. Ass. Prof. Math., 34 (1954), 29–35.
Structures algébriques, Bull. Ass. Prof. Math., 36 (1956), 288–298.
(avec S. Eilenberg) Foundations of fibre bundles, Symp. Intern. Top. Alg., Mexico (1956), 16–23.
Volume des polyèdres, Bull. Ass. Prof. Math., 38 (1958), 1–12.
Nicolas Bourbaki und die heutige Mathematik, Arbeits. für Forschung des Landes Nordrhein-Westfalen, Heft 76, Köln (1959).
Notice nécrologique sur Arnaud Denjoy, C. R. Acad. Sci. Paris, 279 (1974), Vie Académique, 49–52 (= Astérisque 28–29, S.M.F., 1975, 14–18).

Exposés au Séminaire Bourbaki

(Les numéros renvoient à la numérotation globale du Séminaire)
1,8,12. Les travaux de Koszul (1948–49)
34. Espaces fibrés analytiques complexes (1950)
73. Mémoire de Gleason sur le 5e problème de Hilbert (1953)
84. Fonctions et variétés algébroïdes, d'après F. Hirzebruch (1953)
115. Sur un mémoire inédit de H. Grauert: »Zur Theorie der analytisch vollständigen Räume« (1955)
125. Théorie spectrale des C-algèbres commutatives, d'après L. Waelbroeck (1956)
137. Espaces fibrés analytiques, d'après H. Grauert (1956)
296. Thèse de Douady (1965)
337. Travaux de Karoubi sur la K-théorie (1968)
354. Sous-ensembles analytiques d'une variété banachique complexe, d'après J.-P. Ramis (1969)

Table des Matières

Volume I

Volume II

Volume III

Table des Matières

Volume II

35.

Sur les matrices holomorphes de *n* variables complexes

Journal de Mathématiques pures et appliquées 19, 1–26 (1940)

Dans ce travail il sera question de matrices à p lignes et p colonnes dont les éléments sont des fonctions holomorphes de n variables complexes $x_1, \ldots, x_n$ dans une certaine région Δ de l'espace de ces variables; le déterminant de ces matrices sera supposé différent de zéro en tout point de Δ. Lorsque $p = 1$, on retombe sur le cas d'une fonction holomorphe et non nulle sur Δ. Or, relativement à ce cas particulier, on connaît un théorème dont Cousin a mis en évidence le rôle important dans la recherche des fonctions holomorphes admettant des zéros donnés [problème connu aujourd'hui sous le nom de *deuxième problème de Cousin* (¹)]. Voici ce théorème, que, pour simplifier, j'énonce dans le cas d'une seule variable complexe x.

Étant donnés, dans le plan (x), *deux domaines* Δ' *et* Δ'' *limités par*

(¹) Pour la terminologie, *voir* par exemple H. Cartan, *Les problèmes de Poincaré et de Cousin* (*C. R. Acad. Sc.*, t. **199**, 1934, p. 1284).

des courbes régulières et dont l'intersection Δ est simplement connexe, toute fonction $f(x)$ holomorphe et non nulle dans Δ et sur sa frontière peut être mise sous la forme du quotient d'une fonction holomorphe et non nulle dans Δ'' (frontière comprise) par une fonction holomorphe et non nulle dans Δ' (frontière comprise).

Ce théorème se démontre facilement en considérant le logarithme de $f(x)$ dans Δ, et en se servant du fait que toute fonction holomorphe dans Δ est la différence de deux fonctions holomorphes dans Δ'' et Δ' respectivement.

Nous nous proposons de généraliser le théorème précédent au cas d'une *matrice holomorphe de déterminant non nul.* Cette généralisation n'est pas triviale, car le procédé qui consisterait à prendre le logarithme de la matrice donnée (ce qui d'ailleurs ne peut se faire sans précaution) ne conduirait pas au but, l'exponentielle d'une matrice A ne jouissant pas de la propriété fondamentale $e^{A} e^{B} = e^{A+B}$. L'énoncé précis du théorème sera donné au § 4 (théorème I); on s'y est affranchi notamment de la restriction relative aux courbes « régulières » limitant les « domaines » Δ' et Δ''.

Notre théorème semble susceptible de jouer un rôle important dans l'étude *globale* des *idéaux de fonctions holomorphes*. Remarquons à ce propos que le « deuxième problème de Cousin » se rapporte à l'étude globale des idéaux qui ont, au voisinage de chaque point, une base formée d'*une seule* fonction holomorphe. En dehors de ce cas particulier, on n'a pas encore abordé, semble-t-il, l'étude globale des idéaux. C'est ce que nous ferons systématiquement dans un Mémoire ultérieur. Ici, nous nous bornerons à quelques applications immédiates de notre théorème I; elles pourront servir ensuite de point de départ pour une théorie systématique.

Qu'il me soit permis d'adresser mes vifs remercîments à M. H. Villat qui a bien voulu accepter de publier ce travail dans le Volume de son Journal dédié aux deux savants français É. Borel et É. Cartan.

1. Bref rappel relatif aux matrices. — Toutes les matrices considérées seront (sauf mention expresse du contraire) à p lignes et p colonnes, p étant un entier fixé une fois pour toutes et d'ailleurs quelconque. Les éléments des matrices seront des nombres complexes.

Il est inutile de rappeler la définition de la *somme* $A + B$ de deux matrices A et B, du produit $B.A$ (noté aussi BA) d'une matrice A par une matrice B. La matrice-unité sera désignée par E. Toute matrice A de déterminant non nul possède une inverse A^{-1} : réciproquement si l'on a deux matrices A et B telles que $A.B = E$, chacune des matrices A et B a son déterminant non nul. Pour abréger le langage, nous qualifierons d'*inversible* toute matrice qui possède une inverse, c'est-à-dire dont le déterminant n'est pas nul.

La *norme* d'une matrice A (inversible ou non) se définit comme suit : A définit une substitution linéaire dans l'espace euclidien à p dimensions complexes; dans cet espace, appelons norme d'un point M la racine carrée de la somme des carrés des modules des coordonnées de M; la norme de A, qui se note $|A|$, est alors la borne supérieure de la norme du point transformé A(M) quand la norme du point variable M reste égale à *un*. On a

$$|A + B| \leqq |A| + |B|. \qquad |AB| \leqq |A| . |B|.$$

La norme définit une métrique dans l'espace (vectoriel) des matrices; avec cette norme, l'espace est complet.

L'*exponentielle* e^A d'une matrice A peut se définir, par exemple, par le développement en série

$$e^A = E + A + \ldots + \frac{1}{n!} A^n + \ldots;$$

la matrice e^A est inversible, puisque l'on a

$$e^A e^{-A} = E.$$

Réciproquement, étant donnée arbitrairement une matrice inversible B, il existe toujours au moins une matrice A telle que $e^A = B$. En fait, nous n'aurons à envisager ici que le cas où B satisfait à la condition

$$|B - E| < 1;$$

dans ce cas, il existe une fonction analytique

$$A = \log B$$

de la variable matricielle B qui se réduit à la matrice-zéro pour $B = E$

et est telle que $e^A = B$; cette fonction admet le développement en série

$$\log B = (B - E) - \frac{1}{2}(B - E)^2 + \ldots + \frac{(-1)^{n-1}}{n}(B - E)^n + \ldots$$

Terminons par un dernier rappel. Considérons un produit infini de matrices (infini à droite ou infini à gauche)

$$\prod_{i=1}^{\infty}(E + A_i).$$

Si la série des normes $\sum_{i=1}^{\infty} |A_i|$ est *convergente*, le produit est convergent : autrement dit, le produit fini

$$\prod_{i=1}^{k}(E + A_i)$$

tend vers une matrice limite C quand $k \to \infty$. De plus, si chacune des matrices-facteurs $(E + A_i)$ est inversible (ce qui arrive par exemple dans le cas où $|A_i| < 1$), la matrice C est inversible; pour le voir, on prouve qu'elle admet une matrice inverse, définie comme la limite de l'inverse de

$$\prod_{i=1}^{k}(E + A_i). \quad (^1)$$

Si maintenant les matrices A_i sont fonctions de variables, et si la série $\Sigma |A_i|$ est *normalement convergente* ([2]), la convergence du produit

---

(1) Si $\sum_{i=1}^{\infty} |A_i|$ est convergente, et si l'on pose

$$(E + A_i)^{-1} = E + B_i,$$

la série $\sum_{i=1}^{\infty} |B_i|$ est convergente.

(2) Une série $\sum f_i$ de fonctions est normalement convergente si l'on a, quelles que soient les valeurs données aux variables, $|f_i| \leqq \varepsilon_i$, les ε_i étant des constantes telles que $\sum_i \varepsilon_i$ converge.

a lieu uniformément. En particulier, si les éléments des matrices A_i sont des fonctions holomorphes de variables complexes $x_1, \ldots, x_n$, les éléments de la matrice-limite C sont des fonctions holomorphes de $x_1, \ldots, x_n$.

2. Approximation d'un ensemble compact simplement connexe par des domaines polygonaux simplement connexes. — Nous avons besoin de quelques préliminaires topologiques de nature élémentaire.

Plaçons-nous dans le plan euclidien (à deux dimensions réelles). Dans ce plan, un ensemble Δ *compact* (c'est-à-dire borné et fermé) sera dit *simplement connexe* si l'ensemble complémentaire est connexe, autrement dit si tout point qui n'appartient pas à Δ peut être joint à l'infini par une courbe continue sans point commun avec Δ. Un ensemble compact peut être simplement connexe sans être connexe.

Par *domaine fermé*, nous entendons un ensemble fermé Δ tel que l'intérieur de Δ ait même frontière que Δ. On n'astreint pas un domaine fermé à être connexe.

Un *domaine polygonal fermé* est un domaine fermé dont la frontière se compose d'un nombre fini de segments de droites; un domaine polygonal fermé est compact.

Lemme 1. — *Étant donnés arbitrairement un ensemble compact simplement connexe* Δ *et un ensemble ouvert* U *contenant* Δ, *il existe un domaine polygonal fermé* Q, *simplement connexe, dont l'intérieur contienne* Δ *et qui soit contenu dans* U.

Prenons en effet deux axes de coordonnées; pour chaque valeur de l'entier m, faisons un quadrillage en traçant les droites d'abscisses et d'ordonnées multiples de $\frac{1}{2^m}$. Soit, pour ce quadrillage, Q_m la réunion des carrés *fermés* dont un point au moins appartient à Δ. L'ensemble Q_m est un domaine polygonal fermé dont l'intérieur contient Δ. Adjoignons à Q_m les points du plan qui ne peuvent pas être joints à l'infini par une courbe continue ne rencontrant pas Q_m; on obtient un nouveau domaine polygonal fermé Q'_m qui est simplement connexe. Pour démontrer le lemme, il suffit de prouver que l'intersection des Q'_m (lorsque $m \to \infty$) se réduit à Δ; on prendra alors

$Q = Q'_m$ pour m assez grand. Or, soit M un point qui n'appartient pas à Δ; il existe une courbe continue Γ joignant M à l'infini sans rencontrer Δ; il est clair que pour m assez grand, Q_m et Γ n'ont aucun point commun, et que par suite M n'appartient pas à Q'_m.

C. Q. F. D.

On démontrerait de même :

LEMME 2. — *Soient deux ensembles compacts Δ' et Δ'' contenus respectivement dans deux ensembles ouverts* U' *et* U''. *Si l'intersection $\Delta' \cap \Delta''$ est simplement connexe, on peut trouver deux domaines polygonaux fermés* Q' *et* Q'' *dont l'intersection soit simplement connexe, dont les intérieurs contiennent respectivement Δ' et Δ'', et qui soient respectivement contenus dans* U' *et* U''.

3. APPROXIMATION DES MATRICES HOLOMORPHES INVERSIBLES SUR CERTAINS ENSEMBLES COMPACTS.

Dans l'espace de n variables complexes $x_1, \ldots, x_n$, appelons *polycylindre compact* le produit topologique de n ensembles compacts situés respectivement dans les plans des n variables. Un polycylindre compact est *simplement connexe* si ses n composantes sont simplement connexes.

Nous dirons qu'une fonction est holomorphe *sur* un polycylindre compact Δ (et, plus généralement, holomorphe *sur* un ensemble quelconque Δ) si elle est définie et holomorphe dans un ensemble *ouvert* convenable contenant Δ.

Une fonction holomorphe sur un polycylindre compact et simplement connexe peut être arbitrairement approchée, sur ce polycylindre, par des polynomes entiers en $x_1, \ldots, x_n$. En effet, en vertu du lemme 1, il suffit d'examiner le cas où les composantes du polycylindre sont des domaines polygonaux simplement connexes; et dans ce cas l'approximation par des polynomes est bien connue.

Nous allons considérer maintenant des *matrices holomorphes et inversibles* sur un polycylindre, c'est-à-dire des matrices à p lignes et p colonnes dont les éléments sont des fonctions holomorphes *sur* ce polycylindre et dont le déterminant n'est nul en aucun point du polycylindre.

LEMME 3. — *Soit un polycylindre compact et simplement connexe* Δ; *désignons par* $\mathcal{E}_\Delta$ *l'espace des matrices holomorphes et inversibles sur* Δ; *métrisons* $\mathcal{E}_\Delta$ *en prenant pour distance de deux matrices* A *et* B *le maximum, sur* Δ, *de la norme de* A — B. *L'espace* $\mathcal{E}_\Delta$, *muni de cette métrique, est connexe.*

En effet, nous allons montrer que tout élément A de $\mathcal{E}_\Delta$ peut être déformé continûment (dans $\mathcal{E}_\Delta$, au sens de la métrique) en la matrice-unité E. D'après le lemme 1, on peut enfermer Δ dans un polycylindre Δ' dont les composantes soient des domaines polygonaux simplement connexes, de manière que la matrice considérée A soit holomorphe et inversible sur Δ'. Il suffira de faire la déformation de A dans l'espace $\mathcal{E}_{\Delta'}$. Autrement dit, on peut, pour démontrer le lemme 3, supposer que les composantes de Δ sont des domaines polygonaux (simplement connexes). Faisons donc cette hypothèse.

La démonstration du lemme va se faire par récurrence sur le nombre n des variables, le lemme étant vrai pour $n = 0$ (matrice constante [1]). Supposons-le vrai pour $n - 1$, et démontrons-le pour n. Désignons par x la première variable complexe, par y l'ensemble des autres. Prenons, dans chacune des composantes *connexes* δ_i (en nombre *fini*) de la composante de Δ dans le plan (x), un point x_i. Posons enfin

$$A^{-1}\frac{\partial A}{\partial x} = S.$$

S(x, y) est une matrice holomorphe sur Δ; à partir de S(x, y) on retrouve A(x, y) en intégrant, pour chaque y, l'équation différentielle (à une variable complexe x)

$$\frac{\partial A}{\partial x} = AS,$$

et en se donnant pour condition initiale, dans chaque composante δ_i, la valeur $A(x_i, y)$ de la matrice A au point x_i.

Le lemme à démontrer étant vrai pour $n - 1$ variables, on peut déformer continûment chacune des matrices $A(x_i, y)$ en la matrice-

[1] Dans l'espace de *toutes* les matrices à éléments constants, le sous-espace des matrices dont le déterminant n'est pas nul est *connexe*.

unité E sans sortir de l'espace des matrices holomorphes et inversibles dans le polycylindre (de l'espace y) ayant mêmes composantes que Δ suivant les variables y. Par conséquent, il existe une matrice $B(x, y; t)$ qui varie continûment avec un paramètre réel t ($0 \leqq t \leqq 1$), qui, pour chaque t, est holomorphe et inversible dans Δ, indépendante de x dans chaque δ_i, et qui satisfait aux conditions extrêmes

$$B(x_i, y; 0) = A(x_i, y), \qquad B(x, y; 1) = E.$$

Si, dans chaque δ_i, on intègre [1] l'équation à une fonction matricielle inconnue C

$$(1) \qquad \frac{\partial C}{\partial x} = CS,$$

avec les conditions initiales

$$C(x_i, y) = B(x_i, y; t),$$

on obtient, pour chaque valeur de t, une matrice $C_t(x, y)$ holomorphe et inversible dans Δ. Cette matrice varie continûment avec t. Donc $A(x, y)$ peut être déformée continûment (sans sortir de $\mathcal{E}_\Delta$) en la solution de (1) définie par les conditions initiales

$$(2) \qquad C(x_i, y) = E.$$

Déformons maintenant $S(x, y)$ en la matrice-zéro, ce qui est évidemment possible, S n'étant pas assujettie à être inversible. Alors la solution de (1) qui satisfait aux conditions initiales fixes (2) se déforme continûment dans la matrice E, et le lemme est démontré.

Lemme 4. — *Sur un polycylindre compact et simplement connexe* Δ, *toute matrice holomorphe et inversible* A *peut être arbitrairement approchée* [2] *par un produit fini de matrices de la forme* e^{P_i}, *où les* P_i *sont*

---

[1] Cette intégration est possible parce que les δ_i sont simplement connexes.

[2] Dire qu'une matière A holomorphe et inversible sur Δ peut être arbitrairement approchée sur Δ par des matrices appartenant à une certaine famille $\mathcal{F}$ de matrices holomorphes et inversibles sur Δ, c'est dire que, pour tout $\varepsilon > 0$, il existe une matrice $B \in \mathcal{F}$, telle que

$$|A - B| < \varepsilon \quad \text{en tout point de } \Delta.$$

Cette condition équivaut à la suivante : pour tout $\eta > 0$, il existe $B \in \mathcal{F}$ telle que

$$|AB^{-1} - E| < \eta \quad \text{en tout point de } \Delta.$$

des matrices polynomiales (dont les éléments sont des polynomes en $x_1, \ldots, x_n$). *La matrice* A *peut donc être arbitrairement approchée sur* Δ *par une matrice holomorphe et inversible dans tout l'espace à distance finie.*

En effet, en vertu du lemme 3, A peut se mettre sous la forme d'un produit fini de matrices A_i qui diffèrent de E aussi peu qu'on veut, et par exemple satisfont à

$$|A_i - E| < 1 \qquad \text{sur } \Delta.$$

Or, chacune de ces A_i peut être approchée arbitrairement, sur Δ, par une matrice e^{P_i}; car si l'on pose

$$\log A_i = B_i,$$

on n'a qu'à approcher arbitrairement, sur Δ, la matrice B_i par une matrice polynomiale P_i. Le lemme 4 est donc démontré.

4. Le théorème fondamental.

Théorème I. — *Soient, dans l'espace de n variables complexes, deux polycylindres compacts* Δ' *et* Δ'' *qui ont mêmes composantes dans les plans de toutes les variables sauf une, et dont l'intersection* $\Delta' \cap \Delta'' = \Delta$ *est simplement connexe. Toute matrice* A *holomorphe et inversible sur* Δ *peut être mise, sur* Δ (¹), *sous la forme*

$$A = A'^{-1} . A'',$$

A' *étant une matrice holomorphe et inversible sur* Δ', *et* A'' *une matrice holomorphe et inversible sur* Δ''.

Soit x la variable complexe dans le plan de laquelle Δ' et Δ'' ont des composantes différentes, et soient δ' et δ'' ces composantes; $\delta = \delta' \cap \delta''$ est la composante de Δ dans le plan (x). Nous désignerons par y l'ensemble des autres variables; Δ', Δ'' et Δ ont, dans l'espace (y), la même composante Λ qui est un polycylindre compact et simplement connexe.

En vertu des lemmes 1 et 2, on peut trouver, dans l'espace (y), un polycylindre Λ_1 compact et simplement connexe tel que Λ soit intérieur

(¹) « Sur Δ » signifie : dans un certain ensemble ouvert contenant Δ.

à A_1 ; puis, dans le plan (x), deux domaines polygonaux δ'_1 et δ''_1 tels que δ' et δ'' soient respectivement intérieurs à δ'_1 et δ''_1, et tels en outre que leur intersection $\delta_1 = \delta'_1 \cap \delta''_1$ soit simplement connexe; et enfin on peut choisir tous les domaines ci-dessus de manière que la matrice donnée A soit holomorphe et inversible sur le polycylindre Δ_1, produit de δ_1 par A_1.

Nous supposerons, ce qui est possible d'après la démonstration des lemmes 1 et 2, que les frontières de δ'_1 et δ''_1 se composent de segments de droites parallèles aux axes de coordonnées (rectangulaires) et dont les longueurs sont des multiples entiers de $\frac{1}{2^m}$ (m étant un entier assez grand). Alors, pour chaque longueur $r < \frac{1}{2^{m+1}}$, on peut définir les domaines polygonaux $\delta'_1(r)$, $\delta''_1(r)$ et $\delta_1(r)$ obtenus en enlevant respectivement de δ'_1, δ''_1 et δ_1 une bande de largeur r le long de la frontière; ces nouveaux domaines ont respectivement le même nombre de côtés-frontières que les précédents, et semblablement placés; et l'on a

$$\delta_1(r) = \delta'_1(r) \cap \delta''_1(r).$$

Choisissons une longueur a inférieure à $\frac{1}{2^{m+2}}$, et assez petite pour que δ' et δ'' soient respectivement intérieurs à $\delta'_1(2a)$ et $\delta''_1(2a)$; puis donnons à r successivement les valeurs

$$r_1 = 0, \quad r_2 = a, \quad \ldots, \quad r_{k+1} = r_k + \frac{a}{2^{k-1}}, \quad \ldots.$$

Écrivons, pour simplifier, δ'_k, δ''_k et δ_k au lieu de $\delta'_1(r_k)$, $\delta''_1(r_k)$ et $\delta_1(r_k)$ (pour $k = 1, 2, \ldots$); désignons par Δ'_k, Δ''_k et Δ_k respectivement les domaines-produits de δ'_k, δ''_k et δ_k par A_1.

Soit γ'_k la partie de la frontière de δ'_k qui appartient à δ''_k; γ''_k la partie de la frontière de δ''_k qui appartient à δ'_k. La réunion de γ'_k et γ''_k constitue la frontière de δ_k; en outre, la distance d'un point quelconque de γ'_k à un point quelconque de δ'_{k+1} est au moins égale à $\frac{a}{2^{k-1}}$, et la distance d'un point quelconque de γ''_k à un point quelconque de δ''_{k+1} est au moins égale à $\frac{a}{2^{k-1}}$. Cela résulte des constructions ci-dessus. Enfin, il est clair que les lignes polygonales γ'_k et γ''_k ont une longueur inférieure à une quantité finie, indépendante de k; nous la désignerons par $2\pi K$, et nous supposerons que K a été choisi de manière que $K \geqq a$.

Tous ces préliminaires étant posés, démontrons d'abord le théorème I en supposant que, sur Δ_1, l'on ait

(3) $$|A - E| \leqq \rho,$$

ρ étant un nombre positif assez petit, qui sera précisé dans un instant. Le théorème en résultera dans toute sa généralité : en effet, si l'hypothèse (3) n'est pas vérifiée, il existe, en vertu du lemme 4, une matrice P partout holomorphe et inversible, telle que l'on ait sur Δ_1

$$|A.P^{-1} - E| \leqq \rho;$$

le théorème sera donc applicable à la matrice $A.P^{-1}$, d'où

$$A.P^{-1} = A'^{-1}.A'',$$

et par suite

$$A = A'^{-1}.(A''P),$$

ce qui démontre le théorème pour la matrice A.

Nous pouvons donc supposer que (3) a lieu sur Δ_1. Posons

$$A = E + U, \qquad |U| \leqq \rho \qquad \text{sur } \Delta_1,$$

et appliquons le théorème de Cauchy à la fonction holomorphe U de la variable x dans le domaine δ_1, y étant fixe dans Λ_1 ; il vient

$$U(x, y) = U'(x, y) + U''(x, y),$$

avec

$$U'(x, y) = \frac{1}{2\pi i}\int_{\gamma'_1} U(\xi, y)\frac{d\xi}{\xi - x},$$

$$U''(x, y) = \frac{1}{2\pi i}\int_{\gamma''_1} U(\xi, y)\frac{d\xi}{\xi - x}.$$

$U'(x, y)$ est holomorphe sur Δ'_2 et $U''(x, y)$ sur Δ''_2; sur ces polycylindres, on a respectivement

$$|U'| \leqq K\frac{\rho}{a}, \qquad |U''| \leqq K\frac{\rho}{a},$$

car cela résulte de $|U| \leqq \rho$ et de $|\xi - x| \geqq a$.

Les matrices $E - U'$ et $E - U''$ sont certainement inversibles dans Δ'_2

et Δ''_2 respectivement si l'on a

$$K\frac{\rho}{a} < 1;$$

aussi supposerons-nous

$$(4) \qquad \rho < \frac{a}{K},$$

ce qui entraîne d'ailleurs $\rho < 1$.

Formons, en tout point de $\Delta_2 = \Delta'_2 \cap \Delta''_2$, la matrice

$$(E - U')(E + U)(E - U'');$$

elle a la forme $E + U_1$, avec

$$U_1 = -U'U - UU'' + U'U'' + U'UU''.$$

Dans Δ_2, on a

$$|U_1| \leqq 2K\frac{\rho^2}{a} + K^2\frac{\rho^2}{a^2} + K^2\frac{\rho^3}{a^2},$$

et, comme $\frac{a}{K} \leqq 1$ et $\rho < 1$,

$$|U_1| \leqq 4K^2\frac{\rho^2}{a^2}.$$

Posons

$$\rho_1 = 4K^2\frac{\rho^2}{a^2}.$$

On aura

$$\rho_1 \leqq \frac{1}{4}\rho$$

si l'on suppose

$$(5) \qquad \rho \leqq \frac{a^2}{16K^2}.$$

Supposons que ρ *ait été choisi assez petit pour satisfaire à* (4) *et à* (5), et achevons la démonstration du théorème pour la matrice A moyennant l'hypothèse (3).

Pour cela, recommençons pour U_1 dans Δ_2 ce qui vient d'être fait pour U dans Δ_1, les domaines Δ'_1 et Δ''_1 étant remplacés par Δ'_2 et Δ''_2 respectivement, Δ'_2 et Δ''_2 étant remplacés par Δ'_3 et Δ''_3 respectivement. Il vient, dans Δ_2,

$$U_1(x, y) = U'_1(x, y) + U''_1(x, y)$$

avec

$$|U'_1| \leq K\frac{\frac{\rho_1}{2}}{a} \leq \frac{1}{2}K\frac{\rho}{a} \quad \text{dans } \Delta'_3,$$

$$|U''_1| \leq K\frac{\frac{\rho_1}{2}}{a} \leq \frac{1}{2}K\frac{\rho}{a} \quad \text{dans } \Delta''_3.$$

Dans Δ_3, formons la matrice

$$(E - U'_1)(E + U_1)(E - U''_1) = E + U_2;$$

on a

$$|U_2| \leq 4\left(\frac{1}{2}K\frac{\rho}{a}\right)^2 = \rho_2,$$

avec

$$\rho_2 = \frac{\rho_1}{4} \leq \frac{1}{4^2}\rho.$$

Ce procédé pourra être répété indéfiniment. On définira, par récurrence sur l'entier k, les matrices U'_{k-1} et U''_{k-1} qui seront holomorphes sur Δ'_{k+1} et Δ''_{k+1} respectivement et y satisferont à

$$(6) \qquad |U'_{k-1}| \leq \frac{K}{2^{k-1}}\frac{\rho}{a}, \qquad |U''_{k-1}| \leq \frac{K}{2^{k-1}}\frac{\rho}{a}$$

(le second membre $\frac{K}{2^{k-1}}\frac{\rho}{a}$ est le terme général d'une série convergente). Puis on définira, sur Δ_{k+1}, la matrice U_k par la relation

$$(7) \qquad (E - U'_{k-1})(E + U_{k-1})(E - U''_{k-1}) = E + U_k,$$

et l'on aura, sur Δ_{k+1},

$$(8) \qquad |U_k| \leq \rho_k, \qquad \rho_k \leq \frac{1}{4^k}\rho.$$

Soient $\overline{\Delta}'$ et $\overline{\Delta}''$ respectivement l'intersection de tous les Δ'_k et l'intersection de tous les Δ''_k; les polycylindres initiaux Δ' et Δ'' sont respectivement intérieurs à $\overline{\Delta}'$ et $\overline{\Delta}''$. Or, dans $\overline{\Delta}''$, on peut former le produit infini à droite

$$(E - U'')(E - U''_1)\ldots(E - U''_k)\ldots,$$

qui, d'après (6), converge uniformément vers une matrice C'' holomorphe et inversible. De même, le produit infini à gauche

$$\ldots(E - U'_k)\ldots(E - U'_1)(E - U')$$

converge uniformément dans $\bar{\Delta}'$ vers une matrice C′ holomorphe et inversible. En vertu de (7), on a, dans $\bar{\Delta}' \cap \bar{\Delta}''$,

$$(E - U'_k)\ldots(E - U'_1)(E - U')\,A(E - U'')(E - U''_1)\ldots(E - U''_k) = E + U_{k+1},$$

et, en vertu de (8), U_{k+1} tend uniformément vers zéro dans $\bar{\Delta}' \cap \bar{\Delta}''$. On obtient donc, en passant à la limite pour $k \to \infty$,

$$C'.A.C'' = E,$$

ou encore

$$A = C'^{-1}.C''^{-1}.$$

Ceci achève la démonstration du théorème I.

5. Application aux idéaux de fonctions holomorphes. — Étant donné, dans une région Δ de l'espace des variables complexes $x_1, \ldots, x_n$, un système de p fonctions holomorphes $f_1, \ldots, f_p$, et une matrice holomorphe A (à p lignes et p colonnes), la matrice A définit une substitution linéaire que l'on peut appliquer à $f_1, \ldots, f_p$. On obtient un nouveau système de p fonctions $g_1, \ldots, g_p$, dit *transformé du système* $(f_1, \ldots, f_p)$ *par la matrice* A; on notera

$$(g) = A(f).$$

Cela posé, revenons aux notations du théorème I (§ 4). Considérons, sur Δ', un idéal $\mathfrak{I}'$ de fonctions holomorphes ayant pour base un système de p fonctions f'_i $(i = 1, \ldots, p)$; et, sur Δ'', un idéal $\mathfrak{I}''$ de fonctions holomorphes ayant pour base un système de p fonctions f''_i; supposons enfin qu'il existe, sur $\Delta' \cap \Delta'' = \Delta$, une matrice holomorphe et inversible A telle que

$$(f') = A(f'');$$

dans ces conditions, je dis qu'*il existe un système unique de p fonctions holomorphes dans la réunion* $\Delta' \cup \Delta''$, *qui sert de base à* $\mathfrak{I}'$ *sur* Δ' *et à* $\mathfrak{I}''$ *sur* Δ''.

En effet, d'après le théorème I, A peut se mettre sous la forme

$$A = A'^{-1}.A'',$$

ce qui donne, sur Δ,

$$A'A(f'') = A''(f''),$$

c'est-à-dire

$$A'(f') = A''(f'').$$

$A'(f')$ est un système de p fonctions holomorphes sur Δ'; $A''(f'')$ est un système de p fonctions holomorphes sur Δ''; et, sur Δ, ces deux systèmes coïncident. On obtient donc bien un système unique de p fonctions holomorphes sur $\Delta' \cup \Delta''$; ce système sert de base à $\mathcal{I}'$ sur Δ', et à $\mathcal{I}''$ sur Δ''. C. Q. F. D.

Ceci nous amène au problème suivant :

A quelle condition deux idéaux $\mathcal{I}'$ et $\mathcal{I}''$ de bases finies sur Δ' et Δ'' respectivement admettent-ils une base unique, holomorphe sur la réunion $\Delta' \cup \Delta''$?

Ce problème est résolu par le théorème suivant :

THÉORÈME II. — *Δ', Δ'' et Δ ayant la même signification qu'au théorème I, considérons, sur Δ' et Δ'' respectivement, deux idéaux $\mathcal{I}'$ et $\mathcal{I}''$ de bases finies. Pour que $\mathcal{I}'$ et $\mathcal{I}''$ admettent une même base holomorphe sur la réunion $\Delta' \cup \Delta''$, il faut et il suffit que $\mathcal{I}'$ et $\mathcal{I}''$ engendrent* [1] *le même idéal sur l'intersection Δ.*

La condition est évidemment *nécessaire;* car si un système (f) holomorphe sur $\Delta' \cup \Delta''$ sert de base à $\mathcal{I}'$ et à $\mathcal{I}''$, (f) est une base de l'idéal engendré par $\mathcal{I}'$ sur Δ, et est aussi une base de l'idéal engendré par $\mathcal{I}''$ sur Δ.

Nous allons montrer que la condition est *suffisante*, en nous ramenant au cas qui vient d'être traité : celui où $\mathcal{I}'$ et $\mathcal{I}''$ possèdent deux bases formées d'un même nombre de fonctions et telles que, sur Δ, le passage d'une base à l'autre puisse s'effectuer au moyen d'une matrice holomorphe et inversible.

---

(1) L'idéal « engendré » sur un ensemble Δ par un idéal $\mathcal{I}'$ sur Δ' (lorsque $\Delta \subset \Delta'$) se compose des combinaisons linéaires finies de fonctions de $\mathcal{I}'$ à coefficients holomorphes sur Δ. Si $\mathcal{I}'$ admet une base finie sur Δ', cette base sert aussi de base à l'idéal engendré par $\mathcal{I}'$ sur Δ.

A priori, $\mathfrak{J}'$ possède une base formée de p' fonctions f'_i ($i=1, \ldots, p'$) et $\mathfrak{J}''$ une base formée de p'' fonctions f''_α($\alpha=1, \ldots, p''$). Dans Δ. il existe des fonctions holomorphes $a_{i\alpha}$ telles que l'on ait

$$(9) \qquad f'_i = \sum_\alpha a_{i\alpha} f''_\alpha,$$

et des fonctions holomorphes $A_{\alpha i}$ telles que l'on ait

$$(10) \qquad f''_\alpha = \sum_i A_{\alpha i} f'_i;$$

en effet, le système (f'_i) et le système (f''_α) engendrent par hypothèse le même idéal sur Δ.

Adjoignons p'' fois la fonction *zéro* au système (f'_i); on obtient un système de $p'+p''=p$ fonctions

$$(11) \qquad (f'_i), (F'_\alpha), \quad \text{avec} \quad F'_\alpha = 0 \qquad (\alpha=1, \ldots, p'').$$

De même, en adjoignant p' fois la fonction *zéro* au système f''_α, on obtient p fonctions

$$(12) \qquad (f''_\alpha), (F''_i), \quad \text{avec} \quad F''_i = 0 \qquad (i=1, \ldots, p').$$

Pour établir le théorème II, il suffit de montrer que *l'existence des identités* (9) *et* (10) *sur* Δ *entraîne l'existence d'une matrice holomorphe et inversible* (*sur* Δ) *qui transforme le système* (12) *dans le système* (11). La démonstration que nous allons donner est valable *sans aucune hypothèse relative à la région* Δ.

Posons, pour $\alpha=1, \ldots, p''$ et $\beta=1, \ldots, p''$,

$$(13) \qquad b_{\alpha\beta} = -\sum_i A_{\alpha i} a_{i\beta} + \varepsilon_{\alpha\beta},$$

avec

$$\varepsilon_{\alpha\beta} = \begin{cases} 1 & \text{si } \alpha=\beta, \\ 0 & \text{si } \alpha \neq \beta. \end{cases}$$

Posons de même, pour $i=1, \ldots, p'$ et $j=1, \ldots, p'$,

$$(14) \qquad B_{ij} = -\sum_\alpha a_{i\alpha} A_{\alpha j} + \varepsilon_{ij},$$

avec

$$\varepsilon_{ij}=\begin{cases}1 & \text{si } i=j,\\ 0 & \text{si } i\neq j.\end{cases}$$

On vérifie les relations

$$F'_\alpha=\sum_\beta b_{\alpha\beta}f''_\beta-\sum_j A_{\alpha j}F''_j\,;$$

$$F''_i=\sum_j B_{ij}f'_j-\sum_\beta a_{i\beta}F'_\beta.$$

Ces relations, jointes aux suivantes [déduites de (9) et (10)]

$$f'_i=\sum_\beta a_{i\beta}f''_\beta+F''_i,$$

$$f''_\alpha=\sum_j A_{\alpha j}f'_j+F'_\alpha,$$

prouvent que la matrice

$$S=\begin{vmatrix} a_{i\beta} & \varepsilon_{ij}\\ b_{\alpha\beta} & -A_{\alpha j}\end{vmatrix}$$

transforme le système (12) dans le système (11) [l'indice i se rapporte aux p' premières lignes de la matrice S, l'indice α aux p'' dernières lignes, l'indice β aux p'' premières colonnes, et l'indice j aux p' dernières colonnes]. De même la matrice

$$S_1=\begin{vmatrix} A_{\alpha j} & \varepsilon_{\alpha\beta}\\ B_{ij} & -a_{i\beta}\end{vmatrix}$$

transforme le système (11) dans le système (12).

Or un calcul facile montre que le produit $S.S_1$ est égal à la matrice-unité E. Par suite, la matrice S est inversible dans Δ, ce qui achève la démonstration.

6. Problème concernant les changements de base pour un idéal de fonctions holomorphes. — Nous venons de montrer que si un idéal $\mathfrak{I}$, dans une région Δ, possède deux bases finies (f'_i) et (f''_α), on peut les compléter respectivement par des fonctions identiquement nulles de manière que le passage d'une des bases complétées à l'autre base complétée puisse se faire au moyen d'une matrice holomorphe et inversible dans Δ. Il est naturel de se demander si, dans le cas particulier où les deux bases données ont *un même nombre de fonctions*, le passage de l'une à l'autre peut se faire *directement* (sans adjonction de fonctions identiquement nulles) au moyen d'une matrice holomorphe et inversible, au moins *dans le cas* (le seul que nous examinerons) *où Δ est un polycylindre compact et simplement connexe*.

Contrairement à ce qu'on serait tenté de croire, la réponse est *négative* (*voir* § **8**). Le problème mériterait d'ailleurs d'être étudié plus à fond. Nous n'envisagerons ici que deux cas particuliers :

1° *le cas où les fonctions de $\mathfrak{I}$ n'ont aucun zéro commun sur* Δ. Dans ce cas, deux bases formées d'un même nombre de fonctions peuvent toujours être transformées l'une dans l'autre par une matrice holomorphe et inversible sur Δ (*voir* § **7**);

2° *le cas où le nombre p des fonctions de chacune des bases est égal à deux*. Nous montrerons (§ **8**) que si les zéros communs aux fonctions de $\mathfrak{I}$ forment une variété à $n-2$ dimensions (complexes) et *simplement connexe*, on peut toujours transformer l'une des bases dans l'autre par une matrice holomorphe et inversible. Au contraire, nous donnerons un exemple (toujours pour $p=2$) où, la variété de $\mathfrak{I}$ n'étant pas simplement connexe (quoique à $n-2$ dimensions), on peut trouver deux bases qui ne soient pas transformables l'une dans l'autre par une matrice holomorphe et inversible.

7. Bases d'un idéal dont les fonctions n'ont aucun zéro commun.

Théorème III. — *Soit, sur un polycylindre compact et simplement connexe* Δ, *un système de p fonctions* $f_1, \ldots, f_p$ *sans zéro commun. Posons*

$$g_1=1, \qquad g_i=0 \qquad (i=2, \ldots, p).$$

On peut transformer le système $(f_1, \ldots, f_p)$ *dans le système* $(g_1, \ldots, g_p)$ *au moyen d'une matrice holomorphe et inversible sur* Δ.

Ce théorème entraînera la conséquence suivante : le passage d'un système de p fonctions sans zéro commun à un autre système de

p fonctions sans zéro commun peut toujours s'effectuer au moyen d'une matrice holomorphe et inversible, au moins lorsque la région Δ considérée est un polycylindre compact et simplement connexe.

Pour démontrer le théorème III, remarquons d'abord que, *au voisinage de tout point de* Δ, le passage du système (f) au système (g) peut se faire au moyen d'une matrice holomorphe et inversible, car si l'on a, par exemple, $f_1 \neq 0$ au point considéré, il suffit de prendre la matrice

$$\left\| \begin{array}{c|ccc} \frac{1}{f_1} & 0 & \ldots & 0 \\ \hline -\frac{f_2}{f_1} & & & \\ \vdots & & E_{p-1} & \\ -\frac{f_p}{f_1} & & & \end{array} \right\|,$$

où E_{p-1} désigne la matrice-unité à $p-1$ lignes et $p-1$ colonnes. On peut donc, Δ étant compact, recouvrir Δ avec des polycylindres compacts Δ_k en nombre fini, de manière que, dans chaque Δ_k, il existe une matrice holomorphe et inversible S_k jouissant de la propriété

$$(g) = S_k(f).$$

Il y a, bien entendu, un grand arbitraire dans le choix des Δ_k. On peut, en particulier, procéder comme ceci : soit $\delta_i (i = 1, \ldots, n)$ la composante de Δ dans le plan de la $i^{\text{ième}}$ variable complexe; on recouvre chaque δ_i par des domaines fermés (compacts) δ_i^l assez petits, en nombre fini, puis on considère tous les domaines-produits

$$\delta_1^{l_1} \times \delta_2^{l_2} \times \ldots \times \delta_n^{l_n},$$

où $l_1, \ldots, l_n$ prennent indépendamment toutes les valeurs possibles. Ces polycylindres (en nombre fini) jouent le rôle des Δ_k.

Désignons par ε_i^l la réunion (dans le plan de la $i^{\text{ième}}$ variable complexe) des l premiers domaines $\delta_i^1, \ldots, \delta_i^l$. Comme δ_i est simplement connexe, on peut choisir les δ_i^l de manière que *les* ε_i^l *soient simplement connexes*, et que les intersections

$$\varepsilon_i^l \cap \delta_i^{l+1}$$

le soient aussi. Cela posé, il s'agit de démontrer d'abord que le passage du système (f) au système (g) peut s'effectuer par une matrice holomorphe et inversible dans le domaine-produit

$$\varepsilon_1^{l_1} \times \delta_2^{l_2} \times \ldots \times \delta_n^{l_n},$$

quels que soient $l_1, l_2, \ldots, l_n$; cette démonstration se fera, $l_2, \ldots, l_n$ étant fixés, par récurrence sur l_1. Cela fait, on saura qu'on peut passer de (f) à (g) par une matrice holomorphe inversible dans chaque polycylindre

$$\delta_1 \times \delta_2^{l_2} \times \ldots \times \delta_n^{l_n}.$$

Ensuite, on s'occupera des domaines $\delta_1 \times \varepsilon_2^{l_2} \times \delta_3^{l_3} \times \ldots \times \delta_n^{l_n}$ (par récurrence sur l_2), etc. Ce procédé n'est autre que celui employé par Cousin : la récurrence se fait successivement dans les plans des n variables complexes.

Chaque fois, la récurrence revient à ceci (raisonnons, par exemple, pour $\varepsilon_1^{l_1} \times \delta_2^{l_2} \times \ldots \times \delta_n^{l_n}$) : on a, sur le polycylindre compact

$$\varepsilon_1^{l_1} \times \delta_2^{l_2} \times \ldots \times \delta_n^{l_n} = \Delta',$$

une matrice holomorphe inversible S′ telle que

$$(g) = S'(f);$$

et, dans le polycylindre compact

$$\delta_1^{l_1+1} \times \delta_2^{l_2} \times \ldots \times \delta_n^{l_n} = \Delta'',$$

une matrice holomorphe inversible S″ telle que

$$(g) = S''(f);$$

il s'agit de trouver, dans la réunion $\Delta' \cup \Delta''$, *une matrice holomorphe inversible* S *telle que*

$$(g) = S(f),$$

sachant que $\Delta' \cap \Delta''$ *est simplement connexe.*

Tel est le problème qui reste à résoudre pour achever la démonstration du théorème III. Pour cela, nous nous servirons du théorème I. Posons, sur $\Delta' \cap \Delta''$,

$$S' S''^{-1} = \Sigma:$$

on a

$$\Sigma(g) = (g).$$

Or nous allons démontrer :

LEMME 5. — *Δ', Δ'' et Δ ayant la même signification qu'au théorème* I, *et $g_1, \ldots, g_p$ ayant la même signification qu'au théorème* III, *toute matrice Σ, holomorphe et inversible sur Δ, et qui laisse invariant le système (g), peut se mettre sous la forme $\Sigma'^{-1}\Sigma''$, où Σ' est holomorphe et inversible sur Δ', Σ'' est holomorphe et inversible sur Δ'', Σ' et Σ'' laissant chacune le système (g) invariant.*

Admettons ce lemme pour un instant, et achevons la démonstration du théorème III. On aura

$$S'S''^{-1} = \Sigma = \Sigma'^{-1}\Sigma'',$$

d'où

$$\Sigma'S' = \Sigma''S'';$$

la matrice S, égale à $\Sigma'S'$ sur Δ' et à $\Sigma''S''$ sur Δ'', satisfait, en tout point de $\Delta' \cup \Delta''$, à la condition

$$S(f) = (g). \qquad \text{C. Q. F. D.}$$

Reste à démontrer le lemme 5. Or les matrices inversibles qui laissent invariant le système (g) ont la forme

$$\Sigma = \left|\begin{array}{c|ccc} 1 & a_2 & \ldots & a_p \\ \hline 0 & & & \\ \vdots & & A & \\ 0 & & & \end{array}\right|,$$

où A est une matrice inversible à $(p-1)$ lignes et $(p-1)$ colonnes. Une telle matrice Σ étant donnée sur Δ, prenons pour inconnues les matrices

$$\Sigma'^{-1} = \left|\begin{array}{c|ccc} 1 & a'_2 & \ldots & a'_p \\ \hline 0 & & & \\ \vdots & & A'^{-1} & \\ 0 & & & \end{array}\right|$$

et

$$\Sigma''^{-1} = \left|\begin{array}{c|ccc} 1 & a''_2 & \ldots & a''_p \\ \hline 0 & & & \\ \vdots & & A''^{-1} & \\ 0 & & & \end{array}\right|.$$

L'on veut avoir

$$\Sigma\Sigma''^{-1} = \Sigma'^{-1}.$$

Pour cela, il faut d'abord

$$\Lambda = \Lambda'^{-1}\Lambda'',$$

ce qui est possible à réaliser, en vertu du théorème I. Puis, en désignant par

$$| b_2 \quad \ldots \quad b_p |$$

la matrice (à une ligne et $p - 1$ colonnes) produit de la matrice A″ par la matrice $| a_2 \ldots a_p |$, on doit avoir

$$(15) \qquad b_k = a'_k - a''_k \qquad (k = 2, \ldots, p).$$

Or, une fois la matrice A″ déterminée, les b_k sont déterminés, holomorphes sur $\Delta' \cap \Delta''$, et l'on sait qu'une fonction holomorphe sur $\Delta' \cap \Delta''$ peut effectivement se mettre sous la forme de la différence de deux fonctions, holomorphes respectivement sur Δ' et sur Δ''. On peut donc déterminer les a'_k et les a''_k de manière à satisfaire à (15), et le lemme 5 est démontré.

Corollaire du théorème III. — *Si $f_1, \ldots, f_p$ sont holomorphes et n'ont pas de zéro commun sur un polycylindre compact et simplement connexe Δ, il existe p fonctions $c_1, \ldots, c_p$ holomorphes sur Δ telles que*

$$c_1 f_1 + \ldots + c_p f_p = 1.$$

Une démonstration directe serait facile et ne nécessiterait pas le recours au théorème I; il est d'ailleurs inutile de supposer que Δ soit simplement connexe.

Ce corollaire exprime que *tout système de p fonctions holomorphes et sans zéro commun sur un polycylindre compact engendre sur ce polycylindre l'idéal-unité.*

8. Idéaux ayant une base formée de deux fonctions.

Théorème IV. — *Si (f_1, f_2) et (g_1, g_2) sont deux bases d'un même idéal $\mathfrak{J}$ sur un polycylindre compact Δ, et si la variété de l'idéal $\mathfrak{J}$* [1],

[1] La variété d'un idéal est l'ensemble des zéros communs aux fonctions de l'idéal.

supposée à $n-2$ dimensions complexes ([1]), *est simplement connexe* ([2]), *on peut transformer une base dans l'autre par une matrice holomorphe inversible sur* Δ.

En effet, il existe par hypothèse des fonctions $a, b, c, d, a', b', c', d'$ holomorphes dans Δ et telles que

$$g_1 = af_1 + bf_2, \qquad f_1 = a'g_1 + b'g_2,$$
$$g_2 = cf_1 + df_2, \qquad f_2 = c'g_1 + d'g_2.$$

D'où les identités

$$(aa' + cb' - 1)f_1 + (ba' + db')f_2 = 0,$$
$$(ac' + cd')f_1 + (bc' + dd' - 1)f_2 = 0.$$

Comme f_1 et f_2 sont premières entre elles (la variété $f_1 = f_2 = 0$ étant par hypothèse à $n-2$ dimensions complexes), on a

$$aa' + cb' \equiv 1 \quad (f_2)$$
$$ac' + cd' \equiv 0 \quad (f_2)$$
$$ba' + db' \equiv 0 \quad (f_1)$$
$$bc' + dd' \equiv 1 \quad (f_1),$$

et par suite

$$(ad - bc)(a'd' - b'c') \equiv 1 \quad (\mathfrak{I}),$$

ce qui prouve que le déterminant $ad - bc$ est $\neq 0$ en tout point de la variété Λ de l'idéal $\mathfrak{I}$. Or, Λ étant simplement connexe, on peut y définir une détermination uniforme de $\log(ad - bc)$. Il existe donc une fonction φ, holomorphe au voisinage de Λ, telle que

$$e^{\varphi} = ad - bc.$$

Or on montre ([3]) qu'étant donnée une fonction φ holomorphe au

---

([1]) Ceci n'exclut pas le cas où cette variété serait vide, cas qui est d'ailleurs justiciable du théorème III.

([2]) Dans le sens suivant : toute courbe fermée y est réductible à zéro par continuité.

([3]) Nous prions le lecteur d'admettre ce résultat, et nous le renvoyons à notre Mémoire ultérieur consacré aux idéaux de fonctions holomorphes. Le résultat admis ici sera démontré pour un idéal $\mathfrak{I}$ sur un polycylindre compact, pourvu que $\mathfrak{I}$ possède pour base un système de p fonctions et que la variété de $\mathfrak{I}$ soit à $n-p$ dimensions (complexes) au voisinage de chacun de ses points.

voisinage de la variété Λ, on peut trouver une fonction Φ *holomorphe sur le polycylindre* Δ et telle que, au voisinage de tout point de Λ, on ait

$$\Phi \equiv \varphi\ (\mathfrak{I}).$$

On a donc

$$e^{\Phi} \equiv ad - bc\ (\mathfrak{I})$$

au voisinage de tout point de Δ, et par suite la congruence a lieu globalement [1] sur Δ. Autrement dit, il existe λ et μ holomorphes sur Δ et telles que

$$ad - bc = e^{\Phi} + \lambda g_1 + \mu g_2.$$

Alors la matrice

$$\begin{vmatrix} a - \mu f_2 & b + \mu f_1 \\ c + \lambda f_2 & d - \lambda f_1 \end{vmatrix}$$

transforme le système (f_1, f_2) dans le système (g_1, g_2), et son déterminant ne s'annule pas sur Δ, puisqu'il est égal à e^{Φ}.

Le théorème IV est ainsi démontré.

Il nous reste à former un *contre-exemple pour le théorème* IV. Nous l'aurons en prenant simplement trois variables complexes x, y, z, un polycylindre Δ compact et même simplement connexe, et un idéal $\mathfrak{I}$ dont la variété Λ est à une dimension complexe, chacune des deux bases de $\mathfrak{I}$ se composant de *deux* fonctions. Considérons les deux polycylindres

$$(\Delta') \qquad |x + 1| \leqq \sqrt{2}, \qquad |y| \leqq 3, \qquad |z| \leqq 1,$$

$$(\Delta'') \qquad |x - 1| \leqq \sqrt{2}, \qquad |y| \leqq 3, \qquad |z| \leqq 1.$$

Ils remplissent les conditions du théorème I (§ 4). Sur leur *réunion* (qui est simplement connexe), considérons l'idéal $\mathfrak{I}$ ayant pour base le système de deux fonctions

$$f_1 = x^2 + y^2 - 1, \qquad f_2 = z.$$

Nous allons former une autre base (g_1, g_2) du même idéal, de manière que *le passage de* (f_1, f_2) *à* (g_1, g_2) *ne puisse pas s'effectuer au moyen d'une matrice holomorphe inversible sur la réunion* $\Delta' \cup \Delta''$.

Sur l'intersection $\Delta' \cap \Delta''$, désignons par $\sqrt{1 - x^2}$ la détermination

---

[1] Nous renvoyons encore le lecteur au Mémoire annoncé en note, p. 23.

(uniforme) qui prend la valeur 1 pour $x=0$; puis définissons la fonction $\lambda(x, y)$ par la relation

$$(x^2+y^2-1)\lambda = 1+e^{\frac{\pi i y}{\sqrt{1-x^2}}}.$$

$\lambda(x, y)$ est holomorphe et uniforme sur $\Delta'\cap\Delta''$. La matrice

$$A=\begin{vmatrix} 1 & 0 \\ \lambda f_2 & 1-\lambda f_1 \end{vmatrix}$$

transforme le système (f_1, f_2) en lui-même, et son déterminant est

$$1-\lambda f_1 = -e^{\frac{\pi i y}{\sqrt{1-x^2}}} \neq 0.$$

En vertu du théorème I, il existe une matrice A′ holomorphe et inversible sur Δ', et une matrice A″ holomorphe et inversible sur Δ'', telles que

$$A = A'^{-1} A''.$$

Donc les matrices A′ et A″ produisent le même effet sur le système (f_1, f_2) dans $\Delta'\cap\Delta''$; elles fournissent par suite un système de deux fonctions g_1 et g_2 holomorphes sur la réunion $\Delta'\cup\Delta''$.

Les fonctions g_1 et g_2 servent de base à $\mathfrak{I}$ sur $\Delta'\cup\Delta''$, en vertu d'un théorème que nous demandons au lecteur d'admettre ici [1]. Reste à montrer qu'il n'existe pas de matrice S holomorphe et inversible sur $\Delta'\cup\Delta''$ telle que

$$(f) = S(g).$$

Si une telle S existait, on pourrait écrire

$$A = (SA')^{-1}(SA''),$$

avec

$$SA'(f) = (f), \qquad SA''(f) = (f)$$

$(SA')^{-1}$ et SA'' auraient donc la forme

$$(SA')^{-1} = \begin{vmatrix} 1-\mu' f_2 & \mu' f_1 \\ \lambda' f_2 & 1-\lambda' f_1 \end{vmatrix},$$

$$SA'' = \begin{vmatrix} 1-\mu'' f_2 & \mu'' f_1 \\ \lambda'' f_2 & 1-\lambda'' f_1 \end{vmatrix},$$

---

(1) Nous devons encore renvoyer au Mémoire annoncé p. 23. On y démon-

et le déterminant de A serait égal au produit des déterminants, soit

$$(1-\lambda' f_1-\mu' f_2)(1-\lambda'' f_1-\mu'' f_2)=-e^{\frac{\pi i y}{\sqrt{1-x^2}}}.$$

Or, sur $\Delta'\cap\Delta''$, les fonctions

$$\log(1-\lambda' f_1-\mu' f_2) \quad \text{et} \quad \log(1-\lambda'' f_1-\mu'' f_2)$$

seraient uniformes; choisissons pour chacune d'elles la détermination qui s'annule pour $x=0$, $y=1$, $z=0$. Avec cette convention on aurait

$$(16) \quad \log(1-\lambda' f_1-\mu' f_2)+\log(1-\lambda'' f_1-\mu'' f_2)=\pi i\left(\frac{y}{\sqrt{1-x^2}}-1\right).$$

Comme le premier log est uniforme sur Δ' où la variété $f_1=f_2=0$ est *connexe*, ce log serait *nul* en tout point de cette variété; de même le second log serait nul sur la variété. Or le second membre de (16) n'est pas nul au point $x=0$, $y=-1$, $z=0$ de la variété. D'où la contradiction cherchée.

Il est probable, d'après ce qui précède, que les conditions auxquelles doivent satisfaire deux bases d'un même idéal pour qu'elles soient transformables l'une dans l'autre par une matrice holomorphe et inversible, sont de nature purement *topologique*.

---

trera : si deux systèmes $(f_1, \ldots, f_p)$ et $(g_1, \ldots, g_p)$ engendrent le même idéal au voisinage de tout point d'un polycylindre compact, et si la variété de l'idéal est de dimension $n-p$, ces deux systèmes engendrent le même idéal sur le polycylindre.

36.

Idéaux de fonctions analytiques de *n* variables complexes

Annales Scientifiques de l'Ecole Normale Supérieure 61, 149–197 (1944)

I. — Introduction [1].

1. Rappelons le théorème célèbre de Poincaré : une fonction f de deux variables complexes, partout méromorphe à distance finie, est le quotient de deux fonctions entières, premières entre elles (c'est-à-dire ne s'annulant simultanément qu'en des points isolés). Pour le démontrer, on prouve l'existence d'une fonction entière admettant pour zéros les pôles de la fonction f, avec les mêmes ordres de multiplicité. Ces pôles forment, on le sait, des variétés à deux dimensions réelles.

Cousin [2] a repris la question pour *n* variables complexes, en étudiant systématiquement le problème : *construire une fonction holomorphe ayant des zéros donnés dans un domaine donné.* Il faut, bien entendu, préciser ce qu'on entend par « zéros donnés ». Nous appellerons *donnée de Cousin* dans un domaine D la donnée, en chaque point [3] x de D, d'une fonction f_x holomorphe au point x, ces fonctions satisfaisant à la condition suivante : tout point a de D possède un voisinage V dans lequel f_a est holomorphe et en tout point x duquel le quotient $\frac{f_x}{f_a}$ est holomorphe et $\neq 0$. Cette dernière condition exprime que, dans l'anneau des fonctions holomorphes au point x, les fonctions f_x et f_a engendrent le même *idéal.* Le problème posé par Cousin est alors le suivant : pour toute *donnée de Cousin* dans le domaine D, existe-t-il une

---

(1) Pour faciliter la lecture, nous avons dressé, à la fin de ce travail, un index des principaux termes employés, en indiquant, pour chacun d'eux, le numéro du paragraphe au cours duquel il est défini.

(2) *Acta Mathematica*, 19, 1895, pp. 1-62.

(3) Nous désignons par une lettre unique un point de l'espace à n dimensions complexes.

fonction f, *holomorphe dans* D, telle que, pour tout point x de D, le quotient $\frac{f}{f_x}$ soit holomorphe et $\neq 0$ au point x?

Cousin s'est borné à étudier ce problème pour une catégorie particulière de domaines, que nous appelons aujourd'hui *polycylindres*. On appelle polycylindre un ensemble de points du type

$$x_1 \in \delta_1, \quad \ldots, \quad x_n \in \delta_n,$$

où $\delta_1, \ldots, \delta_n$ désignent des ensembles donnés respectivement dans les plans des n variables complexes $x_1, \ldots, x_n$; ces n ensembles s'appellent les *composantes* du polycylindre. Cousin s'est borné à envisager des *polycylindres ouverts*, donc des polycylindres dont les composantes sont des ensembles ouverts dans les plans des n variables complexes; et il a démontré que le problème posé ci-dessus est possible pour tout polycylindre ouvert dont *toutes les composantes, sauf peut-être une, sont simplement connexes*. C'est ce résultat que nous désignerons ici sous le nom de *théorème de Cousin*. [En réalité, Cousin avait cru démontrer son théorème pour tous les polycylindres ouverts; c'est Gronwall qui a signalé la restriction nécessaire relative à la simple connexion des composantes (*Amer. Math. Soc. Trans.*, 18, 1917).]

Depuis Cousin, on a cherché à étendre ce théorème à des domaines plus généraux ([4]); on sait aujourd'hui qu'il n'est pas valable pour n'importe quel domaine, mais la recherche systématique des domaines pour lesquels il est valable est un problème difficile que nous laisserons de côté. D'ailleurs les résultats que nous obtiendrons, dans ce Mémoire, sur les idéaux de fonctions holomorphes, permettront, en modifiant légèrement l'énoncé du problème, de le résoudre pour des domaines très généraux (*voir* § XII).

2. Voici une conséquence bien connue du théorème de Cousin. Appelons, dans un domaine D, *variété analytique complexe à $n-1$ dimensions* ([5]) tout ensemble E de points qui peut, au voisinage de chaque point a de D, être défini par une équation $f_a(x_1, \ldots, x_n) = 0$, f_a étant une fonction holomorphe au voisinage de a et non identiquement nulle (le cas où $f_a \neq 0$ au point a n'est pas exclu). On sait que la fonction f_a peut être choisie de manière que toute fonction holomorphe au voisinage de a et qui s'annule identiquement sur E (au voisinage de a) appartienne à l'idéal de base f_a, c'est-à-dire soit de la forme φf_a, φ étant holomorphe au point a; lorsque f_a est ainsi choisie, toute fonction holomorphe

---

([4]) *Voir* par exemple H. Cartan, *Comptes rendus*, 199, 1934, pp. 1284-1287; K. Oka, *Journ. of Sc. of the Hirosima Univ.*, Series A, vol. 6, 1936, pp. 245-255 et vol. 7, 1937, pp. 115-130; H. Behnke, *Jahresbericht der D. Math. Verein.*, 47, 1937, pp. 177-192. *Voir* aussi P. Thullen, *Math. Ann.*, 111, 1935, pp. 137-157.

([5]) Il s'agit de dimensions *complexes*; une telle variété est un sous-ensemble à $2n-2$ dimensions de l'espace de n variables complexes considéré comme espace réel à $2n$ dimensions.

en un point x assez voisin de a, et qui s'annule identiquement sur E au voisinage de x, a la forme φf_a, φ étant holomorphe au point x. L'ensemble des f_a ainsi associées aux divers points a de D constitue donc une « donnée de Cousin »; par suite, si D est un polycylindre dont toutes les composantes (sauf peut-être une) sont *simplement connexes*, il existe une fonction f, *holomorphe dans* D, qui s'annule en tous les points de E et en ceux-là seulement, et qui jouit de la propriété précise que toute fonction, qui est holomorphe dans D et s'annule identiquement sur E, est *divisible* par f, c'est-à-dire a la forme φf, φ étant holomorphe dans D.

Une autre conséquence du théorème de Cousin, moins connue, est la suivante : E désignant une variété analytique complexe à $n-1$ dimensions (dans un polycylindre D dont toutes les composantes, sauf peut-être une, sont simplement connexes), on peut se donner arbitrairement, sur E, les valeurs d'une fonction *holomorphe dans* D, pourvu que ces valeurs constituent la trace, sur E, d'une fonction holomorphe *au voisinage de* E. D'une façon plus précise et plus générale : si, à chaque point x de E, on associe une fonction f_x holomorphe au voisinage de x, et cela de manière que tout point a de E possède un voisinage V tel que, pour tout point x de E situé dans V, f_x et f_a soient égales en tout point de E suffisamment voisin de x, alors il existe une fonction f *holomorphe dans* D, telle que, pour tout point x de E, f et f_x soient égales en tout point de E suffisamment voisin de x. Ce théorème n'est qu'un cas particulier d'un théorème qui sera démontré plus loin (§ V, théorème I).

3. Pour ce théorème, comme pour le théorème de Cousin, le principe de la démonstration est le suivant : pour passer de *données locales* à une *existence globale*, on procède à des assemblages successifs de morceaux, et ceci successivement dans les plans des n variables complexes; c'est ainsi que Cousin lui-même avait procédé. Chaque stade d'assemblage consiste en ce que nous appellerons une *opération élémentaire*. Voici par exemple en quoi consiste l'opération élémentaire qui conduit au théorème de Cousin :

Étant donnés deux polycylindres compacts [6] Δ' et Δ'', qui ont respectivement mêmes composantes dans les plans des $n-1$ dernières variables complexes, et dont l'intersection $\Delta' \cap \Delta''$ est *simplement connexe*, étant donnée d'autre part une fonction $f(x)$ holomorphe et $\neq 0$ en tout point de $\Delta' \cap \Delta''$, il s'agit de

(6) C'est-à-dire *bornés* et *fermés*. Pour qu'un polycylindre

$$x_1 \in \delta_1, \quad \ldots, \quad x_n \in \delta_n$$

soit compact, il faut et il suffit que ses composantes $\delta_1, \ldots, \delta_n$ soient compactes. Pour qu'il soit simplement connexe, il faut et il suffit que ses composantes soient simplement connexes. Quand nous parlons d'un ensemble plan (ouvert ou compact) *simplement connexe*, nous ne sous-entendons pas qu'il soit connexe; nous voulons seulement dire que son complémentaire est connexe.

mettre cette fonction f sous la forme d'un quotient $\frac{f'}{f''}$, f' étant holomorphe et $\neq 0$ en tout point de Δ', et f'' étant holomorphe et $\neq 0$ en tout point de Δ''. Ce problème est *toujours possible* ([7]); l'affirmation de cette possibilité sera désormais désignée sous le nom de *lemme de Cousin*.

4. Les résultats de Cousin, nous l'avons rappelé, permettent l'étude *globale* des variétés analytiques complexes à $n-1$ dimensions de l'espace à n dimensions, ainsi que l'étude globale des fonctions holomorphes sur ces variétés. Mais rien ne semble avoir été tenté pour *l'étude globale des variétés analytiques complexes à un nombre quelconque de dimensions*. Nous nous proposons, dans ce travail, de combler partiellement cette lacune. Analysons de plus près le problème : nous dirons que, dans un domaine D, un ensemble E est une variété analytique complexe (ou, plus brièvement, une variété analytique) si chaque point a de D possède un voisinage dans lequel l'ensemble E peut être défini comme l'ensemble des zéros communs à un nombre fini de fonctions holomorphes. Une telle variété peut-elle être définie *globalement* comme l'ensemble des zéros communs à un nombre fini, ou même infini, de fonctions *holomorphes dans* D ? Nous donnerons une réponse partielle à cette question (§§ IX, X et XII). Voici un autre problème : étant donné une variété analytique E dans D, et, en chaque point x de E, une fonction f_x holomorphe en ce point, de manière que tout point a de E possède un voisinage V tel que, pour tout point x de l'intersection $E \cap V$, f_x et f_a soient égales en tout point de E suffisamment voisin de x, existe-il une fonction *f holomorphe dans* D et qui, au voisinage de tout point x de E, coïncide sur E avec la fonction f_x relative à ce point ? Nous étudierons, au paragraphe V, ce problème dans un cas qui se révélera important ensuite (*voir* §§ IX et X).

Suivant une idée de K. Oka ([8]), l'étude d'une fonction holomorphe dans un domaine quelconque (pourvu que ce soit un domaine total d'existence) se ramène, en définitive, à celle d'une fonction holomorphe sur une variété analytique d'un polycylindre compact et simplement connexe (situé dans un espace à un nombre assez grand de dimensions). Or le cas de ces variétés pourra précisément être traité par les méthodes du présent Mémoire (*voir* § X). C'est d'ailleurs dans ce but que j'ai été amené, il y a quelques années, à entreprendre systématiquement *l'étude globale des idéaux de fonctions holomorphes*, alors que le seul cas étudié jusqu'à présent était celui, très particulier, des idéaux qui possèdent une base formée d'une fonction unique (cas étudié par Cousin).

([7]) Pour le voir, on considère la fonction $\log f(x)$, qui est holomorphe et uniforme dans un voisinage de $\Delta' \cap \Delta''$; considérée comme fonction de x_1, on lui applique la formule intégrale de Cauchy.

([8]) *Voir* les Mémoires cités dans la note ([4]). Cette idée sera exposée au paragraphe X du présent travail.

II. — Idéaux de fonctions holomorphes ; modules de fonctions holomorphes à valeurs dans l'espace à q dimensions.

5. Un *idéal* de fonctions holomorphes est, conformément aux définitions générales en usage en Algèbre, un ensemble $\mathfrak{I}$ de fonctions holomorphes satisfaisant aux deux conditions suivantes : 1° la somme de deux fonctions de $\mathfrak{I}$ est une fonction de $\mathfrak{I}$; 2° le produit d'une fonction de $\mathfrak{I}$ par une fonction holomorphe quelconque appartient à $\mathfrak{I}$. Ces deux conditions s'expriment en une seule : quelles que soient les fonctions $f_1, \ldots, f_p$, en nombre fini, de l'idéal $\mathfrak{I}$, toute combinaison linéaire $c_1 f_1 + \ldots + c_p f_p$ à coefficients holomorphes appartient à $\mathfrak{I}$.

Mais la définition précédente reste vague si l'on ne précise pas dans quelle région sont envisagées les fonctions. La notion d'idéal sera toujours relative à un ensemble E déterminé de l'espace à n dimensions complexes. Un *idéal sur* E sera, par définition, un idéal de l'anneau $\mathcal{O}_E$ des fonctions *holomorphes sur* E; j'appelle fonction holomorphe sur E toute fonction définie et holomorphe dans un voisinage de E (ce voisinage n'étant pas fixé à l'avance, mais dépendant de la fonction); deux fonctions sont considérées comme *identiques* s'il existe un voisinage de E dans lequel elles coïncident. Un cas particulier est celui où l'ensemble E est réduit à un point; un idéal de l'anneau $\mathcal{O}_E$ correspondant s'appellera un *idéal ponctuel*.

6. Une famille $\mathcal{F}$ quelconque de fonctions holomorphes sur E *engendre* un idéal : l'ensemble des combinaisons linéaires finies de fonctions de $\mathcal{F}$, à coefficients dans $\mathcal{O}_E$, forme en effet un idéal sur E, et c'est le plus petit idéal contenant $\mathcal{F}$. On appelle *base* d'un idéal sur E, tout système *fini* de fonctions de $\mathcal{O}_E$ qui engendre l'idéal. On ignore si un idéal quelconque possède une base; mais on sait qu'un idéal *ponctuel* possède toujours une base [9].

Parmi les idéaux sur E, signalons l'idéal-zéro, réduit à la seule fonction identiquement nulle, et l'idéal-unité, identique à $\mathcal{O}_E$. Le premier a une base formée de la fonction zéro, le second une base formée de la fonction 1 (constante un).

Toute fonction holomorphe sur E peut être considérée comme une fonction holomorphe sur n'importe quel ensemble E' contenu dans E. Il en résulte que *tout idéal sur* E *engendre un idéal sur* E', lorsque $E' \subset E$; il importe de ne pas confondre ces deux idéaux : le second se compose de toutes les combinaisons linéaires finies, à *coefficients holomorphes sur* E', des fonctions du premier idéal. Ainsi, un idéal sur E porte en puissance une foule d'idéaux, un sur

(9) *Cf.* Rückert, *Math. Annalen*, 107, 1933, pp. 259-281. Le lecteur trouvera une démonstration de ce résultat dans l'Appendice I du présent travail.

chaque sous-ensemble de E. Sauf au paragraphe XII, nous ne considérerons que des idéaux sur des polycylindres (ouverts ou compacts); les idéaux ponctuels rentrent dans cette catégorie.

7. Nous aurons besoin d'une notion plus générale que celle d'idéal sur un ensemble E. L'entier q étant donné une fois pour toutes, considérons les systèmes de q fonctions holomorphes sur E; un tel système définit, si l'on veut, une fonction holomorphé sur E, mais à valeurs non plus dans le corps des nombres complexes, mais dans l'espace à q dimensions complexes; pour abréger, nous dirons : *fonction à q dimensions*. Les fonctions à q dimensions, holomorphes sur E, forment un *module* $\mathcal{O}_E^q$ sur l'anneau $\mathcal{O}_E$: la somme de deux éléments F et G de $\mathcal{O}_E^q$ se définit d'une manière évidente, et le « produit » d'un élément F de $\mathcal{O}_E^q$ par un élément f de $\mathcal{O}_E$ est, par définition, l'élément de $\mathcal{O}_E^q$ dont les q composantes (qui sont des éléments de $\mathcal{O}_E$) sont les produits par f des q composantes de F. D'une manière générale, nous appellerons *module à q dimensions sur* E tout sous-module du module $\mathcal{O}_E^q$, c'est-à-dire tout sous-ensemble $\mathfrak{M}$ de $\mathcal{O}_E^q$ tel que : 1° la somme de deux éléments de $\mathfrak{M}$ appartienne à $\mathfrak{M}$; 2° le produit d'un élément de $\mathfrak{M}$ par un élément quelconque de $\mathcal{O}_E$ appartienne à $\mathfrak{M}$.

Les notions indiquées ci-dessus pour les idéaux s'étendent immédiatement aux modules : *module engendré* (par un système de fonctions à q dimensions), *base* d'un module, module engendré sur E' par un module sur E (lorsque $E' \subset E$), module ponctuel. On sait que *tout module ponctuel possède une base finie*. Ce « théorème de la base finie » sera étendu, au paragraphe IX, à toute une catégorie de modules sur des polycylindres compacts.

Nous utiliserons les notations suivantes : $\mathfrak{M}$ désignant un module sur E, et x un point de E, $\mathfrak{M}_x$ désignera le module engendré par $\mathfrak{M}$ sur l'ensemble réduit au point x; Δ désignant un ensemble contenu dans E, $\mathfrak{M}_\Delta$ désignera le module engendré par $\mathfrak{M}$ sur Δ.

III. — Généralisation du lemme de Cousin.

8. Avant de voir comment la notion de « donnée de Cousin » (*voir* I, 1) peut se généraliser aux idéaux et aux modules généraux, commençons par indiquer une généralisation du « lemme de Cousin » (I, 3) qui permettra, au paragraphe IX, d'établir les résultats fondamentaux. Le « problème élémentaire » à résoudre est maintenant le suivant :

Étant donnés deux polycylindres compacts Δ' et Δ'', qui ont mêmes composantes dans les plans des variables $x_2, \ldots, x_n$ (mais non dans le plan de x_1), et dont l'intersection Δ est *simplement connexe* ([6]), on suppose donnée une matrice carrée X (à p lignes et p colonnes, p étant un entier quelconque) dont les éléments sont des fonctions holomorphes sur Δ, et dont le déterminant est $\neq 0$ en tout point de Δ; pour abréger, nous dirons : une matrice *holomorphe et inversible sur* Δ. Il s'agit de *mettre cette matrice* X *sous la forme d'un produit* $X'.X''^{-1}$, X' *étant une matrice holomorphe et inversible sur* Δ' *et* X'' *une matrice holomorphe et inversible sur* Δ''.

Pour $p = 1$, on retombe sur le problème élémentaire de Cousin (I, 3). Pour p quelconque, *le problème a toujours une solution* : c'est là un résultat que j'ai établi dans un Mémoire antérieur [10], et qui jouera un rôle essentiel dans la démonstration du théorème fondamental du présent travail (§ IX). Ce résultat sera désigné, dans la suite de ce paragraphe, sous le nom de « lemme de Cousin généralisé ».

Nous ne le démontrerons pas à nouveau. Signalons seulement ici que la démonstration est beaucoup plus délicate pour p quelconque que pour $p = 1$ (cas du lemme de Cousin proprement dit), et qu'il ne servirait à rien de prendre le logarithme de la matrice étudiée X, parce que l'on n'a pas en général $e^{A+B} = e^{A}.e^{B}$ lorsque A et B sont des matrices à p lignes et p colonnes ($p > 1$).

9. Voyons maintenant quel parti immédiat l'on peut tirer du « lemme de Cousin généralisé ». Ici se présente une difficulté qui n'existait pas pour $p = 1$: si un idéal $\mathcal{I}$ sur Δ possède deux bases formées chacune de p fonctions, *il n'est pas certain que l'on puisse passer de l'une à l'autre par une substitution linéaire à coefficients holomorphes sur* Δ *et de déterminant* $\neq 0$ *en tout point de* Δ [11]. Mais cette difficulté peut être tournée, grâce au résultat suivant :

LEMME I. — *Si, sur un ensemble* E *quelconque, on a deux bases*

$$f_1, \quad \ldots, \quad f_{p'} \quad \text{et} \quad g_1, \quad \ldots, \quad g_{p''}$$

d'un même module sur E (module à un nombre quelconque q de dimensions; les fonctions f_i et g_j prennent donc leurs valeurs dans l'espace à q dimensions), *on peut passer de la base formée des* $p' + p''$ *fonctions*

$$f_1, \quad \ldots, \quad f_{p'} \quad \text{et} \quad F_1, \quad \ldots, \quad F_{p''} \quad (\text{où les } F_j \text{ sont identiquement nulles})$$

à la base formée des $p' + p''$ *fonctions*

$$g_1, \quad \ldots, \quad g_{p''} \quad \text{et} \quad G_1, \quad \ldots, \quad G_{p'} \quad (\text{où les } G_i \text{ sont identiquement nulles})$$

par une substitution linéaire à coefficients holomorphes sur E, *de déterminant* $\neq 0$ *en tout point de* E.

---

[10] Sur les matrices holomorphes de n variables complexes (*Journal de Math.*, 9e série, 19, 1940, pp. 1-26); *voir* pp. 9 et suivantes.

[11] Dans le Mémoire cité dans la note [10], j'ai donné l'exemple d'un polycylindre Δ simplement connexe de l'espace à $n = 3$ dimensions, et de deux bases formées chacune de $p = 2$ fonctions holomorphes sur Δ, qui engendrent le même idéal, mais sont telles que le passage de l'une à l'autre ne puisse s'effectuer par une matrice holomorphe et inversible sur Δ (*voir* pp. 24-26 de ce Mémoire).

La démonstration se trouve pages 16-17 du Mémoire déjà cité; elle est donnée dans le cas de deux idéaux, mais est valable pour des modules à un nombre quelconque de dimensions sans qu'il y ait un seul mot à changer.

En combinant ce résultat avec le « lemme de Cousin généralisé », on obtient aussitôt [*voir* p. 15 du Mémoire cité dans la note ([10])] :

Lemme II. — *Soient deux polycylindres compacts* Δ' *et* Δ'' *qui ont mêmes composantes dans les plans de toutes les variables sauf une, et dont l'intersection* Δ *est simplement connexe. Si deux modules de bases finies* (à un même nombre q de dimensions) $\mathfrak{M}'$ *sur* Δ', *et* $\mathfrak{M}''$ *sur* Δ'', *engendrent, sur* Δ, *le même module, alors il existe un module* $\mathfrak{M}$ *de base finie sur la réunion* $\Delta' \cup \Delta''$, *qui engendre* $\mathfrak{M}'$ *sur* Δ' *et* $\mathfrak{M}''$ *sur* Δ''. On peut préciser : si $\mathfrak{M}'$ possède une base de p' fonctions et $\mathfrak{M}''$ une base de p'' fonctions, il est possible de donner à $\mathfrak{M}$ une base de $p' + p''$ fonctions.

Tels sont les résultats préliminaires que mon Mémoire antérieur ([10]) avait pour but d'établir et qui nous serviront de point de départ dans l'étude des problèmes fondamentaux dont nous allons parler maintenant.

IV. — Problèmes fondamentaux relatifs aux systèmes cohérents de modules ponctuels.

10. Il s'agit d'abord de généraliser la notion de « donnée de Cousin » exposée au paragraphe I (n°1). Une donnée de Cousin, c'est en somme la donnée d'idéaux ponctuels (un idéal ponctuel en chaque point du domaine envisagé) qui satisfont à une condition de *cohérence* qui a été indiquée explicitement, mais ceci dans le cas particulier où les idéaux ponctuels donnés ont chacun une *base formée d'une seule fonction*. Définissons maintenant la notion générale de *système cohérent d'idéaux ponctuels*, ou même de *modules ponctuels*.

Définition. — Soit E un ensemble quelconque de l'espace à n dimensions complexes, et soit q un entier $\geqq 1$ donné une fois pour toutes. Supposons qu'à chaque point x de E ait été attaché un module $\mathfrak{M}_x$ (à q dimensions) de fonctions *holomorphes au point* x. Nous dirons que les modules ponctuels $\mathfrak{M}_x$ forment un *système cohérent*, si tout point a de E possède un voisinage V sur lequel existe un module (à q dimensions) qui, en tout point x de l'intersection $E \cap V$, engendre le module ponctuel $\mathfrak{M}_x$.

Remarque. — On sait ([12]) que si deux modules, sur un voisinage d'un point a, engendrent, au point a, le même module ponctuel, ils engendrent aussi le même module ponctuel en tout point x suffisamment voisin de a. Comme

([12]) *Voir*, à la fin de ce travail, l'Appendice I (2e corollaire du théorème α).

d'autre part tout module ponctuel a une base finie ([9]), on voit que si un système de modules ponctuels est *cohérent*, tout point a de E possède un voisinage W sur lequel existe un nombre *fini* de fonctions holomorphes qui engendrent le module $\mathfrak{M}_x$ en tout point x de $E \cap W$.

Définissons encore la notion de *module associé* à un système cohérent de modules ponctuels $\mathfrak{M}_x$ sur E : c'est le module des fonctions, holomorphes sur E, qui appartiennent à $\mathfrak{M}_x$ en tout point x de E. Enfin, nous appellerons *module associé à un module* $\mathfrak{M}$ (sur E) le module associé au système cohérent des modules ponctuels $\mathfrak{M}_x$ engendrés par $\mathfrak{M}$ aux différents points x de E. Le module associé à $\mathfrak{M}$ contient évidemment $\mathfrak{M}$.

11. La notion de « donnée de Cousin » étant ainsi généralisée par celle de *système cohérent*, comment peut-on espérer généraliser le théorème de Cousin ? Pour simplifier, nous nous bornerons, pour le moment, au cas des polycylindres *compacts* et *simplement connexes*; de ce cas, on peut espérer passer à celui des polycylindres *ouverts* et simplement connexes, grâce à un passage à la limite convenable. Comme ce passage à la limite présente des difficultés supplémentaires, nous ne nous en occuperons pas tout d'abord.

Cela dit, un des premiers problèmes qui se posent est le suivant :

Problème I. — *Étant donné, sur un polycylindre compact et simplement connexe* Δ ([13]), *un système cohérent de modules ponctuels* $\mathfrak{M}_x$, *existe-t-il, sur* Δ, *un module qui engendre* $\mathfrak{M}_x$ *en chaque point* x *de* Δ ?

Il est clair que si le problème I a une solution, le module associé au système cohérent est aussi une solution du problème; mais il n'est pas certain, *a priori*, que ce soit la seule. On est ainsi amené à se poser un problème d'*unicité* qui n'était pas à considérer dans le cas d'une « donnée de Cousin »; le voici :

Problème II. — *Si deux modules* $\mathfrak{M}$ *et* $\mathfrak{N}$ (au même nombre q de dimensions) *sur un même polycylindre* Δ *engendrent, en chaque point de* Δ, *le même module ponctuel, s'ensuit-il nécessairement que* $\mathfrak{M}$ *et* $\mathfrak{N}$ *soient identiques* ?

Or une analyse détaillée (que nous ne donnons pas ici) montre que si l'on savait résoudre par l'affirmative le problème II pour tous les modules *de base finie*, alors on pourrait, grâce au lemme II (§ III, n° 9), par des assemblages successifs de morceaux, résoudre par l'affirmative le problème I. Il semble donc que tout l'effort doive être porté sur le problème II. Or on voit aussitôt qu'il suffirait de savoir résoudre le :

([13]) La notation Δ désignera désormais toujours un polycylindre compact.

PROBLÈME III. — *Soit $\mathfrak{M}$ un module (à q dimensions) sur Δ. Si une fonction f (à q dimensions) est holomorphe sur Δ, et si, en chaque point x de Δ, elle appartient au module $\mathfrak{M}_x$ engendré par $\mathfrak{M}$ en ce point, s'ensuit-il nécessairement que la fonction f appartienne au module $\mathfrak{M}$?*

Ce problème peut encore se formuler comme suit : peut-on affirmer que *le module associé à $\mathfrak{M}$ est contenu dans $\mathfrak{M}$* ? Comme ce module associé contient évidemment $\mathfrak{M}$, la solution du problème III signifierait que tout module est identique à son associé.

Or, pour étudier le problème III, on peut se borner au cas où le module $\mathfrak{M}$ a une *base finie*, car *tout module $\mathfrak{M}$, sur un ensemble compact* E, *contient un sous-module de base finie qui engendre, en chaque point x de* E, *le même module ponctuel $\mathfrak{M}_x$* ([14]).

Mais, même dans le cas où $\mathfrak{M}$ a une base finie, la solution du problème III n'apparait pas clairement. Prenons par exemple l'idéal $\mathcal{I}$ engendré, sur Δ, par p fonctions holomorphes $f_1, \ldots, f_p$ qui ne s'annulent simultanément en aucun point de Δ; la constante 1 appartient à l'idéal associé, mais il n'est pas évident qu'elle appartienne à $\mathcal{I}$, c'est-à-dire que l'on ait une identité

$$\sum_{k=1}^{p} a_k f_k = 1$$

à coefficients a_k *holomorphes sur* Δ. Il en est pourtant ainsi pour cet exemple particulier [*voir* la démonstration au paragraphe VI (n° 20) : corollaire du théorème II].

12. Si on analyse le problème III dans le cas général, on voit qu'il se ramène à un *problème élémentaire* que voici :

Soient Δ' et Δ'' deux polycylindres compacts qui ont mêmes composantes dans les plans de toutes les variables complexes sauf une. Soient $f, f_1, \ldots, f_p$ des fonctions (à q dimensions) holomorphes sur la réunion $\Delta' \cup \Delta''$ (que l'on peut supposer simplement connexe); supposons que l'on ait, sur Δ', une identité

$$f = \sum_k a'_k f_k$$

([14]) Voici comment on démontre ce fait : tout point a de E possède un voisinage ouvert V dans lequel existe un système *fini* de fonctions de $\mathfrak{M}$ qui, en chaque point x de $E \cap V$, engendrent le module $\mathfrak{M}_x$. Recouvrons E avec un nombre *fini* de tels voisinages (ce qui est possible d'après le théorème de Borel-Lebesgue), et réunissons les systèmes finis de fonctions qui leur correspondent. On obtient un système fini de fonctions de $\mathfrak{M}$, et ce système engendre $\mathfrak{M}_x$ en tout point x de E.

à coefficients a'_k holomorphes sur Δ', et, sur Δ'', une identité

$$f=\sum_k a''_k f_k$$

à coefficients a''_k holomorphes sur Δ''. Peut-on conclure de là à l'existence d'une identité

$$f=\sum_k a_k f_k$$

à coefficients a_k holomorphes sur la réunion $\Delta'\cup\Delta''$?

Si ce « problème élémentaire » pouvait être résolu par l'affirmative, le problème III pourrait être résolu affirmativement, donc aussi les problèmes I et II. Or, pour aborder le « problème élémentaire », on est conduit aux considérations suivantes : posons $a'_k - a''_k = c_k$; les fonctions c_k sont holomorphes sur l'intersection $\Delta'\cap\Delta''$ et y satisfont à l'identité

$$\sum_k c_k f_k = 0.$$

Considérons, sur tout ensemble E sur lequel les f_k sont holomorphes, le module (à p dimensions) des systèmes de p fonctions c_k (holomorphes sur E) qui satisfont à l'identité précédente; soit $\mathfrak{M}(f_k, \mathrm{E})$ ce module. Et posons-nous le problème suivant :

Problème IV. — *Soient p fonctions holomorphes f_k (à un nombre quelconque q de dimensions) sur un polycylindre compact et simplement connexe Δ. Est-ce que le module $\mathfrak{M}(f_k, \Delta)$ a une base finie, et est-ce qu'il engendre, sur tout polycylindre compact* E *contenu dans Δ, le module $\mathfrak{M}(f_k, \mathrm{E})$? En particulier, engendre-t-il $\mathfrak{M}(f_k, \mathrm{E})$ lorsque* E *est réduit à un point?*

Si l'on savait répondre affirmativement au problème IV, on saurait du même coup résoudre le « problème élémentaire » ci-dessus. Voici comment. On aurait, sur $\Delta'\cap\Delta''$,

$$a'_k - a''_k = c_k = \sum_\alpha \lambda_\alpha C_{k\alpha},$$

les λ_α étant holomorphes sur $\Delta'\cap\Delta''$, et les $C_{k\alpha}$ sur $\Delta'\cup\Delta''$, avec les identités

$$\sum_k C_{k\alpha} f_k = 0 \qquad \text{pour tout } \alpha.$$

Or, d'après un théorème classique, les λ_α peuvent se mettre sous la forme

$$\lambda_\alpha = \lambda'_\alpha - \lambda''_\alpha,$$

les λ_α étant holomorphes sur Δ', et les λ''_α sur Δ''. En posant

$$c'_k = \sum_\alpha \lambda'_\alpha C_{k\alpha}, \qquad c''_k = \sum_\alpha \lambda''_\alpha C_{k\alpha},$$

on obtient des c'_k holomorphes sur Δ' et y satisfaisant à $\sum_k c'_k f_k = 0$, des c''_k holomorphes sur Δ'' et y satisfaisant à $\sum_k c''_k f_k = 0$, et l'on a, sur $\Delta' \cap \Delta''$,

$$a'_k - a''_k = c'_k - c''_k.$$

Les fonctions a_k égales, sur Δ', à $a'_k - c'_k$, et, sur Δ'', à $a''_k - c''_k$, sont holomorphes sur la réunion $\Delta' \cup \Delta''$ et y satisfont à

$$f = \sum_k a_k f_k,$$

ce qui résout le « problème élémentaire ».

13. Ainsi, tout l'effort doit se porter, semble-t-il, sur le problème IV, dont la solution entraînerait celle de tous les autres. Or le problème IV soulève une *question préliminaire* : les f_k étant holomorphes sur Δ, associons à chaque point x de Δ le module ponctuel $\mathfrak{M}(f_k, x)$ formé des systèmes de p fonctions c_k (holomorphes au point x) telles que $\sum_k c_k f_k = 0$; *ces modules ponctuels forment-ils un système cohérent?* Or c'est là une question que je ne suis pas encore parvenu à résoudre. Serait-elle résolue, que le problème IV ne le serait pas encore; pour y parvenir, on aurait besoin de la solution du problème I, de sorte que les idées qui viennent d'être exposées ont l'air de conduire à un cercle vicieux! En fait, le cercle vicieux peut être évité par une récurrence subtile et compliquée, que je n'exposerai pas ici puisque la question préliminaire est encore pendante.

Si j'ai tenu néanmoins à indiquer les idées qui permettent de relier les différents problèmes les uns aux autres, c'est pour familiariser le lecteur avec des idées et des méthodes que nous utiliserons dans la suite de ce travail. Il nous reste maintenant à entrer dans le détail technique des notions et des théorèmes qui nous conduiront à une solution partielle des problèmes posés.

V. — Modules purs, modules parfaits.

14. Le problème II du paragraphe précédent nous conduit à poser la définition suivante :

Définition. — *Un module $\mathfrak{M}$ (à q dimensions) sur un polycylindre* D *(compact ou ouvert) est dit* PARFAIT *si, pour tout polycylindre compact* Δ *contenu dans* D, *tout module à q dimensions* (*sur* Δ) *qui engendre en chaque point* x *de* Δ *le* module $\mathcal{M}_x$, *est identique au module* $\mathcal{M}_\Delta$. [Conformément aux notations adoptées, $\mathcal{M}_x$ désigne le module engendré par $\mathcal{M}$ au point x, et $\mathcal{M}_\Delta$ le module engendré par $\mathcal{M}$ sur Δ.]

Un module parfait sur D engendre évidemment un module parfait sur tout polycylindre D′ (compact ou ouvert) contenu dans D. D'autre part, *un module parfait* $\mathcal{M}$ *sur un polycylindre compact* Δ *possède une base finie*, puisqu'il existe, sur Δ, un module de base finie qui engendre $\mathcal{M}_x$ en tout point x de Δ [*cf.* § IV, note (14)], module qui est nécessairement identique à $\mathcal{M}$ puisque $\mathcal{M}$ est parfait.

Enfin, si $\mathcal{M}$ est parfait sur D, alors, sur tout polycylindre compact Δ contenu dans D, le module $\mathcal{M}_\Delta$ est *identique à son associé*, puisque ce dernier engendre $\mathcal{M}_x$ en tout point x de Δ.

Définition. — *Un module* $\mathcal{M}$ *sur un polycylindre* D (*compact ou ouvert*) *est dit* pur *si, pour tout polycylindre compact* Δ *contenu dans* D, *le module* $\mathcal{M}_\Delta$ *est identique à son associé*. Il est clair qu'un module pur sur D engendre, sur tout polycylindre D′ contenu dans D, un module pur.

D'après ce qui précède, tout module parfait est pur. J'ignore si la réciproque est exacte (*voir*, à ce sujet, le lemme IV, § VII, n° 22); il se peut même que tous les modules soient parfaits. Mais, dans l'ignorance de ce fait, j'ai été obligé d'introduire les notions précédentes.

15. Nous allons résoudre, pour tous les *modules purs*, un problème qui a été soulevé dans l'introduction (§ I, n° 2).

Théorème I. — *Soit* $\mathcal{M}$ *un module pur* (*à q dimensions*) *sur un polycylindre* D (*compact ou ouvert*). *Supposons attachée, à chaque point* x *de* D, *une fonction* f_x (*à q dimensions*) *holomorphe au point* x, *et cela de manière que tout point a de* D *possède un voisinage* V *satisfaisant aux conditions suivantes :* 1° f_a *est holomorphe sur* V; 2° *pour tout point* x *de* D $\cap$ V, *la différence* $f_a - f_x$ *appartient, au point* x, *au module* $\mathcal{M}_x$ *engendré par* $\mathcal{M}$. *Dans ces conditions, il existe une fonction* f (*à q dimensions*) *holomorphe sur* D, *et telle que, pour tout point* x *de* D, *la différence* $f - f_x$ *appartienne, en ce point, au module* $\mathcal{M}_x$.

Corollaire. — $\mathcal{J}$ étant un idéal *pur* sur D, désignons par A la variété de cet idéal, c'est-à-dire l'ensemble des zéros communs à toutes les fonctions de $\mathcal{J}$. Si une fonction φ est définie et holomorphe sur un voisinage de A, il existe une fonction f *holomorphe sur* D et *égale à* φ *en tout point de* A.

Nous allons démontrer le théorème I en supposant d'abord D *compact*. D'après l'hypothèse, et en vertu du théorème de Borel-Lebesgue, on peut recouvrir D avec un nombre fini d'ensembles ouverts V_i, et associer à chaque V_i une fonction g_i (à q dimensions, holomorphe dans V_i), de manière que, pour tout x de D qui appartient à V_i, la différence $f_x - g_i$ appartienne, au point x, au module $\mathfrak{M}_x$. Il en résulte qu'on peut recouvrir chaque composante δ_k de $D(k=1, \ldots, n)$ avec un nombre fini d'ensembles compacts $\delta_{ik}(i=1, 2, \ldots)$ contenus dans δ_k, et, à chaque polycylindre

$$x_1 \in \delta_{i_1 1}, \quad x_2 \in \delta_{i_2 2}, \quad \ldots, \quad x_n \in \delta_{i_n n},$$

attacher une fonction holomorphe sur ce polycylindre, telle que, pour tout point x de ce polycylindre, cette fonction soit congrue, au point x, à la fonction f_x suivant le module $\mathfrak{M}_x$. Désignons par ε_{jk} la réunion (dans le plan de la variable x_k) des j ensembles $\delta_{1k}, \ldots, \delta_{jk}$. Nous démontrerons d'abord le théorème non pour le polycylindre D, mais pour le polycylindre

$$x_1 \in \varepsilon_{j1}, \quad x_2 \in \delta_{i_2 2}, \quad \ldots, \quad x_n \in \delta_{i_n n};$$

la démonstration se fera par récurrence sur j, en prouvant que si le théorème est vrai pour le polycylindre Δ'

$$x_1 \in \varepsilon_{j-1,1}, \quad x_2 \in \delta_{i_2 2}, \quad \ldots, \quad x_n \in \delta_{i_n n},$$

et pour le polycylindre Δ''

$$x_1 \in \delta_{j1}, \quad x_2 \in \delta_{i_2 2}, \quad \ldots, \quad x_n \in \delta_{i_n n},$$

il est vrai pour leur réunion

$$x_1 \in \varepsilon_{j1}, \quad x_2 \in \delta_{i_2 2}, \quad \ldots, \quad x_n \in \delta_{i_n n}.$$

Cela fait, on voit que le théorème sera établi pour le polycylindre

$$x_1 \in \delta_1, \quad x_2 \in \delta_{i_2 2}, \quad \ldots, \quad x_n \in \delta_{i_n n}.$$

En procédant ensuite de même, successivement dans les plans des variables $x_2, \ldots, x_n$, on prouvera le théorème pour

$$x_1 \in \delta_1, \quad x_2 \in \delta_2, \quad \ldots, \quad x_n \in \delta_n,$$

c'est-à-dire pour le polycylindre D. C'est là le procédé d'assemblages successifs employé déjà par Cousin. Ainsi, on est ramené à « *l'opération élémentaire* » suivante : Δ' et Δ'' désignant deux polycylindres compacts dont toutes les composantes, sauf une, sont les mêmes, on a une fonction g' holomorphe sur Δ', une fonction g'' holomorphe sur Δ'', et cela de manière que, en tout point x de l'intersection $\Delta' \cap \Delta''$, la différence $g' - g''$ appartienne au module $\mathfrak{M}_x$. Il s'agit de fabriquer une fonction unique g, holomorphe sur la réunion $\Delta' \cup \Delta''$, congrue à g' en tout point x de Δ' (suivant $\mathfrak{M}_x$), et congrue à g'' en tout point x de Δ'' (suivant $\mathfrak{M}_x$).

Or la solution de ce problème est immédiate. Sur $\Delta' \cap \Delta''$, la différence $g' - g''$ appartient au module $\mathfrak{M}_\Delta$, puisque $\mathfrak{M}$ est *pur*. On a donc

$$g' - g'' = \sum_\alpha c_\alpha \varphi_\alpha,$$

les φ_α (en nombre fini) appartenant à $\mathfrak{M}$, et les c_α étant holomorphes sur $\Delta' \cap \Delta''$. Or on a

$$c_\alpha = c'_\alpha - c''_\alpha,$$

c'_α étant holomorphe sur Δ' et c''_α sur Δ''; d'où, sur $\Delta' \cap \Delta''$,

$$g' - \sum_\alpha c'_\alpha \varphi_\alpha = g'' - \sum_\alpha c''_\alpha \varphi_\alpha.$$

La fonction égale, sur Δ', au premier membre de cette égalité, et égale, sur Δ'', au second membre, est une fonction g holomorphe sur $\Delta' \cup \Delta''$, qui fournit une solution du problème. Le théorème I est donc démontré dans le cas où D est compact.

16. Supposons maintenant que le polycylindre D soit *ouvert*. D est réunion d'une suite croissante de polycylindres compacts D_i à chacun desquels on peut appliquer le théorème. Il existe donc, sur D_i, une fonction holomorphe g_i qui est, en chaque point x de D_i, congrue à la fonction f_x de l'énoncé, suivant le module $\mathfrak{M}_x$. Naturellement, on peut ajouter à g_i une fonction arbitraire du module $\mathfrak{M}$. Nous allons profiter de cette circonstance pour montrer que l'on peut choisir les g_i de manière à avoir

(1) $$|g_{i+1}(x) - g_i(x)| \leq \frac{1}{2^i} \quad \text{pour tout } x \text{ de } D_i.$$

En effet, supposons déjà choisies $g_1, \ldots, g_i$, et montrons qu'on peut choisir g_{i+1}. La fonction g_{i+1} étant d'abord une solution quelconque du problème relatif à D_{i+1}, la différence $g_{i+1} - g_i$ appartient au module engendré par $\mathfrak{M}$ sur D_i, puisque $\mathfrak{M}$ est pur; on a donc

$$g_{i+1} - g_i = \sum_\alpha c_\alpha \varphi_\alpha,$$

les φ_α (en nombre fini) appartenant à $\mathfrak{M}$, et les c_α étant holomorphes sur D_i. Or toute fonction holomorphe sur D_i peut être uniformément approchée par une fonction holomorphe sur D (résultat classique); si l'on applique ceci aux fonctions c_α, on voit qu'on peut retrancher de g_{i+1} une fonction du module $\mathfrak{M}$, de manière que la différence de cette nouvelle fonction et de g_i soit arbitrairement petite sur D_i. Et ceci prouve notre assertion.

Les inégalités (1) étant maintenant supposées vérifiées, il est clair que, au voisinage de tout point de D, les fonctions g_i sont définies et holomorphes, et convergent uniformément. Leur limite définit donc une fonction f *holomorphe sur* D. Cette fonction f satisfait aux conditions du théorème I [15], qui est ainsi démontré dans tous les cas.

VI. — Idéaux qui ont une base de p fonctions et dont la variété est à $n-p$ dimensions.

17. Nous dirons que la variété d'un idéal $\mathfrak{J}$ (sur un ensemble E de l'espace à n dimensions) est à $n-p$ dimensions si, en tout point x de E où s'annulent toutes les fonctions de $\mathfrak{J}$, les composantes irréductibles [16] de la variété de l'idéal ponctuel $\mathfrak{J}_x$ sont toutes à $n-p$ dimensions. En particulier, tout idéal dont la variété est *vide* (c'est-à-dire tel que ses fonctions n'aient aucun zéro commun) doit être considéré comme un idéal dont la variété a $n-p$ dimensions.

En général, p fonctions holomorphes $f_1, \ldots, f_p$ (il s'agit de fonctions à une dimension, c'est-à-dire de fonctions à valeurs complexes) engendrent un idéal dont la variété V jouit de la propriété suivante : en chaque point de V, chaque composante irréductible [16] de B a *au moins* $n-p$ dimensions. Nous supposerons désormais que $f_1, \ldots, f_p$ sont telles que chaque composante irréductible ait *exactement* $n-p$ dimensions, et ceci en tout point de V.

Nous allons démontrer le théorème suivant :

Théorème II. — *Soit, sur un polycylindre* D (*compact ou ouvert*) *de l'espace à n dimensions, un idéal* $\mathfrak{J}$ *dont la variété est à* $n-p$ *dimensions et qui possède une base formée de p fonctions. Si une fonction g, holomorphe sur* D (*et à valeurs complexes*), *appartient, en chaque point x de* D, *à l'idéal ponctuel* $\mathfrak{J}_x$ *engendré par* $\mathfrak{J}$ *au point x, alors g appartient à* $\mathfrak{J}$. Autrement dit : *l'idéal* $\mathfrak{J}$ *est identique à son associé.*

En appliquant ce théorème à tous les polycylindres compacts contenus dans D, on voit que *l'idéal* $\mathfrak{J}$ *est pur; on peut donc appliquer le théorème* I *à l'idéal* $\mathfrak{J}$.

18. Nous établirons d'abord un lemme :

Lemme III. — *Soient p fonctions* $f_1, \ldots, f_p$ (*à valeurs complexes*) *holomorphes sur un ensemble ouvert* E. *Si la variété de l'idéal* $\mathfrak{J}$ *de base* $(f_1, \ldots, f_p)$ *est à* $n-p$ *dimensions, il existe p combinaisons linéaires* $g_1, \ldots, g_p$ *de* $f_1, \ldots, f_p$,

---

[15] Nous admettons ici le résultat suivant : si une suite de fonctions, holomorphes dans un voisinage fixe d'un point x, converge uniformément dans ce voisinage, et si les fonctions de la suite appartiennent, au point x, à un même module ponctuel, la fonction limite appartient aussi à ce module. Ce fait sera établi dans l'Appendice I de ce travail (premier corollaire du théorème α).

[16] Il s'agit d'*irréductibilité en un point*. *Voir* l'Appendice II de ce travail.

à coefficients constants et linéairement indépendantes, telles que la condition suivante soit remplie : pour tout système de q fonctions distinctes ($1 \leqq q \leqq p$) prises parmi $g_1, \ldots, g_p$, la variété des zéros communs à ces q fonctions est à $n-q$ dimensions.

Considérons la proposition suivante : « moyennant l'hypothèse du lemme, il existe r combinaisons $g_1, \ldots, g_r$ de $f_1, \ldots, f_p$, à coefficients constants et linéairement indépendantes, telles que, pour tout système de q fonctions distinctes ($1 \leqq q \leqq r$) prises parmi $g_1, \ldots, g_r$, l'ensemble des zéros communs à ces q fonctions soit à $n-q$ dimensions ». Nous allons prouver cette proposition *par récurrence sur l'entier $r \leqq p$*; pour $r=p$, on obtiendra le lemme. Or la proposition est vraie pour $r=1$, car, si toutes les combinaisons linéaires (à coefficients constants) de $f_1, \ldots, f_p$ étaient identiquement nulles, $f_1, \ldots, f_p$ seraient identiquement nulles, contrairement à l'hypothèse ([17]). Supposons-la vraie pour $r-1$, et démontrons-la pour r. Soient $g_1, \ldots, g_{r-1}$ des combinaisons linéaires de $f_1, \ldots, f_p$, linéairement indépendantes, et telles que, pour tout système de q fonctions distinctes ($1 \leqq q \leqq r-1$) prises parmi elles, la variété des zéros communs soit à $n-q$ dimensions. Considérons toutes les variétés que l'on obtient ainsi, ou plutôt toutes les *composantes irréductibles* de ces variétés [il s'agit d'irréductibilité ([18]) sur l'ensemble ouvert E envisagé]. Elles forment une famille dénombrable ([18]). Pour chacune d'elles, les combinaisons linéaires de $f_1, \ldots, f_p$ qui s'annulent identiquement sur cette composante forment une variété linéaire à $p-1$ dimensions au plus. Excluons la famille dénombrable de ces variétés linéaires dans l'espace (à p dimensions) de toutes les combinaisons linéaires de $f_1, \ldots, f_p$; excluons aussi les combinaisons linéaires qui sont combinaisons de $g_1, \ldots, g_{r-1}$ seulement. Il reste des combinaisons non exclues; si g_r désigne l'une d'elles, le système $(g_1, \ldots, g_{r-1}, g_r)$ satisfait à la condition voulue, et la proposition est démontrée.

19. Le lemme III étant ainsi établi, abordons la démonstration du théorème II. Nous utiliserons le résultat suivant, relatif aux *idéaux ponctuels* : si, en un point, le produit fg de deux fonctions holomorphes appartient à un idéal, et si f ne s'annule identiquement sur aucune des composantes irréductibles de la

---

([17]) Ce raisonnement suppose implicitement que l'ensemble E est *connexe*. S'il ne l'est pas, on peut raisonner ainsi : pour chacune de ses composantes connexes, l'ensemble des combinaisons linéaires de $f_1, \ldots, f_p$ qui sont identiquement nulles sur cette composante constitue une variété linéaire à $p-1$ dimensions au plus; comme les composantes connexes forment une famille dénombrable, on doit exclure de l'espace (à p dimensions) des combinaisons linéaires une famille dénombrable de variétés linéaires à $p-1$ dimensions au plus; il reste au moins une combinaison non exclue, c'est-à-dire une combinaison qui, égalée à zéro, définit une variété analytique à $n-1$ dimensions.

([18]) *Voir* l'Appendice II de ce travail.

variété de l'idéal, alors *g appartient à l'idéal* [19]. Cela posé, nous établirons le théorème II par *récurrence sur l'entier p*. Il est vrai pour $p=1$, car si une fonction g, holomorphe sur D, est divisible par f (holomorphe sur D) en chaque point de D, g est globalement divisible par f. Supposons alors le théorème vrai pour $p-1$, et démontrons-le pour p. Soient $g_1, \ldots, g_p$ les combinaisons linéaires de $f_1, \ldots, f_p$ définies au lemme III; les fonctions $g_1, \ldots, g_p$ servent de base à l'idéal $\mathfrak{I}$. Soit $\mathfrak{J}$ l'idéal (sur D) de base $g_2, \ldots, g_p$; le théorème II s'applique à l'idéal $\mathfrak{J}$, dont la variété est à $n-p+1$ dimensions. Il reste à montrer que si une fonction g, holomorphe sur D, se met, au voisinage de chaque point x de D, sous la forme

$$(1) \qquad g=\sum_{k=1}^{p} a_x^k g_k$$

(dans a_x^k, la lettre k désigne un indice, la lettre x indique qu'il s'agit d'une fonction *holomorphe au point* x), g peut se mettre sous la forme

$$g=\sum_{k=1}^{p} a^k g_k,$$

$a^1, \ldots, a^p$ étant *holomorphes sur* D.

Or, soit V un voisinage ouvert du point x, dans lequel les a_x^k soient holomorphes et satisfassent à (1). En tout point y de $D \cap V$, la fonction $(a_x^1 - a_y^1) f_1$ appartient à l'idéal $\mathfrak{J}_y$, et par suite $a_x^1 - a_y^1$ appartient à $\mathfrak{J}_y$ (puisque f_1 ne s'annule identiquement sur aucune des compostantes irréductibles de la variété de $\mathfrak{J}_y$). On peut donc appliquer le théorème I à l'idéal pur $\mathfrak{J}$ et aux fonctions a_x^1 attachées aux divers points x de D : d'où l'existence d'une fonction a^1 *holomorphe sur* D et telle que, en tout point x de E, $a^1 - a_x^1$ appartienne à l'idéal $\mathfrak{J}_x$. Alors la différence $g - a^1 g_1$ appartient à $\mathfrak{J}_x$ en tout point x de D; et, comme le théorème à démontrer est vrai pour l'idéal $\mathfrak{J}$, il s'ensuit que $g-a^1 g_1$ est combinaison linéaire de $g_2, \ldots, g_p$ à coefficients holomorphes sur D. C. Q. F. D.

20. Signalons un cas particulier important du théorème II :

Corollaire du théorème II [20]. — *Si p fonctions $f_1, \ldots, f_p$ holomorphes sur un polycylindre* D *(compact ou ouvert), et à valeurs complexes, n'ont aucun zéro*

---

(19) Voici comment on peut démontrer ce résultat (*cf.* van der Waerden, *Moderne Algebra*, t. II, 2e éd., p. 37) : tout idéal ponctuel ayant une base finie, il s'ensuit que tout idéal ponctuel $\mathfrak{I}$ est intersection d'un nombre fini d'idéaux *primaires* $\mathfrak{I}_\alpha$ dont les variétés sont les composantes irréductibles de la variété de $\mathfrak{I}$. Par hypothèse, $fg \in \mathfrak{I}$, donc $fg \in \mathfrak{I}_\alpha$ pour tout α; il faut montrer que $g \in \mathfrak{I}_\alpha$ pour tout α. Or si $g \notin \mathfrak{I}_\alpha$, alors une puissance de f appartient à $\mathfrak{I}_\alpha$, donc f s'annule identiquement sur une des composantes irréductibles de la variété de l'idéal $\mathfrak{I}$. C. Q. F. D.

(20) *Cf.* p. 22 du Mémoire cité dans la Note (10).

commun sur D, *il existe une identité*

$$\sum_{k=1}^{p} a_k f_k = 1$$

à coefficients a_k *holomorphes sur* D.

En effet, le théorème II est applicable à l'idéal de base $(f_1, \ldots, f_p)$, et à la fonction g identique à *un*.

On peut compléter ce résultat : si *un idéal* $\mathfrak{I}$ (dont on ne suppose pas *a priori* qu'il ait une base finie) *sur un polycylindre compact* Δ *jouit de la propriété que les fonctions de* $\mathfrak{I}$ *n'ont aucun zéro commun sur* Δ, *cet idéal est l'idéal-unité*. En effet l'idéal $\mathfrak{I}$ contient un idéal de base finie qui jouit de la même propriété.

Disons tout de suite qu'on peut compléter le théorème II :

SUPPLÉMENT AU THÉORÈME II. — *Moyennant les hypothèses du théorème* II, *l'idéal* $\mathfrak{I}$ *de basc* $(f_1, \ldots, f_p)$ *est non seulement pur, mais parfait.*

Nous ne donnerons pas maintenant la démonstration de ce résultat, qui apparaîtra comme cas particulier d'un résultat plus général (§ VIII, n° 27).

VII. — Module dérivé d'un système de fonctions.

21. Soient $f_1, \ldots, f_p$ p fonctions holomorphes (à q dimensions) sur un ensemble E. En chaque point x de E, considérons les systèmes de p fonctions $c_1, \ldots, c_p$ (à valeurs complexes) *holomorphes au point* x et satisfaisant à l'identité

$$\sum_{k=1}^{p} c_k f_k = 0.$$

Chacun de ces systèmes peut être considéré comme une fonction à valeurs dans l'espace à p dimensions, et il est clair que ces systèmes forment un *module* (ponctuel) à p dimensions. Nous l'appellerons le *module dérivé*, *au point* x, du système $(f_1, \ldots, f_p)$.

DÉFINITION. — Un système de p fonctions $f_1, \ldots, f_p$ (à q dimensions), holomorphes sur un ensemble compact Δ, sera dit *faiblement dérivable sur* Δ s'il existe, sur Δ, un module $\mathfrak{M}$ (à p dimensions) qui, en chaque point x de Δ, engendre le module dérivé (au point x) du système $(f_1, \ldots, f_p)$.

Il est clair que si un système $(f_1, \ldots, f_p)$ est faiblement dérivable sur Δ, il est aussi faiblement dérivable sur tout ensemble compact contenu dans Δ. D'autre part, si $c_1, \ldots, c_p$ sont les composantes d'un élément quelconque du module $\mathfrak{M}$ de la définition précédente, on a, sur Δ, l'identité

$$\sum_{k=1}^{p} c_k f_k = 0,$$

puisque cette identité a lieu au voisinage de chaque point de Δ. On voit que : pour que $(f_1, \ldots, f_p)$ soit faiblement dérivable sur Δ, il faut et il suffit que, si $\mathfrak{T}$ désigne le module de *tous* les systèmes $(c_1, \ldots, c_p)$ holomorphes sur Δ et satisfaisant à l'identité précédente, le module $\mathfrak{T}$ engendre, en chaque point x de Δ, le module dérivé (au point x) du système $(f_1, \ldots, f_p)$.

Faisons tout de suite la remarque suivante : si un système $(f_1, \ldots, f_p)$ est faiblement dérivable sur Δ, tout système $(g_1, \ldots, g_p)$, qui se déduit du premier par une substitution linéaire à coefficients holomorphes et à déterminant $\neq 0$ en tout point de Δ, est faiblement dérivable sur Δ.

DÉFINITION. — Un système de p fonctions $f_1, \ldots, f_p$ (à q dimensions), holomorphes sur un polycylindre compact Δ, sera dit *dérivable sur* Δ s'il existe, sur Δ, un module *pur* $\mathfrak{M}$ (à p dimensions) qui, en chaque point x de Δ, engendre le module dérivé (au point x) du système $(f_1, \ldots, f_p)$.

Il est clair que si un système $(f_1, \ldots, f_p)$ est dérivable sur Δ, il est dérivable sur tout polycylindre compact contenu dans Δ. D'autre part, le module $\mathfrak{T}$ défini plus haut, contient $\mathfrak{M}$, donc est identique à $\mathfrak{M}$ si $\mathfrak{M}$ est pur; autrement dit : le module pur $\mathfrak{M}$ de la définition précédente est *unique* s'il existe; c'est le module $\mathfrak{T}$. On l'appellera alors le *module dérivé*, sur Δ, du système $(f_1, \ldots, f_p)$. On a la propriété importante que voici : *si* $(f_1, \ldots, f_p)$ *est dérivable sur* Δ, *son module dérivé engendre, sur tout polycylindre compact* Δ' *contenu dans* Δ, *le module dérivé sur* Δ'. En effet, le module dérivé sur Δ étant pur, engendre sur Δ' un module pur.

Faisons encore une remarque : par une substitution linéaire, holomorphe et inversible sur Δ, un système $(f_1, \ldots, f_p)$ *dérivable sur* Δ est transformé en un système dérivable, et les deux systèmes dérivés se déduisent l'un de l'autre par la transformation contragrédiente.

22. LEMME IV. — *Si un module pur, sur un polycylindre compact* Δ, *possède une base faiblement dérivable, ce module est parfait.*

En effet, soit $\mathfrak{M}$ un module pur sur Δ, et soit $(f_1, \ldots, f_p)$ une base de $\mathfrak{M}$, supposée faiblement dérivable sur Δ. Nous voulons montrer que si un module $\mathfrak{N}$, sur Δ, engendre en chaque point x de Δ le même module $\mathfrak{M}_x$ que $\mathfrak{M}$, $\mathfrak{N}$ est identique à $\mathfrak{M}$. Or, puisque $\mathfrak{M}$ est pur, on sait déjà que $\mathfrak{N} \subset \mathfrak{M}$. Il reste à montrer que $\mathfrak{M} \subset \mathfrak{N}$; pour cela, soit $\mathfrak{H}$ un sous-module de $\mathfrak{N}$, *ayant une base finie*, et engendrant en chaque point de Δ le même module que $\mathfrak{N}$, c'est-à-dire le module ponctuel $\mathcal{M}_x$; il suffira de montrer que $\mathcal{M} \subset \mathcal{H}$. Dans ce but nous montrerons que $\mathcal{M}$ possède une base de p fonctions dont chacune appartient à $\mathcal{H}$.

Tout d'abord, soient φ_i les fonctions (en nombre fini) qui servent de base à $\mathcal{H}$. On a des identités

$$\varphi_i = \sum_{k=1}^{p} u_{ik} f_k,$$

les u_{ik} étant holomorphes sur Δ. D'autre part, en chaque point x de Δ, la fonction f_1 (par exemple) appartient au module $\mathcal{H}_x = \mathcal{M}_x$, d'où

$$f_1 = \sum_i a_i \varphi_i,$$

les a_i étant holomorphes *au point* x. On a donc, au voisinage de x, l'identité

$$\left(\sum_i a_i u_{i1} - 1\right) f_1 + \sum_{k=2}^{p} \left(\sum_i a_i u_{ik}\right) f_k = 0.$$

Le système $(f_1, \ldots, f_p)$ étant, par hypothèse, faiblement dérivable sur Δ, il existe un nombre fini de systèmes $(c_1^\alpha, \ldots, c_p^\alpha)$ holomorphes sur Δ et y satisfaisant aux identités

$$\sum_{k=1}^{p} c_k^\alpha f_k = 0 \qquad \text{pour tout } \alpha,$$

et tels que $\sum_i a_i u_{i1} - 1$ soit combinaison linéaire des c_1^α à coefficients holomorphes au point x. Il en résulte que les fonctions u_{i1} et c_1^α ne s'annulent pas toutes au point x. Or ce raisonnement vaut pour tout point x de Δ, à cela près que les c_1^α dépendent peut-être du point x. Quoi qu'il en soit, les c_1^α appartiennent à l'idéal $\mathcal{I}$ des fonctions c_1 (holomorphes sur Δ) telles que $c_1 f_1$ appartienne à l idéal de base $(f_2, \ldots, f_p)$. Ainsi l'idéal $\mathcal{J}$, engendré par $\mathcal{I}$ et les u_{i1}, engendre, en chaque point x de Δ, l'idéal-unité; il en résulte (§ VI, n° 20, corollaire du théorème II) l'existence d'une identité

$$\sum_i A_i u_{i1} - 1 = \sum_\alpha B_\alpha c_1^\alpha,$$

où n'interviennent qu'un nombre fini de fonctions c_1^α de $\mathcal{I}$, et où les coefficients A_i et B_α sont *holomorphes sur* Δ. Alors

$$\left(\sum_i A_i u_{i1} - 1\right) f_1$$

appartient, sur Δ, à l'idéal de base $f_2, \ldots, f_p$; d'où finalement une identité de la forme

$$\sum_i A_i \varphi_i = f_1 + \sum_{k=2}^{p} \lambda_k f_k,$$

à coefficients λ_k holomorphes sur Δ. Posons

$$f_1 + \sum_{k=2}^{p} \lambda_k f_k = f'_1;$$

les fonctions $f'_1, f_2, \ldots, f_p$ constituent une base du module $\mathfrak{M}$, et *la fonction* f'_1 *appartient à* $\mathcal{H}$.

On peut recommencer le même raisonnement, f_2 prenant la place de f_1, et $f'_1, f_3, \ldots, f_p$ la place de $f_2, f_3, \ldots, f_p$. En effet, le système $(f'_1, f_2, \ldots, f_p)$ se déduit du système $(f_1, f_2, \ldots, f_p)$ par une substitution linéaire, holomorphe et inversible sur Δ; donc il est, lui aussi, faiblement dérivable. Alors on prouve l'existence d'une fonction

$$f'_2 = f_2 + \mu_1 f'_1 + \sum_{k=3}^{p} \mu_k f_k,$$

qui appartient à $\mathcal{H}$, et l'on peut prendre $f'_1, f'_2, f_3, \ldots, f_p$ comme nouvelle base de $\mathfrak{M}$. En poursuivant ainsi, l'on trouvera une base $(f'_1, f'_2, \ldots, f'_p)$ du module $\mathfrak{M}$, et chacune des fonctions de cette base appartiendra à $\mathcal{H}$. On a donc bien $\mathfrak{M} \subset \mathcal{H}$, qui démontre le lemme IV.

23. Voici encore un lemme qui nous sera utile :

LEMME V. — *Soit, sur un polycylindre* D (*compact ou ouvert*), *un module* $\mathfrak{M}$ *qui possède une base finie* $f_1, \ldots, f_p$. *Si cette base est dérivable sur tout polycylindre compact contenu dans* D, *le module* $\mathfrak{M}$ *est identique à son associé. En particulier* (en appliquant le présent lemme aux polycylindres compacts contenus dans D), *le module* $\mathfrak{M}$ *est pur, et par suite* (en appliquant le lemme IV aux polycylindres compacts contenus dans D) *parfait.*

Faisons d'abord la démonstration lorsque D est *compact*. Nous devons montrer ceci : si une fonction f, holomorphe sur D, appartient, en tout point x de D, au module $\mathfrak{M}_x$ engendré par $\mathfrak{M}$ en ce point, alors f appartient à $\mathfrak{M}$. Or, une telle fonction f étant donnée, on peut, comme lors de la démonstration du théorème I (§ V, n° 15), recouvrir chaque composante δ_k de D $(k = 1, \ldots, n)$ avec un nombre fini d'ensembles compacts δ_{ik} contenus dans δ_n, et, sur chaque polycylindre

$$x_1 \in \delta_{i_1 1}, \quad \ldots, \quad x_n \in \delta_{i_n n}.$$

trouver p fonctions holomorphes $a_1, \ldots, a_p$ (à valeurs complexes) telles que l'identité

$$f = \sum_{j=1}^{p} a_j f_j$$

ait lieu sur ce polycylindre. On utilise alors la méthode d'assemblages successifs déjà exposée (§ V) : il suffit de savoir résoudre le « problème élémentaire » suivant :

Δ' et Δ'' désignant deux polycylindres compacts dont toutes les composantes, sauf une, sont les mêmes, on a une identité

$$f = \sum_j a'_j f_j \qquad \text{sur } \Delta',$$

et une identité

$$f = \sum_j a''_j f_j \qquad \text{sur } \Delta'';$$

il s'agit d'en déduire, sur la réunion $\Delta' \cup \Delta''$, une identité

$$f = \sum_j b_j f_j$$

à coefficients holomorphes sur $\Delta' \cup \Delta''$. Or nous avons déjà indiqué au paragraphe IV (n° 12), à propos du « problème IV », comment on peut procéder. L'identité, sur $\Delta = \Delta' \cap \Delta''$,

$$\sum_j (a'_j - a''_j) f_j = 0$$

prouve que

$$a'_j - a''_j = \sum_\alpha \lambda_\alpha c_j^\alpha,$$

les c_j^α étant holomorphes sur $\Delta' \cup \Delta''$ et y satisfaisant à $\sum_j c_j^\alpha f_j \equiv 0$ pour tout α, et les λ_α étant holomorphes sur Δ. Comme on a

$$\lambda_\alpha = \lambda'_\alpha - \lambda''_\alpha,$$

λ'_α étant holomorphe sur Δ' et λ''_α sur Δ'', on a, sur Δ,

$$a'_j - \sum_\alpha \lambda'_\alpha c_j^\alpha = a''_j - \sum_\alpha \lambda''_\alpha c_j^\alpha.$$

La fonction b_j égale, sur Δ', au premier membre, et, sur Δ'', au second membre, est holomorphe sur $\Delta' \cup \Delta''$; en outre

$$f = \sum_j b_j f_j.$$

Et ceci achève la démonstration, au moins dans le cas où le polycylindre donné D est *compact*.

Lorsque D est *ouvert*, il reste à effectuer un passage à la limite. D est réunion d'une suite croissante de polycylindres compacts D_i, à chacun desquels on peut appliquer le lemme. Il existe donc des b_{ij} holomorphes sur D_i, tels que

$$f = \sum_j b_{ij} f_j \quad \text{sur } D_i.$$

Naturellement, pour chaque valeur de i, les b_{ij} ne sont pas uniques : on peut leur rajouter des c_j holomorphes sur D_i et tels que $\sum_j c_j f_j = 0$. Nous allons profiter de cette circonstance pour montrer que les b_{ij} peuvent être choisis de manière à avoir

$$(1) \qquad |b_{i+1,j}(x) - b_{ij}(x)| \leqq 2^{-i} \quad \text{pour tout } x \text{ de } D_i$$

quel que soit j.

En effet, supposons déjà choisis les b_{ij} pour $i \leqq r$, et montrons que l'on peut choisir $b_{r+1,j}$ de manière que l'on ait

$$|b_{r+1,j}(x) - b_{rj}(x)| \leqq 2^{-r} \quad \text{pour tout } x \text{ de } D_r.$$

Tout d'abord, il existe des $b_{r+1,j}$ tels que

$$f = \sum_j b_{r+1,j} f_j \quad \text{sur } D_r,$$

d'où

$$\sum_j (b_{r+1,j} - b_{rj}) f_j = 0 \quad \text{sur } D_r.$$

Puisque le système $(f_1, \ldots, f_p)$ est dérivable sur D_{r+1}, on a

$$b_{r+1,j} - b_{rj} = \sum_\alpha \lambda_\alpha c_j^\alpha,$$

les c_j^α étant holomorphes sur D_{r+1} et y satisfaisant à

$$\sum_j c_j^\alpha f_j = 0 \quad \text{pour tout } \alpha,$$

et les λ_α étant holomorphes sur D_r. Mais les λ_α peuvent être uniformément approchés, sur D_r, par des fonctions μ_α holomorphes sur D_{r+1} ; de sorte qu'en remplaçant $b_{r+1,j}$ par $b_{r+1,j} - \sum_\alpha \mu_\alpha c_j^\alpha$, on arrive à réaliser les inégalités (1) relatives à $i = r$.

Cela étant, les inégalités (1) étant maintenant supposées vérifiées pour tout i, on voit que la suite des b_{ij} $(i = 1, 2, \ldots)$ converge, lorsque $i \to \infty$, vers une fonction b_j *holomorphe sur* D; et, en passant à la limite pour $i \to \infty$, on obtient l'identité

$$f = \sum_i b_i f_i$$

valable dans D tout entier. Ceci achève la démonstration du lemme V.

VIII. — Modules dérivés d'un module donné.

24. Nous allons d'abord montrer :

Si une base finie d'un module $\mathfrak{M}$ *(sur un polycylindre compact* Δ*) est faiblement dérivable sur* D, *toute autre base finie est faiblement dérivable sur* Δ. *Si une base finie d'un module* $\mathfrak{M}$ *est dérivable, toute autre base finie est dérivable.*

En effet, d'après le lemme I (§ III, n° 9), tout changement de base peut s'obtenir par application successive des deux opérations suivantes :

1° ajouter à la base une ou plusieurs fonctions identiquement nulles, ou retrancher de la base une ou plusieurs fonctions identiquement nulles (s'il y en a);

2° effectuer sur la base une substitution linéaire holomorphe et inversible.

Il suffit de vérifier que chacune de ces opérations conserve à la base la propriété d'être faiblement dérivable, ou celle d'être dérivable. Pour l'opération 2°, c'est évident (et cela a déjà été signalé). Pour l'opération 1° : en chaque point, il faut rajouter (ou retrancher) aux composantes $c_1, \ldots, c_p$ de chaque élément du module dérivé, un certain nombre de composantes *arbitraires*; la proposition à démontrer se vérifie alors facilement.

On peut donc définir la notion de *module faiblement dérivable* et celle de *module dérivable*, puisque ces notions sont indépendantes de la base particulière choisie. Lorsqu'on parle de module faiblement dérivable, ou de module dérivable, *il est sous-entendu que le module a une base finie.*

25. Pour définir la notion de *module dérivé d'un module*, il nous faut introduire une *relation d'équivalence* entre modules sur un même ensemble E, que ces modules aient ou non le même nombre de dimensions.

Tout d'abord, deux modules $\mathfrak{M}$ et $\mathfrak{M}'$ sur E seront dits A-*équivalents* s'ils ont le même nombre de dimensions, et si les fonctions f' de $\mathfrak{M}'$ se déduisent des fonctions f de $\mathfrak{M}$ en effectuant, sur leurs composantes, une substitution linéaire homogène fixe (c'est-à-dire la même pour toutes les f), à coefficients holomorphes sur E, de déterminant $\neq 0$ en tout point de E.

Deux modules $\mathfrak{M}$ et $\mathfrak{M}'$ sur E, de dimensions q et q', seront dits B-*équivalents* si, q désignant par exemple le plus petit des entiers q et q', les fonctions de $\mathfrak{M}'$ sont celles dont les q premières composantes sont celles d'une fonction de $\mathfrak{M}$, et dont les $q'-q$ dernières composantes sont *arbitraires*.

Deux modules $\mathfrak{M}$ et $\mathfrak{M}'$ sur E, de dimensions q et q', seront dits C-*équivalents* si, q désignant par exemple le plus petit des entiers q et q', les fonctions de $\mathfrak{M}'$ sont celles dont les q premières composantes sont celles d'une fonction de $\mathfrak{M}$, et dont les $q'-q$ dernières composantes sont *nulles*.

Enfin, deux modules $\mathfrak{M}$ et $\mathfrak{M}'$ sur E seront *équivalents* (tout court), s'il existe une suite finie de modules sur E

$$\mathfrak{M},\quad \mathfrak{M}_1,\quad \ldots,\quad \mathfrak{M}_k,\quad \mathfrak{M}'$$

(dont le premier terme est $\mathfrak{M}$ et le dernier $\mathfrak{M}'$) telle que deux termes consécutifs quelconques de cette suite soient ou A-équivalents, ou B-équivalents, ou C-équivalents. La relation d'équivalence ainsi définie est bien symétrique, réflexive et transitive. Observons que si $\mathfrak{M}$ et $\mathfrak{M}'$ sur E sont équivalents, les modules qu'ils engendrent sur un sous-ensemble quelconque de E sont aussi équivalents. Observons aussi que tout module équivalent à un module pur est pur, à un module parfait est parfait.

De ce qui précède, il résulte que si un module $\mathfrak{M}$ sur un polycylindre compact Δ est dérivable, *les modules dérivés de deux bases de $\mathfrak{M}$ sont équivalents*. Car un changement de base pour $\mathfrak{M}$ s'obtient par application successive d'opérations qui conduisent, pour le module dérivé, respectivement à l'A-équivalence et à la B-équivalence. On peut donc définir, à une équivalence près, *le module dérivé d'un module* $\mathfrak{M}$, lorsque $\mathfrak{M}$ est dérivable sur Δ.

26. Montrons maintenant : *si deux modules $\mathfrak{M}_1$ et $\mathfrak{M}_2$, sur un polycylindre compact Δ, sont équivalents, et si l'un d'eux est dérivable, l'autre est aussi dérivable; en outre, les deux modules dérivés (dont chacun est défini à une équivalence près) sont équivalents.* (On pourra donc dire que l'opération de dérivation d'un module est compatible avec la relation d'équivalence). Il suffit de montrer : si deux modules $\mathfrak{M}_1$ et $\mathfrak{M}_2$ sont A-équivalents (resp. B-équivalents, resp. C-équivalents), et si l'un d'eux est dérivable, l'autre est aussi dérivable, et les deux modules dérivés sont équivalents. Or si $\mathfrak{M}_1$ et $\mathfrak{M}_2$ sont A-équivalents, et si l'on choisit dans $\mathfrak{M}_1$ et $\mathfrak{M}_2$ deux bases formées de fonctions homologues, ces bases ont évidemment même module dérivé; donc la proposition est vraie dans ce cas. Si $\mathfrak{M}_1$ et $\mathfrak{M}_2$ de dimensions q et q' ($q \leqq q'$) sont B-équivalents, choisissons dans celui qui a le moindre nombre de dimensions une base $f^\alpha (\alpha = 1, 2, \ldots)$, et désignons par $f_1^\alpha, \ldots, f_q^\alpha$ les composantes de chaque f^α; alors l'autre module admet la base formée : 1° des fonctions g^α dont les q premières composantes sont $f_1^\alpha, \ldots, f_q^\alpha$ et les $q'-q$ dernières sont 0; 2° des fonctions $h^\beta (\beta = q+1, \ldots, q')$ dont les composantes h_i^β sont egales à 1 si $i=\beta$, à zéro si $i \neq \beta$. *En chaque point*, le module dérivé de la première base se compose des systèmes de fonctions $c_\alpha (\alpha = 1, 2, \ldots)$ tels que $\sum_\alpha c_\alpha f^\alpha = 0$; le module dérivé de la deuxième base se compose des systèmes de fonctions c_α et d_β tels que

$$\sum_\alpha c_\alpha g^\alpha + \sum_\beta d_\beta h^\beta = 0,$$

ce qui équivaut à

$$\sum_\alpha c_\alpha f^\alpha = 0 \quad \text{et} \quad d_\beta = 0 \quad \text{pour tout } \beta.$$

Donc, en chaque point, les modules dérivés sont C-équivalents. Il en résulte aussitôt que si le module $\mathfrak{M}_1$ est dérivable sur Δ, $\mathfrak{M}_2$ est *dérivable sur* Δ, et *vice versa*; et que, par un choix convenable des bases de $\mathfrak{M}_1$ et de $\mathfrak{M}_2$, les deux modules dérivés sont C-équivalents.

Enfin, si $\mathfrak{M}_1$ et $\mathfrak{M}_2$ sont C-équivalents, on verrait de même que si l'un d'eux est dérivable, l'autre est dérivable; et que, par un choix convenable des bases de $\mathfrak{M}_1$ et de $\mathfrak{M}_2$, les deux modules dérivés sont B-équivalents.

Ainsi la proposition annoncée est démontrée. On verrait de même, plus facilement encore, que *si deux modules $\mathfrak{M}_1$ et $\mathfrak{M}_2$ sur un polycylindre compact Δ sont équivalents, et si l'un d'eux est faiblement dérivable, l'autre est faiblement dérivable.*

N'envisageons désormais les modules qu'*à une équivalence près*; nous pourrons alors parler de *module dérivable*, de *module dérivé* d'un module donné. $\mathfrak{M}$ étant un module dérivable sur Δ, soit $\mathfrak{M}'$ le module dérivé; il se peut que $\mathfrak{M}'$ soit, à son tour, dérivable; nous dirons alors que $\mathfrak{M}$ est deux fois dérivable, et nous désignerons par $\mathfrak{M}''$ le module dérivé de $\mathfrak{M}'$, qui sera dit *module dérivé du second ordre* du module $\mathfrak{M}$. On définit ainsi de proche en proche la notion de *module r fois dérivable* et celle de *module dérivé d'ordre r*. Enfin, nous dirons qu'un module $\mathfrak{M}$ est $r+1$ *fois faiblement dérivable* s'il est r fois dérivable et si son dérivé d'ordre r est faiblement dérivable.

Remarque. — Si Δ se réduit à un point, tout module sur Δ est indéfiniment dérivable.

27. Nous terminerons ce paragraphe en étudiant les modules dérivés successifs d'un idéal $\mathfrak{I}$ qui satisfait aux conditions du théorème II (§ VI, n° 17).

LEMME VI. — *Soit, sur un polycylindre compact Δ de l'espace à n dimensions, un idéal $\mathfrak{I}$ dont la variété est à $n-p$ dimensions et qui possède une base formée de p fonctions. Un tel idéal est indéfiniment dérivable, et tous ses modules dérivés d'ordres $\geq p$ sont équivalents à zéro.*

Nous ferons la démonstration pour $p=5$, à titre d'exemple, pour alléger l'exposé; le lecteur s'assurera qu'elle a un caractère général. Nous allons d'abord déterminer les modules dérivés successifs de l'idéal $\mathfrak{I}$ *en un point*, d'ailleurs quelconque, du polycylindre Δ. Choisissons une base $(g_1, \ldots, g_p)$ de l'idéal $\mathfrak{I}$ comme il est dit au lemme III (§ VI, n° 17). Le module dérivé $\mathfrak{I}'$ se compose des systèmes de p fonctions $c_1, \ldots, c_p$ (holomorphes au point considéré) qui satisfont à l'identité $\sum_{k=1}^{p} c_k g_k = 0$; il contient donc (pour $p = 5$) les quatre systèmes

$$(1) \quad \left\{ \begin{array}{ccccc} -g_2 & g_1 & 0 & 0 & 0 \\ -g_3 & 0 & g_1 & 0 & 0 \\ -g_4 & 0 & 0 & g_1 & 0 \\ -g_5 & 0 & 0 & 0 & g_1 \end{array} \right.$$

En outre $(c_1, \ldots, c_p)$ étant un système quelconque de $\mathfrak{I}'$, on sait que c_1 appartient à l'idéal de base (g_2, g_3, g_4, g_5); donc tout système de $\mathfrak{I}'$ est la somme d'une combinaison linéaire (à coefficients holomorphes) des quatre systèmes (1) et d'un système tel que $c_1 = 0$. En raisonnant ainsi de proche en proche, on trouve que le module dérivé $\mathfrak{I}'$ possède une base $\mathcal{B}'$ formée des 10 systèmes (de 5 fonctions chacun)

$$(\mathcal{B}') \quad \left| \begin{array}{ccccc} -g_2 & g_1 & 0 & 0 & 0 \\ -g_3 & 0 & g_1 & 0 & 0 \\ -g_4 & 0 & 0 & g_1 & 0 \\ -g_5 & 0 & 0 & 0 & g_1 \\ 0 & -g_3 & g_2 & 0 & 0 \\ 0 & -g_4 & 0 & g_2 & 0 \\ 0 & -g_5 & 0 & 0 & g_2 \\ 0 & 0 & -g_4 & g_3 & 0 \\ 0 & 0 & -g_5 & 0 & g_3 \\ 0 & 0 & 0 & -g_5 & g_4 \end{array} \right.$$

Un raisonnement analogue prouve que le module dérivé $\mathfrak{I}''$ de la base $\mathcal{B}'$ possède une base $\mathcal{B}''$ formée des 10 systèmes (de 10 fonctions chacun)

$$(\mathcal{B}'') \quad \left\{ \begin{array}{cccccccccc} -g_3 & g_2 & 0 & 0 & -g_1 & 0 & 0 & 0 & 0 & 0 \\ g_4 & 0 & -g_2 & 0 & 0 & g_1 & 0 & 0 & 0 & 0 \\ -g_5 & 0 & 0 & g_2 & 0 & 0 & -g_1 & 0 & 0 & 0 \\ 0 & -g_4 & g_3 & 0 & 0 & 0 & 0 & -g_1 & 0 & 0 \\ 0 & g_5 & 0 & -g_3 & 0 & 0 & 0 & 0 & g_1 & 0 \\ 0 & 0 & -g_5 & g_4 & 0 & 0 & 0 & 0 & 0 & -g_1 \\ 0 & 0 & 0 & 0 & g_4 & -g_3 & 0 & g_2 & 0 & 0 \\ 0 & 0 & 0 & 0 & -g_5 & 0 & g_3 & 0 & -g_2 & 0 \\ 0 & 0 & 0 & 0 & 0 & g_5 & -g_4 & 0 & 0 & g_2 \\ 0 & 0 & 0 & 0 & 0 & 0 & 0 & -g_5 & g_4 & -g_3 \end{array} \right.$$

A son tour, la base $\mathcal{B}''$ a pour module dérivé $\mathcal{I}'''$, le module ayant pour base $\mathcal{B}'''$ les cinq systèmes de 10 fonctions

$$(\mathcal{B}''') \begin{cases} g_4 & g_3 & 0 & g_2 & 0 & 0 & g_1 & 0 & 0 & 0 \\ -g_5 & 0 & g_3 & 0 & g_2 & 0 & 0 & g_1 & 0 & 0 \\ 0 & -g_5 & -g_4 & 0 & 0 & g_2 & 0 & 0 & g_1 & 0 \\ 0 & 0 & 0 & -g_5 & -g_4 & -g_3 & 0 & 0 & 0 & g_1 \\ 0 & 0 & 0 & 0 & 0 & 0 & -g_5 & -g_4 & -g_3 & -g_2 \end{cases}$$

et $\mathcal{B}'''$ a pour module dérivé $\mathcal{I}^{(4)}$, le module ayant pour base l'unique système de 5 fonctions

$$(\mathcal{B}^{(4)}) \qquad\qquad g_5,\ g_4,\ g_3,\ g_2,\ g_1,$$

dont le module dérivé est évidemment *nul*.

Remarquons que les entiers successifs qui s'introduisent : 1, 5, 10, 10, 5, 1, ne sont autres que les coefficients du binome pour la puissance cinquième. Le fait est général.

Puisque le module dérivé $\mathcal{I}'$ en un point quelconque de Δ a une base $\mathcal{B}$ formée de fonctions *holomorphes sur* Δ, l'idéal $\mathcal{I}$ est *faiblement dérivable sur* Δ. Il en est de même des modules $\mathcal{I}'$, $\mathcal{I}''$, $\mathcal{I}'''$, $\mathcal{I}^{(4)}$. Pour montrer que $\mathcal{I}$, $\mathcal{I}'$, $\mathcal{I}''$, $\mathcal{I}'''$, $\mathcal{I}^{(4)}$ sont *dérivables sur* Δ, il reste à montrer que les modules $\mathcal{I}'$, $\mathcal{I}''$, ..., $\mathcal{I}^{(5)}$ sont *purs*. Pour $\mathcal{I}^{(5)}$, c'est trivial puisque le module $\mathcal{I}^{(5)}$ est nul. Il en résulte que $\mathcal{I}^{(4)}$ est dérivable sur Δ, donc (lemme V) est pur (et même parfait). Mais alors $\mathcal{I}'''$ est dérivable sur Δ, donc (lemme V) est pur (et même parfait). En remontant ainsi, on voit que $\mathcal{I}$ est parfait, indéfiniment dérivable, et que tous ses modules dérivés successifs sont $\mathcal{I}'$, $\mathcal{I}''$, ... sont parfaits.

Nous avons ainsi établi non seulement le lemme VI, mais le *supplément au théorème* II annoncé au § VI (n° 20). Remarquons, en passant, que la démonstration du lemme VI, qui est indépendante du théorème II, fournit une nouvelle preuve de ce théorème.

IX. — Le théorème fondamental.

28. Nous allons pouvoir résoudre, dans un cas particulier, les problèmes posés au paragraphe 4.

THÉORÈME III (théorème fondamental). — *Soit* Δ *un polycylindre compact et simplement connexe de l'espace à n dimensions. Soit sur* Δ *un système cohérent de modules ponctuels* $\mathcal{M}_x$ *jouissant de la propriété suivante : tout point de* Δ *possède un voisinage compact* V *sur lequel existe un module* $n + 1$ *fois faiblement dérivable qui engendre* $\mathcal{M}_x$ *en tout point* x *de* $\Delta \cap$ V. *Alors le module* $\mathcal{R}$, *associé au système cohérent, engendre* $\mathcal{M}_x$ *en tout point* x *de* Δ, *et ce module* $\mathcal{R}$ *est parfait.*

Remarque. — Le module $\mathcal{L}$ associé au système cohérent a donc une *base finie*; et c'est *le seul module, sur* Δ, *qui engendre* $\mathfrak{M}_x$ *en tout point* x *de* Δ.

Avant d'aborder la démonstration de ce théorème, il sera commode d'établir un lemme :

Lemme VII. — *Soit* Δ *un ensemble compact, et soit, sur* Δ, *un système cohérent de modules ponctuels* $\mathfrak{M}_x$. *Il existe un voisinage ouvert* D *de* Δ, *et un système cohérent sur* D, *qui prolonge le système précédent.*

En effet, recouvrons Δ avec un nombre *fini* d'ensembles ouverts bornés V_i tels que, sur l'adhérence ([21]) $\overline{V}_i$ de chacun d'eux, existe une base finie $\mathcal{B}_i$ qui, en chaque point x de $\overline{V}_i \cap \Delta$, engendre le module $\mathfrak{M}_x$ du système cohérent donné sur Δ. Montrons l'existence d'un voisinage ouvert D de Δ, tel que, pour chaque point x de D, les bases $\mathcal{B}_i$ relatives aux divers ensembles V_i qui contiennent x engendrent au point x le même module ponctuel; si $\mathfrak{N}_x$ désigne ce module ponctuel, les $\mathfrak{N}_x$ (où x parcourt D) constitueront un système cohérent dont l'existence établira le lemme.

Or, pour prouver l'existence de D, raisonnons par l'absurde. Si D n'existait pas, on pourrait trouver une suite de points $x^1, \ldots, x^k, \ldots$, ayant pour limite un point a de Δ, et tels par exemple que, pour tout k, x^k appartienne à la fois à V_1 et à V_2, les bases $\mathcal{B}_1$ et $\mathcal{B}_2$ engendrant en x^k des modules différents. Alors a appartient à $\overline{V}_1$ et à $\overline{V}_2$; donc les fonctions de $\mathcal{B}_1$ et de $\mathcal{B}_2$ sont holomorphes au point a et y engendrent le même module $\mathfrak{M}_a$; mais on sait (*voir* § IV, n° 10, et Appendice I) que, dans ces conditions, $\mathcal{B}_1$ et $\mathcal{B}_2$ engendrent le même module en tout point suffisamment voisin de a. D'où la contradiction cherchée.

29. Ce lemme étant établi, nous voyons que, dans les hypothèses du théorème III à démontrer, nous pourrons supposer que le système cohérent des $\mathfrak{M}_x$ est donné sur un polycylindre *ouvert* D contenant Δ, et que tout point a de D possède un voisinage compact V (contenu dans D) sur lequel existe un module $n+1$ fois dérivable qui engendre $\mathfrak{M}_x$ en chaque point de V. Cela étant, nous établirons, par récurrence sur l'entier r ($0 \leqq r \leqq n$), une série de propositions intermédiaires que voici :

Proposition A_r. — Soit D un polycylindre ouvert de l'espace à n dimensions. Soit, sur D, un système cohérent de modules ponctuels $\mathfrak{M}_x$ jouissant de la propriété suivante : tout point a de D possède un voisinage compact V (contenu

---

([21]) L'*adhérence*, ou *fermeture*, d'un ensemble se compose de la réunion de cet ensemble et de sa frontière.

dans D) sur lequel existe un module pur $\mathfrak{N}$, r *fois faiblement dérivable* ([22]), qui engendre $\mathfrak{M}_x$ en tout point x de V. Alors, pour tout polycylindre Δ *compact, simplement connexe*, contenu dans D, *et dont les $n-r$ dernières composantes sont ponctuelles*, il existe un voisinage U de Δ (U contenu dans D), et, sur U, un module $\mathcal{P}$ de base finie qui engendre $\mathfrak{M}_x$ en tout point x de U.

Proposition B$_r$. — Mêmes hypothèses que pour la proposition A$_r$, sauf que le module $\mathfrak{N}$ relatif à chaque V est supposé $r+1$ *fois faiblement dérivable*. La conclusion est la suivante : Δ possède un voisinage compact W (contenu dans le voisinage U défini par la proposition A$_r$) tel que le module engendré sur W par le module $\mathcal{P}$ (de la proposition A$_r$) soit *pur*.

Proposition B$'_r$. — Mêmes hypothèses que pour la proposition B$_r$. La conclusion est que Δ possède un voisinage compact W' tel que le module engendré par $\mathcal{P}$ sur W' soit *parfait*.

Une fois ces propositions démontrées, la proposition B$'_n$ entraînera évidemment le théorème III. Tout revient donc à prouver A$_r$, B$_r$ et B$'_r$ pour $0 \leq r \leq n$. Pour cela, montrons d'abord que *les propositions* A$_r$ *et* B$_r$ *entraînent la proposition* B$'_r$. En effet, dans les hypothèses de B$'_r$, la proposition A$_r$ est applicable au polycylindre Δ (qui, par hypothèse, est compact, simplement connexe, et a ses $n-r$ dernières composantes *ponctuelles*); on trouve donc, sur un voisinage U de Δ, un module $\mathcal{P}$ de base finie qui engendre $\mathfrak{M}_x$ en tout point x de U. On peut supposer que U est un polycylindre ouvert, et considérer, en chaque point de U, le module (ponctuel) *dérivé* du module $\mathcal{P}$. Ces modules dérivés forment, sur U, un système cohérent de modules ponctuels qui remplit les conditions de la proposition A$_r$. Donc il existe un voisinage compact U$_1$ de Δ sur lequel le module $\mathcal{P}$ *est faiblement dérivable*; W ayant la signification de la proposition B$_r$ (appliquée au système cohérent des $\mathfrak{M}_x$), on voit que, sur l'intersection W $\cap$ U$_1$, le module $\mathcal{P}$ est *pur et faiblement dérivable*; d'après le lemme IV (§ VII, n° 22), il est *parfait*. Et ceci établit précisément la proposition B$'_r$.

30. Il suffira donc, pour chaque valeur de r, d'établir successivement les propositions A$_r$ et B$_r$. Or, les propositions A$_0$ et B$_0$ sont triviales. Nous allons prouver que, pour tout entier r tel que $1 \leq r \leq n$, les propositions A$_{r-1}$ et B$'_{r-1}$ entraînent A$_r$; et que les propositions B$_{r-1}$ et A$_r$ entraînent B$_r$. Ceci suffira à établir le théorème III.

([22]) Pour $r=0$, il faut laisser tomber la condition « r fois dérivable ». Pour $r \geq 2$, la condition « r fois faiblement dérivable », qui entraîne que le module est *dérivable*, entraîne que le module est pur (*cf.* lemme V. § VII, n° 23).

1° *Les propositions* A_{r-1} *et* B'_{r-1} *entraînent la proposition* A_r.

Considérons un système cohérent de modules ponctuels $\mathfrak{M}_x$ qui satisfasse aux hypothèses de la proposition A_r. Soit donné un polycylindre Δ, compact et simplement connexe, dont les $n-r$ dernières composantes sont ponctuelles. Désignons par δ_r sa $r^{\text{ième}}$ composante, qui est un ensemble compact dans le plan de la variable x_r. A chaque point x_r de δ_r, associons le polycylindre $\Delta(x_r)$ dont la $r^{\text{ième}}$ composante est réduite au point x_r, et dont les autres composantes sont celles de Δ. Nous pouvons appliquer à $\Delta(x_r)$ les propositions A_r et B'_{r-1}; il existe donc un voisinage $U(x_r)$ du polycylindre $\Delta(x_r)$ et, sur $U(x_r)$ (qu'on peut supposer être un polycylindre compact et simplement connexe), un module *parfait* qui engendre $\mathfrak{M}_x$ en tout point x de $U(x_r)$. En vertu de la compacité de δ_r, on arrive au résultat suivant : il existe un nombre *fini* de polycylindres U_i, compacts et simplement connexes, qui tous ont mêmes composantes respectivement dans les plans de toutes les variables sauf de la variable x_r, et dont la réunion U est un voisinage de Δ; et, sur chaque U_i, il existe un module *parfait* $\mathfrak{T}_i$ qui, en chaque point x de U_i, engendre le module ponctuel $\mathfrak{M}_x$. Pour établir la proposition A_r, il reste à prouver qu'il existe, sur U, un module $\mathfrak{T}$ de base finie qui engendre, sur chaque U_i, le module $\mathfrak{T}_i$. Or, désignons par U'_i la réunion des U_j relatifs aux indices $j \leqq i$; on a pu choisir les U_i de manière que les U'_i soient *simplement connexes* [23]. Alors, pour $i \geqq 1$, les intersections $U'_{i-1} \cap U_i$ sont simplement connexes. On va démontrer, par récurrence sur i, l'existence, sur U'_i, d'un module de base finie $\mathfrak{T}'_i$ qui, sur chacun des U_j tels que $j \leqq i$, engendre $\mathfrak{T}_j$. Pour $i=1$, il suffit de prendre $\mathfrak{T}'_1 = \mathfrak{T}_1$. Supposons l'existence de $\mathfrak{T}'_{i-1}$ démontrée; alors les modules de base finie $\mathfrak{T}'_{i-1}$ et $\mathfrak{T}_i$ engendrent, en chaque point de $U'_{i-1} \cap U_i$, le même module ponctuel, donc ($\mathfrak{T}_i$ étant *parfait*) ils engendrent le même module sur $U'_{i-1} \cap U_i$. Appliquons le lemme II (§ III, n° 9) : il existe sur la réunion $U'_{i-1} \cup U_i = U'_i$ un module de base finie $\mathfrak{T}'_i$, qui engendre $\mathfrak{T}'_{i-1}$ sur U'_{i-1} et $\mathfrak{T}_i$ sur U_i. C. Q. F. D.

2° *Les propositions* B_{r-1} *et* A_r *entraînent la proposition* B_r.

Considérons un système cohérent de modules ponctuels $\mathfrak{M}_x$ qui satisfasse aux hypothèses de la proposition B_r. Soit donné un polycylindre Δ, compact et

(23) Il suffit de prouver la proposition suivante : étant donné, dans un plan, un ensemble ouvert d et un ensemble δ, compact et *simplement connexe*, contenu dans d, et étant donné un nombre $\varepsilon > 0$ arbitrairement petit, il existe une suite finie d'ensembles u_i, compacts et simplement connexes, contenus dans d, de diamètre $< \varepsilon$, telle que d'une part leur réunion constitue un voisinage de δ, et que, d'autre part, pour tout i la réunion u'_i des u_j relatifs aux indices $j \leqq i$ soit *simplement connexe*. Voici, brièvement, comment on peut prouver l'existence d'une telle suite : on enferme δ dans un domaine polygonal ouvert δ', simplement connexe et contenu dans c [*cf.* le lemme I du Mémoire cité dans la note (10)]; puis, par une homéomorphie effectuée sur l'adhérence $\bar{\delta}'$, on se ramène au cas où δ' est un *carré*, que l'on décompose alors en carrés arbitrairement petits à l'aide d'un quadrillage; chacun des petits carrés étant affecté de deux indices (celui de la ligne et celui de la colonne auxquelles il appartient), on range les petits carrés (fermés) suivant l'ordre lexicographique.

simplement connexe, dont les $n-r$ dernières composantes sont ponctuelles. Appliquons la proposition A_r : il existe un polycylindre ouvert U contenant Δ, et, sur U, un module $\mathfrak{L}$ de base finie qui engendre $\mathcal{M}_x$ en chaque point x de U. Ayant choisi une base $\mathcal{B}$ de $\mathfrak{L}$, considérons, en chaque point de U, le module dérivé de cette base; on obtient, sur U, un système cohérent de modules ponctuels qui satisfait aux hypothèses de la proposition A_r; en appliquant cette proposition à ce nouveau système, et au polycylindre Δ, on trouve l'existence d'un voisinage U' de $\Delta'(U' \subset U)$ sur lequel existe un module $\mathfrak{L}'$ de base finie qui, en tout point de U', engendre le module (ponctuel) dérivé de la base $\mathcal{B}$. On peut supposer que U' est un polycylindre ouvert.

La proposition B_{r-1} est applicable à la fois au module $\mathfrak{L}$ et au module $\mathfrak{L}'$ sur le polycylindre U'. Donc, en désignant par δ_r la $r^{\text{ième}}$ composante de Δ, et par $\Delta(x_r)$ (pour chaque point x_r de δ_r) le polycylindre dont la $r^{\text{ième}}$ composante se réduit au point x_r et dont les autres composantes sont les mêmes que celles de Δ, on trouve que $\Delta(x_r)$ possède un voisinage $W(x_r)$ (qu'on peut supposer être un polycylindre compact) tel que $\mathfrak{L}$ et $\mathfrak{L}'$ engendrent, sur $W(x_r)$, des modules *purs*. De là, grâce à la compacité de δ_r, on conclut à l'existence d'un nombre fini de polycylindres compacts W_i, qui tous ont mêmes composantes respectivement dans les plans de toutes les variables sauf de la variable x_r, et dont la réunion W est un voisinage de Δ; et, sur chaque W_i, les modules engendrés par $\mathfrak{L}$ et $\mathfrak{L}'$ sont *purs*.

Reste à montrer que le module engendré par $\mathfrak{L}$ sur W est *pur*. Soit f une fonction holomorphe sur un polycylindre compact Δ' contenu dans W, et telle que f appartienne, en chaque point x de Δ', au module $\mathfrak{L}_x$ engendré par $\mathfrak{L}$ en ce point; il faut montrer que, dans ces conditions, f appartient au module engendré par $\mathfrak{L}$ sur Δ'. Posons $W_i \cap \Delta' = W'_i$; désignons par W''_i la réunion des W'_j pour $j \leq i$. Nous allons montrer, par récurrence sur i, que, sur W''_i, la fonction f appartient au module engendré par $\mathfrak{L}$. Or, ceci est vrai pour $i=1$, parce que $W''_1 = W'_1$ est contenu dans W_1, et que le module engendré par $\mathfrak{L}$ sur W_1 est *pur*. Supposons la proposition démontrée pour W''_{i-1}, et démontrons-la pour W''_i : sur W''_{i-1}, on a ($f_1, \ldots, f_p$ désignant les fonctions de la base $\mathcal{B}$ de $\mathfrak{L}$)

$$f=\sum_{k=1}^{p} a_k f_k \qquad (a_k \text{ holomorphes sur } W''_{i-1}).$$

et, sur W'_i,

$$f=\sum_{k=1}^{p} b_k f_k \qquad (b_k \text{ holomorphes sur } W'_i).$$

Sur l'intersection $W''_{i-1} \cap W'_i$, qui est contenue dans W_i, on a donc

$$\sum_{k=1}^{p}(a_k - b_k) f_k = 0.$$

Or, puisque $\mathfrak{L}'$ engendre sur W_i un module pur, $\mathfrak{L}'$ engendre, sur le polycylindre $W'_{i-1} \cap W'_i$, le module dérivé (sur ce polycylindre) de la base $\mathcal{B}$; on en conclut (en raisonnant comme pour le lemme V, § VII, n° 23) que f est combinaison linéaire des f_k à coefficients holomorphes sur la réunion $W''_{i-1} \cup W'_i = W''$.

C. Q. F. D.

La démonstration du théorème III est ainsi achevée.

31. Nous allons maintenant étendre le théorème III au cas d'un polycylindre *ouvert.*

Théorème III *bis*. — *Soit* D *un polycylindre ouvert et simplement connexe de l'espace à n dimensions. Soit, sur* D, *un système cohérent de modules ponctuels* $\mathfrak{M}_x$ *jouissant de la propriété suivante : tout point de* D *possède un voisinage compact* V (*contenu dans* D) *sur lequel existe un module* $n+1$ *fois faiblement dérivable qui engendre* $\mathfrak{M}_x$ *en tout point* x *de* V. *Alors le module* $\mathfrak{L}$, *associé au système cohérent, engendre* $\mathfrak{M}_x$ *en tout point* x *de* D, *et ce module* $\mathfrak{L}$ *est parfait.*

Remarque. — Contrairement à ce qui a lieu pour un polycylindre *compact* et simplement connexe (cas du théorème III), il n'est pas certain ici que $\mathfrak{L}$ ait une base finie; il n'est pas certain non plus que $\mathfrak{L}$ soit le seul module, sur D, qui engendre $\mathfrak{M}_x$ en tout point x de D. Du moins, je n'ai pu parvenir à le démontrer.

Pour déduire le théorème III *bis* du théorème III, nous établirons un lemme :

Lemme VIII. — *Soit* D *un polycylindre ouvert, réunion d'une suite croissante de polycylindres compacts* Δ_i. *Si un système cohérent de modules ponctuels* $\mathfrak{M}_x$, *sur* D, *peut, sur chaque* Δ_i, *être engendré par un module pur* (module pur qui est nécessairement le module associé, sur Δ_i, au système cohérent), *alors le module* $\mathfrak{L}$ *associé, sur* D, *au système cohérent, engendre* $\mathfrak{M}_x$ *en tout point* x *de* D.

Démontrons d'abord que si une fonction f, holomorphe en un point a de D, appartient au module ponctuel $\mathfrak{M}_a$, il existe un voisinage de a sur lequel f peut être uniformément approchée par les fonctions du module $\mathfrak{L}$. Soit en effet i un entier tel que $a \in \Delta_i$. Soit $\mathfrak{L}_i$ un module pur, sur Δ_i, qui engendre $\mathfrak{M}_x$ en tout point x de Δ_i. Alors f est combinaison linéaire de fonctions de $\mathfrak{L}_i$ à coefficients holomorphes sur un voisinage compact V de a. Sur V, ces coefficients peuvent être uniformément approchés par des fonctions holomorphes dans D; donc f, sur V, peut être uniformément approchée par des fonctions de $\mathfrak{L}_i$. Mais toute fonction de $\mathfrak{L}_i$ peut être, sur Δ_i, arbitrairement approchée par une fonction de $\mathfrak{L}_{i+1}$, comme le montre un raisonnement analogue; et l'on peut poursuivre indéfiniment, de sorte que l'on peut trouver une suite de fonctions

$$f, \quad f_i, \quad f_{i+1}, \quad f_{i+2}, \quad \ldots \quad (f_{i+k} \in \mathfrak{L}_{i+k})$$

telles que

$$|f_i - f| \leq \varepsilon_i \quad \text{sur } V,$$
$$|f_{i+1} - f_i| \leq \varepsilon_{i+1} \quad \text{sur } \Delta_i,$$
$$\cdots\cdots\cdots\cdots$$
$$|f_{i+k+1} - f_{i+k}| \leq \varepsilon_{i+k+1} \quad \text{sur } \Delta_{i+k}.$$

Si la série $\varepsilon_i + \varepsilon_{i+1} + \ldots$ est convergente et de somme ε, la suite des f_{i+k} converge, en tout point de D, vers une fonction g, *holomorphe sur* D (puisque la convergence est uniforme au voisinage de chaque point de D), et l'on a, sur V,

$$|f - g| \leq \varepsilon.$$

D'autre part, en chaque point x de D, les f_{i+k} appartiennent à $\mathfrak{M}_x$, donc g appartient à $\mathfrak{M}_x$ ([17]) en tout point x; autrement dit, g appartient au module $\mathfrak{L}$.

Prouvons maintenant le lemme VIII. Soit $\mathfrak{L}_a$ le module engendré par $\mathfrak{L}$ au point a. Nous voulons montrer que $\mathfrak{L}_a = \mathfrak{M}_a$. On a évidemment $\mathfrak{L}_a \subset \mathfrak{M}_a$. Soit f une fonction de $\mathfrak{M}_a$; montrons que f appartient à $\mathfrak{L}_a$: il existe, on vient de le voir, un voisinage compact V de a sur lequel f est limite uniforme de fonctions de $\mathfrak{L}_a$; donc f appartient au module ponctuel $\mathfrak{L}_a$. C. Q. F. D.

Ce lemme étant établi, le théorème III *bis* se démontre immédiatement en considérant le polycylindre D, ouvert et simplement connexe, comme réunion d'une suite croissante de polycylindres compacts et simplement connexes, auxquels on applique le théorème III.

32. Tirons maintenant quelques conséquences faciles des théorèmes III et III *bis*. Tout d'abord :

Corollaire du théorème III. — *Soit Δ un polycylindre compact et simplement connexe de l'espace à n dimensions. Si un module $\mathfrak{M}$, sur Δ, jouit de la propriété que tout point de Δ possède un voisinage compact* V *sur lequel existe un module $n+1$ fois faiblement dérivable qui, en chaque point x de $\Delta \cap$ V, engendre le même module que $\mathfrak{M}$, alors le module $\mathfrak{M}$ est parfait; en particulier, $\mathfrak{M}$ possède une base finie.*

Il suffit, en effet, d'appliquer le théorème III au système cohérent engendré par $\mathfrak{M}$.

Théorème IV. — *Soit* D *un polycylindre simplement connexe (compact ou ouvert) de l'espace à n dimensions. Soit, sur* D, *un système cohérent d'idéaux ponctuels $\mathfrak{I}_x$ jouissant de la propriété suivante : en chaque point x de* D, *l'idéal $\mathfrak{I}_x$ possède une base de p fonctions et sa variété est à $n-p$ dimensions (p est un entier indépendant du point x). Alors l'idéal $\mathfrak{J}$, associé au système cohérent, engendre $\mathfrak{I}_x$ en tout point x de* D, *et cet idéal est parfait. En outre : sur tout polycylindre compact Δ contenu dans* D, *l'idéal $\mathfrak{J}_\Delta$ est dérivable, et son module dérivé est parfait; l'idéal $\mathfrak{J}_\Delta$ est même indéfiniment dérivable.*

Pour prouver la première partie de ce théorème, on observe que, d'après le lemme VI (§ VIII, n° 27), les conditions d'application des théorèmes III et III *bis* sont remplies. Pour prouver la seconde partie, on considère sur Δ, le système cohérent des modules dérivés (ponctuels) d'une base de l'idéal $\mathfrak{J}_\Delta$, système qui, lui aussi (d'après le lemme VI), remplit les conditions du théorème III. C. Q. F. D.

Pour terminer, on peut combiner les conclusions du théorème IV et celles du théorème I : celui-ci est en effet applicable à l'idéal $\mathfrak{J}$ du théorème IV. En particulier :

Soit un polycylindre D *et un système cohérent d'idéaux ponctuels* $\mathfrak{I}_x$ *satisfaisant aux conditions du théorème* IV; *soit* φ *une fonction holomorphe sur la variété du système cohérent* (c'est-à-dire holomorphe au voisinage de chaque point x de D en lequel l'idéal $\mathfrak{I}_x$ n'est pas l'idéal-unité). *Alors il existe une fonction f holomorphe sur* D, *et égale à* φ *en tout point de la variété du système cohérent.*

X. — Applications du théorème fondamental.

33. Soit, dans l'espace de r variables complexes $x_1, \ldots, x_r$, un ensemble *ouvert* A. On sait que, si A est un « domaine d'holomorphie » ([24]), A est « convexe par rapport à la famille des fonctions holomorphes dans A » [*voir* le Mémoire cité en ([24])], d'où résulte le fait suivant : A est réunion d'une suite croissante d'ensembles *compacts* B_i, dont chacun peut être défini par un nombre *fini* d'inégalités

$$|f_k(x)| \leqq 1,$$

les f_k étant holomorphes dans A. Nous nous proposons d'étudier les ensembles de ce type, que nous appellerons *domaines polyédraux*. Ils ont été considérés en premier lieu par A. Weil (*Math. Ann.*, 111, 1935, p. 178-182; *voir* aussi *Comptes rendus*, 194, 1932, p. 1034). Ainsi un domaine polyédral B est défini d'abord par la donnée d'un ensemble ouvert A, ensuite par celle d'un nombre fini s de fonctions *holomorphes dans* A, telles que l'ensemble B des points de A satisfaisant au système d'inégalités

$$|f_k(x)| \leqq 1$$

soit *compact*; il existe alors un nombre ρ assez grand pour que B soit contenu dans le polycylindre

$$|x_j| \leqq \rho \quad (j = 1, \ldots, r).$$

([24]) *Voir* H. Cartan et P. Thullen, *Math. Annalen*, 106, 1932, pp. 617-647. En gros, un domaine d'holomorphie est un ensemble ouvert A dans lequel existe une fonction holomorphe qui n'est susceptible d'aucun prolongement analytique au delà de A.

Suivant une idée de A. Weil et K. Oka, le domaine polyédral B est isomorphe à une variété (à r dimensions) d'un polycylindre compact de l'espace à $r+s$ dimensions. En effet, dans l'espace des $n=r+s$ variables x_j et y_k ($1 \leqq j \leqq r$; $1 \leqq k \leqq s$), considérons le lieu V du point de coordonnées

$$x_1, \ldots, x_r, y_1 = f_1(x), \ldots, y_s = f_s(x)$$

lorsque le point $x=(x_1, \ldots, x_r)$ décrit B; c'est une variété analytique complexe à r dimensions dans le polycylindre compact Δ

$$|x_j| \leqq \rho, \qquad |y_k| \leqq 1.$$

Au voisinage d'un point de V, les s fonctions

$$y_k - f_k(x)$$

engendrent un idéal (ponctuel); ces idéaux forment évidemment, *au voisinage de* V, un système cohérent; complétons-le en un système cohérent *sur le polycylindre* D, en attachant l'idéal-unité à chaque point de D non situé sur V. Les conditions du théorème IV (§ IX, n° 32) sont évidemment remplies. On obtient alors le résultat fondamental suivant :

La variété V *est l'ensemble des zéros communs à un nombre fini de fonctions* $\varphi_\alpha(x_1, \ldots, x_r, y_1, \ldots, y_s)$ *holomorphes sur le polycylindre* Δ. *En outre, toute fonction holomorphe sur* Δ *et qui s'annule sur* V, *est combinaison linéaire des* φ_α *à coefficients holomorphes sur* Δ.

Ce n'est pas tout. Soit $g(x)$ une fonction holomorphe de $x_1, \ldots, x_r$ sur le domaine polyédral B; g définit, au voisinage de la variété V du polycylindre Δ, une fonction holomorphe. Donc, d'après les résultats de la fin du paragraphe IX (n° 32), *il existe une fonction* $\gamma(x_1, \ldots, x_r, y_1, \ldots, y_s)$, *holomorphe sur* Δ, *et égale à g sur* V; *autrement dit, une fonction* $\gamma(x_1, \ldots, x_r, y_1, \ldots, y_s)$ *telle que l'on ait identiquement*

$$\gamma[x_1, \ldots, x_r, f_1(x), \ldots, f_s(x)] = g(x_1, \ldots, x_r)$$

sur le domaine polyédral B.

Sur le polycylindre Δ, la fonction γ est développable en série entière : donc, *sur* B, *toute fonction holomorphe g est limite uniforme de polynomes en* $x_1, \ldots, x_r$, $f_1(x), \ldots, f_s(x)$ [25]. Il en résulte que *toute fonction holomorphe sur* B *est limite uniforme de fonctions holomorphes sur* A.

---

[25] Ce résultat avait été obtenu par A. Weil (*Comptes rendus*, 194, 1932, p. 1034) dans le cas où les f_k sont des *polynomes* ou des *fractions rationnelles*; il avait été ensuite étendu au cas général par K. Oka [deuxième des Mémoires cités dans la note [4]], mais par une tout autre voie que la nôtre.

34. Nous sommes aussi en mesure de résoudre un problème posé par A. Weil. Ce dernier a donné (*loc. cit.*) une formule intégrale qui exprime, en tout point intérieur à un domaine polyédral B, la valeur d'une fonction g holomorphe sur B, à l'aide d'intégrales étendues aux « arêtes » à r dimensions (réelles) du domaine polyédral; ces intégrales font intervenir seulement les valeurs de g sur ces arêtes. Mais, pour ce faire, Weil devait admettre l'existence de certaines identités qu'il ne pouvait établir que dans certains cas particuliers. Ainsi qu'il me l'a communiqué dans une lettre de décembre 1940, le problème peut, en toute généralité, se formuler ainsi : désignons par S_k la « face » du domaine polyédral B définie par

$$|f_k(x)| = 1, \qquad |f_j(x)| \leqq 1 \qquad \text{pour } j \neq k;$$

soient $h_\beta(x)$ des fonctions (en nombre *fini* quelconque) holomorphes sur B, et *sans zéro commun sur la frontière de* B; il s'agit de montrer que, pour chaque face S_k, il existe des fonctions $\lambda_\beta(x)$ *holomorphes sur cette face* et telles que l'on ait identiquement

$$\sum_\beta \lambda_\beta h_\beta = 1.$$

Or voici comment nous pouvons démontrer l'existence de telles fonctions λ_β. Faisons la démonstration pour la face S_1. Il existe, on l'a vu, des fonctions $H_\beta(x_1, \ldots, x_r, y_1, \ldots, y_r)$ holomorphes sur le polycylindre Δ, et qui, sur la variété V définie par $y_k = f_k(x)$, se réduisent respectivement aux fonctions $h_\beta(x)$. La variété V étant, comme on l'a vu plus haut, définie par des équations

$$\varphi_\alpha(x_1, \ldots, x_r, y_1, \ldots, y_s) = 0,$$

on voit que, sur le polycylindre compact Δ',

$$|x_j| \leqq \rho, \qquad |y_1| = 1, \qquad |y_k| \leqq 1 \qquad \text{pour } k \geqq 2,$$

les fonctions φ_α et H_β n'ont aucun zéro commun; d'après le corollaire du théorème II (§ VI, n° 20), il existe des fonctions μ_α et Λ_β holomorphes sur Δ', et telles que l'on ait

$$\sum_\alpha \mu_\alpha \varphi_\alpha + \sum_\beta \Lambda_\beta H_\beta = 1$$

identiquement sur Δ'. Si dans cette identité on remplace les y_k par $f_k(x)$, les φ_α donnent *zéro*, les H_β se réduisent aux h_β, et les Λ_β se réduisent à des fonctions λ_β holomorphes sur S_1; d'où l'identité, sur S_1,

$$\sum_\beta \lambda_\beta h_\beta = 1.$$

C. Q. F. D.

XI. — Principaux problèmes restant à résoudre.

35. Nous signalerons seulement deux des problèmes essentiels à résoudre.

Premier problème. — *Les modules dérivés (ponctuels) d'un système fini quelconque de fonctions holomorphes forment-ils un système cohérent?* On peut voir facilement qu'il suffirait de résoudre ce problème dans le cas où les fonctions $f_1, \ldots, f_p$ sont à valeurs complexes (c'est-à-dire de dimension $q = 1$). Et l'on voit aussi qu'il suffirait de résoudre le problème suivant : *$\mathfrak{I}$ désignant un idéal de base finie, et f une fonction holomorphe (à valeurs complexes), considérons, en chaque point x, l'idéal $\mathfrak{J}_x$ des fonctions qui appartiennent à $\mathfrak{I}_x$ et sont divisibles par f; ces idéaux forment-ils un système cohérent?* Autrement dit, si a désigne un point particulier, une base finie de $\mathfrak{J}_a$ engendre-t-elle $\mathfrak{J}_x$ en tous les points x suffisamment voisins de a?

Si ce problème pouvait être résolu, des déductions que nous n'exposerons pas ici montrent que le théorème III du paragraphe XI s'étendrait à tous les systèmes cohérents de modules ponctuels, sans exception. D'une façon précise, les trois énoncés suivants seraient vrais :

« Tout système cohérent de modules ponctuels, sur un polycylindre compact et simplement connexe, est engendré par le module associé à ce système » (Solution du problème I du § IV).

« Deux modules (sur un polycylindre Δ compact et simplement connexe) qui engendrent en chaque point de Δ des modules identiques, sont identiques » (Solution du probléme II du § IV).

« Tout module, sur un polycylindre compact et simplement connexe, a une base finie. »

Deuxième problème. — *Soit V une variété analytique au voisinage d'un point a, $\mathfrak{I}_a$ l'idéal de cette variété au point a* (c'est-à-dire l'idéal des fonctions, holomorphes au point a, qui s'annulent identiquement sur V dans un voisinage de a). *Une base finie de $\mathfrak{I}_a$ engendre-t-elle, en tout point x de V suffisamment voisin de a, l'idéal $\mathfrak{I}_x$ de la variété V au point x?*

Si ce problème pouvait être résolu par l'affirmative, ainsi que le « premier problème », l'énoncé suivant serait exact : « Toute variété analytique (au sens du § I) sur un polycylindre Δ compact et simplement connexe, peut être obtenue comme l'ensemble des zéros communs à un nombre fini de fonctions *holomorphes sur Δ* ». Ce résultat n'a été démontré ici que dans le cas particulier des variétés analytiques considérées au paragraphe X.

XII. — Extension aux domaines d'holomorphie, des résultats démontrés pour les polycylindres.

36. Tous les résultats des paragraphes V à IX inclus peuvent s'étendre à des domaines plus généraux que les polycylindres : tout ce qui a été démontré pour les polycylindres *compacts* (qu'on ait dû ou non les supposer simplement connexes) vaut pour tous les *domaines polyédraux* (définis au paragraphe X, nº 33); tout ce qui a été démontré pour les polycylindres *ouverts* (qu'on ait dû ou non les supposer simplement connexes) vaut pour tous les *domaines d'holomorphie*, au moins lorsqu'ils sont univalents (c'est-à-dire lorsqu'un point de l'espace n'est jamais recouvert par deux points distincts du domaine). La possibilité de cette extension repose sur les trois lemmes suivants :

LEMME A. — *Soit* B *un domaine polyédral de l'espace de n variables* $x_1, \ldots, x_n$; *soient* δ' *et* δ'' *deux polycylindres compacts ayant respectivement mêmes composantes dans les plans de toutes les variables sauf une, et soient* B′ *et* B″ *les intersections respectives de* B *avec* δ' *et* δ''. *Alors toute fonction holomorphe sur l'intersection* $B' \cap B''$ *peut se mettre sous la forme de la différence entre une fonction holomorphe sur* B′ *et une fonction holomorphe sur* B″.

Démonstration. — D'après le paragraphe X, B peut être assimilé à une variété V à *n* dimensions d'un polycylindre Δ

$$|x_i| \leqq \rho, \qquad |y_\alpha| \leqq 1 \qquad (i=1, \ldots, n; \alpha=1, \ldots, p).$$

Si, aux équations de ce polycylindre, on rajoute celles de δ'

$$x_i \in \delta'_i \qquad (i=1, 2, \ldots, n),$$

on obtient un polycylindre compact Δ′ contenu dans Δ; de même, δ'' définit un polycylindre compact Δ″ contenu dans Δ; et Δ′ et Δ″ ont mêmes composantes dans les plans de toutes les variables sauf une. Si f est une fonction holomorphe sur le domaine polyédral $B' \cap B''$, il existe une fonction

$$\varphi(x_1, \ldots, x_n, y_1, \ldots, y_p)$$

holomorphe sur $\Delta' \cap \Delta''$, dont la trace sur $V \cap \Delta' \cap \Delta''$ n'est autre que f (ceci a été démontré au paragraphe X). D'après un théorème classique (qui résulte immédiatement de la formule de Cauchy), φ est la différence entre une fonction φ' holomorphe sur Δ′ et une fonction φ'' holomorphe sur Δ″. Les traces f' et f'' de ces fonctions sur $V \cap \Delta'$ et $V \cap \Delta''$ respectivement sont holomorphes sur B′ et B″ respectivement, et leur différence, sur $B' \cap B''$, est f; ce qui démontre le lemme.

LEMME B. — *Les notations du lemme* A *étant conservées, supposons en outre que l'intersection* $\delta' \cap \delta''$ *soit simplement connexe. Si deux modules de bases finies (à un même nombre q de dimensions)* m' *sur* B', *et* m'' *sur* B'', *engendrent le même module sur* $B' \cap B''$, *alors il existe sur la réunion* $B' \cup B''$ *un module m de base finie qui engendre* m' *sur* B' *et* m'' *sur* B''.

Ce lemme, qui généralise le lemme II (§ IV), sauf qu'ici on ne peut plus préciser le nombre de fonctions que l'on peut donner à la base de m, s'y ramène de la façon suivante. Considérons, sur Δ' (mêmes notations que pour la démonstration du lemme A), le module $\mathfrak{M}'$ des fonctions dont la trace sur $V \cap \Delta'$ appartient au module m'; et, sur Δ'' le module $\mathfrak{M}''$ des fonctions dont la trace sur $V \cap \Delta''$ appartient à m''. Les modules $\mathfrak{M}'$ et $\mathfrak{M}''$ engendrent, sur $\Delta' \cap \Delta''$ (qui est simplement connexe), le même module, savoir celui des fonctions dont la trace sur $V \cap \Delta' \cap \Delta''$ appartient au module engendré par m' (ou par m'') sur $B' \cap B''$. De plus $\mathfrak{M}'$ et $\mathfrak{M}''$ ont des bases finies (parce que l'idéal des fonctions qui s'annulent sur V a une base finie, d'après le paragraphe X). Le lemme II prouve alors l'existence, sur la réunion $\Delta' \cup \Delta''$, d'un module $\mathfrak{M}$ de base finie, qui engendre $\mathfrak{M}'$ sur Δ' et $\mathfrak{M}''$ sur Δ''. Les fonctions de cette base ont pour traces, sur V, des fonctions holomorphes sur $B' \cup B''$, et ces fonctions engendrent m' sur B', et m'' sur B''. C. Q. F. D.

Lemme C. — *Soit* D *un ensemble ouvert de l'espace* $(x_1, \ldots, x_n)$ *qui soit « domaine d'holomorphie »: on sait que* D *est réunion d'une suite croissante d'ensembles compacts* B_i, *dont chacun est un « domaine polyédral » défini par des inégalités en nombre fini*

$$|f_k(x)| \leqq 1 \qquad (f_k \text{ holomorphes dans } D).$$

Dans ces conditions, toute fonction holomorphe sur un B_i *peut être uniformément approchée par des fonctions holomorphes dans* D.

En effet, on a démontré au paragraphe 10 que toute fonction holomorphe sur B_i est limite uniforme de polynomes en $x_1, \ldots, x_n, f_1(x), \ldots, f_p(x)$, les f_k désignant les fonctions qui servent précisément à définir B_i.

37. Une fois ces trois lemmes établis, tout le texte des paragraphes V à IX inclus peut se transposer, à condition de remplacer partout « polycylindre compact » par « domaine polyédral », et « polycylindre ouvert » par « domaine d'holomorphie ». Par exemple, les définitions de module *parfait* et de module *pur* sont à modifier en conséquence. On obtiendra ainsi notamment :

L'extension du théorème I (§ V) aux modules *purs* sur un domaine polyédral, ou sur un domaine d'holomorphie.

L'extension du théorème II (§ VI) aux idéaux (sur un domaine polyédral ou sur un domaine d'holomorphie) qui possèdent une base de p fonctions et dont la variété est à $n-p$ dimensions; en particulier, *si des fonctions* f_i *en nombre fini, holomorphes dans un domaine d'holomorphie* D, *n'ont aucun zéro commun dans* D, *il existe une identité*

$$\sum_i a_i f_i = 1,$$

à coefficients a_i holomorphes dans D.

L'extension du théorème III (théorème fondamental, § IX) : si B est un domaine polyédral de l'espace $(x_1, \ldots, x_n)$, et si l'on a, sur B, un système cohérent de modules ponctuels $\mathfrak{M}_x$ qui, au voisinage de tout point, puisse être engendré par un module $n+1$ fois faiblement dérivable, il existe, sur B, *un module et un seul* qui engendre $\mathfrak{M}_x$ en chaque point x, et ce module a une *base finie*. Extension analogue du théorème III *bis*.

L'extension du théorème IV : si D est un domaine d'holomorphie, et si l'on a, sur D, un système cohérent d'idéaux ponctuels $\mathfrak{I}_x$ dont chacun possède une base de p fonctions et a une variété à $n-p$ dimensions, alors l'idéal associé au système cohérent engendre $\mathfrak{I}_x$ en chaque point x de D, et cet idéal est parfait, etc. En outre, toute fonction f holomorphe sur la variété V du système cohérent est égale, sur V, à la trace d'une fonction holomorphe sur D.

38. Pour terminer, faisons une remarque au sujet du problème de Cousin, qui consiste (*voir* l'Introduction, § I), étant donné dans D un système cohérent de *fonctions* f_x (c'est-à-dire une « donnée de Cousin »), à trouver une fonction unique f, holomorphe sur D, telle que, en chaque point x de D, le quotient $\frac{f}{f_x}$ soit holomorphe et $\neq 0$. Comme on l'a rappelé, ce problème n'admet pas de solution lorsque D est un polycylindre dont deux composantes au moins ne sont pas simplement connexes. Mais nos résultats généraux s'appliquent néanmoins à ce cas, et au cas plus général où D est un domaine d'holomorphie quelconque : il existe donc un *idéal* sur D (de base *finie* si D est un domaine polyédral) qui, en chaque point x de D, engendre l'idéal de base f_x; ce qui arrive, c'est simplement que cet idéal n'a pas nécessairement une base formée d'une fonction *unique*. Par conséquent, une variété à $n-1$ dimensions, dans un domaine d'holomorphie D, même lorsqu'elle ne peut pas être définie comme l'ensemble des zéros d'*une* fonction holomorphe sur D, peut toujours être définie comme l'ensemble des zéros communs à une famille de fonctions holomorphes sur D (cette famille étant *finie* lorsque D est un domaine polyédral).

APPENDICE I.

Idéaux et modules ponctuels.

1. Il est classique que tout idéal ponctuel a une base finie, d'où l'on déduit facilement que tout module ponctuel a une base finie. Je vais démontrer à nouveau ce résultat en le complétant; au cours de ce travail, j'ai eu besoin, en

effet, de résultats plus précis que je n'ai pas trouvés dans la littérature existante; je crois donc utile d'en donner ici la démonstration.

THÉORÈME α. — *Soit, en un point a de l'espace à n dimensions complexes, un nombre fini de modules ponctuels* $\mathfrak{M}_j$ (à un nombre quelconque de dimensions, non nécessairement le même pour les différents $\mathfrak{M}_j$). *Il existe, pour chaque* $\mathfrak{M}_j$, *une base finie* $\mathcal{B}_j$; *en outre, on peut choisir les axes de coordonnées* ([26]) *de telle manière qu'il existe une famille* $\mathcal{F}$ *de polycylindres compacts constituant un système fondamental de voisinages* ([27]) *de a, et jouissant de la propriété suivante :* $\mathfrak{M}_j$ *désignant l'un quelconque des modules donnés, et* W *l'un quelconque des voisinages de la famille* $\mathcal{F}$, *il existe une constante positive k telle que si une fonction f est holomorphe sur* W, *de valeur absolue* ([28]) $\leqq 1$ *sur* W, *et appartient au module* $\mathfrak{M}_j$ *au point a, une telle f puisse se mettre* (*sur* W) *sous la forme d'une combinaison linéaire des fonctions de* $\mathcal{B}_j$, *les coefficients de cette combinaison étant holomorphes sur* W *et de valeurs absolues* $\leqq k$ *sur* W.

D'une façon précise, nous désignerons sous le nom de « théorème α_n » le théorème précédent relatif à l'espace à n dimensions. Un cas particulier du théorème α_n est celui que l'on obtient en supposant que, dans l'énoncé, les modules $\mathfrak{M}_j$ sont tous à une dimension, c'est-à-dire sont des *idéaux* $\mathfrak{I}_j$; nous désignerons sous le nom de théorème α'_n l'énoncé (plus faible) ainsi obtenu. Or il nous suffit de démontrer le théorème α'_n, car ce dernier entraîne à son tour le théorème α_n : en effet, si $\mathfrak{M}$ est un module à q dimensions, on peut lui associer les q idéaux suivants :

l'idéal $\mathfrak{I}_1$ des premières composantes des fonctions de $\mathfrak{M}$;
l'idéal $\mathfrak{I}_2$ des deuxièmes composantes de celles des fonctions de $\mathfrak{M}$ dont la première composante est nulle;

. . . .

l'idéal $\mathfrak{I}_q$ des dernières composantes de celles des fonctions de $\mathfrak{M}$ dont les $q-1$ premières composantes sont nulles.

Si l'on opère ainsi pour chacun des modules du théorème α_n, on est amené à considérer une famille finie d'idéaux; et l'on vérifie aussitôt que le théorème α'_n, appliqué à ces idéaux, entraîne le théorème α_n pour les modules donnés.

([26]) C'est-à-dire effectuer, sur les coordonnées existantes, une substitution linéaire à coefficients constants, de déterminant non nul.

([27]) Une famille $\mathcal{F}$ d'ensembles constitue un *système fondamental de voisinages* de a, si chaque ensemble de $\mathcal{F}$ est un voisinage de a, et si tout voisinage de a contient au moins un ensemble de la famille $\mathcal{F}$.

([28]) Nous appelons *valeur absolue* d'une fonction f (à q dimensions) de composantes $f_1, \ldots f_q$, la plus grande des valeurs absolues $|f_1|, \ldots, |f_q|$.

2. Cela dit, nous prouverons le théorème α'_n *par récurrence sur l'entier* n. Il est trivial pour $n=0$ (idéaux dans le corps des constantes complexes). Reste à montrer, pour chaque $n \geqq 1$, que, *si le théorème* α'_{n-1} *est vrai* (*et par suite aussi le théorème* α_{n-1}), *le théorème* α'_n *est vrai.*

Cherchons donc à démontrer le théorème α'_n. On peut se borner au cas où les idéaux $\mathcal{I}_j$ considérés sont tous différents de l'idéal-zéro. Le point a étant pris pour origine, choisissons le premier axe de coordonnées de manière que chacun des idéaux $\mathcal{I}_j$ possède une fonction g_j qui ne s'annule pas identiquement pour $x_2 = x_3 = \ldots = x_n = 0$ (x_1 voisin de zéro). Dans ces conditions, il est classique ([29]) que chaque g_j est « équivalente » à un « polynome distingué »; rappelons qu'on appelle *polynome distingué* (au point a pris pour origine) un polynome en x_1 (éventuellement une constante) dont le coefficient du terme de degré le plus élevé est égal à 1, tous les autres coefficients étant holomorphes en $x_2, \ldots, x_n$ au voisinage de l'origine, et nuls à l'origine; et rappelons aussi que deux fonctions holomorphes au point a sont dites *équivalentes* si elles engendrent le même idéal en ce point. Ainsi, moyennant un choix convenable du premier axe de coordonnées, on peut supposer que chacun des idéaux $\mathcal{I}_j$ contient un polynome distingué en x_1, polynome que nous désignerons à nouveau par g_j; soit ρ_j son degré.

3. Admettons pour un instant le lemme suivant : *Soit g un polynome distingué en* x_1, *de degré* ρ, *et soient* $r_1, r_2, \ldots, r_n$ *des nombres* >0 *tels que :* 1° *les coefficients de g soient holomorphes sur le polycylindre* δ

$$(\delta) \qquad |x_2| \leqq r_2, \quad \ldots, \quad |x_n| \leqq r_n;$$

2° *lorsque le point* $(x_2, \ldots, x_n)$ *appartient à* δ, *les racines* (*en* x_1) *du polynome g soient toutes de valeur absolue* $< r_1$. *Alors il existe un nombre positif h jouissant de la propriété suivante : si une fonction* $f(x_1, x_2, \ldots, x_n)$ *est holomorphe sur le polycylindre* Δ

$$(\Delta) \qquad |x_1| \leqq r_1, \quad |x_2| \leqq r_2, \quad \ldots, \quad |x_n| \leqq r_n$$

et y satisfait à $|f| \leqq 1$, *elle satisfait, sur* Δ, *à une identité*

$$f = \lambda g + Q,$$

λ *étant holomorphe et de valeur absolue* $\leqq h$ *sur* Δ, *et* Q *étant un polynome en* x_1, *de degré* $\rho - 1$, *dont tous les coefficients sont holomorphes et de valeur absolue* $\leqq h$ *sur* δ.

Ce lemme étant provisoirement admis, démontrons le théorème α'_n. Pour chaque idéal $\mathcal{I}_j$, considérons l'ensemble $\mathfrak{M}_j$ de ceux des polynomes en x_1, de

([29]) *Voir* par exemple Osgood, *Lehrbuch der Funktionentheorie*, II, 1.

degré $\rho - 1$, à coefficients holomorphes en $x_2, \ldots, x_n$ à l'origine, qui appartiennent à $\mathcal{J}_j$. L'ensemble $\mathcal{M}_j$ est évidemment un module (à ρ dimensions) sur l'anneau des fonctions holomorphes des $n - 1$ variables $x_2, \ldots, x_n$. Appliquons aux modules $\mathcal{M}_j$ le théorème α_{n-1} : on obtient une base finie $\mathcal{C}_j$ pour chaque $\mathcal{M}_j$, et un choix des coordonnées dans l'espace $(x_2, \ldots, x_n)$ tel qu'il existe une famille $\mathcal{G}$ de polycylindres compacts (de ce dernier espace) pour lesquels l'énoncé du théorème α_{n-1} est valable. Désignons alors par $\mathcal{B}_j$ l'ensemble formé des fonctions de $\mathcal{C}_j$ et de la fonction g_j; $\mathcal{B}_j$ est évidemment une base finie de $\mathcal{J}_j$. En outre, considérons, dans l'espace $(x_1, x_2, \ldots, x_n)$ où les axes de coordonnées sont maintenant choisis, la famille $\mathcal{F}$ des polycylindres compacts de la forme

$$|x_1| \leqq r_1, \qquad (x_2, \ldots, x_n) \in \delta,$$

où δ désigne un polycylindre de la famille $\mathcal{G}$, tel que, lorsque $(x_2, \ldots, x_n) \in \delta$, les zéros de chacun des polynomes g_j satisfassent tous à $|x_1| < r_1$. Le lemme ci-dessus prouve immédiatement que l'énoncé du théorème α'_n est valable pour les bases finies $\mathcal{B}_j$ et la famille $\mathcal{F}$.

4. Il reste donc seulement à démontrer le lemme. Nous utiliserons pour cela l'intégrale de Cauchy. L'intégrale

$$\frac{1}{2\pi i}\int_{|\xi|=r} \frac{f(\xi, x_2, \ldots, x_n)}{g(\xi, x_2, \ldots, x_n)} \frac{d\xi}{\xi - x_1}$$

est indépendante de r (r assez voisin de r_1 et $> r_1$); elle représente une fonction $\lambda(x_1, x_2, \ldots, x_n)$ holomorphe sur Δ (notations du lemme). D'autre part, définissons

$$Q = f - \lambda g;$$

on a

$$Q(x_1, x_2, \ldots, x_n) = \frac{1}{2\pi i}\int_{|\xi|=r} \frac{f(\xi, x_2, \ldots, x_n)}{g(\xi, x_2, \ldots, x_n)} \frac{g(\xi, x_2, \ldots, x_n) - g(x_1, x_2, \ldots, x_n)}{\xi - x_1} d\xi;$$

or

$$\frac{g(\xi, x_2, \ldots, x_n) - g(x_1, x_2, \ldots, x_n)}{\xi - x_1} = \sum_{p=0}^{\rho-1} (x_1)^p u_p(\xi, x_2, \ldots, x_n),$$

les u_p étant des polynomes en ξ, à coefficients holomorphes sur δ. D'où, en intégrant,

$$Q(x_1, x_2, \ldots, x_n) = \sum_{p=0}^{\rho-1} (x_1)^p v_p(x_2, \ldots, x_n),$$

avec

$$v_p(x_2, \ldots, x_n) = \frac{1}{2\pi i}\int_{|\xi|=r} \frac{f(\xi, x_2, \ldots, x_n)}{g(\xi, x_2, \ldots, x_n)} u_p(\xi, x_2, \ldots, x_n)\, d\xi.$$

Supposons $|f| \leqq 1$ sur Δ; alors $|v_p|$ reste, sur δ, inférieur à un nombre fixe (c'est-à-dire à un nombre qui dépend de g, mais ne dépend pas de f); donc $|\lambda g| = |f - Q|$ reste, sur Δ, inférieur à un nombre fixe. D'autre part, pour

$$|x_1| = r_1, \qquad (x_2, \ldots, x_n) \in \delta,$$

$|g|$ reste supérieur à un nombre positif fixe; donc $|\lambda|$ est majoré par un nombre fixe h; et cette majoration de $|\lambda|$ est encore valable sur Δ tout entier, puisque la valeur absolue d'une fonction de x_1, holomorphe pour $|x_1| \leqq r_1$, atteint sa borne supérieure pour $|x_1| = r_1$. Le lemme est ainsi démontré; et la démonstration du théorème α est achevée.

5. Premier corollaire. — *Soit $\mathcal{M}$ un module (à q dimensions) au point a. Si une fonction g (à q dimensions), holomorphe sur un voisinage V de a, est, sur V, limite uniforme de fonctions (holomorphes sur V) qui appartiennent à $\mathcal{M}$ au point a, la fonction g appartient à $\mathcal{M}$ au point a.*

En effet, l'hypothèse entraine que g est limite d'une suite de fonctions g_p holomorphes sur V, telles que l'on ait, sur V,

$$|g_{p+1} - g_p| \leqq 2^{-p},$$

chaque g_p appartenant au module $\mathcal{M}$. D'après le théorème α, on a des identités

$$g_{p+1} - g_p = \sum_j a_{pj} f_j$$

(les f_j constituant une base finie de $\mathcal{M}$, indépendante de l'indice p), les coefficients a_{pj} étant holomorphes sur un certain voisinage compact W contenu dans V, et satisfaisant, sur W, aux inégalités $|a_{pj}| \leqq k . 2^{-p}$ (k nombre positif fixe). Il en résulte que, pour chaque j, la série $\sum_p a_{pj}$ converge uniformément sur W; sa somme a_j est holomorphe à l'intérieur de W (et en particulier au point a); et l'on a, au voisinage de a,

$$g - g_1 = \sum_j a_j f_j,$$

ce qui prouve que g appartient au module $\mathcal{M}$.

Deuxième corollaire. — *Si deux modules $\mathcal{M}$ et $\mathcal{N}$ (au même nombre de dimensions) sur un voisinage V de a, engendrent, au point a, des modules $\mathcal{M}_a$ et $\mathcal{N}_a$ identiques, ils engendrent, sur tout ensemble E suffisamment voisin de a (et, en particulier, sur tout ensemble ponctuel suffisamment voisin de a), des madules $\mathcal{M}_E$ et $\mathcal{N}_E$ identiques.*

En effet, appliquons le théorème α aux deux modules ponctuels $\mathfrak{M}_a$ et $\mathfrak{N}_a$. Soit W un voisinage de la famille $\mathcal{F}$ de ce théorème, voisinage assez petit pour être contenu dans V. Le module $\mathfrak{M}_W$ engendré par $\mathfrak{M}$ sur W n'est autre que le module de toutes les fonctions qui appartiennent à $\mathfrak{M}_a$ et sont holomorphes sur W; de même, le module $\mathfrak{N}_W$ n'est autre que le module de toutes les fonctions qui appartiennent à $\mathfrak{N}_a$ et sont holomorphes sur W. Puisque $\mathfrak{M}_a = \mathfrak{N}_a$, il s'ensuit que $\mathfrak{M}_W = \mathfrak{N}_W$; on a donc $\mathfrak{M}_E = \mathfrak{N}_E$ pour tout ensemble E contenu dans W.

APPENDICE II.

Variétés analytiques irréductibles.

1. Nous nous bornerons à considérer des *variétés analytiques dans un ensemble ouvert*. Conformément à la definition donnée au paragraphe 1, un ensemble E de points d'un ensemble ouvert D (de l'espace à n dimensions complexes) est une *variété analytique dans* D si tout point de D possède un voisinage V ($V \subset D$) tel que l'intersection $E \cap V$ se compose des zéros communs à un nombre fini de fonctions holomorphes sur V. Cette définition équivaut à la suivante : l'ensemble E est une variété analytique dans D si E est *fermé* dans D, et si, au voisinage de chaque point a de E, l'ensemble E peut être défini par un nombre fini d'équations $f_k = 0$ (f_k holomorphes au voisinage de a).

Nous dirons qu'une variété E, analytique dans D, est *réductible dans* D, s'il existe deux variétés E_1 et E_2, analytiques dans D, toutes deux distinctes de E, et dont la réunion soit E. Dans le cas contraire, E est dite *irréductible dans* D. Nous nous proposons d'établir rapidement les deux résultats suivants :

Théorème β. — *Toute variété analytique dans* D (*ouvert*) *est réunion d'une famille finie ou dénombrable de variétés analytiques irréductibles dans* D.

Théorème γ. — *Si une fonction holomorphe f dans* D (*ouvert*) *s'annule identiquement sur* E *au voisinage d'un point de* E, *et si* E *est une variété analytique irréductible dans* D, *f s'annule identiquement sur* E.

2. Avant d'aborder les démonstrations, il importe de ne pas confondre la notion *d'irréductibilité dans* D avec celle *d'irréductibilité en un point*. Une variété E analytique dans D est dite *réductible en un point a* de E si a possède un voisinage ouvert V tel qu'il existe deux variétés F_1 et F_2, *analytiques dans* V, contenant toutes deux le point a, dont la réunion soit $E \cap V$ et dont les traces, sur tout voisinage de a, soient toutes deux différentes de la trace de E. Dans le cas contraire, E est dite *irréductible au point a*. On peut relier la notion d'irréductibilité en un point, à celle d'idéal ponctuel. En effet, une variété analytique E définit, en un point a de E, l'idéal $\mathfrak{I}$ de toutes les fonctions

(holomorphes en a) qui s'annulent identiquement sur E dans un voisinage (si petit soit-il) du point a. Pour que E soit irréductible au point a, il faut et il suffit que l'idéal $\mathfrak{I}$ soit *premier;* dans le cas général, $\mathfrak{I}$ est intersection finie d'idéaux premiers, et E est (au voisinage de a) réunion d'un nombre fini de variétés analytiques irréductibles en a. Ces résultats sont classiques ([9]). Il est aussi classique que l'on peut définir la *dimension* d'une variété irréductible en un point; c'est un nombre entier.

3. Ceci étant rappelé, nous allons montrer comment l'on peut, à toute variété analytique E dans D, associer un *espace topologique* (abstrait) $\mathcal{E}$. Pour définir $\mathcal{E}$, il faut d'abord dire quels en seront les *points* : un « point » α de l'espace $\mathcal{E}$ à définir, c'est par définition l'ensemble d'un point a de E (point a qui s'appellera le *support* du « point » α) et d'une composante irréductible de la variété E au point a. A chaque point α faisons correspondre son support a : on définit une application φ de $\mathcal{E}$ sur E; un point de E est, en général, le support d'un seul point de $\mathcal{E}$, mais il y a exception pour les points « singuliers » de E, qui sont support d'un nombre *fini* de points de $\mathcal{E}$. Reste à définir une topologie sur l'ensemble $\mathcal{E}$: nous dirons qu'un ensemble $\mathfrak{A}$ de « points » de $\mathcal{E}$ est *ouvert* si, quel que soit α de $\mathfrak{A}$, $\mathfrak{A}$ contient tous les points β dont le support b est suffisamment voisin du support a de α et appartient à la composante irréductible (au point a) attachée à α. Avec cette topologie, l'application φ de $\mathcal{E}$ sur E, définie plus haut, est *continue*.

On peut alors voir facilement : *pour que la variété analytique* E *soit irréductible dans* D, *il faut et il suffit que l'espace topologique* $\mathcal{E}$ *soit connexe.*

Donnons simplement des indications rapides sur la démonstration : si E est *réductible* dans D, E est réunion de E_1 et E_2 (analytiques dans D, toutes deux différentes de E); soit $\mathcal{E}_1$ l'ensemble des « points » de $\mathcal{E}$ dont le support et la composante irréductible appartiennent à E_1. L'ensemble $\mathcal{E}_1$ est différent de $\mathcal{E}$; il est à la fois ouvert et fermé dans $\mathcal{E}$; $\mathcal{E}$ n'est donc pas connexe. Inversement, si $\mathcal{E}$ n'est pas connexe, E est réductible; en effet, si $\mathcal{E}$ est réunion de deux sous-ensembles non vides et ouverts $\mathcal{E}_1$ et $\mathcal{E}_2$, les images E_1 et E_2 de $\mathcal{E}_1$ et $\mathcal{E}_2$ par l'application φ, sont deux variétés analytiques dont l'existence prouve la réductibilité de E.

4. Cela posé, si E est une variété analytique dans D, les composantes connexes de l'espace $\mathcal{E}$ associé à E fournissent des variétés analytiques irréductibles dont E est la réunion. Pour achever de démontrer le théorème β, il suffit de montrer que *les composantes connexes de* $\mathcal{E}$ *forment une famille finie ou dénombrable.* Or ceci est une conséquence immédiate du fait que $\mathcal{E}$ *est réunion dénombrable de sous-ensembles ouverts connexes.*

Reste à prouver le théorème γ. D'une façon plus précise : *si une fonction* f, *holomorphe dans* D, *s'annule identiquement, au voisinage d'un point a de* E, *sur une composante irréductible de* E *en* a, *et si* E *est irréductible dans* D, *alors* f *s'annule en tout point de* E. Voici quelques indications succinctes sur la démonstration : f définit une fonction g sur l'espace $\mathcal{E}$, à savoir celle qui, en tout point α de $\mathcal{E}$, est égale à $f[\varphi(\alpha)]$. Si E est irréductible dans D, $\mathcal{E}$ est connexe; si f s'annule identiquement, au voisinage d'un point a de E, sur une composante irréductible de E en a, g s'annule sur tout un sous-ensemble ouvert de $\mathcal{E}$. Or, l'ensemble des points de $\mathcal{E}$ au voisinage desquels g s'annule identiquement est *fermé*, comme on s'en assure aisément; donc, si $\mathcal{E}$ est connexe, g s'annule sur $\mathcal{E}$ tout entier.

C. Q. F. D.

INDEX TERMINOLOGIQUE.

37.

Sur un cas de prolongement analytique pour les fonctions de plusieurs variables complexes

Annales Academiae Scientiarum Fennicae, series A 61, 3–6 (1949)

Monsieur le Professeur P. J. Myrberg a bien voulu attirer mon attention sur le théorème suivant: une fonction analytique $f(x, y)$ de 2 variables complexes x et y qui satisfait à l'équation fonctionnelle

$$f(\lambda x, \mu y) \equiv f(x, y)$$

(λ et μ étant des constantes complexes données, $|\lambda| > 1$, $|\mu| < 1$) ne peut être holomorphe en un point $x = a$, $y = 0$ et en un point $x = 0$, $y = b$, sauf dans des cas triviaux faciles à préciser (voir ci-dessous).

En même temps, M. Myrberg m'a posé la question de savoir s'il existe un théorème analogue dans le cas d'un nombre quelconque de variables complexes.

Je me propose de donner ici une réponse à cette question. Elle se rattache, on va le voir, à la question du prolongement analytique des fonctions de plusieurs variables complexes. On sait [1]) qu'étant donné un domaine [2]) D dans l'espace de n variables complexes, il existe un domaine $\bar{D}$ contenant D, et qui peut être plus grand que D, jouissant de la propriété que toute fonction holomorphe dans D admet un prolongement holomorphe dans $\bar{D}$; $\bar{D}$ est en outre entièrement défini par la condition supplémentaire qu'il existe une fonction holomorphe daus $\bar{D}$ et non susceptible de prolongement [3]). A cet égard nous démontrerons (ci-dessous, § 2):

Théorème 1.— *Soit, dans l'espace de deux variables complexes x, y, un domaine* (*univalent*) *D jouissant de la propriété* (P): *si* $(x, y) \in D$, *alors* $(\lambda x, \mu y) \in D$ (λ et μ étant deux constantes complexes données une fois pour toutes, telles que $|\lambda| > 1$, $|\mu| < 1$) . *Si un tel domaine D contient un point* $(a, 0)$ *et un point* $(0, b)$, *toute fonction holomorphe dans D est aussi holomorphe à l'origine* $(0, 0)$. D'une façon précise: *il existe un domaine D' contenant l'origine et contenant D, tel que toute fonction holomorphe dans D se prolonge en une fonction holomorphe dans D'* [4])

---

[1]) Voir H. Cartan – P. Thullen, Zur Theorie der Singularitäten der Funktionen mehrerer Veränderlichen (Math. Annalen, 106, 1932, pp. 617 — 647).

[2]) Par *domaine* j'entends un ensemble ouvert connexe.

[3]) Signalons toutefois que $\bar{D}$ peut n'être pas *univalent* (schlicht) même si D est univalent.

[4]) Dans la théorie générale de Cartan-Thullen, ceci exprime que $\bar{D}$ contient l'origine; d'ailleurs $\bar{D}$ jouit de la propriété (P).

Il est clair que si une fonction $f(x, y)$ est holomorphe dans D et satisfait en outre dans D à l'identité de M. MYRBERG:

$$f(\lambda x, \mu y) \equiv f(x, y),$$

elle satisfera à cette identité dans D'; alors le développement de Taylor de f à l'origine montre aussitôt que *f est une constante, sauf si* $\log \lambda / \log \mu$ *est un nombre réel rationnel négatif* $-p/q$, *auquel cas* $f(x, y)$ *ne dépend que de* $x^q y^p$.

Le théorème 1 va être démontré de telle façon que la démonstration puisse s'étendre au cas de n variables. Nous obtiendrons ainsi (§ 3) le théorème général:

Théorème 2. — *Soit, dans l'espace de $n = p + q$ variables complexes x_i, y_j $(1 \leqslant i \leqslant p, 1 \leqslant j \leqslant q)$, un domaine D jouissant de la propriété* (P): *si $(x_i, y_j) \in D$, alors $(\lambda_i x_i, \mu_j y_j) \in D$* (les λ_i et les μ_j étant des constantes complexes données une fois pour toutes, telles que $|\lambda_i| > 1$, $|\mu_j| < 1$). *Si un tel domaine D contient un point $x_i = a_i$, $y_j = 0$ et un point $x_i = 0$, $y_j = b_j$, alors toute fonction holomorphe dans D est aussi holomorphe à l'origine.* D'une façon précise, *il existe un domaine D' contenant l'origine et contenant D, tel que toute fonction holomorphe dans D se prolonge en une fonction holomorphe dans D'.*

Comme plus haut, on en déduit que si en outre

$$f(\lambda_i x_i, \mu_j y_j) \equiv f(x_i, y_j),$$

f est *constante*, sauf des cas exceptionnels que l'on peut aisément expliciter.

---

1. — Pour la suite, il sera commode d'introduire une convention de langage: une fonction sera dite *holomorphe dans un ensemble fermé* s'il existe un *voisinage* de cet ensemble dans lequel elle est holomorphe.

Voici d'abord un lemme facile, et d'ailleurs connu:

Lemme 1. — *Soient u et v deux nombres positifs < 1. Si une fonction $f(x, y)$ est holomorphe dans $|x| \leqslant u^2$, $|y| \leqslant 1$, et dans $|x| \leqslant 1$, $|y| \leqslant v^2$, alors f est holomorphe dans $|x| \leqslant u$, $|y| \leqslant v$.*

En effet, considérons le développement de Taylor

$$f(x, y) = \sum_{m \geqslant 0,\, n \geqslant 0} c_{m,n} x^m y^n.$$

Si on représente son domaine de convergence dans un plan où les coordonnées sont $\log |x|$ et $\log |y|$, il est classique que le domaine représentatif est *convexe*. Le lemme en résulte aussitôt.

En effectuant les transformations

$$x' = \frac{x-u}{1-ux}, \quad y' = \frac{y-v}{1-vy},$$

on obtient immédiatement le nouveau lemme:

Lemme 2. — *Soient a et b deux nombres complexes de modules* $\leqslant 2/3$, *et r et s deux nombres positifs tels que*

$$|a|^2 \leqslant r + r^2, \; |b|^2 \leqslant s + s^2.$$

Si une fonction $f(x, y)$ *est holomorphe dans chacun des deux ensembles*
(C): $|x-a| \leqslant r, |y| \leqslant 1,$
(C'): $|x| \leqslant 1, \; |y-b| \leqslant s,$
alors f est aussi holomorphe à l'origine (d'une façon précise: il existe un domaine contenant C, C' et l'origine, dans lequel f se prolonge en une fonction holomorphe).

2. *Démonstration du théorème 1.* —

Dans les hypothèses du théorème 1, le domaine D contient un ensemble
$(C) \qquad |x-a| \leqslant r, \; |y \leqslant \varrho,$
et un ensemble
$(C') \qquad |x| \leqslant \sigma, |y-b| \leqslant s.$
En multipliant x et y par des constantes, on peut se ramener au cas où $\varrho = 1$ et $\sigma = 1$, ce que nous allons supposer. Pour tout entier k, D contient l'ensemble
$(C_k') \qquad |x| \leqslant |\lambda|^k, \; |y-\mu^k b| \leqslant |\mu|^k s.$
k étant provisoirement choisi, faisons le changement de variable $x = \lambda^k X$; alors
(C) devient $|X - \lambda^{-k} a| \leqslant |\lambda|^{-k} r, \; |y| \leqslant 1$
(C_k') devient $|X| \leqslant 1, \; |y - \mu^k b| \leqslant |\mu|^k s.$
Le lemme 2 sera applicable dès que l'on aura
$|\lambda^{-k} a| \leqslant 2/3, \; |\mu^k b| \leqslant 2/3,$
$|\lambda^{-k} a|^2 \leqslant |\lambda|^{-k} r, \; |\mu^k b|^2 \leqslant |\mu|^k s.$
Or ces inégalités sont évidemment vérifiées pour k assez grand, puisque $|\lambda| > 1$ et $|\mu| < 1$. Le lemme 2 permet alors de conclure que f se prolonge en une fonction holomorphe dans un domaine D_1 contenant (C) et l'origine; et comme D contient (C'), f se prolonge en une fonction holomorphe dans la réunion D' de D et de D_1. Ceci prouve le théorème 1.

3. — *Cas de n variables complexes.* —

Soient $n = p + q$ variables complexes, se composant de p variables x_i et de q variables y_j. Le lemme 1 se généralise comme suit:

Lemme 1 bis. — Soient u_i et v_j des nombres positifs < 1. Si une fonction $f(x_i, y_j)$ est holomorphe dans

$$|x_i| \leqslant (u_i)^2, |y_j| \leqslant 1,$$

et dans

$$|x_i| \leqslant 1, |y_j| \leqslant (v_j)^2,$$

alors f est holomorphe dans $|x_i| \leqslant u_i, |y_j| \leqslant v_j$.

La démonstration repose sur le même principe de convexité que celle du lemme 1.

En effectuant les transformations

$$x_i' = \frac{x_i - u_i}{1 - u_i x_i}, \quad y_j' = \frac{y_j - v_j}{1 - v_j y_j},$$

on déduit du lemme 1 bis le:

Lemme 2 bis. — Soient a_i et b_j des nombres complexes de modules $\leqslant 2/3$, et r_i et s_j des nombres positifs tels que

$$|a_i|^2 \leqslant r_i + (r_i)^2, |b_j|^2 \leqslant s_j + (s_j)^2.$$

Si une fonction $f(x_i, y_j)$ est holomorphe dans chacun des deux ensembles

(C'): $|x_i - a_i| \leqslant r_i, |y_j| \leqslant 1,$

(C): $|x_i| \leqslant 1, |y_j - b_j| \leqslant s_j,$

alors f est aussi holomorphe à l'origine.

Enfin, nous laissons au lecteur le soin de démontrer le théorème 2 à l'aide du présent lemme 2 bis; il suffit de calquer la démonstration du théorème 1 à l'aide du lemme 2.

(10 avril 1949)

38.

Idéaux et modules de fonctions analytiques de variables complexes

Bulletin de la Société mathématique de France 78, 29–64 (1950)

Introduction. — Dans un Mémoire intitulé : *Idéaux de fonctions analytiques de n variables complexes* (*Annales de l'École Normale*, 3e série, 61, 1944, p. 149-197; ce Mémoire sera désigné par les initiales I. F. A. tout le long du présent travail), j'ai tenté d'expliquer le rôle joué par les idéaux dans certaines questions de la théorie des fonctions analytiques de variables complexes; j'ai indiqué les principaux problèmes qui se posaient, et tâché de les résoudre. Je n'y suis parvenu que d'une façon incomplète, ayant dû laisser sans solution deux problèmes-clefs (« premier problème » et « deuxième problème », p. 187 de I. F. A.). Les mêmes questions ont été travaillées d'une manière indépendante au Japon par K. Oka, dont les beaux travaux antérieurs m'avaient d'ailleurs guidé dans mes recherches sur les idéaux. Sans avoir pu prendre connaissance de mon travail I. F. A., Oka a écrit en 1948 un Mémoire où il étudie les mêmes questions, quoique en des termes un peu différents. Dans ce Mémoire, qui paraît dans ce même volume du *Bulletin*, Oka résout le premier des deux problèmes-clefs dont je parlais plus haut, et obtient donc des résultats plus complets que ceux de mon Mémoire de 1944. Ayant eu le privilège de connaître en manuscrit le nouveau travail de Oka, j'ai été conduit à faire une nouvelle mise au point de l'ensemble de la théorie. D'une part je donne ici (ci-dessous, théorème 1) une solution simplifiée du « premier problème » (I. F. A., p. 187) résolu par Oka; d'autre part, grâce à la solution de ce premier problème, je résous aussi le « deuxième problème » (1) (ci-dessous, théorème 2), ce qui me permet d'aborder franchement l'étude *globale* des variétés analytiques (*voir* par exemple les théorèmes 7 *ter* et 8 *ter* ci-dessous).

La lecture du présent Mémoire, qui donne autant que possible des démonstrations complètes, devrait en principe se suffire à elle-même; j'y fais peu d'usage de mon Mémoire I. F. A., l'optique d'ensemble ayant changé. Les quelques résultats initiaux qui sont admis ici sans démonstration sont énoncés explicitement sous forme de *lemmes*, avec renvois précis à I. F. A. ou à d'autres Ouvrages.

Le but final de ce travail est l'étude globale des idéaux (et des modules) de fonctions analytiques dans les *domaines d'holomorphie*; il est atteint au para-

---

(1) *Note rajoutée à la correction des épreuves* : d'après des papiers communiqués récemment à l'auteur, il semble que K. Oka ait aussi obtenu, de son côté, une solution du deuxième problème.

graphe VIII (n°s 27 à 33). Pour y parvenir, plusieurs étapes ont dû être franchies : tout d'abord, avant de pouvoir faire le passage du local au global, il faut approfondir les propriétés locales, c'est-à-dire voir comment les propriétés ponctuelles s'organisent localement; c'est l'objet du paragraphe III (les paragraphes I et II étant consacrés à l'exposition des notions de base) : dans ce paragraphe III on étudie la notion de *cohérence* locale, et l'on résout les deux problèmes-clefs dont il a déjà été question plusieurs fois. Il semble bien que toute cette partie de la théorie, dont le caractère est *local*, soit valable non seulement pour les fonctions analytiques de variables *complexes*, mais plus généralement pour les fonctions analytiques de variables prenant leurs valeurs dans un *corps valué complet* (qu'il faudrait toutefois supposer *algébriquement clos* pour le théorème 2).

C'est à partir du paragraphe IV que se fait le passage des propriétés locales aux propriétés globales. C'est aussi à partir de là qu'il est essentiel de se borner au corps des nombres complexes, car l'intégrale de Cauchy joue un rôle qui ne semble pas pouvoir être évité. On commence par l'étude globale des idéaux et modules dans certains ensembles compacts; ce n'est qu'au dernier paragraphe (§ VIII) que l'on effectue le passage des ensembles compacts à certains ensembles *ouverts* (en fait, les domaines d'holomorphie). Le cas des ensembles compacts nécessite lui-même le franchissement successif de plusieurs étapes : au paragraphe IV, il s'agit seulement des polycylindres compacts (et simplement connexes). Le cas plus général des « domaines polyédraux » (§ VII) s'y ramène ensuite, parce qu'on identifie un domaine polyédral à une variété analytique dans un polycylindre d'un espace à un plus grand nombre de dimensions, suivant une idée que l'on trouve déjà chez Oka en 1936-1937.

On a essayé de ramasser les résultats dans un petit nombre d'énoncés précis. Ces théorèmes sont puissants, mais ce ne sont que des théorèmes d'existence; ils en ont les inconvénients : ils ne fournissent pas de solution effective d'un problème particulier.

Qu'il me soit permis de profiter de cette occasion pour faire quelques rectifications ou mises au point de détail de mon Mémoire I. F. A. :

Page 157, lignes 8-9 : il n'est pas évident (ni même certain) que les modules ponctuels $\mathfrak{M}_x$ engendrés par $\mathfrak{M}$ forment un système cohérent sur E. C'est pourquoi les lignes 1 à 3 de la Note ([14]) du bas de la page 158 sont sujettes au doute, ainsi que l'affirmation (p. 158, lignes 10-12) qu'elles tendaient à justifier. Ceci infirme également la conclusion du « corollaire du théorème III », p. 183, qui repose sur la considération du « système cohérent engendré par $\mathfrak{M}$ ». En fait, il y a là un *problème ouvert :* est-il possible qu'un module, sur un polycylindre compact, ne puisse pas être engendré par un nombre *fini* d'éléments ?

Pages 160 et suivantes, les notions de « module pur » et de « module parfait » sont devenues sans objet, puisqu'on peut démontrer maintenant que tous les modules sont « purs » et « parfaits »; j'avais d'ailleurs émis cet espoir (p. 161, lignes 20-21).

Page 166, Note ([19]) de bas de page : la démonstration est insuffisante, à cause de la presence possible de composantes impropres.

Page 183, lignes 19 à 23 : l'affirmation est peut-être un peu sommaire. A ce sujet, *voir* ci-dessous, début du n° 21, et lemme 5 (n° 27)

Page 189, lignes 9-12, l'affirmation est correcte, mais sa justification est trop sommaire.

I. — Idéaux et modules; variétés analytiques.

1. Soit $\mathcal{C}$ le *corps* des nombres complexes; pour tout entier $n \geqq 1$, $\mathcal{C}^n$ désignera l'*espace vectoriel* des systèmes de n nombres complexes $(x_1, \ldots, x_n)$, où les opérations sont définies comme suit :

$$(x_1, \ldots, x_n) + (y_1, \ldots, y_n) = (x_1 + y_1, \ldots, x_n + y_n),$$
$$a(x_1, \ldots, x_n) = (ax_1, \ldots, ax_n) \quad \text{pour} \quad a \in \mathcal{C}.$$

Pour tout sous-ensemble non vide A de $\mathcal{C}^n$, précisons la notion de *fonction holomorphe dans* A. Tout d'abord, cette notion est classique lorsque A est un ensemble *ouvert*; et l'ensemble $\mathcal{O}_A$ des fonctions holomorphes dans A ouvert est muni d'une structure d'*anneau*. Lorsque A et B sont ouverts, et que $A \subset B$, on a un homomorphisme canonique φ_{AB} de l'anneau $\mathcal{O}_B$ dans l'anneau $\mathcal{O}_A$: celui qui, à toute fonction f holomorphe dans B, associe la *restriction* de f à l'ensemble A. Il est clair que si $A \subset B \subset C$, l'homomorphisme φ_{AC} est égal au composé $\varphi_{AB}\varphi_{BC}$.

Pour une partie non vide quelconque A de $\mathcal{C}^n$ (en fait, on ne considérera, outre les sous-ensembles ouverts de $\mathcal{C}^n$, que des sous-ensembles *compacts*, c'est-à-dire bornés et fermés), considérons l'ensemble des voisinages ouverts V de A; l'ensemble des anneaux $\mathcal{O}_V$ correspondants est muni d'homomorphismes φ_{VW} comme ci-dessus (définis pour $V \subset W$). Par définition, l'anneau $\mathcal{O}_A$ sera la *limite inductive* (« direct limit ») des anneaux $\mathcal{O}_V$; cela signifie qu'un élément de $\mathcal{O}_A$ est défini par un élément d'un quelconque des $\mathcal{O}_V$, et que deux éléments $f \in \mathcal{O}_V$ et $g \in \mathcal{O}_W$ définissent le *même* élément de $\mathcal{O}_A$ si et seulement s'il existe un voisinage ouvert U de A, contenu dans V et W, tel que les restrictions de f et g à l'ensemble U soient identiques. Les opérations dans l'anneau $\mathcal{O}_A$ sont définies de manière évidente. Un élément de $\mathcal{O}_A$ prendra le nom de *fonction holomorphe dans* A.

Si A et B sont deux parties non vides de $\mathcal{C}^n$, telles que $A \subset B$, on a encore un homomorphisme canonique φ_{AB} de $\mathcal{O}_B$ dans $\mathcal{O}_A$. Si f est une fonction holomorphe dans B, l'élément $\varphi_{AB}(f) \in \mathcal{O}_A$ est une fonction holomorphe dans A, qu'on appellera encore la *restriction* de f à l'ensemble A.

Dans tout ceci, il n'a été question que de fonctions *scalaires*, c'est-à-dire prenant leurs valeurs dans le corps $\mathcal{C}$. Plus généralement, soit q un entier $\geqq 1$; on notera $\mathcal{O}_A^q$ l'ensemble des systèmes de q éléments de $\mathcal{O}_A$. Un élément de $\mathcal{O}_A^q$ peut être considéré comme une fonction (dans A) à valeurs dans l'espace vectoriel $\mathcal{C}^q$, et $\mathcal{O}_A^q$ est donc muni d'une structure de *module* sur l'anneau $\mathcal{O}_A$. Tout sous-module de $\mathcal{O}_A^q$ sera appelé *module q-dimensionnel* dans A (ou, plus brièvement, module dans A, lorsque aucune confusion n'est à craindre). En particulier, pour $q = 1$, un module dans A n'est pas autre chose qu'un *idéal* de l'anneau $\mathcal{O}_A$; nous dirons : « idéal dans A ».

Dans le cas où l'ensemble A est réduit à un *point* x, on écrira $\mathcal{O}_x$ et $\mathcal{O}_x^q$ au lieu de $\mathcal{O}_A$ et $\mathcal{O}_A^q$. Un anneau tel que $\mathcal{O}_x$ sera dit *anneau ponctuel* (au point x); tout idéal de $\mathcal{O}_x$ sera dit *idéal ponctuel* (au point x), tout sous-module de $\mathcal{O}_x^q$ sera dit *module ponctuel* (au point x).

2. Rappelons que, dans un anneau quelconque (commutatif, avec élément unité) $\mathcal{O}$, toute famille $\mathcal{B}$ d'éléments de $\mathcal{O}$ *engendre* un idéal, à savoir l'ensemble des combinaisons linéaires (finies) d'eléments de $\mathcal{B}$ à coefficients dans $\mathcal{O}$; c'est le plus petit idéal contenant $\mathcal{B}$. Plus généralement, dans un module $\mathcal{M}$ sur un anneau $\mathcal{O}$, toute famille $\mathcal{B}$ d'éléments de $\mathcal{M}$ engendre un sous-module de $\mathcal{M}$: le sous-module des combinaisons linéaires (finies) d'éléments de $\mathcal{B}$, à coefficients dans $\mathcal{O}$. Un module est *de type fini* s'il admet un système fini de générateurs. Un module (resp. un anneau) est dit *noethérien* si tout sous-module (resp. tout idéal) est de type fini. On sait que si $\mathcal{O}$ est un anneau noethérien, le module $\mathcal{O}^q$ des systèmes de q éléments de $\mathcal{O}$ est un module noethérien.

L'anneau $\mathcal{O}_x$ des fonctions holomorphes en un point x est *noethérien* (¹). Donc tout sous-module de $\mathcal{O}_x^q$ est de type fini.

Revenons alors à notre exposé général. Si A et B sont deux parties non vides de $\mathcal{C}^n$, telles que $A \subset B$, l'homomorphisme φ_{AB} de $\mathcal{O}_B$ dans $\mathcal{O}_A$ transforme tout idéal $\mathcal{J}$ de $\mathcal{O}_B$ dans un sous-ensemble de $\mathcal{O}_A$, qui en général n'est pas un idéal; l'idéal engendré par $\varphi_{AB}(\mathcal{J})$ dans l'anneau $\mathcal{O}_A$ sera appelé l'*idéal engendré dans* A *par l'idéal* $\mathcal{J}$. Définition analogue du *module engendré dans* A par un sous-module de $\mathcal{O}_B^q$.

3. **Variétés analytiques.** — De même qu'une partie A de $\mathcal{C}^n$ définit une relation d'équivalence dans l'ensemble des fonctions holomorphes dans un voisinage de A (voisinage qui peut varier avec la fonction), de même A définit une *relation d'équivalence dans l'ensemble* $\mathfrak{T}$ *des parties de* $\mathcal{C}^n$: deux sous-ensembles V et V′ de $\mathcal{C}^n$ sont A-équivalents s'il existe un *voisinage* U de A tel que $U \cap V = U \cap V'$. Soit $\mathfrak{T}_A$ le quotient de $\mathfrak{T}$ par cette relation d'équivalence; il est clair que dans $\mathfrak{T}_A$ les opérations de réunion finie, d'intersection finie, et de complémentaire sont définies.

Si $A \subset B$, deux ensembles B-équivalents sont *a fortiori* A-équivalents; on a donc une application canonique de $\mathfrak{T}_B$ sur $\mathfrak{T}_A$.

Quand dira-t-on qu'une fonction holomorphe dans A (élément f_A de l'anneau $\mathcal{O}_A$) *s'annule* sur un élément V_A de $\mathfrak{T}_A$? Soit V une partie de $\mathcal{C}^n$ ayant V_A pour image (dans l'application canonique de $\mathfrak{T}$ sur $\mathfrak{T}_A$); soit de même f une fonction holomorphe dans un voisinage de A, ayant f_A pour image dans $\mathcal{O}_A$. Nous dirons que f_A s'annule sur V_A s'il existe un voisinage U de A tel que f s'annule en tout point de $V \cap U$. Cette condition est indépendante du choix particulier de V et de f, une fois donnés V_A et f_A. Les éléments de $\mathcal{O}_A$ qui s'annulent sur un élément donné V_A de $\mathfrak{T}_A$ forment évidemment un *idéal*.

Étant donné un élément f_A de $\mathcal{O}_A$, il définit un élément V_A de $\mathfrak{T}_A$, de la manière suivante : prenons une f holomorphe dans un voisinage U de A, et admettant f_A pour restriction à A; soit V l'ensemble des zéros de f dans U; alors V_A sera, par définition, la classe d'équivalence de V dans $\mathfrak{T}_A$, classe qui est indépendante du choix de f, et qu'on appellera la *variété des zéros* de f_A.

(¹) *Voir* par exemple W. Rückert, *Math. Annalen*, 107, 1933, p. 259-281. Une démonstration de ce théorème est donnée dans I. F. A., p. 191 et suiv., avec quelques compléments auxquels il sera renvoyé par la suite.

Étant donné un nombre fini de fonctions $f_1, \ldots, f_p$ holomorphes dans A, on définit l'*ensemble des zéros communs à ces fonctions* : c'est l'élément V_A de $\mathfrak{V}_A$, intersection des variétés des zéros de chacune des $f_i (i = 1, \ldots, p)$. V_A s'appelle aussi la *variété des solutions du système d'équations* $f_i = 0$ $(i = 1, \ldots, p)$.

Supposons A réduit à un *point x*. Un élément V_x de $\mathfrak{V}_x$ est appelé une *variété analytique* (complexe) *au point x* s'il est l'ensemble des solutions d'un système fini d'équations au point *x*. Une telle variété peut être *vide*. *L'idéal d'une variété analytique* V_x est, par définition, l'idéal de $\mathcal{O}_x$ formé des éléments qui s'annulent sur V_x (au sens défini ci-dessus).

Supposons maintenant que A soit un ensemble *ouvert* non vide de $\mathcal{C}^n$. Une partie V de A sera appelée *variété analytique dans* A si, pour tout point *x* de A, son image V_x dans $\mathfrak{V}_x$ est une variété analytique au point *x*. Il n'est nullement évident (ni même vrai en général) qu'une variété analytique dans A ouvert soit l'ensemble des zéros communs à une famille (même infinie) de fonctions holomorphes dans A. Le présent Mémoire est en partie une contribution à l'étude de ce problème (*voir* n° 31, théorème 7 *ter*).

Plus généralement : pour une partie A non vide quelconque de $\mathcal{C}^n$, un élément V_A de $\mathfrak{V}_A$ sera appelé une *variété analytique dans* A si, pour tout point *x* de A, son image V_x dans $\mathfrak{V}_x$ est une variété analytique au point *x*. Il est clair que si V_A est une variété analytique dans A, il existe un voisinage *ouvert* U de A, et une variété analytique V dans U, telle que V_A soit l'image de V dans $\mathfrak{V}_A$.

II. — Faisceaux de modules.

4. Nous allons introduire, avec K. Oka ([2]), la notion de *faisceau de modules*. Nous empruntons le mot de « faisceau » à la Topologie algébrique, où il a été introduit par J. Leray ([3]) en théorie de l'homologie; c'est à dessein que nous utilisons ici le même mot, pour désigner une notion analogue. D'ailleurs, ici comme en Topologie algébrique, la notion de faisceau s'introduit parce qu'il s'agit de passer de données « locales » à l'étude de propriétés « globales ».

Définition. — Les entiers *n* et *q* étant donnés, un *faisceau* $\mathcal{F}$ est une fonction qui, à chaque sous-ensemble ouvert non vide $X \subset \mathcal{C}^n$, associe un module *q*-dimensionnel dans X, noté $\mathcal{F}_X$, de manière que, si $X \subset Y$, le module engendré par $\mathcal{F}_Y$ dans X soit contenu dans $\mathcal{F}_X$.

Un faisceau $\mathcal{F}$ permet d'attacher à toute partie non vide A de $\mathcal{C}^n$ un module $\mathcal{F}_A$ (sous-module de $\mathcal{O}_A^q$), de la manière suivante : $\mathcal{F}_A$ est la réunion des modules engendrés (dans A) par les $\mathcal{F}_X$ relatifs aux voisinages ouverts X de A. Si $A \subset B$,

---

([2]) Mémoire cité dans l'Introduction (Voir ce volume du *Bulletin*). Oka introduit cette notion au paragraphe 2 de son Mémoire, sous le nom de « idéal holomorphe de domaines indéterminés ». Nous adoptons ici une terminologie et une présentation différentes, mais le fond de la notion est le même.

([3]) *C. R. Acad. Sc.*, 222, 1946, p. 1366-1368.

$\mathcal{F}_A$ contient le module engendré par $\mathcal{F}_B$ dans A. On notera que si $\mathcal{F}_X = \mathcal{O}_X$ pour tout X ouvert, alors $\mathcal{F}_A = \mathcal{O}_A$ pour toute partie non vide A.

Intersection de deux faisceaux : soient $\mathcal{F}$ et $\mathcal{G}$ deux faisceaux q-dimensionnels dans $\mathcal{C}^n$. Posons, pour tout X ouvert (non vide), $\mathcal{H}_X = \mathcal{F}_X \cap \mathcal{G}_X$; les $\mathcal{H}_X$ définissent un faisceau $\mathcal{H}$, appelé l'intersection des faisceaux $\mathcal{F}$ et $\mathcal{G}$, et l'on vérifie que $\mathcal{H}_A = \mathcal{F}_A \cap \mathcal{G}_A$ pour tout A non vide.

Faisceau sur un ensemble ouvert A. — Nous généraliserons comme suit la définition d'un faisceau. Soit A un ensemble ouvert non vide de $\mathcal{C}^n$; un faisceau sur A (ou A-faisceau) est une fonction qui, à chaque ensemble ouvert non vide X contenu dans A, associe un module $\mathcal{F}_X$ dans X, de telle manière que, si $X \subset Y \subset A$, le module engendré par $\mathcal{F}_Y$ dans X soit contenu dans $\mathcal{F}_X$. Le cas défini antérieurement était celui où $A = \mathcal{C}^n$. Dans le cas général, on définit de même $\mathcal{F}_X$ pour toute partie non vide X contenue dans A. On définit également l'*intersection* de deux A-faisceaux.

Tout faisceau $\mathcal{F}$ sur $\mathcal{C}^n$ définit un faisceau sur A : il suffit de n'envisager que les $\mathcal{F}_X$ relatifs aux parties X de A. Inversement, un faisceau $\mathcal{F}$ sur A définit canoniquement un faisceau $\mathcal{G}$ sur $\mathcal{C}^n$: $\mathcal{G}_X$ se compose des fonctions de $\mathcal{O}^q_X$ dont la restriction à $X \cap A$ appartient à $\mathcal{F}_{X\cap A}$.

5. Proposition 1. — *Étant donné un A-faisceau $\mathcal{F}$, tout point x de A possède un voisinage ouvert X tel que $\mathcal{F}_x$ soit engendré par $\mathcal{F}_X$.*

Cela résulte du fait que $\mathcal{F}_x$ admet un système fini de générateurs.

Corollaire. — *La collection des modules ponctuels $\mathcal{F}_x$ définis par un faisceau $\mathcal{F}$ satisfait à la condition :*

(*a*) *si une fonction f holomorphe dans un voisinage d'un point x, appartient* [4] *au module $\mathcal{F}_x$, elle appartient aussi au module $\mathcal{F}_y$ pour tout point y d'un voisinage de x* (voisinage qui dépend évidemment de f).

La collection des modules ponctuels $\mathcal{F}_x$ (relatifs aux points x d'un ensemble ouvert A) ne suffit pas à reconstituer le A-faisceau $\mathcal{F}$. Toutefois, toute collection de modules ponctuels qui satisfait à la condition (*a*) définit un A-faisceau $\overline{\mathcal{F}}$ que voici : pour tout X *ouvert* non vide contenu dans A, $\overline{\mathcal{F}}_X$ se compose des fonctions f de $\mathcal{O}^q_X$ qui, en chaque point x de X, appartiennent au module $\mathcal{F}_x$ associé à ce point. Grâce à la condition (*a*), on constate alors que le module $\overline{\mathcal{F}}_Y$ que le faisceau $\overline{\mathcal{F}}$ associe à une partie non vide quelconque Y contenue dans A se compose aussi des fonctions de $\mathcal{O}^q_Y$ qui, en chaque point x de Y, appartiennent au module $\mathcal{F}_x$ associé à x. En particulier, $\overline{\mathcal{F}}_x = \mathcal{F}_x$ pour tout point x de A. Il y a donc correspondance biunivoque entre les collections de modules ponctuels (attachés

[4] Nous disons, par abus de langage, qu'une fonction f appartient à un module au point x, si sa *restriction* au point x appartient à ce module.

aux différents points de A ouvert) qui satisfont à la condition (a), et les A-faisceaux $\mathcal{G}$ possédant la propriété suivante :

(b) *pour qu'une* f *de* $\mathcal{O}^q_X$ *appartienne à* $\mathcal{G}_X$ (X partie non vide de A), *il faut et il suffit que* $f \in \mathcal{G}_x$ *pour tout point* $x \in X$.

Un faisceau satisfaisant à (b) sera dit *complet*. Il est évident que l'*intersection de deux faisceaux complets est un faisceau complet*.

Étant donné un A-faisceau quelconque $\mathcal{F}$, soit, comme ci-dessus, $\overline{\mathcal{F}}$ le faisceau complet défini par la collection des modules ponctuels $\mathcal{F}_x$ que $\mathcal{F}$ attache aux points $x \in A$; il est clair que $\overline{\mathcal{F}}_X \supset \mathcal{F}_X$ pour toute partie X non vide de A. Le faisceau $\overline{\mathcal{F}}$ sera dit le *faisceau complété* de $\mathcal{F}$.

6. **Exemples de faisceaux.** — *Exemple* 1. — Soit A un ensemble ouvert non vide, donné une fois pour toutes, et soit $\mathcal{M}$ un module (q-dimensionnel) dans A. Pour chaque partie ouverte X de A, soit $\mathcal{F}_X$ le module engendré par $\mathcal{M}$ dans X (*cf.* n° 2). On définit ainsi un A-faisceau $\mathcal{F}$; on vérifie que, pour *toute* partie X non vide de A, $\mathcal{F}_X$ est le module engendré par $\mathcal{M}$ dans X. Le faisceau $\mathcal{F}$ est dit *engendré par le module* $\mathcal{M}$. Il n'est pas certain, *a priori*, qu'un tel faisceau soit *complet*; à ce sujet, *voir* plus loin (théorèmes 4, 4 *bis* et 4 *ter*).

D'autre part, soient $\mathcal{M}$ et $\mathcal{N}$ deux modules q-dimensionnels dans A ouvert; il n'est pas certain que le faisceau engendré par l'intersection $\mathcal{M} \cap \mathcal{N}$ soit identique à l'intersection des faisceaux engendrés par $\mathcal{M}$ et $\mathcal{N}$ respectivement; à ce sujet, *voir* plus loin (théorèmes 5, 5 *bis* et 5 *ter*).

Exemple 2. — Soient p fonctions f_i ($1 \leq i \leq p$) holomorphes dans un ensemble ouvert A, et à valeurs dans C^q. Pour chaque ensemble ouvert non vide X contenu dans A, considérons les systèmes de p fonctions $c_1, \ldots, c_p$ holomorphes dans X et telles que $\sum_i c_i f_i$ soit identiquement nulle dans X. Un tel système (c_i) sera considéré comme un élément de $\mathcal{O}^p_X$; l'ensemble de ces systèmes constitue un *module* dans X, que nous noterons $\mathcal{R}_X(f)$, et appellerons *module des relations* entre les f_i dans X. Les $\mathcal{R}_X(f)$ définissent un faisceau $\mathcal{R}(f)$, appelé *faisceau des relations* entre les f_i. Pour toute partie non vide Y de A (non nécessairement ouverte), on vérifie que $\mathcal{R}_Y(f)$ se compose des éléments (c_i) de $\mathcal{O}^p_Y$ tels que $\sum_i c_i f_i$ soit l'élément *nul* de $\mathcal{O}^q_Y$. Ceci vaut, en particulier, lorsque Y est réduit à un point x ($x \in A$); on écrira, dans ce cas, $\mathcal{R}_x(f)$, et l'on parlera du « module des relations entre les f_i au point x ». Enfin, on notera que, en vertu de la définition même, *tout faisceau de relations est un faisceau complet*.

Exemple 3. — Soit V une *variété analytique* dans un ensemble ouvert A (*cf.* n° 3). Pour chaque ensemble *ouvert* non vide X contenu dans A, considérons l'*idéal* $\mathcal{F}_X(V)$ des fonctions scalaires, holomorphes dans X, qui s'annulent en tout point de V. Les idéaux $\mathcal{F}_X(V)$ définissent un faisceau $\mathcal{F}(V)$, appelé *faisceau de la variété* V. Pour toute partie non vide Y de A, on vérifie que $\mathcal{F}_Y(V)$ est l'idéal formé des éléments de $\mathcal{F}_V$ qui *s'annulent sur* V (cette locution signifiant, par abus de langage, que ces éléments s'annulent sur l'élément V_Y de $\mathcal{R}_Y$ défini par V; *cf.* ci-dessus, n° 3). On notera que, en vertu de la définition même, *le faisceau d'une variété est complet.*

III. — Faisceaux cohérents.

7. Soit $\mathcal{F}$ un A-faisceau (A : ensemble ouvert non vide). Il jouit de la propriété énoncée dans la proposition 1 du n° 5.

Définition. — Un A-faisceau $\mathcal{F}$ est dit *cohérent* en un point a de A si a possède un voisinage ouvert X tel que non seulement $\mathcal{F}_X$ engendre $\mathcal{F}_a$ au point a, mais que $\mathcal{F}_X$ *engendre* $\mathcal{F}_x$ *en tout point* x *suffisamment voisin de* a. (Dans ces conditions, pour *tout* voisinage ouvert Y assez petit de a, $\mathcal{F}_Y$ engendre $\mathcal{F}_x$ en tout point $x \in Y$). Un A-faisceau est dit *cohérent* (dans A) s'il est cohérent en tout point de A.

Nous allons commenter cette définition (ci-dessous n° 8) à la lumiere d'un lemme remarquable, que nous rappelons ici sans démonstration [5] :

Lemme 1. — *Soit* U *un voisinage ouvert d'un point* a, *et* $\mathfrak{M}$ *un module* (q-dimensionnel) *dans* U. *Il existe un voisinage ouvert* V *de* a, *contenu dans* U, *et jouissant de la propriété suivante : si une* f *holomorphe dans* V *appartient au module* $\mathfrak{M}_a$ *engendré par* $\mathfrak{M}$ *au point* a (d'une façon précise : si la restriction de f au point a appartient au module $\mathfrak{M}_a$), *alors* f *appartient au module* $\mathfrak{M}_V$ *engendré par* $\mathfrak{M}$ *dans* V (d'une façon précise : la restriction de f à V appartient au module $\mathfrak{M}_V$).

De ce lemme on déduit aussitôt [6] :

Corollaire 1 du lemme 1. — *Si deux modules* q*-dimensionnels* $\mathfrak{M}$ *et* $\mathfrak{M}'$, *dans un voisinage ouvert d'un point* a, *engendrent le même module au point* a, *ils engendrent aussi le même module en chaque point* x *suffisamment voisin de* a.

Corollaire 2 du lemme 1. — *Soit* $\mathfrak{M}$ *un module dans* A *ouvert, et soit* a *un point de* A. *Alors il existe un voisinage ouvert* X *de* a (*contenu dans* A), *et un nombre* fini *de fonctions de* $\mathfrak{M}$ *qui engendrent*, *dans* X, *le même module que* $\mathfrak{M}$.

8. Proposition 2. — *Pour qu'un* A-*faisceau* $\mathcal{F}$ *soit cohérent en un point* a *de* A, *il faut et il suffit que la collection des modules ponctuels* $\mathcal{F}_x$ *satisfasse à la condition :*

(c) *Il existe un système fini* S *de fonctions holomorphes au voisinage de* a,

(5) *Voir* I. F. A., théorème α, p. 191.

(6) *Cf.* I. F. A., « deuxième corollaire », p. 194.

et qui, en tout point x suffisamment voisin de a, engendre le module $\mathcal{F}_x$ attaché à ce point.

En effet, cette condition est nécessaire en vertu du corollaire 2 du lemme 1, appliqué au module $\mathcal{F}_x$ qui intervient dans la définition d'un faisceau cohérent. Elle est suffisante, en vertu de la proposition 1 (nº 5) et du corollaire 1 du lemme 1.

La proposition 2 montre que la notion de faisceau cohérent ne dépend en réalité que de la collection des modules ponctuels $\mathcal{F}_x$. Donc, *pour qu'un faisceau $\mathcal{F}$ soit cohérent en un point a, il faut et il suffit que son complété $\overline{\mathcal{F}}$ soit cohérent au point a.*

Remarque. — Soient $\mathcal{F}$ et $\mathcal{G}$ deux faisceaux cohérents en un même point a, et tels que $\mathcal{F}_a = \mathcal{G}_a$. On a alors $\mathcal{F}_x = \mathcal{G}_x$ pour tout point x assez voisin de a. En gros, on peut dire que, pour un A-faisceau $\mathcal{F}$ cohérent en un point a de A, la connaissance du module $\mathcal{F}_a$ détermine les modules $\mathcal{F}_x$ attachés aux points x suffisamment voisins de a.

D'après la définition initiale d'un faisceau cohérent, il est clair que si un faisceau est *engendré par un module* $\mathcal{M}$ dans A *ouvert,* il est cohérent en tout point de A. Ainsi les faisceaux définis à l'exemple 1 ci-dessus (nº 6) sont cohérents. Notre tâche va consister maintenant à montrer que les faisceaux des exemples 2 et 3 sont aussi des faisceaux cohérents. C'est loin d'être évident et facile; en fait, il y a là deux problèmes que j'avais déjà posés, sans pouvoir les résoudre dans le cas le plus général, dans mon Mémoire I. F. A. (p. 187). Le premier de ces problèmes a, depuis cette époque, été complètement résolu par K. Oka (Voir ce même volume du *Bulletin*); nous donnons ci-dessous une version simplifiée de la démonstration de Oka. Quant au second problème (cohérence des faisceaux définis à l'exemple 3), il n'en a été jusqu'ici donné aucune solution, du moins à ma connaissance.

9. Théorème 1. — *Le faisceau des relations entre des fonctions f_i $(1 \leqq i \leqq p)$ holomorphes dans* A *ouvert, est un faisceau cohérent en tout point de* A.

Ce théorème dépend de l'entier q (dimension de l'espace C^q dans lequel les fonctions f_i prennent leurs valeurs), et de l'entier n (dimension de l'espace C^n dont l'ensemble est A une partie ouverte). Il est trivial pour $n = 0$. Pour le démontrer, il susffira de prouver deux choses : 1º si, pour une valeur de n, il est vrai pour $q = 1$, il est vrai pour toute valeur de q; 2º s'il est vrai pour $n - 1$ (quel que soit q) il est vrai pour n et pour $q = 1$. Dans un cas comme dans l'autre, nous utiliserons la condition (c) qui caractérise un faisceau *cohérent* en un point a.

Prouvons d'abord 1º. Soient $f_1, \ldots, f_p$ des fonctions à valeurs q-dimensionnelles, holomorphes au voisinage d'un point a de l'espace C^n. Toute relation $\sum_i c_i f_i = 0$ entre des fonctions scalaires c_i équivaut au système de deux relations

$$\sum_i c_i g_i = 0, \qquad \sum_i c_i h_i = 0,$$

où les g_i sont des fonctions scalaires, et les h_i à valeurs $(q-1)$-dimensionnelles. Le théorème I étant supposé vrai pour $q-1$, il existe une famille finie de S de systèmes $(d_1, \ldots, d_p)$ holomorphes dans un voisinage du point a, et qui, en chaque point x suffisamment voisin de a, engendre le module $\mathcal{R}_x(g)$ des relations entre les g_i. Or le module $\mathcal{R}_x(f)$ est contenu dans $\mathcal{R}_x(g)$; donc, en tout point x d'un voisinage de a, tout élément $(c_1, \ldots, c_p)$ de $\mathcal{R}_x(f)$ s'écrira

$$c_i = \sum_j \lambda_j d_i^j, \tag{1}$$

où j est un indice qui parcourt S, et où les λ_j sont holomorphes au point x. Pour que $(c_1, \ldots, c_p)$ défini par (1) appartienne à $\mathcal{R}_x(f)$, il faut et il suffit qu'il appartienne à $\mathcal{R}_x(h)$, c'est-à-dire que

$$\sum_{i,j} \lambda_j d_i^j h_i = 0 \quad \text{dans l'anneau } \mathcal{O}_x,$$

ce qui s'écrit

$$\sum_j \lambda_j k_j = 0, \qquad \text{avec} \quad k_j = \sum_i d_i^j h_i.$$

Par suite, pour que le système $(c_1, \ldots, c_p)$ défini par (1) appartienne à $\mathcal{R}_x(f)$, il faut et il suffit que le système (λ_j) appartienne à $\mathcal{R}_x(k)$. Or les k_j sont des fonctions $(q-1)$-dimensionnelles. D'après le théorème I pour $q-1$, le faisceau $\mathcal{R}(k)$ est cohérent au point a; soit (λ_j^l) (où l parcourt un ensemble fini L) un système fini d'éléments de $\mathcal{R}_a(k)$, qui engendre $\mathcal{R}_x(k)$ en tout point x assez voisin de a. Alors le système des $\sum_j \lambda_j^l d_i^j$ (où l parcourt L) engendre $\mathcal{R}_x(f)$ en tout point x assez voisin de a, ce qui prouve que le faisceau $\mathcal{R}(f)$ est cohérent au point a.

Après avoir prouvé 1°, il nous reste à prouver 2°, c'est-à-dire à procéder par récurrence sur le nombre n des dimensions de l'espace. Nous supposons que les fonctions $f_1, \ldots, f_p$, holomorphes au voisinage d'un point a de $\mathbb{C}^n$, sont à valeurs *scalaires*. On peut les supposer non identiquement nulles, sinon le théorème à démontrer est trivial. Il est classique que, le point a étant pris pour origine, on peut effectuer sur les coordonnées $x_1, \ldots, x_n$ une substitution linéaire de manière que, pour les nouvelles variables (appelées à nouveau $x_1, \ldots, x_n$), $f_i(0, \ldots, 0, x_n)$ ne soit identiquement nul (en x_n) pour aucune des f_i non identiquement nulles (en $x_1, \ldots, x_n$). On écrira désormais y au lieu de x_n. On sait (*Vorbereitungssatz* de Weierstrass) ([7]) que chaque f_i non identiquement nulle est alors *équivalente* à un « polynome distingué » P_i en y, à coefficients holomorphes en $x_1, \ldots, x_{n-1}$, et dont toutes les racines sont *nulles* pour $x_1 = \ldots = x_{n-1} = 0$ (« distingué » signifie que le coefficient du terme de plus haut degré en y est égal à *un*; « équivalent » signifie que l'on a, au voisinage de l'origine, $f_i = g_i P_i$, où g_i désigne une fonction holomorphe et non nulle à l'origine). Dans le cas où f_i est $\neq 0$ à l'origine,

([7]) *Voir* par exemple S. Bochner et W. T. Martin, *Several complex variables* (*Princeton Univ. Press*, 1948), p. 188, theorem 1.

le polynome P_i est de degré zéro, et se réduit à la constante *un*. Si f_i est identiquement nulle au voisinage de l'origine, on conviendra que $g_i = 1$ et que P_i est identiquement nul.

Pour prouver que le faisceau $\mathcal{R}(f)$ des relations entre les f_i est cohérent à l'origine, il suffit évidemment de prouver que le faisceau $\mathcal{R}(P)$ des relations entre les P_i est cohérent à l'origine. Supposons que le degré α de P_p soit au moins égal au degré de n'importe lequel des P_i. Soit T la famille des $p-1$ systèmes $(c_1, \ldots, c_p)$ suivants :

$$
(\mathrm{T}) \quad \begin{cases} c_i = 0 \quad (2 \leq i \leq p-1), & c_1 = -P_p, \quad c_p = P_1, \\ c_i = 0 \quad (i=1,\ 3 \leq i \leq p-1), & c_2 = -P_p, \quad c_p = P_2, \\ \cdots\cdots\cdots\cdots\cdots\cdots\cdots\cdots & \\ c_i = 0 \quad (1 \leq i \leq p-2), & c_{p-1} = -P_p, \quad c_p = P_{p-1}. \end{cases}
$$

Chacun de ces systèmes est holomorphe au voisinage de l'origine et appartient au *module des relations* entre les P_i. Pour montrer que le faisceau $\mathcal{R}(P)$ est cohérent à l'origine, nous utiliserons la

Proposition auxiliaire. — *Soient* $P_1, \ldots, P_p$ *des polynomes distingués en* y, *de degrés au plus égaux au degré* α *de* P_p, *et à coefficients holomorphes en* $x_1, \ldots, x_{n-1}$ *dans un voisinage* U *de l'origine de l'espace* $(x_1, \ldots, x_{n-1})$. *Pour tout point* (a, b) *tel que* $a = (a_1, \ldots, a_{n-1}) \in U$, *tout système* $(c_1, \ldots, c_p)$ *du module des relations* $\mathcal{R}_{(a,b)}(P)$ *est combinaison linéaire* [*à coefficients holomorphes au point* (a, b)] : 1° *de systèmes de la famille* T *définie ci-dessus*; 2° *de systèmes pour lesquels les* c_i *sont des* polynomes en y, *de degrés* $\leq \alpha - 1$ (*à coefficients holomorphes au point* a). *Ce que nous exprimerons en disant que tout élément de* $\mathcal{R}_{(a,b)}(P)$ *est, au point* (a, b), congru modulo T *à un système pour lequel les* c_i *sont des polynomes de degrés* $\leq \alpha - 1$.

Admettons pour un instant cette proposition, et montrons comment elle permet de prouver que le faisceau $\mathcal{R}(P)$ des relations entre les polynomes distingués P_i est *cohérent à l'origine*. Les systèmes de la famille T sont indépendants du point (a, b) voisin de l'origine; quant aux systèmes du type 2°, c'est-à-dire aux éléments du module des relations (entre les P_i) qui sont des polynomes (en y) de degrés $\leq \alpha - 1$, il suffira de montrer qu'ils forment un faisceau cohérent à l'origine. Or la considération d'un système de polynomes c_i, de degrés $\leq \alpha - 1$, revient à celle du système de tous leurs coefficients, qui sont des fonctions holomorphes au voisinage de l'origine de l'espace $\mathbf{C}^{n-1}$; et comme une identité $\sum_i c_i P_i = 0$ se traduit par des relations linéaires entre les coefficients des c_i, à coefficients holomorphes en $x_1, \ldots, x_{n-1}$, on est ramené à un faisceau de relations dans l'espace $\mathbf{C}^{n-1}$, faisceau qui est cohérent à l'origine, en vertu du théorème 1 supposé vrai pour $n-1$. Finalement, le théorème 1 est entièrement démontré, grâce à la proposition auxiliaire ci-dessus.

10. Reste à prouver la proposition auxiliaire [8]. Soit (a, b) un point de $\mathbf{C}^n$ tel

(8) La démonstration qui suit est essentiellement celle de Oka.

que a soit dans le voisinage U dont il est question dans l'énoncé. D'après le *Vorbereitungssatz* ([7]), on a, au voisinage du point (a, b),

$$P_p = P' P'',$$

où P' et P'' sont des polynomes distingués (en y), à coefficients holomorphes en $(x_1, \ldots, x_{n-1})$ au voisinage du point a, et satisfaisant aux conditions suivantes : P'' est $\neq 0$ au point (a, b), P' a toutes ses racines égales à b pour

$$(x_1, \ldots, x_{n-1}) = (a_1, \ldots, a_{n-1})$$

[(P' est la constante *un* si P_p est $\neq 0$ au point (a, b)].

Soit alors un système $(c_1, \ldots, c_p)$ holomorphe au point (a, b), tel que

$$\sum_i c_i P_i = 0$$

dans un voisinage de (a, b). D'après un théorème connu ([9]), on a des identités au voisinage de (a, b) :

$$c_i = \mu_i P' + c'_i \qquad (i = 1, \ldots, p-1),$$

où les μ_i sont holomorphes au point (a, b), et les c'_i sont des *polynomes* de degré strictement inférieur au degré de P'. Au point (a, b), le système $(c_1, \ldots, c_p)$ est donc *congru modulo* T à un système $(c'_1, \ldots, c'_p)$, où $c'_1, \ldots, c'_{p-1}$ viennent d'être définis, et

$$c'_p = c_p + \sum_{i \leq p-1} \left(\frac{\mu_i}{P''}\right) P_i.$$

Mais le système $(c'_1, \ldots, c'_p)$ équivaut au système $(P'' c'_1, \ldots, P'' c'_p)$, puisque $P'' \neq 0$ au point (a, b); et je dis que les $P'' c'_i$ sont des *polynomes* (en y). Pour $i \leq p-1$, c'est clair; pour $i = p$, on a

$$P'' c'_p = -\left(\frac{1}{P'}\right)\left(\sum_{i \leq p-1} c'_i P_i\right).$$

Effectuons la division du polynome $-\left(\sum_{i \leq p-1} c'_i P_i\right)$ par le polynome P', suivant les puissances décroissantes :

$$-\left(\sum_{i \leq p-1} c'_i P_i\right) = P' Q + R \qquad (\text{degré de } R < \text{degré de } P').$$

On aura

$$P'' c'_p = Q + \frac{R}{P'},$$

ce qui prouve que $\frac{R}{P'}$ est holomorphe au point (a, b); or toutes les racines de P' étant égales à b au point a, ceci exige que R soit identiquement nul. Finalement, $P'' c'_p = Q$ est bien un *polynome*.

([9]) *Voir* par exemple le livre cité en ([7]), p. 183, lemma 1.

La démonstration de la proposition auxiliaire sera achevée si nous prouvons ceci : tout système de *polynomes* $c_1, \ldots, c_p$ (en y), à coefficients holomorphes au point a, et qui satisfait à $\sum_i c_i P_i = 0$ identiquement au voisinage du point (a, b), est *congru modulo* T à un système analogue, mais pour lequel les degrés des polynomes sont tous $\leqq \alpha - 1$. Or, effectuons la division de polynomes

$$c_i = \nu_i P_p + c_i'' \qquad (i \leqq p-1),$$

où les c_i'' sont de degré $\leqq \alpha - 1$. Le système $(c_1, \ldots, c_p)$ est, au point (a, b), *congru modulo* T à un système $(c_1'', \ldots, c_p'')$, où $c_1'', \ldots, c_{p-1}''$ viennent d'être définis, et

$$c_p'' = c_p + \sum_{i \leq p-1} \nu_i P_i.$$

Comme les ν_i sont des polynomes, cette relation prouve que c_p'' est, comme $c_1'', \ldots, c_{p-1}''$, un polynome en y. De plus

$$c_p'' P_p = -\left(\sum_{i \leq p-1} c_i'' P_i\right)$$

est de degré $\leqq 2\alpha - 1$, et comme P_p est distingué de degré α, il en résulte que c_p'' est de degré $\leqq \alpha - 1$, comme chacun des autres c_i''. Ceci achève entièrement la démonstration de la proposition auxiliaire, et par suite celle du théorème 1.

11. Conséquences diverses du théorème 1. — Corollaire 1 du théorème 1. — *Si $\mathcal{M}$ et $\mathcal{M}'$ sont deux* A-*faisceaux* (q-dimensionnels), *cohérents en un point a de* A, *le faisceau-intersection* (*cf.* n° 4) *est aussi cohérent au point a.*

En effet, soit $(f_1, \ldots, f_j)$ un système fini de générateurs du module $\mathcal{M}_a$ que $\mathcal{M}$ associe au point a; et soit $(g_1, \ldots, g_k)$ un système fini de générateurs du module $\mathcal{M}'_a$ que $\mathcal{M}'$ associe au point a. Alors $(f_1, \ldots, f_j)$ engendre $\mathcal{M}_x$ en tout point x assez voisin de a, et $(g_1, \ldots, g_k)$ engendre $\mathcal{M}'_x$ en tout point x assez voisin de a. Considérons le module $\mathcal{R}(f, g)$ des relations entre les $j + k$ fonctions $f_1, \ldots, f_j, g_1, \ldots, g_k$. Si (c_i) est un tel système $(1 \leqq i \leqq j + k)$ holomorphe au point x, associons-lui la fonction $\sum_{i \leq j} c_i f_i \in \mathcal{M}_x \cap \mathcal{M}'_x$. On définit ainsi un *homomorphisme* du module $\mathcal{R}_x(f, g)$ *sur* le module $\mathcal{N}_x = \mathcal{M}_x \cap \mathcal{M}'_x$. Cela posé, prenons une famille finie S de systèmes (c_i), holomorphes au voisinage de a, et qui engendre $\mathcal{R}_x(f, g)$ en chaque point x assez voisin de a; ce qui est possible en vertu du théorème 1. A chaque système (c_i) de la famille S, associons la fonction $\sum_{i \leq j} c_i f_i$; on obtient une famille finie de fonctions qui, en chaque point x assez voisin de a, engendre le module $\mathcal{N}_x$. Ceci prouve que $\mathcal{N}$ est un faisceau cohérent au point a. C. Q. F. D.

Corollaire 2 du théorème 1. — *Soit $\mathcal{M}$ un module* (q-dimensionnel) *engendré* *par un nombre fini de fonctions holomorphes dans un voisinage* U *d'un point a; et soit g une fonction (scalaire) holomorphe dans* U, *et jouissant de la propriété suivante : si une fonction (q-dimensionnelle) f est holomorphe au point a, et si gf appartient au module* $\mathfrak{M}_a$ *engendré par* $\mathfrak{M}$, *alors f appartient elle-même à* $\mathfrak{M}_a$. *Dans ces conditions, tout point x assez voisin de a jouit de la propriété suivante : si une fonction (q-dimensionnelle)* φ *est holomorphe au point x, et si* $g\varphi$ *appartient au module* $\mathfrak{M}_x$ *engendré par* $\mathfrak{M}$, *alors* φ *appartient elle-même à* $\mathfrak{M}_x$.

En effet, soit $(g_1, \ldots, g_p)$ un système fini de générateurs de $\mathfrak{M}$. Considérons le faisceau $\mathcal{R}(g_i, g)$ des relations entre $g_1, \ldots, g_p$ et g. Il est cohérent au point a (théorème 1). Un système fini de générateurs du module $\mathcal{R}_a(g_i, g)$ engendre donc $\mathcal{R}_x(g_i, g)$ en chaque point x assez voisin de a. Or, soit $(c_1, \ldots, c_p, f)$ un élément de $\mathcal{R}_a(g_i, g)$; on a $gf \in \mathfrak{M}_a$, donc, d'après l'hypothèse de l'énoncé, $f \in \mathfrak{M}_a$. Il en résulte qu'en tout point x assez voisin de a, tout élément $(c_1, \ldots, c_p, f)$ de $\mathcal{R}_x(g_i, g)$ est tel que $f \in \mathfrak{M}_x$. Et ceci démontre précisément le corollaire que nous voulions établir.

12. Nous allons passer à l'étude des *faisceaux de variétés* (*cf.* ci-dessus, exemple 3 du n° 6). Auparavant, faisons une remarque : tout ce qui a été dit jusqu'à présent reste très probablement vrai si l'on remplace le corps $\mathcal{C}$ des nombres complexes par n'importe quel *corps valué complet*, car apparemment les lemmes dont on a eu à se servir valent dans ce cas plus général. Le théorème qui suit, au contraire, ne pourra être étendu qu'aux corps qui, en outre, sont *algébriquement clos*, puisqu'il s'agit, en somme, de caractériser des fonctions par le fait qu'elles s'annulent sur des variétés, solutions de systèmes d'équations. En fait, nous allons continuer à supposer qu'on a affaire au corps $\mathcal{C}$ des nombres complexes.

Théorème 2. — *Le faisceau d'une variété analytique dans un ensemble ouvert* A *est un faisceau cohérent en tout point de* A.

On doit prouver ceci : soit V l'ensemble des zéros communs à un nombre fini de fonctions holomorphes dans un voisinage ouvert U d'un point a; alors le faisceau de V est cohérent au point a. Or, soit V_a l'élément de $\mathcal{P}_a$ défini par V (*cf.* n° 3); V_a est une « variété analytique au point a ». On sait ([10]) que V_a est réunion d'une famille finie de variétés analytiques W_a^k ($k = 1, \ldots$) dont chacune est *irréductible*. Il existe donc un voisinage U' du point a (U' $\subset$ U) et une famille finie de variétés analytiques W^k dans U' (chacune étant obtenue en égalant à zéro un nombre fini de fonctions holomorphes dans U'), telles que leur réunion soit V $\cap$ U', et que les W^k soient « irréductibles au point a ». Le faisceau $\mathcal{F}(V)$ de la variété V dans U' est évidemment l'*intersection* des faisceaux $\mathcal{F}(W^k)$ des variétés W^k. Pour montrer que $\mathcal{F}(V)$ est cohérent au point a, il suffit, en vertu du corollaire 1 du théorème 1, de montrer que chaque faisceau $\mathcal{F}(W^k)$ est cohérent au point a.

([10]) *Voir* W. Rückert, Mémoire cité en ([1]); et le livre de Bochner et Martin, p. 207, theorem 3.

Bref, il suffit de démontrer le théorème 2 dans le cas où la variété V est *irréductible au point a*. Ceci revient à supposer que l'idéal $\mathcal{F}_a$ de V au point a est *premier*.

On sait ([11]) que l'étude de l'anneau d'intégrité, quotient de l'anneau $\mathcal{O}_a$ par l'idéal premier $\mathcal{F}_a$, conduit au résultat suivant : on peut faire une substitution linéaire sur les coordonnées $x_1, \ldots, x_n$ de manière que :

1° les coordonnées du point a soient nulles;

2° les p premières coordonnées $x_1, \ldots, x_p$ soient telles que, si une fonction $f(x_1, \ldots x_p)$ est holomorphe à l'origine et appartient à $\mathcal{F}_a$, elle est identiquement nulle;

3° il existe un polynome distingué $F(y)$, à coefficients holomorphes en $x_1, \ldots, x_p$, nuls à l'origine, qui est irréductible, et tel que $F(x_{p+1}) \in \mathcal{F}_a$; on notera que $\dfrac{\partial F}{\partial x_{p+1}} \notin \mathcal{F}_a$;

4° il existe pour chaque entier $j \leqq n-p-1$, un polynome $P_j(y)$ à coefficients holomorphes en $x_1, \ldots, x_p$ à l'origine, tel que

$$\frac{\partial F}{\partial x_{p+1}} x_{p+1+j} - P_j(x_{p+1}) \in \mathcal{F}_a \qquad (1 \leqq j \leqq n-p-1);$$

et un polynome distingué $Q_j(z)$, à coefficients holomorphes en $x_1, \ldots, x_p$, nuls à l'origine, tel que $Q_j(x_{p+1+j}) \in \mathcal{F}_a$;

5° la variété V de l'idéal premier $\mathcal{F}_a$ se compose, au voisinage de l'origine a, de l'adhérence de l'ensemble des solutions du système d'équations

$$\text{(E)} \qquad F(x_{p+1}; x_1, \ldots, x_p) = 0 \qquad \frac{\partial F}{\partial x_{p+1}} x_{p+1+j} - P_j(x_{p+1}; x_1, \ldots, x_p) = 0$$

pour lesquelles $\dfrac{\partial F}{\partial x_{p+1}} \neq 0$. De plus, à tout point b assez voisin de a est associée une décomposition $F = F'_b F''_b$ de F en un produit de deux polynomes distingués (dont le premier F'_b est de degré 0 si $b \notin V$), qui jouissent des propriétés suivantes :

(α). pour tout système $(x_1, \ldots, x_p)$ voisin du système $(b_1, \ldots, b_p)$ des p premières coordonnées de b, toutes les racines du polynome F'_b sont voisines de la coordonnée b_{p+1} du point b, et à chacune d'elles x_{p+1} correspond au moins un point de V, *voisin de b*, dont les $p+1$ premières coordonnées sont $x_1, \ldots, x_{p+1}$;

(β). en tout point de V assez voisin de b, et tel que $\dfrac{\partial F}{\partial x_{p+1}} \neq 0$, on a $F''_b \neq 0$.

Ces préliminaires étant rappelés, démontrons un lemme :

LEMME. — *Soit S un système fini de générateurs de l'idéal premier $\mathcal{F}_a$. Il existe un voisinage ouvert U de l'origine a qui jouit de la propriété suivante : si un point b est dans U, et si une fonction f, holomorphe en b, est telle qu'il existe un entier k pour lequel $\left(\dfrac{\partial F}{\partial x_{p+1}}\right)^k f$ appartienne à l'idéal S_b engendré par S au point b, alors f appartient à S_b.*

([11]) *Voir*, dans le livre de BOCHNER et MARTIN déjà cité, le Chapitre X.

En effet, si une f est une holomorphe au point a, et si $\frac{\partial F}{\partial x_{p+1}} f \in S_a$, alors $f \in S_a$, puisque $S_a = \mathfrak{F}_a$ est un idéal premier. D'après le corollaire 2 du théorème 1, il existe donc un voisinage U de a tel que, si f est holomorphe en un point b de U, et si $\frac{\partial F}{\partial x_{p+1}} f \in S_b$, alors $f \in S_b$. Cela étant, si $\left(\frac{\partial F}{\partial x_{p+1}}\right)^k f \in S_b$, on conclut, par récurrence, que $\left(\frac{\partial F}{\partial x_{p+1}}\right)^h f \in S_b$ pour tout entier h tel que $0 \leqq h < k$.

C. Q. F. D.

Il s'agit maintenant de démontrer que, en tout point b suffisamment voisin de l'origine a, l'idéal S_b engendré par S est précisément l'idéal $\mathfrak{F}_b$ de la variété V au point b; ceci prouvera le théorème 2.

Considérons la décomposition $F = F'_b F''_b$ de F au point b (*cf.* ci-dessus). Nous allons d'abord montrer que F'_b *appartient à l'idéal* S_b *engendré par* S *au point* b. L'idéal S_b est intersection d'idéaux primaires; puisque $F \in S_b$, on voit que, pour chaque idéal primaire $\mathfrak{I}$ de la décomposition : ou bien F'_b appartient à $\mathfrak{I}$, ou bien F''_b s'annule sur la variété de $\mathfrak{I}$. Or, la variété de $\mathfrak{I}$ est contenue dans celle de S_b, en tout point de laquelle les équations (E) sont vérifiées; donc tout point de la variété de $\mathfrak{I}$ tel que $\frac{\partial F}{\partial x_{p+1}} \neq 0$ appartient à V, et par suite [*cf.* ci-dessus, propriété (β)] satisfait à $F''_b \neq 0$. De là on conclut que si $F'_b \notin \mathfrak{I}$, alors $\frac{\partial F}{\partial x_{p+1}}$ s annule sur la variété de $\mathfrak{I}$, donc une puissance de $\frac{\partial F}{\partial x_{p+1}}$ appartient à $\mathfrak{I}$. Ceci vaut pour tout idéal primaire de la décomposition de S_b; par suite, il existe un entier k tel que $\left(\frac{\partial F}{\partial x_{p+1}}\right)^k F'_b$ appartienne à S_b. D'après le lemme, ceci implique que F'_b appartient à S_b, ce qui établit l'assertion annoncée.

Soit maintenant f une fonction quelconque, holomorphe en un point b suffisamment voisin de l'origine a. Il est clair que f est congrue, modulo les polynomes $F(x_{p+1}; x_1, \ldots, x_p)$ et $Q_j(x_{p+1+j}; x_1, \ldots, x_p)$ (polynomes qui sont dans S_b), à un *polynome* en $x_{p+1}, x_{p+2}, \ldots, x_n$ (à coefficients holomorphes en $x_1, \ldots, x_p$). Donc, pour un entier k convenable, $\left(\frac{\partial F}{\partial x_{p+1}}\right)^k f$ est congrue à un polynome $G(x_{p+1}, y_1, \ldots, y_{n-p-1})$ à coefficients holomorphes en $x_1, \ldots, x_p$, en posant $y_j = \frac{\partial F}{\partial x_{p+1}} x_{p+1+j}$. Or $G(x_{p+1}, y_1, \ldots, y_{n-p-1})$ est congru, modulo les fonctions

$$y_j - P_j(x_{p+1}; x_1, \ldots, x_p)$$

(fonctions qui appartiennent à S_b), à $G(x_{p+1}, P_1, \ldots, P_{n-p-1})$, qui est un polynome en x_{p+1}, à coefficients holomorphes en $x_1, \ldots, x_p$; ce polynome est lui-même congru, modulo F'_b, à un polynome $H(x_{p+1}; x_1, \ldots, x_p)$ de degré strictement plus petit que le degré de F'_b.

Or, on a montré que $F'_b \in S_b$. Donc $\left(\frac{\partial F}{\partial x_{p+1}}\right)^k f$ est congrue, modulo S_b, au polynome H en x_{p+1}. Cela étant, *si* f *s'annule sur la variété* V *au voisinage de* b. le polynome H s'annule chaque fois que le polynome F'_b s'annule; or, d'après la propriété (α) rappelée ci-dessus, cela implique que H est identiquement nul. Finalement, on conclut que $\left(\frac{\partial F}{\partial x_{p+1}}\right)^k f$ appartient à S_b; or, en vertu du lemme, ceci implique que f appartient à S_b. Et la démonstration du théorème 2 est achevée.

Remarque. — Il ne faudrait pas croire que les fonctions F, $\frac{\partial F}{\partial x_{p+1}} x_{p+1+j} - P_j$ et Q_j suffisent toujours à engendrer l'idéal de la variété à l'origine. Par exemple, il n'en n'est pas ainsi pour la courbe (de l'espace à 3 dimensions x, y, z) définie par $x^p = y^q$, $z = xy$ (p et q étant des entiers premiers entre eux). Je dois cet exemple à l'obligeance de C. Chevalley, qui m'a également communiqué une démonstration du fait que l'idéal de cette courbe à l'origine ne peut être engendré par des fonctions du type ci-dessus.

IV. — Etude des idéaux et modules dans les pavés et les polycylindres.

14. Dans l'espace $\mathcal{C}^n$ dont les coordonnées complexes sont notées x_k ($1 \leq k \leq n$), posons $x_k = u_k + iv_k$ (u_k et v_k réels). Les $2n$ coordonnées réelles u_k et v_k indentifient l'espace $\mathcal{C}^n$ à l'espace $\mathcal{R}^{2n}$. Dans cet espace, nous appelons *pavé* tout ensemble (compact) de la forme $a'_k \leq u_k \leq a''_k$, $b'_k \leq v_k \leq b''_k$ ($1 \leq k \leq n$), où $a'_k \leq a''_k$ et $b'_k \leq b''_k$ (l'égalité n'est pas exclue); autrement dit, un pavé est le « produit » de $2n$ intervalles compacts (dont certains peuvent se réduire à un point unique). La *dimension* d'un tel pavé est le nombre des intervalles composants qui ne sont pas réduits à un point; elle est comprise entre 0 et $2n$ (bornes incluses).

Nous nous proposons d'établir les deux théorèmes fondamentaux que voici :

Théorème 3. — *Soit* A *un ensemble ouvert de* $\mathcal{C}^n$, *et* $\mathcal{F}$ *un* A*-faisceau cohérent. Alors, pour tout pavé* B *contenu dans* A, *il existe dans* B *un module de type fini, qui engendre* $\mathcal{F}_x$ *en chaque point* x *de* B.

Théorème 4. — *Soit* $\mathcal{M}$ *un module quelconque dans un pavé* B. *Si une fonction* f *holomorphe dans* B *appartient, en chaque point* x *de* B, *au module* $\mathcal{M}_x$ *engendré par* $\mathcal{M}$, *alors* f *appartient au module* $\mathcal{M}$.

Ce théorème implique évidemment :

Corollaire du théorème 4. — *Si deux modules* $\mathcal{M}$ *et* $\mathcal{M}'$, *dans un même pavé* B, *engendrent, en chaque point* x *de* B, *des modules* $\mathcal{M}_x$ *et* $\mathcal{M}'_x$ *égaux, alors les modules* $\mathcal{M}$ *et* $\mathcal{M}'$ *sont identiques.*

(En effet, en vertu du théorème 4, chaque fonction de $\mathcal{M}$ appartient à $\mathcal{M}'$, et chaque fonction de $\mathcal{M}'$ appartient à $\mathcal{M}$).

Les deux théorèmes 3 et 4 vont être démontrés simultanément, grâce à une récurrence un peu subtile. Auparavant, signalons que ces théorèmes peuvent se généraliser au cas où l'ensemble B est d'un type plus général que les pavés ([13]). Dès maintenant, nous pouvons dire que les théorèmes 3 et 4 restent valables si l'on y remplace les pavés par les *polycylindres compacts*. Par « polycylindre compact », nous entendons un ensemble de la forme

$$x_k \in D_k \qquad (1 \leq k \leq n),$$

([13]) *Voir* ci-dessous, § VII, théorèmes 3 *bis* et 4 *bis*.

où, pour chaque k, D_k est un ensemble compact et *simplement connexe* du plan de la variable x_k; les ensembles D_k s'appellent les *composantes* du polycylindre. Voici pourquoi cette extension des théorèmes 3 et 4 est possible : étant donné un polycylindre compact B, et un voisinage arbitraire A de B, il existe un polycylindre compact B' contenant B et contenu dans A, dont les composantes se représentent conformément sur des carrés; ainsi, par une transformation analytique définie au voisinage de B, B' devient un *pavé*. Cela étant, pour démontrer le théorème 3 pour un polycylindre compact B contenu dans A, il suffira de le démontrer pour B', donc pour un pavé. De même, pour le théorème 4, soit $\mathcal{M}$ un module dans un polycylindre compact B; si une fonction f holomorphe au voisinage de B appartient, en chaque point x de B, au module engendré $\mathcal{M}_x$, il existe un sous-module *de type fini* $\mathcal{N} \subset \mathcal{M}$ tel que f appartienne à $\mathcal{N}_x$ en tout point x de B; il suffit de démontrer le théorème pour $\mathcal{N}$, donc on peut supposer que le module donné existe *dans un voisinage* A *de* B, et que f appartient, en chaque point x de ce voisinage, au module $\mathcal{N}_x$ engendré en ce point; en considérant un polycylindre B' tel que $B \subset B' \subset A$, et qui se transforme en un pavé, on obtient la généralisation cherchée du théorème 4.

15. **Nous nous proposons,** dans ce numéro et les suivants, de démontrer les théorèmes 3 et 4. Pour chaque entier r ($0 \leq r \leq 2n$), considérons les deux énoncés :

Théorème 3_r. — *Soit* A *un ensemble ouvert de* C^n, *et* $\mathcal{F}$ *un* A-*faisceau cohérent. Alors, pour tout pavé* B *de dimension* $\leq r$ *contenu dans* A, *il existe dans* B *un module de type fini, qui engendre* $\mathcal{F}_x$ *en chaque point* x *de* B.

Théorème 4_r. — *Soit* $\mathcal{M}$ *un module dans un pavé* B *de dimension* $\leq r$. *Si une fonction* f *holomorphe dans* B *appartient, en chaque point* x *de* B, *au module* $\mathcal{M}_x$ *engendré par* $\mathcal{M}$, *alors* f *appartient au module* $\mathcal{M}$.

Il est clair que, pour $r = 2n$, ces théorèmes se réduisent aux théorèmes 3 et 4 à démontrer. D'autre part, pour $r = 0$, ils sont triviaux. Nous démontrerons donc les théorèmes 3_r et 4_r par récurrence sur l'entier r; de façon précise, nous allons prouver les deux assertions suivantes :

α. les théorèmes 3_r et 4_r entraînent le théorème 3_{r+1};

β. les théorèmes 4_r et 3_{r+1} entraînent le théorème 4_{r+1}.

La preuve de ces deux assertions constituera une démonstration des théorèmes 3 et 4.

Auparavant, observons que le théorème 4_r entraîne :

Corollaire du théorème 4_r. — *Si deux modules* $\mathcal{M}$ *et* $\mathcal{M}'$, *sur un même pavé* B *de dimension* $\leq r$, *engendrent, en chaque point* x *de* B, *des modules* $\mathcal{M}_x$ *et* $\mathcal{M}'_x$ *égaux, ils sont identiques.*

16. Démonstration de l'assertion α. — Soit B un pavé de dimension $r+1$ contenu dans l'ensemble ouvert A, dans lequel est donné, par hypothèse, un

A-faisceau cohérent $\mathcal{F}$. On cherche un système fini S de fonctions holomorphes dans B, et qui engendre $\mathcal{F}_x$ en chaque point x de B. Or B est défini par

$$a'_k \leq u_k \leq a''_k, \qquad b'_k \leq v_k \leq b''_k \qquad (u_k + iv_k = x_k, \quad 1 \leq k \leq n).$$

On peut supposer par exemple $a'_1 < a''_1$; B est donc le produit d'un intervalle $I(a'_1 \leq u_1 \leq a''_1)$ de la droite (u_1), et d'un pavé C, *de dimension* r, de l'espace $(v_1, u_2, v_2, \ldots, u_n, v_n)$. Pour tout point u de I, soit C_u le pavé (de dimension r), produit du point $u \in I$ et du pavé C. On peut appliquer le théorème 3_r au pavé C_u et au faisceau cohérent $\mathcal{F}$: il existe donc un système fini S_u de fonctions holomorphes au voisinage de C_u, et qui engendre le module $\mathcal{F}_x$ en tout point x de C_u. En vertu du corollaire 1 du lemme 1 (n° 7), S_u engendre aussi $\mathcal{F}_x$ en tout point x d'un *voisinage* de C_u. Ceci vaut pour chaque point u de l'intervalle compact I; en appliquant le théorème de Borel-Lebesgue, on voit qu'il existe une subdivision finie de l'intervalle I en intervalles fermés $I_j (1 \leq j \leq p)$ tels que :

l'extrémité de I_j est l'origine de I_{j+1};

il existe un système fini S_j de fonctions holomorphes dans le pavé $I_j \times C$, et qui engendre $\mathcal{F}_x$ en tout point de ce pavé.

Désignons par I'_j la réunion des intervalles I_l pour $l \leq j$; c'est un intervalle. Nous allons montrer, par récurrence sur j, l'existence d'un système fini S'_j de fonctions holomorphes dans le pavé $I'_j \times C$, et qui engendre $\mathcal{F}_x$ en tout point x de ce pavé. Pour $j = 1$, il suffit de prendre $S'_1 = S_1$; pour $j = p$, on obtiendra un système de fonctions qui engendre $\mathcal{F}_x$ en tout point x de B, ce qui établira l'assertion α à démontrer. Il reste donc seulement à faire la récurrence sur j : supposons trouvé un système S'_j, et cherchons S'_{j+1}.

L'intervalle I'_{j+1} est la réunion de deux intervalles I'_j et I_{j+1} dont l'intersection se réduit à un point; soit u ce point. Les deux systèmes S'_j et S_{j+1} engendrent le même module $\mathcal{F}_x$ en tout point x du pavé C_u, intersection des pavés $I'_j \times C$ et $I_{j+1} \times C$; ils engendrent donc le même module dans le pavé C_u, en vertu du corollaire du théorème 4_r. Observons que $I'_j \times C$ et $I_{j+1} \times C$ sont deux polycylindres compacts, dont les composantes dans les plans des variables *complexes* x_k sont les mêmes, sauf pour la première variable x_1; et que les composantes de leur intersection sont simplement connexes. Cela dit, l'existence d'un système fini S'_{j+1} de fonctions holomorphes dans la réunion de ces deux polycylindres, et engendrant le même module que S'_j sur le premier, et le même module que S_{j+1} sur le second, résulte d'un lemme fondamental que nous rappelons ici sans démonstration [14] :

Lemme 2. — *Soient deux polycylindres compacts* D' *et* D'', *qui ont les mêmes composantes dans les plans de toutes les variables complexes sauf une, et dont l'intersection est simplement connexe. Si deux modules q-dimensionnels de type fini* $\mathfrak{M}'$ *dans* D', *et* $\mathfrak{M}''$ *dans* D'', *engendrent le même module dans le polycylindre-intersection* $D' \cap D''$, *il existe dans le polycylindre-réunion*

[14] I. F. A., lemme II, p. 156. La démonstration de ce lemme faisait l'objet essentiel d'un Mémoire antérieur : H. Cartan, *Sur les matrices holomorphes de n variables complexes* (*Journal de Math.*, 9e série, 19, 1940, p. 1-26).

$D = D' \cap D''$ *un module* (q-dimensionnel) *de type fini* $\mathcal{M}$, *qui engendre* $\mathcal{M}'$ *dans* D' *et* $\mathcal{M}''$ *dans* D''.

Ici, on trouvera donc un système fini S'_{j+1} qui engendre le même module que S'_j dans $I'_j \times C$ (et par suite engendre le même module $\mathcal{F}_x$ en tout point x de $I'_j \times C$), et qui engendre le même module que S_{j+1} dans $I_{j+1} \times C$ (et par suite engendre $\mathcal{F}_x$ en tout point x de $I_{j+1} \times C$). L'assertion α est ainsi établie.

17. **Démonstration de l'assertion** β. — Soient B un pavé de dimension $r+1$ dans l'espace $\mathcal{C}^n$, $\mathcal{M}$ un module (q-dimensionnel) dans B, et f une fonction (q-dimensionnelle) holomorphe dans B et appartenant, en chaque point x de B, au module $\mathcal{M}_x$ engendré par $\mathcal{M}$ au point x. On veut montrer que f appartient au module $\mathcal{M}$.

Avec les notations du n° 16, B est le produit d'un intervalle I et d'un pavé C de dimension r. Pour chaque $u \in I$, on peut appliquer le théorème 4_r au pavé C_u et au module engendré par $\mathcal{M}$ dans C_u : il existe donc des fonctions (q-dimensionnelles) $g_i \in \mathcal{M}$ et des fonctions (scalaires) c_i holomorphes dans C_u, telles que $f = \sum_i c_i g_i$ dans C_u. Cette identité sera valable dans un *voisinage* de C_u. Il en est ainsi pour chaque point u de l'intervalle compact I; donc, en appliquant le théorème de Borel-Lebesgue, on voit qu'il existe une subdivision finie de l'intervalle I en intervalles fermés I_j ($1 \leq j \leq p$), tels que l'extrémité de chaque I_j soit l'origine de I_{j+1}, et un système fini de fonctions (q-dimensionnelles) $f_i \in \mathcal{M}$, jouissant de la propriété suivante : dans chaque pavé $I_j \times C$, f appartient au module engendré par les f_i.

Soit, comme au n° 16, I'_j la réunion des intervalles I_l pour $l \leq j$. Nous allons montrer, par récurrence sur j, que, dans le pavé $I'_j \times C$, f appartient au module engendré par les f_i. Pour $j = p$, ceci établira l'assertion β. Or, pour $j = 1$, on le sait déjà; il reste donc seulement à faire la récurrence sur j.

Supposons donc qu'on ait trouvé des fonctions (scalaires) a_i holomorphes dans $I'_j \times C$, telles que $f = \sum_i a_i f_i$ dans ce pavé. On sait déjà qu'il existe des fonctions (scalaires) b_i holomorphes dans $I_{j+1} \times C$, telles que $f = \sum_i b_i f_i$ dans ce pavé. Dans l'intersection des deux pavés précédents, qui est un pavé r-dimensionnel de la forme C_u, on a $\sum_i c_i f_i = 0$ (en posant $c_i = a_i - b_i$). Ceci nous amène à considérer le faisceau $\mathcal{R}$ des relations entre les f_i (*cf.* n° 6, exemple 2). Ce faisceau est *cohérent* (théorème 1, n° 9). Appliquons à ce faisceau le théorème 3_{r+1} : il existe une famille finie S de systèmes (d_i^m) (m est un indice qui parcourt S), holomorphes dans le pavé $(r+1)$-dimensionnel B, qui y satisfont à $\sum_i d_i^m f_i = 0$ pour chaque $m \in S$, et qui, en chaque point x de B, engendrent le module des relations entre les f_i au point x. Le système (c_i) appartient donc, en chaque point de C_u, au module engendré en ce point par les éléments de S. D'après le théorème 4_r, le système (c_i) appartient, dans le pavé C_u, au module engendré par S; on a donc, dans C_u,

$$c_i = \sum_m \lambda_m d_i^m,$$

où les fonctions (scalaires) λ_m sont holomorphes dans C_u.

Or C_u est un polycylindre compact, intersection des deux polycylindres $I'_j \times C$ et $I_{j+1} \times C$, dont les composantes dans les plans des variables complexes x_k sont les mêmes, sauf pour la première variable x_1. Nous allons alors utiliser un résultat classique ([15]), que nous rappelons sans démonstration :

Lemme 3. — *Soient deux polycylindres compacts* D′ *et* D″ *ayant mêmes composantes dans les plans de toutes les variables complexes sauf une. Toute fonction f holomorphe dans l'intersection* $D' \cap D''$ *peut se mettre sous la forme $f' - f''$, où f' est holomorphe dans* D′ *et f'' holomorphe dans* D″.

Appliquons ce lemme ici. On aura $\lambda_m = \lambda'_m - \lambda''_m$, où λ'_m est holomorphe dans $I'_j \times C$, et λ''_m holomorphe dans $I_{j+1} \times C$. On en déduit

$$c_i = c'_i - c''_i, \qquad \text{en posant} \quad c'_i = \sum_m \lambda'_m d_i^m, \qquad c''_i = \sum_m \lambda''_m d_i^m.$$

Il est maintenant facile de montrer que f appartient, dans le pavé $I'_{j+1} \times C$, réunion de $I'_j \times C$ et de $I_{j+1} \times C$, au module engendré par les fonctions f_i. En effet, dans $I' \times C$, on a

$$f = \sum_i (a_i - c'_i) f_i, \qquad \text{puisque} \quad \sum_i c'_i f_i = 0;$$

dans $I_{j+1} \times C$, on a

$$f = \sum_i (b_i - c''_i) f_i, \qquad \text{puisque} \quad \sum_i c''_i f_i = 0;$$

mais, dans l'intersection C_u des deux pavés précédents, on a

$$a_i - c'_i = b_i - c''_i.$$

On a ainsi, dans la réunion $I'_{j+1} \times C$,

$$f = \sum_i c_i f_i,$$

où la fonction c_i est définie comme étant $a_i - c'_i$ dans $I'_j \times C$, et $b_i - c''_i$ dans $I_{j+1} \times C$. Et ceci achève la démonstration de l'assertion β.

18. Nous allons maintenant tirer des conséquences des théorèmes fondamentaux 3 et 4. Nous les formulerons pour les *polycylindres compacts*, puisque les théorèmes 3 et 4 sont valables (on l'a vu au n° 14) non seulement pour les

---

([15]) Ce résultat est déjà à la base des démonstrations de Cousin dans son Mémoire des *Acta Mathematica*, 19, 1895, p. 1-62.

pavés, mais pour les polycylindres compacts (*i.e*: produits d'ensembles compacts et *simplement connexes* dans les plans des variables complexes).

THÉORÈME D'EXISTENCE ET D'UNICITÉ. — *Soit* A *un ensemble ouvert et* $\mathcal{F}$ *un* A-*faisceau cohérent. Pour tout polycylindre compact* B *contenu dans* A, *il existe dans* B *un module et un seul qui engendre, en chaque point* x *de* B, *le module* $\mathcal{F}_x$*; ce module est de type fini, et il est identique au module* $\overline{\mathcal{F}}_B$ *des fonctions (holomorphes dans* B) *qui appartiennent à* $\mathcal{F}_x$ *en tout point de* B. En particulier ce module est $\mathcal{F}_B$ si le faisceau $\mathcal{F}$ est *complet*.

En effet, l'existence d'un module $\mathcal{M}$ engendrant $\mathcal{F}_x$ en chaque point x de B est affirmée par le théorème 3; son unicité résulte du corollaire du théorème 4. Le fait que l'unique module générateur $\mathcal{M}$ est de type fini résulte du théorème 3. Enfin, il est clair que $\mathcal{M} \subset \overline{\mathcal{F}}_B$, donc que $\overline{\mathcal{F}}_B$ engendre $\mathcal{F}_x$ en tout point x de B; ceci, grâce à l'unicité, entraîne $\mathcal{M} = \overline{\mathcal{F}}_B$.

COROLLAIRE. — *Soit* $\mathcal{M}$ *un module dans un ensemble ouvert* A. *Pour tout polycylindre compact* B *contenu dans* A, *le module* $\mathcal{M}_B$ *engendré par* $\mathcal{M}$ *est de type fini*.

En effet, $\mathcal{M}_B$ engendre, en tout point x de B, le module $\mathcal{M}_x$ engendré par $\mathcal{M}$, et comme le système des $\mathcal{M}_x$ est cohérent, $\mathcal{M}_B$ est de type fini d'après le théorème d'existence et d'unicité.

THÉORÈME 5. — *Soient* $\mathcal{M}$ *et* $\mathcal{M}'$ *deux modules* (*q-dimensionnels*) *de type fini dans un polycylindre compact* B, *et soient* $\mathcal{M}_x$ *et* $\mathcal{M}'_x$ *les modules qu'ils engendrent en un point* x *de* B. *Alors le module-intersection* $\mathcal{M} \cap \mathcal{M}'$ *est de type fini, et engendre* $\mathcal{M}_x \cap \mathcal{M}'_x$ *en tout point* x *de* B.

Voici la démonstration de ce théorème. On peut considérer $\mathcal{M}$ et $\mathcal{M}'$ comme des modules dans un *voisinage* ouvert de B. La collection des modules $\mathcal{M}_x$ est cohérente, et de même celle des modules $\mathcal{M}'_x$; d'après le corollaire du théorème 1 (n° 11), la collection des modules $\mathcal{M}_x \cap \mathcal{M}'_x$ est cohérente. En vertu du théorème d'existence et d'unicité (ci-dessus), le module $\mathcal{N}$ des fonctions (holomorphes dans B) qui appartiennent à $\mathcal{M}_x \cap \mathcal{M}'_x$ en chaque point x de B est de type fini, et engendre $\mathcal{M}_x \cap \mathcal{M}'_x$ en tout point x de B. Or, pour que $f \in \mathcal{N}$, il faut et il suffit que : 1° f appartienne à $\mathcal{M}_x$ en tout point $x \in$ B; 2° f appartienne à $\mathcal{M}'_x$ en tout point $x \in$ B. En vertu du théorème 4, ces deux conditions signifient respectivement que f appartient à $\mathcal{M}$ et appartient à $\mathcal{M}'$; ainsi, $\mathcal{N}$ est l'intersection $\mathcal{M} \cap \mathcal{M}'$, ce qui démontre le théorème.

19. Le théorème d'existence et d'unicité du numéro précédent va être appliqué maintenant au *faisceau des relations* entre p fonctions holomorphes f_i (n° 6, exemple 2). Puisque ce faisceau est *cohérent* (théorème 1, n° 9), et complet, il vient :

THÉORÈME 6. — *Soient* p *fonctions* $f_1, \ldots, f_p$ *holomorphes dans un polycylindre compact* B (et à valeurs q-dimensionnelles). *Le module des systèmes de fonctions scalaires* $c_1, \ldots, c_p$, *holomorphes dans* B, *et tels que* $\sum_i c_i f_i$ *soit nul dans* B (c'est-à-dire dans un voisinage de B), *engendre, en chaque point* x *de* B, *le module des relations entre les* f_i *en ce point* x. C'est l'*unique* module, dans B, qui jouisse de cette propriété.

Appliquons aussi le théorème d'existence et d'unicité au faisceau d'une variété (n° 6, exemple 3). Ce faisceau est *cohérent* (théorème 2, n° 12) et complet. Donc :

Théorème 7. — *Soit* V *une variété analytique dans un ensemble ouvert* A. *Pour tout polycylindre compact* B *contenu dans* A, *il existe dans* B *un idéal* $\mathcal{J}$ *et un seul qui engendre, en chaque point* x *de* B, *l'idéal de la variété* V *en ce point* x. *L'idéal* $\mathcal{J}$ *est de type fini, et c'est l'idéal des fonctions* (holomorphes dans B) *qui s'annulent sur* V_B (notation définie au n° 3). Autrement dit, $\mathcal{J}$ est l'idéal que le faisceau de la variété associe à B.

On peut donc dire, en particulier, qu'une variété analytique dans un ensemble ouvert A peut, dans tout polycylindre compact contenu dans A, être *définie par un nombre fini d'équations* (analytiques dans ce polycylindre).

V. — Fonctions sur une variété.

20. Théorème 8. — *Soit* V *une variété analytique dans un ensemble ouvert* A, *et* f *une fonction holomorphe dans un voisinage de* V. *Pour tout polycylindre compact* B *contenu dans* A, *il existe une fonction* g, *holomorphe dans un voisinage* B' *de* B, *et telle que* $g - f$ *s'annule en tout point de* $V \cap B'$.

Ce théorème va résulter du théorème suivant ([16]) :

Théorème 9. — *Soit* $\mathfrak{M}$ *un module* (q-dimensionnel) *dans un polycylindre compact* B, *et soit* $\mathfrak{M}_x$ *le module qu'il engendre en un point* x *de* B. *Supposons qu'on ait attaché, à chaque point* x *de* B, *une fonction* (q-dimensionnelle) f_x *holomorphe au point* x, *de manière à satisfaire à la condition suivante : tout point* a *de* B *possède un voisinage ouvert* U *tel qu'il existe une* F *holomorphe dans* U *et congrue à* f_x *modulo* $\mathfrak{M}_x$ *en chaque point* x *de* $B \cap U$. *Dans ces conditions, il existe une fonction* g *holomorphe dans* B, *et congrue à* $f(x)$ *modulo* $\mathfrak{M}_x$ *en tout point de* B.

Montrons d'abord comment le théorème 8 résulte du théorème 9; après quoi nous prouverons le théorème 9.

Dans les hypothèses du théorème 8, il existe dans B un idéal $\mathcal{J}$ de type fini, qui engendre en tout point x de B l'idéal $\mathcal{J}_x$ de la variété V au point x (*cf.* théorème 7, n° 19). La fonction holomorphe f étant donnée dans un voisinage de V,

---

([16]) *Cf.* I. F. A., théorème I, p. 161 ; et Oka (Mémoire cité dans l'Introduction), § 7, théorème 2.

posons, pour tout point $x \in B$, $f_x = f$ si $x \in V$, $f_x = 0$ si $x \notin V$. On est dans les conditions d'application du théorème 9, et l'existence de la fonction g cherchée en résulte.

Reste à démontrer le théorème 9. Il suffit de faire la démonstration quand B est un *pavé*. On procède par récurrence sur la dimension r du pavé. Pour $r = 0$, c'est trivial. Supposons le théorème vrai pour r, et prouvons-le pour $r+1$. En raisonnant comme pour les théorèmes 3_r et 4_r (nos 15, 16, 17), et en reprenant les notations de leurs démonstrations, on est ramené à prouver ceci : étant donné, dans le pavé $I'_j \times C$, une fonction holomorphe g' qui, en tout point x de ce pavé, soit congrue à f_x modulo $\mathcal{M}_x$, et, dans le pavé $I_{j+1} \times C$, une fonction holomorphe g'' qui, en tout point x de ce pavé, soit congrue à f_x modulo $\mathcal{M}_x$, alors il existe dans le pavé $I'_{j+1} \times C$, réunion des deux précédents, une fonction holomorphe g qui, en tout point x de ce pavé, soit congrue à f_x modulo $\mathcal{M}_x$. Or la différence $g' - g''$ appartient à $\mathcal{M}_x$ en tout point de l'intersection C_u des pavés $I'_j \times C$ et $I_{j+1} \times C$; donc elle appartient au module engendré par $\mathcal{M}$ dans C_u (en vertu du théorème 4). On a ainsi

$$g' - g'' = \sum_i \lambda_i \varphi_i \qquad (\varphi_i \in \mathcal{M},\ \lambda_i \text{ holomorphes dans } C_u).$$

Mais, d'après le lemme 3 (n° 17), on a $\lambda_i = \lambda'_i - \lambda''_i$, où λ'_i est holomorphe dans $I'_j \times C$, et λ''_i holomorphe dans $I_{j+1} \times C$. Alors la fonction g égale à $g' - \sum_i \lambda'_i \varphi_i$ dans $I'_j \times C$, et égale à $g'' - \sum_i \lambda''_i \varphi_i$ dans $I_{j+1} \times C$, répond à la question. La démonstration du théorème 9 est ainsi achevée.

VI. — Fonctions dans un domaine polyédral.

21. Soit D un ensemble *ouvert* non vide de $\mathcal{C}^n$. On sait, et nous rappellerons plus loin (lemme 5), que si D est un « domaine d'holomorphie » [17], D est réunion d'une suite croissante de sous-ensembles compacts, dont chacun est défini comme étant l'ensemble des points x d'un certain sous-ensemble ouvert A de D, qui satisfont à un nombre fini de relations $|\varphi_k(x)| \leq 1$, les φ_k étant des fonctions (scalaires) holomorphes dans D. Les ensembles de ce type ont été considérés pour la première fois par A. Weil (*C. R. Acad. Sc.*, **194**, 1932, p. 1034; et *Math. Ann.*, **111**, 1935, p. 178-182); dans le Mémoire I. F. A., nous leur avons donné le nom de « domaines polyédraux ».

Ici, nous allons appeler de ce nom une classe un peu plus vaste d'ensembles compacts :

Définition. — On appelle *domaine polyédral* tout sous-ensemble P de $\mathcal{C}^n$ défini comme suit : P est l'ensemble (supposé *compact*) des points x d'un ensemble ouvert non vide $A \subset \mathcal{C}^n$ qui satisfont à un nombre fini de relations

$$\varphi_k(x) \in D_k \qquad (1 \leq k \leq p),$$

---

[17] La définition en est rappelée ci-dessous, n° 27.

où les D_k sont des ensembles compacts *simplement connexes* du plan de la variable complexe, et les φ_k des fonctions (scalaires) holomorphes dans A.

Pour la suite, il sera bon d'avoir explicité le :

LEMME 4. — *Tout domaine polyédral* P *possède un* voisinage P′ *qui est encore un domaine polyédral. D'une façon précise, si* P *est défini comme l'ensemble des points x de* A *ouvert tels que* $\varphi_k(x) \in D_k$, *il existe un ensemble ouvert* A′ *contenant* P *et contenu dans* A, *et des voisinages compacts* D'_k *des* D_k *respectivement, tels que l'ensemble* P′ *des points x de* A′ *satisfaisant à* $\varphi_k(x) \in D'_k$ *soit* compact.

Nous laissons au lecteur la démonstration, facile, de ce lemme, qui a un caractère purement topologique et fait intervenir seulement la *continuité* des fonctions φ_k.

22. Nous allons maintenant montrer que, en gros, un domaine polyédral peut être assimilé à une *variété analytique dans un polycylindre compact* d'un espace à un plus grand nombre de dimensions ([18]).

Considérons l'espace $\mathcal{C}^{n+p}$ où les coordonnées (complexes) sont x_j $(1 \leqq j \leqq n)$ et y_k $(1 \leqq k \leqq p)$. A chaque point $x = (x_j)$ de l'ensemble ouvert $A \subset \mathcal{C}^n$, associons le point $[x_j, y_k = \varphi_k(x)]$ de $\mathcal{C}^{n+p}$; on définit ainsi une application analytique φ de A dans $\mathcal{C}^{n+p}$. Elle applique biunivoquement A sur un sous-ensemble V de $\mathcal{C}^{n+p}$. Soit alors B le polycylindre compact de $\mathcal{C}^{n+p}$ défini par

$$|x_j| \leqq r, \qquad y_k \in D_k,$$

où r est choisi assez grand pour que P soit contenu dans $|x_j| \leqq r$. L'application φ transforme P dans $V \cap B$; comme P est compact, $V \cap B$ est compact, donc *fermé* dans $\mathcal{C}^{n+p}$. De plus, au voisinage de chacun de ses points, l'ensemble $V \cap B$ est défini par des équations analytiques $y_k = \varphi_k(x)$.

On peut dire la même chose pour le domaine polyédral P′ dont parle le lemme 4. On en déduit aussitôt que l'élément V_B de $\mathfrak{T}_B$ défini par V est une *variété analytique dans* B (*cf.* n° 3). Autrement dit, il existe un *voisinage ouvert* B′ de B, tel que $V \cap B'$ soit une variété analytique dans B′.

Considérons alors une fonction holomorphe dans le domaine polyédral P. Elle provient d'une fonction $f(x)$ holomorphe dans un voisinage P′ de P. Nous allons lui associer une fonction holomorphe au voisinage de $V \cap B$ (dans l'espace $\mathcal{C}^{n+p}$) : à savoir, celle qui est égale à $f(x)$ en tout point (x, y) suffisamment voisin de $V \cap B$ pour que x soit dans P′. Appliquons maintenant le théorème 8 (n° 20) : il existe une fonction $g(x, y)$ holomorphe dans un voisinage B′ du polycylindre B, et égale à $f(x)$ en tout point (x, y) de $V \cap B'$. D'où le :

THÉORÈME 10 ([19]). — *Soit donné un domaine polyédral* P *défini, dans l'espace* (x), *par des relations*

$$x \in A, \qquad \varphi_k(x) \in D_k \qquad (1 \leqq k \leqq p)$$

([18]) Idée due à Oka, comme il est dit dans l'Introduction.

([19]) Déjà démontré dans I. F. A., § X, p. 185.

(où A est ouvert, les φ_k sont holomorphes dans A, et les D_k sont compacts et simplement connexes). *Pour une fonction $f(x)$ holomorphe au voisinage de* P, *il existe une fonction $g(x, y_k)$ holomorphe au voisinage du polycylindre*

$$|x_j| \leqq r, \quad y_k \in D_k$$

(r étant assez grand pour que P soit contenu dans $|x_j| \leqq r$), *et telle que l'on ait identiquement, dans un voisinage de* P,

$$g[x, \varphi_k(x)] = f(x).$$

Corollaire. — *Toute fonction holomorphe dans le domaine polyédral* P *est limite uniforme, dans* P, *de polynomes par rapport aux x_j et aux $\varphi_k(x)$* [théorème de Weil-Oka ([20])].

En effet, dans le polycylindre B, $g(x, y)$ est limite uniforme de polynomes en x_j et y_k, puisque les composantes D_k sont simplement connexes.

VII. — Idéaux et modules dans un domaine polyédral.

23. Nous conservons les notations des nos 21 et 22.

Un module $\mathcal{M}$ dans le polycylindre B définit un module dans le domaine polyédral P, module que nous noterons $\overset{-1}{\varphi}(\mathcal{M})$: il se compose, par définition, des restrictions à $V \cap B$ des fonctions de $\mathcal{M}$ ($V \cap B$ étant identifié à P); autrement dit, les fonctions de $\overset{-1}{\varphi}(\mathcal{M})$ sont les fonctions de la forme $g(x, \varphi_k(x))$, où g parcourt le module $\mathcal{M}$. Inversement, un module $\mathcal{N}$ dans P définit un module dans B, noté $\varphi(\mathcal{N})$: le module des fonctions dont la restriction à $V \cap B$ appartient à $\mathcal{N}$; autrement dit, le module des $g(x, y_k)$ (holomorphes dans B) telles que $g(x, \varphi_k(x))$ appartienne à $\mathcal{N}$. On a $\overset{-1}{\varphi}(\varphi(\mathcal{N})) = \mathcal{N}$, en vertu du théorème 10.

De même pour les *modules ponctuels* : un module $\mathcal{M}_{(a,b)}$ en un point (a, b) de B, tel que $b_k = \varphi_k(a)$ [ce qui exprime que le point (a, b) appartient à V] définit un module au point $a \in$ P : le module, noté $\overset{-1}{\varphi}(\mathcal{M}_{(a,b)})$, des fonctions $g(x, \varphi_k(x))$, où g parcourt $\mathcal{M}_{(a,b)}$. Inversement, un module $\mathcal{N}_a$ en un point a de P définit un module, noté $\varphi(\mathcal{N}_a)$, au point $(a, \varphi_k(a))$ de B : le module de toutes les fonctions $g(x, y_k)$ telles que $g(x, \varphi_k(x))$ appartienne à $\mathcal{N}_a$. Il est clair que $\overset{-1}{\varphi}(\varphi(\mathcal{N}_a)) = \mathcal{N}_a$.

Grâce aux correspondances précédentes, tous les théorèmes des paragraphes IV et V (théorèmes 3 à 9) vont pouvoir être étendus au cas où le polycylindre compact B de ces théorèmes est remplacé par un *domaine polyédral*. Commençons par généraliser le théorème 3.

([20]) *Cf.* I. F. A., p. 185.

Théorème 3 *bis*. — *Soit* $\mathcal{F}$ *un faisceau cohérent dans un voisinage ouvert d'un domaine polyédral* P. *Il existe dans* P *un module de type fini, qui engendre* $\mathcal{F}$ *en chaque point* x *de* P.

Définissons en effet une collection de modules ponctuels $\mathcal{G}_{(x,y)}$ aux points (x, y) d'un voisinage de B, de la façon suivante : si $(x, y) \in V$, $\mathcal{G}_{(x,y)}$ sera $\varphi(\mathcal{F}_x)$ (notation expliquée ci-dessus); et si $(x, y) \notin V$, $\mathcal{G}_{(x,y)}$ sera le module de toutes les fonctions (q-dimensionnelles) holomorphes au point (x, y). On vérifie immédiatement que la collection des $\mathcal{G}_{(x,y)}$ est cohérente [21]. Appliquons-lui le théorème 3 : il existe dans B un module $\mathcal{G}$ de type fini, qui engendre $\mathcal{G}_{(x,y)}$ en chaque point (x, y) de B. Le module $\overset{-1}{\varphi}(\mathcal{G})$ est un module de type fini dans P, et ce module engendre $\mathcal{F}_x$ en chaque point x de P, ce qui démontre le théorème.

24. Voici maintenant comment se généralise le théorème 4 :

Théorème 4 *bis*. — *Soit* $\mathfrak{M}$ *un module dans un domaine polyédral* P; *si une fonction* f *holomorphe dans* P *appartient, en chaque point* x *de* P, *au module* $\mathfrak{M}_x$ *engendré par* $\mathfrak{M}$ *en ce point, alors* f *appartient au module* $\mathfrak{M}$.

Considérons en effet le module $\varphi(\mathfrak{M})$. En un point de B non situé sur V, il engendre le module de *toutes* les fonctions (q-dimensionnelles) holomorphes en ce point; cela tient à ce que l'idéal de la variété V dans B engendre l'idéal-unité en un point non situé sur V, en vertu du théorème 7 (n° 19). D'autre part, en un point (x, y) de $B \cap V$, le module $\varphi(\mathfrak{M})$ engendre le module $\varphi(\mathfrak{M}_x)$. Pour qu'une fonction g holomorphe dans B appartienne, en chaque point de B, au module engendré par $\varphi(\mathfrak{M})$ en ce point, il suffit donc que, pour chaque point x de P, g appartienne au module $\varphi(\mathfrak{M}_x)$. Cette condition entraîne alors que g appartient au module $\varphi(\mathfrak{M})$, d'après le théorème 4.

Cela étant, soit f holomorphe dans P, et appartenant à $\mathfrak{M}_x$ en chaque point x de P. Prenons une $g(x, y)$ holomorphe dans B, et telle que $g(x, \varphi_k(x)) = f(x)$, ce qui est possible d'après le théorème 10. Alors g appartient à $\varphi(\mathfrak{M}_x)$ en tout point x de P. D'après ce qu'on vient de voir, il s'ensuit que g appartient à $\varphi(\mathfrak{M})$. Or ceci exprime que f appartient au module $\mathfrak{M}$. C. Q. F. D.

25. Voici comment se généralise le théorème 9 du n° 20 :

Théorème 9 *bis*. — *Soit* $\mathfrak{M}$ *un module dans un domaine polyédral* P, *et soit* $\mathfrak{M}_x$ *le module qu'il engendre en un point* x *de* P. *Supposons qu'on ait attaché à chaque point* x *de* P *une fonction* f_x *holomorphe au point* x, *de manière à satisfaire à la condition suivante : tout point* a *de* P *possède un*

---

[21] Prenons en effet un système fini de fonctions f_i engendrant le module $\mathcal{F}_a$ attaché à un point a; posons $g_i(x, y) = f_i(x)$ au voisinage de (a, b) tel que $b_k = \varphi_k(a)$. Au système des g_i ainsi définies, adjoignons un système fini de générateurs du module des fonctions q-dimensionnelles (q désigne la dimension de l'espace des valeurs des fonctions du faisceau $\mathcal{F}$) qui s'annulent sur V au voisinage du point (a, b). On obtient ainsi un système fini de fonctions qui engendre $\mathcal{G}_{(x,y)}$ en tout point (x, y) suffisamment voisin de (a, b).

voisinage ouvert U *tel qu'il existe une fonction* F *holomorphe dans* U *et congrue à* f_x *modulo* $\mathcal{M}_x$ *en chaque point* x *de* $P \cap U$. *Dans ces conditions, il existe une fonction* g *holomorphe dans* P, *et congrue à* f_x *modulo* $\mathcal{M}_x$ *en chaque point* x *de* P.

En effet, comme on l'a vu dans la démonstration du théorème 3 *bis* (nº 23), il existe dans B un module $\mathcal{G}$ qui, en tout point (a, b) de B non situé sur V, engendre le module de toutes les fonctions (q-dimensionnelles) holomorphes en ce point, et, en tout point $(a, b) \in B \cap V$, engendre le module $\varphi(\mathcal{M}_a)$. D'autre part, pour chaque point $a \in P$, soit (a, b) le point correspondant de V dans B [défini par $b_k = \varphi_k(a)$], et soit $h_{(a,b)}$ la fonction, holomorphe au point (a, b), définie par $h_{(a,b)}(x, y) = f_a(x)$. Si (a, b) est un point de B non situé sur V, posons $h_{(a,b)} = 0$.

Cela dit, le module $\mathcal{G}$ dans le polycylindre B, et la collection des fonctions $h_{(a,b)}$ attachées aux points de B, satisfont aux conditions du théorème 9 (nº 20). Appliquons-leur ce théorème : il existe une fonction $H(x, y)$ holomorphe dans B, et qui, en chaque point (a, b) de B, est congrue à $h_{(a,b)}$ modulo le module engendré par $\mathcal{G}$ en ce point. Alors $H(x, \varphi_k(x)) = g(x)$ est une fonction holomorphe dans P, et, en tout point a de P, elle est congrue à f_a modulo $\mathcal{M}_a$.

C. Q. F. D.

26. Toutes les conséquences que nous avons tirées des théorèmes 3, 4 et 9 aux paragraphes IV et V, nous allons pouvoir les tirer maintenant de leurs généralisations (théorèmes 3 *bis*, 4 *bis* et 9 *bis* qui viennent d'être démontrés). Nous nous bornerons à donner les énoncés :

Théorème d'existence et d'unicité. — *Soit* $\mathcal{F}$ *un faisceau cohérent dans un voisinage d'un domaine polyédral* P. *Il existe dans* P *un module et un seul qui engendre, en chaque point* x *de* P, *le module* $\mathcal{F}_x$; *ce module est de type fini, et il est identique au module* $\mathcal{F}_P$ *des fonctions* (*holomorphes dans* P) *qui appartiennent à* $\mathcal{F}_x$ *en tout point* x *de* P. *En particulier, ce module est* $\mathcal{F}_P$ *si le faisceau* $\mathcal{F}$ *est complet.*

Corollaire. — *Soit* $\mathcal{M}$ *un module dans un voisinage d'un domaine polyédral* P. *Le module engendré par* $\mathcal{M}$ *dans* P *est de type fini.*

Théorème 5 *bis*. — *Soient* $\mathcal{M}$ *et* $\mathcal{M}'$ *deux modules* (*q-dimensionnels*) *de type fini dans un domaine polyédral* P, *et soient* $\mathcal{M}_x$ *et* $\mathcal{M}'_x$ *les modules qu'ils engendrent en un point* x *de* P. *Alors le module-intersection* $\mathcal{M} \cap \mathcal{M}'$ *est de type fini, et engendre* $\mathcal{M}_x \cap \mathcal{M}'_x$ *en tout point* x *de* P.

Théorème 6 *bis*. — *Soient* p *fonctions* $f_1, \ldots, f_p$ *holomorphes dans un domaine polyédral* P (et à valeurs q-dimensionnelles). *Le module des systèmes de fonctions scalaires* $c_1, \ldots, c_p$ *holomorphes dans* P, *et tels que* $\sum_i c_i f_i$ *soit nul au voisinage de* P, *engendre, en chaque point* x *de* P, *le module des relations entre les* f_i *en ce point* x. C'est l'*unique* module, dans P, qui jouisse de cette propriété.

Théorème 7 *bis*. — *Soit* V *une variété analytique dans un voisinage d'un domaine polyédral* P. *Il existe dans* P *un idéal* $\mathfrak{I}$ *et un seul qui engendre, en chaque point* x *de* P, *l'idéal de la variété* V *en ce point* x. *L'idéal* $\mathfrak{I}$ *est de type fini, et c'est l'idéal des fonctions* (holomorphes dans P) *qui s'annulent sur* V_P (notation définie au n° 3). Autrement dit, $\mathfrak{I}$ est l'idéal que le *faisceau de la variété* V associe à l'ensemble P.

Théorème 8 *bis*. — *Soit* V *une variété analytique dans un voisinage d'un domaine polyédral* P, *et* f *une fonction holomorphe au voisinage de* V. *Il existe une fonction* g, *holomorphe dans un voisinage* P' *de* P, *et telle que* $g-f$ *s'annule en tout point de* $V \cap P'$.

Remarque. — Tous les énoncés précédents valent si l'on y remplace P par un ensemble de la forme

$$x_j \in D_j,$$

où D_j est un ensemble *compact* du plan de la variable x_j, qui n'est plus astreint (comme c'était le cas aux paragraphes IV et V) à être simplement connexe. En effet, tout voisinage d'un tel ensemble D contient un domaine polyédral contenant D, comme l'on s'en convainc aisément. Ainsi, il se trouve *a posteriori* que *les hypothèses de simple connexion que nous avions dû faire pour les démonstrations des théorèmes* 3 *à* 9 *peuvent être levées sans que les conclusions cessent d'être valables*.

VIII. — Idéaux et modules dans un domaine d'holomorphie.

27. Tous les théorèmes obtenus jusqu'à présent se rapportent aux idéaux et modules considérés dans des ensembles *compacts* d'une nature particulière. Nous allons maintenant envisager des ensembles *ouverts*; nous nous bornerons aux *domaines d'holomorphie*, ce qui est une restriction assez naturelle.

Nous allons voir comment les théorèmes 3 à 9 s'étendent à ces ensembles ouverts; il est d'ailleurs peu probable qu'ils soient valables pour des ensembles ouverts qui ne seraient pas des domaines d'holomorphie.

Rappelons ce qu'on entend par « domaine d'holomorphie » (« Regularitätsbereich ») : c'est un ensemble ouvert $D \subset \mathcal{C}^n$, tel qu'il existe une fonction holomorphe dans D et n'admettant de prolongement analytique dans aucun point frontière de D. Nous utiliserons le lemme suivant :

Lemme 5. — *Soit* D *un domaine d'holomorphie; alors* D *est réunion d'une suite croissante de domaines polyédraux* (*compacts*) $P_j (j = 1, 2, \ldots)$ *tels que* : 1° *tout compact de* D *soit contenu dans un des* P_j; 2° *toute fonction holomorphe dans un quelconque de ces* P_j *soit limite uniforme, dans* P_j, *de fonctions holomorphes dans* D.

Pour le prouver, nous admettrons ([22]) que D est limite d'une suite croissante de sous-ensembles *compacts* D_j telle que tout compact de D soit contenu dans un des D_j, chacun de ces D_j jouissant de la propriété suivante : pour tout point y de D n'appartenant pas à D_j, il existe une fonction φ holomorphe dans D et satisfaisant à

$$|\varphi(y)| > 1, \qquad |\varphi(x)| \leqq 1, \qquad \text{pour tout } x \in D_j.$$

On peut évidemment supposer que D_j est contenu dans l'*intérieur* de D_{j+1}; alors il existe un domaine polyédral P_j contenant D_j et contenu dans D_{j+1} : ce sera l'ensemble des points de l'intérieur de D_{j+1} qui satisferont à un nombre fini de relations de la forme

$$|\varphi_k(x)| \leqq 1,$$

où les φ_k sont holomorphes dans D_{j+1}, et même dans D.

Ainsi D est réunion de la suite croissante des domaines polyédraux P_j. En outre, si f est une fonction holomorphe dans P_j, alors, d'après le corollaire du théorème 10 (n° 22), f est, dans P_j, limite uniforme de polynomes par rapport aux variables x et aux fonctions $\varphi_k(x)$, donc limite uniforme de fonctions holomorphes dans D. Ceci achève la démonstration du lemme 5.

Corollaire du lemme 5. — *Soit* $\mathfrak{M}$ *un module dans un domaine d'holomorphie* D; *pour tout ensemble compact* K *contenu dans* D, *le module* $\mathfrak{M}_K$ *engendré par* $\mathfrak{M}$ *dans* K est de type fini.

En effet, l'un des domaines polyédraux P_j contient K. Le module engendré par $\mathfrak{M}$ dans P_j est de type fini (n° 25, corollaire du théorème d'existence et d'unicité), et ce module engendre $\mathfrak{M}_K$ dans K.

28. Nous aurons aussi besoin d'une propriété importante des *modules ponctuels*, que nous rappelons ici sans démonstration ([23]).

Lemme 6. — *Soit* $\mathfrak{M}$ *un module en un point* a. *Si une fonction* f *holomorphe dons un voisinage* U *de* a *est limite uniforme, dans* U, *de fonctions holomorphes dans* U *et appartenant au module* $\mathfrak{M}$ *au point* a, *alors* f *appartient à* $\mathfrak{M}$ *au point* a.

Corollaire du lemme 6. — *Soit* $\mathfrak{M}$ *un module dans un* domaine polyédral P. *Si une fonction* f *holomorphe dans* P *est, dans un voisinage* U *de* P, *limite*

([22]) Voici brièvement pourquoi il en est ainsi. Soit, pour chaque $\varepsilon > 0$, A_ε l'ensemble des points de D tels que la boule ouverte de rayon ε, centrée en ce point, soit contenue dans D; l'ensemble A_ε est fermé. Soit d'autre part B_r la boule fermée de centre origine et de rayon r. Pour ε assez petit, et r assez grand, $A_\varepsilon \cap B_r$ est un ensemble *compact* C non vide, contenu dans D. Pour tout point $y \notin C$ tel que $y \in D$, il existe une φ holomorphe dans D et telle que $|\varphi(y)| > 1$, $|\varphi(x)| \leqq 1$ pour tout $x \in C$. Car si $y \notin B_r$, il existe une fonction *linéaire* φ telle que $|\varphi(y)| > 1$, $|\varphi(x)| \leqq 1$ pour $x \notin B_r$; et si $y \notin A_\varepsilon$, l'existence de φ résulte d'un théorème de P. Thullen (*voir* Cartan-Thullen, *Math. Annalen*, 106, 1932, p. 617-647), que l'on pourra trouver dans le livre de Bochner et Martin déjà cité (p. 86, theorem 3).

([23]) *Voir* I. F. A., p. 194, « premier corollaire ».

uniforme de fonctions holomorphes dans U *et appartenant à* $\mathfrak{M}$, *alors* f *appartient à* $\mathfrak{M}$.

En effet, en chaque point x de P, f appartient au module $\mathfrak{M}_x$ engendré par $\mathfrak{M}$, d'après le lemme 6. Or ceci entraîne que f appartient à $\mathfrak{M}$, en vertu du théorème 4 *bis* (n° 24).

29. Nous sommes maintenant en mesure de démontrer des théorèmes analogues aux théorèmes 3 à 9 pour les domaines d'holomorphie. Commençons par le théorème 3. Nous considérons un faisceau cohérent $\mathcal{F}$ dans un domaine d'holomorphie D. Pour chacun des domaines polyédraux P_j que le lemme 5 lui associe, il existe dans P_j un module et un seul qui engendre $\mathcal{F}_x$ en chaque point x de P_j (*cf.* n° 25, théorème d'existence et d'unicité); notons $\mathfrak{M}_j$ ce module, qui se compose des fonctions (holomorphes dans P_j) qui appartiennent à $\mathcal{F}_x$ en tout point x de P_j. Désignons en outre par $\mathfrak{M}$ le module des fonctions *holomorphes dans* D, et qui appartiennent à $\mathcal{F}_x$ en chaque point x de D. Nous allons montrer que *le module* $\mathfrak{M}$ *engendre* $\mathcal{F}_x$ *en chaque point* x *de* D, d'où il résultera d'ailleurs que $\mathfrak{M}$ engendre $\mathfrak{M}_j$ dans P_j.

Or soit $\mathcal{G}_x$ le module engendré par $\mathfrak{M}$ au point x; il est évident que $\mathcal{G}_x \subset \mathcal{F}_x$, et il suffit donc de montrer que si une fonction f appartient à $\mathcal{F}_x$, elle appartient à $\mathcal{G}_x$. D'après le lemme 6 appliqué au module ponctuel $\mathcal{G}_x$, il suffit de montrer que f est limite uniforme, dans un voisinage de x, de fonctions de $\mathfrak{M}$. C'est ce que nous allons prouver maintenant.

Soit j assez grand pour que le point x soit intérieur à P_j. Puisque $\mathfrak{M}_j$ engendre $\mathcal{F}_x$ au point x, on a, au voisinage du point x,

$$f = \sum_i c_i f_i,$$

où les f_i appartiennent à $\mathfrak{M}_j$, et les c_i sont holomorphes au voisinage de x. Il suffira de montrer que chaque f_i est, dans P_j, limite uniforme de fonctions de $\mathfrak{M}$.

Soit donc à nouveau g une fonction de $\mathfrak{M}_j$, et soit à approcher g uniformément, dans P_j, par des fonctions de $\mathfrak{M}$. D'après le théorème d'existence et d'unicité du n° 25, g appartient au module engendré dans P_j par le module $\mathfrak{M}_{j+1}$, et peut donc s'écrire

$$g = \sum_i d_i g_i,$$

où les g_i appartiennent à $\mathfrak{M}_{j+1}$, et les d_i sont holomorphes dans P_j. D'après le lemme 5, les d_i sont limites uniformes, dans P_j, de fonctions holomorphes dans D; donc g est limite uniforme, dans P_j, de fonctions de $\mathfrak{M}_{j+1}$. Chacune d'elles est à son tour, pour la même raison, limite uniforme, dans P_{j+1}, de fonctions de $\mathfrak{M}_{j+2}$, et ainsi de suite. Étant donné la fonction g de $\mathfrak{M}_j$, et une suite de nombres positifs $\varepsilon_1, \varepsilon_2, \ldots, \varepsilon_p, \ldots$ de somme arbitrairement petite, on pourra trouver des fonctions $g_1 \in \mathfrak{M}_{j+1}, \ldots, g_p \in \mathfrak{M}_{j+p}, \ldots$ telles que

$$|g - g_1| \leq \varepsilon_1 \text{ dans } P_j, \quad \ldots, \quad |g_p - g_{p+1}| \leq \varepsilon_{p+1} \text{ dans } P_{j+p}, \quad \ldots$$

Il existe une fonction h *holomorphe dans* D, et qui, sur tout compact contenu dans D, est limite uniforme de la suite des g_p; dans P_j, on a $|g-h| \leqq \varepsilon$. D'après le lemme 6, h appartient à $\mathcal{F}_x$ en chaque point x de D, c'est-à-dire h appartient au module $\mathfrak{M}$. Ce qui achève la démonstration.

On a ainsi démontré que le module $\mathfrak{M}$ engendre $\mathcal{F}_x$ en chaque point x de D; d'où le :

THÉORÈME 3 *ter*. — *Soit* $\mathcal{F}$ *un faisceau cohérent dans un domaine d'holomorphie* D. *Il existe dans* D *un module qui engendre* $\mathcal{F}_x$ *en chaque point* x *de* D.

30. Y a-t-il un théorème analogue aux théorèmes 4 et 4 *bis*, qui assurerait l'*unicité* du module engendrant les modules ponctuels d'un faisceau cohérent dans D, lorsque D est un domaine d'holomorphie ? Un exemple très simple va montrer qu'une telle unicité n'a plus lieu. Prenons une seule variable complexe x, et soit D le plan entier à distance finie; considérons l'idéal $\mathcal{J}$ engendré, dans D, par les fonctions

$$f_0(x) = \frac{\sin \pi x}{x}, \quad f_1(x) = \frac{\sin \pi x}{x}(1-x^2)^{-1}, \quad \ldots,$$

$$f_p(x) = \frac{\sin \pi x}{x} \prod_{1 \leq k \leq p} \left(1 - \frac{x^2}{k^2}\right)^{-1}, \quad \ldots.$$

L'idéal $\mathcal{J}$ se compose des fonctions (holomorphes dans tout le plan) qui s'annulent pour toutes les valeurs entières de x *sauf un nombre fini*. La constante *un*, qui appartient à l'idéal $\mathcal{J}_x$ engendré par $\mathcal{J}$ en tout point x, n'appartient cependant pas à $\mathcal{J}$. Ceci montre qu'il n'y a pas de théorème analogue au théorème 4 *bis*, tout au moins si l'on ne fait pas de restrictions convenables.

Introduisons la notion suivante : $\mathfrak{M}$ étant un module dans un ensemble *ouvert* D, on désignera par $\bar{\mathfrak{M}}$ le module des fonctions (holomorphes dans D) qui sont, sur tout compact contenu dans D, limites uniformes de fonctions de $\mathfrak{M}$. Ce module $\bar{\mathfrak{M}}$ se nommera l'*adhérence* du module $\mathfrak{M}$; un module $\mathfrak{M}$ sera dit *fermé* s'il est identique à son adhérence. Remarquons tout de suite que, *sur tout domaine polyédral* P *contenu dans* D, *les modules* $\mathfrak{M}$ *et* $\bar{\mathfrak{M}}$ *engendrent le même module* : c'est une conséquence immédiate du corollaire du lemme 6 (n° 28).

L'exemple précédent montre qu'*il existe des modules non fermés* : en effet, la constante *un* appartient à l'adhérence du module $\mathcal{J}$ ci-dessus.

Nous pouvons maintenant énoncer un théorème analogue aux théorèmes 4 et 4 *bis* :

THÉORÈME 4 *ter*. — *Soit* $\mathfrak{M}$ *un module dans un domaine d'holomorphie* D. *Si une fonction* f *holomorphe dans* D *appartient, en chaque point* x *de* D, *au module* $\mathfrak{M}_x$ *engendré par* $\mathfrak{M}$, *alors* f *appartient à l'adhérence du module* $\mathfrak{M}$. En particulier, si $\mathfrak{M}$ est *fermé*, on peut conclure que f *appartient à* $\mathfrak{M}$.

Démonstration. — Sur chacun des domaines polyédraux P_j, f appartient au module engendré par $\mathfrak{M}$, d'après le théorème 4 *bis*; donc f est limite uniforme, dans P_j, de fonctions de $\mathfrak{M}$.

Corollaire. — *Si deux modules fermés $\mathfrak{M}$ et $\mathfrak{M}'$, dans un domaine d'holomorphie* D, *engendrent, en chaque point x de* D, *des modules $\mathfrak{M}_x$ et $\mathfrak{M}'_x$ égaux, ils sont identiques.*

31. Voici maintenant les analogues des théorèmes 5, 6 et 7. Mais d'abord, les théorèmes 3 *ter* et 4 *ter* entraînent :

Théorème d'existence et d'unicité. — *Soit $\mathcal{F}$ un faisceau cohérent dans un domaine d'holomorphie* D. *Il existe dans* D *un module fermé et un seul qui engendre, en chaque point x de* D, *le module $\mathcal{F}_x$; c'est le module des fonctions* (*holomorphes dans* D) *qui appartiennent à $\mathcal{F}_x$ en chaque point x de* D.

Théorème 5 *ter*. — *Soient $\mathfrak{M}$ et $\mathfrak{M}'$ deux modules fermés* (*q-dimensionnels*) *dans un domaine d'holomorphie* D, *et soient $\mathfrak{M}_x$ et $\mathfrak{M}'_x$ les modules qu'ils engendrent en un point x de* D. *Alors le module-intersection $\mathfrak{M} \cap \mathfrak{M}'$ est fermé, et engendre $\mathfrak{M}_x \cap \mathfrak{M}'_x$ en chaque point x de* D.

Le fait que $\mathfrak{M} \cap \mathfrak{M}'$ est fermé est trivial. La collection des modules ponctuels $\mathfrak{M}_x \cap \mathfrak{M}'_x$ est cohérente (n° 11, corollaire du théorème 1); donc (théorème d'existence et d'unicité) il existe un module fermé $\mathfrak{N}$ qui engendre $\mathfrak{M}_x \cap \mathfrak{M}'_x$ en chaque point x de D : c'est le module des fonctions (q-dimensionnelles) qui appartiennent à $\mathfrak{M}_x \cap \mathfrak{M}'_x$ en chaque point x de D. Pour que f appartienne à $\mathfrak{N}$, il faut et il suffit que $f \in \mathfrak{M}_x$ pour tout x, et $f \in \mathfrak{M}'_x$ pour tout x; d'après le théorème 4 *ter*, ceci exprime que $f \in \mathfrak{M}$ et $f \in \mathfrak{M}'$. Donc $\mathfrak{N} = \mathfrak{M} \cap \mathfrak{M}'$.

C. Q. F. D.

Théorème 6 *ter*. — *Soient p fonctions $f_1, \ldots, f_p$ holomorphes dans un domaine d'holomorphie* D (et à valeurs q-dimensionnelles). *Le module des systèmes de fonctions scalaires $c_1, \ldots, c_p$ holomorphes dans* D, *et tels que $\sum_i c_i f_i$ soit nul dans* D, *engendre, en chaque point x de* D, *le module des relations entre les f_i en ce point.* C'est l'*unique* module *fermé*, dans D, qui jouisse de cette propriété.

Ce théorème est une conséquence du théorème d'existence et d'unicité, appliqué au faisceau des relations entre les f_i, faisceau qui est cohérent. On remarquera que *le module des relations entre les f_i dans* D *engendre, dans chaque domaine polyédral* P *contenu dans* D, *le module des relations entre les f_i dans* P. Cela résulte de la confrontation des théorèmes 6 *ter* et 6 *bis*.

Théorème 7 *ter*. — *Soit* V *une variété analytique dans un domaine d'holomorphie* D. *Il existe dans* D *un idéal fermé $\mathfrak{I}$ et un seul qui engendre, en* *chaque point x de* D, *l'idéal de* V *au point x; c'est l'idéal des fonctions* (holomorphes dans D) *qui s'annulent sur* V.

On obtient ce théorème en appliquant le théorème d'existence et d'unicité au faisceau de la variété V, faisceau qui est cohérent.

Corollaire. — *Les fonctions qui s'annulent sur* V *n'ont pas d'autre zéro commun que les points de* V.

32. Avant d'aller plus loin, on peut se demander s'il n'existe pas de critère simple permettant d'affirmer qu'un module, dans un domaine d'holomorphie D, est *fermé*. A ce propos, nous allons démontrer ce qui suit :

Théorème 11. — *Tout module de type fini, dans un domaine d'holomorphie, est fermé.*

(Remarquons que ceci entraîne que l'idéal $\mathcal{J}$ donné en exemple au n° 30 *n'est pas de type fini*, comme il serait d'ailleurs facile de le prouver directement).

Soit $\mathfrak{M}$ un module engendré par des fonctions $f_1, \ldots, f_p$ holomorphes dans le domaine d'holomorphie D; D est réunion d'une suite croissante de domaines polyédraux P_j, comme il est dit au lemme 5. Soit g une fonction de l'adhérence $\bar{\mathfrak{M}}$; on veut montrer que g appartient à $\mathfrak{M}$. Or la restriction de g à P_j appartient au module engendré par $\mathfrak{M}$, et l'on a donc, dans P_j,

$$g = \sum_i c_i^j f_i \qquad (\text{les } c_i^j \text{ étant holomorphes dans } P_j).$$

De même, on a

$$g = \sum_i c_i^{j+1} f_i \quad \text{dans } P_{j+1}.$$

Dans P_j, on a

$$\sum_i (c_i^{j+1} - c_i^j) f_i = 0,$$

donc le système des $(c_i^{j+1} - c_i^j)$ appartient, dans P_j, au module des relations entre les f_i. D'après le théorème 6 *ter*, le système des $(c_i^{j+1} - c_i^j)$ est combinaison linéaire, à coefficients holomorphes dans P_j, d'éléments du module des relations entre les f_i *dans* D. En approchant les coefficients de cette combinaison par des fonctions holomorphes dans D (lemme 5), on voit que le système $(c_i^{j+1} - c_i^j)$ est limite uniforme, dans P_j, de systèmes (d_i) holomorphes dans D, et tels que $\sum_i d_i f_i = 0$ dans D.

Posons $\bar{c}_i^{j+1} = c_i^{j+1} - d_i$; on a $g = \sum_i \bar{c}_i^{j+1} f_i$ dans P_{j+1}, et l'on peut supposer les d_i choisis de manière que $\bar{c}_i^{j+1} - c_i^j$ soit arbitrairement petit dans P_j. De là il résulte que l'on peut attacher à chaque P_j un système (a_i^j) holomorphe dans P_j, de manière que

$$g=\sum_i a_i^j f_i \quad \text{dans } P_j, \qquad |a_i^{j+1}-a_i^j|\leqq 2^{-j} \quad \text{dans } P_j.$$

Pour chaque $i(1\leqq i\leqq p)$, la suite des a_i converge, uniformément sur tout compact de D, vers une fonction a_i holomorphe dans D. On aura évidemment

$$g=\sum_i a_i f_i \quad \text{dans D},$$

par passage à la limite. Ainsi g appartient au module $\mathfrak{M}$. C. Q. F. D.

Corollaire. — *Étant données p fonctions (scalaires) f_i holomorphes dans un domaine d'holomorphie* D, *et sans zéro commun dans* D, *il existe dans* D *une identité* $\sum_i a_i f_i = 1$, *où les a_i sont holomorphes dans* D.

33. Il nous reste à donner, pour les domaines d'holomorphie, deux théorèmes analogues aux théorèmes 8 et 9.

Théorème 8 *ter*. — *Soit* V *une variété analytique dans un domaine d'holomorphie* D, *et f une fonction holomorphe au voisinage de* V. *Il existe une fonction g, holomorphe dans* D, *et égale à f en tout point de* D.

Ce théorème va résulter du suivant :

Théorème 9 *ter*. — *Soit* $\mathfrak{M}$ *un module* (*q*-dimensionnel) *dans un domaine d'holomorphie* D, *et soit* $\mathfrak{M}_x$ *le module qu'il engendre en un point x de* D. *Supposons qu'on ait attaché, à chaque point x de* D, *une fonction* (*q*-dimensionnelle) f_x *holomorphe au point x, de manière à satisfaire à la condition suivante : tout point a de* D *possède un voisinage ouvert* U *tel qu'il existe une fonction* F *holomorphe dans* U *et congrue à* f_x *modulo* $\mathfrak{M}_x$ *en chaque point x de* U. *Dans ces conditions, il existe une fonction g holomorphe dans* D, *et congrue à* f_x *modulo* $\mathfrak{M}_x$ *en chaque point x de* D.

Montrons d'abord comment le théorème 8 *ter* résulte du théorème 9 *ter*; après quoi nous prouverons le théorème 9 *ter*.

Dans les hypothèses du théorème 8 *ter*, il existe dans D un idéal $\mathfrak{J}$ qui engendre, en chaque point x de D, l'idéal $\mathfrak{J}_x$ de la variété V au point x (théorème 7 *ter*). La fonction holomorphe f étant donnée dans un voisinage de V, posons, pour tout point x de D, $f_x=f$ si $x\in V$, $f_x=0$ si $x\notin V$. On est dans les conditions d'application du théorème 9 *ter*, et l'existence de la fonction cherchée g en résulte.

Reste à démontrer le théorème 9 *ter*. Reprenons les domaines polyédraux P_j que le lemme 5 associe au domaine d'holomorphie D. Dans les hypothèses du théorème 9 *ter*, on sait déjà, grâce au théorème 9 bis, qu'il existe une fonction h_j holomorphe dans P_j, et qui, en chaque point x de P_j, est congrue à f_x modulo $\mathfrak{M}_x$.

Une telle h_j est déterminée à l'addition près d'une fonction du module engendré par $\mathfrak{M}$ dans P_j (d'après le théorème 4 *bis*). On va profiter de cette circonstance pour remplacer les h_j par des g_j jouissant des mêmes propriétés, et satisfaisant en outre aux conditions : $|g_{j+1} - g_j| \leqq 2^{-j}$ dans P_j. Montrons ceci par récurrence sur j : g_j étant déjà choisie, la différence $h_{j+1} - g_j$ appartient au module engendré par $\mathfrak{M}$ dans P_j, donc est limite uniforme, dans P_j, de fonctions du module $\mathfrak{M}$ lui-même. Si a est une fonction de $\mathfrak{M}$, telle que $|h_{j+1} - h_j - a| \leqq 2^{-j}$ dans P_j, il suffira de prendre $g_{j+1} = h_{j+1} - a$.

Cela posé, la suite des g_j ainsi choisies converge, uniformément sur tout compact de D, vers une fonction g holomorphe dans D; grâce au lemme 6, g est congrue à f_x modulo $\mathfrak{M}_x$ en chaque point x de D; ce qui démontre le théorème.

(Manuscrit reçu le 15 septembre 1949).

39.

Problèmes globaux dans la théorie des fonctions analytiques de plusieurs variables complexes

Congrès International des Mathématiciens, Cambridge, vol. 1, 152–164 (1950)

Ayant l'honneur de parler ici de la théorie des fonctions analytiques de plusieurs variables complexes, je me propose non pas de vous donner un aperçu complet de la théorie dans son état actuel, mais de passer en revue quelques problèmes typiques de son développement récent; il s'agira surtout de problèmes *globaux* ("in the large"). La théorie des fonctions automorphes de plusieurs variables pourrait certes rentrer dans mon sujet; cependant je n'y ferai que quelques allusions, laissant à d'autres, plus qualifiés que moi, le soin de vous en entretenir éventuellement.

1. Variétés à structure analytique complexe. Une variété analytique-complexe, c'est, par définition, une variété de dimension paire $2n$ (c'est-à-dire un espace topologique dont chaque point possède un voisinage ouvert homéomorphe à l'espace euclidien de dimension $2n$), munie en outre de la donnée, en chaque point, d'un ou plusieurs systèmes de "coordonnées complexes locales": un système de coordonnées locales, en un point P, est un système de n fonctions à valeurs complexes $z_1, \cdots, z_n$, définies dans un voisinage ouvert V de P, et qui appliquent biunivoquement et bicontinûment V sur un ensemble ouvert de l'espace C^n de n variables complexes. Au sujet des systèmes de coordonnées locales, on fait les hypothèses suivantes: 1°. Tout système de coordonnées locales pour un point P est aussi un système de coordonnées locales pour tout point P' suffisamment voisin de P; 2°. Etant donnés deux systèmes de coordonnées locales en un point P, on passe de l'un à l'autre par une transformation *analytique-complexe* au voisinage de P. L'entier n se nomme la *dimension* (complexe) de la variété analytique-complexe.

Par exemple, l'espace projectif complexe (de dimension quelconque n) est une variété analytique-complexe. Voici un autre exemple: soit D un sous-ensemble ouvert de l'espace C^n; soit Γ un groupe discontinu d'automorphismes de D (automorphisme = transformation analytique-complexe, biunivoque, de D sur D); l'espace quotient D/Γ est muni d'une structure analytique-complexe, obtenue par passage au quotient à partir de la structure analytique-complexe naturelle de C^n.

Etant donnée une variété analytique-complexe B, on a la notion de *fonction analytique* (ou *holomorphe*) dans B: c'est une fonction définie dans B, à valeurs complexes, et qui, au voisinage de chaque point P, s'exprime comme fonction analytique des n coordonnées locales d'un système attaché à P. Par exemple, une fonction analytique dans D/Γ n'est autre chose qu'une fonction analytique dans

[1] Cette communication était mentionnée sur le programme imprimé sous le titre *Sur les fonctions analytiques de variables complexes*.

D et invariante par le groupe Γ (fonction *automorphe*). Plus généralement, on a la notion de fonction holomorphe dans un ensemble ouvert de B (un tel ensemble ouvert étant lui-même muni d'une structure de variété analytique-complexe, induite par la structure de B). Précisons encore la notion de fonction holomorphe dans un sous-ensemble *compact* K de B: c'est, par définition, une fonction définie et holomorphe dans un voisinage ouvert de K; on convient d'identifier deux fonctions quand elles coïncident dans un voisinage de K. Avec cette définition, les fonctions holomorphes dans K forment un *anneau*; en particulier, on a l'anneau des fonctions holomorphes *en un point* de la variété B.

L'étude générale des variétés analytiques, et des fonctions holomorphes sur ces variétés, est encore très peu avancée. Un des premiers problèmes qui se posent est le suivant: existe-t-il une fonction holomorphe dans B et non constante? Il n'en existe certainement pas si B est une variété *connexe* et *compacte*, parce qu'une fonction holomorphe ne peut admettre de maximum, même au sens large, en un point P de B sans être constante au voisinage de P. Mais on peut alors poser la question de savoir s'il existe des fonctions *méromorphes* non constantes sur une variété compacte connexe B (une fonction méromorphe est une fonction qui, au voisinage de chaque point, peut s'écrire comme quotient de deux fonctions holomorphes). Par exemple: supposons que B soit l'espace quotient de l'espace C^n (considéré comme groupe additif) par un sous-groupe discret Γ engendré par $2n$ éléments linéairement indépendants; B est alors homéomorphe à un tore à $2n$ dimens ons réelles, muni d'une structure analytique-complexe; les fonctions méromorphes dans B ne sont autres que les "fonctions abéliennes", et on sait que leur existence n'est assurée que s'il y a certaines relations entre les périodes.[2] Nous reviendrons plus loin sur les variétés analytiques compactes; nous allons auparavant nous occuper de la "réalisation" d'une variété analytique dans l'espace C^n de n variables complexes.

Une "réalisation" de B, c'est une application analytique de B dans l'espace C^n, c'est-à-dire un système de n fonctions holomorphes $f_1, \cdots, f_n$. Si B est compacte connexe, de telles fonctions sont nécessairement constantes, et il n'existe donc que des réalisations triviales. On ne s'occupera donc que de la réalisation des variétés (connexes) non compactes. Plus précisément, nous allons imposer aux fonctions $f_1, \cdots, f_n$ d'avoir leur déterminant fonctionnel $\neq 0$ en tout point de B; c'est la condition nécessaire et suffisante pour que l'application f de B dans C^n soit *localement biunivoque*; cela exprime aussi que $f_1, \cdots, f_n$ constituent un système de coordonnées locales en tout point de B. Une réalisation de ce type s'appellera un *domaine étalé* dans C^n; en particulier, ce domaine étalé est *univalent* ("schlicht") si l'application f est une application *biunivoque* de B sur un sous-ensemble (ouvert) de C^n. Bien entendu, une même variété peut être susceptible de plusieurs réalisations; par exemple, elle peut avoir des réalisations *bornées* et d'autres réalisation non bornées (ainsi: le cercle $|z| < 1$ et le demi-plan $\mathrm{Re}(z) > 0$).

[2] A ce sujet, consulter le cours récent de C. L. Siegel, *Analytic functions of several complex variables*, Institute for Advanced Study, Princeton, 1950, et un exposé de A. Weil au Séminaire Bourbaki de mai 1949.

2. Domaines d'holomorphie. Il n'existe actuellement une théorie des *domaines d'holomorphie* que pour les variétés susceptibles d'une réalisation comme "domaine étalé".

Pour $n = 1$, tout domaine est le domaine total d'existence d'une fonction holomorphe convenable; mais on sait qu'il n'en est plus de même pour $n \geqq 2$. Rappelons l'exemple classique de Hartogs (1906): dans l'espace des 2 variables z_1 et z_2, considérons la réunion A des 2 ensembles compacts

$$|z_1| \leqq 1, \qquad |z_2| = 1,$$

et

$$z_1 = 0, \qquad |z_2| \leqq 1;$$

toute fonction holomorphe dans A se laisse prolonger en une fonction holomorphe dans le polycylindre compact $|z_1| \leqq 1$, $|z_2| \leqq 1$.

E. E. Levi a montré, peu d'années plus tard, qu'on en peut dire autant pour les fonctions méromorphes; il a aussi prouvé que toute fonction holomorphe (ou méromorphe) au voisinage de la sphère $|z_1|^2 + |z_2|^2 = 1$ se laisse prolonger en une fonction holomorphe (ou méromorphe) dans la boule $|z_1|^2 + |z_2|^2 \leqq 1$; résultat qui s'étend au cas de n variables complexes ($n \geqq 2$), et qui a été généralisé par Severi au cas où certaines variables sont réelles (l'une au moins étant complexe). On trouve, dans le livre récent de Bochner et Martin, une généralisation intéressante de ces résultats.

Il m'est impossible de retracer ici l'historique du développement de la théorie des domaines d'holomorphie. Retenons-en seulement deux choses: d'abord, la propriété, pour une variété B, de posséder une fonction holomorphe dans B et non prolongeable au-delà de B, est une propriété indépendante de la réalisation de B comme domaine étalé; autrement dit, le fait, pour B, d'être un domaine d'holomorphie, est une propriété de la variété analytique-complexe B, dès que B admet une réalisation spatiale comme domaine étalé.

La seconde chose que nous voulons mentionner, c'est la caractérisation des domaines d'holomorphie par une propriété interne de *convexité*[3] qui s'avère essentielle dans beaucoup de problèmes. Soit B une réalisation spatiale d'un domaine d'holomorphie, et soit K un sous-ensemble compact de B; soit r la distance de K à la frontière de B; alors, pour tout point z de B dont la distance à la frontière de B est $<r$, il existe une fonction f holomorphe dans B et telle que $|f(z)| > \sup_K |f|$ (théorème de Thullen). Réciproquement, si une réalisation spatiale B jouit de cette propriété (ou même d'une propriété affaiblie que nous ne précisons pas ici), B est un domaine d'holomorphie. Or l'ensemble K_r des points de B dont la distance à la frontière de B est $\leqq r$ est *compact*, tout au moins si B est univalent, ou, plus généralement, s'il existe un entier N tel que tout point de l'espace C^n soit couvert au plus N fois par B (domaine à un nombre borné de "feuillets"). Nous nous limiterons désormais à ce cas; alors le résultat précédent entraîne celui-ci: si B est un domaine d'holomorphie à un nombre

[3] Voir H. Cartan et P. Thullen, Math. Ann. t. 106 (1932) pp. 617–647.

borné de feuillets, B est réunion d'une suite croissante d'ensembles *compacts* P_k, dont chacun est défini par un nombre fini d'inégalités de la forme $|f_{kj}(z)| \leqq 1$ ($j = 1, 2, \cdots$), les f_{kj} étant holomorphes dans B; plus exactement, P_k est une composante connexe, supposée compacte, d'un ensemble ainsi défini. Un ensemble compact du type de P_k sera appelé un *polyèdre analytique*; ainsi, tout domaine d'holomorphie à un nombre borné de feuillets est réunion d'une suite croissante de polyèdres analytiques; j'ignore si ce théorème est encore exact quand le nombre des feuillets de B n'est pas borné. La réciproque est vraie: si un domaine étalé B est réunion d'une suite croissante de polyèdres analytiques, c'est un domaine d'holomorphie; cela résulte d'un théorème de Behnke et Stein,[4] qui dit que la réunion d'une suite croissante de domaines d'holomorphie est un domaine d'holomorphie.

Les polyèdres analytiques ont été considérés explicitement pour la première fois par André Weil en 1935; *l'intégrale de* Weil,[5] qui généralise l'intégrale de Cauchy, exprime une fonction holomorphe dans un polyèdre analytique par une intégrale portant sur les valeurs de cette fonction sur les "arêtes" à n dimensions (réelles) du polyèdre. Mais la construction du noyau de cette intégrale soulève, dans le cas général, des difficultés qui ne peuvent être surmontées que grâce à la théorie des idéaux de fonctions holomorphes, dont il sera parlé plus loin.

A quoi reconnaît-on qu'un domaine donné B est un domaine d'holomorphie? Dès 1911, E. E. Levi avait indiqué des conditions nécessaires auxquelles doit satisfaire la frontière d'une réalisation spatiale de B, lorsque cette frontière est suffisamment différentiable. Il s'agissait alors de savoir, étant donné un point frontière z_0 de B, s'il existe, dans l'intersection de B et d'un voisinage de z_0, une fonction holomorphe (ou méromorphe) qui admette z_0 comme point singulier essentiel. Il s'agissait donc d'un critère de nature *locale*, qui d'ailleurs s'exprimait en écrivant qu'une certaine forme hermitienne était définie positive au point z_0 considéré. Pendant longtemps la question est restée posée de savoir si de telles conditions locales, supposées vérifiées on chaque point frontière d'une réalisation spatiale de B, étaient suffisantes pour que B soit, *globalement*, un domaine d'holomorphie. Il était réservé à Oka de résoudre ce problème par l'affirmative en 1942, tout au moins dans le cas des domaines univalents.[6] La solution de Oka (qu'il a exposée pour $n = 2$) est l'aboutissement d'une suite de recherches difficiles et met en oeuvre toute une technique spéciale, d'ailleurs liée, elle aussi, à la théorie des idéaux de fonctions holomorphes. Le lemme de Oka qui donne la clef du problème est le suivant: soit z l'une des variables complexes de l'espace ambiant C^n; soient B_1 et B_2 les intersections du domaine B avec $\mathrm{Re}(z) < \epsilon$ et $\mathrm{Re}(z) > -\epsilon$ respectivement ($\epsilon > 0$); alors, si B_1 et B_2 sont des domaines d'holomorphie, B est aussi un domaine d'holomorphie. On reconnaît ici un énoncé du type de ceux qui permettent d'effectuer, de proche en proche, le passage d'une propriété locale à une propriété globale.

[4] Math. Ann. t. 116 (1938) pp. 204–216.
[5] Math. Ann. t. 111 (1935) pp. 178–182.
[6] Tôhoku Math. J. t. 49 (1942) pp. 15–52.

3. Etude globale des idéaux de fonctions holomorphes. On peut y être conduit en analysant la notion de *sous-variété analytique*. Soit B une variété à structure analytique-complexe, de dimension (complexe) n; un sous-ensemble M de points de B sera une sous-variété analytique dans B (éventuellement décomposable) si c'est un sous-ensemble *fermé* de B, et si chaque point z de M possède, dans B, un voisinage ouvert $V(z)$ tel que $M \cap V(z)$ soit exactement l'ensemble des zéros communs à une famille de fonctions holomorphes dans $V(z)$; autrement dit, si, au voisinage de z, M peut être définie par des équations analytiques, qu'on peut d'ailleurs supposer en nombre fini. Il faut prendre garde que, malgré la terminologie de "sous-variété", M, comme espace topologique, n'est pas en général une variété: M peut posséder des points singuliers, dits *non essentiels*, analogues aux points singuliers d'une sous-variété algébrique de l'espace; l'ensemble de ces points singuliers forme, à son tour, une sous-variété analytique; au voisinage de tout point non singulier, M est doué d'une structure de variété analytique (au sens du §1), avec des systèmes de coordonnées locales.

La définition d'une sous-variété analytique M de B a ainsi un caractère *local*. Problème: est-il possible de définir M, *globalement* dans B, en égalant à zéro une famille (finie ou infinie) de fonctions holomorphes dans B tout entier? Ce problème peut avoir une réponse négative: par exemple, si B est une variété connexe compacte, et si M est non vide, toute fonction holomorphe qui s'annule sur M est identiquement nulle. Voici un autre contre-exemple: soit, comme dans l'exemple de Hartogs, B la réunion de

$$|z_1| < 1 + \epsilon, \qquad 1 - \epsilon < |z_2| < 1 + \epsilon,$$

et de

$$|z_1| < \epsilon, \qquad |z_2| < 1 + \epsilon \qquad (0 < \epsilon < 1/2).$$

Considérons, dans B, l'ensemble M des points tels que $z_1 = z_2$, $|z_1| < \epsilon$; M est bien une sous-variété analytique de B. Toute fonction f, holomorphe dans B, et qui s'annule sur M, est holomorphe dans le polycylindre $|z_1| < 1 + \epsilon$, $|z_2| < 1 + \epsilon$ et s'annule aux points tels que $z_1 = z_2$ (car la trace de f sur la variété $z_1 = z_2$ est une fonction holomorphe de z_1, nulle au voisinage de $z_1 = 0$, donc identiquement nulle pour $|z_1| < 1 + \epsilon$). Or, parmi les points de B tels que $z_1 = z_2$, il en est qui n'appartiennent pas à M; donc M ne peut pas être défini comme l'ensemble des zéros d'une famille de fonctions holomorphes dans B.

Ce dernier exemple montre qu'il est raisonnable de se borner d'abord au cas où B est un domaine d'holomorphie. Dans ce cas, nous allons voir que le problème posé est toujours résoluble. Donnons quelques précisions: considérons la sous-variété M de B, qui nous est donnée; si un point z de B appartient à M, les fonctions holomorphes au point z et qui s'annulent sur M (c'est-à-dire en tout point de M suffisamment voisin de z) forment un *idéal* I_z dans l'anneau des fonctions holomorphes au point z; si $z \notin M$, I_z désignera l'idéal-unité (idéal de toutes les fonctions holomorphes en z). Posons-nous la question suivante: existe-t-il un ensemble de fonctions holomorphes dans B tout entier, et qui, en chaque point z de B, engendre l'idéal I_z attaché à ce point? On peut évidemment se borner à chercher un ensemble de fonctions qui soit un *idéal* I de l'anneau des fonctions holomorphes dans B. Voici maintenant une réponse à la question posée: si B est un *domaine d'holomorphie* (plus exactement: la réunion d'une suite croissante de polyèdres analytiques), un tel idéal existe toujours; si en outre on le suppose *fermé* (ce qui signifie que toute fonction holomorphe dans B qui est, sur tout compact, limite uniforme de fonctions de l'idéal I, appartient à I), alors un tel idéal I est *unique*: c'est l'idéal de toutes les fonctions, holomorphes dans B, qui s'annulent en tout point de M; enfin, sur tout compact K contenu dans B, l'idéal I peut être engendré par un nombre *fini* d'éléments, et par suite la sous-variété M peut être définie par un nombre fini d'équations dans le voisinage d'un ensemble compact K arbitraire.

Ces résultats rentrent dans le cadre d'une théorie générale des idéaux de fonctions holomorphes, théorie développée à une époque récente, parallèlement, par Oka et H. Cartan.[7] Supposons qu'à chaque point z de B on ait attaché un idéal I_z de l'anneau des fonctions holomorphes au point z; cherchons s'il existe, dans B, un idéal I qui engendre I_z en chaque point z de B. Or il y a une condition évidemment nécessaire: c'est que tout point z de B possède un voisinage ouvert dans lequel existe un idéal engendrant $I_{z'}$ en tout point z' assez voisin de z. Si cette condition est remplie, nous dirons que le système des idéaux I_z est *cohérent*. Par exemple, le système des idéaux qu'une sous-variété analytique M permet d'attacher aux divers points de B est un système cohérent; c'est là un théorème de nature locale, qui est d'ailleurs assez difficile à prouver; une fois ce théorème démontré, on peut aborder l'étude globale des sous-variétés analytiques, étude dont nous avons déjà indiqué les principaux résultats.

Cela dit, supposons, d'une manière générale, qu'on nous ait donné un système cohérent d'idéaux I_z dans B; alors on peut démontrer ceci: sur tout polyèdre analytique P contenu dans B, il existe un idéal *et un seul* qui engendre I_z en tout point z de P, et cet idéal a un nombre *fini* de générateurs; de plus, tout idéal, dans un polyèdre P, est *fermé*. Si en outre on suppose que B est un domaine d'holomorphie, alors il existe dans B un idéal fermé et un seul qui engendre le système cohérent donné: c'est l'idéal des fonctions qui, en chaque point z de B, appartiennent à l'idéal I_z attaché à ce point. D'ailleurs, dans un domaine d'holomorphie, tout idéal engendré par un nombre fini d'éléments est fermé. A titre d'application des résultats précédents, signalons aussi le théorème suivant: si p fonctions f_i, holomorphes dans un domaine d'holomorphie B, n'ont pas de zéro commun, elles sont liées par une relation $\sum_i c_i f_i = 1$ à coefficients c_i holomorphes dans B. Ceci permet notamment de lever les difficultés qu'on rencontre dans la construction du noyau de l'intégrale de Weil.

La théorie des idéaux dont nous venons d'esquisser rapidement quelques résultats, sans pouvoir donner le principe des démonstrations, permet de prouver

[7] H. Cartan, Journal de Math. sér. 9 t. 19 (1940) pp. 1–26; H. Cartan, Ann. Ecole Norm. t. 61 (1944) pp. 149–197; K. Oka, Bull Soc. Math. France t. 78 (1950) pp. 1–27; H. Cartan, Bull. Soc. Math. France t. 78 (1950) pp. 29–64.

une ancienne conjecture d'André Weil: soit M une sous-variété analytique dans un domaine d'holomorphie B; et soit f une fonction holomorphe dans M, c'est-à-dire holomorphe dans un voisinage de M; alors il existe une fonction g, holomorphe dans tout B, et égale à f en tout point de M. Ce théorème peut servir, notamment, à montrer que, dans un polyèdre analytique défini par des inégalités $| \varphi_k(z) | \leqq 1$, toute fonction holomorphe est limite uniforme de *polynomes* par rapport aux variables z_j et aux fonctions $\varphi_k(z)$.

4. Prolongement analytique des sous-variétés. Le problème est le suivant: soit M une sous-variété analytique dans un sous-ensemble ouvert D de B; existe-t-il, dans B, une sous-variété analytique M' telle que $M' \cap D = M$? S'il en existe une, elle n'est pas nécessairement unique, mais il existe alors une sous-variété M' *minimale*, qui est contenue dans toutes les autres; car toute intersection de sous-variétés analytiques dans B est une sous-variété analytique dans B.

Sur ce problème, nous n'avons aujourd'hui que des résultats fragmentaires. Le plus ancien est dû à Thullen:[8] soit, dans la variété analytique-complexe B de dimension n, une sous-variété analytique M_0 de dimension $n - 1$, indécomposable; soit D un sous-ensemble ouvert de B, contenant l'ensemble complémentaire de M_0 et au moins un point de M_0 ; si M est une sous-variété analytique dans D, de dimension $n - 1$, alors M se prolonge en une sous-variété analytique dans B tout entier. En d'autres termes: si une sous-variété analytique M, de dimension $n - 1$, n'a pas de singularité essentielle en dehors d'une sous-variété indécomposable M_0 de dimension $n - 1$, deux cas seulement sont possibles: ou bien tous les points de M_0 sont effectivement des points singuliers essentiels de M, ou bien aucun point de M_0 n'est singulier essentiel pour M. En particulier, une sous-variété M de dimension $n - 1$ ne peut avoir de singularité essentielle *isolée*, si $n \geqq 2$. Cet intéressant théorème de Thullen peut, comme Stein me l'a signalé récemment, se généraliser aux sous-variétés de dimension quelconque: il suffit, dans l'énoncé précédent, de supposer que M_0 et M sont toutes deux de même dimension $k < n$; alors: ou bien tous les points de M_0 sont des points singuliers essentiels de M, ou bien aucun point de M_0 n'est singulier essentiel pour M. En particulier, une sous-variété M de dimension $k \geqq 1$ n'a jamais de point singulier essentiel isolé. Ceci donne notamment une nouvelle démonstration du théorème de Chow[9] suivant lequel toute sous-variété analytique de l'espace projectif complexe est nécessairement une sous-variété *algébrique*. En effet, en prenant des coordonnées homogènes dans l'espace projectif, on est ramené à considérer, dans l'espace C^{n+1}, un cône qui est analytique au voisinage de chacun de ses points sauf peut-être en son sommet; comme il n'a pas de singularité essentielle isolée, il est aussi analytique au voisinage de son sommet, ce qui implique aussitôt qu'il est algébrique.

Le prolongement analytique des sous-variétés n'obéit pas aux mêmes lois que le

[8] Math. Ann. t. 111 (1935) pp. 137–157.

[9] Amer. J. Math. t. 71 (1949) pp. 893–914.

prolongement analytique des fonctions. Par exemple, reprenons, avec Hartogs, la réunion A des 2 ensembles compacts $|z_1| \leqq 1$, $|z_2| = 1$, et $z_1 = 0$, $|z_2| \leqq 1$; soit $f(z_1)$ une fonction holomorphe pour $|z_1| < 1$, admettant la circonférence $|z_1| = 1$ comme coupure essentielle, et telle que $|f(z_1)| < 1/2$. Soit, dans un voisinage de A, la sous-variété analytique définie par $|z_1| < 1$, $z_2 = f(z_1)$; elle ne peut pas se prolonger en une sous-variété analytique dans un voisinage du polycylindre B: $|z_1| \leqq 1$, $|z_2| \leqq 1$, bien que toute fonction holomorphe dans A se prolonge en une fonction holomorphe dans B.

Cependant, il semble, à en croire un mémoire de Rothstein qui vient de paraître aux Math. Ann. (1950), qu'on doive s'attendre à des théorèmes généraux concernant le prolongement analytique des sous-variétés, théorèmes qui, quoique différents de ceux qui concernent le prolongement des fonctions, leur ressemblent tout de même un peu. Par exemple, Rothstein démontre ceci: soit, dans l'espace de 3 variables complexes, une sous-variété analytique M de dimension 2 au voisinage de la sphère $|z_1|^2 + |z_2|^2 + |z_3|^2 = 1$; alors M se prolonge en une sous-variété analytique dans toute la boule $|z_1|^2 + |z_2|^2 + |z_3|^2 \leqq 1$ (la proposition analogue, pour 2 variables et une sous-variété de dimension 1, est *fausse*). Voici un autre théorème de Rothstein, qui ressemble au théorème de Hartogs: si M, de dimension 2, est analytique au voisinage de $|z_1| \leqq 1$, $|z_2|^2 + |z_3|^2 = 1$, et au voisinage de $z_1 = 0$, $|z_2|^2 + |z_3|^2 \leqq 1$, M se prolonge en une sous-variété analytique au voisinage de $|z_1| \leqq 1$, $|z_2|^2 + |z_3|^2 \leqq 1$. Il y a là les prémices d'une théorie pleine d'intérêt, dans laquelle on verra plus clair quand on aura des énoncés valables pour des sous-variétés de dimension p dans l'espace de dimension n.

5. Relations avec la topologie. On sait que, sur une variété différentiable, une forme différentielle qui est localement une différentielle exacte peut ne pas l'être globalement. Considérons en particulier, sur une variété analytique-complexe B, une forme différentielle du premier degré ω qui, localement, soit la différentielle totale d'une fonction holomorphe; utilisant la terminologie de la géométrie algébrique, nous l'appellerons une *différentielle de première espèce*. La primitive d'une telle forme différentielle ω est une fonction holomorphe *multiforme*, qui se reproduit augmentée d'une constante lorsqu'on parcourt un lacet dans la variété B; elle définit donc un homomorphisme du premier groupe d'homologie $H_1(B)$ dans le groupe additif C des nombres complexes (il s'agit d'homologie à coefficients entiers). Cet homomorphisme est évidemment nul sur le sous-groupe $H'_1(B)$ des éléments d'ordre fini de $H_1(B)$, d'où un homomorphisme du groupe de Betti $H_1(B)/H'_1(B) = H''_1(B)$ dans C. Lorsque B est une variété *compacte*, $H''_1(B)$ est un groupe libre à un nombre fini r de générateurs, dont chacun peut être défini par un circuit fermé de B. L'homomorphisme de $H''_1(B)$ dans C est alors déterminé quand on connait l'intégrale de ω le long de chacun de ces r circuits: ce sont les "périodes" de ω. Quand B est une variété algébrique plongée sans singularité dans l'espace projectif complexe, l'entier r est *pair*, et il existe une différentielle de première espèce ω et une seule dont les périodes aient des *parties* *réelles* données. La démonstration de Hodge[10] vaut, plus généralement, lorsque B est une variété analytique *compacte* (connexe) susceptible d'être munie d'une *métrique kählérienne*, c'est-à-dire d'une forme différentielle quadratique hermitienne $\sum_\nu \omega_\nu \bar{\omega}_\nu$, définie positive, telle que la forme extérieure associée $\Omega = \sum_\nu \omega_\nu \wedge \bar{\omega}_\nu$ satisfasse à $d\Omega = 0$.[11]

Le cas où B est un *domaine d'holomorphie* (étalé dans l'espace C^n) donne lieu à des résultats tout différents. Par les méthodes de Oka, on peut montrer[12] qu'il existe toujours une différentielle de première espèce dont les périodes soient des *nombres complexes* arbitrairement données; d'une façon précise, étant donné arbitrairement un homomorphisme du groupe d'homologie $H_1(B)$ dans C, il existe une différentielle de première espèce qui donne naissance à cet homomorphisme.

Nous allons aussi être amenés à des considérations topologiques en examinant un problème très simple concernant les idéaux de fonctions. Considérons, dans B, un système cohérent d'idéaux I_z tel que chaque idéal I_z soit *principal*, c'est-à-dire engendré par une seule fonction holomorphe au point z. Alors I_z définit, au voisinage de z, un nombre fini de sous-variétés analytiques de dimension $n - 1$, dont chacune est affectée d'un ordre de multiplicité (entier > 0). La donnée du système cohérent des I_z est équivalente à la donnée, dans B, d'une famille de sous-variétés analytiques de dimension $n - 1$, affectées d'ordres de multiplicité (cette famille pouvant être infinie, pourvu que chaque sous-ensemble compact de B n'en rencontre qu'un nombre fini). C'est ce qu'on appelle une "donnée de Cousin" dans B. Supposons que B soit un domaine d'holomorphie; alors, d'après les résultats généraux de la théorie des idéaux, il existe dans B un idéal fermé I, et un seul, qui engendre I_z en chaque point z de B. Mais le "problème de Cousin" consiste à chercher une *fonction unique*, holomorphe dans B, et qui, en chaque point z, engendre l'idéal I_z (c'est-à-dire s'annule sur chaque variété avec l'ordre de multiplicité voulu, et pas ailleurs). En d'autres termes, on exige que l'idéal I soit un idéal *principal*. Or cette nouvelle exigence ne peut pas toujours être satisfaite, même si B est un domaine d'holomorphie: comme nous allons le voir, elle pose des conditions de nature topologique.

Avant d'en parler, rappelons que le problème précédent avait été résolu par l'affirmative par Cousin, dès 1895,[13] dans le cas où B est un polycylindre, produit de domaines $z_k \in B_k$ supposés tous simplement connexes sauf un au plus. Cousin avait étudié ce problème à la suite de Poincaré qui s'était préoccupé de mettre une fonction méromorphe dans l'espace C^n sous la forme du quotient de 2 fonctions entières, premières entre elles.

Pour étudier l'aspect topologique du problème, plaçons-nous d'abord dans le cas général où B est une variété quelconque, à structure analytique-complexe.

[10] *The theory and applications of harmonic integrals*, Cambridge, 1941.

[11] Voir A. Weil, Comment. Math. Helv. t. 20 (1947) pp. 110–116.

[12] Résultat de H. Cartan, non encore publié; des cas particuliers en étaient connus auparavant, notamment lorsque B est une surface de Riemann étalée dans le plan d'une variable complexe.

[13] Acta Math. t. 19 (1895) pp. 1–62.

Une donnée de Cousin dans B définit un nouvel espace topologique E que voici: un point de E sera, par définition, un couple (z, f) formé d'un point z de B et d'un élément générateur f de l'idéal principal I_z attaché au point z; on identifiera les couples (z, f) et (z', f') si $z = z'$ et si le quotient f/f' (qui est holomorphe et $\neq 0$ au point z) est *égal à un* au point z. Faisons opérer, dans cet espace E, le groupe multiplicatif C^* des nombres complexes $\neq 0$, comme suit: un nombre complexe $\alpha \neq 0$ transforme (z, f) en $(z, \alpha f)$. Le groupe C^*, en opérant ainsi dans E, définit une relation d'équivalence; les classes d'équivalence, ou *fibres*, sont isomorphes à C^*, et l'espace quotient de E par la relation d'équivalence n'est autre que l'espace B. Dans le langage de la topologie moderne, E est un *espace fibré principal*, de groupe C^*, ayant B pour espace de base. L'hypothèse suivant laquelle les idéaux I_z forment un système cohérent exprime que chaque fibre de E possède un voisinage isomorphe au produit $U \times C^*$ d'un ensemble ouvert U de B par la fibre C^*; ceci permet de définir, sur E, une structure de variété analytique-complexe.

Ainsi, une donnée de Cousin, sur une variété analytique B de dimension n, définit une variété analytique E de dimension $n + 1$, qui est un espace fibré principal de base B et de groupe C^*. On voit aussitôt qu'une solution du problème de Cousin définit une *section analytique* de cet espace fibré, et réciproquement (une section analytique est une application analytique de B dans E, qui transforme chaque point z de B en un point de la fibre correspondant à z). Ainsi: pour que le problème de Cousin ait une solution, il faut et il suffit que l'espace fibré E ait une section analytique, ou, ce qui revient au même, qu'il soit isomorphe au produit $B \times C^*$ (il s'agit d'isomorphisme au sens analytique-complexe). Dans le langage de la théorie des espaces fibrés, notre espace fibré E doit être *trivial*; mais non pas trivial au sens topologique, ni même au sens de la structure différentiable, mais au sens analytique-complexe.

Les remarques qui précèdent sont dues à André Weil, qui attira récemment mon attention sur cette intervention de la notion d'espace fibré dans ce problème bien connu de la théorie des fonctions analytiques. Ainsi, on peut appliquer au problème de Cousin les résultats donnés par la théorie topologique des espaces fibrés: pour que l'espace fibré E défini plus haut soit topologiquement trivial, il faut et il suffit que la classe caractéristique de cet espace fibré, qui est un élément u du deuxième groupe de cohomologie $H^2(B)$ à coefficients entiers, soit nulle. C'est donc là une condition *nécessaire* pour que l'espace soit analytiquement trivial, mais peut-être pas suffisante.

Or Oka, dès 1939,[14] a montré que si B est un domaine d'holomorphie, et si le problème de Cousin peut être résolu dans le champ des fonctions continues, alors il admet aussi une solution dans le champ des fonctions analytiques. Cela revient à dire que si l'espace fibré E défini par la donnée de Cousin est topologiquement trivial, il est analytiquement trivial. Par conséquent, si B est un domaine d'holomorphie, la nullité de l'élément $u \in H^2(B)$ défini par la donnée de Cousin est nécessaire et suffisante pour que le problème de Cousin ait une solution.

[14] Journal of Science of the Hirosima Universitv (1939) pp. 7–19.

En fait, dès 1941, Stein[15] avait explicité des conditions de nature homologique pour la résolubilité du problème de Cousin, sans faire appel à la théorie des espaces fibrés.

Indépendamment de tout problème de Cousin, on peut se demander si tout espace fibré analytique E, de groupe C^*, qui est topologiquement trivial, est analytiquement trivial. Or il en est bien ainsi quand l'espace de base B est un domaine d'holomorphie. Ce dernier résultat peut être utilisé pour le problème de Cousin généralisé, dans lequel on se donne un système cohérent de fonctions f_i, non plus holomorphes, mais méromorphes; cela revient à se donner, dans B, une famille de sous-variétés analytiques M_j, de dimension $n - 1$, affectées d'ordres de multiplicité p_j qui sont des entiers de signe quelconque; dans le langage de la géométrie algébrique, on se donne un "diviseur", combinaison linéaire, à coefficients entiers p_j, de sous-variétés analytiques de dimension $n - 1$. Une donnée de Cousin généralisée définit encore un espace fibré principal de base B et de groupe C^*; sa classe caractéristique $u \in H^2(B)$ est facile à interpréter à l'aide du cycle de dimension réelle $2n - 2$ défini par le diviseur. Lorsque B est un domaine d'holomorphie, la nullité de la classe d'homologie définie par le "diviseur" est nécessaire et suffisante pour que le problème de Cousin généralisé soit résoluble.

Le problème de Cousin dont nous venons de parler est appelé, par les spécialistes, "deuxième problème de Cousin". Le *premier* problème de Cousin consiste à chercher une fonction méromorphe dans B, dont la partie principale est donnée en chaque point de B. On voit facilement que la donnée de ces parties principales définit un espace fibré de base B, dont le groupe est cette fois le groupe *additif* C des nombres complexes. Un tel espace est toujours topologiquement trivial. La démonstration qu'a donnée Oka du fait que le premier problème de Cousin a toujours une solution quand B est un domaine d'holomorphie, prouve en réalité le théorème suivant: lorsque B est un domaine d'holomorphie, tout espace fibré de base B et de groupe C est analytiquement trivial.

Nous voudrions maintenant dire quelques mots des problèmes précédents dans le *cas où B est une variété compacte, kählérienne*. Alors, il n'est plus vrai qu'un espace fibré de base B et de groupe C soit toujours analytiquement trivial: un tel espace possède un invariant (de sa structure fibrée analytique-complexe), qui est un élément du premier groupe de cohomologie de B à coefficients réels; la nullité de cet invariant est nécessaire et suffisante pour que l'espace soit analytiquement trivial. Interprétons cet invariant lorsque la structure fibrée de groupe C provient de la donnée des parties principales d'une fonction méromorphe inconnue (premier problème de Cousin): il n'existe pas, en général, de fonction méromorphe f admettant ces parties principales; mais si on tolère une fonction f *multiforme*, on peut lui imposer de se reproduire augmentée d'une constante *réelle* par tout lacet dans B, et alors le problème a toujours une solution et une seule. Les "périodes" réelles de cette solution définissent l'invariant homologique cherché.

[15] Math. Ann. t. 117 (1941) pp. 727–657

Revenons au deuxième problème de Cousin généralisé, toujours dans le cas où B est une variété compacte kählérienne. Si on se donne un "diviseur", la nullité de l'élément $u \in H^2(B)$ qu'il définit assure seulement l'existence d'une fonction méromorphe *multiforme* admettant ce diviseur; on peut imposer à cette fonction d'être multipliée par une constante > 0 par tout lacet dans B. Si on tolère des multiplicateurs qui soient des constantes complexes, il n'est même plus nécessaire que u soit nul: dans ce cas, il faut et il suffit que l'intersection du "diviseur" avec tout cycle à 2 dimensions réelles soit nulle; et ce résultat vaut aussi bien lorsque B est une variété compacte kählérienne (A. Weil, Kodaira[16]) que lorsque B est un domaine d'holomorphie. Dans un cas comme dans l'autre, on peut astreindre les multiplicateurs à être des nombres complexes de valeur absolue égale à un; si B est kählérienne compacte, cette restriction entraîne l'unicité de la solution, à un facteur constant près.

Il resterait à parler du deuxième problème de Cousin dans le cas général où il n'existe même pas de solution non uniforme admettant des multiplicateurs constants. C'est le problème que l'on rencontre dans la théorie classique des *fonctions thêta* de n variables: B est alors le quotient de C^n par un sous-groupe Γ engendré par $2n$ éléments indépendants ("périodes"); étant donnée une fonction méromorphe dans $C^n = \tilde{B}$ et admettant les $2n$ périodes, les *pôles* d'une telle fonction définissent un "diviseur"; il est certain que l'élément $u \in H^2(B)$ défini par ce diviseur n'est pas nul (en vertu d'un théorème connu,[17] une sous-variété analytique d'une variété kählérienne compacte n'est jamais homologue à zéro). Mais il existe toujours une "fonction thêta" qui admette un diviseur arbitrairement donné: c'est une fonction holomorphe dans $\tilde{B}$ et qui, par tout lacet dans B, est multipliée par $e^{\varphi(z)}$, où φ est une fonction primitive d'une différentielle de première espèce de B (dans le cas présent, ceci implique que la fonction $\varphi(z)$ est linéaire dans l'espace C^n). Enoncé sous cette forme, ce résultat a été généralisé par Kodaira[16] à toutes les variétés compactes kählériennes, de la manière suivante: si l'élément du deuxième groupe de cohomologie *réel* défini par le "diviseur" est une somme de produits d'éléments du premier groupe de cohomologie, alors ce diviseur est celui d'une "fonction thêta généralisée".

Or il est remarquable que des fonctions analogues aient été considérées par Stein en 1941[18] dans le cas, fort différent, où B est un polycylindre de la forme

$$z_1 \in B_1, \cdots, z_n \in B_n.$$

L'invariant $u \in H^2(B)$ défini par une donnée de Cousin est alors caractérisé par la loi d'intersection du diviseur avec les produits $\gamma_j \times \gamma_k$ d'un cycle $\gamma_j \in H_1(B_j)$ et d'un cycle $\gamma_k \in H_1(B_k)$. Le résultat de Stein, que j'énonce pour simplifier dans le cas $n = 2$, est le suivant: le problème de Cousin possède une solution holomorphe

[16] A. Weil, *loc. cit.* en (11); K. Kodaira, Chapter V du cours de G. De Rham sur les intégrales harmoniques, Institute for Advanced Study, Princeton, 1950.

[17] Voir B. Eckmann et H. Guggenheimer, C. R. Acad. Sci. Paris t. 229 (4) (1949) pp. 577–579.

[18] Voir §4 du mémoire cité en 15.

$f(z_1, z_2)$, uniforme par rapport à z_1 (z_2 étant fixé), et qui, pour z_1 fixé, est multipliée par un facteur $f_\gamma(z_1)$ (holomorphe, uniforme, et $\neq 0$) quand z_2 décrit un cycle γ. De plus, Stein montre qu'il existe toujours une donnée de Cousin dont l'invariant $u \in H^2(B)$ soit un élément arbitrairement donné de $H^2(B)$, contrairement à ce qui se passe pour les fonctions thêta: dans le cas d'une fonction thêta, la loi d'intersection du diviseur qu'elle définit, avec les produits $\gamma_j \times \gamma_k$, donne naissance à une forme bilinéaire alternée à $2n$ variables réelles qui n'est pas quelconque, car elle doit être la partie imaginaire d'une forme quadratique hermitienne positive à n variables complexes.

Dans cet ordre d'idées, il se pose de nombreux problèmes que je ne puis même pas mentionner. Je serai heureux si j'ai réussi à vous montrer que de nouveaux domaines s'ouvrent aujourd'hui à la théorie des fonctions analytiques de plusieurs variables. Les résultats déjà obtenus sont encourageants, mais encore assez fragmentaires pour exciter notre curiosité. Dans les recherches qu'ils ne manqueront pas de susciter, l'algèbre moderne aussi bien que la topologie auront leur rôle à jouer. Ainsi s'affirmera, une fois de plus, l'unité de la mathématique.

University of Paris,
Paris, France.

40.

Sur une extension d'un théorème de Rado

Mathematische Annalen 125, 49–50 (1952)

Dans votre article intitulé »Modifikation komplexer Mannigfaltigkeiten und RIEMANNscher Gebiete« [Math. Ann. **124**, 1—16 (1951)], vous démontrez une extension à n variables (votre Satz 1, page 11) d'un théorème classique de Radó, dont P. THULLEN avait donné une démonstration à l'occasion de l'étude des singularités des sous-variétés analytiques complexes de dimension maximum [Math. Ann. **111**, 137—157 (1935)]. En énonçant votre théorème sous une forme voisine, on peut facilement ramener le cas de n variables à celui d'une seule, et traiter ce dernier sans se servir du théorème de Radó, mais en usant de considérations assez élémentaires de la théorie des fonctions sous-harmoniques d'une variable complexe. D'une façon précise, je vais démontrer ceci:

Théorème. — Soit $\mathfrak{G}$ *une variété analytique-complexe* („RIEMANNsches Gebiet" dans votre terminologie). *Soit g une fonction à valeurs complexes, définie dans $\mathfrak{G}$, et satisfaisant aux deux conditions suivantes;* a) *g est continue en tout point de $\mathfrak{G}$*; b) *g est holomorphe en tout point de $\mathfrak{G}$ où g est $\neq 0$. Alors g est holomorphe en tout point de $\mathfrak{G}$ sans exception.*

Lorsque la dimension n de $\mathfrak{G}$ est égale à un, le théorème de Radó résulte de celui-ci: il suffit, avec vos notations de la page 9, de poser $g(z) = f(z)$ pour $z \in \mathfrak{G}'$, $g(z) = 0$ pour $z \notin \mathfrak{G}'$, puis d'appliquer notre théorème à cette fonction g.

Notre théorème étant de nature locale, il suffit de faire la démonstration au voisinage de chaque point de $\mathfrak{G}$; on peut donc supposer que $\mathfrak{G}$ est un polycylindre

$$(1) \qquad |z_1| < 1, \ldots, |z_n| < 1$$

de l'espace de n variables complexes z_i. De plus, *il suffit de prouver le théorème pour* $n = 1$: en effet, supposons que g satisfasse aux conditions a) et b) dans le polycylindre (1); fixons toutes les variables sauf une, soit z_i; alors g devient une fonction de z_i qui, si notre théorème est vrai pour $n = 1$, est holomorphe dans le cercle $|z_i| < 1$. Ainsi g est holomorphe séparément par rapport à chaque variable, donc, en vertu d'un théorème classique de HARTOGS-OSGOOD[1]), est une fonction holomorphe des n variables complexes dans le polycylindre (1).

Il reste à démontrer le théorème dans le cas d'une seule variable complexe z. La fonction $u(z) = \log|g(z)|$ est *sous-harmonique;* car elle est continue (à valeurs $\geq -\infty$ et $< +\infty$), harmonique en tout point où $u(z)$ est fini, et, en chaque point z_0 de l'ensemble *fermé E* des points où g s'annule, sa valeur $-\infty$ est au plus égale à sa moyenne le long des circonférences de centre z_0 et de rayon assez petit. Alors, de deux choses l'une: ou bien $u(z)$ est identique

---

*) Auszug aus einem Briefe von Herrn HENRI CARTAN an H. BEHNKE und K. STEIN. Herr CARTAN gibt darin einen neuen einfachen Beweis einer Verallgemeinerung eines Satzes von TIBOR RADÓ, die (in etwas anderer Fassung) in der Arbeit: „Modifikation komplexer Mannigfaltigkeiten und RIEMANNscher Gebiete" benutzt wurde. Herr CARTAN hat seinen Beweis 1941 aufgestellt, jedoch bisher noch nicht veröffentlicht.

[1]) En réalité, on n'a même pas besoin de la partie fine du théorème de HARTOGS-OSGOOD, puisqu'on a supposé la fonction g continue.

à la constante $-\infty$, donc $g(z) \equiv 0$ (et le théorème est démontré dans ce cas); ou bien $u(z) \not\equiv -\infty$. Plaçons-nous désormais dans cette dernière hypothèse.

L'ensemble E des infinis de $u(z)$ est alors de *capacité nulle*, d'après un théorème classique. De plus, d'après un théorème de Lebesgue (voir par ex. Brelot, J. de Math. **19**, 319–337 (1940); voir théorème D, p. 334), chaque point z_0 de E est centre de circonférences de rayons arbitrairement petits, qui ne rencontrent pas E. Considérons la distribution μ de masses *positives* qui, d'après la théorie de F. Riesz, est attachée à la fonction sous-harmonique u; dans le langage des distributions de Schwartz, la »distribution« μ n'est autre que le laplacien de $\frac{1}{2\pi} u$:

$$\mu = \frac{1}{2\pi} \Delta u. \tag{2}$$

Les masses de μ sont *portées par* E, puisque u est harmonique en dehors de E. Si une courbe régulière fermée Γ ne rencontre pas E, le total des masses de μ qui sont situées à l'intérieur de Γ est égal à l'intégrale curviligne

$$\frac{1}{2\pi} \int_{\Gamma} \frac{\partial u}{\partial x} dy - \frac{\partial u}{\partial y} dx. \tag{3}$$

Comme ici $u(z) = \log|g(z)|$, cette intégrale est égale au quotient par 2π de la variation de l'argument de $g(z)$ le long de Γ, donc est *égale à un nombre entier*. Appliquons ce résultat à des circonférences de rayons de plus en plus petits, centrées en un point quelconque z_0; on voit que, sauf éventuellement une masse ponctuelle (entière) portée par le point z_0, la distribution μ ne comporte aucune masse dans un cercle assez petit de centre z_0. Ainsi μ se compose de masses ponctuelles, placées en des points isolés; et E est l'ensemble de ces points isolés. Puisque la fonction g est holomorphe en dehors de ces points, et bornée au voisinage de chacun d'eux, g est aussi holomorphe aux points de E, ce qui démontre notre théorème. On notera que si un point z_0 porte une masse égale à l'entier k, z_0 est un zéro d'ordre k de la fonction holomorphe g.

(Eingegangen am 31. Dezember 1951.)

41.

Variétés analytiques complexes et cohomologie

Colloque sur les fonctions de plusieurs variables, Bruxelles 41–55 (1953)

La théorie globale des idéaux de fonctions analytiques, due à K. Oka [**10**] et H. Cartan [**2**, **3**, **4**], vaut non seulement pour les domaines d'holomorphie, mais pour une classe plus vaste de variétés analytiques complexes introduite par K. Stein [**11**], et qui comprend notamment toutes les sous-variétés analytiques sans singularité, de dimension quelconque p, de l'espace numérique complexe de dimension quelconque $n > p$.

Les théorèmes fondamentaux de cette théorie se formulent bien dans le langage de la cohomologie, qui suggère des généralisations et fournit un outil commode en vue de l'exploitation des résultats. Dans cette conférence, nous exposerons d'abord les notions de base : celle de *faisceau*, et celle de *cohomologie* à coefficients dans un faisceau. Puis nous énoncerons les théorèmes fondamentaux. Enfin, nous ferons des applications à des problèmes globaux concernant les variétés de Stein; d'autres applications seront données dans la conférence de J.-P. Serre.

1. Faisceaux sur un espace topologique (1)

Soit X un espace topologique. Un *faisceau de groupes abéliens* sur X, ou simplement *faisceau*, est défini par la donnée :

(1) La notion de *faisceau* a été introduite par J. Leray à l'occasion de l'étude des propriétés homologiques d'une application continue. Voir J. Leray, *Journ. de Math. pures et appliquées*, **29**, 1950, pp. 1-139; c'est dans cet ouvrage que l'on trouve (bas de la page 75) une définition de la cohomologie à coefficients dans un faisceau, limitée à vrai dire au cas d'un espace X localement compact (et il s'agissait de la cohomologie « à supports compacts »). La définition des faisceaux adoptée ici est un peu différente; elle est due à Lazard et a été exposée dans mon *Séminaire polycopié* de l'E. N. S. 1950-1951, où la théorie de la cohomologie à coefficients dans un faisceau a été développée (exposés XIV à XX).

1° D'une fonction $x \longrightarrow \mathcal{F}_x$ qui, à chaque point $x \in X$, associe un groupe abélien $\mathcal{F}_x$ (qu'on notera additivement);

2° D'une topologie (non nécessairement séparée) dans la réunion $\mathcal{F}$ des ensembles $\mathcal{F}_x$.

Avant de formuler les axiomes auxquels ces données sont astreintes, notons p l'application de $\mathcal{F}$ sur X qui, à chaque $\alpha \in \mathcal{F}$, associe le point x tel que $\alpha \in \mathcal{F}_x$. On pose les deux axiomes :

(F_I) l'application $\alpha \longrightarrow -\alpha$ qui, à chaque $\alpha \in \mathcal{F}$, associe l'opposé de α dans le groupe $\mathcal{F}_{p(\alpha)}$, est une application continue de $\mathcal{F}$ dans $\mathcal{F}$. L'application $(\alpha, \beta) \longrightarrow \alpha + \beta$, définie sur l'ensemble $\mathcal{G}$ des couples (α, β) tels que $p(\alpha) = p(\beta)$, et qui associe à un tel couple la somme $\alpha + \beta$ dans le groupe $\mathcal{F}_{p(\alpha)}$, est une application continue de la partie $\mathcal{G}$ de $\mathcal{F} \times \mathcal{F}$ dans $\mathcal{F}$.

(F_{II}) l'application p est un *homéomorphisme local*, i.e.: tout élément $\alpha \in \mathcal{F}$ possède un voisinage ouvert V tel que la restriction de p à V soit un homéomorphisme de V sur un ouvert de X.

Si U est une partie de X, la collection des $\mathcal{F}_x$ pour $x \in U$, munie de la topologie induite par celle de $\mathcal{F}$, est évidemment un faisceau sur U ; on le notera $\mathcal{F}(U)$, et on l'appellera le faisceau *induit* par $\mathcal{F}$ sur U.

Exemple. — Soit G un groupe abélien. Soit $\mathcal{F}$ le produit $G \times X$, muni de la topologie-produit (G étant muni de la topologie discrète). Le sous-ensemble $\mathcal{F}_x$ des couples (g, x), où g parcourt G, est évidemment muni d'une structure de groupe abélien (isomorphe à G). On vérifie aussitôt les axiomes (F_I) et (F_{II}). Ce faisceau s'appelle le « faisceau constant » défini par G, et se note aussi G.

Soit $\mathcal{F}$ un faisceau quelconque sur X. On appelle *section* de $\mathcal{F}$ au-dessus d'un ouvert $U \subset X$ une application *continue* $s : U \longrightarrow \mathcal{F}$ telle que $p \circ s$ soit l'identité ; s est alors un homéomorphisme de U sur son image $s(U)$. L'axiome (F_{II}) implique ceci : si deux sections sont égales en un point $x \in U$, elles sont égales en tous points d'un voisinage de x. L'application s qui, à chaque $x \in U$, associe l'élément neutre $0_x \in \mathcal{F}_x$, est une section [en vertu de (F_I)]; on l'appelle la section nulle. L'ensemble $\Gamma(U, \mathcal{F})$ des sections de $\mathcal{F}$ au-dessus de U est muni d'une structure de groupe abélien, grâce à (F_I), et la section nulle est l'élément neutre de ce groupe.

Si U et V sont deux ouverts tels que $V \subset U$, toute section au-dessus de U induit une section au-dessus de V. Le groupe $\mathcal{F}_x$ est la limite inductive des groupes $\Gamma(U, \mathcal{F})$ relatifs aux voisinages ouverts U de x.

Dans la pratique, un faisceau sur X est souvent défini de la manière suivante : on se donne des groupes abéliens $\mathcal{F}_U$ attachés à certains ouverts $U \subset X$, formant un système fondamental d'ouverts de la topologie de X ; et, pour tout couple (U, V) tel que $V \subset U$, on se donne un homomorphisme $f_{VU} : \mathcal{F}_U \to \mathcal{F}_V$, de manière que, pour $W \subset V \subset U$, on ait $f_{WU} = f_{WV} \circ f_{VU}$. On prend alors pour $\mathcal{F}_x$ la limite inductive des $\mathcal{F}_U$ pour les ouverts U contenant x ; et, sur la réunion $\mathcal{F}$ des $\mathcal{F}_x$, on définit la topologie $\mathcal{T}$ que voici : pour tout ouvert U et tout $\alpha \in \mathcal{F}_U$, soit $[\alpha]$ l'ensemble des images de α dans les $\mathcal{F}_x$ associés aux points $x \in U$; par définition, les sous-ensembles $[\alpha]$ de $\mathcal{F}$ constituent un système fondamental d'ouverts de la topologie $\mathcal{T}$. Les axiomes (F_I) et (F_{II}) sont satisfaits. On a un homomorphisme évident : $\mathcal{F}_U \to \Gamma(U, \mathcal{F})$, mais ce n'est pas nécessairement un isomorphisme. Deux modes de définition distincts peuvent ainsi définir un même faisceau. Pour que l'homomorphisme $\mathcal{F}_U \to \Gamma(U, \mathcal{F})$ soit un *isomorphisme*, il faut et il suffit que, pour tout système d'ouverts U_i de réunion U, et tout système d'éléments $\alpha_i \in \mathcal{F}_{U_i}$ tels que α_i et α_j aient même image dans $\mathcal{F}_{U_i \cap U_j}$, il existe un $\alpha \in \mathcal{F}_U$ et un seul, tel que $f_{U_i U}(\alpha) = \alpha_i$ pour tout i.

Exemple. — Soit $\mathcal{F}_U$ le groupe additif des fonctions numériques réelles (resp. complexes) définies et continues dans U. Si $V \subset U$, l'homomorphisme $\mathcal{F}_U \to \mathcal{F}_V$ sera celui qui associe à une fonction définie sur U sa restriction à V. Alors $\mathcal{F}_x$ est le groupe additif des *germes de fonctions continues* au point x; et $\mathcal{F}$ s'appelle le faisceau des germes de fonctions continues réelles (resp. complexes). $\mathcal{F}_U$ est isomorphe au groupe des sections de $\mathcal{F}$ au-dessus de U.

Remarque. — On a défini des faisceaux de groupes abéliens; mais il est clair que des définitions analogues peuvent être données pour n'importe quelle structure algébrique.

2. Sous-faisceau, homomorphisme, faisceau-quotient

Soit $\mathcal{F}$ un faisceau sur X. Soit $\mathcal{G}$ un sous-ensemble de $\mathcal{F}$, tel que, pour tout $x \in X$, $\mathcal{G} \cap \mathcal{F}_x = \mathcal{G}_x$ soit un *sous-groupe* de $\mathcal{F}_x$. Pour que $\mathcal{G}$, pour la topologie induite par celle de $\mathcal{F}$, soit un faisceau, il faut et il suffit que $\mathcal{G}$ soit *ouvert* dans $\mathcal{F}$ [voir la condition (F_{II})]. On dit alors que $\mathcal{G}$ est un *sous-faisceau* de $\mathcal{F}$.

Soient $\mathcal{F}$ et $\mathcal{F}'$ deux faisceaux sur un même espace X. On appelle homomorphisme de $\mathcal{F}$ dans $\mathcal{F}'$ une application *continue* f de $\mathcal{F}$ dans $\mathcal{F}'$ telle que la restriction f_x de f à $\mathcal{F}_x$ soit un homomorphisme du groupe $\mathcal{F}_x$ dans le groupe $\mathcal{F}_x'$. L'image réciproque de la section nulle de $\mathcal{F}'$ (section qui est un ouvert de $\mathcal{F}'$) est un sous-faisceau $\mathcal{G}$ de $\mathcal{F}$, appelé *noyau* de l'homomorphisme f ; pour chaque $x \in X$, $\mathcal{G}_x$ est le noyau de f_x. D'autre part, f est une application ouverte ; donc l'image de $\mathcal{F}$ dans $\mathcal{F}'$ est un sous-faisceau $\mathcal{G}'$ de $\mathcal{F}'$, appelé l'*image* de l'homomorphisme f ; $\mathcal{G}_x'$ est l'image de f_x.

Il est clair que tout homomorphisme $f : \mathcal{F} \longrightarrow \mathcal{F}'$ définit, pour chaque ouvert $U \subset X$, un homomorphisme des groupes de sections $\Gamma(U, \mathcal{F}) \longrightarrow \Gamma(U, \mathcal{F}')$.

Soit $\mathcal{G}$ un sous-faisceau d'un faisceau $\mathcal{F}$. Définissons un *faisceau-quotient* comme suit : soit $\mathcal{H}_x$ le groupe quotient $\mathcal{F}_x/\mathcal{G}_x$. Si $\mathcal{H}$ désigne la réunion des $\mathcal{H}_x$, les applications $\mathcal{F}_x \longrightarrow \mathcal{H}_x$ définissent une application de $\mathcal{F}$ sur $\mathcal{H}$, qui identifie $\mathcal{H}$ à un quotient de $\mathcal{F}$. On munit $\mathcal{H}$ de la topologie quotient, ce qui définit $\mathcal{H}$ comme faisceau. Ce faisceau est noté $\mathcal{F}/\mathcal{G}$. L'application $\mathcal{F} \longrightarrow \mathcal{F}/\mathcal{G}$ est un homomorphisme, dont le noyau est le faisceau $\mathcal{G}$. Cherchons les sections du faisceau-quotient $\mathcal{F}/\mathcal{G}$ au-dessus de X : si $s \in \Gamma(X, \mathcal{F}/\mathcal{G})$, tout point $x \in X$ possède un voisinage ouvert U tel que la section induite par s dans U soit l'image d'un élément de $\Gamma(U, \mathcal{F})$. Ainsi X peut être recouvert par des ouverts U_i, et dans chaque U_i on a un élément $s_i \in \Gamma(U_i, \mathcal{F})$ de manière que, dans $U_i \cap U_j$, $s_i - s_j$ soit une section du sous-faisceau $\mathcal{G}$. En général, une section de $\mathcal{F}/\mathcal{G}$ au-dessus de X n'est l'image d'aucune section de $\mathcal{F}$ au-dessus de X. Ainsi, la suite de groupes et d'homomorphismes

$$0 \rightarrow \Gamma(X, \mathcal{G}) \rightarrow \Gamma(X, \mathcal{F}) \xrightarrow{\varphi} \Gamma(X, \mathcal{F}/\mathcal{G})$$

est évidemment une *suite exacte* (i.e.: l'image de chaque homomorphisme est le noyau de l'homomorphisme suivant), mais l'homomorphisme φ n'est pas un épimorphisme [2], en général.

3. Cohomologie à coefficients dans un faisceau

Soit $\mathcal{F}$ un faisceau sur un espace topologique X. On va définir, pour tout entier $q \geqslant 0$, un groupe de cohomologie $H^q(X, \mathcal{F})$. Pour tout recouvrement $\mathcal{R}$ de X par des ouverts

[2] Un homomorphisme $\varphi : A \longrightarrow B$ de groupes abéliens (ou plus généralement de modules) s'appelle un *épimorphisme* si φ *applique* A *sur* B. Rappelons aussi la définition du *conoyau* de φ : c'est le quotient de B par l'image $\varphi(A)$. Définitions analogues pour les homomorphismes de faisceaux.

U_i, considérons ce qui suit : pour tout entier $q \geqslant 0$, nous posons $q+1=p$, et nous associons à chaque suite de p indices $i_1, \ldots, i_p$ un élément $f_{i_1 \ldots i_p} \in \Gamma(U_{i_1} \cap \ldots \cap U_{i_p}, \mathcal{F})$, zéro si $U_{i_1} \cap \ldots \cap U_{i_p}$ est vide; et l'on suppose que $f_{i_1 \ldots i_p}$ est une fonction *alternée* des indices (en particulier, est nulle si les indices ne sont pas tous distincts). On obtient ainsi le groupe additif des « cochaînes alternées » du recouvrement $\mathcal{R}$, de degré $q=p-1$, relatives au faisceau $\mathcal{F}$. On définit dans ce groupe un opérateur « cobord » à la manière habituelle; il augmente le degré de 1. D'où un groupe de cohomologie $H^q(\mathcal{R}, \mathcal{F})$. Si un recouvrement $\mathcal{R}'$ est plus fin que $\mathcal{R}$, on a un homomorphisme naturel, unique, de $H^q(\mathcal{R}, \mathcal{F})$ dans $H^q(\mathcal{R}', \mathcal{F})$. On peut donc considérer la limite inductive des $H^q(\mathcal{R}, \mathcal{F})$ relatifs à tous les recouvrements ouverts $\mathcal{R}$; c'est par définition, le groupe $H^q(X, \mathcal{F})$. On notera que $H^0(X, \mathcal{F})$ s'identifie canoniquement au groupe des sections $\Gamma(X, \mathcal{F})$.

Tout homomorphisme de faisceaux $\mathcal{F} \longrightarrow \mathcal{F}'$ définit évidemment des homomorphismes $H^q(X, \mathcal{F}) \longrightarrow H^q(X, \mathcal{F}')$. De plus, soit $\mathcal{G}$ un sous-faisceau de $\mathcal{F}$; on peut définir des homomorphismes naturels

$$\delta^q : H^q(X, \mathcal{F}/\mathcal{G}) \longrightarrow H^{q+1}(H, \mathcal{G}),$$

tout au moins lorsque X est paracompact.

Donnons par exemple la définition de δ^0 : on a vu (§ 2) qu'un élément $\alpha \in H^0(X, \mathcal{F}/\mathcal{G})$ peut être défini par des sections $s_i \in H^0(U_i, \mathcal{F})$ au-dessus des ouverts U_i d'un recouvrement convenable $\mathcal{R}$ de X ; et que $s_i - s_j \in H^0(U_i \cap U_j, \mathcal{G})$. Posons alors $s_i - s_j = f_{ij}$. Les f_{ij} définissent un cocycle (alterné) de degré 1, donc un élément de $H^1(\mathcal{R}, \mathcal{G})$, donc un élément $\beta \in H^1(X, \mathcal{G})$. On vérifie facilement que cet élément β est univoquement déterminé par α, c'est-à-dire est indépendant du choix du recouvrement $\mathcal{R}$ et des sections s_i. Par définition, $\delta^0(\alpha)=\beta$. Pour $q>0$, la définition de δ^q est analogue, mais un peu plus compliquée.

La propriété fondamentale de la cohomologie est la suivante [3] : l'espace X étant supposé paracompact, si $\mathcal{G}$ est un sous-faisceau d'un faisceau $\mathcal{F}$, *la suite illimitée de groupes abéliens et d'homomorphismes*

$$0 \to H^0(X, \mathcal{G}) \to H^0(X, \mathcal{F}) \to H^0(X, \mathcal{F}/\mathcal{G}) \xrightarrow{\delta^0} H^1(X, \mathcal{G}) \to \ldots$$

$$\to H^q(X, \mathcal{G}) \to H^q(X, \mathcal{F}) \to H^q(X, \mathcal{F}/\mathcal{G}) \xrightarrow{\delta^q} H^{q+1}(X, \mathcal{G}) \to \ldots$$

est une suite exacte.

(3) Voir mon *Séminaire* 1950-1951 cité en note 1, où la propriété de « suite exacte » était posée comme l'un des axiomes d'une théorie axiomatique de la cohomologie à coefficients dans un faisceau.

Le début de cette suite coïncide avec la suite

$$0 \to \Gamma(X, \mathcal{G}) \to \Gamma(X, \mathcal{F}) \to \Gamma(X, \mathcal{F}/\mathcal{G})$$

considérée à la fin du § 2. Il en résulte ceci : pour que $\Gamma(X, \mathcal{F}) \to \Gamma(X, \mathcal{F}/\mathcal{G})$ soit un épimorphisme ([2]), il suffit que $H^1(X, \mathcal{G}) = 0$.

4. Variétés analytiques complexes ; problème additif de Cousin

La définition bien connue d'une variété analytique-complexe de dimension (complexe) n, (donc de dimension réelle $2n$), peut se formuler en termes de faisceaux, comme suit : sur l'espace X, supposé séparé, on se donne un sous-faisceau $\mathcal{O}$ du faisceau $\mathcal{F}$ des germes de fonctions continues complexes (§ 1), et on lui impose l'axiome suivant :

(VA) pour chaque point $x \in X$, il existe un ouvert U contenant x, et n sections f_i de $\mathcal{O}$ au-dessus de U, nulles au points x, telles que : 1° les f_i définissent un homéomorphisme de U sur un ouvert de l'espace numérique complexe C^n, de dimension (complexe) n ; 2° les éléments de $\mathcal{O}_x$ soient exactement les fonctions composées $F(f_1, \ldots, f_n)$, où F est holomorphe à l'origine (dans C^n).

Les systèmes de n sections f_i jouissant de ces propriétés s'appellent systèmes de *coordonnées locales* au point x. Le faisceau $\mathcal{O}$ s'appelle le faisceau des *germes de fonctions holomorphes* ; les sections de $\mathcal{O}$ au-dessus d'un ouvert U sont les *fonctions holomorphes* dans U. On note $\mathcal{O}(U)$ le faisceau induit sur un ouvert U. On observe que $\mathcal{O}_x$ est un anneau d'intégrité.

Sur une variété analytique-complexe X, définissons le faisceau $\mathcal{M}$ des *germes de fonctions méromorphes* : $\mathcal{M}_x$ est défini comme le corps des fractions de l'anneau d'intégrité $\mathcal{O}_x$; sur la réunion $\mathcal{M}$ des $\mathcal{M}_x$, on définit la topologie suivante : pour tout couple de fonctions holomorphes f, g dans un ouvert U, tel que g n'induise la constante 0 dans aucun sous-ensemble ouvert non vide de U, soit $[f, g]$ l'ensemble des $f_x/g_x \in \mathcal{M}_x$ pour $x \in U$ (en notant f_x, resp. g_x, l'image de f, resp. g, dans $\mathcal{O}_x$); les ensembles $[f, g]$ constituent, par définition, une famille fondamentale d'ouverts de la topologie de $\mathcal{M}$. Une « fonction méromorphe » dans un ouvert U est, par définition, une section de $\mathcal{M}$ au-dessus de U.

Il est clair que $\mathcal{O}$ est un sous-faisceau de $\mathcal{M}$. Interprétons le faisceau-quotient $\mathcal{M}/\mathcal{O}$: si $m \in \mathcal{M}_x$, la classe de m dans $\mathcal{M}_x/\mathcal{O}_x$ s'appelle la *partie principale* de m. Une section de

$\mathcal{M}/\mathcal{O}$ s'appelle un *système de parties principales*. Considérons l'homomorphisme $\varphi : \Gamma(X, \mathcal{M}) \longrightarrow \Gamma(X, \mathcal{M}/\mathcal{O})$; à chaque fonction méromorphe dans X, φ associe un système de parties principales. Le classique *problème additif de Cousin* (ou premier problème de Cousin) (4) consiste à caractériser, parmi les systèmes de parties principales dans X, ceux qui proviennent d'une fonction méromorphe dans X ; autrement dit, à caractériser l'image de l'homomorphisme φ. Dire que le problème de Cousin est toujours résoluble, c'est dire que φ est un épimorphisme.

En vertu de la suite exacte de cohomologie (§ 3), la condition $H^1(X, \mathcal{O}) = 0$ est *suffisante* pour que le problème additif de Cousin soit toujours résoluble. Nous verrons qu'il en est notamment ainsi lorsque X est une « variété de Stein » (§ 7, théorème B). Avant d'énoncer des théorèmes généraux, affirmant que certains groupes de cohomologie $H^q(X, \mathcal{F})$ sont nuls dans certaines conditions, il nous faut définir une nouvelle notion : celle de « faisceau analytique cohérent ».

5. Faisceaux analytiques cohérents

Soit X une variété analytique-complexe. Un *faisceau analytique* est un faisceau $\mathcal{F}$ tel que, pour chaque point x, $\mathcal{F}_x$ soit muni d'une structure de *module* sur l'anneau $\mathcal{O}_x$ (anneau des germes de fonctions holomorphes au point x), et cela de manière que l'application $(f, \alpha) \longrightarrow f\alpha$, définie sur l'ensemble $\mathcal{G}$ des couples (f, α) tels qu'il existe $x \in X$ avec $f \in \mathcal{O}_x$ et $\alpha \in \mathcal{F}_x$, soit une application *continue* de $\mathcal{G} \subset \mathcal{O} \times \mathcal{F}$ dans $\mathcal{F}$.

Exemple. — Soit $\mathcal{O}^p$ la somme directe de p exemplaires du faisceau $\mathcal{O}$; un élément de $\mathcal{O}_x^p$ est une suite $(f_1, \ldots, f_p)$ de p germes de fonctions holomorphes au point x. Faisons opérer $\mathcal{O}_x$ dans $\mathcal{O}_x^p$ par la formule

$$f \cdot (f_1, \ldots, f_p) = (ff_1, \ldots, ff_p) ;$$

ceci définit $\mathcal{O}^p$ comme faisceau analytique.

Autre exemple. — Soit un sous-faisceau $\mathcal{I}$ de $\mathcal{O}$ tel que, pour chaque point x, $\mathcal{I}_x$ soit un *idéal* de l'anneau $\mathcal{O}_x$; alors $\mathcal{I}$ est un faisceau analytique.

Soient $\mathcal{F}$ et $\mathcal{F}'$ deux faisceaux analytiques sur X. Un homomorphisme de faisceaux $f : \mathcal{F} \longrightarrow \mathcal{F}'$ est dit *analytique* si, pour chaque point x, l'homomorphisme $f_x : \mathcal{F}_x \longrightarrow \mathcal{F}_x'$ est

(4) Cf. [7]. Les problèmes de Cousin ont donné lieu à une abondante littérature; bornons-nous à renvoyer à [**9**].

compatible avec les opérations de $\mathcal{O}_x$. Le noyau, l'image et le conoyau de f sont alors des faisceaux analytiques.

Définition. — On dit qu'un faisceau analytique $\mathcal{F}$ sur X est *cohérent* ([5]) si chaque $x \in$ X possède un voisinage ouvert U tel que le faisceau analytique induit $\mathcal{F}$(U) soit isomorphe au conoyau d'un homomorphisme analytique $f: \mathcal{O}^p(U) \to \mathcal{O}^q(U)$ (p et q entiers).

En particulier, nous dirons qu'un faisceau analytique est *localement libre* si chaque $x \in$ X possède un voisinage ouvert U tel que le faisceau induit $\mathcal{F}$(U) soit isomorphe à $\mathcal{O}^q(U)$ pour un entier q convenable. Alors, tout faisceau localement libre est cohérent.

On démontre ceci : *soient $\mathcal{F}$ et $\mathcal{F}'$ deux faisceaux analytiques cohérents, et f un homomorphisme analytique de $\mathcal{F}$ dans $\mathcal{F}'$. Alors le noyau, l'image et le conoyau de f sont des faisceaux cohérents.* La démonstration repose essentiellement sur le théorème d'Oka ([6]), qui affirme ceci : pour tout homomorphisme analytique $f: \mathcal{O}^p(X) \to \mathcal{O}^q(X)$, chaque point $x \in$ X possède un voisinage ouvert U tel que le noyau de l'homomorphisme induit $\mathcal{O}^p(U) \to \mathcal{O}^q(U)$ soit l'image d'un homomorphisme analytique $\mathcal{O}^r(U) \to \mathcal{O}^p(U)$.

On notera une condition nécessaire et suffisante pour qu'un sous-faisceau analytique $\mathcal{G}$ d'un faisceau analytique cohérent $\mathcal{F}$ soit cohérent : c'est que, pour chaque $x \in$ X, il existe un voisinage ouvert U de x et un nombre fini de sections de $\mathcal{F}$ au-dessus de U, telles que, pour tout $y \in$ U, $\mathcal{G}_y$ soit le sous-$\mathcal{O}_y$-module de $\mathcal{F}_y$ engendré par ces sections. Ce critère s'applique notamment lorsque $\mathcal{F} = \mathcal{O}^q$, et plus particulièrement lorsque $\mathcal{F} = \mathcal{O}$; dans ce dernier cas, $\mathcal{G}_x$ est un idéal de $\mathcal{O}_x$, et l'on a un *faisceau cohérent d'idéaux*.

Exemple de faisceau cohérent d'idéaux. — Soit X une variété analytique-complexe. On appelle *sous-variété analytique* de X tout sous-ensemble fermé V de X tel que, pour chaque $x \in$ V, il existe un voisinage ouvert U de x et un nombre fini de f_i holomorphes dans U, telles que $y \in V \cap U$ soit équivalent à « $y \in$ U et $f_i(y) = 0$ ». Un point $x \in$ V est dit *régulier* s'il existe au voisinage de x, dans la variété ambiante X, un système de coordonnées locales $x_1, \ldots, x_n$ nulles au point x, et telles que V soit localement définie (au voisinage

([5]) Cette définition est plus générale que celle donnée dans [3] et [4]; dans les cas plus particuliers envisagés dans [3] et [4], les définitions coïncident.

([6]) Voir [10], pp. 18 et suiv.; voir aussi [4], p. 37, théorème 1; et [5], exposé XV, pp. 5-10.

de x) par l'annulation de certaines de ces coordonnées. Quand tous les points de V sont réguliers, on dit que V est *régulièrement plongée* dans X. Ces définitions étant posées, soit V une sous-variété analytique de X ; elle définit un faisceau d'idéaux sur X comme suit : en un point $x \in V$, on prend l'idéal $\mathfrak{I}_x$ de $\mathcal{O}_x$ formé des germes qui s'annulent identiquement sur V au voisinage de x, et en un point $x \notin V$, on prend $\mathfrak{I}_x = \mathcal{O}_x$. On démontre (⁷) que ce faisceau $\mathfrak{I}$ (appelé le faisceau de la sous-variété V) est *cohérent* ; c'est évident lorsque V est régulièrement plongée, mais c'est vrai dans tous les cas.

6. Variétés de Stein

Une variété de Stein est, en gros, une variété analytique-complexe sur laquelle il y a suffisamment de fonctions holomorphes. D'une façon précise, c'est une variété analytique-complexe X (connexe ou non), réunion dénombrable de compacts, qui satisfait aux trois conditions suivantes :

(*a*) Si $x \in X$, $y \in X$ et $x \neq y$, il existe une fonction f holomorphe dans X, telle que $f(x) \neq f(y)$;

(*b*) Pour tout $x \in X$, il existe n fonctions holomorphes dans X qui induisent, dans l'anneau $\mathcal{O}_x$, un système de coordonnées locales au point x (n désigne la dimension complexe de X) ;

(*c*) L'*enveloppe* $\hat{K}$ de tout compact $K \subset X$ est compacte.

Rappelons la définition de l'enveloppe d'un compact K : c'est l'ensemble $\hat{K}$ des points $x \in X$ tels que

$$|f(x)| \leqq \sup_{y \in K} |f(y)|$$

pour toute f holomorphe dans X.

On montre (en utilisant le théorème de Baire) que la condition (*c*) équivaut à la suivante :

(*c'*) Pour toute suite infinie S de points de X, sans point adhérent dans X, il existe une fonction holomorphe dans X et *non bornée* sur S.

Exemples

1. La condition (*a*) montre qu'une variété *compacte* X de dimension $n > 0$ n'est jamais une variété de Stein.

2. Pour $n = 1$, toute « surface de Riemann » connexe,

(⁷) Voir [**4**], théorème 2 ; et [**5**], exposé XVI.

non compacte, est une variété de Stein : cela résulte d'un mémoire de Behnke et Stein [**1**].

3. Soit X un ouvert de l'espace numérique complexe C^n. Les conditions (*a*) et (*b*) sont trivialement vérifiées; la condition (*c*) exprime que X est un *domaine d'holomorphie* (cf. [**6**]).

4. Soit X un « domaine étalé » dans C^n, c'est-à-dire une variété munie d'une application φ dans C^n, φ étant un homéomorphisme local. La condition (*b*) est trivialement vérifiée; les conditions (*a*) et (*c*) entraînent que X est un domaine d'holomorphie. Réciproquement, tout domaine d'holomorphie (étalé dans C^n) est-il une variété de Stein ? La réponse est affirmative ([8]) lorsque X est « de type fini » (i.e.: s'il est impossible de trouver dans C^n un disque ouvert A et, dans X, une infinité d'ouverts que φ applique homéomorphiquement sur A). La question reste ouverte dans le cas général.

5. Le produit $X \times Y$ de deux variétés de Stein est évidemment une variété de Stein.

6. Soient X une variété de Stein, et V une sous-variété analytique régulièrement plongée dans X (cf. § 5). Alors V est une variété de Stein : cela résulte aussitôt des définitions. Ainsi, toute sous-variété analytique régulièrement plongée dans C^n est une variété de Stein ; plus particulièrement, toute variété algébrique affine est une variété de Stein.

7. Soient X une variété de Stein, et g une fonction holomorphe dans X, non identiquement nulle. L'ensemble Y des points $x \in X$ tels que $g(x) \not\equiv 0$ est une variété de Stein : pour vérifier que Y satisfait à la condition (*c*), on observe que $1/g$ est holomorphe dans Y ([9]). Par exemple, la variété du groupe linéaire complexe à r variables est une variété de Stein; donc la variété de tout sous-groupe fermé du groupe linéaire complexe est une variété de Stein.

([8]) Cf. [**6**], et aussi [**5**], exposé IX.

([9]) On a un résultat plus général : si d'une variété de Stein on enlève un « diviseur » D (c'est-à-dire une sous-variété analytique de X qui, au voisinage de chaque point $x \in D$, peut être définie par une seule équation $g_x = 0$, g_x étant holomorphe au point x et $\not\equiv 0$), *la variété restante* X — D *est une variété de Stein*. Tout revient à prouver ceci : pour tout $x \in D$ il existe une fonction méromorphe f dans X, holomorphe dans X — D, et telle que $g_x f$ soit holomorphe et $\neq 0$ au point x. L'existence d'une telle f résulte du théorème A (§ 7 ci-dessous), appliqué au sous-faisceau $\mathfrak{F}$ du faisceau $\mathfrak{M}$ des germes de fonctions méromorphes, défini comme suit : $\mathfrak{F}_x = \mathcal{O}_x$ si $x \notin D$; si $x \in D$, $\mathfrak{F}_x$ se compose des $\varphi \in \mathfrak{M}_x$ telles que $g_x \varphi$ soit holomorphe. Ce faisceau est cohérent. La démonstration qui vient d'être esquissée est due à J.-P. Serre.

7. Enoncé des théorèmes fondamentaux

Théorème A. — *Soient* X *une variété de Stein, et* $\mathcal{F}$ *un faisceau analytique cohérent sur* X. *Alors, pour tout point* $x \in X$, *l'image de* $H^0(X, \mathcal{F})$ *dans* $\mathcal{F}_x$ *engendre* $\mathcal{F}_x$ *pour sa structure de* $\mathcal{O}_x$*-module.*

Théorème B. — *Soient* X *une variété de Stein, et* $\mathcal{F}$ *un faisceau analytique cohérent sur* X. *Alors, pour tout entier* $q > 0$, *les groupes de cohomologie* $H^q(X, \mathcal{F})$ *sont nuls.*

La démonstration est trop longue et délicate pour pouvoir être donnée ici ([10]). La démonstration du théorème A, et celle du théorème B pour le cas $q = 1$, constituaient en fait l'objectif essentiel du mémoire [**4**], au moins dans le cas où X est un domaine d'holomorphie de type fini, et $\mathcal{F}$ un sous-faisceau cohérent de $\mathcal{O}^q(X)$. Les raisonnements se transposent sans difficulté au cas général d'une variété de Stein. La formulation cohomologique du théorème B, et l'idée d'étudier non seulement le cas $q = 1$, mais le cas $q > 0$ quelconque, sont dues à J.-P. Serre.

8. Applications

Théorème 1 ([11]). — *Sur une variété de Stein* X, *le problème additif de Cousin est toujours résoluble.*

En effet, d'après le théorème B, on a $H^1(X, \mathcal{O}) = 0$.

Théorème 2. — *Soient* X *une variété de Stein,* V *une sous-variété analytique de* X, $\mathcal{I}$ *le faisceau d'idéaux défini par* V (§ 5). *Alors les fonctions holomorphes dans* X *qui s'annulent en tout point de* V, *engendrent, en chaque point* $x \in X$, *l'idéal* $\mathcal{I}_x$.

En effet, $\mathcal{I}$ est un faisceau cohérent, auquel on applique le théorème A.

Corollaire. — Si $x \notin V$, il existe une fonction f holomorphe dans X, nulle sur V, et telle que $f(x) \neq 0$. Autrement dit : la sous-variété V peut être globalement définie par des équations (obtenues en égalant à 0 des fonctions holomorphes dans X). De plus : pour tout ouvert U de X, relativement com-

([10]) Une démontration complète a été donnée dans [**5**], exposé XIX.

([11]) Démontré pour la première fois par Oka [**9**] dans le cas où X est un domaine d'holomorphie univalent.

pact, il existe un nombre *fini* de f_i holomorphes dans X, nulles sur V, et n'ayant pas, dans U, d'autre zéro commun que les points de V ∈ U.

THÉORÈME 3. — *Soient* X *une variété de Stein, et* V *une sous-variété analytique régulièrement plongée dans* X. *Alors toute fonction holomorphe sur la variété analytique-complexe* V *est induite par une fonction holomorphe sur* X.

En effet, soit $\mathcal{J}$ le faisceau d'idéaux défini par V. D'après le théorème B, on a $H^1(X, \mathcal{J})=0$, donc

$$H^0(X, \mathcal{O}) \to H^0(X, \mathcal{O}/\mathcal{J}) \quad (1)$$

est un *épimorphisme*. Or $\mathcal{O}_x/\mathcal{J}_x$ est nul si $x \notin V$; si $x \in X$, $\mathcal{O}_x/\mathcal{J}_x$ s'identifie à l'anneau des germes de fonctions holomorphes sur V au point x, parce que le point x est régulier pour V. Donc $H^0(X, \mathcal{O}/\mathcal{J})$ s'identifie à l'anneau des fonctions holomorphes sur V, et (1) est l'homomorphisme qui, à chaque fonction holomorphe sur X, associe la fonction qu'elle induit sur V. D'où le théorème.

Considérons le cas particulier où V est un sous-ensemble infini discret de X : si X est une variété de Stein, le théorème 3 montre qu'il existe une f holomorphe sur X et *prenant des valeurs arbitrairement données aux points de* V. Cette propriété renforce évidemment les conditions (a) et (c') des variétés de Stein. Plus généralement :

A chaque point x d'un ensemble discret A, associons un entier $r(x)$. Pour $x \in A$, soit $\mathcal{J}_x$ l'idéal de $\mathcal{O}_x$ formé des germes dont le développement de Taylor, au point x, n'a pas de terme de degré $\leqslant r(x)$; pour $x \subset A$, prenons $\mathcal{J}_x = \mathcal{O}_x$. Il est immédiat que le faisceau $\mathcal{J}$ des $\mathcal{J}_x$ est cohérent. Si $x \notin A$, un élément de $\mathcal{O}_x/\mathcal{J}_x$ est un « développement limité d'ordre $r(x)$ ». On peut alors énoncer :

THÉORÈME 4. — *Si* X *est une variété de Stein, il existe une fonction holomorphe dans* X *et admettant, en chaque point* $x \in A$, *un développement limité arbitrairement donné* (et d'ordre $r(x)$ arbitraire).

En effet, se donner un tel système de développements limités, c'est se donner un élément de $H^0(X, \mathcal{O}/\mathcal{J})$. Or l'homomorphisme

$$H^0(X, \mathcal{O}) \to H^0(X, \mathcal{O}/\mathcal{J})$$

est un épimorphisme, puisque $H^1(X, \mathcal{J})=0$ en vertu du théorème B.

Le théorème 4, appliqué au cas où A possède un seul point, renforce la propriété (b) de la définition des variétés de Stein.

Remarque (due à J.-P. Serre). — Pour qu'une variété analytique-complexe X, réunion dénombrable de compacts, soit une variété de Stein, il faut et il suffit que X satisfasse à la condition :

(S) pour tout faisceau cohérent d'idéaux $\mathcal{J}$, on a $H^1(X, \mathcal{J}) = 0$.

La condition est nécessaire, d'après le théorème B. Elle est suffisante, car (S) entraîne la validité de la conclusion du théorème 4, et ceci entraîne que X satisfait aux conditions (a), (b) et (c').

THÉORÈME 5. — *Soient* X *une variété de Stein, et* $\mathcal{F}$ *un faisceau analytique cohérent. Si des sections* $u_i \in H^0(X, \mathcal{F})$ *en nombre fini sont telles que, pour tout* $x \in X$, *le* $\mathcal{O}_x$*-module* $\mathcal{F}_x$ *soit engendré par les images des* u_i *dans* $\mathcal{F}_x$*, alors les* u_i *engendrent* $H^0(X, \mathcal{F})$ *pour sa structure de module sur l'anneau* $H^0(X, \mathcal{O})$ *des fonctions holomorphes sur* X.

En effet, soit p le nombre des u_i ; les u_i définissent un homomorphisme analytique de faisceaux : $\mathcal{O}^p \longrightarrow \mathcal{F}$. Par hypothèse, c'est un épimorphisme. Or son noyau est un faisceau cohérent; donc, d'après le théorème B, $H^0(X, \mathcal{O}^p) \longrightarrow H^0(X, \mathcal{F})$ est un épimorphisme, et ceci démontre le théorème.

Exemple. — Prenons $\mathcal{F} = \mathcal{O}$. Dire que l'idéal de $\mathcal{O}_x$ engendré par les $u_i \in H^0(X, \mathcal{O})$ est $\mathcal{O}_x$, c'est dire que les fonctions holomorphes u_i n'ont aucun zéro commun dans X. Le théorème 5 affirme alors qu'il existe une identité de la forme

$$1 = \Sigma\, c_i u_i \tag{2}$$

à coefficients c_i holomorphes dans X ([12]). Ce résultat vaut notamment quand X est un ouvert de C^n et est domaine d'holomorphie. Montrons qu'il est en défaut quand X, ouvert de C^n, *n'est pas* un domaine d'holomorphie : il existe alors un point a de la frontière de X, tel que toute fonction holomorphe dans X se prolonge en une fonction holomorphe dans un ouvert $Y \supset X$ tel que $a \in Y$. Prenons $u_i = x_i - a_i$ (x_i : coordonnées complexes d'un point de C^n ; a_i : coordonnées du point a). Les u_i n'ont pas de zéro commun dans X, mais il n'y a pas d'identité telle que (2), car les c_i, étant holomorphes dans X, le seraient au point a ; or la relation (2) ne peut être vérifiée au point a.

9. Extensions diverses ; problèmes non résolus

Le problème additif de Cousin peut être résoluble sans que X soit nécessairement une variété de Stein. Par exemple,

([12]) Cf. [3], p. 189, pour le cas où X est un domaine d'holomorphie.

il est résoluble pour l'*espace projectif complexe* P, de dimension quelconque n ; en effet, *on a* $H^q(P, \mathcal{O})=0$ *pour tout* $q>0$. La démonstration de ce résultat est toute différente de celle du théorème B : il résulte d'un théorème de Dolbeault ([13]) que si X est une variété kählérienne compacte, l'espace vectoriel (complexe) $H^q(X, \mathcal{O})$ est isomorphe à l'espace des formes harmoniques de type $(0, q)$; or, dans le cas où X est l'espace projectif P, toute forme harmonique non identiquement nulle est de degré pair $2p$ et de type (p, p), comme cela résulte de la structure multiplicative de l'anneau de cohomologie de P à coefficients complexes.

D'autre part, les théorèmes A et B du § 7 peuvent s'étendre au cas suivant : soit Y un sous-ensemble fermé d'une variété analytique-complexe X; la notion de faisceau analytique cohérent se définit d'une manière évidente pour les faisceaux sur l'espace Y. On démontre : si Y possède un système fondamental de voisinages ouverts dont chacun est une variété de Stein, les théorèmes A et B valent pour Y (et pour tout faisceau cohérent sur Y). Par exemple, prenons $X=C^n$, $Y=R^n$ (espace numérique réel plongé dans l'espace numérique complexe); on voit sans difficulté que l'on se trouve dans les conditions précédentes. On en déduit une extension de la théorie aux *sous-variétés analytiques-réelles* de l'espace R^n ; les théorèmes concernent les faisceaux analytiques-réels et cohérents (on se ramène au cas des faisceaux analytiques-complexes par extension du corps de base). On obtient par exemple le résultat suivant : si V, analytique-réelle, est régulièrement plongée dans R^n, toute fonction analytique-réelle, définie sur V, est induite par une fonction analytique-réelle de R^n.

Problème. — Au lieu de nous borner aux sous-variétés analytiques-réelles régulièrement plongées dans R^n, considérons, en général, les « variétés de Stein réelles », c'est-à-dire les variétés analytiques-réelles (abstraites) qui satisfont aux conditions (*a*), (*b*) et (*c*) du § 7, à cela près qu'on y remplace partout le mot « holomorphe » par « analytique-réelle ». Y a-t-il, pour les variétés de Stein réelles, des théorèmes analogues aux théorèmes A et B ?

Autre problème. — Soit X une variété de Stein (complexe). Etant donné un ouvert $U\subset X$, à quelles conditions U est-il une variété de Stein ? Une condition *nécessaire* est que tout point adhérent à U possède dans X un voisinage ouvert V tel que $V\cap U$ soit une variété de Stein (à ce propos, on notera que si U et V sont des ouverts de Stein, $U\cap V$ est un ouvert de

([13]) [8], théorème 1.

Stein). *Cette condition nécessaire est-elle suffisante ?* Dans le cas particulier où X est un domaine d'holomorphie univalent de l'espace numérique C^n, la réponse est affirmative d'après un théorème de Oka ([14]), que celui-ci n'a du reste démontré que dans le cas $n = 2$.

Bibliographie

[1] Behnke, H. und Stein, K., *Entwicklung analytischer Funktionen auf Riemannschen Flächen* (*Math. Annalen*, **120**, 1948, pp. 430-461).

[2] Cartan, H., *Sur les matrices holomorphes de* n *variables complexes* (*Journal de Math. pures et appl.*, **19**, 1940, pp. 1-26).

[3] Cartan, H., *Idéaux de fonctions analytiques de* n *variables complexes* (*Ann. Ecole Normale Sup.*, **61**, 1944, pp. 149-197).

[4] Cartan, H., *Idéaux et modules de fonctions analytiques de variables complexes* (*Bull. Soc. Math. France*, **78**, 1950, pp. 28-64).

[5] Cartan, H., *Séminaire E. N. S., 1951-1952* (polycopié).

[6] Cartan, H. und Thullen, P., *Zur Theorie der Singularitäten der Funktionen mehrerer Veränderlichen : Regularitäts- und Konvergenzbereiche* (*Math. Annalen*, **106**, 1932, pp. 617-647).

[7] Cousin, P., *Sur les fonctions de* n *variables complexes* (*Acta math.*, **19**, 1895, pp. 1-62).

[8] Dolbeault, P., *Sur la cohomologie des variétés analytiques complexes* (*Comptes rendus, Paris*, **236**, 1953, pp. 175-177).

[9] Oka, K., *Sur les fonctions analytiques de plusieurs variables. II. Domaines d'holomorphie* (*Journ. Sci. Hiroshima*, Ser. A, **7**, 1937, pp. 115-130).

[10] Oka, K., *Sur les fonctions analytiques de plusieurs variables. VII. Sur quelques notions arithmétiques* (*Bull. Soc. Math. France*, **78**, 1950, pp. 1-27).

[11] Stein, K., *Analytische Funktionen mehrerer komplexer Veränderlichen zu vorgegebenen Periodizitätsmoduln und das zweite Cousinsche Problem* (*Math. Annalen*, **123**, 1951, pp. 201-222).

([14]) *Tohoku Math. Journal*, **49**, 1942, pp. 15-52.

42.

(avec J.-P. Serre)

Un théorème de finitude concernant les variétés analytiques compactes

Comptes Rendus de l'Académie des Sciences de Paris 237, 128–130 (1953)

Théorème. — *Soit* X *une variété analytique complexe, compacte. Soit* $\mathcal{F}$ *un faisceau analytique cohérent* ([1]) *sur* X. *Alors les groupes de cohomologie* $H^q(X, \mathcal{F})$ (*q entier* ≥ 0) *sont des espaces vectoriels complexes de dimension finie.*

Ce résultat vaut notamment dans le cas particulier où $\mathcal{F}$ est le faisceau des germes de sections holomorphes d'un espace fibré analytique E, de base X, dont la fibre est un espace vectoriel complexe de dimension finie ([2]). Un tel faisceau est localement isomorphe au faisceau $\mathcal{O}^r$ des systèmes de r germes de fonctions holomorphes (r désignant la dimension de la fibre de E).

1. Avant de démontrer le théorème précédent, donnons quelques définitions préliminaires. Un ouvert V de X sera dit *adapté* à $\mathcal{F}$ si V est une variété de Stein ([1]) et s'il existe un système fini de p sections $s_i \in H^0(V, \mathcal{F})$ qui engendre $\mathcal{F}_x$ en tout point $x \in V$. Tout ouvert de Stein assez petit est adapté à $\mathcal{F}$. Si V est adapté à $\mathcal{F}$, $\mathcal{F}$ s'identifie, au-dessus de V, au quotient du faisceau $\mathcal{O}^p$ par un sous-faisceau $\mathcal{R}$, qui est cohérent, puisque $\mathcal{F}$ est cohérent. Donc $H^q(V, \mathcal{R}) = 0$ pour $q > 0$([1]). Il en résulte que la suite

$$0 \to H^0(V, \mathcal{R}) \to H^0(V, \mathcal{O}^p) \to H^0(V, \mathcal{F}) \to 0$$

est exacte. Munissons $H^0(V, \mathcal{O}^p)$ de la topologie de la convergence compacte ; c'est un espace de Fréchet (i. e. localement convexe, métrisable, et complet). $H^0(V, \mathcal{R})$ est fermé ([3]) dans $H^0(V, \mathcal{O}^p)$, donc l'espace quotient $H^0(V, \mathcal{O}^p)/H^0(V, \mathcal{R})$

([1]) Cf. *Séminaire Ec. Norm. Sup.*, 1951-1952, exposés XVIII et XIX, ainsi que la conférence de H. Cartan, *Colloque de Bruxelles sur les fonctions de plusieurs variables* (mars 1953).

([2]) Dans ce cas particulier, le théorème avait déjà été démontré par K. Kodaira (sous des hypothèses légèrement plus restrictives), grâce à une généralisation de la théorie des formes harmoniques. *Cf.* K. Kodaira, *Proc. Nat. Acad. Sc. U. S. A.*, 39, 1953 (à paraître).

([3]) *Cf.* H. Cartan, *Ann. Ec. Norm. Sup.*, 61, 1944, p. 149-197 (premier corollaire au théorème α, p. 194).

est un espace de Fréchet. Ceci définit une topologie sur $H^0(V, \mathcal{F})$, et l'on voit facilement qu'elle ne dépend pas du choix des s_i.

Bien entendu, si $\mathcal{F}$ est isomorphe à $\mathcal{O}^p$ au-dessus de V, la topologie de $H^0(V, \mathcal{F})$ est celle de la convergence compacte.

Lemme. — *Soit $\mathcal{F}$ un faisceau analytique cohérent sur une variété analytique complexe X; soient V et V' deux ouverts adaptés à $\mathcal{F}$, tels que $V \subset V'$. Alors l'application $\varphi : H^0(V', \mathcal{F}) \to H^0(V, \mathcal{F})$ est continue. Si de plus l'adhérence de V est compacte et contenue dans V', φ est complètement continue.*

Le premier point est évident. Le second résulte du fait que tout ensemble de fonctions holomorphes dans V' et bornées sur $\overline{V}$ induit dans V un ensemble relativement compact.

2. Soit $U = (U_i)_{i \in I}$ un recouvrement fini de la variété compacte X par des ouverts U_i adaptés à $\mathcal{F}$. Pour chaque entier $q \geqq 0$, associons à chaque système $(i_0, \ldots, i_q)$ d'indices de I une section $f_{i_0, \ldots, i_q}$ de $\mathcal{F}$ au-dessus de $U_{i_0 \ldots i_q} = U_{i_0} \cap \ldots \cap U_{i_q}$, dépendant de façon alternée des indices. Ces systèmes $(f_{i_0 \ldots i_q})$ forment un espace vectoriel $C^q(U, \mathcal{F})$. La topologie des $H^0(U_{i_0 \ldots i_q}, \mathcal{F})$ obtenue par le procédé du n° 1, définit sur $C^q(U, \mathcal{F})$ une topologie d'espace de Fréchet. On définit à la manière habituelle un opérateur cobord δ : $C^q(U, \mathcal{F}) \to C^{q+1}(U, \mathcal{F})$, qui est continu d'après le lemme. Le noyau $Z^q(U, \mathcal{F})$ de δ est un espace de Fréchet. Nous noterons $H^q(U, \mathcal{F})$ les espaces de cohomologie du complexe $\{ C^q(U, \mathcal{F}), \delta \}$.

3. Prenons maintenant deux recouvrements finis $U = (U_i)$ et $U' = (U'_i)$ tels que $\overline{U}_i \subset U'_i$, les U_i et U'_i étant des ouverts adaptés à $\mathcal{F}$. Les applications linéaires

$$H^q(U', \mathcal{F}) \xrightarrow{\rho} H^q(U, \mathcal{F}) \to H^q(X, \mathcal{F})$$

sont des isomorphismes (algébriques), parce que ([1]) les groupes de cohomologie $H^p(U'_{i_0 \ldots i_q}, \mathcal{F})$ et $H^p(U_{i_0 \ldots i_q}, \mathcal{F})$ sont nuls pour $p > 0$. Tout revient maintenant à prouver que $H^q(U, \mathcal{F})$ est de dimension finie.

L'application $r : Z^q(U', \mathcal{F}) \to Z^q(U, \mathcal{F})$ est *complètement continue* en vertu du lemme. Soient alors E l'espace produit $C^{q-1}(U, \mathcal{F}) \times Z^q(U', \mathcal{F})$, F l'espace $Z^q(U, \mathcal{F})$, u l'application (δ, r) de E dans F, v l'application $(0, -r)$. Puisque ρ est un isomorphisme, u applique E *sur* F; un théorème de

([1]) Ce résultat connu ne figure pas explicitement dans la bibliographie; il se démontre par une méthode analogue a celle utilisée par A. Weil dans sa démonstration des théorèmes de de Rham (*Comm. Math. Helv.*, 26, 1952, p. 119-145).

L. Schwartz ([5]) montre alors que l'image de $u + v = (\delta, 0)$ est un sous-espace fermé de codimension finie de F. Ceci entraîne que $H^q(U, \mathcal{F})$, donc aussi $H^q(X, \mathcal{F})$, est de dimension finie. C. Q. F. D.

([5]) *Comptes rendus*, 236, 1953, p. 2472 (corollaire au théorème 2).

43.

Quotient d'un espace analytique par un groupe d'automorphismes

Algebraic Geometry and Topology, A Symposium in honor of S. Lefschetz, 90–102 (1957)

Le quotient d'une variété analytique complexe X par un groupe proprement discontinu d'automorphismes G n'est pas, en général, une variété analytique complexe, à cause de la présence possible de points fixes dans les transformations de G. Récemment, diverses extensions de la notion de variété analytique complexe ont été proposées (cf. [2, 3, 4]). Nous prouvons ici que si X est un 'espace analytique', il en est de même de X/G (Théorème 4). Dans ce but, nous étudions d'abord le quotient d'un espace numérique complexe C^n par un groupe linéaire fini; dans la mesure où les résultats ont un caractère purement algébrique, ils sont établis pour un corps quelconque K au lieu du corps C. Les démonstrations sont de nature élémentaire.

Revenant au cas d'un groupe proprement discontinu G d'automorphismes d'une variété analytique complexe X, nous démontrons, sous certaines hypothèses, que l'espace analytique X/G, supposé compact, peut être réalisé comme variété algébrique V dans un espace projectif; V peut avoir des singularités, mais est 'normale' en tout point (au sens de Zariski). Un théorème d'immersion de ce type a été récemment démontré dans le cas où le groupe G n'a pas de points fixes [8, 9]. W. L. Baily [1] a aussi annoncé un théorème d'immersion lorsque G possède des points fixes; mais ici, nous précisons que l'immersion peut être obtenue à l'aide de 'séries de Poincaré' d'un poids convenable.

Le présent article constitue une mise au point de développements donnés dans mon Séminaire de l'Ecole Normale en 1953–54 [4]. De nombreuses discussions avec J.-P. Serre m'ont apporté une aide efficace, dont je tiens à le remercier.

1. Groupe linéaire fini opérant dans K^n

Soit K un corps commutatif. On notera $GL(n, K)$ le groupe linéaire à n variables; $S = K[x_1, \ldots, x_n]$ l'algèbre des polynômes; $F = K[[x_1, \ldots, x_n]]$ l'algèbre des séries formelles; si de plus K est valué complet (non discret), on notera $H = K\{x_1, \ldots, x_n\}$ la sous-algèbre de F formée des fonctions holomorphes (i.e. séries entières en $x_1, \ldots, x_n$ qui convergent dans un voisinage de l'origine).

Soit G un sous-groupe *fini* de $GL(n, K)$. Notons S^G (resp. F^G, H^G) la sous-algèbre des éléments de S (resp. F, H) *invariants* par G.

PROPOSITION 1. *L'algèbre S^G est engendrée par un nombre fini d'éléments.*

C'est le classique 'théorème des invariants'. En voici une démonstration simple, qui ne suppose pas que K soit de caractéristique 0, et est valable pour tout *anneau noethérien* K (commutatif avec élément unité). Les générateurs $x_1, \ldots, x_n$ de l'algèbre S sont entiers algébriques sur S^G; il existe donc une sous-algèbre A de S^G, engendrée par un nombre fini d'éléments, et telle que $x_1, \ldots, x_n$ soient entiers sur A; S est ainsi un A-module de type fini. Comme A est noethérien, le sous-A-module S^G de S est de type fini. Alors un système fini de générateurs de S^G (comme A-module) et un système fini de générateurs de A (comme K-algèbre) engendrent S^G comme K-algèbre.

Choisissons une fois pour toutes un système de q polynômes homogènes $Q_i(x) \in S^G$, qui engendre l'algèbre S^G; soit $d_i > 0$ le degré de Q_i. Un polynôme $R(y_1, \ldots, y_q)$ sera dit *isobare* de poids p si

$$R(k^{d_1}y_1, \ldots, k^{d_q}y_q) = k^p R(y_1, \ldots, y_q)$$

pour $k \in K$. Tout élément de S^G, homogène de degré p, s'écrit $R(Q_1, \ldots, Q_q)$, où R est isobare de poids p. Donc *tout élément de F^G s'exprime comme série formelle en les Q_i* (cf. Théorème 1 ci-dessous).

PROPOSITION 2. *Soient $f_i \in F^G$ $(i = 1, \ldots, q)$ des séries formelles telles que* $\omega(f_i - Q_i) > d_i$ (en notant $\omega(f)$ *l'ordre* d'une série formelle f). *Alors tout élément de F^G s'exprime comme série formelle en les f_i.*

Cette proposition va résulter de la suivante:

PROPOSITION 3. *Soient $f_i \in F^G$ des séries formelles telles que*

$$\omega(f_i - Q_i) > d_i.$$

Il existe q séries formelles $F_i(y_1, \ldots, y_q)$ telles que:

(1) $F_i(Q_1, \ldots, Q_q) = f_i$;

(2) *si $L_i(y_1, \ldots, y_q)$ désigne la composante homogène de degré un de $F_i(y_1, \ldots, y_q)$, les formes linéaires L_i sont linéairement indépendantes.*

La Proposition 3 entraîne que *les Q_i s'expriment comme séries formelles en les f_i*, d'où la Proposition 2.

Démonstration de la Proposition 3. Disons que le système de générateurs homogènes Q_i est *irréductible* si tout polynôme isobare $R(y_1, \ldots, y_q)$ tel que $R(Q_1, \ldots, Q_q) = 0$ est d'ordre $\geqq 2$. Il est immédiat que tout système de générateurs contient un système irréductible de générateurs; appelons-les $Q_1, \ldots, Q_r$ $(r \leqq q)$. Prenons r séries formelles $F_i(y_1, \ldots, y_r)$ $(i = 1, \ldots, r)$ telles que $f_i = F_i(Q_1, \ldots, Q_r)$; soit L_i la composante homogène de degré un de F_i. Par hypothèse, la série formelle $F_i(Q_1, \ldots, Q_r) - Q_i$ est d'ordre $> d_i$, $i \leqq r$; donc, pour tout $d \leqq d_i$, l'ensemble des termes de poids d de $L_i(y_1, \ldots, y_r) - y_i$ est nul, sinon le système $(Q_1, \ldots, Q_r)$ ne serait pas irréductible. Ainsi la forme linéaire $L_i(y_1, \ldots, y_r) - y_i$ ne contient aucune des variables y_j telles que $d_j \leqq d_i$. Si on range les y_i dans l'ordre des d_i croissants, la matrice des formes L_i est triangulaire, avec 1 dans la diagonale principale. Pour $i > r$, choissons des séries formelles $g_i(y_1, \ldots, y_r)$ telles que

$$f_i = Q_i + g_i(Q_1, \ldots, Q_r).$$

En prenant $F_i(y_1, \ldots, y_q) = y_i + g_i(y_1, \ldots, y_r)$ pour $i > r$, la condition (2) de la Proposition 3 sera satisfaite; ce qui prouve la proposition.

Pour chaque point $a = (a_1, \ldots, a_n)$ de K^n, on notera $G(a)$ le *groupe d'isotropie* de a: sous-groupe des éléments de G laissant fixe a.

Lemme 1. *Pour tout entier r, et tout polynôme $R(x_1, \ldots, x_n)$ invariant par $G(a)$, il existe un polynôme $Q \in S^G$ tel que l'ordre de $R - Q$ au point a soit $> r$.*

Démonstration. Prenons un polynôme $U(x)$ tel que $U(x) - 1$ soit d'ordre $> r$ au point a, et que $U(x)$ soit d'ordre $> r$ aux points $sa \neq a$ $(s \in G)$. Le produit V des transformés de U par $G(a)$ jouit des mêmes propriétés. Le polynôme $R - RV$ est d'ordre $> r$ en a, et RV est d'ordre $> r$ aux points $sa \neq a$. Comme RV est invariant par $G(a)$, l'ensemble G_a des classes $s \cdot G(a)$ (où $s \in G$) opère dans RV; la somme Q des transformés de RV par G_a répond à la question.

Appliquons la Proposition 2 au point a et au groupe $G(a)$, et tenons compte de Lemme 1; on obtient:

Théorème 1. *Soit $a = (a_1, \ldots, a_n) \in K^n$. Toute série formelle en les $x_k - a_k$ $(k = 1, \ldots, n)$, invariante par le groupe d'isotropie $G(a)$, s'exprime comme série formelle en les $Q_i(x) - Q_i(a)$, en désignant par (Q_i) un système fini de générateurs homogènes de l'algèbre S^G.*

2. L'espace quotient K^n/G comme variété algébrique affine

L'application ψ: $x \to (Q_i(x))$ de K^n dans K^q passe au quotient suivant G, et définit une application ϕ de K^n/G dans K^q. L'application ϕ est *biunivoque*, car les polynômes G-invariants séparent les points de K^n/G: en effet, si $x' \in K^n$ et $x'' \in K^n$ ne sont pas congrus modulo G, il existe un polynôme R égal à 1 aux points sx' ($s \in G$) et à 0 aux points sx''; le produit des transformés de R par G sépare la classe de x' et celle de x''.

Proposition 4. *Si le corps K est algébriquement clos, l'application ϕ applique biunivoquement K^n/G sur la variété algébrique $V \subset K^q$, lieu des zéros de l'idéal $I \subset K[y_1, \ldots, y_q]$ formé des polynômes $R(y_1, \ldots, y_q)$ tels que $R(Q_1, \ldots, Q_q) = 0$.*

Démonstration. Tout revient à prouver que tout point de V est image d'un point de K^n. D'après le 'théorème des zéros' de Hilbert, les points de V correspondent aux idéaux maximaux de l'algèbre $A = K[y_1, \ldots, y_q]/I$ (anneau de la variété affine V); or ψ définit un isomorphisme de A sur S^G. Il suffit donc de montrer que tout idéal maximal J de S^G est induit par au moins un idéal maximal de S. Cela résulte d'un théorème de Krull,† puisque tout élément de S est entier sur S^G. Directement: l'idéal de S engendré par J ne contient pas 1; car si on avait $1 = \sum_i a_i u_i$, $a_i \in S$, $u_i \in J$, on aurait $1 = \prod_{s \in G} (\sum_i (s.a_i) u_i)$, et le second membre appartiendrait à J, ce qui est absurde.

Jusqu'à la fin de ce numéro, nous supposerons que le corps K est *algébriquement clos*. Ce n'est pas une restriction essentielle, car le groupe G se prolonge en un groupe linéaire opérant dans $\bar{K}^n$ ($\bar{K}$: clôture algébrique de K). La variété V qui réalise K^n/G est *normale* au sens affine: l'anneau de V, isomorphe à S^G, est un *anneau d'intégrité intégralement clos*. En effet, il est évident que si un groupe G opère dans un anneau d'intégrité intégralement clos (ici, l'anneau S), le sous-anneau des invariants de G est un anneau d'intégrité intégralement clos.

Il est classique que si une variété algébrique affine V est normale, alors, pour tout point $b \in V$, l'*anneau local* de V (anneau des fractions rationnelles dont le dénominateur est $\neq 0$ en b) est un anneau d'intégrité intégralement clos; la réciproque est vraie si K est algébriquement clos. De plus, un théorème de Zariski ([13], Théorème 2) affirme que si l'anneau local d'une variété algébrique V, en un point

† [10], Satz 1. Plus généralement, si B est un sous-anneau d'un anneau commutatif A, et si tout élément de A est entier sur B, tout idéal maximal de B est induit par un idéal maximal de A, même si A n'est pas un anneau d'intégrité (théorème de Cohen-Seidenberg [6]).

$b \in V$, est un anneau d'intégrité intégralement clos, il en est de même de son *complété* (anneau induit sur V par les séries formelles de l'espace ambiant au point b). Dans notre cas particulier, cela résulte directement du Théorème 1, qui dit que l'anneau local complété est isomorphe au sous-anneau des éléments $G(a)$-invariants de l'anneau des séries formelles en les $x_k - a_k$, anneau qui est intégralement clos.

3. L'espace K^n/G comme variété analytique

Supposons désormais que le corps K soit *valué complet*, non discret.

THÉORÈME 2. *Soit* (Q_i) *un système fini de polynômes homogènes engendrant l'algèbre* S^G. *Alors tout élément de* H^G *s'exprime comme fonction homomorphe des* Q_i.

DÉMONSTRATION. Soit H' la sous-algèbre des éléments de H qui s'expriment comme fonctions holomorphes des Q_i. Les éléments $x_1, \ldots, x_n$ sont entiers sur S^G, donc sur H'; par application du Vorbereitungssatz de Weierstrass, on voit facilement que tout élément de H s'exprime comme polynôme en $x_1, \ldots, x_n$ à coefficients dans H'; donc H est un H'-module de type fini. Ceci entraîne que H' est *fermé* dans H pour la topologie définie par les puissances de l'idéal maximal de H (idéal des fonctions holomorphes nulles à l'origine).† Or le développement d'une fonction holomorphe en série de polynômes homogènes montre que S^G est *dense* dans H^G pour cette topologie; *a fortiori*, H' est dense dans H^G, d'où $H' = H^G$.

A partir du Théorème 2, on obtient des énoncés analogues aux Propositions 2 et 3 et au Théorème 1. En particulier:

PROPOSITION 3 bis. *Soient* $f_i \in H^G$ *tels que* $\omega(f_i - Q_i) > d_i$. *Il existe q fonctions holomorphes* $F_i(y_1, \ldots, y_q)$ *telles que:*

(1) $F_i(Q_1, \ldots, Q_q) = f_i$;

(2) *si* $L_i(y_1, \ldots, y_q)$ *désigne la composante homogène de degré un de* $F_i(y_1, \ldots, y_q)$, *les formes linéaires* L_i *sont linéairement indépendantes. Les* Q_i *s'expriment donc comme fonctions holomorphes des* f_i. (Même démonstration que pour la Proposition 3.)

THÉORÈME 1 bis. *Soit* $a = (a_1, \ldots, a_n) \in K^n$. *Toute fonction holomorphe en les* $x_k - a_k$ $(k = 1, \ldots, n)$, *invariante par le groupe d'isotropie*

† Soient K un corps, A une K-algèbre locale (noethérienne), M l'idéal maximal de A, A' une sous-K-algèbre locale de A, d'idéal maximal $M \cap A' = M'$. Si A est un A'-module de type fini, la M-topologie de A (i.e. la topologie définie par les puissances de M) induit sur A' la M'-topologie de A', et A' est *fermé* dans A (cf. [4], Exp. VIII bis). Cela résulte d'un théorème de Krull: soit E un module de type fini sur un anneau noethérien A', et F un sous-module de E; pout tout idéal I' de A', il existe un entier n tel que $F \cap (I'^n E) \subset I'F$.

$G(a)$, s'exprime comme fonction holomorphe en les $Q_i(x) - Q_i(a)$. (Même démonstration que pour le Théorème 1.)

Supposons maintenant, pour simplifier l'exposition, que K soit le *corps C des nombres complexes.* La Proposition 4 est applicable. De plus:

PROPOSITION 4 bis. *L'application ϕ est un homéomorphisme de l'espace quotient C^n/G sur la variété algébrique V.*

DÉMONSTRATION. Soit $x \to tx$ l'homothétie de rapport $t > 0$ dans l'espace C^n/G; et soit $\sigma(t)$ la transformation $(y_i) \to (t^{d_i} y_i)$ de V en elle-même. On a $\phi(tx) = \sigma(t) . \phi(x)$. Soit U un voisinage compact de l'origine 0 dans C^n/G; $\phi(U)$ est un *voisinage* de 0 dans V, sinon, utilisant le groupe des homothéties, et sachant que ϕ applique C^n/G *sur* V, on trouverait une suite de points de C^n/G ayant une limite $\neq 0$ et dont les transformés par ϕ tendraient vers $0 \in V$, ce qui est absurde. Comme U est compact et ϕ biunivoque, ϕ est un homéomorphisme de U sur $\phi(U)$. Utilisant à nouveau le groupe des homothéties, on voit que ϕ est bicontinue en chaque point de C^n/G.

On a vu (fin du n° 2) que l'anneau local complété de V en chacun de ses points b est un anneau d'intégrité intégralement clos. L'*anneau local holomorphe* en b (anneau des fonctions induites sur V, au point b, par les fonctions holomorphes de l'espace ambiant) est aussi intégralement clos, d'après un raisonnement classique. Ici, cela résulte directement du Théorème 1 bis, qui définit un isomorphisme de l'anneau local holomorphe au point $b = \psi(a)$, sur le sous-anneau des fonctions holomorphes en $a \in C^n$ et invariantes par le groupe $G(a)$.

Ainsi V est *H-normale* (normale au sens 'holomorphe') en chacun de ses points. Prenons alors des $f_i \in H^G$ telles que $\omega(f_i - Q_i) > d_i$, et soient des $F_i(y_1, \ldots, y_q)$ holomorphes, comme dans la Proposition 3 bis. Il existe dans C^q un voisinage ouvert U' de 0 tel que les F_i soient holomorphes dans U' et définissent un homéomorphisme de U' sur un ouvert U de C^q, la transformation réciproque étant holomorphe. On en déduit:

THÉORÈME 3. *Soient $f_i \in H^G$ telles que $\omega(f_i - Q_i) > d_i$. Il existe dans C^n un voisinage ouvert A de l'origine, stable par G, dans lequel les f_i sont holomorphes, et qui jouit de la propriété suivante: l'application f de A dans C^q, définie par $x \to (f_i(x))$, induit un homéomorphisme de A/G sur un sous-ensemble analytique*† *W d'un ouvert $U \subset C^q$; W est H-normal*

† Nous disons qu'un ensemble W de points d'un ouvert U de C^q (ou plus généralement d'une variété analytique complexe U) est un *sous-ensemble analytique* s'il est fermé dans U et peut, au voisinage de chacun de ses points b, être défini par l'annulation d'un système fini de fonctions holomorphes au point b.

en chacun de ses points; pour chaque point $a \in A$, l'application f définit un isomorphisme de l'anneau local holomorphe de W au point $f(a)$, sur l'anneau des fonctions holomorphes au point $a \in C^n$ et invariantes par le groupe d'isotropie $G(a)$.

4. Espaces analytiques et groupes d'automorphismes

Le Théorème 3 va permettre d'étudier le quotient d'une variété analytique complexe par un groupe d'automorphismes satisfaisant à des conditions locales convenables. Auparavant, il faut élargir la notion de variété analytique complexe (cf. [2, 3, 4]).

Un *espace analytique* (complexe) sera, par définition, un espace topologique séparé X muni de la donnée, en chaque point $x \in X$, d'un sous-anneau $\mathscr{H}_x$ de l'anneau $\mathscr{C}_x$ des germes de fonctions continues au point x (à valeurs complexes), de manière que soit satisfaite la condition suivante: pour chaque point $a \in X$, il existe un voisinage ouvert A de a dans X, et un *isomorphisme* f de A sur un sous-ensemble analytique† V d'un ouvert U d'un espace C^q. Le mot 'isomorphisme' signifie que, pour chaque $x \in A$, l'application $\alpha \to \alpha \circ f$ est un isomorphisme de l' 'anneau local holomorphe' de V au point $f(x)$, sur l'anneau $\mathscr{H}_x$.

Pour tout ouvert A de X, les fonctions continues dans A et appartenant à $\mathscr{H}_x$ pour tout $x \in A$, forment un anneau: l'anneau des *fonctions holomorphes dans A*. Les éléments de $\mathscr{H}_x$ s'appellent les *fonctions holomorphes au point x* (ce sont des germes de fonctions).

L'espace analytique X sera dit *normal* en un point a si V est H-normal au point $f(a)$, ou en d'autres termes si $\mathscr{H}_a$ est un anneau d'intégrité intégralement clos.‡ Si X est normal en chacun de ses points, X s'appelle un *espace analytique normal*.

Les points $a \in X$ qui possèdent un voisinage ouvert *isomorphe* à un ouvert d'un espace C^n sont dits *réguliers*. Si tous les points de X sont réguliers, X n'est autre qu'une variété analytique complexe, au sens usuel.

Soit X un espace analytique, muni des anneaux $\mathscr{H}_x$. Soit R une relation d'équivalence dans X, et notons p l'application de X sur l'espace quotient $Y = X/R$ supposé séparé. Attachons à chaque point $y \in Y$ un sous-anneau $\mathscr{K}_y$ de $\mathscr{C}_y$ comme suit: pour U ouvert $\subset Y$, soit $\mathscr{K}_U$ l'anneau des fonctions α continues (complexes) dans U telles que

† See note on p. 95.

‡ Il résulte d'un théorème d'Oka ([11], 'lemme fondamental') que l'ensemble des points de X en lesquels X n'est pas H-normal est un sous-ensemble analytique (voir [4, Exposé X]). En particulier, si X est H-normal en un point a, X est H-normal aux points assez voisins de a.

$\alpha \circ p$ soit 'holomorphe' dans l'ouvert $p^{-1}(U)$. Par définition, $\mathscr{H}_y$ est la limite inductive ('direct limit') des anneaux $\mathscr{H}_U$ quand U parcourt l'ensemble des ouverts contenant y. La question peut alors se poser de savoir si Y, muni des anneaux $\mathscr{H}_y$, est un espace analytique; on la résoudra dans un cas particulier (ci-dessous, Théorème 4).

DÉFINITION. Soit X un espace topologique séparé. Un groupe G d'homéomorphismes de X sera dit *proprement discontinu* s'il satisfait aux deux conditions suivantes:

(a) si $x' \in X$ et $x'' \in X$ ne sont pas congrus modulo G, il existe un voisinage A' de x' et un voisinage A'' de x'' tels que, pour tout $s \in G$, sA' et A'' soient disjoints;

(b) pour tout $a \in X$, le groupe d'isotropie $G(a)$ est *fini*; et il existe un voisinage ouvert A de a, stable par $G(a)$, tel que les relations

$$s \in G, \quad x \in A, \quad sx \in A$$

entraînent $s \in G(a)$.

La condition (a) exprime que l'espace quotient $Y = X/G$ est séparé. La condition (b) implique que l'image de A dans Y est isomorphe au quotient de A par le groupe d'isotropie $G(a)$, qui est fini.

THÉORÈME 4. *Soit X un espace analytique, et soit G un groupe proprement discontinu d'automorphismes de X* (respectant la structure d'espace analytique). *Alors;* (1) *l'espace quotient $Y = X/G$, muni des anneaux $\mathscr{H}_y$ comme ci-dessus, est un espace analytique;* (2) *si X est normal, Y est normal.*

DÉMONSTRATION. Soit $b \in Y$, $b = p(a)$, $a \in X$. Pour étudier l'espace Y au voisinage de b, on prend un voisinage ouvert A de a, stable par le groupe fini $G(a)$; si A est assez petit, alors pour tout $x \in A$, l'application $\alpha \to \alpha \circ p$ est un isomorphisme de l'anneau $\mathscr{H}_{p(x)}$ sur l'anneau des fonctions holomorphes au point x et invariantes par $G(x)$: cela résulte de la condition (b). On va montrer que $A/G(a)$ est un espace analytique; ceci établira la première partie de l'énoncé; la seconde en résultera, car si X est normal en a, l'anneau $\mathscr{H}_{p(a)}$ est un anneau d'intégrité intégralement clos, donc Y est normal au point $b = p(a)$.

La démonstration du fait que $A/G(a)$ est un espace analytique est facile dans le cas où a est un point *régulier* de X; on peut alors supposer que X est un ouvert de C^n, a étant à l'origine. Par une transformation holomorphe sur les coordonnées $x_1, \ldots, x_n$, on peut se ramener au cas où le groupe fini $G(a)$ est *linéaire*: en effet, pour $s \in G(a)$, soit s' la transformation linéaire tangente à s; la transformation

$$x \to \sigma x = (1/r) \Sigma_{s \in G} s'^{-1} sx$$

(où r désigne l'ordre du groupe $G(a)$) est tangente à l'identité, et

$\sigma s = s'\sigma$ pour $s \in G(a)$. La transformation σ transforme $x_1, \ldots, x_n$ en un système de coordonnées locales, au voisinage de l'origine, sur lequel $G(a)$ opère linéairement. On peut alors appliquer à ce groupe linéaire les résultats du nº 3, qui montrent que le quotient par $G(a)$ est un espace analytique normal.

Il reste à examiner le cas où le point a n'est pas régulier. Voici une méthode dont l'idée est due à J. P. Serre:

LEMME 2. *Soient X un espace analytique, $a \in X$, G un groupe fini d'automorphismes de X laissant fixe a. Il existe un ouvert A contenant a, stable par G, un isomorphisme f de A sur un sous-ensemble analytique E d'un ouvert B d'un espace C^r* (avec $f(a) = 0$), *et un groupe linéaire fini Γ d'automorphismes de C^r, isomorphe à G, tel que B et E soient stables par Γ et que f transforme le groupe G dans le groupe Γ' d'automorphismes de E induit par Γ.*

Admettons d'abord le Lemme 2, et déduisons-en que A/G est un espace analytique. Il suffit de prouver que E/Γ' est un espace analytique. Or, d'après le nº 3, on a un isomorphisme ϕ de C^r/Γ sur un sous-ensemble algébrique V d'un espace C^q, et ϕ est induit par une application polynomiale ψ: $C^r \to C^q$, d'image V, telle que $\psi(0) = 0$. Pour $x \in E$, soit $\mathscr{H}_x$ l'anneau des fonctions holomorphes (dans C^r) au point x, et $\mathscr{I}_x$ l'idéal des fonctions nulles sur E. Soit $\Gamma(x)$ le groupe d'isotropie au point x. Soit $F = \phi(E/\Gamma') = \psi(E)$. On a vu au nº 3 que ψ définit un isomorphisme de l'anneau local holomorphe $\mathscr{K}_{\psi(x)}$ de V au point $\psi(x)$, sur le sous-anneau $(\mathscr{H}_x)^{\Gamma(x)}$ des éléments $\Gamma(x)$-invariants de $\mathscr{H}_x$; dans cet isomorphisme, l'idéal $\mathscr{J}_{\psi(x)}$ des éléments de $\mathscr{K}_{\psi(x)}$ nuls sur F correspond à $(\mathscr{I}_x)^{\Gamma(x)}$. Ceci prouve que F est un sous-ensemble analytique au voisinage de $\psi(x)$, car E, au voisinage de x, est l'ensemble des zéros communs aux fonctions de $(\mathscr{I}_x)^{\Gamma(x)}$. De plus, ψ définit un isomorphisme de l'anneau local holomorphe $\mathscr{K}_{\psi(x)}/\mathscr{J}_{\psi(x)}$ de F sur l'anneau $(\mathscr{H}_x)^{\Gamma(x)}/(\mathscr{I}_x)^{\Gamma(x)}$. Ce dernier est canoniquement isomorphe à $(\mathscr{H}_x/\mathscr{I}_x)^{\Gamma(x)}$, comme on le voit en faisant une moyenne. Finalement, ϕ est un *isomorphisme* de E/Γ' sur l'espace analytique F, et par suite E/Γ' est un espace analytique. Ainsi s'achève la démonstration du Théorème 4.

Il reste à démontrer le Lemme 2. Prenons d'abord un ouvert A contenant a, stable par G, et un isomorphisme g de A sur un sous-ensemble analytique F d'un ouvert U d'un espace C^m, avec $g(a) = 0$. A chaque $s \in G$ associons un exemplaire U_s de U; alors G opère sur le produit $\prod_{s \in G} U_s = B$ en permutant ses facteurs. Ces opérations sont induites par un groupe Γ, isomorphe à G, de transformations linéaires de l'espace ambiant C^{km} (k désignant l'ordre du groupe G): en fait, les transformations de Γ sont des permutations sur les coordonnées de C^{km}. Soit $f: A \to C^{km}$ l'application définie par

$$f(x) = (g(s_1 x), \ldots, g(s_k x)),$$

où $s_1, \ldots, s_k$ désignent les éléments de G. L'image E de f est un sous-ensemble analytique de B, stable par Γ; f est un isomorphisme de A sur E (comme espaces analytiques) et transforme les automorphismes de A dans ceux de E induits par Γ. Ceci démontre le Lemme 2.

5. Un théorème d'immersion

Le Théorème 4 s'applique notamment au cas où X est un *domaine borné* de C^n, et G un groupe *discret* d'automorphismes de X. Il est classique† que G est alors proprement discontinu (au sens du n° 4). L'espace quotient X/G est donc un *espace analytique normal* (résultat bien connu dans le cas $n=1$). On va montrer que, dans ce cas, l'espace analytique X/G, lorsqu'il est *compact*, peut être réalisé comme *sous-ensemble algébrique V d'un espace projectif*, V étant *normal* en chacun de ses points. Cette réalisation peut être obtenue au moyen de *séries de Poincaré* d'un poids convenable.

D'une manière générale, considérons un groupe G, proprement discontinu, d'automorphismes d'une variété analytique complexe X. L'espace $Y = X/G$ n'est pas supposé compact. Supposons donné un *facteur d'automorphie*, c'est-à-dire, pour chaque $s \in G$, une fonction holomorphe $J_s(x)$ dans X, partout $\neq 0$, et telle que

$$J_{st}(x) = J_s(tx)\, J_t(x) \quad \text{pour} \quad x \in K,\ s \in G,\ t \in G.$$

Attachons à chaque point $a \in X$ un entier $q(a)$ tel que $(J_s(x))^{q(a)} = 1$ pour tout $s \in G(a)$ (groupe d'isotropie de a) et tout x assez voisin de a; par exemple, il suffirait de prendre pour $q(a)$ l'ordre du groupe $G(a)$. On peut supposer que l'entier $q(a)$ ne dépend que de la classe $\bar{a}$ de a modulo G; on le notera aussi $q(\bar{a})$.

Supposons attaché à chaque entier m assez grand un espace vectoriel L_m de *formes automorphes de poids m*, c'est-à-dire de fonctions f holomorphes dans X et telles que

$$f(sx)\,(J_s(x))^m = f(x) \quad \text{pour} \quad x \in X,\ s \in G.$$

Et supposons vérifiées les trois conditions suivantes:

(i) *pour tout couple (x, x') de points de X, non congrus modulo G, il existe un entier $m(x, x')$ tel que, pour tout $m \geqq m(x, x')$ et multiple de $q(x)$ et $q(x')$, L_m contienne une fonction f satisfaisant à $f(x) = a$, $f(x') = b$ (a et b nombres complexes arbitraires)*;

(ii) *pour tout $x_0 \in X$ et tout entier d, il existe un entier $n(x_0, d)$ jouissant* *

† Voir par exemple [12, Chap. x].

*voir Erratum dans "Fonctions Automorphes et Séries de Poincaré" *de la propriété suivante: si $m \geqq n(x_0, d)$ est multiple de $q(x_0)$, et si $h(x)$ est holomorphe au voisinage de x_0 et invariante par $G(x_0)$, il existe une $f \in L_m$ telle que l'ordre de $f-h$ au point x_0 soit $>d$;*

(iii) *le produit d'une fonction de L_m et d'une fonction de $L_{m'}$ est dans $L_{m+m'}$.*

Exemple. Supposons que X soit un *domaine borné* de C^n, et que $J_s(x)$ désigne la valeur, au point $x \in X$, du jacobien complexe de la transformation $x \to sx$. Prenons pour $q(a)$ le plus petit des entiers q tels que $(J_s(a))^q = 1$ pour tout $s \in G(a)$. Soit P_m $(m \geqq 2)$ l'espace vectoriel des séries de Poincaré $\sum_{s \in G} \phi(s)\,(J_s(x))^m$, où ϕ est un *polynôme*; et prenons pour L_m l'espace vectoriel engendré par les produits finis $f_1 \ldots f_k$, avec $f_i \in P_{m_i}$ et $\sum_i m_i = m$. Chaque fonction de L_m est une série de Poincaré† de poids m. Alors on démontre assez facilement‡ que les conditions (i) et (ii) sont satisfaites; pour (iii), c'est évident.

Revenons au cas général. Sous les hypothèses (i), (ii), (iii) nous démontrerons au n° 6 les trois propositions que voici:

Proposition 5. *Etant donnés arbitrairement y_1 et $y_2 \in Y$, il existe un ouvert V contenant y_1 et y_2 et jouissant de la propriété suivante: pour tout multiple m de $q(y_1)$ et $q(y_2)$, assez grand, il existe une $f \in L_m$ telle que $f(x) \neq 0$ pour tout $x \in p^{-1}(V)$.* (On note p l'application de X sur $Y = X/G$.)

Proposition 6. *Pour tout couple (y_1, y_2) de points distincts de Y, il existe deux voisinages V_1 et V_2 de y_1 et y_2 respectivement, jouissant de la propriété suivante: pour tout m assez grand et multiple de $q(y_1)$ et $q(y_2)$, il existe deux fonctions g et $h \in L_m$ telles que $g(x) \neq 0$ et $|h(x)/g(x)| < 1$ pour $x \in p^{-1}(V_1)$, $h(x) \neq 0$ et $|g(x)/h(x)| < 1$ pour $x \in p^{-1}(V_2)$.*

Proposition 7. *Tout point $y_0 \in Y$ possède un voisinage ouvert W jouissant de la propriété suivante: pour tout multiple assez grand de $q(y_0)$, il existe un système fini de fonctions de L_m, dont l'une est $\neq 0$ en tout point de $p^{-1}(W)$ et dont les rapports mutuels définissent un isomorphisme de W sur un sous-ensemble analytique normal d'un ouvert de l'espace projectif.*

Ces propositions étant admises, considérons un *compact* K de $Y = X/G$. Il résulte facilement des Propositions 5, 6, 7 que, pour tout entier m assez grand et multiple d'un entier $q(K)$ (à savoir le plus petit commun multiple des $q(y)$ pour $y \in K$), il existe un système *fini* de fonctions de L_m dont les rapports mutuels définissent un *homéomorphisme* Φ de K sur un compact d'un espace projectif P; et ceci de manière que, pour tout point y *intérieur* à K, Φ soit un *isomorphisme*

† Nous appelons 'série de Poincaré' toute série $f(x) = \sum_{s \in G} \phi(x)\,(J_s(x))^m$ qui converge uniformément sur tout compact de X, et où ϕ est holomorphe dans X, non nécessairement bornée. Une telle $f(x)$ est évidemment une forme automorphe de poids m.

‡ Voir [7], et l'Exposé I de [4].

d'un voisinage ouvert de y sur un sous-ensemble analytique normal (dans un ouvert de P). En particulier, si Y est compact, $\Phi(Y)$ est un sous-ensemble analytique de l'espace projectif P. D'après un théorème classique de Chow [5], $\Phi(Y)$ est un ensemble *algébrique*. Il est clair que toute composante irréductible de $\Phi(Y)$ est ouverte et fermée; donc si X est connexe, $\Phi(Y)$ est irréductible. En conclusion:

THÉORÈME 5. *Soit G un groupe proprement discontinu d'automorphismes d'une variété analytique complexe X, tel que l'espace quotient $Y=X/G$ soit compact. Supposons donnés un facteur d'automorphie $J_s(x)$ et des espaces vectoriels L_m de formes automorphes de poids m, vérifiant* (i), (ii) *et* (iii). *Alors, pour tout entier m assez grand et tel que $(J_s(x))^m=1$ pour tout $x\in X$ et tout $s\in G(x)$, il existe un système fini de fonctions de L_m dont les rapports mutuels définissent un isomorphisme de l'espace analytique normal X/G sur un sous-ensemble algébrique de l'espace projectif, normal en chacun de ses points, et irréductible si X est connexe.*

REMARQUE. Il est connu† que si X/G est compact, l'espace vectoriel de *toutes* les formes automorphes de poids m est de dimension finie.

6. Démonstration des Propositions 5, 6, 7

DÉMONSTRATION‡ DE LA PROPOSITION 5. Soient $x_1\in X$, $x_2\in X$ tels que $p(x_1)=y_1$, $p(x_2)=y_2$. Soit q le plus petit commun multiple de $q(y_1)$ et $q(y_2)$. D'après (i), il existe deux multiples consécutifs de q, soient m' et $m''=m'+q$, et deux fonctions $f'\in L_{m'}$ et $f''\in L_{m''}$, telles que $f'(x_i)=f''(x_i)=1$ $(i=1,2)$. Soit U un ouvert de X contenant x_1 et x_2, tel que $f'(x)\neq 0$ et $f''(x)\neq 0$ pour $x\in U$. Soit V l'image de U dans Y. Si m est un multiple de q au moins égal à $(m'm'')/q$, il existe des entiers positifs a' et a'' tels que $m=a'm'+a''m''$; la fonction $f=(f')^{a'}(f'')^{a''}$ appartient à L_m et est $\neq 0$ en tout point de $p^{-1}(V)$.

DÉMONSTRATION DE LA PROPOSITION 6. Soient y_1 et y_2 deux points distincts de Y: soient $x_1\in X$, $x_2\in X$, tels que $p(x_1)=y_1$, $p(x_2)=y_2$. Soit q le plus petit commun multiple de $q(y_1)$ et $q(y_2)$. D'après (i), il existe un entier m_0, multiple de q, une $f_1\in L_{m_0}$ telle que $f_1(x_1)=1$, $f_1(x_2)=0$, et une $f_2\in L_{m_0}$ telle que $f_2(x_1)=0$, $f_2(x_2)=1$. Soit U_1 un ouvert contenant x_1 et tel que $|f_1(x)|>1/2$ et $|f_2(x)|<1/2$ pour $x\in U_1$; et soit U_2 un ouvert contenant x_2 et tel que $|f_1(x)|<1/2$ et $|f_2(x)|>1/2$ pour $x\in U_2$. On peut choisir U_1 et U_2 assez petits pour que $V_1=p(U_1)$ et $V_2=p(U_2)$ soient contenus dans l'ouvert V de la Proposition 5. D'après la Proposition 5, pour tout multiple m assez grand de q, il existe une $f\in L_{m-m_0}$ telle que $f(x)\neq 0$ pour tout $x\in p^{-1}(V_1)\cup p^{-1}(V_2)$. Alors $f_1f=g$ et $f_2f=h$ satisfont aux conditions de la Proposition 6.

† Voir par exemple l'Exposé II de J. P. Serre dans [4]. ‡ Cf. [7].

Démonstration de la Proposition 7. Soit $x_0 \in X$ tel que $p(x_0)=y_0$. D'après le n° 4, on peut choisir dans X, au voisinage de x_0, des coordonnées locales (nulles en x_0) sur lesquelles le groupe d'isotropie $G(x_0)$ opère linéairement. Soit $(Q_i(x))$ un système fini de polynômes homogènes par rapport à ces coordonnées, et engendrant l'anneau des polynômes invariants par $G(x_0)$. Soit d_i le degré de Q_i. Soit m_0 un multiple de $q(x_0)$, au moins égal à tous les entiers $n(x_0, d_i)$ de la condition (ii). D'après (ii), il existe, pour chaque i, une $f_i \in L_{m_0}$ telle que l'ordre de $f_i - Q_i$ au point x_0 soit $> d_i$. D'après le Théorème 3, il existe un ouvert U contenant x_0, stable par $G(x_0)$, tel que les f_i, restreintes à U, induisent un homéomorphisme de $W=p(U)$ sur un sous-ensemble analytique normal N d'un ouvert de l'espace numérique C^r (r désignant le nombre des f_i). On peut de plus choisir U assez petit pour qu'il existe, pour tout multiple m assez grand de $q(x_0)$, une $g \in L_{m-m_0}$ et une $f \in L_m$ qui soient $\neq 0$ en tout point de $p^{-1}(W)$ (cf. Proposition 5). Alors, pour chaque tel m, les fonctions gf_i $(1 \leqq i \leqq r)$ et f sont dans L_m, et leurs rapports mutuels définissent un isomorphisme de W sur un sous-ensemble analytique normal d'un ouvert de l'espace projectif.

Paris

References

[1] W. L. Baily, *On the quotient of an analytic manifold by a group of analytic homeomorphisms*, Proc. Nat. Acad. Sci., U.S.A., 40 (1954), pp. 804–808.

[2] H. Behnke und K. Stein, *Modifikation komplexer Mannigfaltigkeiten und Riemannscher Gebiete*, Math. Ann., 124 (1951), pp. 1–16.

[3] H. Cartan, Séminaire E.N.S. 1951–52, Exposé xiii.

[4] H. Cartan, Séminaire E.N.S. 1953–54.

[5] W. L. Chow, *On compact analytic varieties*, Amer. J. Math., 71 (1949), pp. 49–50.

[6] I. S. Cohen and A. Seidenberg, *Prime ideals and integral independence*, Bull. Amer. Math. Soc., 52 (1946), pp. 252–261.

[7] M. Hervé, *Sur les fonctions fuchsiennes de deux variables complexes*, Ann. Ecole Norm., 69 (1952), pp. 277–302.

[8] J. Igusa, *On the structure of a certain class of Kaehler varieties*, Amer. J. Math., 76 (1954), pp. 669–678; cf. Theorem 3.

[9] K. Kodaira, *On Kähler varieties of restricted type*, Proc. Nat. Acad. Sci. U.S.A., 40 (1954), pp. 313–316.

[10] W. Krull, *Beiträge zur Arithmetik kommutativer Integritätsbereiche*, III, Math. Zeit., 42 (1937), pp. 745–766.

[11] K. Oka, *Sur les fonctions analytiques de plusieurs variables*, VIII, J. Math. Soc. Japan, 3 (1951), pp. 204–278.

[12] C. L. Siegel, Analytic functions of several complex variables, Princeton, 1948–49.

[13] O. Zariski, *Sur la normalité analytique des variétés normales*, Ann. Institut Fourier, 2 (1950), pp. 161–164.

44.

Variétés analytiques réelles et variétés analytiques complexes

Bulletin de la Société mathématique de France 85, 77–99 (1957)

J'avais annoncé sans démonstration, en 1953 [5], quelques résultats concernant les sous-variétés analytiques réelles de l'espace numérique R^n; il s'agissait de théorèmes sur la cohomologie à coefficients dans un faisceau analytique cohérent, analogues à ceux qui concernent les variétés de Stein dans le cas analytique-complexe. L'un des buts de cet article est de donner des démonstrations de ces résultats (*voir* notamment les théorèmes **2** et **3** ci-dessous). Pour cela on a besoin de savoir que l'espace réel R^n, considéré comme plongé dans l'espace complexe C^n, possède un système fondamental de voisinages ouverts dont chacun est un domaine d'holomorphie (prop. **1** ci-dessous); on utilise aussi une extension des théorèmes fondamentaux relatifs à la cohomologie des variétés de Stein (*voir* le théorème **1** ci-dessous).

Le théorème **3** met en évidence l'intérêt de la notion de sous-ensemble analytique « cohérent ». Ceci amène à étudier un peu systématiquement les sous-ensembles analytiques (au sens analytique-réel); cette étude n'a guère été entreprise jusqu'ici (*voir* cependant [2], p. 120-122); elle fait l'objet des paragraphes **8** et **9**. Dans les paragraphes **10** et **11**, on cherche à caractériser, parmi les sous-ensembles analytiques de R^n, ceux qui sont définissables globalement par un nombre fini d'équations analytiques.

Il serait intéressant d'avoir des critères permettant de reconnaître si une variété analytique réelle V (réunion dénombrable de compacts) peut être réalisée comme sous-variété analytique d'un espace numérique R^n. D'après B. Malgrange [**10**], il suffit pour cela que V admette un ds^2 analytique.

Le présent travail devait être écrit pour le Volume jubilaire du *Journal de Mathématiques pures et appliquées* en l'honneur de M. Arnaud Denjoy. Il n'a pu malheureusement être prêt à temps. Que Monsieur Denjoy veuille bien, malgré ce retard, l'accepter comme un hommage de ma respectueuse admiration.

1. Voisinages de R^n dans C^n.

PROPOSITION 1. — *L'espace numérique réel R^n, plongé dans l'espace numérique complexe C^n, possède un système fondamental de voisinages ouverts dont chacun est un domaine d'holomorphie.*

DÉMONSTRATION. — Soient $z_k = x_k + iy_k$ $(1 \leq k \leq n)$ les n variables complexes de C^n, le sous-espace R^n étant défini par les équations $y_k = 0$. Soit $SO(n)$ le groupe orthogonal réel à n variables, et notons G le groupe-produit $SO(n) \times SO(n)$; faisons opérer G sur C^n en associant à chaque couple (s, t) d'éléments de $SO(n)$ la transformation $(x, y) \to (sx, ty)$ de C^n [on note x, resp. y, un point (x_k), resp. (y_k), de R^n]. Le sous-espace fermé R^n de C^n est stable par les opérations de G, et comme G est compact, R^n possède un système fondamental de voisinages ouverts *stables par* G. Il s'ensuit que R^n possède un système fondamental de voisinages (ouverts) dont chacun a la forme

$$\sum_k (y_k)^2 < f\left[\sum_k (x_k)^2\right],$$

où $f(t)$ est une fonction de $t \geq 0$, à valeurs réelles > 0, et semi-continue inférieurement. De plus on peut supposer que f est *décroissante* (au sens large). Pour démontrer notre proposition, il suffira de montrer qu'étant donné une telle fonction $f(t)$ il existe une fonction $g(t)$, à valeurs > 0, *décroissante et indéfiniment dérivable*, qui satisfasse en outre aux deux conditions suivantes :

(1) $g(t) \leq f(t)$ pour tout $t \geq 0$;

(2) l'ouvert $\sum_k (y_k)^2 < g\left[\sum_k (x_k)^2\right]$ est un *domaine d'holomorphie.*

On va montrer que la condition différentielle

(3) $2tg''(t) < 1$ (où g'' désigne la dérivée seconde de la fonction g)

entraîne la condition (2). D'après OKA [11], si un ouvert $U \subset C^n$ est tel que chaque point de la frontière de U possède un voisinage ouvert V tel que $U \cap V$ soit un domaine d'holomorphie, alors U est un domaine d'holomorphie. D'autre part, appliquons la classique condition différentielle de LEVI-KRZOSKA (*cf.* [1], p. 54) : pour qu'un point $(x_k + iy_k)$ de la frontière de l'ensemble ouvert U défini par l'inégalité

$$\sum_k (y_k)^2 < g\left[\sum_k (x_k)^2\right]$$

possède un voisinage ouvert V tel que $U \cap V$ soit un domaine d'holomorphie, il suffit que la forme quadratique hermitienne (à n variables complexes a_k)

$$(1-g'(t))\left(\sum_k a_k\bar{a}_k\right)-2g''(t)\left|\sum_k x_k a_k\right|^2$$

induise une forme définie positive sur l'hyperplan complexe

$$\sum_k (g'(t)x_k+iy_k)a_k=0,$$

t désignant le nombre $\sum_k (x_k)^2$. Compte tenu de l'invariance de U par le groupe G, il suffit d'exprimer la condition précédente pour les points (x_k, y_k) tels que $x_k=0$ pour $k\geqq 2$; alors $t=(x_1)^2$, et comme la dérivée première $g'(t)$ est $\leqq 0$ par hypothèse, on voit que l'inégalité (3) entraine bien la condition de Levi-Krzoska.

En conséquence, pour établir la proposition 1, il suffit de prouver le

Lemme 1. — *Étant donnée une fonction $f(t)$, définie pour $t\geqq 0$, à valeurs >0 et décroissante, il existe une fonction $g(t)>0$, décroissante, indéfiniment dérivable, et qui satisfasse aux conditions* (1) *et* (3).

Prouvons ce lemme. Supposons qu'on ait trouvé une fonction $h(t)$ définie pour $t\geqq t_0$ ($t_0>0$), à valeurs >0, décroissante et indéfiniment dérivable, telle que $h(t)\leqq f(t)$ pour $t\geqq t_0$, et $2t\,h''(t)<1$ pour $t\geqq t_0$; alors la fonction $g(t)=h(t_0+t)$ satisfera aux conditions du lemme. Tout revient donc à trouver une telle fonction $h(t)$, pour un t_0 convenable.

Au lieu de la fonction h, cherchons la fonction $H(u)=h(u^{-1})$, qui doit être définie pour $u>0$ assez petit, croissante, indéfiniment dérivable et à valeurs >0, et doit en outre satisfaire aux deux inégalités

$$(4)\qquad H(u)\leqq F(u),\qquad 4u^2H'(u)+2u^3H''(u)<1$$

pour $u>0$ assez petit [on a posé $F(u)=f(u^{-1})$]. On va même chercher une fonction $H(u)$ définie pour toutes les valeurs de la variable réelle u, qui soit croissante, indéfiniment dérivable, à valeurs >0 pour $u>0$, et qui satisfasse à (4) pour $u>0$ assez petit. Or la deuxième inégalité (4) est vérifiée d'elle-même pour $u>0$ assez petit du moment que H est indéfiniment dérivable pour $u=0$. Pour construire H, introduisons une fonction $\lambda(u)$ indéfiniment dérivable de la variable réelle u, à valeurs $\geqq 0$, nulle hors de l'intervalle $0\leqq u\leqq 1$, de manière que le point $u=0$ appartienne au *support* de λ, et que $\int\lambda(u)\,du=1$; il est classique qu'une telle fonction λ existe. Prenons alors pour H le produit de convolution $\lambda\star F$, c'est-à-dire

$$H(u)=\int\lambda(x)\,F(u-x)\,dx.$$

Puisque λ est indéfiniment dérivable, H l'est aussi; puisque F est croissante, H est croissante et $H(u) \leq F(u)$ pour tout u; puisque le point $u=0$ appartient au support de λ, on a $H(u) > 0$ pour $u > 0$. Donc la fonction $H(u)$ satisfait à toutes les conditions cherchées, et le lemme 1 est démontré. En même temps est achevée la démonstration de la proposition **1**.

2. Extension des théorèmes fondamentaux sur la cohomologie des variétés de Stein. — Soit X une variété analytique-complexe. Soit $\mathcal{O}(X)$ le faisceau des germes de fonctions holomorphes aux différents points de X; c'est un *faisceau d'anneaux* : on notera $\mathcal{O}_x(X)$ l'anneau des germes de fonctions holomorphes au point $x \in X$. Ce faisceau d'anneaux est *cohérent* (au sens de Serre [**13**], déf. 3, p. 210) : cela résulte d'un théorème de Oka (*cf.* [**12**], [**3**] et l'exposé XV de [**4**]). On appelle *faisceau analytique* (sur X) un faisceau de $\mathcal{O}(X)$-modules (*cf.*. [**13**], p. 203). Nous renvoyons à [**13**] pour la définition d'un faisceau *cohérent* de modules; il nous suffit de savoir que, en vertu de la proposition 7 de [**13**] (p. 210), un faisceau analytique F est cohérent si et seulement si chaque point $x \in X$ possède un voisinage ouvert U tel que le faisceau induit $F(U)$ soit isomorphe (comme faisceau analytique) au conoyau d'un homomorphisme analytique de faisceaux $(\mathcal{O}(U))^p \to (\mathcal{O}(U))^q$ (p et q entiers convenables).

Rappelons le résultat fondamental (*cf.* [**5**], § **7**, th. A et B) :

Théorème fondamental. — *Soit X une variété de Stein* (¹), *et soit F un faisceau analytique cohérent sur X. Alors :*

(A) *Pour tout point $x \in X$, le module F_x* [module sur l'anneau $\mathcal{O}_x(X)$)] *est engendré par l'image de l'application naturelle*

$$H^0(X, F) \to F_x;$$

[$H^0(X, F)$ désigne, comme d'habitude, le module des sections de F au-dessus de X];

(B) *Pour tout entier $q \geq 1$, le groupe de cohomologie $H^q(X, F)$ est réduit à* 0.

En fait, ce théorème vaut, plus généralement, pour tout faisceau analytique cohérent sur un *espace analytique* (²) holomorphiquement complet (³).

Nous nous proposons ici d'étendre le théorème fondamental au cas où X est remplacé par un sous-espace fermé convenable d'une variété analytique complexe (ou même, plus généralement, d'un espace analytique). Soit X une variété analytique complexe (ou, plus généralement, un espace analytique),

(¹) Pour la définition d'une variété de Stein, *voir* par exemple [5], p. 49.

(²) Au sujet de la notion générale d' « espace analytique », due à Behnke et Stein ainsi qu'à H. Cartan, *voir* par exemple l'exposé récent [14], § 1.

(³) Au sujet de la notion d'espace « holomorphiquement complet », *voir* [8].

et soit A un sous-espace *fermé* de X. Soit $\mathcal{O}(A)$ le faisceau induit sur A par le faisceau $\mathcal{O}(X)$; c'est un faisceau d'anneaux ; l'anneau $\mathcal{O}_x(A)$, pour $x \in A$, n'est autre que l'anneau $\mathcal{O}_x(X)$ des germes holomorphes de l'espace ambiant X. Il est immédiat que $\mathcal{O}(A)$ est un faisceau cohérent d'anneaux ; on a, sur A, la notion de faisceau analytique, et la même caractérisation des faisceaux analytiques cohérents que ci-dessus. On se propose de démontrer ([4]) :

THÉORÈME 1. — *Soit X une variété analytique-complexe, réunion dénombrable de compacts. Si un sous-espace fermé $A \subset X$ possède un système fondamental de voisinages ouverts dont chacun est une variété de Stein, les conclusions du « théorème fondamental » subsistent, i. e. :*

(A) *Pour tout point $x \in A$ et tout faisceau analytique cohérent F sur A, F_x est engendré* [comme module sur $\mathcal{O}_x(A)$] *par l'image de l'application naturelle $H^0(A, F) \to F_x$;*

(B) *Pour tout entier $q \geq 1$, et tout faisceau analytique cohérent F sur A, on a $H^q(A, F) = 0$.*

REMARQUE. — La démonstration qui suivra (§ 4) montrera que dans l'énoncé précédent, on pourrait remplacer « variété analytique-complexe » par « espace analytique », et « une variété de Stein » par « holomorphiquement complet » ; les assertions (A) et (B) restent vraies dans ce cas plus général.

3. Prolongement d'un faisceau cohérent donné sur un fermé. — Avant de démontrer le théorème 1, nous avons besoin d'un théorème de prolongement des faisceaux cohérents :

PROPOSITION 2. — *Soit A un sous-espace fermé d'un espace analytique X. Supposons que X soit réunion dénombrable de compacts. Si un faisceau analytique G, sur A, est $\mathcal{O}(A)$-cohérent, alors G est induit par un faisceau $\mathcal{O}(U)$-cohérent F sur un voisinage ouvert convenable U de A.*

Il s'agit, d'une manière plus précise, de trouver un voisinage U de A, un faisceau cohérent F sur U, et un isomorphisme (analytique) de G sur le faisceau $F(A)$ induit par F sur le sous-espace A.

Avant de prouver la proposition 2, nous établirons plusieurs lemmes :

LEMME 2. — *Soient F et F' deux faisceaux analytiques cohérents sur un sous-espace fermé A d'un espace analytique X, et soient f et g deux homomorphismes analytiques $F \to F'$; pour $x \in A$, soient f_x et g_x les homomorphismes $F_x \to F'_x$ induits par f et g. Alors l'ensemble des $x \in A$ tels que $f_x = g_x$ est* ouvert *dans A.*

([4]) La démonstration suivra en gros celle donnée dans [4], exposé XIX, pour le cas où le sous-espace fermé A est compact.

DÉMONSTRATION. — Soit x un point de A tel que $f_x = g_x$; on veut montrer que $f_y = g_y$ pour tout point $y \in A$ assez voisin de x. Or il existe un nombre fini de sections u_i de F au-dessus d'un voisinage U de x dans A, telles que, pour tout $y \in U$, les u_i engendrent F_y comme module sur l'anneau $\mathcal{O}_y(A)$. D'autre part, pour chaque i, il existe un voisinage ouvert U_i de x, contenu dans U, et des sections v_i (resp. w_i) de F' au-dessus de U_i, telles que, pour tout $y \in U_i$, v_i (resp. w_i) induise un élément de F'_y égal à $f_y(u_i)$ [resp. égal $g_y(u_i)$]. Puisque $f_x(u_i) = g_x(u_i)$, les sections v_i et w_i coïncident dans un voisinage de x; on a donc $f_y(u_i) = g_y(u_i)$, quel que soit i, pour tout $y \in A$ assez voisin de x; or ceci entraîne l'égalité des homomorphismes f_y et g_y, ce qui démontre le lemme.

LEMME 3. — *Soient F et F' deux faisceaux analytiques cohérents sur un espace analytique X, réunion dénombrable de compacts. Soit A un sous-espace* fermé *de X, et soit $f: F(A) \to F'(A)$ un homomorphisme analytique des faisceaux induits sur A par F et F'. Alors il existe un voisinage V de A et un homomorphisme analytique $g: F(V) \to F'(V)$, qui prolonge f.*

DÉMONSTRATION. — Considérons d'abord le cas où A est réduit à un point $x \in X$; alors f est simplement un homomorphisme $F_x \to F'_x$ pour les structures de modules sur $\mathcal{O}_x(X)$. Soient u_i des sections de F au-dessus d'un voisinage de x, en nombre fini, qui engendrent le $\mathcal{O}_y(X)$-module F_y en chaque point y assez voisin de x; et soient v_j des sections de F' au-dessus d'un voisinage de x, en nombre fini, qui engendrent F'_y en chaque point y assez voisin de x. Le faisceau F étant cohérent, le « faisceau des relations » entre les sections u_i est engendré par un nombre fini de systèmes (a^i_k) ($k = 1, 2, \ldots$) holomorphes au voisinage de x. On a donc, pour chaque k, $\sum_i a^i_k u_i = 0$ au voisinage de x; et, pour tout système de fonctions b^i, holomorphes en un point y assez voisin de x, et satisfaisant à $\sum_i b^i u_i = 0$ au voisinage de y, il existe des λ^k holomorphes en y, telles que $b^i = \sum_k \lambda^k a^i_k$ pour tout i. Cela dit, chaque $f(u_i) \in F'_x$ peut s'écrire comme combinaison linéaire $\sum_j \lambda^j_i v_j$ à coefficients λ^j_i holomophes au voisinage de x; et l'on a

$$\sum_{i,j} a^i_k \lambda^j_i v_j = 0$$

au voisinage de x. Soit alors y un point assez voisin de x; montrons qu'il existe un $\mathcal{O}_y$-homomorphisme $f_y: F_y \to F'_y$ tel que $f_y(u_i) = \sum_j \lambda^j_i v_j$. Il suffit de vérifier que si des b^i holomorphes en y satisfont à $\sum_i b^i u_i = 0$, on a $\sum_{i,j} b^i \lambda_i^j v_j = 0$; or cela résulte du fait que c'est vrai si $b^i = a_k^i$, quel que soit k. Les homomorphismes f_y étant maintenant définis, il est clair que la collection de ces f_y définit un homomorphisme analytique $F(U) \to F'(U)$ pour un voisinage ouvert U assez petit de x. Et ceci démontre le lemme 3 dans le cas particulier où A est réduit à un point.

Passons au cas général. D'après ce qu'on vient de démontrer, pour chaque point $x \in A$ il existe un voisinage ouvert U de x et un homomorphisme analytique $h : F(U) \to F'(U)$, de manière que l'homomorphisme $h_x : F_x \to F'_x$ induit par h soit égal à l'homomorphisme f_x induit par $f : F(A) \to F'(A)$. En vertu du lemme 2, on peut choisir U assez petit pour que $h_y = f_y$ en tout point $y \in A \cap U$. Si à chaque $x \in A$ on associe un tel ouvert U, ces ouverts et $X - A$ constituent un recouvrement ouvert $\mathcal{R}$ de X; puisque X est paracompact, il existe deux recouvrements ouverts (U_i) et (V_i), plus fins que $\mathcal{R}$, dont chacun est *localement fini*, et tels que $\overline{V}_i \subset U_i$. Soit B la réunion de ceux des $\overline{V}_i$ qui rencontrent A; B est un *voisinage fermé* de A dans X. D'autre part, pour chaque i tel que U_i rencontre A, on a un homomorphisme analytique $g^i : F(U_i) \to F'(U_i)$ qui induit un homomorphisme

$$F(A \cap U_i) \to F'(A \cap U_i)$$

égal à celui induit par $f : F(A) \to F'(A)$; il s'ensuit que, pour $x \in A \cap U_i \cap U_j$, les homomorphismes $(g^i)_x$ et $(g^j)_x$ induits par g^i et g^j sont égaux. Soit alors $x \in B$; l'ensemble $I(x)$ des i tels que $x \in \overline{V}_i$ est fini, et l'on a $I(y) \subset I(x)$ pour $y \in B$ assez voisin de x. Le lemme 2 montre que l'ensemble des $x \in B$ tels que l'on ait $(g^i)_x = (g^j)_x$ pour tout couple (i, j) d'indices i et j appartenant à $I(x)$, est ouvert dans B; comme il contient A, c'est un voisinage V de A. Si $x \in V$, soit g_x la valeur commune des $(g^i)_x$ pour les $i \in I(x)$; il est immédiat que la collection des g_x, pour $x \in V$, définit un homomorphisme analytique $g : F(V) \to F'(V)$, et que g prolonge f. La démonstration du lemme 3 est achevée.

Démonstration de la proposition 2. — Soit $x \in A$; il résulte de la définition d'un faisceau cohérent qu'il existe un ouvert U (dans X) contenant x, un faisceau cohérent F sur U, et un isomorphisme analytique de $G(A \cap U)$ sur le faisceau $F(A \cap U)$. Si à chaque $x \in A$ on associe un tel U, ces ouverts U et l'ouvert $X - A$ constituent un recouvrement ouvert $\mathcal{R}$ de x. Puisque X est paracompact, il existe deux recouvrements ouverts (U_i) et (V_i), plus fins que $\mathcal{R}$, dont chacun est localement fini, et tels que $\overline{V}_i \subset U_i$. Pour chaque i tel que U_i rencontre A, on a un faisceau analytique cohérent F^i sur U_i et un isomorphisme analytique f^i du faisceau $G(A \cap U_i)$ sur $F^i(A \cap U_i)$. Pour chaque couple (i, j) tel que $A \cap U_i \cap U_j$ ne soit pas vide, $f^i \circ (f^j)^{-1}$ est un isomorphisme f^{ij} de $F^j(A \cap U_i \cap U_j)$ sur $F^i(A \cap U_i \cap U_j)$; et dans $A \cap U_i \cap U_j \cap U_k$ supposé non vide, on a $f^{ij} \circ f^{jk} = f^{ik}$.

D'après le lemme 3 appliqué à l'espace $U_i \cap U_j$ et au sous-espace fermé $A \cap U_i \cap U_j$, il existe un ouvert U_{ij} contenant $A \cap U_i \cap U_j$ et contenu dans $U_i \cap U_j$, et un homomorphisme analytique $g^{ij}: F^j(U_{ij}) \to F^i(U_{ij})$ qui prolonge f^{ij}; si $i = j$, on convient que $U_{ii} = U_i$ et que g^{ii} est l'identité. Il existe un ouvert W contenant A tel que, pour tout couple (i, j), on ait

$$W \cap \overline{V}_i \cap \overline{V}_j \subset U_{ij};$$

en effet, tout point $x \in A$ possède un voisinage ouvert $W(x)$ qui ne rencontre qu'un nombre fini des $\overline{V}_i$; pour chaque couple (i, j) tel que $\overline{V}^i$ et $\overline{V}_j$ rencontrent $W(x)$, U_{ij} est un ouvert contenant x; l'intersection de ces U_{ij} (en nombre fini) et de $W(x)$ est un ouvert contenant x; la réunion des ouverts ainsi attachés aux points $x \in A$ est l'ouvert W cherché.

Soit maintenant V l'ensemble des points $y \in W$ tels que

$$(g^{ij})_y \circ (g^{jk})_y = (g^{ik})_y$$

quels que soient i, j, k tels que $y \in \overline{V}_i \cap \overline{V}_j \cap \overline{V}_k$. L'ensemble V contient A et est *ouvert*. Soit enfin U la réunion des $V \cap V_i$: c'est un ouvert contenant A. On va définir un faisceau F sur U, par « recollement » : sur $U \cap V_i$, on prend le faisceau $F^i(U \cap V_i)$; dans $U \cap V_i \cap V_j$, qui est contenu dans U_{ij} (puisque $U \subset W$), on a un homomorphisme analytique $F^j(U \cap V_i \cap V_j) \to F^i(U \cap V_i \cap V_j)$, induit par g^{ij}; notons-le encore g^{ij}. Dans $U \cap V_i \cap V_j \cap V_k$, on a $g^{ij} \circ g^{jk} = g^{ik}$, puisque $U \subset V$; il en résulte notamment (pour $k = i$) que g^{ij} est un isomorphisme. Soit F le faisceau, sur U, obtenu en recollant les $F^i(U \cap V_i)$ par les isomorphismes transitifs g^{ij}; il est cohérent, puisque les $F^i(U \cap V_i)$ le sont. Le faisceau $F(A)$ induit par F sur A est obtenu par recollement des $F^i(A \cap V_i)$ au moyen des isomorphismes f^{ij}, qui sont précisément induits par les g^{ij}. Or $f^{ij} = f^i \circ (f^j)^{-1}$, f^i étant un isomorphisme

$$G(A \cap V_i) \to F^i(A \cap V_i).$$

Il en résulte que la collection de ces f_i définit un isomorphisme f du faisceau G sur le faisceau $F(A)$ induit par F sur A. Et ceci achève la démonstration de la proposition 2.

REMARQUE. — Le faisceau G étant donné sur A comme dans la proposition 2, on a trouvé un triple (U, F, f) formé d'un ouvert U contenant A, d'un faisceau cohérent F sur U, et d'un isomorphisme analytique f de G sur le faisceau induit $F(A)$. Une telle solution (U, F, f) est *unique à un isomorphisme près*, dans le sens suivant : si (U', F', f') est une autre solution, il existe un voisinage ouvert U'' de A, contenu dans $U \cap U'$, et un isomorphisme h du faisceau induit $F(U'')$ sur le faisceau induit $F'(U'')$, tel que

$$f' = h_A \circ f,$$

en notant h_A l'isomorphisme $F(A) \rightarrow F(A')$ induit par h.

Cette assertion est une conséquence facile des lemmes 2 et 3.

4. Démonstration du théorème 1. — Nous avons encore besoin d'une proposition préliminaire :

PROPOSITION 3. — *Soit X un espace paracompact, F un faisceau de groupes abéliens sur X, et A une partie fermée de X. Pour chaque entier $q \geqq 0$, le groupe abélien $H^q(A, F)$ est limite directe des groupes abéliens $H^q(U, F)$ relatifs aux ouverts U contenant A.*

Pour $q = 0$, c'est bien connu : toute section de F au-dessus de A fermé se prolonge en une section de F au-dessus d'un voisinage ouvert U de A : et si deux sections de F au-dessus d'un ouvert U contenant A coïncident sur A, elles coïncident dans tout un voisinage de A.

Pour passer de là au cas où q est quelconque, on utilise une « résolution fine » de F, c'est-à-dire une suite exacte de faisceaux

$$0 \rightarrow F \rightarrow F^0 \rightarrow F^1 \rightarrow \ldots \rightarrow F^q \ldots,$$

où les $F^i (i \geqq 0)$ sont des faisceaux *fins*. On sait ([5]) qu'on a un isomorphisme canonique entre $H^q(X, F)$ et le $q^{\text{ème}}$ groupe d'homologie du complexe formé de la suite de groupes abéliens

$$0 \rightarrow \Gamma(X, F^0) \xrightarrow{d^0} \Gamma(X, F^1) \xrightarrow{d^1} \ldots \xrightarrow{d^{q-1}} \Gamma(X, F^q) \xrightarrow{d^q} \ldots,$$

$\Gamma(X, F^q)$ désigne le groupe des sections $H^0(X, F^q)$. Autrement dit, on a un isomorphisme canonique entre $H^q(X, F)$ et le quotient du noyau de

$$d^q : \Gamma(X, F^q) \rightarrow \Gamma(X, F^{q+1})$$

par l'image de

$$d^{q-1} : \Gamma(X, F^{q-1}) \rightarrow \Gamma(X, F^q).$$

Ce résultat vaut aussi pour A et pour les ouverts U contenant A. Comme le complexe $\sum_{q \geqq 0} \Gamma(A, F^q)$ est la limite directe des complexes $\sum_{q \geqq 0} \Gamma(U, F^q)$ quand U parcourt l'ensemble des ouverts contenant A, et comme l'homologie des complexes commute avec la limite directe, il s'ensuit bien que $H^q(A, F)$ est limite directe des $H^q(U, F)$.

La proposition 3 étant établie, il est maintenant facile de démontrer le

---

([5]) *Voir* par exemple [7], p. 89, th. A.

théorème 1 du paragraphe 2. En effet, grâce à la proposition 2 (§ 3) on peut supposer que le faisceau F est induit sur A par un faisceau analytique cohérent dans un voisinage U de A, faisceau que nous appellerons encore F. D'après l'hypothèse de l'énoncé, les voisinages ouverts V de A, contenus dans U, et qui sont des variétés de Stein, forment un système fondamental de voisinages de A ; donc chaque groupe $H^q(A, F)$ est limite directe des $H^q(V, F)$, d'après la proposition 3. Or le « théorème fondamental » dit que $H^q(V, F) = 0$ pour $q \geqq 1$; cela entraîne $H^q(A, F) = 0$ pour $q \geqq 1$, c'est-à-dire l'assertion (B) du théorème. Pour démontrer l'assertion (A), choisissons un V; d'après le théorème fondamental, le $\mathcal{O}_x$-module F_x est engendré par des sections de F au-dessus de V; il l'est donc, *a fortiori*, par des sections au-dessus de A.

5. Faisceaux analytiques cohérents sur une variété analytique-réelle. — Soit V une variété analytique-réelle. On notera $\mathcal{R}(V)$ le faisceau des germes de fonctions analytiques-réelles aux différents points de V; $\mathcal{R}_x(V)$ désignera donc l'anneau des germes de fonctions analytiques-réelles au point $x \in V$.

PROPOSITION 4. — *Le faisceau $\mathcal{R}(V)$ est un faisceau cohérent d'anneaux.*

La démonstration d'Oka pour le cas analytique-complexe s'applique sans changement au cas analytique-réel. Plus généralement, il y a une démonstration uniformément valable pour tout corps valué complet non discret (*cf.* [4], exposé XV). D'ailleurs, la proposition 4 pourrait facilement se déduire du théorème d'Oka pour le cas analytique-complexe.

DÉFINITION. — Soit V une variété analytique-réelle, plongée comme sous-ensemble fermé dans une variété analytique-complexe X. On dit que X est une *complexification* de V si chaque point $x \in V$ possède, dans X, un système de coordonnées locales (complexes) z_i jouissant des propriétés suivantes : au voisinage de x, V est l'ensemble des points dont les coordonnées z_i sont réelles, et les parties réelles $\mathrm{Re}(z_i)$ forment un système de coordonnées locales pour V au voisinage de x.

PROPOSITION 5. — *Soit V une variété analytique-réelle, plongée comme sous-ensemble fermé dans une variété analytique-complexe X, de manière que X soit une complexification de V. Alors le faisceau $\mathcal{R}(V) \otimes_R C$, sur V, s'identifie au faisceau $\mathcal{O}(V)$ induit par $\mathcal{O}(X)$ sur V. Si, de plus, F est un faisceau $\mathcal{R}(V)$-cohérent sur V, le faisceau $F \otimes_R C$ est un faisceau $\mathcal{O}(V)$-cohérent.*

DÉMONSTRATION. — Il suffit de la faire dans le cas où $V = R^n$ et $X = C^n$, R^n étant canoniquement plongé dans C^n. Si x est un point de R^n, l'anneau $\mathcal{R}_x(R^n) \otimes_R C$ n'est autre que l'anneau des fonctions analytiques au point x et à valeurs complexes; il s'identifie à l'anneau $\mathcal{O}_x(C^n)$ des fonctions holomorphes au point x. D'où l'identification des faisceaux $\mathcal{R}(R^n) \otimes_R C$ et $\mathcal{O}(R^n)$.

Soit maintenant F un faisceau analytique cohérent (au sens réel) sur V, c'est-à-dire $\mathcal{R}(V)$-cohérent. En se restreignant à un ouvert convenable U de V, F est isomorphe au conoyau d'un homomorphisme analytique

$$(\mathcal{R}(U))^p \to (\mathcal{R}(U))^q;$$

donc $F \otimes_R C$ est isomorphe au conoyau de $(\mathcal{R}(U))^p \otimes_R C \to (\mathcal{R}(U))^q \otimes_R C$, qui s'identifie au conoyau de $(\mathcal{O}(U))^p \to (\mathcal{O}(U))^q$, lequel est analytique cohérent au sens complexe, c'est-à-dire $\mathcal{O}(U)$-cohérent. Ceci achève la démonstration.

Proposition 6. — *Soit V une variété analytique réelle, plongée comme sous-ensemble fermé dans une variété analytique-complexe X, de manière que X soit une complexification de V. Supposons que V possède dans X un système fondamental de voisinages ouverts dont chacun soit une variété de Stein. Alors :*

(A) *Pour tout point $x \in V$ et tout faisceau $\mathcal{R}(V)$-cohérent F sur V, F_x est engendré* [comme module sur l'anneau $\mathcal{R}_x(V)$] *par des sections de F au-dessus de V;*

(B) *Pour tout entier $q \geqq 1$, et tout faisceau $\mathcal{R}(V)$-cohérent F sur V, on a $H^q(V, F) = 0$.*

Démonstration (6). — D'après la proposition 5, le faisceau $F \otimes_R C$ est $\mathcal{O}(V)$-cohérent. On peut lui appliquer le théorème 1 (dans lequel A serait remplacé par V). Donc $F_x \otimes_R C$ est engendré, comme module sur $\mathcal{R}_x(V) \otimes_R C$, par des sections de $F \otimes_R C$ au-dessus de V; cela entraîne aussitôt que F_x est engendré, comme module sur $\mathcal{R}_x(V)$, par des sections de F au-dessus de V. D'autre part, le théorème 1 dit que $H^q(V, F \otimes_R C) = 0$ pour $q \geqq 1$; comme $H^q(V, F \otimes_R C) \approx H^q(V, F) \otimes_R C$, il s'ensuit que $H^q(V, F) = 0$.

On peut appliquer la proposition 6 à R^n plongé dans C^n, grâce à la proposition 1 (§ 1), et compte tenu du fait classique qu'un domaine d'holomorphie est une variété de Stein. Ainsi :

Théorème 2. — *Soit F un faisceau analytique cohérent* (*au sens réel*) *sur l'espace R^n. Alors :*

(A) *Pour tout point $x \in R^n$, F_x est engendré* (comme module sur l'anneau des fonctions analytiques au point x) *par des sections de F au-dessus de R^n;*

(B) *Pour tout entier $q \geqq 1$, on a $H^q(R^n, F) = 0$.*

Remarque. — Étant donnée une variété analytique réelle V, réunion dénom-

(6) Cette démonstration est calquée sur celle donnée par Serre ([4], exposé XX) dans le cas où V est compacte.

brable de compacts, on peut montrer sans difficulté que V peut être plongée comme sous-espace fermé d'une variété analytique-complexe X telle que X soit une complexification de V. On ignore s'il est possible de faire en sorte que V possède, dans X, un système fondamental de voisinages ouverts dont chacun soit une variété de Stein, de manière à pouvoir appliquer à V les conclusions (A) et (B) de la proposition 6. Dans le paragraphe suivant, on va démontrer (A) et (B) pour toutes les sous-variétés analytiques dans l'espace numérique R^n.

6. Sous-ensembles analytiques d'une variété analytique-réelle. — Soit V une variété analytique-réelle. On dit qu'une partie A de V est un *sous-ensemble analytique* de V si A est *fermé* dans V, et si, au voisinage de chaque point $a \in A$, A peut être défini par l'annulation d'un système fini de fonctions analytiques au voisinage de a. Plus particulièrement, A est une *sous-variété analytique* de V si A est fermé dans V et si, au voisinage de chaque point $a \in A$, A peut être défini par l'annulation d'un certain nombre de coordonnées parmi celles d'un système convenable de coordonnées locales (de V) au point a; alors A porte évidemment une structure de variété analytique-réelle.

Soit A un sous-ensemble analytique d'une variété analytique-réelle V; on attache à A un faisceau d'idéaux I sur V, comme suit : si $x \notin A$, on pose $I_x = \mathcal{R}_x(V)$; si $x \in A$, I_x est l'idéal de $\mathcal{R}_x(V)$ formé des germes de fonctions analytiques qui s'annulent identiquement sur A (au voisinage de x). Les idéaux I_x forment bien un faisceau I, qu'on appellera le *faisceau d'idéaux attaché au sous-ensemble analytique* A. Cette définition est calquée sur celle du cas analytique-complexe; mais tandis que, dans le cas analytique-complexe, le faisceau d'idéaux attaché à un sous-ensemble analytique (complexe) est toujours *cohérent* ([3], th. 2), *il n'en est plus de même dans le cas analytique-réel* (*cf.* § 9).

DÉFINITION. — Un sous-ensemble analytique A d'une variété analytique-réelle V sera dit *cohérent* si le faisceau d'idéaux I attaché à A est un faisceau cohérent. Il est évident que toute sous-variété analytique de V est un sous-ensemble cohérent.

Soit A un sous-ensemble analytique cohérent de V, et soit I le faisceau attaché à A. Le faisceau-quotient $\mathcal{R}(V)/I$ est un faisceau $\mathcal{R}(V)$-cohérent, nul en dehors de A; il induit sur A un faisceau cohérent d'anneaux, qui s'identifie à un faisceau de germes de fonctions sur A. Dans le cas particulier où A est une sous-variété analytique de V, ce faisceau d'anneaux n'est autre que le faisceau $\mathcal{R}(A)$ des germes de fonctions analytique (réelles); dans le cas général où A est un sous-ensemble analytique cohérent, le faisceau induit sur A par $\mathcal{R}(V)/I$ se notera encore $\mathcal{R}(V)$ et s'appellera le *faisceau des germes de fonctions analytiques* sur A.

PROPOSITION 7. — *Soit* A *un sous-ensemble analytique cohérent d'une* *variété analytique-réelle V, et soit F un faisceau $\mathcal{R}(A)$-cohérent sur A. Si F' désigne le faisceau (sur V) obtenu en prolongeant F par o en dehors de A, alors F', considéré comme faisceau de $\mathcal{R}(V)$-modules, est cohérent.*

La démonstration donnée par Serre [13] pour le cas algébrique (*loc. cit.*, p. 232, prop. 3) est valable ici, puisqu'elle n'utilise que deux résultats de la théorie abstraite des faisceaux cohérents.

Par ailleurs, il est classique que $H^q(A, F) \approx H^q(W, F')$ avec les notations précédentes ($q \geqq 0$). Compte tenu du théorème 2, on obtient :

Théorème 3. — *Soit A un sous-ensemble analytique cohérent de l'espace numérique R^n* (ce qui est le cas si A est une *sous-variété analytique* de R^n). *Soit F un faisceau analytique cohérent sur A. Alors :*

(A) *Pour tout point $x \in A$, F_x est engendré* [comme module sur l'anneau $\mathcal{R}_x(A)$ des germes de fonctions analytiques au point x] *par des sections de F au-dessus de A;*

(B) *Pour tout entier $q \geqq 1$, on a $H^q(A, F) = 0$.*

7. Quelques conséquences du théorème 3. — On peut déduire du théorème 3 des conséquences analogues à celles que l'on tire du « théorème fondamental » (§ 2) : les démonstrations sont les mêmes; nous ne les donnerons donc pas ici, et nous renvoyons le lecteur à [4], [5] et [15].

(1) Soit A un sous-ensemble analytique cohérent de R^n. Alors A peut être défini par des *équations globales* : d'une façon précise, A est l'ensemble des zéros communs aux fonctions *analytiques dans tout R^n* et qui s'annulent sur A. En fait, A peut être défini globalement par un nombre *fini* d'équations (*voir* § 10, corollaire de la proposition 15).

(2) Soit A comme dans (1); alors toute *fonction analytique* sur A [c'est-à-dire toute section du faisceau $\mathcal{R}(A)$] est induite sur A par une fonction analytique de l'espace R^n.

(3) Soit A comme dans (1); si des fonctions analytiques f_i sur A, en nombre fini, n'ont pas de zéro commun, il existe des fonctions c_i analytiques sur A, telles que $\sum_i c_i f_i = 1$.

(4) Si V est une sous-variété analytique de R^n, toute forme différentielle analytique sur V est induite par une forme différentielle analytique de R^n; de plus, l'anneau de cohomologie de l'anneau des formes différentielles analytiques sur V est canoniquement isomorphe à l'anneau de cohomologie réelle de l'espace V (*cf.* théorème de de Rham).

(5) Si une variété analytique réelle peut se plonger dans R^n, il existe toujours sur V, une fonction analytique (réelle) admettant, en chaque point d'un sous-ensemble discret de V, un développement limité arbitrairement donné.

(6) Soit V une variété analytique réelle pouvant se plonger dans R^n; tout « diviseur réel » sur V définit un élément du groupe de cohomologie $H^1(V, Z_2)$; pour que ce soit le diviseur d'une fonction méromorphe réelle, il faut et il suffit que l'élément correspondant de $H^1(V, Z_2)$ soit nul; il existe toujours un diviseur réel dont la classe de cohomologie soit un élément donné de $H^1(V, Z_2)$.

(7) Si V est une variété analytique réelle pouvant se plonger dans R^n, la classification des espaces fibrés principaux *analytiques* (réels) dont le groupe est un groupe de Lie abélien G coïncide avec la classification des espaces fibrés principaux *topologiques* de groupe G. Le cas d'un groupe de Lie non abélien mériterait d'être étudié (pour le cas analytique complexe, *voir* [9] et [6]).

8. Structure des sous-ensembles analytiques réels. — Il s'agit ici de notions plus ou moins connues, mais guère explicitées dans la littérature.

Proposition 8 (1). — *Soit A_a un germe d'ensemble analytique (réel) en un point $a \in R^n$; R^n étant plongé dans C^n, il existe dans C^n, au point a, un germe d'ensemble analytique-complexe $\tilde{A}_a$ et un seul, possédant les deux propriétés suivantes :*

(*a*) $\tilde{A}_a \supset A_a$;

(*b*) *Tout germe de fonction holomorphe (au point a) qui s'annule sur A_a s'annule sur $\tilde{A}_a$.*

On a alors $\tilde{A}_a \cap R^n = A_a$, et tout germe d'ensemble analytique-complexe qui contient A_a contient $\tilde{A}_a$. Si I_a est l'idéal de $\mathcal{R}_a(R^n)$ formé des germes de fonctions analytiques s'annulant sur A_a, et $\tilde{I}_a$ l'idéal de

$$\mathcal{O}_a(C^n) \approx \mathcal{R}_a(R^n) \otimes_R C$$

formé des germes de fonctions holomorphes s'annulant sur $\tilde{A}_a$, on a $\tilde{I}_a = I_a \otimes C$.

Démonstration. — Soit (f_i) un système fini de fonctions analytiques réelles, au voisinage de $a \in R^n$, qui engendre l'idéal I_a. Les équations $f_i(x) = 0$ définissent dans C^n, au voisinage de a, un sous-ensemble analytique-complexe; soit $\tilde{A}_a$ le germe induit par ce sous-ensemble au point a. Il est clair que $\tilde{A}_a$ possède les propriétés (*a*) et (*b*) de l'énoncé. Si B_a est un germe d'ensemble analytique-complexe contenant A_a, tout germe de fonction holomorphe qui s'annule sur B_a s'annule sur A_a, donc s'annule sur $\tilde{A}_a$, et par suite $B_a \supset \tilde{A}_a$; de là résulte l'unicité du germe analytique complexe $\tilde{A}_a$ satisfaisant à (*a*) et

(1) *Cf.* [2], p. 120-122.

(b). La définition explicite de $\tilde{A}_a$ montre que $\tilde{A}_a \cap R^n = A_a$. De plus, tout germe de fonction holomorphe qui s'annule sur $\tilde{A}_a$ s'annule sur A_a, donc est combinaison linéaire (à coefficients holomorphes en a) des f_i, et par suite appartient à l'idéal $\tilde{I}_a = I_a \otimes C$; ceci prouve que $\tilde{I}_a$ est l'idéal des germes de fonctions holomorphes s'annulant sur $\tilde{A}_a$.

DÉFINITION. — Le germe $\tilde{A}_a$ défini dans la proposition 8 s'appelle le *complexifié* du germe A_a.

PROPOSITION 9. — *Si le germe A_a est réunion d'une famille finie de germes d'ensembles analytiques réels A_a^i, le complexifié $\tilde{A}_a$ est réunion des complexifiés $\tilde{A}_a^i$. Si, de plus, les A_a^i sont les composantes irréductibles* ([8]) *de A_a, les complexifiés $\tilde{A}_a^i$ sont les composantes irréductibles du complexifié $\tilde{A}_a$.*

DÉMONSTRATION. — La réunion des $\tilde{A}_a^i$ contient A_a, et tout germe de fonction holomorphe qui s'annule sur A_a s'annule sur la réunion des $\tilde{A}_a^i$; il résulte alors de la caractérisation axiomatique du complexifié $\tilde{A}_a$ que ce complexifié est égal à la réunion des $\tilde{A}_a^i$. De plus, si A_a est irréductible, $\tilde{A}_a$ est irréductible : car si l'on avait $\tilde{A}_a = B'_a \cup C'_a$, B'_a et C'_a étant des germes complexes distincts de $\tilde{A}_a$, on aurait

$$A_a = B_a \cup C_a, \qquad \text{avec} \quad B_a = B'_a \cap R^n, \qquad C_a = C'_a \cap R^n,$$

donc on aurait par exemple $B_a = A_a$, d'où $B'_a \supset A_a$, donc $B'_a \supset \tilde{A}_a$ et, par suite, $B'_a = \tilde{A}_a$, contrairement à l'hypothèse. Supposons maintenant que A_a admette une décomposition en composantes irréductibles A_a^i; d'après ce qu'on vient de voir, les complexifiés $\tilde{A}_a^i$ sont irréductibles, et $\tilde{A}_a$ est réunion des $\tilde{A}_a^i$; pour montrer que les $\tilde{A}_a^i$ sont les composantes irréductibles de $\tilde{A}_a$, il suffit de vérifier que $\tilde{A}_a^i \not\subset \tilde{A}_a^j$ pour $i \neq j$; or si l'on avait $\tilde{A}_a^i \subset \tilde{A}_a^j$, on aurait $A_a^i \subset A_a^j$ contrairement aux hypothèses.

COROLLAIRE. — *Pour que le germe A_a soit irréductible, il faut et il suffit que son complexifié $\tilde{A}_a$ soit irréductible.*

DÉFINITION. — On dira qu'un germe d'ensemble analytique-complexe B_a,

---

([8]) Un germe A_a est réductible s'il existe deux germes B_a et C_a tels que $A_a = B_a \cup C_a$, $B_a \neq A_a$, $C_a \neq A_a$; A_a est *irréductible* dans le cas contraire. Comme l'anneau $\mathcal{O}_a$ des germes de fonctions analytiques au point a est noethérien, on voit facilement que tout germe d'ensemble analytique-réel A_a est réunion d'une famille finie de germes irréductibles A_a^i, et que ceux-ci sont déterminés de façon unique si l'on suppose que $A_a^i \not\subset A_a^j$ pour $i \neq j$ (auquel cas les A_a^i s'appellent les « composantes irréductibles » de A_a). On a les mêmes notions et la même terminologie pour les germes d'ensembles analytiques-complexes.

en un point *réel* $a \in C^n$, est un *complexifié*, s'il existe dans R^n un germe d'ensemble analytique-réel A_a tel que B_a soit le complexifié de A_a.

Cette définition appelle diverses remarques. Si B_a est un complexifié, c'est le complexifié de $B_a \cap R^n$, donc la donnée de B_a détermine A_a. Pour que B_a soit un complexifié, il faut et il suffit qne tout germe de fonction holomorphe qui s'annule sur $B_a \cap R^n$ s'annule sur B_a.

De la proposition 9 résultent les faits suivants :

Toute réunion finie de germes complexifiés est un complexifié; pour qu'un germe B_a soit un complexifié, il faut et il suffit que ses composantes irréductibles soient des complexifiés.

Notions sur la dimension. — Soit B_a un germe d'ensemble analytique-complexe en un point $a \in C^n$; on sait que si B_a est *irréductible*, on définit la *dimension* (complexe) de B_a; si de plus B est un sous-ensemble analytique-complexe, dans un voisinage de a, qui induise le germe B_a, chacune des composantes irréductibles du germe B_x induit par B en un point x voisin de a a même dimension p que le germe B_a. Si un tel point x est *non singulier* pour B, alors B est, au voisinage de x, une sous-variété analytique-complexe de dimension (complexe) p. Rappelons, d'autre part, que l'ensemble S des points singuliers de B est un sous-ensemble analytique-complexe dont toutes les composantes irréductibles, en un point quelconque $x \in S$, sont de dimension $< p$.

Ceci étant rappelé, soit maintenant A_a un sous-ensemble analytique-réel dans un voisinage d'un point $a \in R^n$, et supposons que le germe A_a induit par A soit *irréductible*. Par définition, la *dimension* (réelle) de A au point a (ou la dimension du germe A_a) est égale à la dimension (complexe) du germe complexifié $\tilde{A}_a$, qui est irréductible. Il existe évidemment, dans un voisinage convenable de a dans C^n, un sous-ensemble analytique-complexe B tel que le germe B_a induit par B soit le complexifié de A_a; alors $B \cap R^n$ et A coïncident au voisinage de a. Soit S l'ensemble des points singuliers de B; le germe S_a induit par S ne contient pas A_a, sinon il contiendrait $\tilde{A}_a$, ce qui est impossible puisque les composantes irréductibles de S_a sont de dimension strictement plus petite que la dimension de $B_a = \tilde{A}_a$. Ainsi A possède des points, arbitrairement voisins de a, qui sont *non singuliers* pour B; au voisinage d'un tel point, A est une *sous-variété analytique-réelle dont la dimension est égale à la dimension p du germe A_a*. En effet, cela résulte de la proposition suivante (*cf.* [2], p. 120-122) : *soient des f_i analytiques réelles au voisinage d'un point $b \in R^n$, telles que les équations $f_i(z) = 0$ définissent, dans un voisinage complexe de b, une sous-variété analytique-complexe V de dimension* (*complexe*) *p; alors $V \cap R^n$ est, au voisinage de b, une sous-variété analytique-réelle de dimension p*. Pour le voir, on observe que V est stable pour l'automorphisme $(z_1, \ldots, z_n) \to (\bar{z}_1, \ldots, \bar{z}_n)$; on peut ranger les coordonnées (supposées nulles en b) dans un ordre tel que

V soit définie par des équations

$$z_k = g_k(z_1, \ldots, z_p), \qquad p+1 \leq k \leq n,$$

où g_k est holomorphe au voisinage de l'origine. Soit

$$\overline{g}_k(z_1, \ldots, z_p) = \overline{g_k(\overline{z}_1, \ldots, \overline{z}_p)};$$

on a $z_k = \overline{g}_k(z_1, \ldots, z_p)$ sur V, donc $g_k - \overline{g}_k = 0$ sur V, et comme $z_1, \ldots, z_p$ sont des coordonnées locales sur V, les fonctions g_k et $\overline{g}_k$ sont identiques; ainsi g_k est à coefficients réels, et $V \cap R^n$ est défini par les n-p équations réelles $x_k = g_k(x_1, \ldots, x_p)$.

Avant de résumer les résultats obtenus, observons que si un sous-ensemble analytique-réel induit un germe A_a irréductible de dimension p, alors, en tout point $x \in A$ assez voisin de a, toutes les composantes irréductibles du germe induit A_x sont de dimension $\leq p$; car si un sous-ensemble analytique-complexe B est tel que le germe B_a soit le complexifié de A_a, le germe B_x *contient* le complexifié de A_x et, par suite, les dimensions des composantes irréductibles de $\tilde{A}_x$ sont au plus égales à p.

Finalement, nous avons démontré ceci :

PROPOSITION 10. — *Soit A un sous-ensemble analytique-réel dans un voisinage de $a \in R^n$; supposons que le germe A_a soit irréductible et de dimension p. Alors, en chaque point de A assez voisin de a, les composantes irréductibles de A sont de dimension $\leq p$. De plus, il existe un sous-ensemble analytique-réel $A' \subset A$ jouissant des propriétés suivantes :* 1° *les composantes irréductibles de A' au point a sont de dimension $< p$;* 2° *$A - A'$ possède des points arbitrairement voisins de a, et en chacun de ces points A est une sous-variété analytique-réelle de dimension p.*

(Il suffit de prendre pour A' l'intersection $A \cap S$, S désignant comme ci-dessus l'ensemble des points singuliers de B.)

REMARQUE. — Sous les hypothèses précédentes, il peut exister des points de A arbitrairement voisins de a, en lesquels la dimension de A est *strictement inférieure à p*. Par exemple, dans l'espace R^3 (coordonnées x, y, z), le cône d'équation

$$z(x^2 + y^2) = x^3$$

est irréductible à l'origine (0, 0, 0); il est de dimension 2 en ce point; mais, au voisinage de chaque point $(0, 0, z)$ tel que $z \neq 0$, il se réduit à la droite d'équations $x = 0$, $y = 0$. Bien entendu, ces points sont *singuliers* pour le complexifié du cône à l'origine, complexifié qui n'est autre que le cône (complexe) défini par la même équation. Ce dernier fait résulte de la

PROPOSITION 11. — *Soit B_a un germe irréductible d'ensemble analytique-complexe en un point réel $a \in C^n$, et soit p la dimension (complexe) de*

B_a. Pour que B_a soit un complexifié, il faut et il suffit que $B_a \cap R^n$ soit un germe (analytique réel) irréductible de dimension p. Il suffit que B_a contienne un germe analytique-réel, irréductible et de dimension p.

Démonstration — Supposons que B_a soit le complexifié d'un germe A_a; alors A_a est irréductible (corollaire de la proposition 9), et la dimension réelle de A_a est égale à la dimension complexe p de B_a (par définition de la dimension d'un germe analytique-réel). Réciproquement, supposons que B_a contienne un germe analytique-réel A_a, irréductible et de dimension p; soit B un sous-ensemble analytique complexe, dans un voisinage complexe de a, qui induise le germe B_a, et soit A un sous-ensemble analytique-réel, dans un voisinage réel de a, qui induise le germe A_a. Puisque $A_a \subset B_a$, on peut supposer $A \subset B$. Si f est un germe de fonction holomorphe qui s'annule sur A_a, f s'annule en des points non singuliers de B arbitrairement voisins de a, à savoir les points de A où A est une sous-variété de dimension p. Comme B_a est irréductible, f s'annule identiquement sur B au voisinage de a. Ainsi tout germe de fonction holomorphe qui s'annule sur A_a s'annule sur B_a, et, par suite, B_a est le complexifié de A_a.

9. — **Propriétés des sous-ensembles analytiques cohérents.** — Soit A un sous-ensemble analytique d'une variété analytique-réelle V, et soit I le faisceau d'idéaux attaché à A. Pour que I soit cohérent, il faut et il suffit que I soit *cohérent en chaque point* $a \in A$; ceci signifie qu'il existe un système fini de fonctions analytiques réelles au voisinage de a, qui engendrent l'idéal I_x en chaque point x assez voisin de a. Or la propriété, pour le faisceau I attaché à A, d'être cohérent au point $a \in A$, est une propriété qui ne dépend que du germe d'ensemble A_a induit par A au point a. On a donc la notion de *germe* (d'ensemble analytique réel) *cohérent*; pour que A soit cohérent, il faut et il suffit que les germes A_a induits par A aux points $a \in A$ soient cohérents. Tout revient donc à caractériser les germes cohérents; on peut se borner à étudier la cohérence des germes dans l'espace numérique R^n.

Proposition 12. — *Soit A_a un germe d'ensemble analytique-réel en un point $a \in R^n$. Soit B un sous-ensemble analytique-complexe, dans un voisinage complexe de a, tel que le germe induit B_a soit le complexifié de A_a. Pour que A_a soit cohérent, il faut et il suffit que, pour tout point x réel assez voisin de a, le germe B_x induit par B soit un complexifié.*

Démonstration. — La condition est nécessaire; soit en effet A un sous-ensemble analytique-réel induisant A_a, et soit (f_i) un système fini de fonctions analytiques réelles au voisinage de a, qui engendre, en chaque point réel x assez voisin de a, l'idéal I_x du faisceau I attaché à A. Les équations $f_i = 0$ définissent, dans un voisinage complexe de a, l'ensemble B. En chaque point x réel assez voisin de a, B_x est donc le complexifié de A_x.

La condition est suffisante; car soit, en chaque point x d'un voisinage complexe de a, J_x l'idéal du faisceau attaché au sous-ensemble analytique-complexe B. Les J_x forment un faisceau cohérent. Si x est un point réel, B_x est, en vertu de l'hypothèse, le complexifié de $B_x \cap R^n$, c'est-à-dire de A_x; donc $J_x = I_x \otimes C$, en notant I_x l'idéal attaché à A au point x. Soit (f_i) un système fini de fonctions holomorphes dans un voisinage complexe de a, qui engendre l'idéal J_x en tout point x d'un voisinage complexe de a; alors les parties réelle et imaginaire des f_i sont des fonctions analytiques réelles qui, en tout point réel x voisin de a, engendrent l'idéal I_x. Ceci prouve que le faisceau I est cohérent au point a, c'est-à-dire que le germe A_x est cohérent.

Proposition 13. — *La réunion d'une famille finie de germes cohérents est un germe cohérent. Pour qu'un germe d'ensemble analytique-réel soit cohérent, il faut et il suffit que ses composantes irréductibles soient des germes cohérents.*

Démonstration. — Soient A^i des sous-ensembles analytiques-réels en nombre fini, dans un voisinage de a, tels que les germes $(A^i)_a$ soient cohérents. Soient B^i des sous-ensembles analytiques-complexes, dans un voisinage complexe de a, tels que $(B^i)_x$ soit le complexifié de $(A^i)_x$, pour tout point réel x voisin de a. Soit B la réunion des B^i; si x est un point réel voisin de a, le germe B_x, réunion des $(B^i)_x$, est le complexifié de la réunion des $(A^i)_x$ (prop. 9), c'est-à-dire de A_x. Ceci établit la première assertion de l'énoncé.

Il reste à montrer que si A_a est cohérent, ses composantes irréductibles A^i_a sont des germes cohérents. Or soient B^i_a les complexifiés des A^i_a; ce sont les composantes irréductibles du germe B_a complexifié de A_a (prop. 9). Chaque intersection $B^i_a \cap B^j_a (i \neq j)$ se compose de composantes irréductibles de dimension strictement plus petite que la plus petite des dimensions de B^i_a et de B^j_a; donc, en chaque point x voisin de a, chaque composante irréductible de $B^i_x \cap B^j_x$ est de dimension strictement inférieure à la plus petite des dimensions de B^i_x et de B^j_x; il en résulte que l'ensemble des composantes irréductibles de B_x est la réunion (quand i varie) des ensembles de composantes irréductibles des B^i_x. Puisque B_x est un complexifié, il en est de même des B^i_x d'après la proposition 9; donc chaque germe A^i_a est cohérent, en vertu de la proposition 12.

Proposition 14. — *Soit A un sous-ensemble analytique-réel dans un voisinage de $a \in R^n$, tel que le germe induit A_a soit irréductible et de dimension p. Si A_a est cohérent, alors, en tout point $x \in A$ assez voisin de a, toutes les composantes irréductibles de A_x sont de dimension p.*

En effet, avec les notations de la proposition 12, les complexifiés des composantes irréductibles de A_x sont des composantes irréductibles de B_x, qui sont de dimension p.

Remarque. — La proposition 14 montre que le cône $z(x^2+y^2)=x^3$ *n'est pas cohérent* à l'origine (o, o, o), puisqu'il est de dimension 1 aux points

$(0, 0, z)$ tels que $z \neq 0$. D'autre part, la condition nécessaire énoncée à la proposition 14 pour que A_a soit cohérent *n'est pas suffisante*; considérons par exemple le cône

$$z(x+y)(x^2+y^2) = x^4;$$

en chaque point (x, y, z) voisin de $(0, 0, 0)$ et distinct de $(0, 0, 0)$ c'est une sous-variété de dimension 2; cependant il n'est pas cohérent à l'origine, car son complexifié est le cône complexe ayant même équation, et ce cône induit en chaque point $(0, 0, z)$ tel que $z \neq 0$ un germe complexe qui n'est pas un complexifié.

10. Sous-ensembles analytiques de R^n définissables par des équations analytiques. — On a vu (§ 7) que tout sous-ensemble analytique cohérent A de R^n est l'ensemble des zéros communs à une famille de fonctions analytiques dans tout R^n. On va montrer que A peut être défini par un nombre *fini* d'équations $f_i(x) = 0$, les f_i étant analytiques dans R^n. De plus, la classe des sous-ensembles analytiques de R^n qui peuvent être définis par un nombre fini d'équations analytiques est plus vaste que celle des sous-ensembles analytiques cohérents, comme le montre l'exemple du cône $z(x^2+y^2) = x^3$ dans R^3.

PROPOSITION 15. — *Soit A un sous-ensemble analytique de R^n. Il y a équivalence entre les trois conditions suivantes :*

(*a*) *Il existe sur R^n un faisceau cohérent d'idéaux I tel que A soit le lieu des zéros de I* [i. e. A est l'ensemble des points x tels que $I_x \neq \mathcal{O}_x(R^n)$];

(*b*) *Il existe un voisinage ouvert U de R^n dans C^n, et un sous-ensemble analytique-complexe B de U, tel que $B \cap R^n = A$;*

(*c*) *Il existe un nombre fini de fonctions analytiques réelles f_i dans R^n, tel que A soit l'ensemble des solutions du système d'équations $f_i(x) = 0$.*

DÉMONSTRATION. — On va montrer que

$$(a) \Rightarrow (b) \Rightarrow (c) \Rightarrow (a).$$

$(a) \Rightarrow (b)$: Soit I un faisceau cohérent d'idéaux, comme en (a). Alors $I \otimes_R C$ est un faisceau cohérent d'idéaux sur R^n, au sens analytique complexe. Ce faisceau est induit par un faisceau cohérent d'idéaux J sur un voisinage ouvert U de R^n. Soit B le lieu des zéros de J; B est un sous-ensemble analytique-complexe de U, et $B \cap R^n = A$.

$(b) \Rightarrow (c)$: D'après la proposition 1, on peut supposer que U est un domaine d'holomorphie. B est alors un sous-ensemble analytique-complexe d'une variété de Stein U, donc ([9]) B est l'ensemble des solutions d'un

([9]) On le prouve au moyen d'un raisonnement dû à Grauert, et que voici : choisissons un point dans chaque composante connexe de $U - B$; d'après la théorie des variétés de

système fini d'équations $g_j = 0$, les g_j étant holomophes dans U. Les g_j induisent sur R^n des fonctions analytiques à valeurs complexes ; en égalant à zéro leurs parties réelles et imaginaires, on trouve un système fini d'équations $f_i = 0$ qui définit A.

$(c) \Rightarrow (a)$: Si A est défini par un système fini d'équations analytiques $f_i = 0$, les f_i engendrent, en chaque point $x \in R^n$, un idéal I_x; les idéaux I_x forment un faisceau cohérent I, et A est le lieu des zéros de I.

Corollaire de la proposition 15. — *Tout sous-ensemble analytique cohérent A de R^n est l'ensemble des solutions d'un système fini d'équations analytiques $f_i(x) = 0$.*

[En effet, la condition (a) est satisfaite.]

11. Exemple d'un sous-ensemble analytique de R^3 qui n'est pas définissable globalement par des équations analytiques. — Soit $a(z)$ la fonction d'une variable réelle z, nulle pour $z \leq -1$ et pour $z \geq +1$, et égale à $\exp\left(\frac{1}{z^2 - 1}\right)$ pour $-1 < z < +1$. Soit S l'ensemble des points de R^3 (coordonnées x, y, z) défini par l'équation

$$z(x^2 + y^2) = x^3 a(z).$$

Comme $a(z)$ est une fonction continue, S est *fermé*. De plus S est un sous-ensemble analytique de R^3 : il suffit de le vérifier aux points de S où $z = \pm 1$. En ces points, on a $x = 0$, $y = 0$. Considérons par exemple le point $(0, 0, 1)$; au voisinage de ce point, S peut être défini par le système d'équations $x = 0$, $y = 0$. Ainsi S est bien un sous-ensemble analytique. On va prouver :

Proposition 16. — *S étant défini comme ci-dessus, si une fonction $f(x, y, z)$, analytique réelle dans R^3, s'annule en tout point de S, elle est identiquement nulle.*

Démonstration. — R^3 possède un voisinage ouvert U dans C^3, tel que f se prolonge en une fonction holomorphe dans U; on la notera encore f. Consi-

---

Stein, il existe une fonction g_1 holomorphe dans U, nulle sur B et égale à 1 en ces points. Soit B_1 le sous-ensemble analytique, ensemble des zéros de g_1; B_1 contient B; sur chacune des composantes irréductibles (au sens global dans U) de B_1 qui ne sont pas contenues dans B, choisissons un point n'appartenant pas à B; soit g_2 une fonction holomorphe dans U, égale à 1 en chacun de ces points, et nulle sur B. Soit B_2 le sous-ensemble analytique, ensemble des zéros communs à g_1 et g_2; B_2 contient B; celles des composantes irréductibles (globales) de B_2 qui ne sont pas contenues dans B sont de dimension $n-2$, et l'on peut choisir dans chacune d'elles un point n'appartenant pas à B. En poursuivant ainsi, on obtient n fonctions $g_1, \ldots, g_n$ holomorphes dans U, et l'ensemble de leurs zéros communs contient, outre B, un ensemble de points *isolés*. Si g_{n+1} est holomorphe dans U, nulle sur B et égale à 1 en ces points isolés, B est l'ensemble des zéros communs à $g_1, \ldots, g_{n+1}$.

dérons, dans C^3, l'ensemble S' des solutions complexes de l'équation

$$z(x^2+y^2)=x^3\exp\left(\frac{1}{z^2-1}\right) \qquad (z^2\neq 1).$$

S' est un sous-ensemble analytique (complexe) dans l'ouvert de C^3, complémentaire de la réunion des deux plans $z=1$ et $z=-1$; à l'origine, S' est le complexifié de S. On peut supposer U assez petit pour que les points *réguliers* de S' contenus dans U soient exactement ceux pour lesquels x est $\neq 0$. Considérons l'ensemble des points réguliers de S' contenus dans U; soit M celle des composantes connexes de cet ensemble qui contient les points réguliers voisins de $(0, 0, 0)$. Comme f est holomorphe et s'annule en ces derniers points, f est nulle en tout point de l'adhérence de M. On va montrer que ceci implique que *f s'annule en tout point de S' assez voisin du point* $(0, 0, 1)$.

D'abord, tout point $(0, 0, z_0)$, où z_0 est réel et $-1 < z_0 < +1$, possède un voisinage tel que les points réguliers de S' contenus dans ce voisinage appartiennent à M. Il suffit donc de prouver ceci : quel que soit $\varepsilon > 0$, si deux points $(x_0, y_0, z_0)\in S'$ et $(x_1, y_1, z_1)\in S'$ sont tels que

$$0<|x_i|<\varepsilon, \qquad |y_i|<\varepsilon, \qquad |z_i-1|<\varepsilon \qquad (\text{pour } i=0, 1),$$

ils peuvent être joints par un arc formé de points de S' situés dans la région

$$0<|x|<\varepsilon, \qquad |y|<\varepsilon\sqrt{3}, \qquad |z-1|<\varepsilon.$$

Voici comment on trouve un tel arc. Appelons $\lambda(z)$ la fonction

$$\frac{1}{z}\exp\left(\frac{1}{z^2-1}\right).$$

Joignons z_0 à z_1 par un arc Γ situé dans la couronne $0<|z-1|<\varepsilon$, et soit M la borne supérieure de $|\lambda(z)|$ sur Γ. Soit $\eta>0$ tel que $M\eta^3+\eta^2\leq 1$. Joignons le point (x_0, y_0, z_0) à un point de la forme $(\eta x_0, y'_0, z_0)$ par des points de la forme (x, y, z_0), où $x=tx_0$ (t réel variant de 1 à η), $y=\sqrt{\lambda(z_0)x^3-x^2}$. Comme $|\lambda(z_0)x_0^3|<2\varepsilon^2$, on a constamment $|y|^2<3\varepsilon^2$. On peut joindre de même le point (x_1, y_1, z_1) à un point $(\eta x_1, y'_1, z_1)$. Il reste alors à joindre les points $(\eta x_0, y'_0, z_0)$ et $(\eta x_1, y'_1, z_1)$ par des points de la forme $(\eta x, y, z)$, z décrivant Γ, x variant de x_0 à x_1 dans le domaine $0<|x|<\varepsilon$, et y étant égal à $\sqrt{\lambda(z)\eta^3x^3-\eta^2x^2}$.

Ainsi il est démontré que $f(x, y, z)$ s'annule en tout point de S' assez voisin du point $(0, 0, 1)$. Fixons alors les nombres $x_0\neq 0$ et $y_0\neq 0$ assez voisins de 0*; d'après le théorème de Picard appliqué au point singulier $z=1$ de la fonction $\lambda(z)$, il existe une infinité de points (x_0, y_0, z) de S' pour lesquels z est arbitrairement voisin de 1 ; comme f est holomorphe et s'annule en ces points, $f(x_0, y_0, z)$ est nulle quel que soit z réel. Ce résultat vaut quels que soient x_0 et y_0 comme ci-dessus, donc $f(x, y, z)$ est identiquement nulle. Ceci achève la démonstration.

*$(x_0^2+y_0^2\neq 0)$

Autre exemple. — La fonction $a(z)$ ayant la même signification que ci-dessus, considérons le sous-ensemble $\Sigma \subset R^3$ défini par l'équation

$$z^2(1-2z^2)(x^2+y^2)=(x^4+y^4)\,a(z).$$

C'est un sous-ensemble analytique de R^3, et il est réunion d'un compact et de la droite $x=y=0$. En raisonnant comme pour la proposition **16**, on démontre que *toute fonction* $f(x, y, z)$ *analytique réelle dans* R^3 *qui s'annule sur* Σ, *est identiquement nulle.*

BIBLIOGRAPHIE.

[1] H. Behnke et P. Thullen, *Theorie der Funktionen mehrerer komplexer Veränderlichen* (*Ergebn. Math.*, 1934).

[2] F. Bruhat, *Sur les représentations induites des groupes de Lie* (*Bull. Soc. math. Fr.*, t. 84, 1956, p. 97-205).

[3] H. Cartan, *Idéaux et modules de fonctions analytiques de variables complexes* (*Bull. Soc. math. Fr.*, t. 78, 1950, p. 29-64).

[4] H. Cartan, *Séminaire Éc. Norm. sup.*, 1951-1952.

[5] H. Cartan, *Variétés analytiques complexes et cohomologie* (*Colloque sur les fonctions de plusieurs variables*, Bruxelles, 1953, p. 41-55).

[6] H. Cartan, *Espaces fibrés analytiques* (à paraître dans le volume du *Symposium de Topologie de Mexico*, 1956).

[7] P. Dolbeault, *Formes différentielles et cohomologie sur une variété analytique complexe* (*Ann. Math.*, t. 64, 1956, p. 83-130).

[8] H. Grauert, *Charakterisierung der holomorph vollständigen komplexen Räume* (*Math. Ann.*, t. 129, 1955, p. 233-259).

[9] H. Grauert, *Approximationssätze und analytische Faserräume* (*Math. Ann.*, à paraître prochainement).

[10] B. Malgrange, *Plongements des variétés analytiques réelles* (*Bull. Soc. math. Fr.*, t. 85, 1957, p. 101-113.

[11] K. Oka, *Sur les fonctions analytiques de plusieurs variables.* VI. *Domaines pseudoconvexes* (*Tohoku Math. J.*, t. 49, 1942, p. 15-52); IX. *Domaines finis sans point critique intérieur* (*Jap. J. Math.*, t. 23, 1953, p. 97-155).

[12] K. Oka, *Sur les fonctions analytiques de plusieurs variables.* VII. *Sur quelques notions arithmétiques* (*Bull. Soc. math. Fr.*, t. 78, 1950, p. 1-27).

[13] J. P. Serre, *Faisceaux algébriques cohérents* (*Ann. Math.*, t. 69, 1955, p. 197-278)

[14] J. P. Serre, *Géométrie algébrique et géométrie analytique* (*Ann. Inst. Fourier*, t. 6, 1955-1956, p. 1-42).

[15] J. P. Serre, *Quelques problèmes globaux relatifs aux variétés de Stein* (*Colloque sur les fonctions de plusieurs variables*, Bruxelles, 1953, p. 57-68).

45.

(avec F. Bruhat)

Sur la structure des sous-ensembles analytiques réels

Comptes Rendus de l'Académie des Sciences de Paris 244, 988–991 (1957)

1. Soit Ω un ouvert de l'espace R^n. Un sous-ensemble E de Ω est *analytique* (réel) dans Ω, si pour tout point $a \in \Omega$ existent un voisinage ouvert U de a et un système fini de fonctions f_i analytiques (réelles) dans U, de façon que $E \cap U$ soit l'ensemble des points de U où s'annulent simultanément les f_i ($E \cap U$ est alors l'ensemble des zéros de la fonction $f = \sum_i (f_i)^2$). La notion de *germe* analytique en a est alors claire; tout germe analytique admet une décomposition unique en germes irréductibles, en nombre fini ([1]). Soit E_a un germe analytique au point a; plongeons R^n dans C^n, et soit ([2]) $\tilde{E}_a$ (*complexifié* de E_a) le plus petit germe analytique-*complexe* de C^n au point a, contenant E_a; les composants irréductibles de $\tilde{E}_a$ sont les complexifiés des composants irréductibles de E_a ([3]). On appelle *dimension* de E_a la plus grande des dimensions (complexes) des composants irréductibles de $\tilde{E}_a$. Si E est un sous-ensemble analytique de Ω, on appelle dimension de E la borne supérieure des dimensions des germes E_a induits par E aux points $a \in \Omega$.

On notera $V_p(E)$ l'ensemble des points de E où E est une *sous-variété* analytique de dimension p. On sait ([2]) que si $\dim E_a = p$, le point a est adhérent à $V_p(E)$, et qu'il existe un voisinage ouvert U de a et un sous-ensemble analytique S de U, de dimension $< p$ (éventuellement vide) tel que

$$S \subset E \cap U = (V_p(E) \cap U) \cup S.$$

Si $\dim E = p$, le sous-ensemble fermé $E - V_p(E)$ n'est pas nécessairement analytique ([4]).

2. Théorème 1. — *Soit* E *un sous-ensemble analytique, a un point de* E *tel que le germe* E_a *soit irréductible de dimension p; il existe un voisinage ouvert* U *de a tel que* $U \cap V_p(E)$ *ait un nombre fini de composantes connexes* A_i, *et que a soit « fortement adhérent » à chaque* A_i (i. e. : il existe un arc γ_i d'extrémité a tel que $\gamma_i - \{a\} \subset A_i$).

La démonstration utilise le :

LEMME. — *Soit f une fonction analytique (réelle) dans un ouvert $\Omega \subset R^n$, nulle en $a \in \Omega$, et non identiquement nulle au voisinage de a. Alors a possède un voisinage ouvert $W \subset \Omega$ tel que l'ensemble W' des points de W où $f \neq 0$ ait un nombre fini de composantes connexes et que a soit « fortement adhérent » à chacune d'elles.*

Le lemme est évident pour $n = 1$, et se prouve par récurrence sur n. D'après le théorème de Weierstrass ([5]), il existe, dans un ouvert Ω' contenant a, un système de coordonnées locales $x_1, \ldots, x_{n-1}, z$ nulles en a, et un polynome distingué $P(z)$ (à coefficients analytiques en $x_1, \ldots, x_{n-1}$) qui soit premier au polynome dérivé $P'(z)$, de manière que les équations $f = 0$ et $P = 0$ aient mêmes solutions dans Ω'. Notons ψ l'application $(x_1, \ldots, x_{n-1}, z) \rightarrow (x_1, \ldots, x_{n-1})$ de Ω' dans R^{n-1}. Soit D l'ensemble des zéros du discriminant de $P(z)$; d'après l'hypothèse de récurrence, $\psi(\Omega')$ contient un voisinage ouvert U de O, tel que $U - (D \cap U)$ ait un nombre fini de composantes connexes et que O soit « fortement adhérent » à chacune d'elles.

Soit $W = \Omega' \cap \psi^{-1}(U)$, et supposons U assez petit pour que les relations $(x_1, \ldots, x_{n-1}) \in U$ et $P(z; x_1, \ldots, x_{n-1}) = 0$ entraînent $(x_1, \ldots, x_{n-1}, z) \in \Omega'$. Soit W' l'ensemble des points de W où $P \neq 0$. Soit A une composante connexe de W'; $\psi(A)$ étant ouvert rencontre une composante connexe B de $U - (D \cap U)$. Il existe un arc γ joignant O à un point $b \in B \cap \psi(A)$, tel que $\gamma - \{O\} \subset B$. Pour tout $x \in \gamma - \{O\}$, les points de $\psi^{-1}(x) \cap W$ où $P = 0$ correspondent aux racines réelles (toutes simples) de P; leur nombre est indépendant de x, et ces points sont des fonctions continues de x, qui tendent vers a quand x tend vers zéro. Donc a est « fortement adhérent » à A, et le nombre des composantes connexes A de W' telles que $\psi(A)$ rencontre une composante B donnée est $\leq q + 1$, en notant q le degré de P. D'où le lemme.

Pour prouver le théorème 1, on utilise les résultats classiques ([6]) concernant la structure du germe complexifié $\tilde{E}_a$: il existe au voisinage de a, dans R^n, des coordonnées locales $x_1, \ldots, x_n$ nulles en a, et un polynome distingué irréductible $P(x_{p+1}; x_1, \ldots, x_p)$ à valeurs réelles, nul sur E et jouissant des propriétés suivantes : sur l' « espace analytique » défini par l'équation $P = 0$, les coordonnées d'un point de E sont des fonctions analytiques, à valeurs réelles quand $x_1, \ldots, x_p, x_{p+1}$ sont réels; de plus, si Δ désigne le discriminant de P, tout point de E où $\Delta \neq 0$ appartient à $V_p(E)$, et l'ensemble de ces points est dense dans $V_p(E)$. Appliquons le lemme à l'ensemble des points $(x_1, \ldots, x_p)$ où $\Delta \neq 0$; en raisonnant alors comme dans le lemme, on obtient le théorème.

3. Soit G_p l'ensemble de tous les germes analytiques irréductibles de dimension p situés aux divers points de Ω; munissons G_p de la topologie dans

laquelle un système fondamental d'ouverts $\Gamma(U, E)$ est obtenu comme suit : pour tout couple (U, E) formé d'un ouvert $U \subset \Omega$ et d'un sous-ensemble E analytique de U et de dimension p, $\Gamma(U, E)$ désigne l'ensemble de tous les composants irréductibles de dimension p de E aux divers points de E.

Soit $\tilde{G}_p$ l'espace analogue, relatif aux germes analytiques-*complexes* (irréductibles et de dimension p) situés aux points (réels) de Ω; on sait ([7]) que la topologie de $\tilde{G}_p$ est *séparée*. Soit G'_p la partie formée des éléments de $\tilde{G}_p$ qui coupent R^n suivant un élément de G_p. Alors G'_p est fermé dans $\tilde{G}_p$, et l'application $G'_p \to G_p$ est un homéomorphisme; donc *la topologie de* G_p *est séparée*. De plus, le théorème 1 entraîne que G_p est *localement connexe* par arcs. Si E est un sous-ensemble analytique (réel) de dimension $\leq p$ dans Ω, l'ensemble $G_p(E)$ des composants irréductibles de E en tous ses points est un sous-espace *ouvert et fermé* de G_p.

Théorème 2. — *Soit* E *un sous-ensemble analytique de* Ω, *et soit* $a \in E$. *Il existe un voisinage ouvert* U *de* a *jouissant de la propriété suivante : si un sous-ensemble analytique* F *de* Ω *induit en* a *un germe* F_a *contenant* E_a, *alors* F *contient* $E \cap U$.

Prouvons le théorème 2 par récurrence sur la dimension p de E; il est évident pour $p = 0$. Soit $h^1, \ldots, h^k$ les composants irréductibles *de dimension* p de E_a; il existe un voisinage ouvert Ω' de a, et des sous-ensembles analytiques $H^1, \ldots, H^k$, S de Ω', tels que $(H^i)_a = h^i$, $\dim S < p$, $E \cap \Omega' = H^1 \cup \ldots \cup H^k \cup S$ et $H^i \subset V_p(H^i) \cup S$ (pour $1 \leq i \leq k$). On peut même supposer, d'après l'hypothèse de récurrence, que $F_a \supset S_a$ entraîne $F \supset S$. Alors si $F_a \supset E_a$, $G_p(E \cap F)$ contient h^i et est ouvert et fermé dans G_p, qui est localement connexe; donc Ω' contient un voisinage ouvert U_i de a, indépendant de F, tel que $F \supset V_p(H^i) \cap U_i$; d'où le théorème en posant $U = U_1 \cap \ldots \cap U_k$.

Corollaire 1. — *Soit* (E^i) *une famille filtrante décroissante de sous-ensembles analytiques de* Ω. *Tout point* $a \in \Omega$ *possède un voisinage ouvert* U *tel que la famille* $(E^i \cap U)$ *soit stationnaire.*

(En effet, la famille des germes $(E^i)_a$ est stationnaire).

Corollaire 2. — *L'intersection d'une famille quelconque de sous-ensembles analytiques de* Ω *est un sous-ensemble analytique de* Ω.

(On applique le corollaire 1 à la famille des intersections finies.)

Dans une Note ultérieure, nous appliquerons les résultats précédents au problème de la décomposition (globale) d'un ensemble analytique en « composantes irréductibles ».

(*) Séance du 11 février 1957.

(1) Parce que l'anneau des germes de fonctions analytiques est nœthérien.

(2) F. Bruhat, *Bull. Soc. Math. Fr.*, 84, 1956, p. 97-205; *voir* § 3, n° 1.

(3) H. Cartan, *Bull. Soc. Math. Fr.*, 85, 1957.

(4) Voir une Note ultérieure.

(5) *Voir* Bochner-Martin, *Several complex variables* (chap. IX), et *Sémin.* H. Cartan, 1951-1952, exposé X.

(6) *Voir* par exemple *Sémin.* H. Cartan, 1953-1954, exposés VII à IX d'où l'on déduit aisément les compléments nécessaires ici pour le cas réel.

(7) *Séminaire* H. Cartan, 1951-1952, exposé XIV, th. 7.

46.
(avec F. Bruhat)

Sur les composantes irréductibles d'un sous-ensemble analytique réel

Comptes Rendus de l'Académie des Sciences de Paris 244, 1123–1126 (1957)

Cette Note fait suite à une Note antérieure ([1]) à laquelle nous renvoyons pour les définitions.

1. Soit Ω une variété analytique-réelle; dans toute la suite, K désigne un fermé de Ω, et E un sous-ensemble analytique de Ω. La relation $F =_K G$ (resp. $F \subset_K G$) entre sous-ensembles de Ω signifiera qu'il existe un ouvert $U \supset K$ tel que $F \cap U = G \cap U$ (resp. $F \cap U \subset G \cap U$). Si $F \subset E$, on notera $\mathcal{C}_K(F; E)$ le plus petit sous-ensemble analytique G de Ω tel que $E - F \subset_K G$ [*cf.* corollaire 1 du théorème 2 de ([1])]. On a $E =_K F \cup \mathcal{C}_K(F; E)$.

Définition. — E est K-*irréductible* (dans Ω) si $E \cap K \neq \emptyset$ et si, chaque fois que deux sous-ensembles analytiques F et F′ de Ω satisfont à $E =_K F \cup F'$, on a $E \subset F$ ou $E \subset F'$. Alors $E \subset_K F \cup F'$ entraîne $E \subset F$ ou $E \subset F'$.

Si $K \subset K'$, tout sous-ensemble K-irréductible est K′-irréductible.

Proposition 1. — *Soit g un germe analytique irréductible en un point* $a \in \Omega$; *soit* $\hat{g}$ *l'intersection des sous-ensembles analytiques de* Ω *contenant g*; $\hat{g}$ *est un sous-ensemble analytique* K-*irréductible de* Ω, *quel que soit le fermé* K *tel que* $a \in K$.

2. *Définition.* — On appelle K-*composante irréductible* (ou K-*composante*) de E (dans Ω) tout sous-ensemble analytique $F \subset E$ tel que :

a. F soit K-irréductible dans Ω;

b. $F \not\subset \mathcal{C}_K(F; E)$.

Il est clair que si $E =_K E'$, E et E′ ont les mêmes K-composantes.

Proposition 2. — *Soit* F *une* K-*composante de* E; *les* K-*composantes de* E *autres que* F *ne sont pas contenues dans* F; *ce sont exactement les* K-*composantes de* $\mathcal{C}_K(F; E)$.

Démonstration. — Soit F′ une K-composante de E distincte de F. Si on avait $F' \subset F$, on aurait $F \not\subset F'$ donc $F \subset \mathcal{C}_K(F'; E)$, d'où $F' \subset \mathcal{C}_K(F', E)$, ce qui n'est pas. Donc $F' \not\subset F$ et par suite $F' \subset \mathcal{C}_K(F; E)$. De plus $\mathcal{C}_K(F'; \mathcal{C}_K(F; E)) \subset \mathcal{C}_K(F'; E)$, par suite $F' \not\subset \mathcal{C}_K(F'; \mathcal{C}_K(F; E))$, et F′ est une composante de $\mathcal{C}_K(F; E)$.

Réciproquement, soit F' une K-composante de $\mathcal{C}_K(F; E)$. On a $F' \not\subset F$, sinon on aurait $\mathcal{C}_K(F'; \mathcal{C}_K(F; E)) = \mathcal{C}_K(F; E)$. Donc $F' \not\subset F \cup \mathcal{C}_K(F'; \mathcal{C}_K(F; E))$, *a fortiori* $F' \not\subset \mathcal{C}_K(F'; E)$, et F' est une K-composante de E. Remarquons que $\mathcal{C}_K(F \cup F'; E) = \mathcal{C}_K(F'; \mathcal{C}_K(F; E))$.

3. Soit I l'ensemble des K-composantes F^i de E. Pour toute partie finie $J \subset I$, soit F^J la réunion des F^i pour $i \in J$. Les F^i telles que $i \notin J$ sont les K-composantes de $\mathcal{C}_K(F^J; E)$.

Définition. — On appelle K-*résidu* de E l'intersection des $\mathcal{C}_K(F^J; E)$ relatifs à toutes les parties finies J de I.

E est $=_K$ à la réunion de ses K-composantes et de son K-résidu.

Théorème 1. — *Si le* K-*résidu de* E *est vide, chaque compact* $C \subset K$ *ne rencontre qu'un nombre fini de* K-*composantes irréductibles* F^i *de* E, *et* E *est* $=_K$ *à la réunion des* F^i. *Réciproquement, si* E *est* $=_K$ *à la réunion d'une famille* (G^i) *d'ensembles* K-*irréductibles distincts telle que chaque compact* $C \subset K$ *ne rencontre qu'un nombre fini de* G^i, *alors le* K-*résidu de* E *est vide et (après suppression des* G^j *tels qu'il existe un* $i \neq j$ *avec* $G^j \subset G^i$) *les* G^i *sont exactement les* K-*composantes irréductibles de* E.

Démonstration. — Si le K-résidu de E est vide, il existe une partie finie J de I telle que $\mathcal{C}_K(F^J; E) \cap C = \emptyset$, donc $F^i \cap C \neq \emptyset$ pour $i \notin J$. La réciproque est immédiate.

Remarque. — Si $K \subset K'$ et si le K'-résidu de E est vide, toute K-composante de E est *contenue* dans une K'-composante de E.

Théorème 2. — *Si* K *est compact, le* K-*résidu de* E *est vide, les* K-*composantes irréductibles de* E *sont en nombre fini, et chacune d'elles est de la forme* $\hat{g}$ *(où* g *est un germe irréductible de* E *en un point de* K).

En effet, à chaque germe g, composant irréductible de E en un point quelconque de $E \cap K$, associons l'ensemble $\hat{g}$, qui est K-irréductible (prop. 1). D'après le théorème 2 de ([1]), et en vertu de la compacité de K, on peut trouver un nombre fini de germes g_i tels que $E =_K \bigcup_i \hat{g}_i$; il suffit alors d'appliquer le théorème 1.

4. Exemples. — Dans les exemples qui suivent, on prend $\Omega = K = R^3$ (espace numérique avec coordonnées x, y, z).

Exemple 1. — Pour tout entier $n > 0$, soit S_n l'ensemble analytique irréductible d'équation $[y - (1/n)]^2 = (z - n)x^2$ et soit E la réunion des S_n et du plan P d'équation $x = 0$; E est analytique, ses composantes irréductibles sont les S_n, son résidu est P. L'ensemble Q des points singuliers de E (points au voisinage desquels E n'est pas une sous-variété de dimension 2) contient les ensembles $x=0$, $y=1/n$, $z\geqq n$. Ce n'est pas un sous-ensemble analytique, et le plus petit ensemble analytique contenant Q contient P, donc est de dimension 2.

Exemple 2. — On va définir un E *identique à son résidu*. Soit S le cône irréductible d'équation $z(x^2+y^2)=x^3$; D la droite $x=0$, $y=0$; S′ l'adhérence de S-D. Soit (D_k) une suite infinie de droites distinctes contenues dans S′. Pour toute suite finie I d'entiers $\geqq 1$, définissons un déplacement T_I de R^3, par récurrence sur le nombre $p(I)$ des termes de I : $T_\emptyset$ est l'identité; pour $I=(J,k)$, on choisit T_I de manière que $T_I(S')$ ne rencontre pas la boule $x^2+y^2+z^2\leqq n(I)$ [où $n(I)$ désigne la somme des termes de I], que $T_I(D)=T_J(D_k)$, et que les $S_I=T_I(S)$ soient tous distincts. Supposons alors $E=F\cup G$, F et G analytiques, $G\neq E$, et montrons que F n'est pas irréductible. Il existe un $S_I\not\subset G$, d'où $S_{(I,k)}\not\subset G$ pour une infinité de k; on a donc $S_{(I,k)}\subset F$ pour ces k; soit k_0 l'un d'eux. Soit E′ (resp. E″) la réunion des S_J relatifs à toutes les suites J ayant au plus $p(I)$ termes ou dont le $(p(I)+1)^{\text{ième}}$ terme est k_0 (resp. est $\neq k_0$); E′ et E″ sont analytiques, et F est réunion de $F\cap E'$ et $F\cap E''$, tous deux distincts de F. Donc F n'est pas irréductible, et par suite E n'a aucune composante irréductible.

Exemple 3. — Soit S défini par $x^2(z+1)^2+y^2(z-1)^2=(z^2-1)^2$; S est irréductible, et est la réunion des droites $D(x=0,\ z=1)$ et $D'(y=0,\ z=-1)$ et du lieu S′ des droites rencontrant D, D′ et le cercle $x^2+y^2=1$, $z=0$. Pour toute suite finie I d'entiers $\geqq 1$, en nombre 2^p-1 ($p\geqq 0$ quelconque), on définit une transformation linéaire T_I, par récurrence sur p : pour $p=0$, $T_\emptyset$ est l'identité; pour $p>0$, soit $I=(J, J', k)$, où J et J′ sont des suites de $2^{p-1}-1$ termes. Choisissons, sur $T_J(S')$ [resp. $T_{J'}(S')$], une suite de droites distinctes D_k (resp. D'_k), de manière que D_k et D'_k ne soient pas coplanaires; on prend pour T_I une transformation linéaire telle que $T_I(D)=D_k$, $T_I(D')=D'_k$ et que $T_I(S')$ ne rencontre pas la boule $x^2+y^2+z^2\leqq n(I)$ (somme des termes de I). La réunion E des $S_I=T_I(S)$ est analytique. E est *irréductible* : sinon, soit $E=F\cup F'$, $F\neq E$, $F'\neq E$; soit I tel que $S_I\not\subset F$; alors pour tout p tel que 2^p-1 majore le nombre des termes de I, il existe H à 2^p-1 termes tel que $S_H\not\subset F$. Soient donc $S_H\not\subset F$, $S_{H'}\not\subset F'$, H et H′ ayant le même nombre de termes; les k tels que $S_{(H,H',k)}\subset F$ (resp. $\subset F'$) sont en nombre fini; contradiction.

L'ensemble irréductible E *est de dimension* 2, *mais contient une infinité de sous-ensembles analytiques de dimension* 2, *distincts de* E (*les* S_I)*;* E *n'est pas de la forme* $\hat{g}$*;* enfin, *tout ensemble analytique contenant les points singuliers de* E *contient* E [car il contient des segments non vides sur chacune des droites $D_k\subset T_J(S')$, et cela pour tout J].

2. *Problèmes ouverts.* — (I). Peut-on trouver un germe irréductible g tel que g soit un germe composant de $\hat{g}$, mais que $\dim \hat{g} > \dim g$?

(II). Est-il possible que $\hat{g} \subset \hat{h}$, $\hat{g} \neq \hat{h}$, $\dim \hat{g} = \dim \hat{h}$?

(1) *Comptes rendus*, **244**, 1957, p. 988.

47.

Fonctions automorphes et séries de Poincaré

Journal d'Analyse Mathématique 6, 169–175 (1958)

Dans mon Séminaire consacré à la théorie des fonctions automorphes et des espaces analytiques (année 1953—54, Exposé 1), j'ai formulé des théorèmes concernant l'existence de séries de Poincaré qui admettent des développements limités donnés en des points donnés (Théorèmes 2 et 2 bis, 3 et 3 bis); ces théorèmes ont été utilisés à plusieurs reprises dans la littérature, [1] mais leur démonstration est incorrecte, comme me l'a signalé récemment R. Godement. Les énoncés des théorèmes sont néanmoins corrects; je me propose d'en donner ici une démonstration, d'ailleurs valable pour un cas un peu plus général que dans l'Exposé cité.

X désigne un domaine borné (connexe) de l'espace numérique complexe $\mathbf{C}^n$, et G un groupe discret d'automorphismes (analytiques complexes) de X. Soit $J_g(x)$ un facteur d'automorphie: pour chaque $g \in G$, $J_g(x)$ est une fonction holomorphe et non nulle de $x \in X$, et on a

$$J_{gg'}(x) = J_g(g' \cdot x) J_{g'}(x) \quad \text{pour} \quad g, g' \in G \quad \text{et} \quad x \in X. \tag{1}$$

Plus généralement, soit F un espace vectoriel complexe de dimension finie; on considère un facteur d'automorphie $\rho_g(x)$, qui pour chaque $g \in G$, est

1. Je profite de cette occasion pour rectifier un lapsus dans mon article: "Quotient d'un espace analytique par un groupe d'automorphismes" (Algebraic Geometry and Topology, A Symposium in honor of S. Lefschetz, Princeton Univ. Press 1957). Page 99 (dernière ligne) et page 100 (3 premières lignes), l'énoncé (ii) est incorrect; on doit remplacer (page 100, ligne 2) les mots

et invariante par $G(x_0)$

par ceux-ci:

et satisfaisant à $h(sx)(J_s(x))^m = h(x)$ pour $s \in G(x_0)$.

Cette modification entraîne les changements suivants dans la démonstration de la Proposition 7 (page 102):

— ligne 9, lire: telle que l'ordre de $f_i - fQ_i$ au point x_0 soit $> d_i$, en notant f une fonction de L_{m_0} telle que $f(x_0) = 1$ (cf. (i)).

— ligne 10, au lieu de: tel que les f_i, lire: tel que les f_i/f.

— ligne 15, supprimer: et une $f \in L_m$.

— ligne 17, remplacer f par gf.

une fonction holomorphe de $x \in X$ à valeurs dans le groupe $GL(F)$ des automorphismes (linéaires complexes) de F, et satisfait à

(2) $$\rho_{gg'}(x) = \rho_g(g' \cdot x) \cdot \rho_{g'}(x),$$

où, dans le second membre, le produit désigne la composition des automorphismes de F. Une fonction Φ holomorphe (resp. méromorphe) dans X, à valeurs dans F, est une forme automorphe (relativement au groupe G et au facteur d'automorphie ρ) si on a

(3) $$\Phi(g \cdot x) = \rho_g(x) \cdot \Phi(x) \text{ identiquement, pour tout } g \in G.$$

Dans ce qui suit, nous supposerons qu'il existe un entier $m_0 > 0$ tel que les deux séries

$$\sum_{g \in G} (J_g(x))^{m_0} \quad \text{et} \quad \sum_{g \in G} (J_g(x))^{m_0} \rho_g(x)^{-1}$$

convergent normalement sur tout compact de X. Alors, pour tout entier $m \geqq m_0$, les "séries de Poincaré"

$$L(h; m) = \sum_{g \in G} (J_g(x))^m h(g \cdot x)$$

(h holomorphe dans X, à valeurs scalaires, et bornée)

$$L(f; \rho, m) = \sum_{g \in G} (J_g(x))^m \rho_g(x)^{-1} \cdot f(g \cdot x)$$

(f holomorphe dans X, à valeurs dans F, et bornée)
sont des fonctions $\Psi(x)$ et $\Phi(x)$, holomorphes dans X, qui satisfont à

(4) $$\Psi(g \cdot x) = (J_g(x))^{-m} \Psi(x),$$

(5) $$\Phi(g \cdot x) = (J_g(x))^{-m} \rho_g(x) \cdot \Phi(x).$$

Donc $L(f; \rho, m)$ est une forme automorphe (holomorphe) relativement au facteur d'automorphie $(J_g(x))^{-m} \rho_g(x)$, et le quotient $L(f; \rho, m)/L(h; m)$ est une forme automorphe (méromorphe) relativement au facteur d'automorphie ρ (si le dénominateur n'est pas identiquement nul).

Pour chaque point $a \in X$, notons A_a l'anneau des germes de fonctions holomorphes (scalaires) au point a, et $A_a(F)$ l'espace vectoriel des germes de fonctions holomorphes à valeurs dans F. Pour tout entier $p \geqq 0$, soit I_a^p l'idéal de A_a (resp. $I_a^p(F)$ le sous-espace vectoriel de $A_a(F)$ (formé des germes de fonctions qui s'annulent au point a ainsi que leurs dérivées d'ordres $\leqq p$. Soit D_a^p l'anneau quotient A_a/I_a^p, et $D_a^p(F)$ l'espace vectoriel quotient $A_a(F)/I_a^p(F)$, qui est un module sur D_a^p. Pour chaque h holomorphe au voisinage de a, on notera $\delta_a^p(h)$ l'image canonique de h dans D_a^p; de même si f est holomorphe à valeurs dans F, on écrira $\delta_a^p(f) \in D_a^p(F)$; $\delta_a^p(f)$ est le développement limité d'ordre p de la fonction f; il s'identifie à un polynôme de degré p en $x-a$.

Soit $G(a)$ le groupe d'isotropie du point a (sous-groupe des $g \in G$ tels que $g \cdot a = a$); il est fini; on notera $k(a)$ son ordre. On notera Δ_a^p le sous-espace de $D_a^p(F)$, formé des germes de fonctions Φ qui satisfont à (3) modulo $I_a^p(F)$, pour tout $g \in G(a)$. Pour chaque entier m, on notera $\Delta_a^p(m)$ le sous-espace de $D_a^p(F)$, formé des germes de fonctions Φ qui satisfont à (5) modulo $I_a^p(F)$, pour tout $g \in G(a)$. Il est clair que si Φ est une forme automorphe relativement au facteur d'automorphie ρ, et si Φ est holomorphe au point a, $\delta_a^p(\Phi)$ appartient à Δ_a^p; de même, si Φ est une forme automorphe satisfaisant à (5), $\delta_a^p(\Phi)$ appartient à $\Delta_a^p(m)$.

Dans tout ce qui suit, on se donne un ensemble fini de points $a_i \in X$, tel que, pour $i \neq j$, a_i et a_j ne soient pas congrus suivant G. On se donne un entier $p \geqq 0$ une fois pour toutes.

Lemme 1. Soit h une fonction holomorphe (scalaire) bornée dans X, telle que:

$h(a_i) = 1$ en tout point a_i;

$h(c) = 0$ en tout point c distinct des a_i et de la forme $g \cdot a_i$ (g étant un élément de G tel que $|J_g(a_i)| \geqq 1$). Comme ces points c sont en nombre fini, il existe une telle h; on peut même prendre pour h un polynôme). Alors, pour tout entier $m > 0$ assez grand et multiple des ordres $k(a_i)$, la fonction holomorphe $L(h; m)$ est $\neq 0$ aux points a_i.

Démonstration: Si $L(h; m) = \Psi_m$, on a

$$\Psi_m(a_i) = \sum_{g \in G(a_i)} (J_g(a_i))^m h(g \cdot a_i) + \sum_g (J_g(a_i))^m h(g \cdot a_i),$$

la seconde somme étant étendue aux $g \in G$ tels que $|J_g(a_i)| < 1$. La première somme est égale à $k(a_i)$, et la seconde somme tend vers 0 quand m tend vers $+\infty$.

Lemme 2. Pour tout nombre u tel que $0 < u < 1$, il existe une partie finie $H \subset G$ et, pour chaque point a_i, un voisinage V_i de a_i, jouissant de la propriété suivante: pour $x \in V_i$ et $g \notin \bar{H}$, on a $|J_g(x)| \leqq u$.

Cela résulte aussitôt du fait que la série $\sum_{g\in G}(J_g(x))^{m_0}$ converge normalement au voisinage de chacun des points a_i.

Théorème 1. *Soit h une fonction holomorphe (scalaire) bornée dans X, telle que:*

$\delta^p_{a_i}(h)=1$ pour tout point a_i;

$\delta^p_c(h)=0$ pour tout point c distinct des a_i et de la forme $g\cdot a_i$, avec $g\in H$. Soient donnés d'autre part, pour chaque a_i, un élément $\alpha_i\in\Delta^p_{a_i}$, et soit f une fonction holomorphe (à valeurs dans F), bornée dans X, et telle que

$$\delta^p_{a_i}(f)=\alpha_i,\quad \delta^p_c(f)=0$$

aux points c ci-dessus. Alors, pour chaque point a_i, on a

$$\lim_{\substack{m\to\infty\\ m\equiv 0\,(k)}} \delta^p_{a_i}\frac{L(f\,;\rho\,,m)}{L(h\,;m)}=\alpha_i\,, \tag{6}$$

où k désigne le p.p.c.m. des ordres $k(a_i)$.

Démonstration: Observons d'abord qu'il existe toujours une h et une f satisfaisant aux conditions de l'énoncé, par exemple des polynômes convenables. D'autre part, le premier membre de (6) a un sens pour m assez grand, puisque la fonction $L(h\,;m)$ est $\neq 0$ aux points a_i, d'après le Lemme 1. Fixons maintenant le point a_i considéré, et posons

$$L'(f\,;\rho\,,m)=\sum_{g\in G(a_i)}(J_g(x))^m\rho_g(x)^{-1}\cdot f(g\cdot x),$$

$$L'(h\,;m)=\sum_{g\in G(a_i)}(J_g(x))^m h(g\cdot x),$$

$$L''(f\,;\rho\,,m)=\sum_{g\notin H}(J_g(x))^m\rho_g(x)^{-1}\cdot f(g\cdot x),$$

$$L''(h\,;m)=\sum_{g\notin H}(J_g(x))^m h(g\cdot x).$$

Puisque $\delta^p_c(f)=0$, $\delta^p_c(h)=0$ pour les points c définis dans l'énoncé, on a

$$\delta^p_{a_i}L(f\,;\rho\,,m)=\delta^p_{a_i}L'(f\,;\rho\,,m)+\delta^p_{a_i}L''(f\,;\rho\,,m)$$
$$\delta^p_{a_i}L(h\,;m)=\delta^p_{a_i}L'(h\,;m)+\delta^p_{a_i}L''(h\,;m).$$

De plus

$$\delta^p_{a_i} L'(f\,;\rho\,,m) = \sum_{g\in G(a_i)} (\delta^p_{a_i} J_g(x))^m \alpha_i = (\delta^p_{a_i} L'(h\,;m))\,\alpha_i$$

puisque, par hypothèse, α_i appartient à $\Delta^p_{a_i}$. D'autre part, on a

$$\delta^p_{a_i} J_g(x) = \varepsilon_g + P_g(x-a_i) \quad \text{pour} \quad g\in G(a_i),$$

où ε_g est une constante, racine $k(a_i)$-ième de l'unité, et P_g est un polynôme de degré p sans terme constant. Puisque m est un multiple de $k(a_i)$, on a

$$(\delta^p_{a_i} J_g(x))^m = (1+Q_g(x-a_i))^m \quad \text{pour} \quad g\in G(a_i),$$

où Q_g désigne un polynôme de degré p sans terme constant.

On a donc

$$(7)\quad \delta^p_{a_i} \frac{L(f\,;\rho\,,m)}{L(h\,;m)} - \alpha_i = \delta^p_{a_i}\left(\frac{1}{L(h\,;m)}\right)\cdot[\delta^p_{a_i} L''(f;\rho,m) - (\delta^p_{a_i} L''(h\,;m))\,\alpha_i]$$

et pour prouver (6) il reste à montrer que le second membre de (7) tend vers 0 quand $m\to+\infty$ (en restant multiple de k).

Dans le voisinage V_i de a_i, on a $|J_g(x)|\leqq u$ pour $g\notin H$, donc la fonction holomorphe $L''(f\,;\rho\,,m)$ est, dans V_i, majorée par

$$u^{m-m_0}\sum_{g\notin H} |(J_g(x))^{m_0}\,\rho_g(x)^{-1}\cdot f(g\cdot x)| \leqq M\cdot u^m,$$

où M ne dépend pas de m. Résultat analogue pour la fonction $L''(h\,;m)$. En appliquant les inégalités de Cauchy aux développements limités de ces fonctions, on voit que $\delta^p_{a_i} L''(f\,;\rho\,,m)$ et $\delta^p_{a_i} L''(h\,;m)\,\alpha_i$, considérés comme polynômes-fonctions en $x-a_i$, sont, dans un voisinage fixe de a_i, majorés par $N\cdot u^m$, où N est indépendant de m.

Il reste, dans (7), à majorer $\delta^p_{a_i}\left(\dfrac{1}{L(h\,;m)}\right)$, qui est un polynôme en $x-a_i$. On a d'abord

$$\delta^p_{a_i} L(h\,;m) = \sum_{g\in G(a_i)} (1+Q_g)^m + \delta^p_{a_i} L''(h\,;m)$$

$$= R_0 + R_1 + \ldots + R_p,$$

où chaque R_j est un polynôme homogène de degré j en $x-a_i$, qui dépend de m. Quand $m\to+\infty$, R_0 tend vers $k(a_i)$, tandis que, pour $1\leqq j\leqq p$, on a

$|R_j|\leqq K\cdot m^j$ au voisinage de a_i (K désignant un nombre fixe).

En calculant l'inverse de $\delta^p_{a_i} L(h\,;m)$ dans l'anneau $D^p_{a_i}$, on trouve

$$\delta^p_{a_i}\left(\frac{1}{L(h\,;\,m)}\right) = \frac{1}{R_0}(1+S_1+\ldots+S_p),$$

où chaque S_j $(1 \leqq j \leqq p)$ est un polynôme homogène de degré p, majoré dans un voisinage fixe de a_i par $K_1 \cdot m^j$ (K_1 : constante indépendante de m). On voit finalement que le second membre de (7) est majoré par

$$N_1 \cdot m^p u^m \quad (N_1 \text{ indépendant de } m),$$

et ceci établit la relation (6); le Théorème 1 est démontré.

Conséquence du Théorème 1 : Prenons des systèmes (α_i) en nombre fini, formant une base de l'espace vectoriel $\prod_i \Delta^p_{a_i}$. Pour chaque élément (α^t_i) de cette base, choisissons un polynôme f^t comme il est dit dans le Théorème 1. Alors, pour chaque i et chaque t, on a

$$\lim_{\substack{m\to\infty\\ m\equiv 0\,(k)}} \delta^p_{a_i} \frac{L(f^t\,;\,\rho\,,\,m)}{L(h\,;\,m)} = \alpha^t_i\,.$$

Donc, pour tout multiple m assez grand de k, l'application

$$f \to \left(\delta^p_{a_i} \frac{L(f\,;\,\rho\,,\,m)}{L(h\,;\,m)}\right)$$

envoie les f^t sur une base de l'espace vectoriel $\prod_i \Delta^p_{a_i}$. Ainsi

Théorème 2. *Les points a_i et l'entier p étant donnés comme ci-dessus, soit h une fonction holomorphe comme dans le Théorème* 1. *Il existe un entier $m(p, a_i)$ jouissant de la propriété suivante: pour tout entier m multiple des ordres $k(a_i)$ et $\geqq m(p, a_i)$, et pour tout système d'éléments $\alpha_i \in \Delta^p_{a_i}$, il existe un polynôme f tel que*

$$\delta^p_{a_i} \frac{L(f\,;\,\rho\,,\,m)}{L(h\,;\,m)} = \alpha_i \quad \text{pour tout } i. \tag{8}$$

En particulier, il existe une forme automorphe (méromorphe) relativement au facteur d'automorphie ρ, qui soit *holomorphe en chacun des points* a_i et y admette des développements limités d'ordre p, *arbitrairement choisis* dans les $\Delta^p_{a_i}$.

Théorème 3. *Les points a_i et l'entier p étant donnés comme ci-dessus, soit m un multiple des ordres $k(a_i)$ qui soit $\geqq m(p\,,\,a_i)$. Alors, pour tout système d'éléments $\beta_i \in \Delta^p_{a_i}(m)$, il existe un polynôme f tel que*

(9) $$\delta^p_{a_i} L(f\,;\rho\,,m) = \beta_i \quad \text{pour tout } i.$$

En effet, posons $\alpha_i = \beta_i / \delta^p_{a_i} L(h\,;m)$. On a $\alpha_i \in \Delta^p_{a_i}$; donc, d'après le Théorème 2, il existe un polynôme f satisfaisant à (8), et de là on déduit (9).

Pour finir, soit q un entier quelconque, et considérons le facteur d'automorphie $\rho_g(x) = (J_g(x))^{-q}$. Pour ce facteur d'automorphie, le Théorème 2 ci-dessus redonne le "Théorème 3 bis" de l'Exposé cité au début; le Théorème 3 ci-dessus redonne le "Théorème 2 bis" de l'Exposé cité.

Institut Henri Poincaré
Paris, France

(Reçu le 28 mai 1958)

48.

Prolongement des espaces analytiques normaux

Mathematische Annalen 136, 97–110 (1958)

Le problème étudié ici tire son origine de la compactification, due à I. SATAKE [7], de l'espace quotient $\mathfrak{S}_n/\Gamma_n$, où $\mathfrak{S}_n$ désigne le demi-plan généralisé de SIEGEL (espace des n-matrices complexes symétriques $z = x + iy$, où y est positive non-dégénérée) et Γ_n est le groupe symplectique réel $Sp(n, \mathbf{Z})$. SATAKE a plongé l'espace $\mathfrak{V}_n = \mathfrak{S}_n/\Gamma_n$ comme ouvert partout dense d'un espace compact $\mathfrak{V}_n^*$ et a défini une notion de «fonction holomorphe» au voisinage de chaque point de $\mathfrak{V}_n^*$ (structure d'«espace annelé» au sens ci-dessous). Il s'agit alors de montrer que la structure ainsi définie sur $\mathfrak{V}_n^*$ est une structure *d'espace analytique normal* (pour une définition précise, voir ci-dessous, § 1). Ceci a été récemment prouvé par W. L. BAILY, dans un travail à paraître à l'Amer. Journal of Mathematics.

BAILY aborde le problème général du prolongement des espaces analytiques normaux. Nous inspirant largement de l'article de BAILY, nous nous proposons de donner ici un critère de «prolongement» (ci-dessous, théorème 2), qui présente sur celui de BAILY l'avantage de nécessiter moins d'hypothèses. Son application au cas de la compactification de SATAKE est alors presque immédiate; mais nous ne l'expliciterons pas.

Je suis particulièrement heureux de pouvoir dédier ce modeste travail à mon Collègue et Ami le Professeur HEINRICH BEHNKE. Sans l'Ecole de Münster, dont il fut l'infatigable animateur depuis trente ans, la théorie des fonctions analytiques ne serait pas ce qu'elle est devenue aujourd'hui. Puisse cette Ecole, dans les années à venir, continuer à faire honneur à son créateur, et enrichir constamment la discipline des fonctions analytiques, grâce à un contact toujours maintenu avec les autres domaines des mathématiques.

1. Espaces analytiques

Nous rappelons d'abord quelques notions indispensables concernant les espaces analytiques.

La notion d'*espace analytique* (ou encore «espace analytique général») est essentiellement due à H. BEHNKE et K. STEIN, ainsi qu'à H. CARTAN[1]). Nous adoptons ici la définition plus générale de J. P. SERRE [8]. Commençons par la notion d'*espace annelé:* c'est un espace topologique X muni de la donnée, en chaque point $x \in X$, d'un sous-anneau A_x de l'anneau des germes de fonctions continues au point x (et à valeurs complexes). Notons A la collection des

[1]) Voir [1], ainsi que [3], Exposé XIII, et [4], Exposé VII.

anneaux A_x. Etant donnés deux espaces annelés (X, A) et (X', A'), un *homomorphisme* sera une application continue $\varphi : X \to X'$ telle que, pour tout point $x \in X$ et tout élément $f' \in A'_{\varphi(x)}$, le germe $f' \circ \varphi$ appartienne à A_x. En particulier, on a la notion d'*isomorphisme* d'espaces annelés X et X' : c'est un homéomorphisme $\varphi : X \to X'$ tel que l'application $f' \to f' \circ \varphi$ soit, pour chaque point $x \in X$, un isomorphisme de l'anneau $A'_{\varphi(x)}$ sur l'anneau A_x. Si U est un ouvert d'un espace annelé X, la collection des anneaux A_x, pour $x \in U$, définit sur U une structure annelée, dite *induite* par A.

Soit U un ouvert d'un espace numérique complexe $\mathbf{C}^N$. Rappelons qu'on appelle *sous-ensemble analytique* de U toute partie $M \subset U$, *fermée* dans U, et telle que, au voisinage de chacun de ses points, M puisse être définie en annulant un certain nombre de fonctions holomorphes au voisinage de ce point (en nombre fini). Alors l'espace topologique M est muni d'une structure d'espace annelé, comme suit: si $x \in M$, l'anneau A_x est celui des germes de fonctions induites sur M par les germes de fonctions holomorphes de l'espace ambiant $\mathbf{C}^N$.

Par définition, un *espace analytique* est un espace topologique *séparé* X muni d'une structure d'espace annelé satisfaisant à la condition suivante: tout point $x \in X$ possède un voisinage ouvert U qui, muni de la structure d'espace annelé induite, est isomorphe à un sous-ensemble analytique d'un ouvert d'un espace $\mathbf{C}^N$ (muni de la structure annelée telle qu'on vient de la définir). En d'autres termes, il doit exister, pour tout point $x \in X$, un système fini d'éléments $f_i \in A_x$ qui réalisent un voisinage ouvert U de x comme sous-ensemble analytique M d'un ouvert de $\mathbf{C}^N$, de manière que, pour tout point $y \in U$, l'anneau A_y s'identifie à l'anneau des germes induits sur M par les fonctions holomorphes de l'espace ambiant $\mathbf{C}^N$. Dans tout ce qui suit, on astreindra toujours un espace analytique à la condition supplémentaire suivante: l'espace topologique sous-jacent X doit être réunion d'une *famille dénombrable de compacts*.

Soient X et X' deux espaces analytiques; on appelle *application analytique* (ou *holomorphe*) une application continue $\varphi : X \to X'$ qui est un «homomorphisme» pour les structures d'espaces annelés. En particulier, une fonction holomorphe (à valeurs scalaires) est une application continue $f : X \to \mathbf{C}$ qui, en chaque point $x \in X$, appartient à l'anneau A_x.

Soit X un espace analytique. On appelle sous-ensemble analytique de X tout sous-ensemble *fermé* $Y \subset X$ tel que, au voisinage de chaque point de Y, puisse être défini en annulant des fonctions holomorphes au voisinage de ce point (en nombre fini). On définit alors sur Y une structure d'*espace analytique*, comme suit: pour $y \in Y$, l'anneau B_y sera l'anneau des germes de fonctions induits, sur Y, par les éléments de A_y (germes de fonctions holomorphes dans X). Ainsi l'anneau B_y s'identifie à un quotient de l'anneau A_y. Il est immédiat que les B_y définissent sur Y une structure d'espace analytique.

On dit qu'un espace analytique X est *irréductible* au point $a \in X$ si l'anneau A_a est un anneau d'intégrité; au voisinage de tout point $a \in X$, X est réunion d'un nombre fini de sous-espaces analytiques dont chacun est irréductible au point a (ceci résulte du fait que l'anneau A_a est noethérien). On a la notion de *dimension* (complexe) d'un espace X au voisinage d'un point a où X est irréductible. Un espace analytique X est *purement n-dimensionnel* si, au voisinage de chaque point $a \in X$, X est réunion de sous-espaces analytiques irréductibles au point a et de dimension n. Soit X un espace analytique, purement n-dimensionnel; on appelle point *régulier* de X tout point qui possède un voisinage ouvert isomorphe à un ouvert de C^n; l'ensemble des points réguliers de X est une *variété analytique* (complexe) de dimension n; c'est un ouvert dense dans X, dont le complémentaire S est un ensemble analytique[2]) de dimension $\leqq n-1$ (i. e.: en chaque point de S, S est réunion d'ensembles irréductibles au point a et de dimension $\leqq n-1$).

Un espace analytique X est *globalement irréductible* s'il est impossible de trouver deux sous-espaces analytiques Y et Z tels que $X = Y \cup Z$, $Y \neq X$, $Z \neq X$. Tout espace analytique X s'écrit, d'une seule manière, comme réunion (localement finie) de sous-espaces analytiques globalement irréductibles[3]), tels qu'aucun d'eux ne soit contenu dans un autre; on les appelle les *composantes irréductibles* (au sens global) de X; elles sont en nombre fini ou dénombrable. Tout espace globalement irréductible est purement n-dimensionnel, pour un n convenable; mais l'espace peut n'être pas irréductible en certains de ses points.

Pour que X soit irréductible au point $a \in X$, il faut et il suffit que a possède un système fondamental de voisinages ouverts dont chacun soit globalement irréductible.

Pour qu'un espace analytique X, purement n-dimensionnel, soit globalement irréductible, il faut et il suffit que l'ensemble des points réguliers de X soit *connexe*. Tout espace globalement irréductible est connexe, mais la réciproque n'est pas vraie.

On dit qu'un espace analytique X est *normal* au point $a \in X$ si l'anneau A_a est un anneau d'intégrité *intégralement clos*; il en est notamment ainsi lorsque a est un point régulier. D'après Oka[4]) l'ensemble des points où X n'est pas normal est un sous-ensemble analytique, dont le complémentaire est partout dense. En particulier, l'ensemble des points où X est normal est ouvert.

Normalisation d'un espace analytique: pour tout espace analytique X, on introduit l'ensemble $\tilde{X}$ des composantes irréductibles de X en ses différents points. On a une application naturelle p de $\tilde{X}$ sur X, dans laquelle l'image réciproque de tout point de X est finie (et, en général, réduite à un point). On définit sur $\tilde{X}$ la topologie suivante: un système fondamental d'ouverts de $\tilde{X}$ s'obtient en prenant arbitrairement un ouvert $U \subset X$ et une composante irréductible V de U (au sens global); alors $\tilde{V} \subset \tilde{X}$, et les $\tilde{V}$ ainsi obtenus constituent, par définition, un système fondamental d'ouverts de $\tilde{X}$. La topologie de $\tilde{X}$

---

[2]) Voir [5], ainsi que [4], Exposé IX.

[3]) Voir [2], Appendice.

[4]) Voir [5], ainsi que [4], Exposé X.

est séparée; les composantes connexes de $\tilde{X}$ ont pour images, dans X, les composantes irréductibles de X (au sens global). L'application $p: \tilde{X} \to X$ est continue, et *propre* (l'image réciproque d'un compact de X est un compact de $\tilde{X}$). Soit $\tilde{a} \in \tilde{X}$, et soit $a = p(\tilde{a})$; notons n la dimension de la composante $\tilde{a}$ au point a. Considérons les points réguliers de X voisins de a et appartenant à la composante irréductible $\tilde{a}$; si une fonction f est définie et holomorphe en ces points réguliers et si en outre elle est *bornée* (au voisinage de a), alors la fonction $f \circ p$ se prolonge par continuité à tout point de $\tilde{X}$ assez voisin de $\tilde{a}$. Les germes de fonctions ainsi obtenus aux points $\tilde{a}$ de l'espace $\tilde{X}$ forment un anneau $\tilde{A}_{\tilde{a}}$; on démontre[5]) que ces anneaux définissent sur $\tilde{X}$ une structure d'espace analytique normal. L'espace analytique $\tilde{X}$, muni de l'application $p: \tilde{X} \to X$ (qui est une application analytique) s'appelle le *normalisé* de l'espace X. Si X est irréductible en un point a, $p^{-1}(a)$ se compose d'un seul point $\tilde{a}$; alors l'application p définit une injection $A_a \to \tilde{A}_{\tilde{a}}$ des anneaux de germes de fonctions; si on identifie A_a à un sous-anneau de $\tilde{A}_{\tilde{a}}$, $\tilde{A}_{\tilde{a}}$ est la *clôture intégrale* de A_a (dans le corps des fractions de A_a). Comme module sur A_a, $\tilde{A}_{\tilde{a}}$ est engendré par un nombre *fini* d'éléments.

On notera que, même lorsque l'application $p: \tilde{X} \to X$ est un homéomorphisme, p n'est pas nécessairement un isomorphisme des structures analytiques: il se peut qu'il y ait, au point $\tilde{a} \in \tilde{X}$, plus de fonctions holomorphes qu'au point $a = p(\tilde{a})$.

2. Revêtements ramifiés

Rappelons d'abord quelques résultats plus ou moins classiques[6]):

Proposition 1. Soient X et X' deux espaces analytiques, et soit $f: X \to X'$ une application analytique. Soit $a \in X$ un point tel que X soit normal en a, et supposons que a soit point isolé de $f^{-1}(a')$, en notant $a' = f(a)$ (nous dirons alors que f est «non dégénérée» au point a). Alors il existe un voisinage ouvert irréductible U de a et un voisinage ouvert U' de a' jouissant des propriétés suivantes: $f^{-1}(a') \cap U = \{a\}$, la restriction de f à U est une application *propre* de U dans U', et l'image $f(U) = V'$ est un sous-espace analytique de U', irréductible au point a', et de même dimension m que U. L'application $g: U \to \tilde{V}'$ induite par f est *ouverte* (i. e.: l'image de tout ouvert de U est un ouvert de $\tilde{V}'$), et il existe un entier $d \geqq 1$ jouissant des propriétés suivantes: pour tout $x' \in \tilde{V}'$, $g^{-1}(x')$ contient au plus d points; l'ensemble D'

[5]) Voir par exemple [3], Exposé XIV, § 10.

[6]) Voir [3], Exposé XIV (théorèmes 5 et 6).

formé des $x' \in \tilde{V}'$ tels que $g^{-1}(x')$ contienne moins de d points est un sous-ensemble analytique de V, de dimension $< m$; $g^{-1}(D') = D$ est un sous-ensemble analytique de U, de dimension $< m$; pour tout point $x \in U - D$, la restriction de g à un voisinage ouvert assez petit de x est un *homéomorphisme* de ce voisinage sur son image.

L'entier d s'appelle le *degré* de l'application f au point a; soient A_a l'anneau de l'espace analytique X au point a, et $A_{a'}$ l'anneau de l'espace V' au point a'; l'application $A_{a'} \to A_a$ définie par f est une *injection*; le corps des fractions de A_a est une extension du corps des fractions de $A_{a'}$ dont le *degré* est d.

De là on déduit facilement:

Théorème 1. *Soient X et X' deux espaces analytiques normaux de même dimension m, X' étant connexe. Soit $f: X \to X'$ une application analytique propre, telle que l'image réciproque de tout point de X' soit discrète (donc finie). Alors f est une application ouverte, et il existe un entier d jouissant des propriétés suivantes:*

1. *pour tout $x' \in X'$, $f^{-1}(x')$ se compose d'au plus d points;*

2. *l'ensemble D' des points $x' \in X'$ tels que $f^{-1}(x')$ se compose de moins de d points est un sous-espace analytique de dimension $< m$; $f^{-1}(D') = D$ est un sous-espace analytique de X, de dimension $< m$;*

3. *tout point $x \in X - D$ possède un voisinage ouvert U tel que la restriction de f à U soit un isomorphisme de l'espace analytique U sur l'espace analytique $f(U)$.*

Il résulte de 3. que la restriction de f à $X - D$ définit $X - D$ comme *revêtement* de $X' - D'$ (au sens topologique), le nombre des «feuillets» de ce revêtement étant égal à d. On dira que f définit X comme *revêtement ramifié* de X', et d s'appellera le *degré* de ce revêtement ramifié.

Dans le théorème 1, laissons maintenant tomber l'hypothèse suivant laquelle les espaces analytiques X et X' sont *normaux*; X' sera supposé *globalement irréductible*. Soit encore $f: X \to X'$ une application analytique propre, telle que l'image réciproque de tout point de X' soit discrète; alors l'application associée $\tilde{f}: \tilde{X} \to \tilde{X}'$ des espaces normalisés jouit évidemment des mêmes propriétés. Donc $\tilde{f}$ définit $\tilde{X}$ comme revêtement ramifié de $\tilde{X}'$; soit d son degré. On convient alors de dire encore que f définit X comme revêtement ramifié de X', et d s'appelle le *degré* de f. Il faut prendre garde que l'image réciproque $f^{-1}(x')$ d'un point $x' \in X'$ peut contenir un nombre de points *strictement supérieur* au degré d; cependant il est encore vrai qu'il existe un ouvert partout dense V de X et un ouvert partout dense V' de X', tels que $V = f^{-1}(V')$, et que la restriction de f à V définisse V comme revêtement (véritable) de V', à d feuillets. De là résulte:

Proposition 2. *Soient $f: X \to X'$ et $f': X' \to X''$ deux revêtements ramifiés, les espaces X' et X'' étant globalement irréductibles. Alors l'application composée $f' \circ f: X \to X''$ définit X comme revêtement ramifié de X'', dont le degré est égal au produit des degrés de f et f'.*

D'autre part, la définition même d'un revêtement ramifié entraîne les assertions suivantes:

Soit (X, X', f) un revêtement ramifié, et soit Y une composante irréductible de X (au sens global); alors la restriction de f à Y définit Y comme revêtement ramifié de X'. Le degré du revêtement X est égal à la somme des degrés des composantes irréductibles de X.

Soit (X, X', f) un revêtement ramifié, et soit U' un ouvert non vide de X', globalement irréductible; soit $U = f^{-1}(U')$, et soit $g: U \to U'$ l'application induite par f. Alors (U, U', g) est un revêtement ramifié, de même degré que (X, X', f).

3. Position du problème

Soit X un espace localement compact; soit V un *ouvert partout dense* dans X, et soit $W = X - V$. Supposons définie sur V une structure d'espace analytique normal de dimension m (ce qui implique que V est réunion dénombrable de compacts). Existe-t-il sur X une structure d'espace analytique normal satisfaisant aux deux conditions suivantes:

(α) La structure analytique de X induit celle donnée sur V;

(β) W est un sous-espace analytique de X, de dimension $< m$?

(On n'exige pas que W soit normal, ni même que W soit irréductible en chacun de ses points.)

Si le problème est possible, sa solution est unique. En effet, la donnée de la structure analytique de V définit sur X une structure annelée A comme suit: pour $x \in X$, l'anneau A_x se compose des germes de fonctions continues (à valeurs complexes) qui appartiennent à B_y en tout point $y \in V$ suffisamment voisin de x (on note B la collection des anneaux qui définissent la structure analytique de V). On a évidement $A_x = B_x$ si $x \in V$; autrement dit, la structure annelée de X prolonge bien celle de V. Or il est immédiat que si le problème posé a une solution, les germes de fonctions holomorphes au point $x \in X$ sont précisément les éléments de l'anneau A_x qu'on vient de définir; car, sur un espace analytique normal de dimension m, toute fonction continue qui est holomorphe en dehors d'un sous-ensemble analytique de dimension $< m$ est holomorphe partout.

Toute la question revient donc à savoir si la structure annelée définie sur X par la collection A des anneaux A_x est bien une structure d'espace analytique normal, et si elle satisfait à (β).

Le théorème ci-dessous, qui constitue le résultat essentiel du présent travail, donne une réponse à cette question.

Théorème 2. *Soient X un espace localement compact, V un ouvert partout dense, muni d'une structure d'espace analytique normal de dimension m, et $W = X - V$. Soit A la structure annelée définie sur X comme ci-dessus. Faisons les hypothèses suivantes:*

(i) *tout point $x_0 \in W$ possède (dans X) un système fondamental de voisinages ouverts U tels que l'espace analytique $V \cap U$ soit connexe;*

(ii) *tout point $x_0 \in W$ possède un voisinage ouvert U tel que les fonctions continues dans U et holomorphes en tout point de $V \cap U$ séparent les points de $V \cap U$;*

(iii) *la structure annelée A induit sur W une structure d'espace analytique de dimension* $< m$.

Alors A définit sur X une structure d'espace analytique normal, et W est un sous-espace analytique de X.

Avant d'aborder la démonstration du théorème 2, faisons quelques remarques. Tout d'abord, les conditions (i), (ii) et (iii) sont *nécessaires* pour que le problème posé soit possible: (iii) est nécessaire puisqu'on s'est imposé (β); (i) résulte de ce que l'espace X doit être irréductible au point x_0; (ii) résulte du fait que X doit pouvoir se réaliser, au voisinage de x_0, comme sous-ensemble analytique dans un ouvert d'un espace C^N.

On observera que, dans l'énoncé du théorème, nous n'avons pas supposé a priori que W, au voisinage de chacun de ses points x_0, pouvait être défini par l'annulation d'un nombre fini d'éléments de l'anneau A_{x_0} (hypothèse qui était faite par Baily). C'est le théorème 2 qui affirme que W satisfait à cette condition, comme conséquence des hypothèses (i), (ii) et (iii).

Avant de commencer la démonstration du théorème 2, qui sera longue, établissons un résultat préliminaire:

Proposition 3. *Soient X, V, W, et A comme dans le théorème 2; faisons l'hypothèse* (i) *de l'énoncé. Alors* A_{x_0} *est un anneau d'intégrité intégralement clos.*

Démonstration: soient f et g deux éléments de A_{x_0}, représentés par des fonctions définies et continues dans un ouvert U contenant x_0, holomorphes dans $V \cap U$, et telles que le produit fg soit identiquement nul dans U. D'après (i), on peut choisir U de façon que l'espace analytique $V \cap U$ soit connexe. Puisque f et g sont holomorphes dans $V \cap U$, l'une de ces fonctions est identiquement nulle dans $V \cap U$; elle est alors identiquement nulle dans U, puisque $V \cap U$ est dense dans U. Ceci montre que A_{x_0} est un anneau d'intégrité.

Il reste à prouver que A_{x_0} est intégralement fermé dans son corps des fractions K. Soient à nouveau f et g dans A_{x_0}, $g \neq 0$, et supposons que f/g satisfasse, dans K, à une équation

$$(1) \qquad (f/g)^n + \sum_{0 \leq i < n} \lambda_i (f/g)^i = 0\,,$$

les coefficients λ_i étant dans A_{x_0}. Soit U un ouvert contenant x_0 et tel que f, g et les λ_i soient représentés par des fonctions continues et bornées dans U, holomorphes dans $V \cap U$, fonctions que nous noterons encore f, g et λ_i; on peut choisir U assez petit pour que l'on ait

$$(1') \qquad (f(x))^n + \sum_{0 \leq i < n} \lambda_i(x)\,(f(x))^i\,(g(x))^{n-i} = 0 \quad \text{pour} \quad x \in U\,.$$

Soit h la fonction égale, en tout point $x \in V \cap U$ où $g(x) \neq 0$, au quotient $f(x)/g(x)$; $h(x)$ est bornée dans U, d'après (1'), donc se prolonge en une fonction (encore notée h) holomorphe en tout point de $V \cap U$, puisque V est un espace normal; et cette fonction h satisfait à

$$(2) \qquad (h(x))^n + \sum_{0 \leq i < n} \lambda_i(x)\,(h(x))^i = 0$$

en tout point $x \in V \cap U$. Il reste à prouver que h se prolonge par continuité aux points de $W \cap U$. Or soit $x \in W \cap U$; lorsqu'un point variable $y \in V \cap U$ tend vers x, $h(y)$ ne peut avoir qu'un nombre fini de valeurs d'accumulation, à cause de l'équation (2). S'il existait deux valeurs d'accumulation distinctes, alors, pour tout ouvert assez petit U' contenant x et contenu dans U, $V \cap U'$ ne serait pas connexe. Or ceci contredit l'hypothèse (i). La proposition 3 est donc établie.

Pour établir le théorème 2, il suffira évidemment de démontrer le résultat suivant:

Proposition 4. *Soient X, V, W et A comme dans le théorème 2. Faisons seulement les hypothèses* (i) *et* (iii), *et soit a un point de W jouissant de la propriété suivante:*

(ii$_a$) *le point a possède, dans X, un voisinage ouvert U tel que les fonctions continues dans U et holomorphes dans $V \cap U$ séparent les points de $V \cap U$.*

Alors on peut choisir le voisinage ouvert U de a assez petit pour qu'il existe un ensemble fini F, formé de n fonctions f_i continues dans U, holomorphes dans $V \cap U$, et jouissant des propriétés suivantes: l'application $f: U \to \mathbf{C}^n$ définie par les f_i induit un homéomorphisme de U sur un sous-ensemble analytique X' d'un ouvert $U' \subset \mathbf{C}^n$, homéomorphisme qui définit un isomorphisme des structures annelées de U et de X', et ceci de manière que f applique W sur un sous-ensemble analytique W' de X', de dimension $< m$.

4. Démonstration de la proposition 4

Nous nous plaçons désormais dans les hypothèses de la proposition 4. Pour abréger le langage, nous dirons qu'une fonction f définie dans un ouvert U de X est «holomorphe» dans U si elle est continue dans U, et si de plus elle est holomorphe dans $V \cap U$; il revient au même de dire que f appartient à l'anneau A_x en tout point $x \in U$.

Lemme 1. *Tout voisinage ouvert U du point a, assez petit, possède la propriété suivante: si un sous-ensemble compact $M \subset U$ rencontre W en un point au plus et est défini par un nombre fini d'équations $f_i(x) = 0$* (où les f_i sont «holomorphes» dans U), *alors $M \cap V$ se compose de points isolés* (*qui sont donc en nombre fini si $M \cap W = \emptyset$*).

Démonstration: supposons U choisi assez petit pour qu'on puisse lui appliquer la propriété (ii$_a$) de la proposition 4, et montrons que U jouit alors de la propriété énoncée dans le lemme 1. L'intersection $M \cap V$ est un sous-espace analytique de l'espace analytique $V \cap U$; on veut montrer que chacune de ses composantes irréductibles (au sens global) est réduite à un point. Raisonnons par l'absurde: soit N une composante irréductible de $M \cap V$, non réduite à un point. Prenons deux points distincts b et c dans N; d'après (ii$_a$), il existe une fonction g «holomorphe» dans U, telle que $g(b) \neq g(c)$. Puisque g n'est pas constante sur N, N n'est pas compact. Or l'adhérence $\overline{N}$ de N dans U, qui est contenue dans M, est compacte et se compose de N et d'un unique point $d \in W$. On peut supposer que $g(d) = 0$ (en rajoutant au besoin une constante à g). La fonction g induit sur le compact $\overline{N}$ une fonction continue, nulle en d, et non constante; donc $|g(x)|$ atteint sa borne supérieure sur $\overline{N}$ en un point qui appartient à N. D'après le principe du maximum, g doit être constante sur N, d'où une contradiction.

Lemme 2. *Il existe un ensemble fini F de fonctions $f_i \in A_a$, nulles au point a, et n'ayant aucun autre zéro commun au voisinage de a.*

En effet, d'après (iii), il existe un système fini de fonctions «holomorphes» au voisinage de a, et qui réalisent W, au voisinage de a, comme sous-espace analytique d'un ouvert d'un espace numérique. Ces fonctions, qu'on peut supposer nulles en a, n'ont aucun autre zéro commun dans W au voisinage de a. Il reste à trouver un système fini de fonctions «holomorphes» au voisinage de a, nulles en a, et sans zéro commun dans V au voisinage de a.

Soit U un ouvert comme dans (ii$_a$). Supposons qu'il existe un point $x_0 \in V \cap U$ tel que toute fonction «holomorphe» dans U et nulle en a soit nulle en x_0; alors, pour tout point $x \in V \cap U$, distinct de x_0, il existe une f «holomorphe» dans U telle que $f(x) \neq f(x_0)$; en ajoutant une constante à f, on peut supposer que $f(a) = 0$, donc $f(x_0) = 0$, et par suite $f(x) \neq 0$. Ainsi, en enlevant au besoin le point x_0 de l'ouvert U, on peut supposer que, pour tout point $x \in V \cap U$, il existe une f «holomorphe» dans U, et telle que $f(a) = 0$, $f(x) \neq 0$.

On va alors prouver, par récurrence descendante sur l'entier n, la proposition suivante: il existe un système fini de f_i holomorphes dans U, nulles en a, et telles que l'ensemble des zéros communs aux f_i situés dans $V \cap U$ soit un sous-ensemble analytique de dimension $\leqq n$ (i. e.: dont toutes les composantes irréductibles sont de dimension $\leqq n$). Pour $n = -1$, le lemme 2 sera établi. Or l'assertion à démontrer est triviale pour $n = m$ (dimension de V). Supposons-la prouvée pour n, et montrons qu'on peut adjoindre aux f_i une fonction g «holomorphe» dans U, nulle en a, de manière que l'ensemble des zéros communs aux f_i et à g situés dans $V \cap U$ soit de dimension $\leqq n - 1$. Soit D l'ensemble des zéros communs aux f_i situés dans $V \cap U$; l'ensemble des composantes irréductibles (au sens global) de D est dénombrable; choisissons un point x_k dans chacune d'elles. Pour chaque x_k il existe une g_k «holomorphe» dans U, et telle que $g_k(a) = 0$, $g_k(x_k) \neq 0$. Il est facile de trouver des constantes c_k de manière que la série $\sum_k c_k g_k(x)$ converge uniformément sur tout compact contenu dans U, et que sa somme soit $\neq 0$ en chacun des points x_k. Cette somme g est holomorphe dans $V \cap U$, puisque V est un espace normal; donc g est «holomorphe» dans U, et toutes les composantes irréductibles de l'ensemble des points de D où $g = 0$ sont de dimension $\leqq n - 1$. Ceci achève la démonstration.

Lemme 3. *Il existe une fonction $f \in A_a$, nulle en tout point de W assez voisin de a, mais qui n'est identiquement nulle dans aucun voisinage de a* (autrement dit, f est $\neq 0$ comme élément de l'anneau A_a, mais son image dans l'anneau B_a de l'espace analytique W est nulle).

Démonstration: prenons des fonctions $f_1, \ldots, f_n$ «holomorphes» dans un ouvert U contenant a, de manière que l'application $f: U \to \mathbf{C}^n$ qu'elles définissent induise un isomorphisme de l'espace analytique $W \cap U$ sur un sous-ensemble analytique W' d'un ouvert $U' \subset C^n$. Ceci est possible à cause de l'hypothèse (iii), qui dit en outre que W' est de dimension $< m$. On peut supposer U assez petit pour satisfaire à (ii_a). On peut de plus supposer que U' est un *ouvert d'holomorphie*; alors toute fonction holomorphe sur W' est (globalement) induite par une fonction holomorphe dans U', d'après la théorie des faisceaux analytiques cohérents. Soit $U_1 = U \cap f^{-1}(U')$; il existe un voisinage ouvert U_2 de a, contenu dans U_1, et tel que $V \cap U_2$ soit connexe (hypothèse (i)). On va montrer *qu'il existe une fonction «holomorphe» dans* U_1, *nulle sur* $W \cap U_1$, *et non identiquement nulle dans* U_2, ce qui établira le lemme 3.

Pour toute fonction g «holomorphe» dans U_1, il existe une fonction φ holomorphe dans U', telle que $g(x) = \varphi(f_1(x), \ldots, f_n(x))$ pour tout $x \in W \cap U_1$. La fonction $g - \varphi(f_1, \ldots, f_n)$ est «holomorphe» dans U_1 et nulle sur $W \cap U_1$. Deux cas sont alors possibles: 1° l'application f envoie U_2 dans W'; alors, pour des raisons de dimension, les fonctions $f_1, \ldots, f_n$ ne séparent pas les points de $V \cap U_2$, et puisque les fonctions «holomorphes» dans U_1 séparent les points de $V \cap U_2$, il existe une g «holomorphe» dans U_1, telle que $g - \varphi(f_1, \ldots, f_n)$ (qui est nulle sur $W \cap U_1$) ne soit pas identiquement nulle dans $V \cap U_2$; 2° l'application f n'envoie pas U_2 dans W'; alors il existe une fonction ψ holomorphe dans U', nulle sur W' et $\neq 0$ en un point de la forme $f(x)$, avec $x \in U_2$; alors $\psi \circ f$ est «holomorphe» dans U_1, nulle sur $W \cap U_1$, mais non identiquement nulle dans U_2.

Dans les deux cas le lemme 3 est démontré.

Définition: nous dirons qu'un système fini F de fonctions $f_i \in A_a$ est *adéquat* s'il satisfait aux conditions suivantes:

(a) les f_i sont nulles en a et n'ont aucun autre zéro commun au voisinage de a;

(b) l'une des f_i (soit f_0) s'annule identiquement sur W au voisinage de a mais n'est identiquement nulle dans aucun voisinage de a;

(c) F contient un système de fonctions qui définissent un *isomorphisme* de l'espace analytique $W \cap U$ sur un sous-ensemble analytique d'un ouvert d'un espace numérique (U désignant un voisinage ouvert assez petit de a).

Les lemmes 2 et 3 prouvent qu'*il existe des ensembles adéquats.*

Définition: soit F un ensemble adéquat de n fonctions $f_i \in A_a$. On dira qu'un voisinage ouvert U de a (dans X) et un voisinage ouvert U' de l'origine dans C^n sont F-*adaptés* s'ils satisfont aux conditions suivantes:

1° les f_i sont «holomorphes» dans U, et l'application $f: U \to C^n$ définie par les f_i applique U dans U';

2° l'application $f: U \to U'$ est *propre*, et $f^{-1}(0) \cap U = \{a\}$;

3° f induit un isomorphisme de l'espace analytique $W \cap U$ sur son image W' (qui est alors un sous-ensemble analytique de U');

4° $f^{-1}(W') \cap V \cap U$ est un sous-ensemble analytique K de $V \cap U$, de dimension $< m$.

Lemme 4. *Pour tout ensemble adéquat F, il existe des couples (U, U') aussi petits qu'on veut, et F-adaptés.*

Démonstration: il existe évidemment un voisinage ouvert U_1 de a, aussi petit qu'on veut, tel que les $f_i \in F$ soient «holomorphes» au voisinage de l'adhérence $\overline{U}_1$, qu'on peut supposer compacte. D'après (a), on peut supposer que a est l'unique zéro commun aux f_i dans $\overline{U}_1$. D'après (c), on peut choisir en outre U_1 de manière que l'application f définie par les $f_i \in F$ induise un isomorphisme de l'espace analytique $W \cap U_1$ sur son image. On peut de plus supposer que l'espace analytique $V \cap U_1$ est connexe, à cause de (i); d'après (b), la fonction $f_0 \in F$ est nulle sur $W \cap U_1$ mais n'est identiquement nulle au voisinage d'aucun point de $V \cap U_1$, puisque $V \cap U_1$ est irréductible.

U_1 étant ainsi choisi, prenons dans $\boldsymbol{C}^n$ un voisinage ouvert U' de l'origine, arbitrairement petit, de manière que $f(W \cap U_1) \cap U'$ soit un sous-ensemble analytique *fermé* dans U'; on peut supposer en outre U' sans point commun avec l'image, par l'application f, de la frontière (compacte) de U_1. Posons

$$U = f^{-1}(U') \cap U_1 .$$

On va montrer que le couple (U, U') est F-adapté, ce qui établira le lemme 4.

Il est évident que U et U' satisfont aux conditions 1° et 3° des couples F-adaptés. Montrons que 2° est vérifié: soit C' un compact contenu dans U', et $C = f^{-1}(C') \cap U$. L'adhérence de C dans $\overline{U}_1$ est compacte; tout point b adhérent à C satisfait à $f(b) \in C'$, donc b n'est pas un point frontière de U_1, et par suite $b \in U_1$, d'où $b \in f^{-1}(U') \cap U_1 = U$. Puisque C est fermé dans U, on a $b \in C$, ce qui prouve que C est compact. Ainsi l'application $f: U \to U'$ est propre, et la condition 2° est vérifiée. Il reste à montrer que 4° a lieu: or $K = f^{-1}(W') \cap V \cap U$ est évidemment un sous-ensemble analytique de $V \cap U$, et pour prouver que K est de dimension $< m$, il suffit de voir que K n'a aucun point intérieur. Si K avait un point intérieur, la fonction f_0 serait nulle dans un ouvert non vide de $V \cap U$, contrairement à ce qui a été dit. Le lemme 4 est ainsi entièrement démontré.

Lemme 5. *Soit F un ensemble adéquat, et soit (U, U') un couple F-adapté. Si U a été choisi assez petit, l'image $f(U)$ est un sous-ensemble analytique X' de U', purement m-dimensionnel, et irréductible au point $0 \in \boldsymbol{C}^n$.*

Démonstration: nous supposons U assez petit pour que le lemme 1 lui soit applicable. Soit x_0 un point quelconque de $(V \cap U) - K$, c'est-à-dire un point de U tel que $f(x_0) \notin W' = f(W \cap U)$. Puisque l'application $f: U \to U'$ est propre, l'ensemble $f^{-1}(f(x_0))$ est compact; cet ensemble ne rencontre pas W, donc (lemme 1) il est fini. Ainsi l'application f est «non dégénérée» au point x_0; d'après la proposition 1, il existe un voisinage de x_0 que f applique sur un sous-ensemble analytique au voisinage du point $x'_0 = f(x_0)$, et ce sous-ensemble analytique est irréductible au point x'_0, et de dimension m. Soient alors x_k les points de $V \cap U$, en nombre fini, qui appartiennent à $f^{-1}(x'_0)$; si à chaque x_k on associe un voisinage E_k de x_k (dans V), il existe un voisinage E' de x'_0 tel que $f^{-1}(E')$ soit contenu dans la réunion des E_k, parce que f est propre. Donc l'image $f(U) = X'$ est, au voisinage de chacun de ses points x'_0 qui n'appartient pas à W', la réunion d'un nombre fini de sous-ensembles analytiques, irréductibles en x_0 et de dimension m.

Ainsi $X' - W' = M'$, qui est *fermé* dans $U' - W'$ puisque f est une application propre de $(V \cap U) - K$ dans $U' - W'$, est un sous-ensemble analytique purement m-dimensionnel de $U' - W'$. Puisque W' est un sous-ensemble analytique de U' de dimension $< m$, un théorème de Remmert et Stein [7]) permet d'affirmer que l'adhérence $\overline{M}'$ de M' dans U' est un sous-ensemble analytique purement m-dimensionnel. Or $\overline{M}'$ n'est autre que $X' = M' \cup W'$; en effet X' est fermé dans U' (puisque f est propre), et tout point de W' est adhérent à $X' - W'$ parce que $(V \cap U) - K$ est dense dans $V \cap U$.

Ainsi $X' = f(U)$ est un sous-ensemble analytique de U', purement m-dimensionnel. X' est *irréductible* à l'origine $0 \in C^n$: en effet, soit φ une fonction holomorphe dans C^n au voisinage de 0; la fonction $\varphi \circ f$ est «holomorphe» dans X au voisinage de a. Puisque l'anneau A_a est intègre (proposition 3), l'anneau des germes de fonctions induites sur X', à l'origine 0, par les germes de fonctions holomorphes de l'espace ambiant C^n, est un anneau d'intégrité. Ceci prouve que le sous-ensemble analytique X' est *irréductible* au point 0.

Lemme 6. *Soit F un ensemble adéquat, et soit X' comme dans le lemme 5. Il existe un système fondamental de couples F-adaptés (U, U') tels que l'espace analytique $(X' - W') \cap U'$ soit globalement irréductible; pour chacun d'eux, l'application f définit $f^{-1}(X' - W') \cap U$ comme revêtement ramifié de $(X' - W') \cap U'$; son degré est indépendant du couple (U, U'), et $f^{-1}(X' - W') \cap U$ et $V \cap U$ sont connexes.*

Démonstration: puisque X' est irréductible au point 0, il existe un système fondamental de voisinages ouverts U' de 0 tels que l'espace analytique $X' \cap U'$ soit globalement irréductible; il en est alors de même de $(X' - W') \cap U'$, puisque la dimension de W' est strictement inférieure à celle de X'. Pour un tel U', posons $U = f^{-1}(U')$; il est clair que le couple (U, U') est F-adapté. L'application analytique $f^{-1}(X' - W') \cap U \to (X' - W') \cap U'$ induite par f est évidement propre, et on a vu que l'image réciproque de tout point de $X' - W'$ est finie; donc $f^{-1}(X' - W') \cap U$ est un *revêtement ramifié* de $(X' - W') \cap U'$. Son *degré* ne dépend pas du couple (U, U') en vertu de la dernière assertion du § 2. Il reste à montrer que l'espace analytique $f^{-1}(X' - W') \cap U$ est *connexe*, d'où il résultera évidemment que l'espace analytique $V \cap U$, dans lequel il est partout dense, est aussi connexe.

Or soit d le degré du revêtement ramifié. Pour chaque point x' d'un ouvert partout dense de $(X' - W') \cap U'$, l'image réciproque $f^{-1}(x')$ se compose de d points, qui tendent vers a quand x' tend vers 0. Soit U_2 un voisinage ouvert de a contenu dans U, et tel que $V \cap U_2$ soit connexe (condition (i)); l'espace analytique $f^{-1}(X' - W') \cap U_2$, obtenu en retranchant de $V \cap U_2$ un sous-ensemble analytique de dimension $< m$, est connexe. Considérons alors les composantes connexes de $f^{-1}(X' - W') \cap U$; une seule rencontre U_2, et son degré (comme revêtement ramifié de $(X' - W') \cap U'$) est égal à d, d'après ce qu'on vient de voir. Comme le degré d de $f^{-1}(X' - W') \cap U$, comme revêtement ramifié de $(X' - W') \cap U'$, est égal à la somme des degrés de ses composantes connexes, il

---

[7]) Voir [6], ainsi que [4], Exposés XIII et XIV de K. Stein.

s'ensuit qu'il y a une seule composante connexe, et ceci achève la démonstration.

Définition: le degré commun des revêtements ramifiés qui interviennent dans le lemme 6 s'appellera le *degré de l'ensemble adéquat* F, et sera noté $d(F)$.

Lemme 7. *Soient* $F \subset \tilde{F}$ *deux ensembles adéquats. Soit* (U, U') *un couple* F*-adapté tel que, si l'on pose* $X' = f(U)$, $W' = f(W \cap U)$, $X' - W'$ *soit globalement irréductible. Supposons en outre* U *assez petit pour que les fonctions de* $\tilde{F}$ *soient «holomorphes» dans* U, *et soit* $\tilde{f}: U \to C^{\tilde{n}}$ *l'application définie par les fonctions de* $\tilde{F}$. *Notons* $\pi: C^{\tilde{n}} \to C^n$ *la projection naturelle, et soit* $\tilde{X}' = \tilde{f}(U)$, $\tilde{U}' = \pi^{-1}(U')$. *Alors le couple* $(U, \tilde{U}')$ *est* $\tilde{F}$*-adapté, et l'application* f: $U - f^{-1}(W') \to X' - W'$ *est composée des deux applications analytiques*

$$U - f^{-1}(W') \xrightarrow{\tilde{f}} \tilde{X}' - \tilde{X}' \cap \pi^{-1}(W') \xrightarrow{f_1} X' - W'.$$

L'espace $\tilde{X}' - \tilde{X}' \cap \pi^{-1}(W')$ *est globalement irréductible, les deux applications* $\tilde{f}$ *et* f_1 *définissent des revêtements ramifiés, et l'on a*

$$\deg(F) = \deg(\tilde{F}) \deg(f_1). \tag{3}$$

Démonstration: f se factorise évidemment en $\tilde{f}: U \to C^{\tilde{n}}$ et $\pi: C^{\tilde{n}} \to C^n$. Du fait que f est une application propre de U dans U', il résulte aussitôt que $\tilde{f}$ est une application propre de U dans $\tilde{U}'$. Il est clair que U et $\tilde{U}'$ vérifient les conditions d'un couple $\tilde{F}$-adapté. Puisque $X' - W'$ est globalement irréductible par hypothèse, le lemme 6 dit que $U - f^{-1}(W')$ est globalement irréductible, donc son image par $\tilde{f}$, qui est $\tilde{X}' - \tilde{X}' \cap \pi^{-1}(W')$, est globalement irréductible. D'autre part, il est clair que l'application f_1 induite par la projection π est propre, et que l'image réciproque, par f_1, d'un point de $X' - W'$ est finie. Donc f_1 est un revêtement ramifié; la relation (3) résulte alors de la proposition 2.

Lemme 8. *Il existe un ensemble adéquat* F *dont le degré* $d(F)$ *est égal à* 1.

Démonstration: prenons un ensemble adéquat F et un couple F-adapté (U, U'). Il existe dans $X' - W'$ un point x'_0 tel que, pour tout point x' assez voisin de x'_0, l'ensemble $f^{-1}(x')$ se compose de $d(F)$ points. Si U a été choisi assez petit, l'hypothèse (ii_a) s'applique à U; il existe donc un système fini G de fonctions «holomorphes» dans U qui séparent les $d(F)$ points de $f^{-1}(x'_0)$. Soit $\tilde{F}$ le système obtenu en adjoignant à F les fonctions de G; $\tilde{F}$ est adéquat, et, avec les notations du lemme 7, le degré du revêtement f_1 est égal à $d(F)$. D'après (3), on a $d(\tilde{F}) = 1$, ce qui démontre le lemme 8.

Considérons désormais un système adéquat F tel que $d(F) = 1$. Soit X' comme dans le lemme 5, et soit B l'anneau des germes induits sur X', au point $0 \in C^n$, par les germes de fonctions holomorphes de l'espace ambiant C^n. On sait que la clôture intégrale $\tilde{B}$ de l'anneau d'intégrité B est un B-module de type fini; soit (φ_j) un système fini de générateurs de $\tilde{B}$ sur B. Puisque l'anneau A_a est intégralement clos (proposition 3), il existe un élément $g_j \in A_a$ qui induit la fonction $\varphi_j \circ f$ aux points de V (suffisamment voisins de a) où cette fonction est définie. Adjoignons les g_j au système adéquat F; on obtient un système $\widetilde{F}$, et on a $d(\widetilde{F}) = 1$ puisque $d(\widetilde{F})$ divise $d(F) = 1$. Soit $\widetilde{f}$ l'application définie par le système $\widetilde{F}$; $\widetilde{f}$ applique un voisinage de a sur un sous-ensemble analytique $\widetilde{X}'$, *normal* à l'origine 0. Alors $\widetilde{X}'$ est normal en chacun de ses points assez voisins de 0, puisque l'ensemble des points où un espace analytique n'est pas normal est fermé.

Ecrivons de nouveau F, f et X' au lieu de $\widetilde{F}$, $\widetilde{f}$ et $\widetilde{X}'$. Choisissons un couple F-adapté (U, U') assez petit pour que X' soit normal en tout point de $X' \cap U'$. Soit $K = f^{-1}(W') \cap V \cap U$, sous-ensemble analytique de $V \cap U$, de dimension $< m$. On va montrer que *K est vide.* Raisonnons par l'absurde: supposons qu'il existe $x_0 \in U$ tel que $x_0 \notin W$ et $f(x_0) \in W'$. Appliquons le lemme 1 à l'ensemble compact $f^{-1}(f(x_0)) \cap U$, qui rencontre W en un seul point x_1, distinct de x_0. On en conclut que l'application f est non dégénérée en x_0, donc (proposition 1) f applique tout voisinage de x_0 *sur* un sous-ensemble analytique de dimension m au voisinage de $f(x_0)$; puisque X' est irréductible au point $f(x_0)$, f applique tout voisinage de x_0 *sur* un voisinage de $f(x_0)$ dans X'. Puisque f définit $(V \cap U) - K$ comme revêtement ramifié de degré 1 de l'espace normal $X' - W'$, f est un *isomorphisme* de $(V \cap U) - K$ sur $X' - W'$, et en particulier f ne prend jamais deux fois la même valeur dans $(V \cap U) - K$. Aux points de $(V \cap U) - K$ assez voisins de x_1, f ne peut donc prendre ses valeurs que dans W', ce qui impliquerait que K possède un point intérieur: contradiction.

Nous pouvons maintenant achever la démonstration de la proposition 4. En effet, l'application f définie par le système F applique biunivoquement $V \cap U$ sur $X' - W'$, et $W \cap U$ sur W'; f est donc une application biunivoque de U sur X', et comme f est continue et propre, f est un *homéomorphisme* de U sur X'. Il est immédiat que, par cet homéomorphisme, chaque anneau A_x $(x \in U)$ se transporte sur l'anneau des germes de fonctions holomorphes sur X' au point $f(x)$. La proposition 4 est donc entièrement établie.

Le théorème 2 est, du même coup, démontré.

Bibliographie

[1] BEHNKE, H., u. K. STEIN: Modifikation komplexer Mannigfaltigkeiten und Riemannscher Gebiete. Math. Ann. **124**, 1—16 (1951). — [2] CARTAN, H.: Idéaux de fonctions analytiques de n variables complexes. Ann. scient. Ecole norm. sup. **61**, 149—197 (1944). — [3] CARTAN, H.: Séminaire 1951—52, Paris. — [4] CARTAN, H.: Séminaire 1953—54, Paris. — [5] OKA, K.: Sur les fonctions analytiques de plusieurs variables VIII. Lemme fondamental. J. Math. Soc. Japan **3**, 204—214 et 259—278 (1951). — [6] REMMERT, R., u. K. STEIN: Über die wesentlichen Singularitäten analytischer Mengen. Math. Ann. **126**, 263—306 (1953). — [7] SATAKE, I.: On the compactification of the Siegel space. J. Indian math. Soc. **20**, 259—281 (1956). — [8] SERRE, J. P.: Géométrie analytique et géométrie algébrique. Ann. Institut Fourier **6**, 1—42 (1955—56).

(Eingegangen am 7. Mai 1958)

49.

Espaces fibrés analytiques

Symposium International de Topologia Algebraica, Mexico 97–121 (1958)

Je me propose de rendre compte de résultats récents de Hans Grauert[1] (à paraître aux Math. Annalen; voir une Note aux Comptes Rendus de l'Académie des Sciences de Paris, 30 janvier 1956). Ils concernent essentiellement les espaces fibrés analytiques principaux *dont la base est une variété de Stein*. Le cas où le groupe structural est *abélien* [12], ou, plus généralement, *résoluble* [9] était déjà connu; de plus, Frenkel a obtenu des résultats pour certains espaces de base qui ne sont pas des variétés de Stein.

1. Espaces analytiques holomorphiquement complets

La notion de variété analytique complexe est bien connue. Montrons cependant comment la catégorie des variétés analytiques complexes (et des applications analytiques) peut être définie dans le cadre général des conférences de S. Eilenberg (cf. ce Symposium). Prenons pour catégorie $\mathscr{M}$ de "modèles" celle dont les objets sont les ouverts des espaces numériques complexes C^n, et dont les applications sont les applications holomorphes d'un tel ouvert dans un autre. Si $T : \mathscr{M} \to \mathscr{T}$ désigne le foncteur évident dans la catégorie des espaces topologiques séparés (i.e. satisfaisant à l'axiome de Hausdorff), T est *fidèle* et définit $\mathscr{M}$ comme *catégorie locale*. Alors la catégorie locale $\tilde{\mathscr{M}}$ (notation de Eilenberg) est celle des variétés analytiques complexes et des applications analytiques.

Nous aurons besoin d'une généralisation de la notion de variété analytique complexe (cf. [1], [3]). Prenons comme catégorie $\mathscr{M}$ de modèles celle-ci: un objet de $\mathscr{M}$ est un sous-ensemble $M \subset C^n$ tel qu'il existe un ouvert $U \subset C^n$, $U \supset M$, et des f_i holomorphes dans U, de manière que

$$(x \in U, f_i(x) = 0 \text{ pour tout } i) \Leftrightarrow x \in M.$$

Une "application", dans la catégorie $\mathscr{M}$, est par définition une application continue $\varphi : M \to M'$ telle qu'on puisse choisir des ouverts $U \supset M$ et $U' \supset M'$ comme ci-dessus, et trouver une application holomorphe $\psi : U \to U'$ qui induise φ. La

---

[1] Je remercie vivement M. Grauert de m'avoir permis de prendre connaissance du manuscrit de son travail. Dans la manière d'exposer les résultats et la marche des démonstrations, je prends ici quelques libertés, tout en respectant les idées essentielles des démonstrations de Grauert. J'ai cru bon d'introduire la notion d'espace fibré E-principal (§2) qui généralise la notion classique d'espace fibré principal, et permet de donner leur pleine valeur aux Théorèmes, A et B de Grauert, ainsi qu'au Théorème 1 du §3. Il devient alors possible de déduire le Théorème A du Théorème 1 (cf. §3). J'ai aussi introduit un sous-espace analytique Y qui permet de renforcer les Théorèmes 1 et 2 (voir les Théorèmes 1 bis et 2 bis). Enfin j'ai condensé en un seul énoncé ("Théorème principal", §4) des résultats techniques auxiliaires établis par Grauert.

catégorie $\mathcal{M}$ étant ainsi définie, le foncteur $T : \mathcal{M} \to \mathcal{T}$ est évident; alors $\mathcal{M}$ est une catégorie locale. On en déduit une catégorie locale $\tilde{\mathcal{M}}$: les objets de $\tilde{\mathcal{M}}$ s'appellent les *espaces analytiques*, les applications de $\tilde{\mathcal{M}}$ s'appellent les *applications analytiques* (ou *holomorphes*). Tout objet de $\tilde{\mathcal{M}}$ est localement isomorphe à un objet de $\mathcal{M}$. D'autre part, la catégorie des variétés analytiques complexes s'identifie évidemment à une *sous-catégorie pleine* de la catégorie des espaces analytiques.

On n'a pas supposé que les modèles M soient analytiquement irréductibles en chacun de leurs points.

Soit X un espace analytique; une fonction holomorphe (scalaire) est simplement une application analytique $X \to C$. Pour tout ouvert $U \subset X$ on a l'anneau $\mathcal{O}(U)$ des fonctions holomorphes dans U; ces anneaux (lorsque U parcourt l'ensemble de tous les ouverts de X) définissent sur l'espace X le faisceau $\mathcal{O}_X$ des germes de fonctions holomorphes. La donnée de l'espace topologique sous-jacent à X et du faisceau $\mathcal{O}_X$ détermine complètement X comme espace analytique.

Soit X un espace analytique. On appelle *sous-espace analytique* un sous-ensemble *fermé* $Y \subset X$, tel que, au voisinage de chaque point $x_0 \in Y$, Y puisse être défini par un nombre fini d'équations $f_i(x) = 0$, les f_i étant holomorphes au voisinage de x_0 (dans l'espace X). Un tel Y définit évidemment un objet de la catégorie $\tilde{\mathcal{M}}$ des espaces analytiques. Le faisceau $\mathcal{O}_Y$ est le faisceau induit sur Y par le faisceau $\mathcal{O}_X$.

La catégorie des espaces analytiques est évidemment une *catégorie avec produits* (cf. 3e exposé de S. Eilenberg). On peut donc développer une théorie des *espaces fibrés analytiques* localement triviaux (la base et la fibre étant des espaces analytiques, dans le sens général qui vient d'être défini).

Si on restreignait la catégorie $\mathcal{M}$ des modèles à la sous-catégorie $\mathcal{M}'$ des modèles *normaux* (M étant alors un sous-ensemble analytique normal dans C^n), on obtiendrait la sous-catégorie $\tilde{\mathcal{M}}'$ des *espaces analytiques normaux*, qui sont ceux considérés par Grauert; mais les résultats de Grauert s'étendent d'eux-mêmes au cas des espaces analytiques les plus généraux.

La notion bien connue de "variété de Stein" (les variétés de Stein constituent une sous-catégorie de la catégorie des variétés analytiques complexes) se généralise comme suit au cas des espaces analytiques:

DÉFINITION 1. On dit qu'un espace analytique X est *holomorphiquement complet* s'il satisfait aux conditions suivantes:

(i) l'espace topologique X est réunion dénombrable de compacts;

(ii) pour chaque point $x \in X$, il existe une application analytique $f : X \to C^k$ (k désignant un entier convenable qui dépend de x), qui soit *non dégénérée* au point x (i.e. telle que x soit point isolé de l'ensemble $f^{-1}(f(x))$);

(iii) pour tout compact $K \subset X$, l'ensemble $\tilde{K}$ des $x \in X$ tels que $|f(x)| \leq \sup_{y \in K} |f(y)|$ pour toute f holomorphe dans X, est *compact*.

Si, dans cette définition, on suppose en outre que X est une vraie variété analytique complexe, on retrouve la définition d'une variété de Stein (à condition d'utiliser des résultats de Grauert: [10], Satz B). De plus, si un espace analytique X est *connexe* et satisfait à (ii), X satisfait à (i) (Grauert, [10], Satz A).

Il est évident que tout sous-espace analytique d'un espace holomorphiquement complet est holomorphiquement complet.

DÉFINITION 2. Soit X un espace analytique. Un ouvert $U \subset X$ est dit *X-convexe* si, pour tout compact $K \subset U$, l'ensemble $\tilde{K}_X$ des $x \in U$ tels que

$$|f(x)| \leqq \sup_{y \in K} |f(y)| \text{ pour toute } f \text{ holomorphe dans } X,$$

est *compact*. (Remarque: la condition (iii) exprime que X est X-convexe; d'autre part, tout ouvert X-convexe est un espace holomorphiquement complet).

DÉFINITION 3. Soit X un espace analytique. Un compact $K \subset X$ est dit *spécial* (ou, plus exactement, X-spécial) s'il existe un système fini de fonctions f_j holomorphes dans X et de constantes réelles $a_j \leqq b_j$, $a'_j \leqq b'_j$, de manière que K soit à la fois ouvert et fermé dans l'ensemble des points $x \in X$ satisfaisant aux inégalités

$$a_j \leqq \operatorname{Re}(f_j) \leqq b_j, \qquad a'_j \leqq \operatorname{Im}(f_j) \leqq b'_j$$

($\operatorname{Re}(f_j)$ et $\operatorname{Im}(f_j)$ désignent respectivement la partie réelle et la partie imaginaire de f_j).

On utilisera les propriétés connues que voici: soit K un *compact spécial*; en adjoignant au besoin aux f_j de nouvelles fonctions holomorphes dans X (en nombre fini), on peut faire en sorte que l'application $f: X \to C^k$ définie par les k fonctions f_j induise un *isomorphisme* d'un voisinage de K (comme espace analytique) sur un sous-espace analytique d'un voisinage du *cube* compact Γ défini, dans l'espace numérique C^k, par les inégalités

$$a_j \leqq x_j \leqq b_j, \qquad a'_j \leqq y_j \leqq b'_j$$

(on note $x_j + iy_j$ les k coordonnées complexes d'un point de C^k). Il résulte alors de théorèmes connus ([4], th. 2 et 3) que toute fonction φ holomorphe au voisinage de K peut s'écrire $\Phi(f_1, \cdots, f_k)$, Φ étant holomorphe au voisinage du cube Γ; comme Φ peut être uniformément approchée (au voisinage de Γ) par des polynômes par rapport aux coordonnées complexes de l'espace ambiant C^k, on voit que *toute fonction holomorphe au voisinage du compact spécial K peut être uniformément approchée* (au voisinage de K) *par des fonctions holomorphes dans X.*

Soit maintenant K un compact tel que $\tilde{K}_X$ soit compact. Alors tout voisinage de $\tilde{K}_X$ contient un compact spécial contenant $\tilde{K}_X$. Il en résulte que, si U est un ouvert X-convexe, *U est réunion d'une suite croissante de compacts spéciaux K_n*, tels en outre que chaque K_n soit *intérieur* à K_{n+1}. On en déduit: *toute fonction holomorphe dans U* (ouvert X-convexe) *est limite* (uniformément sur tout compact de U) *de fonctions obtenues par restriction à U de fonctions holomorphes dans X.*

Inversement, on voit facilement ceci: tout compact spécial K possède un système fondamental de voisinages ouverts dont chacun est X-convexe.

2. Espaces fibrés E-principaux

Pour les définitions qui suivent, il est inutile de supposer que la base X (qui, par hypothèse, est un espace analytique) soit holomorphiquement complète.

Soit donné un espace fibré analytique E, de base X, dont les fibres sont des *groupes de Lie* (complexes), tous isomorphes. Cela signifie qu'il existe un recouvrement ouvert (U_i) de X et un groupe de Lie G, tel que E puisse être obtenu par la construction suivante: on forme la somme F des espaces analytiques $U_i \times G$, et on fait le quotient de F par une relation d'équivalence R du type suivant: si $x \in U_{ij}$ $(= U_i \cap U_j)$, on identifie le point $(x, y) \in U_j \times G$ au point $(x, f_{ij}(x, y)) \in U_i \times G$, où les f_{ij} sont des applications *analytiques* données

$$f_{ij} : U_{ij} \times G \to G$$

satisfaisant aux conditions suivantes: 1° $f_{ij}(x, f_{jk}(x, y)) = f_{ik}(x, y)$ pour $x \in U_{ijk}$, $y \in G$; 2° pour chaque $x \in U_{ij}$, l'application $y \to f_{ij}(x, y)$ est un *automorphisme* du groupe de Lie G.

E étant donné, nous noterons $p : E \to X$ la projection du fibré E sur sa base, et $G_x = p^{-1}(x)$ la fibre au-dessus du point $x \in X$; G_x a une structure de groupe de Lie (complexe), mais il n'y a pas d'isomorphisme canonique de G_x sur le groupe-modèle G.

Donnons-nous maintenant un recouvrement ouvert arbitraire de X, que nous noterons encore (U_i), et, pour chaque couple (i, j), une section holomorphe (resp. continue)

$$f_{ij} : U_{ij} \to E,$$

de manière que $f_{ij} f_{jk} = f_{ik}$ dans U_{ijk} (la multiplication étant entendue au sens de la loi de groupe qui existe dans chaque fibre). Autrement dit, (f_{ij}) est un 1-*cocyle* du recouvrement (U_i), à valeurs dans les sections du faisceau $\mathscr{E}^a$ (resp. du faisceau $\mathscr{E}^c$) des germes de sections holomorphes (resp. continues) du fibré E; $\mathscr{E}^a$ et $\mathscr{E}^c$ sont des *faisceaux de groupes*. Alors les f_{ij} permettent de construire un nouvel espace fibré analytique (resp. topologique) P, comme suit: on prend la somme des $p^{-1}(U_i)$, et on en fait le quotient par la relation d'équivalence definie comme suit: si $x \in p^{-1}(U_{ij}) \subset E$, on identifie le point $x \in p^{-1}(U_j)$ au point

$$f_{ij}(p(x)) \cdot x \in p^{-1}(U_i),$$

la multiplication étant celle qui existe dans chaque fibre de E. Dans le fibré P, les fibres n'ont plus une structure de groupe; toutefois, si u et $v \in P$ appartiennent à une même fibre, on peut définir $u^{-1}v$ qui est un point de E. Un tel espace P sera dit *E-principal*; l'espace *E opère à droite* dans P, dans le sens suivant: chaque fibre de E est un groupe qui opère à droite dans la fibre correspondante de P.

Dans le cas particulier où E est un produit $X \times G$, on retrouve la notion classique d'espace fibré principal de groupe G.

On a une notion évidente d'*isomorphisme* pour deux espaces fibrés E-principaux de même base X (et relatifs au même fibré E): c'est un homéomorphisme qui induit l'application identique de la base X et est compatible avec les opérations (à droite) de E; s'il s'agit d'espaces E-principaux *analytiques*, on astreint en outre cet homéomorphisme à être analytique. L'isomorphisme définit alors entre espaces E-principaux analytiques (resp. topologiques) une relation d'équivalence, et l'on peut parler de l'ensemble des *classes* d'espaces E-principaux analytiques (resp. topologiques). D'après un raisonnement classique, ces classes sont en correspondance biunivoque avec l'ensemble de cohomologie $H^1(X, \mathscr{E}^a)$, resp. $H^1(X, \mathscr{E}^c)$; si un espace P est défini par un cocyle (f_{ij}) d'un recouvrement ouvert $\mathscr{U} = (U_i)$ de X, la classe de P est l'image de la classe de cohomologie de (f_{ij}) par l'application naturelle

$$H^1(\mathscr{U}, \mathscr{E}) \to H^1(X, \mathscr{E}),$$

$\mathscr{E}$ désignant $\mathscr{E}^a$, resp. $\mathscr{E}^c$. De plus, l'inclusion de faisceaux $\mathscr{E}^a \to \mathscr{E}^c$ définit une application

$$H^1(X, \mathscr{E}^a) \to H^1(X, \mathscr{E}^c) \tag{1}$$

qui, à chaque classe d'espaces E-principaux analytiques, associe une classe d'espaces E-principaux topologiques.

Le résultat fondamental de Grauert est le suivant: *si X est holomorphiquement complet, l'application* (1) *est une bijection.*

Afin d'expliciter ce qu'il convient de démontrer pour établir ce résultat, faisons un bref rappel concernant la cohomologie à coefficients dans un faisceau de groupes. Soit $\mathscr{F}$ un tel faisceau sur un espace topologique X; si $\mathscr{U} = (U_i)$ est un recouvrement ouvert de X, deux cocyles $f_{ij} : U_{ij} \to \mathscr{F}$ et $g_{ij} : U_{ij} \to \mathscr{F}$ sont dits *homologues* s'il existe une cochaîne $c_i : U_i \to \mathscr{F}$ telle que

$$g_{ij} = (c_i)^{-1} f_{ij} c_j \qquad \text{dans } U_{ij}. \tag{2}$$

L'ensemble $H^1(\mathscr{U}, \mathscr{F})$ est, par définition, l'ensemble des classes de cocycles homologues. Si $\mathscr{V}$ est un recouvrement plus fin que $\mathscr{U}$, on définit sans ambigüité (cf. [11], p. 41) une application $H^1(\mathscr{U}, \mathscr{F}) \to H^1(\mathscr{V}, \mathscr{F})$; alors $H^1(X, \mathscr{F})$ est défini comme la limite directe des $H^1(\mathscr{U}, \mathscr{F})$. Il est essentiel de remarquer que *l'application $H^1(\mathscr{U}, \mathscr{F}) \to H^1(\mathscr{V}, \mathscr{F})$ est injective*; on le prouve comme suit: soit $\mathscr{V} = (V_\alpha)$, et soit $\alpha \to \lambda(\alpha)$ une application de l'ensemble d'indices de $\mathscr{V}$ dans l'ensemble d'indices de $\mathscr{U}$, telle que $U_{\lambda(\alpha)} \supset V_\alpha$. Etant donnés deux cocycles (f_{ij}), (g_{ij}) de $\mathscr{U}$, on leur associe les cocyles

$$\varphi_{\alpha\beta} = f_{\lambda(\alpha),\lambda(\beta)}, \qquad \psi_{\alpha\beta} = g_{\lambda(\alpha),\lambda(\beta)}$$

de $\mathscr{V}$. Supposons qu'il existe une cochaîne (γ_α) de $\mathscr{V}$, telle que

$$\psi_{\alpha\beta} = (\gamma_\alpha)^{-1} \varphi_{\alpha\beta} \gamma_\beta \qquad \text{dans } V_{\alpha\beta};$$

on définit alors une cochaîne (c_i) de $\mathscr{U}$ satisfaisant à (2), comme suit: pour $x \in U_i$, choisissons un α tel que $x \in V_\alpha$, et considérons

$$f_{i,\lambda(\alpha)}(x)\, \gamma_\alpha(x) g_{\lambda(\alpha),i}(x);$$

ceci ne dépend pas du choix de α, et définit une section $x \to c_i(x)$ de $\mathscr{F}$ au-dessus de U_i, qui satisfait à (2).

Compte tenu de la remarque précédente, on voit que pour prouver que (1) est bijective, on doit démontrer les deux théorèmes suivants (qui expriment que (1) est injective. resp. surjective):

THÉORÈME A. *Soit (U_i) un recouvrement ouvert de X holomorphiquement complet. Soient deux cocycles holomorphes*

$$f_{ij} : U_{ij} \rightarrow E, \quad g_{ij} : U_{ij} \rightarrow E.$$

S'il existe des sections continues $c_i : U_i \rightarrow E$ satisfaisant à (2), il existe aussi des sections holomorphes satisfaisant aux mêmes relations.

THÉORÈME B. *Soit un recouvrement de X holomorphiquement complet par des ouverts U_i holomorphiquement complets. Soit un cocycle continu $f_{ij} : U_{ij} \rightarrow E$. Alors il existe des sections continues $c_i : U_i \rightarrow E$ telles que le cocycle.*

$$g_{ij} = (c_i)^{-1} f_{ij} c_j$$

soit holomorphe.

3. Homotopie entre sections d'un espace E-principal

Laissons d'abord de côté le Théorème B. On va transformer l'énoncé du Théorème A, en interprétant les cochaînes (c_i) qui satisfont à (2) comme les *sections* d'un espace fibré auxiliaire. Le relation (2) s'écrit en effet

$$c_i = f_{ij} c_j (g_{ij})^{-1} = f_{ij} c_j g_{ji};$$

définissons un automorphisme θ_{ij} de l'espace des sections $U_{ij} \rightarrow E$ en associant à chaque section c la section $f_{ij} c g_{ji}$ (cet automorphisme ne respecte pas la structure de groupe des fibres). Il est clair que l'on a $\theta_{ij} \circ \theta_{jk} = \theta_{ik}$ dans l'espace des sections $U_{ijk} \rightarrow E$; donc, en recollant les $p^{-1}(U_i) \subset E$ au moyen des automorphismes θ_{ij}, un obtient un nouvel espace fibré Q, de base X; toute cochaîne (c_i) satisfaisant à (2) définit une *section* de Q, et réciproquement. Plus précisément, les sections *holomorphes* de Q correspondent aux cochaînes (c_i) holomorphes qui satisfont à (2); de même pour les cochaînes *continues*.

De plus, soient (c_i) et (c'_i) deux telles cochaînes; on a

$$(c_i)^{-1} c'_i = g_{ij}((c_j)^{-1} c'_j)(g_{ij})^{-1};$$

cela signifie que la cochaîne $(c_i^{-1} c'_i)$ définit une *section* de l'espace fibré E_g déduit de E en recollant les $p^{-1}(U_i)$ par les transformations

$$x \rightarrow g_{ij}(p(x)) \cdot x \cdot (g_{ij}(p(x)))^{-1}$$

qui respectent la structure de groupe des fibres de E; ainsi E_g est un fibré analytique dont les fibres sont des groupes de Lie (isomorphes, mais non canoniquement, aux fibres de E), et le quotient $(c_i^{-1} c'_i)$ de deux sections holomorphes (resp. continues) de Q définit une section holomorphe (resp. continue) de E_g. Comme ce raisonnement vaut non seulement pour X, mais pour tout ouvert U de l'espace de base X, on voit que (même lorsque Q n'a pas de section globale au-dessus de X), *Q est un espace E_g-principal.*

Il est maintenant clair que le Théorème A résultera du théorème plus précis:

THÉORÈME 1. *Soit P un espace E-principal analytique, dont la base X est holomorphiquement complète. Alors toute section continue de P est homotope à une section holomorphe de P.*

(REMARQUE. On munit l'ensemble des sections continues de P de la topologie de la "convergence compacte" ("compact-open topology"); une homotopie dans l'ensemble des sections continues de P n'est pas autre chose qu'un chemin dans cet espace topologique).

Le Théorème 1 implique évidemment que, s'il existe une section continue, il existe aussi une section holomorphe; appliquons ce résultat en remplaçant E par E_g, et P par Q: on obtient le Théorème A.

On établira aussi un théorème d'approximation:

THÉORÈME 2. *Soit P un espace E-principal analytique, dont la base X est holomorphiquement complète; soit U un ouvert de X, X-convexe, et soit s une section holomorphe $U \to P$. Si s peut être arbitrairement approchée* (dans l'espace des sections continues au-dessus de U) *par la restriction à U de sections continues $X \to P$, alors s peut être arbitrairement approchée par la restriction à U de sections holomorphes $X \to P$.*

On notera que, même dans le cas trivial où $P = E$ et où E est un produit $X \times G$, les Théorèmes 1 et 2 ne sont nullement évidents. Le Théorème 1 dit alors que toute application *continue* de X dans un groupe de Lie complexe G est homotope à une application *holomorphe* $X \to G$. Et le Théorème 2 dit que la possibilité d'approcher arbitrairement une application holomorphe $U \to G$ par les restrictions à U d'applications holomorphes $X \to G$ est un problème dont l'obstruction est purement topologique.

Nous allons renforcer les deux théorèmes précédents: E et P ayant la même signification que dans les Théorèmes 1 et 2, nous introduisons un *sous-espace analytique* Y de la base X (X est toujours supposé holomorphiquement complet):

THÉORÈME 1 bis. *Soit $f : X \to P$ une section continue du fibré P, telle que la restriction $g : Y \to P$ de f à Y soit holomorphe. Alors, dans l'espace de toutes les sections continues de P qui prolongent g, f est homotope à une section holomorphe $X \to P$.*

COROLLAIRE DU THÉORÈME 1 bis. Si une section *holomorphe* $Y \to P$ peut être prolongée en une section *continue* $X \to P$, elle peut aussi être prolongée en une section *holomorphe* $X \to P$.

THÉORÈME 2 bis. *Soit U un ouvert X-convexe de X. Soit $f : U \to P$ une section holomorphe, et soit $g : Y \to P$ une section holomorphe telle que f et g coïncident sur $Y \cap U$. Si f peut être arbitrairement approchée par des sections continues $X \to P$ qui prolongent g, alors f peut être arbitrairement approchée par des sections holomorphes $X \to P$ qui prolongent g.*

Le corollaire du Théorème 1 bis va entraîner un autre résultat:

THÉORÈME 3. *L'espace X étant toujours supposé holomorphiquement complet, soient $f, f' : X \to P$ deux sections holomorphes. Supposons que f et f' soient homotopes dans l'espace de toutes les sections continues $X \to P$. Alors il existe une application holomorphe $h : X \times I \to P$* (où I désigne le segment $[0, 1]$ de la droite réelle, considéré comme plongé dans le plan complexe C), *telle que*

$$\begin{cases} h(x, 0) = f(x),\ h(x, 1) = f'(x) \text{ pour } x \in X, \\ p(h(x, t)) = x \text{ pour } x \in X,\ t \in I. \end{cases}$$

en notant p la projection $P \to X$.

(En particulier, f et f' sont homotopes dans l'espace des sections *holomorphes* de P; mais le théorème dit davantage, puisque l'homotopie définie par $h(x, t)$ dépend *analytiquement* du paramètre de déformation $t \in I$).

Démonstration du Théorème 3. Nous admettons le Théorème 1 bis, qui sera démontré plus loin, ainsi que le Théorème 2 bis. Soit U un disque ouvert dans le plan C de la variable complexe t; supposons que U contienne les points $t = 0$ et $t = 1$, et identifions I à un fermé de U. D'après l'hypothèse de l'énoncé, il existe une section continue $\varphi : X \times I \to P$ telle que

$$\varphi(x, 0) = f(x), \varphi(x, 1) = f'(x), p(\varphi(x, t)) = x.$$

Comme I est rétracte de U, on peut prolonger φ en une application continue $X \times U \to P$ jouissant des mêmes propriétés; on la notera encore φ. L'application $(x, t) \to (\varphi(x, t), t)$ est alors une section ψ de $P \times U$, considéré comme fibré $(E \times U)$-principal, dont la base $X \times U$ est holomorphiquement complète. Considérons le sous-espace analytique

$$Y' = X \times \{0, 1\}$$

de $X' = X \times U$; la restriction de ψ à Y' est une section *holomorphe*. D'après le corollaire au Théorème 1 bis, il existe une section holomorphe $X \times U \to P \times U$ qui coïncide avec ψ sur Y'; cette section a la forme

$$(x, t) \to (h(x, t), t),$$

où h est une application holomorphe $X \times U \to P$. La restriction de h à $X \times I$ démontre le théorème.

Remarque. Nous laissons au lecteur le soin d'énoncer et de démontrer un Théorème 3 bis, dans lequel intervient un sous-espace analytique Y de X.

4. Le théorème principal

Les Théorèmes 1 bis et 2 bis du paragraphe précédent seront déduits d'un théorème assez technique, qu'on va exposer maintenant. X désigne toujours un espace holomorphiquement complet, et Y un sous-espace analytique (fermé) de X; E désigne toujours un fibré analytique de base X dont les fibres sont des groupes de Lie complexes. Pour chaque ouvert $U \subset X$, soit $\mathscr{G}^c(U)$ le groupe de toutes les sections continues $U \to E$ qui sont *neutres* sur $Y \cap U$ (noter que chaque fibre de E possède un élément neutre); $\mathscr{G}^c(U)$ est un *groupe topologique*, pour la topologie de la convergence compacte; il possède un sous-groupe fermé $\mathscr{G}^a(U)$, formé des sections *holomorphes* $U \to E$ qui sont neutres sur $Y \cap U$.

Soit maintenant C un espace auxiliaire, qu'on supposera *compact*: ce sera l'espace d'un paramètre t. Une application continue φ: $C \to \mathscr{G}^c(U)$ n'est pas autre chose qu'une application continue $(x, t) \to s(x, t)$ de $U \times C$ dans E, telle que:

$$p(s(x, t)) = x, \qquad s(x, t) \text{ neutre pour } x \in Y \cap U.$$

Soient de plus donnés deux *sous-espaces fermés* $N \subset H$ de C; on appellera (N, H, C)-application dans $\mathscr{G}^c(U)$ une application continue $\varphi : C \to \mathscr{G}^c(U)$ telle que:

1°. pour chaque $t \in N$, $\varphi(t)$ est la section neutre;

2°. pour chaque $t \in H$, $\varphi(t) \in \mathscr{G}^a(U)$, c'est-à-dire est une section *holomorphe*.

Notons pour un instant $\mathscr{F}(U)$ le groupe (topologique) de toutes les (N, H, C)-applications dans $\mathscr{G}^c(U)$. Lorsque U parcourt l'ensemble des ouverts de X, les groupes $\mathscr{F}(U)$ constituent un *préfaisceau*, donc définissent un *faisceau* que nous noterons $\mathscr{F}$. Il est clair que $\mathscr{F}(U)$ n'est pas autre chose que le groupe $H^0(U, \mathscr{F})$ des sections du faisceau $\mathscr{F}$ au-dessus de U.

On notera que le faisceau $\mathscr{F}$ dépend de la donnée du fibré E (de base X), du sous-espace analytique $Y \subset X$, et des espaces N, H, C.

Théorème principal. *Supposons que X soit holomorphiquement complet, et que N soit rétracte de déformation de C. Alors, $\mathscr{F}$ désignant le faisceau défini ci-dessus:*

(i) *le groupe topologique $H^0(X, \mathscr{F})$ est connexe par arcs;*

(ii) *si U est un ouvert X-convexe de X, l'image de l'application $H^0(X, \mathscr{F}) \to H^0(U, \mathscr{F})$ est dense dans $H^0(U, \mathscr{F})$;*

(iii) $H^1(X, \mathscr{F}) = 0$.

La démonstration de ce théorème sera indiquée plus loin (§ 6). Pour le moment, on va montrer comment les Théorèmes 1 bis et 2 bis peuvent s'en déduire, en prenant

$$C = [0, 1], \quad H = \{0, 1\}, \quad N = \{0\}.$$

Démonstration du Théorème 1 bis. Soit $f : X \to P$ une section continue, dont la restriction g à Y soit holomorphe. Chaque point $x \in X$ appartient évidemment à un ouvert U tel que la restriction $f|U$ soit homotope à une section holomorphe $U \to P$ dans l'espace de toutes les sections continues $U \to P$ qui prolongent la restriction $g|(U \cap Y)$; on le vérifie en observant que la restriction de P au-dessus de U est isomorphe à $U \times G$. Ainsi, nous avons un recouvrement ouvert (U_i) de X, et pour chaque U_i une homotopie

$$(x, t) \to f_i(x, t), \quad x \in U_i, \quad 0 \leqq t \leqq 1$$

avec $f_i(x, 0) = f(x)$, $f_i(x, 1)$ holomorphe, $f_i(x, t) = g(x)$ pour $x \in Y$. Dans U_{ij}, la section $f_{ij}(x, t) = f_i(x, t)^{-1}f_j(x, t)$ du fibré E est neutre pour $x \in Y \cap U_{ij}$, neutre pour $t = 0$, holomorphe pour $t = 1$; donc $(f_{ij}(x, t))$ est un cocyle du faisceau $\mathscr{F}$. En vertu de l'assertion (iii) du Théorème principal, il existe une cochaîne $c_i(x, t)$ du faisceau $\mathscr{F}$, telle que

$$f_{ij}(x, t) = c_i(x, t)^{-1}c_j(x, t) \text{ pour } x \in U_{ij}.$$

Définissons, pour $x \in U_i$, $h_i(x, t) = f_i(x, t)c_i(x, t)^{-1}$ (rappelons que E opère à droite dans P); alors $h_i(x, t) = h_j(x, t)$ pour $x \in U_{ij}$, et par suite les h_i définissent une section $h(x, t)$ de P au-dessus de X, dépendant du paramètre $t \in [0, 1]$. On a $h(x, 0) = f(x)$ parce que $f_i(x, 0) = f(x)$ et $c_i(x, 0) = e$; pour $x \in Y$, on a $h(x, t) = g(x)$ parce que $f_i(x, t) = g(x)$ et $c_i(x, t) = e$; enfin, $h(x, 1)$ est holomorphe, parce que $f_i(x, 1)$ et $c_i(x, 1)$ sont holomorphes. Alors $h(x, t)$ fournit l'homotopie désirée et prouve le théorème 1 bis.

Démonstration du Théorème 2 bis. Soit K un compact donné, contenu dans U.

On cherche une section holomorphe $X \to P$, qui prolonge $g : Y \to P$, et soit arbitrairement voisine, au-dessus de K, de la section holomorphe donnée $f : U \to P$ (cela signifie que la section cherchée doit prendre sur K des valeurs qui se trouvent dans un voisinage arbitraire de l'image $f(K)$). Il existe un ouvert $U' \subset X$ possédant les propriétés suivantes: $K \subset U'$, U' est X-convexe, $\overline{U'}$ est compact et contenu dans U. Par hypothèse, il existe une section continue $\varphi : X \to P$ prolongeant g, et arbitrairement voisine de f au-dessus de $\overline{U'}$; alors les restrictions f' et φ' de f et φ à U' sont *homotopes* dans l'espace des sections continues, égales à g au-dessus de $Y \cap U'$ (on le voit en utilisant les "paramètres canoniques" dans chaque fibre de E, qui est un groupe de Lie; noter que $f'^{-1}\varphi'$ est une section de E, voisine de la section neutre). D'autre part, d'après le Théorème 1 bis, φ est homotope (dans l'espace de toutes les sections continues $X \to P$ qui prolongent g) à une section holomorphe $h : X \to P$ qui prolonge g. Soit h' la restriction de h à U'; alors f' et h' sont homotopes (dans l'espace des sections continues $U' \to P$ qui prolongent la restriction de g à $U' \cap Y$). Ainsi $f'^{-1}h'$ est une section holomorphe $U' \to E$, neutre sur $U' \cap Y$, et homotope à la section neutre (dans l'espace des sections*qui sont neutres sur $U' \cap Y$). D'après l'assertion (ii) du théorème principal, il existe une section holomorphe $k : X \to E$, neutre au-dessus de Y, et dont la restriction k' à U' est arbitrairement voisine de $f'^{-1}h'$. Alors la restriction de $hk^{-1} : X \to P$ à U' est arbitrairement voisine de f', et en particulier hk^{-1} est arbitrairement voisine de f au-dessus du compact K. Comme hk^{-1} est une section holomorphe de P, égale à g au-dessus de Y, le Théorème 2 bis est établi.

5. Démonstration du Théorème B

Nous venons de montrer comment le Théorème principal du §4 (qui sera établi plus loin, §6) entraîne les Théorèmes 1 bis et 2 bis, et a fortiori le Théorème A du §2. On va maintenant démontrer le Théorème B du §2.

Compte tenu de la définition et des propriétés de la cohomologie $H^1(X, \mathscr{E}^a)$, resp. de $H^1(X, \mathscr{E}^c)$, il suffit de prouver le Théorème B pour des recouvrements ouverts (U_i) tels qu'il y en ait d'arbitrairement fins. Dans ce qui suit, nous pourrons donc supposer que chaque ouvert U_i est *holomorphiquement complet* et *relativement compact* (en effet, tout point de X possède un système fondamental de voisinages ouverts qui jouissent de ces deux propriétés). De plus, ou supposera que le recouvrement (U_i) est *localement fini*.

Soit alors $f_{ij} : U_{ij} \to E$ un cocyle *continu*. Convenons de dire qu'un ouvert $V \subset X$ est *bon* s'il existe des sections continues $c_i : U_i \cap V \to E$ telles que $c_i^{-1} f_{ij} c_j$ soit *holomorphe* dans $U_{ij} \cap V$. Nous voulons prouver que X est bon; et nous savons déjà que tout ouvert assez petit de X est bon.

Première partie de la démonstration. On va montrer que *si V est l'intérieur d'un compact spécial K, V est bon*. D'après le §1, K possède un voisinage qui se réalise comme sous-espace analytique dans un voisinage d'un cube compact Γ. En recouvrant chaque côté de Γ par un nombre fini d'intervalles assez petits, et en faisant le produit de ces recouvrements, on obtient un recouvrement ouvert fini de Γ par des cubes $\Gamma_{\alpha_1, \cdots, \alpha_k}$ (k désigne la dimension réelle du cube Γ), qui induit

*continues

sur V un recouvrement par des ouverts $V_{\alpha_1,\ldots,\alpha_k} = V \cap \Gamma_{\alpha_1,\ldots,\alpha_k}$ dont chacun est bon. Notons, pour chaque entier m tel que $0 \leqq m \leqq k$, $V_{\alpha_{m+1},\ldots,\alpha_k}$ la réunion $\bigcup_{\alpha_1,\ldots,\alpha_m} V_{\alpha_1,\ldots,\alpha_k}$. On va prouver, par récurrence sur m, que $V_{\alpha_{m+1},\ldots,\alpha_k}$ est bon; c'est vrai pour $m = 0$. La récurrence utilise le lemme suivant:

LEMME. *Soit un cube compact* Γ, *dont un côté* I *est réunion de deux intervalles ouverts* I' *et* I''; *soient* Γ' *et* Γ'' *les images réciproques de* I' *et* I'' *dans* Γ; *on a donc* $\Gamma = \Gamma' \cup \Gamma''$, *et l'intersection* $\Gamma' \cap \Gamma''$ *est un cube. Supposons l'ouvert* V *réalisé comme sous-ensemble analytique dans l'intérieur de* Γ, *et soit* $V' = V \cap \Gamma'$, $V'' = V \cap \Gamma''$. *Alors si* V' *et* V'' *sont bons,* V *est bon.*

Prouvons ce Lemme. Par hypothèse, on a des sections continues $c_i' : V' \cap U_i \to E$ et $c_i'' : V'' \cap U_i \to E$ telles que $c_i'^{-1} f_{ij} c_j' = f_{ij}'$ soit holomorphe dans $U_{ij} \cap V'$, et $c_i''^{-1} f_{ij} c_i'' = f_{ij}''$ soit holomorphe dans $U_{ij} \cap V''$. Dans $U_{ij} \cap V' \cap V''$ on a

$$f_{ij}'' = h_i^{-1} f_{ij}' h_j, \qquad \text{avec } h_i = c_i'^{-1} c_i''.$$

Or $V' \cap V''$, comme sous-espace analytique d'un cube ouvert, est holomorphiquement complet; on peut donc lui appliquer le Théorème 1 (§3): il existe par suite des sections $h_i(x, t)$ de E au-dessus de $U_i \cap V' \cap V''$, dépendant continûment d'un paramètre $t \in [0, 1]$, et telles que

$$\begin{cases} f_{ij}'' = (h_i(t))^{-1} f_{ij}' h_j(t) \text{ pour tout } t, & h_i(x, 0) = h_i(x), \\ h_i(x, 1) = k_i(x) \text{ holomorphe dans } U_i \cap V' \cap V''. \end{cases}$$

Considérons l'espace $U_i \cap V$, recouvert par deux ouverts $U_i \cap V'$ et $U_i \cap V''$; puisque $h_i(x)$ et $k_i(x)$ sont deux cocycles *homotopes* de ce recouvrement, ils définissent deux espaces fibrés topologiquement isomorphes (d'après un théorème classique sur les espaces fibrés principaux dépendant "continûment" d'un paramètre t). Or l'espace défini par h_i est trivial, puisque $h_i = c_i'^{-1} c_i''$; donc l'espace défini par k_i est trivial. Il est même *analytiquement trivial*, en vertu du Théorème A, puisque $U_i \cap V$ est holomorphiquement complet; il s'ensuit qu'il existe des sections holomorphes $h_i' : U_i \cap V' \to E$ et $h_i'' : U_i \cap V'' \to E$, telles que

$$k_i = h_i'^{-1} h_i'' \text{ dans } U_i \cap V' \cap V''.$$

On a donc $h_i' f_{ij}' h_j'^{-1} = h_i'' f_{ij}'' h_j''^{-1}$ dans $U_{ij} \cap V' \cap V''$. On définit alors un cocyle holomorphe $g_{ij} : U_{ij} \cap V \to E$, en posant $g_{ij} = h_i' f_{ij}' h_j'^{-1}$ dans $U_{ij} \cap V'$, $= h_i'' f_{ij}'' h_j''^{-1}$ dans $U_{ij} \cap V''$.

Il n'est pas encore certain que les cocyles f_{ij} et g_{ij} (cocyles du recouvrement $(U_i \cap V)$ de l'espace V) soient homologues; on sait seulement que, sur chacun des deux sous-espaces V' et V'', ils induisent des cocyles homologues. Or, d'après le §3, on a un fibré analytique E_g (dont les fibres sont des groupes de Lie) défini par le cocyle (g_{ij}); et (f_{ij}) définit un fibré (topologique) Q, qui est E_g-principal. La recherche d'un cocyle holomorphe (sur l'espace V) qui soit homologue à (f_{ij}) revient à la recherche d'un fibré analytique E_g-principal qui soit (topologiquement) isomorphe à Q. Or Q induit sur V' (resp. sur V'') un fibré E_g-principal topologiquement trivial; on peut donc définir Q, comme espace E_g-principal, par un cocycle continu $\varphi : V' \cap V'' \to E_g$ du recouvrement de V formé des deux ouverts V' et V''. D'après le Théorème 1, la section φ est homotope à une section *holomorphe* ψ : $V' \cap V'' \to E_g$, puisque $V' \cap V''$ est holomorphiquement complet; le cocyle ψ définit alors un espace analytique E_g-principal, topologiquement isomorphe à Q, et ceci achève la démonstration du lemme: on a prouvé que V est *bon*.

Deuxième partie de la démonstration. On sait que X est réunion d'une suite croissante de compacts spéciaux K_n, tels que chaque K_n soit contenu dans l'intérieur V_{n+1} de K_{n+1}. D'après la première partie de la démonstration, chaque V_n est *bon*; on veut maintenant prouver que X est *bon*.

Puisque les U_i sont relativement compacts, on peut supposer que la condition suivante est vérifiée:

$$(U_i \cap V_n \neq \emptyset) \Rightarrow (U_i \subset V_{n+1})$$

(car s'il n'en était pas ainsi, il suffirait d'extraire de la suite des V_n une suite partielle). Pour chaque n, on a une cochaîne continue $c_i^n : U_i \cap V_n \to E$ telle que

$$(c_i^n)^{-1} f_{ij} c_j^n = g_{ij}^n \text{ soit } \textit{holomorphe} \text{ dans } U_{ij} \cap V_n,$$

puisque V_n est bon. On a donc

$$g_{ij}^n = (d_i^n)^{-1} g_{ij}^{n+1} d_j^n \text{ dans } U_{ij} \cap V_n,$$

où $d_i^n = (c_i^{n+1})^{-1} c_i^n : U_i \cap V_n \to E$ est une section continue. Pour chaque n, la collection des d_i^n (i variable) définit une section continue d'un fibré (analytique) auxiliaire de base V_n (§3); d'après le Théorème 1, cette section est homotope à une section holomorphe. Cela signifie qu'il existe des sections continues $x \to d_i^n(x, t)$ de $V_i \cap V_n$, dépendant continûment d'un paramètre $t \in [0, 1]$, telles que:

(3) $g_{ij}^n = (d_i^n(t))^{-1} g_{ij}^{n+1} d_j^n(t)$ dans $U_{ij} \cap V_n$, quel que soit t,

(4) $d_i^n(0) = (c_i^{n+1})^{-1} c_i^n$,

(5) $d_i^n(1)$ est une section *holomorphe* $U_i \cap V_n \to E$.

Sans changer les c_i^n, on va maintenant remplacer les c_i^{n+1} par d'autres sections $c_i'^{n+1}$, de manière que:

(α) $g_i'^{n+1} = (c_i'^{n+1})^{-1} f_{ij} c_j'^{n+1}$ soit *holomorphe* dans $U_{ij} \cap V_{n+1}$;

(β) $c_i'^{n+1} = c_i^n$ dans $U_i \cap V_{n-2}$.

Il suffit de poser $c_i'^{n+1} = c_i^{n+1}$ si $U_i \cap V_{n-1} = \emptyset$; et, si $U_i \cap V_{n-1} \neq \emptyset$, (ce qui entraîne $U_i \subset V_n$), de poser

$$c_i'^{n+1}(x) = c_i^{n+1}(x) \cdot d_i^n(x, \lambda(x)),$$

où $\lambda(x)$ est une fonction continue, définie dans V_n, à valeurs dans [0, 1], telle que $\lambda(x) = 0$ pour $x \in V_{n-2}$, $\lambda(x) = 1$ pour $x \notin V_{n-1}$. La vérification de (α) et (β) est immédiate.

On voit maintenant qu'on peut choisir la suite des c_i^n ($n = 1, 2, \cdots$) de manière que $c_i^{n+1} = c_i^n$ dans $U_i \cap V_{n-2}$; il en résulte que cette suite, pour chaque i, converge vers une section continue $c_i : U_i \to E$, et que, dans U_{ij}, la section $(c_i)^{-1}f_{ij}c_j$ est holomorphe. Ainsi le théorème (B) est complètement démontré.

6. Démonstration du Théorème principal

Il reste à démontrer le Théorème principal du §4. On utilisera pour cela deux propositions auxiliaires, qui seront établies aux paragraphes 7 et 8.

PROPOSITION 1. Soit X un espace holomorphiquement complet, et soit K un compact *X-spécial*. Définissons le groupe topologique $H^0(K, \mathcal{F})$ comme la *limite directe* des groupes topologiques $H^0(U, \mathcal{F})$ relatifs aux ouverts U contenant K (on munit $H^0(U, \mathcal{F})$ de la topologie de la convergence compacte, comme au §4). Alors l'image de l'application $H^0(X, \mathcal{F}) \to H^0(K, \mathcal{F})$ est *dense dans tout un voisinage de l'élément neutre de* $H^0(K, \mathcal{F})$.

Avant d'énoncer la Proposition 2, introduisons une convention terminologique: soit K un compact spécial, réalisé comme sous-ensemble analytique d'un cube compact Γ:

$$a_j \leqq x_j \leqq b_j, \quad a_j' \leqq y_j \leqq b_j'$$

(cf. §1). Soit c un nombre tel que $a_1 \leqq c \leqq b_1$; soit Γ' l'ensemble des points de Γ tels que $x_1 \leqq c$, et soit Γ'' l'ensemble des points de Γ tels que $x_1 \geqq c$. Alors Γ', Γ'' et $\Gamma' \cap \Gamma''$ sont des cubes compacts, et $\Gamma = \Gamma' \cup \Gamma''$. Définissons les compacts

$$K' = K \cap \Gamma', \quad K'' = K \cap \Gamma'';$$

K', K'' et $K' \cap K''$ sont des compacts spéciaux, et $K = K' \cup K''$. Un tel système (K, K', K'') sera appelé une *configuration spéciale*.

PROPOSITION 2. Soit (K, K', K'') une configuration spéciale. Alors tout élément $f \in H^0(K' \cap K'', \mathcal{F})$, *suffisamment voisin de l'élément neutre*, peut se mettre sous la forme

$$f = f' \cdot f''^{-1},$$

où $f' \in H^0(K', \mathcal{F})$, $f'' \in H^0(K'', \mathcal{F})$.

Nous admettons pour le moment les Propositions 1 et 2, et nous voulons en déduire le Théorème principal. Avant de prouver les assertions (i), (ii) et (iii) de ce théorème, on va d'abord montrer:

(1) si K est un compact spécial, le groupe topologique $H^0(K, \mathcal{F})$ est connexe par arcs;

(2) si K est un compact spécial, l'image de l'application $H^0(X, \mathcal{F}) \to H^0(K, \mathcal{F})$ est partout dense dans $H^0(K, \mathcal{F})$;

(3) si (K, K', K'') est une configuration spéciale, tout élément $f \in H^0(K' \cap K'', \mathcal{F})$ peut s'écrire sous la forme $f' \cdot f''^{-1}$, avec $f' \in H^0(K', \mathcal{F})$, $f'' \in H^0(K'', \mathcal{F})$.

En fait, on va introduire, pour chaque entier $k \geqq 0$, les assertions $(1)_k$ et $(2)_k$, qui se rapportent au cas où le compact K se réalise dans un cube compact *de dimension réelle k*; on introduit aussi l'assertion $(3)_k$, qui se rapporte au cas où le compact $K' \cap K''$ est réalisé dans un cube de dimension réelle k.

Pour prouver (1), (2), et (3), il suffit d'établir $(1)_k$, $(2)_k$, et $(3)_k$ pour tous les entiers

$k \geqq 0$. La démonstration va procéder comme suit: on prouvera d'abord $(1)_0$; puis on montrera que

$$(1)_k \Rightarrow (2)_k \Rightarrow (3)_k \Rightarrow (1)_{k+1}.$$

Montrons d'abord que $(1)_0$ *est vraie*: dans ce cas, K se réduit à un point $x_0 \in X$, et il s'agit de montrer que toute section de $\mathscr{F}$ au voisinage de x_0 peut, dans un voisinage ouvert U assez petit de x_0, être déformée dans la section neutre. Considérons d'abord une section de $\mathscr{F}$ au-dessus *du point* x_0 (et non dans tout un voisinage de x_0); c'est une application continue $t \to f(x_0, t)$ de C dans la fibre de E au-dessus de x_0, qui est neutre pour $t \in N$ (la condition d'holomorphie en x pour $t \in H$ n'intervient pas, puisque x reste fixe, au point x_0). Comme, par hypothèse, N *est un rétracte de déformation de* C, cette application est homotope à l'application neutre; on a donc une application continue $(t, u) \to g(t, u)$ de $C \times I$ dans la fibre de E au-dessus de x_0, telle que

$$\begin{cases} g(t, u) = e \text{ pour } t \in N, \\ g(t, 0) = f(x_0, t) \text{ pour } t \in C, \\ g(t, 1) = e \text{ pour } t \in C, \end{cases}$$

avec la condition supplémentaire $g(t, u) = e$ au cas où le point x_0 appartiendrait au sous-espace Y de X.

Il existe un voisinage ouvert U de x_0 tel que, au-dessus de U, le fibré E soit trivial, c'est-à-dire isomorphe au produit $U \times G$, chaque fibre étant identifiée au groupe de Lie G; alors les sections de E au-dessus de U s'identifient aux applications $U \to G$, et en particulier la fonction $g(t, u)$ peut être considérée comme prenant ses valeurs dans G. De même la section donnée $f(x, t)$ du faisceau $\mathscr{F}$, au voisinage de x_0, peut être considérée comme prenant ses valeurs dans G; par suite $(f(x_0, t))^{-1}f(x, t)$ est défini; en outre, si U a été choisi assez petit, $(f(x_0, t))^{-1}f(x, t)$ est voisin de l'élément neutre, et se trouve donc dans la région du groupe G où l'on peut identifier G et son algèbre de Lie $A(G)$ au moyen de l'application exponentielle. On peut alors définir le produit de $(f(x_0, t))^{-1}f(x, t)$ par un scalaire pas trop grand. Posons

$$G(x, t, u) = g(t, u) \cdot ((1 - u)(f(x_0, t)^{-1}f(x, t)), \text{ pour } 0 \leqq u \leqq 1.$$

On a $G(x, t, 0) = f(x, t)$, $G(x, t, 1) = e$, ce qui démontre l'assertion $(1)_0$.

Montrons que $(1)_k$ *entraîne* $(2)_k$: en effet, soit K un compact k-spécial (i.e. réalisé comme sous-ensemble analytique d'un cube compact de dimension réelle k). L'assertion $(1)_k$ entraîne que tout élément $f \in H^0(K, \mathscr{F})$ est produit d'un nombre fini d'éléments de $H^0(K, \mathscr{F})$ arbitrairement voisins de l'élément neutre. A chacun d'eux on applique la Proposition 1; on obtient ainsi $(2)_k$.

Montrons que $(2)_k$ *entraîne* $(3)_k$; soit (K, K', K'') une configuration spéciale, telle que $K' \cap K''$ soit k-spécial. Soit donné $f \in H^0(K' \cap K'', \mathscr{F})$; d'après $(2)_k$, on peut écrire $f = g \cdot f_1$, où $f_1 \in H^0(K' \cap K'', \mathscr{F})$ est arbitrairement voisin de l'élément neutre et $g \in H^0(K', \mathscr{F})$. D'après la Proposition 2, on a

$$f_1 = f' \cdot f''^{-1}, \text{ avec } f' \in H^0(K', \mathscr{F}), f'' \in H^0(K'', \mathscr{F}).$$

On en déduit $f = (g \cdot f') \cdot f''^{-1}$, ce qui prouve $(3)_k$.

Montrons enfin que $(1)_k$ *et* $(3)_k$ *entraînent* $(1)_{k+1}$: soit K un compact $(k+1)$-spécial, et soit $f \in H^0(K, \mathscr{F})$ une section de $\mathscr{F}$ au-dessus d'un voisinage de K. Chaque point λ du premier côté du $(k+1)$-cube compact dans lequel K est réalisé a pour image réciproque, dans K, un compact k-spécial K_λ, auquel on peut appliquer l'assertion $(1)_k$. Donc K_λ possède un voisinage V_λ (dans K) tel que la restriction de f à V_λ soit homotope à la section neutre; on peut recouvrir K avec un nombre fini de tels V_{λ_i}, et on peut supposer que les V_{λ_i} sont des $(k+1)$-cubes compacts tels que l'intersection $V_{\lambda_i} \cap V_{\lambda_{i+1}}$ soit un cube de dimension k. Ecrivons désormais K_i au lieu de V_{λ_i}, et soit $f_i(u) \in H^0(K_i, \mathscr{F})$ une section au-dessus d'un voisinage de K_i, dépendant continûment d'un paramètre $u \in [0, 1]$, telle que $f_i(0)$ soit la section induite par la section donnée f, et que $f_i(1)$ soit la section neutre.

Ces homotopies $f_i(u)$ $(i = 1, 2, \cdots)$ ne concordent pas dans les intersections $K_i \cap K_{i+1}$, qui sont des compacts k-spéciaux. On va maintenant les modifier successivement, de manière à les faire concorder, ce qui établira $(1)_{k+1}$. On est ramené à un *problème élémentaire*, du type suivant: soit (K, K_1, K_2) une configuration spéciale, telle que $K_1 \cap K_2$ soit k-spécial; soit donné $f \in H^0(K, \mathscr{F})$, et soient données des homotopies $f_i(u) \in H^0(K_i, \mathscr{F})$ $(i = 1, 2)$ telles que $f_i(0)$ soit la restriction de f, et $f_i(1) = e$. On cherche $g(u) \in H^0(K, \mathscr{F})$ telle que $g(0) = f$ et $g(1) = e$.

Or $(f_1(u))^{-1}f_2(u) \in H^0(K_1 \cap K_2, \mathscr{F})$ est une homotopie de e à e dans le groupe $H^0(K_1 \cap K_2, \mathscr{F})$. C'est un élément de $H^0(K_1 \cap K_2, \mathscr{F}')$, où $\mathscr{F}'$ est un nouveau faisceau, relatif aux espaces compacts $N' \subset H' \subset C'$ définis par

$$C' = C \times I, \quad N' = (N \times I) \cup (C \times \{0\}) \cup (C \times \{1\}), \quad H' = (H \times I) \cup N'.$$

Ce faisceau $\mathscr{F}'$ satisfait aux hypothèses du Théorème principal, car N' *est rétracte de déformation de* C' (vérification immédiate). On peut donc appliquer à $\mathscr{F}'$ l'assertion $(3)_k$; elle montre que

$$(f_1(u))^{-1}f_2(u) = f'(u)\,(f''(u))^{-1},$$

où $f'(u) \in H^0(K_1, \mathscr{F})$ et $f''(u) \in H^0(K_2, \mathscr{F})$ dépendent du paramètre $u \in [0, 1]$, et sont neutres pour $u = 0$ et $u = 1$. Il suffit alors de poser $g(u) = f_1(u)f'(u)$ au voisinage de K_1, et $= f_2(u)f''(u)$ au voisinage de K_2, pour obtenir la déformation cherchée $g(u) \in H^0(K, \mathscr{F})$; ceci résout le "problème élémentaire," et par suite l'assertion $(1)_{k+1}$ est démontrée.

Ainsi les assertions (1), (2), et (3) sont maintenant établies. Il reste à en déduire les assertions (i), (ii), et (iii) du Théorème principal (§4). Tout d'abord, (ii) résulte immédiatement de (2).

DÉMONSTRATION DE (i). On sait que X est réunion d'une suite croissante de compacts spéciaux K_n, tels que K_n soit contenu dans l'intérieur V_{n+1} de K_{n+1}. Soit $f \in H^0(X, \mathscr{F})$; d'après (1), l'image f_n de f dans $H^0(V_n, \mathscr{F})$ est homotope à l'élément neutre dans $H^0(V_n, \mathscr{F})$; soit $f_n(u)$ une telle homotopie, telle que $f_n(0) = f_n$, $f_n(1) = e$. Alors $(f_n(u))^{-1}f_{n+1}(u)$, au-dessus de V_n, est en fait un élément de $H^0(V_n, \mathscr{F}')$, où $\mathscr{F}'$ désigne le faisceau défini plus haut, et relatif aux espaces $N' \subset H' \subset C'$. En appliquant l'assertion (2) à ce faisceau, on voit que $(f_n(u))^{-1}f_{n+1}(u)$ peut être uniformément approché, au-dessus du compact $K_{n-1} \subset V_n$, par des éléments de de $H^0(V_{n+1}, \mathscr{F}')$. Ainsi, sans changer $f_n(u)$, on peut modifier $f_{n+1}(u)$ de manière que $(f_n(u))^{-1}f_{n+1}(u)$ soit arbitrairement voisin de la section neutre au-dessus de K_{n-1}. Nous pouvons donc faire en sorte que la suite des $f_n(u)$ converge dans X, uniformément sur tout compact; soit alors $f(u)$ la limite: $f(u)$ fournit l'homotopie désirée entre la section donnée $f \in H^0(X, \mathscr{F})$ et la section neutre.

Démonstration de (iii). On veut montrer que $H^1(X, \mathscr{F}) = 0$. Or (3) entraîne facilement que $H^1(K, \mathscr{F}) = 0$ pour tout compact spécial K. Il reste maintenant à "passer à la limite". Soient (K_n) et (V_n) des suites comme ci-dessus; étant donné un recouvrement ouvert (U_i) de X, et un cocyle (f_{ij}) à valeurs dans $\mathscr{F}$, on a, pour chaque n, des sections

$$c_i^n \in H^0(U_i \cap V_n, \mathscr{F})$$

telles que $f_{ij} = (c_i^n)^{-1}c_j^n$ dans $U_{ij} \cap V_n$. On a donc $c_i^{n+1}(c_i^n)^{-1} = c_j^{n+1}(c_j^n)^{-1}$ dans $U_{ij} \cap V_n$, et par suite les $c_i^{n+1}(c_i^n)^{-1}$ définissent une section $\varphi^n \in H^0(V_n, \mathscr{F})$. En utilisant à nouveau l'assertion (2) comme ci-dessus, on peut assurer la convergence de la suite $c_i^n, c_i^{n+1}, \cdots$ uniformément sur tout compact de U_i. La limite $c_i \in H^0(U_i, \mathscr{F})$ est telle que

$$f_{ij} = (c_i)^{-1}\, c_j \text{ dans } U_{ij},$$

et par suite on a démontré que $H^1(X, \mathscr{F}) = 0$.

La démonstration du Théorème principal est ainsi achevée.

7. Démonstration de la Proposition 1

La démonstration des Propositions 1 et 2 repose, entre autres choses, sur le principe suivant: considérons le foncteur covariant qui, à chaque groupe de Lie complexe G, associe son algèbre de Lie $A(G)$ (espace vectoriel sur le corps complexe) et à chaque homomorphisme de groupes de Lie $G \to G'$, associe l'homorphisme correspondant d'algèbres de Lie $A(G) \to A(G')$. La définition du fibré E, dont les fibres sont des groupes de Lie complexes, conduit à un fibré associé $A(E)$, dont les fibres sont les algèbres de Lie des fibres de E; $A(E)$ est une *fibré analytique à fibres vectorielles* (complexes).

Pour un groupe de Lie G, on a l'application exponentielle $A(G) \to G$, qui induit un *isomorphisme* d'un voisinage de 0 dans $A(E)$ sur un voisinage de l'élément neutre de G ("isomorphisme" au sens des variétés analytiques complexes). Comme $A(G) \to G$ est une application naturelle de foncteurs, il s'ensuit qu'elle définit une application analytique $A(E) \to E$ des espaces fibrés, notée exp; et que si on se restreint à un compact K de l'espace de base X, l'application exp: $A(E) \to E$ est un *isomorphisme* d'un voisinage de la section nulle de $A(E)$ sur un voisinage de la section neutre de E ("isomorphisme" au sens des espaces fibrés analytiques). Désormais toute section $K \to E$, assez voisine de la section neutre, pourra donc être identifiée à une section $K \to A(E)$.

Lemme 1. *Soit V un fibré analytique vectoriel* (*complexe*) *ayant pour base X un espace holomorphiquement complet, et soit U un ouvert de X, relativement compact et holomorphiquement complet. Il existe un système fini (g_α) de sections de V au-dessus de*

X, jouissant de la propriété suivante: si Y est un sous-espace analytique de X, toute (N, H, C)-section[2] *$f(x, t)$ de V au-dessus de U, nulle pour $x \in U \cap Y$, peut s'écrire*

$$f(x, t) = \textstyle\sum_\alpha f_\alpha(x, t) g_\alpha(x), \qquad (x \in U, t \in C)$$

où les f_α sont des (N, H, C)-fonctions scalaires,[2] *nulles pour $x \in U \cap Y$.*

Démonstration: puisque U est relativement compact, et que le faisceau des germes de sections holomorphes de V est cohérent, il existe[3] un nombre fini n de sections holomorphes g_α au-dessus de X, telles que, en chaque point $x \in U$, les g_α engendrent le module des germes de sections holomorphes de V au point x (comme module sur l'anneau des germes de fonctions holomorphes scalaires au point x). Soit alors $\mathscr{V}^a$ (resp. $\mathscr{V}^c$) le faisceau des germes de sections holomorphes (resp. continues) de V, nulles sur Y; soient $\mathscr{O}^a$ (resp. $\mathscr{O}^c$) le faisceau des germes de fonctions holomorphes scalaires (resp. continues scalaires) nulles sur Y. A chaque système (f_α) de n éléments de $\mathscr{O}^a_x$ (resp. de $\mathscr{O}^c_x$) associons $\sum_\alpha f_\alpha g_\alpha \in \mathscr{V}^a_x$ (resp. $\in \mathscr{V}^c_x$); ceci définit un homomorphisme de faisceaux

$$\varphi^a\colon (\mathscr{O}^a)^n \to \mathscr{V}^a, \quad \text{resp.} \quad \varphi^c\colon (\mathscr{O}^c)^n \to \mathscr{V}^c;$$

φ^a et φ^c sont des *épimorphismes*: on le voit en utilisant une trivialisation locale du fibré vectoriel V. Soit N^a (resp. N^c) le noyau de φ^a (resp. φ^c); N^a est un faisceau analytique cohérent (resp. N^c est un faisceau fin), donc $H^1(U, N^a) = 0$, $H^1(U, N^c) = 0$. Il en résulte que φ^a et φ^c définissent des *épimorphismes*

$$\Phi^a\colon (H^0(U, \mathscr{O}^a))^n \to H^0(U, \mathscr{V}^a),$$
$$\Phi^c\colon (H^0(U, \mathscr{O}^c))^n \to H^0(U, \mathscr{V}^c).$$

Or $(H^0(U, \mathscr{O}^a))^n$, $H^0(U, \mathscr{V}^a)$, $(H^0(U, \mathscr{O}^c))^n$, $H^0(U, \mathscr{V}^c)$ sont des espaces de Fréchet; Φ^a et Φ^c sont des applications linéaires continues. On va leur appliquer un lemme sur les espaces de Fréchet (cf. Appendice).

Prenons d'abord $f_\alpha(x, t) = 0$ pour $t \in N$; on a ainsi une application continue (nulle) $N \to (H^0(U, \mathscr{O}^a))^n$. D'après le lemme de l'Appendice, on peut la prolonger en une application continue

$$H \to (H^0(U, \mathscr{O}^a))^n$$

qui "relève" l'application donnée $f\colon H \to H^0(U, \mathscr{V}^a)$. En composant ce relèvement $H \to (H^0(U, \mathscr{O}^a))^n$ et l'application naturelle $(H^0(U, \mathscr{O}^a))^n \to (H^0(U, \mathscr{O}^c))^n$, on obtient une application continue $H \to (H^0(U, \mathscr{O}^c))^n$; en utilisant à nouveau le

---

[2] Une fonction $f_\alpha(x, t)$ définie pour $x \in U$, $t \in C$, continue sur $U \times C$, et àvaleurs scalaires, n'est pas autre chose qu'une application continue $t \to (x \to f_\alpha(x, t))$ de C dans l'espace des fonctions continues sur U à valeurs complexes, muni de la topologie de la convergence compacte. On dit que c'est une (N, H, C)-fonction si, pour tout $t \in H$, l'application $x \to f_\alpha(x, t)$ est holomorphe, et si $f_\alpha(x, t) = 0$ pour $t \in N$. D'autre part, une section f de V au-dessus de U, dépendant de $t \in C$, s'appelle une (N, H, C)-section si $f(x, t)$ est continue sur $U \times C$, et si, pour tout $t \in H$, la section $x \to f(x, t)$ est holomorphe, et si en outre, pour $t \in N$, on a $f(x, t) = 0$ pour tout $x \in U$.

[3] En vertu du Théorème A de [4].

lemme de l'Appendice, on peut prolonger cette application en une application continue

$$C \to (H^0(U, \mathcal{O}^c))^n$$

qui "relève" l'application donnée $f\colon C \to H^0(U, \mathcal{V}^c)$. On obtient ainsi les n fonctions $f_\alpha(x, t)$, et le Lemme 1 est démontré.

Le Lemme 1 étant maintenant établi, nous pouvons démontrer la Proposition 1. En effet, si $f \in H^0(K, \mathcal{F})$ est assez voisine de la section neutre, on peut identifier f à une section du fibré vectoriel $A(E)$ au-dessus d'un voisinage U de K; c'est une (N, H, C)-section, nulle pour $x \in U \cap Y$. On peut supposer que U est X-convexe et relativement compact, car tout compact spécial K possède un système fondamental de voisinages ouverts U qui sont X-convexes (cf. §1). En particulier, U est holomorphiquement complet. Appliquons alors le Lemme 1: pour approcher $f(x, t)$ par des éléments de $H^0(X, \mathcal{F})$, il suffit, ayant écrit $f(x, t) = \sum_\alpha f_\alpha(x, t) g_\alpha(x)$, de faire l'approximation des coefficients $f_\alpha(x, t)$ par des (N, H, C)-fonctions définies dans X tout entier et nulles pour $x \in Y$. En utilisant une partition continue de l'unité sur l'espace compact C, on est ramené au problème de l'approximation des fonctions holomorphes (resp. continues) dans U, nulles sur $U \cap Y$, par des fonctions holomorphes (resp. continues) dans X et nulles sur Y; c'est possible parce que U est X-convexe et relativement compact.

La proposition 1 est ainsi démontrée.

8. Démonstration de la Proposition 2

Il faut d'abord prouver un lemme:

Lemme 2. *Soit* (K, K', K'') *une configuration spéciale* (cf. §6). *Soit, pour chaque* $t \in H$, *une matrice* $M(x, t)$, *holomorphe et inversible pour* x *dans un voisinage de* $K' \cap K''$; *on suppose* $M(x, t)$ *continue par rapport à l'ensemble des variables* x *et* t. *Alors, si* $M(x, t)$ *est assez voisine de la matrice-unité, on peut écrire, pour* x *dans un voisinage de* $K' \cap K''$:

$$M(x, t) = M'(x, t) \cdot (M''(x, t))^{-1},$$

où $M'(x, t)$ *(continue par rapport à l'ensemble des variables* x *et* t*) est holomorphe et inversible pour* x *dans un voisinage de* K', *et* $M''(x, t)$ *(continue en* x *et* t*) est holomorphe et inversible pour* x *dans un voisinage de* K''.

Pour le détail de la démonstration du Lemme 2, nous renvoyons au travail de Grauert. En fait, il suffit d'analyser la démonstration donnée par H. Cartan ([6], [7]) pour le cas où il n'y a pas de paramètre t, et l'on constate que la solution construite par H. Cartan dépend continûment de t.

Le Lemme 2 étant maintenant admis, on veut démontrer la Proposition 2 du §6. Etant donné $f \in H^0(K' \cap K'', \mathcal{F})$ assez voisine de la section neutre, on veut trouver $f'(x, t) \in H^0(K', \mathcal{F})$ et $f''(x, t) \in H^0(K'', \mathcal{F})$ telles que

$$f(x, t) = f'(x, t) \cdot (f''(x, t))^{-1} \text{ pour } x \text{ voisin de } K' \cap K''.$$

On va d'abord déterminer $f'(x, t)$ et $f''(x, t)$ pour $t \in H$; f' doit être une application continue de H dans l'espace des sections *holomorphes* du fibré E au-dessus d'un voisinage de K', neutres sur Y, et qui envoie N dans la section neutre; de même pour f'' et K''.

La recherche de $f'(x, t)$ et $f''(x, t)$, pour $t \in H$, constitue ce que nous appellerons le *problème fondamental*. Nous allons nous occuper de ce problème pendant un moment.

D'abord, nous avons besoin de considérations préliminaires. Soit G un groupe de Lie, et soient $f(u), f'(u), f''(u)$ des éléments de G dépendant différentiablement d'un paramètre $u \in [0, 1]$, de manière que

$$f'(u) = f(u) \cdot f''(u), \qquad f'(0) = f(0) = f''(0) = e. \tag{6}$$

La dérivée df/du est un vecteur tangent à G au point $f(u)$; on peut écrire

$$\frac{df}{du} = a(u) \cdot f(u), \tag{7}$$

où $a(u)$ est un vecteur tangent au point e, c'est-à-dire un élément de l'algèbre de Lie $A(G)$. On a de même

$$\frac{df'}{du} = a'(u) \cdot f'(u), \qquad \frac{df''}{du} = a''(u) \cdot f''(u). \tag{7$'$}$$

Par différentiation, (6) donne

$$a'(u) = a(u) + f(u) \cdot a''(u) \cdot (f(u))^{-1} \quad \text{(relation dans } A(G)\text{)}. \tag{8}$$

Considérons les automorphismes intérieurs de G; ils font opérer G linéairement dans l'algèbre de Lie $A(G)$ ("groupe adjoint linéaire"); si $g \in G$, notons ad (g) l'automorphisme correspondant de $A(G)$. Alors (8) s'écrit

$$a'(u) = a(u) + \mathrm{ad}(f(u)) \cdot a''(u). \tag{9}$$

Réciproquement, soient donnés $f(u)$ et $a(u)$ satisfaisant à (7), avec $f(0) = e$; soient deux fonctions continues $a'(u)$ et $a''(u)$ à valeurs dans $A(G)$ et satisfaisant à (9); déterminons $f'(u)$ et $f''(u)$ en intégrant les équations (7)$'$, avec conditions initiales $f'(0) = e$, $f''(0) = e$. Alors *la relation* (6) *est satisfaite*.

Les opérations précédentes gardent un sens si on se place dans les fibrés E et $A(E)$: soit $x \to f(x, t, u)$ une section *holomorphe* du fibré E au-dessus d'un voisinage de $K' \cap K''$, dépendant continûment du paramètre $t \in H$ et d'un paramètre $u \in [0, 1]$; supposons que $f(x, t, u)$ soit neutre pour $u = 0$, ainsi que pour $t \in N$ (x et u quelconques) et pour $x \in Y$ (t et u quelconques). Supposons que la relation $\partial f/\partial u = a \cdot f$ définisse une section holomorphe $x \to a(x, t, u)$ du fibré $A(E)$; alors $a(x, t, u)$ est nulle pour $t \in N$ et pour $x \in Y$. Supposons qu'on ait trouvé des sections $a'(x, t, u)$ et $a''(x, t, u)$ satisfaisant aux conditions suivantes:

$$\begin{cases} a'(x, t, u) \text{ est holomorphe en } x \text{ au voisinage de } K'; \\ a''(x, t, u) \text{ est holomorphe en } x \text{ au voisinage de } K''; \\ a' \text{ et } a'' \text{ sont nulles pour } t \in N \text{ et pour } x \in Y; \\ \text{enfin, on a, pour } x \text{ voisin de } K' \cap K'': \end{cases}$$

$$a'(x, t, u) = a(x, t, u) + \lambda(x, t, u) \cdot a''(x, t, u), \tag{10}$$

où $\lambda(x, t, u)$ désigne, pour chaque x, l'automorphisme ad $(f(x, t, u))$ de la fibre vectorielle de $A(E)$ au-dessus du point x. Alors, si on intègre les équations (7)', en convenant que f' et f'' sont neutres pour $u = 0$, on trouve des sections $f'(x, t, u)$ et $f''(x, t, u)$ de E, satisfaisant aux conditions suivantes:

$$\begin{cases} f'(x, t, u) \text{ est holomorphe en } x \text{ au voisinage de } K'; \\ f''(x, t, u) \text{ est holomorphe en } x \text{ au voisinage de } K''; \\ f' \text{ et } f'' \text{ sont neutres pour } t \in N \text{ et pour } x \in Y; \\ \text{enfin, pour } x \text{ voisin de } K' \cap K'', \text{ on a} \end{cases}$$

$$f'(x, t, u) = f(x, t, u) \cdot f''(x, t, u). \tag{11}$$

Revenons alors à notre "problème fondamental": $f(x, t)$ est une section donnée de E, holomorphe en x au voisinage de $K' \cap K''$, pour chaque $t \in H$; de plus, $f(x, t)$ est neutre pour $t \in N$, et pour $x \in Y$. Enfin, on suppose $f(x, t)$ *voisin de la section neutre*; il existe donc une section $a(x, t)$ du fibré vectoriel $A(E)$, telle que $\exp(a(x, t)) = f(x, t)$; $a(x, t)$ est holomorphe en x au voisinage de $K' \cap K''$, est nulle pour $t \in N$ et pour $x \in Y$. Soit u un paramètre réel $(0 \leqq u \leqq 1)$; considérons la section $u \cdot a(x, t)$ (produit de $a(x, t)$ par le scalaire u, dans la structure vectorielle des fibres de $A(E)$), et soit

$$f(x, t, u) = \exp(u \cdot a(x, t)).$$

On a $\partial f/\partial u = a(x, t) \cdot f(x, t, u)$. Posons

$\lambda(x, t, u) = \text{ad}(f(x, t, u))$. Supposons qu'on ait trouvé des sections $a'(x, t, u)$ (resp. $a''(x, t, u)$) de $A(E)$, holomorphes en x au voisinage de K' (resp. de K''), nulles pour $t \in N$ et pour $x \in Y$, telles que

$$a'(x, t, u) = a(x, t) + \lambda(x, t, u) \cdot a''(x, t, u) \text{ pour } x \text{ voisin de } K' \cap K''. \tag{12}$$

Alors, par intégration, on obtiendra des sections $f'(x, t, u)$ (resp. $f''(x, t, u)$) du fibré E, holomorphes en x au voisinage de K' (resp. de K''), neutres pour $t \in N$ et pour $x \in Y$, telles que (11) ait lieu pour x voisin de $K' \cap K''$. En particulier, $f'(x, t, 1)$ et $f''(x, t, 1)$ fourniront une solution du "problème fondamental."

Ainsi, tout revient maintenant à trouver $a'(x, t, u)$ et $a''(x, t, u)$ satisfaisant à (12). Soit U un ouvert X-convexe et relativement compact, contenant $K' \cap K''$, dans lequel la section donnée $f(x, t)$ soit holomorphe (pour chaque $t \in H$), ainsi par conséquent que $a(x, t)$ et $\lambda(x, t, u)$. Reprenons les sections g_α du fibré $A(E)$ au-dessus de U, comme dans le Lemme 1 (§7). On a

$$\lambda(x, t, u) \cdot g_\alpha(x) = \textstyle\sum_\beta \varphi_{\alpha\beta}(x, t, u) g_\beta(x),$$

où les coefficients $\varphi_{\alpha\beta}(x, t, u)$ sont holomorphes en x pour $x \in U$, et continus en $t \in H$ et $u \in [0, 1]$. L'existence d'une telle relation résulte du Lemme 1. De plus, si $f(x, t)$ est assez voisine de la section neutre, $\lambda(x, t, u)$ est un automorphisme (de la fibre de $A(E)$) voisin de l'automorphisme identique; il en résulte que la matrice

$(\varphi_{\alpha\beta}(x, t, u))$ peut être choisie voisine de la matrice-unité.[4] On peut donc appliquer à cette matrice le Lemme 2; il en résulte que l'on a

$$\sum_\alpha \varphi_{\beta\alpha}\varphi'_{\alpha\gamma} = \varphi''_{\beta\gamma},$$

où la matrice $(\varphi'_{\alpha\beta}(x, t, u))$ (resp. $(\varphi''_{\alpha\beta}(x, t, u))$) est inversible, dépend continûment de $t \in H$ et $u \in [0, 1]$, et est holomorphe en x au voisinage de K' (resp. au voisinage de K''). Or, d'après le Lemme 1, on a

$$a(x, t) = \sum_\alpha a_\alpha(x, t) g_\alpha(x),$$

les $a_\alpha(x, t)$ étant holomorphes en x au voisinage de $K' \cap K''$, et nulles pour $t \in N$ et pour $x \in Y$. Pour résoudre (12), il suffit de trouver des fonctions $a'_\alpha(x, t, u)$ (resp. $a''_\alpha(x, t, u)$), holomorphes en x au voisinage de K' (resp. de K''), nulles pour $t \in N$ et pour $x \in Y$, et telles que l'on ait

$$a'_\alpha(x, t, u) = a_\alpha(x, t) + \sum_\beta \varphi_{\beta\alpha}(x, t, u)\, a''_\beta(x, t, u)$$

pour x dans un voisinage de $K' \cap K''$. Pour cela, il suffit que

$$\sum_\alpha \varphi'_{\alpha\gamma} a'_\alpha = \sum_\alpha \varphi'_{\alpha\gamma} a_\alpha + \sum_\alpha \varphi''_{\alpha\gamma} a''_\alpha. \tag{13}$$

Au lieu des a'_α et des a''_α, prenons comme inconnues les

$$b'_\gamma = \sum_\alpha \varphi'_{\alpha\gamma} a'_\alpha \quad \text{et} \quad b''_\gamma = \sum_\alpha \varphi''_{\alpha\gamma} a''_\alpha,$$

qui doivent être nulles pour $x \in Y$; si on pose

$$\sum_\alpha \varphi'_{\alpha\gamma}(x, t, u) a_\alpha(x, t) = b_\gamma(x, t, u)$$

(fonction connue, holomorphe en x au voisinage de $K' \cap K''$, nulle pour $x \in Y$), l'équation (13) devient

$$b'_\gamma(x, t, u) - b''_\gamma(x, t, u) = b_\gamma(x, t, u),$$

et elle se résout en b'_γ et b''_γ grâce à l'intégrale classique de Cauchy.[5]

---

[4] Cela résulte du théorème de Banach ([2], théorème 1), comme suit: les matrices du type $(\varphi_{\beta\alpha}(x, t, u))$ forment un espace de Fréchet F; soit F' l'espace de Fréchet formé des transformations analytiques du fibré $A(E)$ (au-dessus de l'ouvert U) qui sont linéaires dans chaque fibre et dépendent continûment des paramètres t et u; on définit une application linéaire continue $F \to F'$ en associant à chaque matrice $(\varphi_{\alpha\beta}(x, t, u))$ la transformation linéaire $\lambda(x, t, u)$ définie par la formule du texte, et le Lemme 1 entraine précisément que l'application $F \to F'$ applique F *sur* F'. Alors le théorème de Banach entraîne que c'est une application *ouverte*; donc toute transformation $\lambda(x, t, u)$ assez voisine de l'identité est associée à au moins une matrice $(\varphi_{\alpha\beta}(x, t, u))$ voisine de la matrice-unité.

[5] Pour cela, on observe que $b_\gamma(x, t, u)$, comme fonction holomorphe de x au voisinage de $K' \cap K''$, est induite par une fonction $B_\gamma(x, t, u)$, holomorphe en x au voisinage du cube compact $\Gamma' \cap \Gamma''$ dans lequel le compact spécial $K' \cap K''$ est réalisé. Grâce à l'intégrale de Cauchy, on trouve $B'_\gamma(x, t, u)$ et $B''_\gamma(x, t, u)$, holomorphes en x au voisinage de Γ' et de Γ'' respectivement (et dépendant continûment de t et u) telles que l'on ait

$$B'_\gamma(x, t, u) - B''_\gamma(x, t, u) = B_\gamma(x, t, u)$$

pour x dans un voisinage de $\Gamma' \cap \Gamma''$. Il suffit alors de prendre pour b'_γ et b''_γ les fonctions induites par B'_γ et B''_γ sur K' et K'' respectivement.

Finalement, le "problème fondamental" est résolu, et on a trouvé $f'(x, t)$ et $f''(x, t)$ pour $t \in H$. De plus, si la section donnée $f(x, t)$ est assez voisine de la section neutre, la solution précédente montre que $f'(x, t)$ et $f''(x, t)$ sont voisines de la section neutre. Pour établir la proposition 2 du §6, il reste à prolonger $f'(x, t)$ et $f''(x, t)$ aux valeurs de $t \in C$ (et non plus seulement pour $t \in H$). Or, pour $t \in H$, on peut considérer $f'(x, t)$ et $f''(x, t)$ comme des sections du fibré $A(E)$ à fibres vectorielles, nulles pour $x \in Y$. On peut donc les prolonger par continuité en des sections $F'(x, t)$ et $F''(x, t)$, définies pour $t \in C$, et nulles pour $x \in Y$. Considérons à nouveau $F'(x, t)$ et $F''(x, t)$ comme sections de E; le produit

$$F'(F'')^{-1}f^{-1} = \Phi(x, t)$$

est une section de E (pour x dans un voisinage de $K' \cap K''$), neutre pour $x \in Y$, et pour $t \in H$; de plus, on peut la supposer, pour $t \in C$, assez voisine de la section neutre pour que $\Phi(x, t)$ puisse être identifiée à une section de $A(E)$. Il en résulte qu'on peut trouver, pour $t \in C$, une section $\Psi(x, t)$ de E, définie pour x dans un voisinage de K', neutre pour $x \in Y$ et pour $t \in H$, de manière que $\Psi(x, t)$ coïncide avec $\Phi(x, t)$ quand x est dans un voisinage de $K' \cap K''$. Posons alors

$$f'(x, t) = (\Psi(x, t))^{-1} F'(x, t) \text{ pour } x \text{ dans un voisinage de } K',$$

$$f''(x, t) = F''(x, t) \text{ pour } x \text{ dans un voisinage de } K''.$$

On a, pour x dans un voisinage de $K' \cap K''$,

$$f(x, t) = f'(x, t) \cdot (f''(x, t))^{-1} \text{ quel que soit } t \in C;$$

par suite $f'(x, t)$ et $f''(x, t)$ définissent des éléments de $H^0(K', \mathscr{F})$ et $H^0(K'', \mathscr{F})$ dont l'existence démontre enfin la Proposition 2.

9. Applications

Le fait que la classification *analytique* des espaces fibrés E-principaux (pour un E donné dont la base X est holomorphiquement complète) coïncide avec la classification *topologique* (cf. Théorèmes A et B, §2) entraîne des conséquences dont nous mentionnons rapidement quelques-unes.

Soit F un sous-espace fibré analytique de E, ayant même base X, et dont les fibres sont des sous-groupes de Lie complexes des fibres de E. Tout fibré F-principal Q de base X définit un fibré E-principal P de même base X ("extension du groupe structural"): si Q est défini par un cocycle à valeurs dans les sections de F, P est défini par le même cocycle, considéré comme prenant ses valeurs dans les sections de E.

Si un fibré E-principal P peut être ainsi déduit d'un fibré F-principal, on dit qu'on peut, pour P, *restreindre le fibré structural* E au sous-fibré F. Il faut naturellement distinguer entre la restriction au sens *analytique* et au sens *topologique*. Mais si la base X est holomorphiquement complète, et si P est *analytique*, la possibilité de restreindre le fibré structural au sens topologique entraîne la possibilité de le restreindre au sens analytique; en effet, le diagramme suivant est commutatif:

$$\begin{array}{ccc} H^1(X, \mathscr{F}^a) & \to & H^1(X, \mathscr{E}^a) \\ \downarrow & & \downarrow \\ H^1(X, \mathscr{F}^c) & \to & H^1(X, \mathscr{E}^c), \end{array}$$

et les flèches verticales désignent des bijections (en vertu des Théorèmes A et B).

Or il est classique que la possibilité, pour P, de restreindre le fibré structural E au sous-fibré F, équivaut à l'existence d'une section $s : X \to P/F$ de l'espace P/F (quotient de P par la relation d'équivalence qu'y définissent les opérations de F à droite), considéré comme fibré de base X. *Conséquence*: si le fibré P/F de base X (holomorphiquement complète) possède une section *continue*, il possède aussi une section *holomorphe*.

Signalons sans démonstration d'aûtres applications des Théorèmes A et B: si une variété de Stein est *parallélisable* (au sens topologique), elle l'est au sens analytique: il existe alors un champ *holomorphe* de vecteurs tangents non nuls. On a un résultat analogue pour les champs de r vectors tangents linéairement indépendants (sur le corps C).

A ce sujet, signalons qu'on sait peu de choses sur les classes caractéristiques d'une variété de Stein (classes de Chern, de Pontrjagin, de Stiefel-Whitney), et que leur étude mériterait d'être entreprise.

Il y aurait lieu aussi de voir dans quelle mesure l'étude qui vient d'être faite pourrait conduire à des résultats concernant la classification des espaces fibrés *analytiques-réels*.

10. Appendice: lemme sur les espaces de Fréchet

Lemme 3. *Soient F et F' deux espaces de Fréchet* (i.e., deux espaces vectoriels topologiques localement convexes, métrisables et complets), *et soit $\varphi : F \to F'$ une application linéaire continue de F sur F'. Soient d'autre part A un espace compact et B un sous-espace fermé de A. Supposons données une application continue $f' : A \to F'$ et une application continue $g : B \to F$ telles que la restriction de f' à B soit égale à l'application composée $\varphi \circ g$. Alors il existe une application continue $f : A \to F$ qui prolonge g et satisfait à $\varphi \circ f = f'$.*

Démonstration. Soit (V_n) une suite fondamentale de voisinages fermés convexes de O dans F, telle que $2V_{n+1} \subset V_n$. Puisque φ est une application ouverte (en vertu du théorème de Banach: cf. [2], théorème 1), il existe un voisinage V'_n (fermé convexe) de O dans F', tel que $V'_n \subset \varphi(V_n)$. On peut de plus supposer que les V'_n forment un système fondamental de voisinages de O dans F'.

Tout recouvrement ouvert (fini) de B est induit par un recouvrement ouvert (fini) de A. Pour chaque n, il existe donc un recouvrement ouvert fini $\mathscr{U}_n$ de A tel que: 1° l'image par f' de tout ouvert de $\mathscr{U}_n$ soit petite d'ordre V'_n; 2° l'image par g de tout ouvert du recouvrement de B induit par $\mathscr{U}_n$ soit petite d'ordre V_n. Pour chaque n, il existe une partition de l'unité $(h_{n,i})_{i\in J_n}$ sur l'espace compact A, telle que le support de chaque fonction $h_{n,i}$ soit petit d'ordre $\mathscr{U}_n$: on peut de plus supposer que chaque $h_{n,i}$ est somme d'un certain nombre parmi les fonctions $h_{n+1,j}$

relatives à la partition d'ordre $n+1$. On a alors une application u_n de l'ensemble d'indices J_{n+1} sur l'ensemble d'indices J_n, telle que $h_{n,i}$ soit la somme des $h_{n+1,j}$ telles que $u_n(j)=i$.

Pour chaque n, et chaque indice $i \in J_n$, choisissons un point $a_{n,i} \in A$ assujetti aux conditions suivantes: $h_{n,i}(a_{n,i}) \neq 0$, et $a_{n,i} \in B$ s'il existe un $b \in B$ tel que $h_{n,i}(b) \neq 0$. Soit $x_{n,i} = f'(a_{n,i}) \in F'$; la fonction

$$f'_n(a) = \sum_{i \in J_n} h_{n,i}(a) x_{n,i}$$

est une application continue $A \to F'$, et on a, pour chaque $a \in A$,

$$f'(a) - f'_n(a) \in V'_n. \tag{14}$$

Par récurrence sur n, on choisit des $y_{n,i} \in F$ tels que $\varphi(y_{n,i}) = x_{n,i}$, de manière que: 1° si $a_{n,i} \in B$, alors $y_{n,i} = g(a_{n,i})$; 2° on ait

$$y_{n+1,j} - y_{n,u_n(j)} \in V_n. \tag{15}$$

C'est possible: on doit s'assurer que si le choix de $y_{n+1,j}$ est imposé par la condition 1°, alors la condition 2° est satisfaite; or $a_{n,u_n(j)} \in B$, et (15) résulte du fait que l'image par f du recouvrement induit par $\mathcal{U}_n$ sur B est petite d'ordre V_n. Par ailleurs, si $a_{n+1,j} \notin B$, on peut choisir $y_{n+1,j}$ de manière à satisfaire à (15), car $x_{n+1,j} - x_{n,u_n(j)} \in V'_n$, et $\varphi(V_n) \supset V'_n$ par hypothèse.

Posons $f_n(a) = \sum_{i \in J_n} h_{n,i}(a) y_{n,i}$. Alors f_n est une application continue de A dans F, et $\varphi \circ f_n = f'_n$. De plus,

$$f_n(a) - g(a) \in V_n \quad \text{pour } a \in B. \tag{16}$$

Quand n tend vers l'infini, f'_n converge uniformément vers f' d'après (14). La suite f_n converge uniformément, car

$$f_{n+1}(a) - f_n(a) = \sum_{j \in J_{n+1}} h_{n+1,j}(a)\,(y_{n+1,j} - y_{n,u_n(j)}) \in V_n$$

pour tout $a \in A$; on a donc $f_{n+k}(a) - f_n(a) \in V_{n-1}$ pour tout $k > 0$, ce qui prouve la convergence uniforme de la suite des f_n. La limite f de cette suite est une application continue de A dans F, qui prolonge g d'après (16); et la relation $\varphi \circ f_n = f'_n$ donne, à la limite, $\varphi \circ f = f'$, ce qui achève la démonstration.

Bibliographie

1. H. Behnke und K. Stein, *Modifikation komplexer Mannigfaltigkeiten und Riemannscher Gebiete*, Math. Ann. 124 (1951), p. 1–16.
2. N. Bourbaki, Espaces vectoriels topologiques, Chap. I (Act. sci. et ind., n° 1189) Paris, 1955.
3. H. Cartan, Séminaire 1953–54, Exposé VI.
4. H. Cartan, Colloque sur les fonctions de plusieurs variables, Bruxelles, 1953, pp. 41–55.
5. H. Cartan, *Idéaux et modules de fonctions analytiques de variables complexes*, Bull. Soc. Math. France, 78 (1950), pp. 29–64.
6. H. Cartan, *Sur les matrices holomorphes de n variables complexes*, J. Math. Pures Appl., 9e série, 19 (1940), pp 1–26.
7. J. Frenkel, *Faisceau d'une sous-variété analytique*, Séminaire Henri Cartan, 1951–52 Exposé XVI.

8. J. Frenkel, *Un théorème sur les matrices holomorphes inversibles*, ibid., Exposé XVII.

9. J. Frenkel, *Sur une classe d'espaces fibrés*, C. R. Acad. Sci. Paris, 236 (1953), p. 40–41; et *Sur les espaces fibrés analytiques complexes de fibre résoluble*, ibid., 241 (1955), pp. 16–18.

10. H. Grauert, *Charakterisierung der holomorph vollständigen komplexen Räume*, Math. Ann. 129 (1955), pp. 233–259.

11. F. Hirzebruch, Neue topologische Methoden in der algebraischen Geometrie, Ergeb. der Math., Springer, 1956.

12. J.-P. Serre, *Applications de la théorie générale à divers problèmes globaux*, Séminaire H. Cartan 1951–52, Exposé XX.

Rajouté à la correction des épreuves (Octobre 1957): depuis que ce travail a été rédigé, H. Grauert a remanié son travail original, qui est en cours de publication sous forme de trois articles aux Mathematische Annalen:

Approximationssätze für holomorphe Funktionen mit Werten in komplexen Räumen, 133 (1957), pp. 139–159.

Holomorphe Funktionen mit Werten in komplexen Lieschen Gruppen, 133 (1957), pp. 450–472;

Analytische Faserungen über holomorph-vollständigen Räumen, à paraître prochainement.

D'autre part, les résultats de J. Frenkel sur les espaces fibrés analytiques ont été publiés: *Cohomologie non abélienne et espaces fibrés*, Bull. Soc. Math. France, 85 (1957), pp. 135–220.

50.

Sur les fonctions de plusieurs variables complexes: les espaces analytiques

Congrès International des Mathématiciens, Edinburgh 33–52 (1958)

Je voudrais résumer ici quelques résultats obtenus depuis trois ou quatre ans dans la théorie des espaces analytiques.

1. Notions préliminaires

Les fonctions analytiques de plusieurs variables complexes n'ont été étudiées, pendant longtemps, que dans les ouverts des espaces numériques C^n (C^n désigne l'espace dont les points ont pour coordonnées n nombres complexes). A une époque relativement récente on a abordé l'étude systématique des *variétés analytiques* (complexes); la notion de variété analytique est aujourd'hui familière à tous les mathématiciens. En gros, une variété analytique de dimension (complexe) n est un espace topologique séparé, au voisinage de chaque point duquel on s'est donné un ou plusieurs systèmes de 'coordonnées locales' (complexes), en nombre égal à n, le passage d'un système de coordonnées locales à un autre s'effectuant par des transformations holomorphes. Pour tout ouvert U d'une variété analytique X, on a la notion de *fonction holomorphe* dans U (f est holomorphe dans U si, au voisinage de chaque point de U, f peut s'exprimer comme fonction holomorphe des coordonnées locales); les fonctions holomorphes dans U forment un anneau $\mathscr{H}(U)$. Notons que la notion de fonction holomorphe a un caractère local: pour qu'une f continue dans U soit holomorphe dans U, il faut et il suffit que la restriction f_i de f à chacun des ouverts U_i d'un recouvrement ouvert de U soit holomorphe dans U_i. Ceci conduit à considérer, en chaque point $x \in X$, l'anneau $\mathscr{H}_x$ des 'germes' de fonctions holomorphes au point x (anneau qui est la limite inductive des anneaux $\mathscr{H}(U)$ relatifs aux ouverts U contenant x). La connaissance, pour chaque point $x \in X$, de l'anneau $\mathscr{H}_x$, détermine entièrement la structure de variété analytique de X. D'une façon précise, supposons donné, pour chaque point x d'un espace topologique séparé X, un sous-anneau $\mathscr{H}_x$ de l'anneau des germes de fonctions continues (à valeurs complexes) au point x (nous dirons alors que X est un espace *annelé*); pour qu'il existe sur X une structure de variété analytique de dimension n telle que, pour chaque x, $\mathscr{H}_x$ soit précisément l'anneau des germes de fonctions holomorphes au point x, il faut et il suffit que X puisse être recouvert par des ouverts U_i jouissant de la propriété suivante: il existe un homéomorphisme ϕ_i de U_i sur un ouvert A_i de C^n, de manière que, pour chaque point $x \in U_i$, l'homéomorphisme ϕ_i transporte l'anneau $\mathscr{H}_x$ sur l'anneau des germes de fonctions holomorphes au point $\phi_i(x)$ de l'espace C^n. Cette condition exprime, en somme, que ϕ_i définit un *isomorphisme* de U_i, comme espace annelé, sur l'ouvert A_i muni de sa structure naturelle d'espace annelé. Ainsi les ouverts de C^n, munis de leur structure naturelle d'espace annelé, constituent des *modèles locaux* pour les variétés analytiques de dimension n.

Mais la notion de variété analytique n'est pas suffisamment générale. Prenons un exemple: une variété algébrique, plongée sans singularité dans un espace projectif complexe, peut bien être considérée comme une variété analytique; mais une variété algébrique plongée avec singularités dans un espace projectif ne peut pas rentrer dans le cadre trop étroit des variétés analytiques. Cet exemple suggère la nécessité d'élargir la notion de variété analytique, et explique pourquoi la notion plus générale d'"espace analytique' a récemment acquis droit de cité en Mathématiques. Les espaces analytiques sont, en quelque sorte, des variétés analytiques pouvant admettre certaines singularités internes. Etant donné l'importance qu'a prise récemment la notion d'espace analytique, nous allons entrer dans quelques détails.

2. Sous-ensembles analytiques

On va utiliser une catégorie de 'modèles' plus étendue que la catégorie des ouverts de C^n. Avant de la définir avec précision, il nous faut rappeler une définition et quelques résultats classiques. Soit A un ouvert de C^n; on dit qu'une partie M de A est un *sous-ensemble analytique* de A si M est *fermé* dans A et si, pour chaque point $x \in M$, il existe un ouvert U contenant x et contenu dans A, et un système fini de fonctions f_i holomorphes dans U, de telle manière que $M \cap U$ soit exactement l'ensemble des points de U où s'annulent simultanément les fonctions f_i; en bref, un sous-ensemble analytique de A est un sous-ensemble fermé qui, au voisinage de chacun de ses points, peut se définir par des équations holomorphes. La structure locale des ensembles analytiques est bien connue depuis Weierstrass;† si x est un point d'un ensemble analytique M, M est, au voisinage de x, réunion d'un nombre fini d'ensembles analytiques M_i dont chacun est 'irréductible' au point x, et les M_i sont

† Voir par exemple [27], et [7], Exposé 14.

entièrement déterminés au point de vue local: si l'on a deux décompositions de M en composantes irréductibles au point x, ces deux décompositions coïncident, à l'ordre près, dans un voisinage assez petit de x. De plus, on peut donner une description locale d'un ensemble analytique M *irréductible* au point x: il est possible de choisir, au voisinage de x, des coordonnées locales $x_1, \ldots, x_n$ dans l'espace ambiant, nulles au point x, et un entier $p \leqslant n$, de manière que soient vérifiées les conditions suivantes. L'application f de M dans $\mathbf{C}^p$ définie par

$$(x_1, \ldots, x_n) \to (x_1, \ldots, x_p)$$

est ce qu'on appelle un 'revêtement ramifié' de degré k au voisinage de x: cela veut dire que f applique tout voisinage assez petit de x dans M *sur* un voisinage de 0 dans $\mathbf{C}^p$, et que l'image réciproque d'un point de $\mathbf{C}^p$ assez voisin de 0 se compose 'en général' de k points distincts de M (voisins de x), et possède en tout cas au plus k points; l'entier p s'appelle la dimension (complexe) de M au point x (et en fait, la dimension topologique de M, au voisinage de x, est égale à $2p$). D'une façon plus précise, il est possible d'exclure de $\mathbf{C}^p$, au voisinage de 0, un sous-ensemble analytique R dont toutes les composantes irréductibles en 0 sont de dimension $< p$, de manière que la restriction de f à $M - f^{-1}(R)$ fasse de $M - f^{-1}(R)$ un revêtement (véritable) à k feuillets de $\mathbf{C}^p - R$, du moins dans des voisinages assez petits de $x \in M$ et de $0 \in \mathbf{C}^p$. Les coordonnées de chacun des k points de $M - f^{-1}(R)$ que f transforme en un point donné $(x_1, \ldots, x_p)$ sont des fonctions *holomorphes* de $x_1, \ldots, x_p$. On voit que $M - f^{-1}(R)$ est, au voisinage de chacun de ses points, une sous-variété analytique (sans singularités) de dimension p dans l'espace ambiant $\mathbf{C}^n$; de plus cette variété est *connexe*: d'une façon précise, il existe un système fondamental de voisinages ouverts de x, dans l'espace ambiant, qui coupent $M - f^{-1}(R)$ suivant un ensemble connexe.

Soit M un sous-ensemble analytique au voisinage d'un point $x \in \mathbf{C}^n$; nous avons dit que M est réunion, au voisinage de x, de ses composantes irréductibles au point x. On dit que M est de dimension $\leqslant p$ au point x si toutes les composantes irréductibles de M au point x ont une dimension $\leqslant p$; et l'on dit que M est purement p-dimensionnel au point x si toutes les composantes de M au point x ont la dimension p.

Soit à nouveau M un sous-ensemble analytique d'un ouvert $A \subset \mathbf{C}^n$. On dit que M est de dimension $\leqslant p$ si M est de dimension $\leqslant p$ en chacun de ses points; et que M est purement p-dimensionnel si M est purement p-dimensionnel en chacun de ses points. Un point $x \in M$ est dit *régulier* si M est, au voisinage de ce point, une sous-variété de l'espace ambiant;

l'ensemble des points réguliers de M est ouvert dans M et dense dans M, et l'ensemble des points non-réguliers, ou *singuliers*, de M, est un sous-ensemble analytique.† Si M est purement p-dimensionnel, l'ensemble des points réguliers de M est une sous-variété de dimension p en chacun de ses points, et l'ensemble des points singuliers de M est un sous-ensemble analytique de dimension $\leqslant p-1$.

Tout cela est bien classique. Mais un résultat récent de Lelong[22], dont de Rham[33] vient de donner une autre démonstration, concerne l'intégration des formes différentielles sur les sous-ensembles analytiques et fournit une information précieuse sur la nature des singularités d'un tel ensemble. Soit M un sous-ensemble analytique purement p-dimensionnel d'un ouvert $A \subset \mathbf{C}^n$; soit M' l'ouvert de M formé des points réguliers de M; il est bien connu que, au voisinage de chaque point de $M - M'$, M' est de volume $(2p)$-dimensionnel fini, et par suite toute forme différentielle ω de degré $2p$, définie dans A et à support compact, possède une intégrale $\int \omega$ étendue à M'. Ainsi M définit un *courant* de dimension $2p$ dans l'ouvert A. Lelong et de Rham montrent que *ce courant est fermé*; cela revient à dire que, pour toute forme différentielle ϖ de degré $2p-1$, à support compact, l'intégrale $\int d\varpi$ étendue à M' est nulle (ce résultat vaut si la forme ϖ est de classe C^1). Ce théorème exprime, en somme, que l'ensemble $M - M'$ des points singuliers de M est négligeable comme courant de dimension (réelle) $2p-1$; on savait seulement que sa dimension comme espace topologique est $\leqslant 2p-2$.

3. Espaces analytiques

Etant maintenant un peu familiarisés avec les sous-ensembles analytiques, nous pouvons aborder la définition générale d'un *espace analytique*.‡ Soit M un sous-ensemble analytique d'un ouvert $A \subset \mathbf{C}^n$; M possède une structure annelée naturelle: on attache à chaque point $x \in M$ l'anneau $\mathscr{H}_x$ des germes de fonctions induits sur M par les germes de fonctions holomorphes de l'espace ambiant $\mathbf{C}^n$. Les espaces annelés ainsi attachés aux divers sous-ensembles analytiques (pour tous les ouverts $A \subset \mathbf{C}^n$, et pour toutes les valeurs de n) sont nos 'modèles'. Par définition, un 'espace analytique' est un espace annelé X, dont la topologie est séparée, et qui satisfait à la condition suivante: chaque

† Voir [8], Exposé 9.

‡ Il y a essentiellement deux définitions possibles d'un espace analytique: celle dite de Behnke–Stein (voir [4]), et celle dite de Cartan–Serre (voir [7], Exposé 13; [8], Exposé 6; et [35]). L'équivalence des deux définitions n'a été démontrée que tout récemment par Grauert et Remmert (*C.R. Acad. Sci., Paris*, 245, 918–921 (1957)). Nous donnons ici la définition 'de Cartan–Serre'.

point de X possède un voisinage ouvert U qui est *isomorphe* (comme espace annelé) à l'un des modèles qu'on vient de définir. Etant donnés deux espaces analytiques X et X', une application $\phi: X \to X'$ sera dite analytique (ou holomorphe) si c'est un 'morphisme d'espaces annelés', ce qui signifie ceci: ϕ est une application continue telle que, pour tout point $x \in X$ et tout germe $f \in \mathscr{H}_{\phi(x)}$, le germe composé $f \circ \phi$ appartienne à $\mathscr{H}_x$. En particulier, les fonctions holomorphes (scalaires) sur X ne sont autres que les fonctions continues qui, en chaque point $x \in X$, appartiennent à l'anneau $\mathscr{H}_x$. L'anneau $\mathscr{H}_x$ est ainsi l'anneau des germes de fonctions holomorphes au point x.

On voit que les espaces analytiques forment une 'catégorie' avec morphismes, au sens technique de ce terme; et les variétés analytiques forment une sous-catégorie de la catégorie des espaces analytiques (c'est d'ailleurs une sous-catégorie 'pleine', dans le jargon des spécialistes; autrement dit, les applications analytiques d'une variété analytique X dans une autre X' sont les mêmes, que l'on considère X et X' comme des variétés analytiques ou comme des espaces analytiques).

On a une notion évidente de *sous-espace analytique* d'un espace analytique X; c'est un sous-ensemble fermé Y de X, tel que Y puisse être défini, au voisinage de chacun de ses points y, en annulant un nombre fini de fonctions de l'anneau $\mathscr{H}_y$ de l'espace ambiant X. On munit Y d'une structure annelée en associant à chaque point $y \in Y$ l'anneau des germes induits sur Y par les éléments de $\mathscr{H}_y$; et on voit facilement que cet espace annelé Y est un espace analytique.

Toutes les notions qui ont été définies sur les modèles et qui ont un caractère local, invariant par isomorphisme, se transportent aux espaces analytiques. Par exemple, un espace analytique X peut, en un de ses points x, être *irréductible* ou non; en tout cas, x possède un voisinage dans lequel X est réunion d'un nombre fini de sous-espaces analytiques irréductibles au point x. On a la notion d'espace purement n-dimensionnel, et celle d'espace de dimension $\leqslant n$. Un espace analytique X, purement n-dimensionnel, est de dimension topologique $2n$; si X est de dimension $\leqslant n$, il est de dimension topologique $\leqslant 2n$. Un point $x \in X$ est *uniformisable* s'il possède un voisinage ouvert isomorphe à une variété analytique; l'ensemble des points uniformisables est un ouvert partout dense, et son complémentaire est un sous-espace analytique. Si X est purement 1-dimensionnel, tous les points de X sont uniformisables. Tous ces faits sont bien connus.

On a aussi la notion *globale* d'irréductibilité: X est globalement irréductible si X n'est pas la réunion de deux sous-espaces analytiques

X' et X'' tous deux distincts de X. Si X n'est pas irréductible, on appelle *composante irréductible* de X (au sens global) tout sous-espace analytique Y tel que X soit réunion de Y et d'un sous-espace analytique $Y' \neq X$. On démontre que X est la réunion de ses composantes irréductibles, et que celles-ci forment une famille *localement finie* (i.e. chaque point de x possède un voisinage qui ne rencontre qu'un nombre fini de composantes irréductibles). Les composantes irréductibles de X ne sont pas autre chose que les adhérences des composantes connexes de l'ensemble des points uniformisables de X. Tout espace irréductible est purement dimensionnel.

On a une catégorie intermédiaire entre celle des variétés analytiques et celle des espaces analytiques: c'est celle des espaces analytiques *normaux*. Ce sont les espaces annelés dont les modèles sont les sous-ensembles analytiques normaux des ouverts d'un espace $\mathbf{C}^n$. Pour qu'un espace analytique X soit normal, il faut et il suffit que, pour chaque point $x \in X$, l'anneau $\mathscr{H}_x$ soit intègre et intégralement clos; en particulier, X est irréductible en chaque point x (car ceci équivaut à dire que l'anneau $\mathscr{H}_x$ est intègre). Toute variété analytique est un espace normal. Si X est un espace analytique quelconque, l'ensemble des $x \in X$ tels que $\mathscr{H}_x$ soit intègre et intégralement clos est un ouvert partout dense, et son complémentaire est un sous-espace analytique (Oka).† De plus, on peut attacher canoniquement à l'espace X un espace analytique normal $\tilde{X}$ (dit 'normalisé' de X), dont les points sont en correspondance biunivoque avec les composantes irréductibles de X en chacun de ses points, de telle manière que l'application naturelle $\tilde{X} \to X$ soit holomorphe et 'propre' (i.e. l'image réciproque de tout compact de X est un compact de $\tilde{X}$). L'espace normalisé $\tilde{X}$ jouit de la propriété universelle suivante: toute application holomorphe surjective $Y \to X$, où Y est un espace analytique normal, se factorise d'une seule manière en $Y \to \tilde{X} \to X$, où l'application $Y \to \tilde{X}$ est holomorphe.

Signalons deux propriétés importantes des espaces analytiques normaux: les composantes irréductibles (au sens global) d'un espace normal ne sont autres que ses composantes connexes; les points non-uniformisables d'un espace normal de dimension n forment un sous-espace analytique de dimension $\leqslant n-2$.‡

4. Etude géométrique d'une application analytique $X \to Y$

Soit f une application analytique d'un espace analytique X dans un espace analytique Y. Il est évident que l'image réciproque $f^{-1}(Y')$ d'un

† Voir [25], et [8], Exposé 10. ‡ Voir [8], Exposé 11, théorème 2.

sous-espace analytique Y' de Y est un sous-espace analytique de X. En revanche, on sait bien que l'image directe d'un sous-espace analytique de X n'est pas, en général, un sous-espace analytique de Y. Déjà $f(X)$ n'est pas nécessairement fermé dans Y; et il n'est même pas vrai, en général, que chaque point de $f(X)$ possède dans Y un voisinage ouvert U tel que $f(X) \cap U$ soit un sous-ensemble analytique de U. Un contre-exemple classique est le suivant: X est l'espace $\mathbf{C}^2$ (coordonnées x_1, x_2), Y est l'espace $\mathbf{C}^2$ (coordonnées y_1, y_2), et f est l'application

$$(x_1, x_2) \to (x_1, x_1 x_2);$$

l'image $f(X)$ se compose de tous les points de Y, sauf ceux pour lesquels $y_1 = 0$, $y_2 \neq 0$; quel que soit l'ouvert U contenant l'origine, $U \cap f(X)$ n'est pas fermé dans U.

Une analyse subtile du comportement d'une application holomorphe $f: X \to Y$ a conduit Stein et Remmert à d'importants résultats,† dont je voudrais mentionner quelques-uns. Considérons, pour chaque point $x \in X$, la 'fibre' $f^{-1}(f(x))$, qui est un sous-espace analytique contenant x; soit $d(x)$ la plus grande des dimensions de ses composantes irréductibles au point x; pour chaque entier k, soit X_k l'ensemble des points de X où $d(x) \geqslant k$. On a $X = X_0 \supset X_1 \supset \ldots \supset X_k \supset \ldots$, et l'on montre que les X_k sont des *sous-espaces analytiques*; de plus, chaque fibre de l'application $X_k \to Y$ induite par f est de dimension $\geqslant k$ en chacun de ses points. Si X est de dimension finie, on définit une suite de sous-ensembles analytiques

$$\varnothing = X(-1) \subset X(0) \subset \ldots \subset X(r) \subset \ldots,$$

avec $X(r) = X$ pour r grand. Les $X(r)$ se définissent par récurrence descendante sur r: à chaque composante irréductible A de $X(r+1)$, on associe le sous-espace A_k (avec $k = \dim(A) - r$), et $X(r)$ est réunion des A_k. On démontre alors ceci: tout point $x \in X(r) - X(r-1)$ possède dans $X(r)$ un voisinage dont l'image par f est un sous-ensemble analytique purement r-dimensionnel au point $f(x)$. A partir de là, on démontre le résultat fondamental de Remmert: *si l'application analytique $f: X \to Y$ est propre* (c'est-à-dire, répétons-le, si l'image réciproque de tout compact de Y est un compact de X), *alors l'image $f(X)$ est un sous-espace analytique de Y, et la dimension de $f(X)$ est égale au plus petit des entiers r tels que $X(r) = X$*; de plus, si X est (globalement) irréductible, il en est de même de $f(X)$.

Dans les démonstrations des résultats précédents, l'on fait un usage essentiel d'un théorème de Remmert et Stein,‡ qui sert dans maintes

† Voir [29], [32], [33].

‡ Voir [28], ainsi que [8], Exposés 13 et 14 de Stein.

circonstances, et se formule ainsi: *soit Z un sous-ensemble analytique, de dimension $< n$, d'un espace analytique Y; et soit A un sous-ensemble analytique purement n-dimensionnel de l'ouvert $Y - Z$; alors l'adhérence de A dans Y est un sous-ensemble analytique purement n-dimensionnel de Y.*

Le théorème de Remmert s'applique notamment lorsque X est un espace analytique *compact*, car f est alors automatiquement propre: l'image $f(X)$ est alors toujours un sous-ensemble analytique de Y. En particulier, supposons que Y soit l'espace projectif (complexe) P_n; pour toute application analytique $f: X \to P_n$, l'image $f(X)$ est un sous-ensemble *algébrique* de P_n, d'après le célèbre théorème de Chow (lequel est d'ailleurs une conséquence immédiate du théorème de Remmert–Stein, comme je l'avais signalé dans la conférence que j'ai faite au Congrès de Harvard en 1950). A titre d'application,† considérons k fonctions méromorphes f_i sur un espace analytique *compact* X; elles définissent une application analytique $f: X \to (P_1)^k$. A vrai dire, ceci n'est pas tout à fait correct, à cause des points d'indétermination des f_i; mais on voit facilement qu'on peut 'modifier' l'espace X de façon que l'application f soit partout définie: d'une façon précise, il existe un espace analytique compact X' et une application analytique $\pi: X' \to X$ qui définit un isomorphisme des corps de fonctions méromorphes $K(X)$ et $K(X')$, et qui jouit de la propriété que les $f_i \circ \pi = g_i$ n'ont pas points d'indétermination sur X'. Les g_i définissent donc une application analytique $g: X' \to (P_1)^k$, dont l'image est un sous-espace algébrique. Si les f_i sont analytiquement dépendantes (c'est-à-dire si les différentielles df_i sont linéairement dépendantes), il en est de même des g_i, donc le rang de l'application g est $< k$, et l'image $g(X')$ est distincte de $(P_1)^k$; il existe donc un polynôme non identiquement nul qui s'annule sur l'image de g, autrement dit les f_i sont *algébriquement dépendantes* (théorème de Thimm, démontré ainsi par Remmert). De la même manière, on montre que si n désigne la dimension de l'espace analytique compact X, le corps $K(X)$ des fonctions méromorphes est une extension algébrique simple d'un corps de fractions rationnelles à k variables, avec $k \leqslant n$ (théorème annoncé tout d'abord par Chow).

5. Quotients d'espaces analytiques

Les questions précédentes sont en rapport étroit avec le problème, étudié par Stein[39], des espaces quotients d'espaces analytiques. Soit X un espace analytique, que nous supposerons *normal*; soit R une relation

† Voir [30].

d'équivalence *propre* sur X (ceci signifie que R satisfait à l'une des trois conditions suivantes, équivalentes:

(i) le R-saturé de tout compact de X est compact;

(ii) l'espace quotient X/R est localement compact et l'application $p: X \to X/R$ est propre;

(iii) R désignant le graphe de la relation d'équivalence, l'application de projection $R \to X$ est propre).

Sur l'espace quotient X/R on a une structure annelée évidente: à tout ouvert $U \subset X/R$ on associe l'anneau $\mathscr{H}(U)$ des fonctions continues f sur U, telles que $p \circ f$ soit holomorphe dans $p^{-1}(U)$; cet anneau s'identifie à celui des fonctions holomorphes dans $p^{-1}(U)$ et constantes sur les classes d'équivalence. Le problème se pose de savoir si X/R, muni de cette structure annelée, est un espace analytique normal. Il faut, bien entendu, faire des hypothèses convenables sur la relation R. Nous ferons désormais l'hypothèse suivante:

(H) chaque point $z \in X/R$ possède un voisinage ouvert U tel que, pour tout couple de fibres distinctes de $p^{-1}(U)$, il existe une application holomorphe de $p^{-1}(U)$ dans un espace analytique, constante sur les fibres, et prenant des valeurs distinctes sur les deux fibres en question. (Par exemple, il en est bien ainsi lorsque les fonctions de l'anneau $\mathscr{H}(U)$ séparent les points de U.)

Avec l'hypothèse (H), il n'est pas encore certain que X/R soit un espace analytique normal, mais c'est presque vrai. D'une façon précise, l'application propre p: $X \to X/R$ admet une factorisation $X \xrightarrow{f} Y \xrightarrow{g} X/R$, où Y est un espace analytique normal, f une surjection holomorphe (et propre), et g un morphisme d'espaces annelés jouissant de la propriété suivante: les fibres de g sont des ensembles finis, et il existe un sous-ensemble fermé 'mince' A de X/R tel que $g^{-1}(z)$ soit réduit à un seul point lorsque $z \notin A$ (on dit qu'une partie fermée A de X/R est 'mince' si tout point de A possède un voisinage ouvert U tel qu'il existe une fonction de $\mathscr{H}(U)$ nulle sur $A \cap U$ et non identiquement nulle). De plus, une telle factorisation est *unique* 'à un isomorphisme près', et g induit un isomorphisme des espaces annelés $Y - g^{-1}(A)$ et $(X/R) - A$.

L'espace Y est ainsi déterminé à un isomorphisme près par la relation d'équivalence R (supposée satisfaire à (H)); on peut l'appeler le *quotient analytique* de X relativement à R.

Le théorème précédent, qui résulte des travaux de Stein, possède d'intéressantes applications, comme on le verra tout à l'heure.

6. Classification des espaces analytiques

Proposons-nous d'abord de voir comment un espace analytique X se comporte vis-à-vis des fonctions holomorphes. Soit $\mathscr{H}(X)$ l'anneau des fonctions holomorphes dans X (tout entier); cet anneau peut se réduire aux constantes, par exemple si X est *compact* et connexe. Considérons, pour un espace analytique X, les propriétés suivantes:

(*a*) Les éléments de $\mathscr{H}(X)$ séparent les points de X (autrement dit, pour tout couple de points distincts x, x', il existe une f holomorphe dans X et telle que $f(x) \neq f(x')$).

(*b*) Pour chaque point $x \in X$, il existe un système fini de $f_i \in \mathscr{H}(X)$ qui est 'séparant' au point x (on entend par là que, pour l'application $f: X \to \mathbf{C}^n$ définie par les n fonctions f_i, x est un point isolé de la fibre $f^{-1}[f(x)]$).

(*c*) Tout sous-ensemble analytique compact de X est fini.

Il est facile de voir que (*a*) entraîne (*b*). D'autre part, il est presque immédiat que (*b*) entraîne (*c*).

Grauert[14] a démontré le résultat surprenant que voici: si X est irréductible, la condition (*b*) entraîne que X est *réunion dénombrable de compacts* (on sait que Calabi et Rosenlicht[6] avaient donné l'exemple d'une variété analytique, connexe, qui n'est pas réunion dénombrable de compacts). Grauert a aussi montré que si X, irréductible et de dimension n, satisfait à (*b*), il existe un système de n fonctions $f_i \in \mathscr{H}(X)$ qui est 'séparant' en tout point $x \in X$.

A côté des propriétés (*a*), (*b*), (*c*), il est une propriété d'une nature différente: on dit que X est *holomorphiquement convexe* si, pour tout compact $K \subset X$, l'ensemble $\hat{K}$ des $x \in X$ tels que l'on ait

$$|f(x)| \leqslant \sup_K |f| \quad \text{pour toute} \quad f \in \mathscr{H}(X)$$

est compact. Il revient au même de dire que, pour tout sous-ensemble infini et discret de X, il existe une $f \in \mathscr{H}(X)$ qui n est pas bornée sur cet ensemble. Il est trivial que tout espace analytique compact est holomorphiquement convexe; en revanche, un espace compact ne satisfait à (*a*), (*b*) ou (*c*) que s'il est fini.

Rappelons le théorème connu: pour qu'un domaine étalé sans ramification dans $\mathbf{C}^n$ soit un domaine d'holomorphie, il faut et il suffit qu'il soit holomorphiquement convexe (Oka[26] pour le cas général des domaines à une infinité de feuillets).

Pour un espace X holomorphiquement convexe, les conditions (*b*) et (*c*) sont équivalentes, comme on le voit facilement. De plus Grauert a prouvé (ce qui est beaucoup plus difficile) que (*b*) et (*a*) sont équivalentes pour un X holomorphiquement convexe[14]. Une *variété analytique* X qui est holomorphiquement convexe et satisfait à l'une des conditions équivalentes (*a*), (*b*), (*c*) est une *variété de Stein*, et réciproquement. Dans le cas général, un espace analytique X qui est holomorphiquement convexe et satisfait à (*a*), (*b*), (*c*) est appelé par Grauert un espace *holomorphiquement complet*. Il est immédiat que tout sous-espace analytique d'un espace holomorphiquement complet est holomorphiquement complet. C'est pour les espaces holomorphiquement complets que les théorèmes fondamentaux de la théorie des faisceaux analytiques cohérents, établis antérieurement pour les variétés de Stein, sont valables; mais ceci est un autre sujet, qui nous entraînerait trop loin.

Soit X un espace holomorphiquement convexe, que nous supposerons normal; nous ne faisons sur X aucune des hypothèses (*a*), (*b*), ou (*c*). Considérons, dans X, la relation d'équivalence R que voici: x et x' sont R-équivalents si $g(x) = g(x')$ pour toute $g \in \mathscr{H}(X)$. Il est clair que la condition (H) du no. 5 est remplie; on peut donc appliquer ici le théorème de ce numéro. Soit alors Y le 'quotient analytique' de X relativement à la relation R; on voit tout de suite que la surjection holomorphe $f: X \to Y$ définit un isomorphisme des anneaux de fonctions holomorphes $\mathscr{H}(X)$ et $\mathscr{H}(Y)$; puisque l'application f est propre, l'espace Y est, comme X, holomorphiquement convexe. De plus il est évident que Y satisfait à la condition (*b*), donc Y est holomorphiquement complet, et en particulier Y satisfait à (*a*); il en résulte que l'application $Y \to X/R$ est un isomorphisme d'espaces annelés. Ainsi *l'espace quotient X/R, muni de sa structure annelée, est un espace normal, holomorphiquement complet*. On le notera X^*; il est naturellement attaché à X (Remmert[31] le nomme le 'noyau' de X). On en déduit notamment: tout espace analytique irréductible et holomorphiquement convexe est réunion dénombrable de compacts (cf.[31]): si X est normal, cela tient au fait que X^* est réunion dénombrable de compacts d'après Grauert, et que l'application $X \to X^*$ est propre; si X n'est pas normal, on considère le normalisé $\tilde{X}$.

On peut considérer d'autres classes d'espaces analytiques. Nous dirons que X est *projectivement complet* ('analytiquement complet' dans la terminologie de Grauert et Remmert) si X est holomorphiquement convexe et si, pour tout $x \in X$, il existe une application holomorphe de X dans un espace projectif P_k qui est 'séparante' au point x. On peut démontrer que tout espace analytique normal X, holomorphiquement convexe, possède un plus grand quotient qui est projectivement complet: c'est un espace normal Y, projectivement complet, muni d'une surjection holomorphe et propre $f: X \to Y$, qui jouit de la propriété universelle suivante: toute application holomorphe de X dans un espace projectivement complet Z se factorise (nécessairement d'une seule manière) en $X \xrightarrow{f} Y \xrightarrow{g} Z$, où g est holomorphe.

Nous dirons qu'un espace analytique X est *algébriquement complet* s'il est holomorphiquement convexe et si, pour tout $x \in X$, il existe une application holomorphe de X dans un espace algébrique (non nécessairement projectif) qui est séparante au point x. Tout espace analytique normal X, holomorphiquement convexe, possède un plus grand quotient algébriquement complet, qui jouit d'une propriété universelle vis-à-vis des applications holomorphes de X dans les espaces algébriquement complets.

De là résulte en particulier ceci: tout espace analytique normal et compact X possède un plus grand quotient qui soit une variété algébrique projective (normale); tout espace analytique normal et compact possède un plus grand quotient qui soit une variété algébrique (non nécessairement projective).

Les résultats précédents, dont la démonstration sera publiée ailleurs, constituent une généralisation d'une situation bien connue: tout tore complexe possède un plus grand quotient qui est une variété abélienne (c'est-à-dire un tore complexe satisfaisant aux conditions de Riemann).

7. Problèmes de plongement

Il s'agit de 'réaliser' certains espaces analytiques comme sous-espaces d'espaces particulièrement simples, tels que les espaces numériques $\mathbf{C}^n$ et les espaces projectifs P_n. Dans chaque cas, le sens du mot 'réaliser' a besoin d'être précisé.

Si l'on veut réaliser un espace analytique X dans un espace $\mathbf{C}^n$, le moins que l'on puisse exiger est de trouver une application holomorphe et injective $f: X \to \mathbf{C}^n$. Or ceci n'est possible que si les fonctions holomorphes sur X séparent les points de X (condition (a) du no. 6). Remmert[31] a montré que cette condition nécessaire (a) est aussi suffisante, du moins si l'on suppose que X est réunion dénombrable de compacts (ce qui est automatiquement le cas lorsque X est irréductible). D'une façon précise, si X est purement k-dimensionnel, satisfait à (a) et est réunion dénombrable de compacts, il existe une application holomorphe et injective de X dans $\mathbf{C}^{2k+1}$.

On peut être plus exigeant, en demandant une application $f: X \to \mathbf{C}^n$ qui soit non seulement holomorphe et injective, mais *propre*. Ceci impose à X de satisfaire à (a) et d'être holomorphiquement convexe; autrement dit, X doit être holomorphiquement complet. Remmert[31] montre que, réciproquement, tout X holomorphiquement complet qui est réunion dénombrable de compacts peut être plongé dans un $\mathbf{C}^n$ par une application f holomorphe, injective et propre; alors l'image $f(X)$ est un sous-espace analytique Y de $\mathbf{C}^n$; mais il faut prendre garde que cette 'réalisation' Y de X ne respecte pas nécessairement les structures annelées. Cependant, lorsque X est une véritable variété analytique (variété de Stein), on peut réaliser X comme sous-variété analytique d'un espace $\mathbf{C}^n$ (avec un n qui ne dépend que de la dimension de X).

Je voudrais maintenant dire quelques mots des plongements dans l'espace projectif (l'image étant alors un sous-ensemble algébrique). On a établi ces dernières années une série de théorèmes qui garantissent l'existence de tels plongements. Sans entrer dans le détail (ce qui nécessiterait toute une conférence), rappelons seulement le théorème fondamental de Kodaira[20] : une variété analytique compacte sur laquelle existe une forme de Kähler à périodes rationnelles est isomorphe à une variété algébrique plongée sans singularités dans un espace projectif.

Soit X une variété analytique dans laquelle un groupe discret d'automorphismes G *opère proprement* (ce qui signifie que, pour tout compact $K \subset X$, les $s \in G$ tels que sK rencontre K sont en nombre fini). Considérons l'espace quotient X/G muni de sa structure annelée (cf. no. 5); on montre[10] que c'est un espace analytique normal (mais ce n'est pas, en général, une variété analytique, à cause de l'existence de points fixes pour les transformations de G); plus généralement, si X est un espace analytique normal et si G est un groupe discret opérant proprement dans X, X/G est un espace analytique normal. Cela étant, si X/G est *compact*, il est naturel de se demander si X/G peut être réalisé comme sous-espace analytique (donc algébrique) d'un espace projectif. Effectivement, il en est toujours ainsi lorsque X est un *domaine borné* d'un espace numérique $\mathbf{C}^n$; le plongement projectif de X/G peut alors être obtenu au moyen d'un système fini de formes automorphes (séries de Poincaré) d'un même poids;† la variété algébrique, image du plongement, est 'projectivement normale'.

Mais les cas les plus intéressants, dans la théorie des fonctions automorphes, sont ceux où l'espace X/G *n'est pas compact*; alors il ne peut être question de réaliser X/G comme variété algébrique dans un espace projectif. On peut néanmoins se proposer de chercher une application analytique f: $X/G \to P_n$ qui soit injective et définisse un isomorphisme

† Voir [10] et [2].

de l'espace analytique X/G sur un 'ouvert de Zariski' d'une variété algébrique projective V (c'est-à-dire sur le complémentaire, dans V, d'un sous-ensemble algébrique W). On sait maintenant que ceci est possible dans la théorie des fonctions modulaires de Siegel[36,37]. D'une façon précise, soit X l'espace de Siegel, formé des (n, n)-matrices symétriques complexes $z = x+iy$ telles que y soit définie-positive; le groupe symplectique réel $Sp(n, R)$, formé des $(2n, 2n)$-matrices réelles

$$M = \begin{pmatrix} a & b \\ c & d \end{pmatrix},$$

où a, b, c, d sont des (n, n)-matrices telles que ${}^tMJM = J$, avec

$$J = \begin{pmatrix} 0 & 1_n \\ -1_n & 0 \end{pmatrix},$$

opère dans X par $z \to (az+b)(cz+d)^{-1}$; dans ce groupe de transformations de X, on considère le sous-groupe discret G défini par les matrices à coefficients entiers. Le quotient $X/G = V_n$ est un espace analytique normal, non compact. Satake[34] a montré comment on peut compactifier V_n en définissant une topologie convenable sur la réunion de $V_n, V_{n-1}, \ldots, V_1, V_0$, et il a de plus défini une structure annelée sur ce compactifié V_n^*, structure qui induit, bien entendu, les structures d'espace analytique des sous-espaces V_n (ouvert dans V_n^*), V_{n-1}, etc. Puis Baily[3] a prouvé que l'espace annelé V_n^* est effectivement un espace analytique normal, ainsi que l'avait conjecturé Satake, et a de plus montré que V_n^* peut se réaliser comme variété algébrique dans un espace projectif,

$$V_{n-1}^* = V_n^* - V_n$$

s'identifiant à une sous-variété algébrique de V_n^*. Le plongement projectif peut être obtenu par des formes automorphes d'un même poids convenable (il s'agit de formes automorphes pour les puissances du facteur d'automorphie $\det(cz+d)^2$). L'existence d'un tel plongement permet de prouver que toute fonction méromorphe dans X et invariante par G s'exprime comme quotient de deux formes automorphes de même poids (du moins si $n \geqslant 2$). On peut compléter ces résultats, et montrer que l'algèbre graduée des formes automorphes des divers poids est engendrée par un nombre fini d'éléments (comme algèbre sur le corps complexe).† D'autre part, tous ces résultats s'étendent au cas de n'importe quel sous-groupe du groupe symplectique qui est 'commensurable' au groupe modulaire; les variétés algébriques projectives qui sont ainsi attachées à ces groupes sont des 'revêtements ramifiés' les unes des autres.

† Voir [12], Exposé 17.

8. Application à la théorie des variétés analytiques réelles

Il est superflu de rappeler la définition d'une variété analytique réelle (abstraite); les modèles sont ici les ouverts de l'espace numérique réel $\mathbf{R}^n$, et les changements de coordonnées locales sont analytiques-réels. Nous ne considérerons que les variétés analytiques-réelles qui peuvent être recouvertes au moyen d'une famille dénombrable de compacts, ce qui revient à supposer l'existence d'une base dénombrable d'ouverts pour la topologie.

Soit V une variété analytique-réelle de dimension n; les résultats de Whitney[41] permettent d'affirmer l'existence d'une application injective et propre $f: V \to \mathbf{R}^{2n+1}$, indéfiniment différentiable et de rang n en tout point, dont l'image est une sous-variété de $\mathbf{R}^{2n+1}$ qu'on peut même supposer analytique. La question était restée ouverte de savoir si l'on peut exiger en outre que le plongement f soit *analytique*; en d'autres termes, toute variété analytique-réelle (abstraite) peut-elle être réalisée, au sens de la structure analytique, comme sous-variété analytique d'un espace numérique réel? Il y a un an à peine, une réponse positive a été donnée par Morrey[24] dans le cas où V est compacte; auparavant, Malgrange[23] avait donné une réponse affirmative pour toute variété analytique V, compacte ou non, mais sous la restriction de l'existence d'un ds^2 analytique sur V (la méthode de Malgrange reposait sur la théorie des équations elliptiques). Grauert[18] vient de prouver enfin que toute variété analytique-réelle (sans aucune autre restriction que l'hypothèse d'une base dénombrable d'ouverts) peut se réaliser comme sous-variété analytique d'un espace numérique; ce résultat est obtenu par des méthodes analytiques-complexes, et c'est à ce titre qu'il en est question ici. Voici quelques détails au sujet de cet important théorème.

On sait que toute variété analytique-réelle V peut être plongée comme sous-espace fermé d'une variété analytique complexe X, de manière que X soit une 'complexification' de V: ceci signifie que chaque point $x \in V$ possède un voisinage ouvert U (dans X) dans lequel on a un système de coordonnées locales complexes tel que les points de $V \cap U$ soient précisément les points à coordonées réelles, celles-ci servant de coordonnées locales pour V. Si n est la dimension réelle de V, n est donc la dimension complexe de X. Grauert montre qu'ainsi plongée dans X, V possède un système fondamental de voisinages ouverts qui sont des variétés de Stein; il est impossible de donner ici une idée de la démonstration, fort délicate, et qui met en œuvre la théorie des faisceaux analytiques cohérents et celle des fonctions plurisousharmoniques (introduites par Lelong il y a plus de dix ans). A ce propos, il est bon de noter qu'une condition nécessaire et suffisante pour qu'une variété analytique-complexe X, connexe et holomorphiquement convexe, soit une variété de Stein, est qu'il existe sur X une fonction 'strictement plurisousharmonique'.

Revenons à la variété analytique-réelle V, plongée dans une variété de Stein X qui en est une complexification. Appliquons à X le théorème de plongement de Remmert (no. 7); ceci donne un plongement analytique-réel de V dans un espace numérique réel. On pourrait aussi, sans utiliser le théorème de Remmert, procéder comme suit: le fait que V possède un système fondamental de voisinages ouverts qui sont des variétés de Stein entraîne que les théorèmes fondamentaux de la théorie des faisceaux analytiques cohérents sont applicables à la variété analytique-réelle V[11]; on sait alors que l'anneau des fonctions analytiques-réelles, sur V, est assez riche pour fournir une application analytique de V dans un espace $\mathbf{R}^k$, dont le rang soit égal en tout point de V à la dimension de V; d'où l'existence d'un ds^2 analytique sur V, et l'on peut appliquer le théorème de Malgrange.

L'existence d'un plongement analytique propre de V dans un $\mathbf{R}^k$ permet d'appliquer à V le théorème d'approximation de Whitney[40]: toute fonction p fois continûment différentiable sur V peut être arbitrairement approchée par des fonctions *analytiques* sur V, l'approximation s'entendant au sens de la convergence uniforme de la fonction et de chacune de ses dérivées d'ordre $\leqslant p$; et l'on peut même exiger une convergence de plus en plus rapide à l'infini. De là résulte évidemment que si une variété analytique-réelle est réalisable différentiablement dans un espace $\mathbf{R}^k$, elle est aussi réalisable analytiquement dans le même $\mathbf{R}^k$. Toute variété analytique-réelle V de dimension n peut donc être analytiquement réalisée dans $\mathbf{R}^{2n+1}$.

D'autre part, le fait que la théorie des faisceaux analytiques cohérents s'applique à toute variété analytique-réelle V a des conséquences agréables, telles que celles-ci: toute sous-variété analytique W de V peut être définie globalement par des équations analytiques $f_i = 0$, en nombre fini (les f_i étant analytiques dans V tout entière); de plus, toute fonction analytique sur W est induite par une fonction analytique dans V; la cohomologie réelle de V peut se calculer au moyen des formes différentielles analytiques, etc....[11]

Notons que tous ces résultats nécessitent l'usage des méthodes analytiques-complexes, qui semblent ainsi commander toute étude approfondie de l'analytique-réel. Ceci est confirmé par le fait que la seule notion de *sous-ensemble analytique-réel* (d'une variété analytique-réelle V) qui ne conduise pas à des propriétés pathologiques doit se référer à l'espace complexe ambiant: il faut considérer les sous-ensembles fermés E de V tels qu'il existe une complexification X de V et un sous-ensemble analytique-complexe E' de X, de manière que $E = E' \cap V$. On démontre[11] que ce sont aussi les sous-ensembles de V qui peuvent être définis globalement par un nombre fini d'équations analytiques. La notion de sous-ensemble analytique-réel a ainsi un caractère essentiellement *global*, contrairement à ce qui avait lieu pour les sous-ensembles analytiques-complexes.

Bruhat et Whitney[5] viennent d'étudier ces sous-ensembles analytiques-réels d'une variété analytique-réelle V. Ils prouvent notamment que si E est un sous-ensemble analytique de V, il existe une famille localement finie de sous-ensembles analytiques irréductibles (globalement) E_i telle que $E_i \not\subset E_j$ pour $i \neq j$, et que E soit la réunion des E_i; cette famille est uniquement déterminée à l'ordre près. De plus, si E est irréductible et de dimension p, tout sous-ensemble analytique de E, distinct de E, a toutes ses composantes irréductibles de dimension $\leqslant p-1$ (c'est là un résultat qui semble naturel; néanmoins il serait faux si l'on avait adopté, pour la notion de sous-ensemble analytique, la définition de caractère local à laquelle on songe naturellement).

9. Espaces fibrés analytiques†

Nous nous bornerons, pour simplifier l'exposition, au cas des *fibrés principaux*. Considérons d'abord le cas analytique-complexe: on a un espace analytique X, un groupe de Lie complexe G, et l'on considère les fibrés analytiques principaux (localement triviaux au sens analytique-complexe) ayant pour base X et pour groupe structural G; deux tels fibrés P et P' sont isomorphes s'il existe un isomorphisme de l'espace analytique P sur l'espace analytique P', qui soit compatible avec les opérations du groupe G et qui induise l'application identique de la base X. On sait que les classes de fibrés isomorphes sont en correspondance biunivoque avec l'ensemble de cohomologie $H^1(X, \mathbf{G}^a)$, $\mathbf{G}^a$ désignant le faisceau des germes d'applications *holomorphes* de X dans G. On pourrait aussi considérer les classes de fibrés *topologiques* principaux, qui sont en correspondance biunivoque avec les éléments de $H^1(X, \mathbf{G}^c)$, $\mathbf{G}^c$ désignant le faisceau des germes d'applications *continues* de X dans G. On a une application naturelle

$$* : H^1(X, \mathbf{G}^a) \to H^1(X, \mathbf{G}^c)$$

† Voir les travaux de Grauert[15, 16, 17], ainsi que l'exposition qui en est faite dans [9].

définie par l'injection $\mathbf{G}^a \to \mathbf{G}^c$; elle n'est, en général, ni injective ni surjective. Cependant Grauert a démontré que si X est un espace *holomorphiquement complet* (cf. no. 6), l'application * est *bijective*; autrement dit, si deux fibrés analytiques principaux de base X et de groupe structural G sont topologiquement isomorphes, ils sont analytiquement isomorphes; et tout fibré topologique principal, de base X et de groupe G, peut être muni d'une structure de fibré analytique principal, compatible avec sa structure de fibré topologique. Ce résultat important est établi par des méthodes fort difficiles, et qu'il ne semble pas possible de simplifier substantiellement dans l'état actuel des Mathématiques. Les démonstrations font d'ailleurs intervenir simultanément d'autres problèmes. En voici quelques-uns, que nous formulons seulement dans un cas particulier pour simplifier l'exposé: toute application continue $X \to G$ est-elle homotope à une application holomorphe? Si deux applications holomorphes $X \to G$ sont homotopes dans l'espace des applications continues, le sont-elles dans l'espace des applications holomorphes? Si une application holomorphe $Y \to G$ (où Y désigne un sous-espace analytique de X) est prolongeable en une application continue $X \to G$, est-elle prolongeable en une application holomorphe $X \to G$? Toutes ces questions reçoivent une réponse affirmative lorsque l'espace X est holomorphiquement complet. Si l'on ne fait pas cette hypothèse, on a des réponses partielles lorsque le groupe G est résoluble (Frenkel[13]).

D'une manière générale, lorsque X n'est pas holomorphiquement complet, la classification des fibrés analytiques de base X est un problème fort intéressant mais sur lequel on ne sait encore que peu de choses. La classification des fibrés vectoriels a été faite par Grothendieck[19] dans le cas où X est la droite projective complexe, et par Atiyah[1] lorsque X est une courbe algébrique de genre 1.

Je voudrais encore dire quelques mots des fibrés analytiques-réels. On peut vérifier que les méthodes de Grauert sont susceptibles, moyennant des modifications adéquates, d'être appliquées aux fibrés analytiques-réels, compte tenu du fait que la théorie des faisceaux analytiques cohérents s'applique maintenant aux variétés analytiques-réelles sans aucune restriction (grâce au théorème de plongement de Grauert). On peut alors montrer que tous les résultats énoncés plus haut pour le cas où X est un espace analytique holomorphiquement complet et G un groupe de Lie complexe, sont valables lorsque X est une variété analytique-réelle et G un groupe de Lie réel. En particulier, *la classification analytique des fibrés principaux coïncide avec leur classification topologique.*

10. Conclusion

Cet aperçu de résultats récents dans la théorie des espaces analytiques est forcément incomplet. Je regrette notamment de n'avoir même pas mentionné la toute nouvelle théorie des 'déformations de structures complexes'; mais c'est un sujet qui apparaît déjà assez vaste pour nécessiter une conférence à lui seul.† J'ai dû aussi laisser de côté le problème du prolongement des sous-ensembles analytiques (complexes), auquel Rothstein a apporté de si intéressantes contributions, ainsi que le problème analogue du prolongement des faisceaux analytiques cohérents. Je signale enfin un problème qui mérite de retenir l'attention: sur un espace analytique général, on n'a pas encore de théorie satisfaisante des formes différentielles; si on considère un point non-uniformisable et que l'on réalise un voisinage de ce point par un sous-ensemble analytique d'un ouvert d'un espace C^n, il y a certainement lieu de considérer d'autres 'formes différentielles' que celles qui sont induites par les formes différentielles de l'espace ambiant C^n.

BIBLIOGRAPHIE

[1] Atiyah, M. F. Vector bundles over an elliptic curve. *Proc. Lond. Math. Soc.* (3), 7, 414–452 (1957).

[2] Baily, W. L. On the quotient of an analytic manifold by a group of analytic homeomorphisms. *Proc. Nat. Acad. Sci., Wash.*, 40, 804–808 (1954).

[3] Baily, W. L. Satake's compactification of V_n. *Amer. J. Math.* 80, 348–364 (1958).

[4] Behnke, H. und Stein, K. Modifikation komplexer Mannigfaltigkeiten und Riemannscher Gebiete. *Math. Ann.* 124, 1–16 (1951).

[5] Bruhat, F. et Whitney, H. Quelques propriétés fondamentales des ensembles analytiques-réels. *Comment Math. Helv.* 33, 132–160 (1959).

[6] Calabi, E. and Rosenlicht, M. Complex analytic manifolds without countable base. *Proc. Amer. Math. Soc.* 4, 335–340 (1953).

[7] Cartan, H. Séminaire 1951–52, École Normale Supérieure, Paris.

[8] Cartan, H. Séminaire 1953–54, École Normale Supérieure, Paris.

[9] Cartan, H. Espaces fibrés analytiques. *Symposium de Topologie, Mexico*, 1956, 97–121.

[10] Cartan, H. Quotient d'un espace analytique par un groupe d'automorphismes. Algebraic Geometry and Algebraic Topology. *A Symposium in Honor of S. Lefschetz*, 90–102. Princeton, 1957.

[11] Cartan, H. Variétés analytiques réelles et variétés analytiques complexes. *Bull. Soc. Math. Fr.* 85, 77–99 (1957).

[12] Cartan, H. Séminaire 1957–58, École Normale Supérieure, Paris.

[13] Frenkel, J. Cohomologie non abélienne et espaces fibrés. *Bull. Soc. Math. Fr.* 85, 135–220 (1957).

[14] Grauert, H. Charakterisierung der holomorph-vollständiger komplexen Räume. *Math. Ann.* 129, 233–259 (1955).

† Voir surtout [21], où l'on trouvera une bibliographie de la question.

[15] Grauert, H. Approximationssätze für holomorphe Funktionen mit Werten in komplexen Räumen. *Math. Ann.* 133, 139–159 (1957).

[16] Grauert, H. Holomorphe Funktionen mit Werten in komplexen Lieschen Gruppen. *Math. Ann.* 133, 450–472 (1957).

[17] Grauert, H. Analytische Faserungen über holomorph-vollständigen Räumen. *Math. Ann.* 135, 263–273 (1958).

[18] Grauert, H. On Levi's problem and the imbedding of real-analytic manifolds. *Ann. Math.* (2), 68, 460–472 (1958).

[19] Grothendieck, A. Sur la classification des fibrés holomorphes sur la sphère de Riemann. *Amer. J. Math.* 79, 121–138 (1957).

[20] Kodaira, K. On Kähler varieties of restricted type. *Ann. Math.* (2), 60, 28–48 (1954).

[21] Kodaira, K. and Spencer, D. C. On deformations of complex analytic structures. *Ann. Math.* (2), 67, 328–466 (1958).

[22] Lelong, P. Intégration sur un ensemble analytique complexe. *Bull. Soc. Math. Fr.* 85, 239–261 (1957).

[23] Malgrange, B. Plongement des variétés analytiques-réelles. *Bull. Soc. Math. Fr.* 85, 101–112 (1957).

[24] Morrey, Ch. B. The analytic imbedding of abstract real-analytic manifolds. *Ann. Math.* (2), 68, 159–201 (1958).

[25] Oka, K. Sur les fonctions analytiques de plusieurs variables, VIII. *J. Math. Soc. Japan*, 3, 204–214, 259–278 (1951).

[26] Oka, K. Sur les fonctions analytiques de plusieurs variables, IX. Domaines finis sans point intérieur. *Jap. J. Math.* 23, 97–155 (1953).

[27] Osgood, W. F. *Lehrbuch der Funktionentheorie.* (Leipzig, 1928–32.)

[28] Remmert, R. und Stein, K. Über die wesentlichen Singularitäten analytischer Mengen. *Math. Ann.* 126, 263–306 (1953).

[29] Remmert, R. Projektionen analytischer Mengen. *Math. Ann.* 130, 410–441 (1956).

[30] Remmert, R. Meromorphe Funktionen in kompakten komplexen Räumen. *Math. Ann.* 132, 277–288 (1956).

[31] Remmert, R. Sur les espaces analytiques holomorphiquement séparables et holomorphiquement convexes. *C.R. Acad. Sci., Paris*, 243, 118–121 (1956).

[32] Remmert, R. Holomorphe und meromorphe Abbildungen komplexer Räume. *Math. Ann.* 133, 328–370 (1957).

[33] de Rham, G. Seminar on several complex variables. *Inst. Adv. Study*, mimeographed Notes, 1957–58.

[34] Satake, I. On the compactification of the Siegel space. *J. Indian Math. Soc.* 20, 259–281 (1956).

[35] Serre, J.-P. Géométrie algébrique et géométrie analytique. *Ann. Inst. Fourier*, 6, 1–42 (1955–6).

[36] Siegel, C. L. Einführung in die Theorie der Modulfunktionen *n*-ten Grades. *Math. Ann.* 116, 617–657 (1939).

[37] Siegel, C. L. Symplectic geometry. *Amer. J. Math.* 65, 1–86 (1943).

[38] Stein, K. Analytische Abbildungen allgemeiner analytischer Räume. *Colloque de Topologie, Strasbourg*, avril 1954.

[39] Stein, K. Analytische Zerlegungen komplexer Räume. *Math. Ann.* 132, 63–93 (1956).

[40] Whitney, H. Analytic extensions of differentiable functions defined in closed sets. *Trans. Amer. Math. Soc.* 36, 63–89 (1934).

[41] Whitney, H. The self-intersections of a smooth *n*-manifold in 2*n*-space. *Ann. Math.* (2), 44, 220–246 (1945).

51.

Quotients of complex analytic spaces

International Colloquium on Function Theory, Tata Institute, 1–15 (1960)

1. Complex analytic spaces, ringed spaces. First we have to recall the notion of a complex analytic space. It is a special case of a *ringed space*, a notion of basic importance in modern Algebraic Geometry after the work of J. P. Serre.

A ringed space is defined by giving a topological space X and a *sheaf of rings* $\mathcal{O}$ on this space X. We recall that a "sheaf"† means the following: we have for each point $x \in X$ a commutative ring $\mathcal{O}_x$ with a unit, and a topology is given on the union $\mathcal{O}$ of all rings $\mathcal{O}_x$, in such a way that: (1) the map which assigns to each $a \in \mathcal{O}$ the unique $x \in X$ such that $a \in \mathcal{O}_x$, is locally a homeomorphism; (2) if we denote by $\Gamma(U, \mathcal{O})$ the set of continuous "sections" of $\mathcal{O}$ over any open set $U \subset X$, then $\Gamma(U, \mathcal{O})$ is a ring with unit (this means that the unit section is continuous, and the addition and the multiplication are continuous operations). Then, for each $x \in U$, we have a natural homomorphism $\Gamma(U, \mathcal{O}) \to \mathcal{O}_x$, which is a unitary homomorphism of rings with unit element. The knowledge of the rings $\Gamma(U, \mathcal{O})$ for all open sets U and of the homomorphisms $\Gamma(U, \mathcal{O}) \to \Gamma(V, \mathcal{O})$ (for $V \subset U$) determines completely the sheaf $\mathcal{O}$.

We will restrict ourselves to the case where $\mathcal{O}$ is a subsheaf of the sheaf of all germs of continuous complex-valued functions. Hence $\mathcal{O}_x$ is a subring of the ring of all germs of continuous functions on X at the point x, and $\Gamma(U, \mathcal{O})$ is a subring of the ring of all continuous functions on U. In such a case, the ringed spaces are the objects of a category $\mathscr{R}$, the "morphisms" of $\mathscr{R}$ being defined in the following way: given two ringed spaces $(X, \mathcal{O})$ and $(X', \mathcal{O}')$, a *morphism* is a continuous map $f: X \to X'$ having the following property: for each $x \in X$, and each $\phi \in \mathcal{O}'_{f(x)}$, the composed germ of function $\phi \circ f$ belongs to $\mathcal{O}_x$. Thus a morphism $f: X \to X'$ induces a ring homomorphism $\mathcal{O}'_{f(x)} \to \mathcal{O}_x$ for each point $x \in X$. Clearly the composition of two morphisms $f: X \to X'$ and $f': X' \to X''$ is a

†Concerning the theory of sheaves, see [4].

morphism $X \to X''$; and the identity map $X \to X$ is a morphism. We see that $\mathscr{R}$ is a category, as announced; in this category, an *isomorphism* $(X, \mathcal{O}) \to (X', \mathcal{O}')$ is a homeomorphism $f: X \to X'$ which carries the ring $\mathcal{O}'_{f(x)}$ isomorphically onto the ring $\mathcal{O}_x$, for each $x \in X$.

The most classical examples of ringed spaces are : (1) differentiable manifolds (X being then a topological manifold satisfying the axiom of Hausdorff, and $\mathcal{O}_x$ being the ring of germs of differentiable functions at x ; then $\Gamma(U, \mathcal{O})$ is nothing but the ring of differentiable functions in the open set U) ; (2) complex manifolds (X being then a topological even-dimensional manifold, and $\mathcal{O}_x$ being the ring of germs of holomorphic functions at x ; $\Gamma(U, \mathcal{O})$ is the ring of holomorphic functions in U). In the first case, the morphisms are the differentiable mappings ; in the second case, they are the holomorphic mappings.

Given a ringed space $(X, \mathcal{O})$, a subset M of X is *distinguished* if each point $x \in M$ has an open neighbourhood U such that $M \subset U$ is exactly the set of solutions (in U) of a finite number of equations $f_i = 0$, with $f_i \in \Gamma(U, \mathcal{O})$. For instance, if $(X, \mathcal{O})$ is a complex manifold the distinguished subsets are nothing but the "analytic subsets" of X.

In a ringed space $(X, \mathcal{O})$, any distinguished subset M carries naturally a structure of a ringed space $(M, \mathscr{A})$, namely : for $x \in M$ the ring $\mathscr{A}_x$ will consist of those germs of functions on M which are induced by germs belonging to $\mathcal{O}_x$. With this definition, the injection $M \to X$ is a morphism of ringed spaces.

We are now in a position to define the category of complex analytic spaces. For each positive integer n, consider the space $\mathbf{C}^n$ ($\mathbf{C}$ being the field of complex numbers), with its standard ringed structure : for each $x \in \mathbf{C}^n$, take for $\mathcal{O}_x$ the ring of germs of functions holomorphic at x. Now the analytic subsets of $\mathbf{C}^n$ (for all n) build a category $\mathscr{A}'$ of ringed spaces.

Definition†. *A complex analytic space* is a ringed space $(X, \mathscr{H})$, such that : (i) X satisfies the axiom of Hausdorff; (ii) X may be

† Many definitions have been proposed for analytic spaces. We adopt here the definition of Serre [12].

covered by open subsets, each of which is isomorphic (as a ringed space) to some object of the category $\mathscr{A}'$. In other words, an analytic space is a Hausdorff ringed space which can be *locally* realized (as a ringed space) by some analytic subset of some space $\mathbf{C}^n$. In the category $\mathscr{A}$ of analytic spaces, the morphisms are simply the morphisms of ringed spaces; they are called *analytic* mappings, or *holomorphic* mappings. The holomorphic (scalar) functions on X are simply the sections of the sheaf $\mathscr{H}$.

Any distinguished subset of an analytic space carries a structure of ringed space, and is actually an analytic space.

2. Equivalence relations in ringed spaces. Let X be a topological space, and R an equivalence relation on X. As is well known, we have a topology on the set X/R of equivalence classes, having the following universal property: a mapping $f: X/R \to X'$(X' being any topological space) is continuous if and only if the composed map $X \xrightarrow{p} X/R \xrightarrow{f} X'$ is continuous. With this topology, X/R is called the quotient space of X by R. Now, assume that we have a ringed space $(X, \mathcal{O})$; on the quotient space X/R we define a sheaf of rings $\mathcal{O}_1$ in the following way: for any open subset U of X/R, $\Gamma(U, \mathcal{O}_1)$ is the ring of (continuous) functions $\phi: U \to \mathbf{C}$ such that $\phi \circ p$ belongs to $\Gamma(p^{-1}(U), \mathcal{O})$. We shall denote this sheaf $\mathcal{O}_1$ by $\mathcal{O}/R$. It is easily seen that the ringed space $(X/R, \mathcal{O}/R)$ has the following universal property: the mapping $p: X \to X/R$ is a morphism of ringed spaces, and for any ringed space $(X', \mathcal{O}')$ a map $X/R \to X'$ is a morphism if and only if the composition $X \xrightarrow{p} X/R \to X'$ is a morphism.

Thus any quotient of a ringed space carries naturally a structure of ringed space. And the question arises: assuming that we have an *analytic* space $(X, \mathscr{H})$, what conditions must be imposed on an equivalence relation R on X, in order that the space $(X/R, \mathscr{H}/R)$ be an *analytic* space?

The first known example of a quotient of an analytic space is the following one: consider a group G of analytic automorphisms of an analytic space X, and assume that G is *properly discontinuous*; this means that for any compact subset $K \subset X$ there are only a finite number of $s \in G$ such that $(sK) \cap K \neq \emptyset$. Now let X/G be the quotient of X by the equivalence relation defined by G; X/G is Hausdorff, and it is known [1, 3] that X/G, with its ringed structure, is actually an analytic space. In fact, the problem of proving this has a local character: let x be a point of X; the isotropy subgroup $G(x)$ (consisting of those $s \in G$ satisfying $sx = x$) is finite, and x has a neighbourhood U, stable under $G(x)$, such that the equivalence relation induced on U is just defined by the operations of the finite subgroup $G(x)$; thus we are led to study the quotient of an analytic space U by a finite group of analytic automorphisms. We shall not recall here the proof of the fact that X/G is an analytic space; we just want to observe that, for $x \in X$, the ring attached to the point $p(x) \in X/G$ may be identified with the subring of $\mathscr{H}_x$ consisting of those elements which are invariant under $G(x)$. To give a very simple example, consider $X = \mathbf{C}^2$, G consisting of the identity and the symmetry $(u, v) \rightarrow (-u, -v)$; then the ringed space $\mathbf{C}^2/G$ may be realized (in the large) as the analytic subspace $Y \subset \mathbf{C}^3$ consisting of points (x, y, z) which satisfy the relation $x^2 + y^2 = z^2$; the correspondence is defined by

$$x = u^2 - v^2,\ y = 2uv,\ z = u^2 + v^2.$$

Observe that any function holomorphic in u and v at the origin, and invariant under G, can be expressed as a holomorphic function of x, y, z at the origin.

3. **Proper equivalence relations.** The equivalence relation defined on a locally compact space X by a finite group of automorphisms is a particular case of a *proper* equivalence relation. Let R be an equivalence relation on a *locally compact* space X; let us call *fibres* the equivalence classes of R. Consider the following properties:

(i) for any compact $K \subset X$, the R-saturated subset of K (i.e. the union of all fibres meeting K) is also compact;

(ii) every fibre is compact and has a fundamental system of open neighbourhoods which are saturated;

(iii) the quotient space X/R is locally compact (in particular, is Hausdorff), and the natural projection $p: X \to X/R$ is a *proper* map (i.e. the inverse image of any compact of X/R is compact).

It is easy to see that the three preceding properties are equivalent. If they are satisfied, we shall say that R is a *proper* equivalence relation.

Let X and Y be locally compact spaces, and let f be a continuous proper map $X \to Y$; let R denote the equivalence relation defined by f (namely: $x \sim x'$ if and only if $f(x) = f(x')$); clearly R is proper. It is a classical and easy result, that the image $f(X)$ is closed in Y, and the map $X/R \to f(X)$ induced by f is a homeomorphism. Now consider two complex analytic spaces X and Y, and a proper holomorphic mapping $f: X \to Y$; in this situation we have two important results:

Theorem 1. *If f is a proper, holomorphic mapping of an analytic space X into an analytic space Y, then the image $f(X)$ is a (closed) analytic subspace of Y.* (This theorem is due to Remmert [11]; its proof requires a careful and difficult analysis.)

Theorem 2. *If f is a proper, holomorphic mapping of an analytic space X into an analytic space Y, and if R denotes the equivalence relation defined by f, then the quotient space X/R is an analytic space.*

Remark. The map $X/R \to f(X)$ induced by f is a holomorphic homeomorphism, but is not, in general, an isomorphism of analytic spaces. We have a counter-example by taking $X = Y$ and f the identity map, the structural sheaf of X being richer than the structural sheaf of Y. Nevertheless, if the analytic space $f(X)$ is *normal* (i.e. the ring attached to each point is an integrally closed domain of integrity), then $X/R \to f(X)$ is an isomorphism of analytic spaces.

We shall now sketch the proof of Theorem 2. By Theorem 1, it suffices to consider the case where f is a proper, holomorphic and *surjective* map $X \to Y$; thus f induces a homeomorphism $X/R \to Y$, and we may identify X/R with Y as topological spaces. Then the sheaf $\mathscr{H}(X)/R$ may be considered as a sheaf on Y: a section of $\mathscr{H}(X)/R$ on an open set $U \subset Y$ is a function ϕ such that $\phi \circ f$ be holomorphic on $f^{-1}(Y)$. Clearly $\mathscr{H}(Y)$ is a subsheaf of $\mathscr{H}(X)/R$. We shall prove that $\mathscr{H}(X)/R$ is a *coherent*† $\mathscr{H}(Y)$-sheaf. Assuming this for a moment, take a point $y_0 \in Y$; there is a finite number of sections ϕ_i of $\mathscr{H}(X)/R$, in an open neighbourhood U of y_0, which generate the $\mathscr{H}(Y)_y$-module $(\mathscr{H}(X)/R)_y$ in each point y sufficiently near to y_0 (this is true because $\mathscr{H}(X)/R$ is coherent). Consider the functions $f_i = \phi_i \circ f$ holomorphic on $f^{-1}(U) = V$; together with f they define a holomorphic mapping g of V into a product $\mathbf{C}^n \times Y$, and g is proper; by Theorem 1, the image $g(V)$ is an analytic subspace Z of $\mathbf{C}^n \times Y$, and we have a factorization $V \xrightarrow{g} Z \xrightarrow{h} U$ of f, where h is a holomorphic homeomorphism. It is easily seen that the sheaf of germs of holomorphic functions on Z, considered as a sheaf on U by means of h, is nothing but the restriction to U of $\mathscr{H}(X)/R$. Thus the open set U of the ringed space X/R has been realized by an analytic space Z, which proves Theorem 2.

It remains to prove that $\mathscr{H}(X)/R$ is a coherent $\mathscr{H}(Y)$-sheaf. The following proof is due to Grothendieck (unpublished): let T be the subspace of $X \times X$, inverse image of the diagonal of $Y \times Y$ by the map $f \times f$: $X \times X \to Y \times Y$. Consider the holomorphic map pr_i: $T \to X$ induced by the projection $X \times X \to X$ on the ith factor ($i = 1, 2$). Consider both commutative diagrams

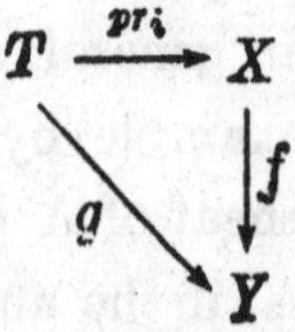

where g is induced by $f \times f$, using the diagonal map of Y. Let $\mathscr{A}$ be the sheaf on Y, direct image‡ of $\mathscr{H}(X)$ by f; and let $\mathscr{B}$ the

†About coherent sheaves, see [13].

‡Given a continuous map $f: X \to Y$ of topological spaces, and a sheaf $\mathscr{A}$ on X, the direct image $f(\mathscr{A})$ is the sheaf $\mathscr{C}$ on Y, such that for any open set $U \subset Y$ the set of sections $\Gamma(U, \mathscr{C})$ be simply $\Gamma(f^{-1}(U), \mathscr{A})$.

sheaf on Y, direct image of $\mathscr{H}(T)$ by g. Then the preceding diagrams define two homomorphisms $u_i : \mathscr{A} \to \mathscr{B}$ of $\mathscr{H}(Y)$-sheaves. It is easy to check that $\mathscr{H}(X)/R$ is the subsheaf of $\mathscr{A}$, kernel of the homomorphism $u_1 - u_2$. Now $\mathscr{A}$ and $\mathscr{B}$ are coherent, by a recent theorem of Grauert [6] (asserting that the direct image of a coherent sheaf by a *proper* holomorphic map is a coherent sheaf). It follows that the kernel of the $\mathscr{H}(Y)$-homomorphism $u_1 - u_2$ is coherent. Q.E.D.

We are now in a position to state and prove our main theorem concerning proper equivalence relations in analytic spaces :

Main Theorem. *Consider a proper equivalence relation R on an analytic space X. In order that the ringed space X/R be an analytic space, each of the following conditions is necessary and sufficient* :

(a) *each point of X/R has an open neighbourhood V such that the sections of $\mathscr{H}(X)/R$ over V separate the points of V* (i.e. given any two distinct points y_1, y_2 in V, there is a section ϕ of $\mathscr{H}(X)/R$ over V, such that $\phi(y_1) \neq \phi(y_2)$);

(b) *each point of X/R has an open neighbourhood V such that the ringed maps $V \to Z$* (Z being any analytic space) *separate the points of V.*

Proof. Clearly (a) and (b) are necessary. Conversely, assume that (a) *or* (b) is satisfied; call U the open set $p^{-1}(V)$ of X; the assumption (a) (resp. (b)) states that those holomorphic functions on U (resp. those holomorphic mappings of U into the complex analytic spaces) which are constant on the classes of R, actually separate the classes of R. But we have the following useful

Lemma. *Let X be an analytic space; consider any family of analytic maps $f_i : X \to Y_i$ ($i \in I$, the Y_i's being analytic spaces), and denote by R_I the equivalence relation defined on X by these maps. Then for any compact subset K of X there is a finite subset J of I such that R_J and R_I induce the same relation on K.*

The proof of this lemma follows a well-known argument: for any finite subset J of I, let Δ_J be the subset of $X \times X$, inverse image of the diagonal of $Y_J \times Y_J$ by $f_J \times f_J : X \times X \to Y_J \times Y_J$ (Y_J denotes the product of the spaces Y_i for $i \in J$, and f_J the map $X \to Y_J$ defined by the f_i's for $i \in J$). Each Δ_J is an analytic subset of the space $X \times X$; if $J \subset J'$, then $\Delta_{J'} \subset \Delta_J$. Hence the Δ_J's build a filtered decreasing family of analytic subsets, and it is well known that such a family becomes constant on a given compact subset of $X \times X$. The lemma is proved.

We shall now achieve the proof of the main theorem. Returning to U, take in U a saturated open neighbourhood U' of the class of a point $y \in U$, such that the closure $\overline{U}'$ be compact and contained in U (cf. property (iii) of proper mappings). By the lemma, we have a *finite* set of holomorphic mappings $f_i : U \to Z_i$ such that the equivalence relation defined by the f_i's coincides with R on $\overline{U}'$. Consider the product map of the f_i's into the product space Z of the Z_i's. The image $f(\dot{U}')$ of the boundary $\dot{U}'$ of U' is closed in Z and does not meet the image $f(U')$. Thus $Y = Z - f(\dot{U}')$ is an analytic space, and f induces a holomorphic map g of U' into Y; it is obvious that g is proper. On U' the equivalence relation R is defined by the map g; we know from Theorem 2 that U'/R is an analytic space, and the main theorem is proved.

Remark. Let X be an analytic space, and consider the equivalence relation defined on X by a family of analytic mappings $X \to Y_i$. If R is *proper*, the main theorem may be applied: *the space X/R is an analytic space.*

4. Examples. We recall the classical notion of holomorphic convexity: an analytic space X is *holomorphically convex* if, for any compact subset K of X, the set of all $x \in X$ such that

$$|f(x)| \leqslant \sup_K |f| \text{ for every } f \text{ holomorphic on } X,$$

is compact. Consider on X the equivalence relation R defined by all holomorphic functions; clearly if X is holomorphically convex, then R is proper (the converse is not true: take for X an open subset of $\mathbf{C}^n$ which is not a domain of holomorphy; then R is the identity relation, but X is not holomorphically convex). Obviously any compact analytic space is holomorphically convex.

EXAMPLE 1. Let X be a holomorphically convex analytic space. Take for R the relation defined by all holomorphic functions on X. By the main theorem, X/R is an analytic space. Obviously the natural projection $X \to X/R$ induces an isomorphism of the ring of all holomorphic functions on X and on X/R. Moreover X/R is holomorphically convex; since the functions holomorphic on X/R separate the points of the space, it follows that X/R is "holomorphically complete" in the sense of Grauert. This space X/R is naturally attached to X and was discovered by Remmert [10]. We recall that a holomorphically complete complex manifold is nothing but a "Stein manifold"; and the class of all holomorphically complete spaces is exactly the class for which the fundamental theorems concerning coherent sheaves are valid [2].

EXAMPLE 2. The preceding procedure is not interesting when the analytic space X is compact. In that case, consider the equivalence relation R defined by all holomorphic mappings of X into complex projective spaces. By the main theorem, the quotient space X/R is an analytic space; but by the lemma, there is a holomorphic injective mapping f of X/R into a finite product of projective spaces; hence we have finally a holomorphic injection $f: X/R \to P_n$ into some projective space P_n. By Theorem 1 the image of f is a closed analytic subspace of P_n, hence is an algebraic subspace of P_n by the classical theorem of Chow. Thus we have a holomorphic homeomorphism of X/R onto a projective algebraic variety; a known result [8] says that *X/R is itself a projective algebraic variety*. Thus we have a projective algebraic variety X' and a holomorphic surjection p: $X \to X'$ enjoying the following universal property: given any holomorphic map $g: X \to Y$, where Y is a projective algebraic variety, there is a unique factorization $X \xrightarrow{p} X' \xrightarrow{g'} Y$ of g, with g' holomorphic.

EXAMPLE 3. Let X be again a compact analytic space. Consider the equivalence relation R defined by all holomorphic mappings of X into compact algebraic (not necessarily projective) varieties. The same argument as before applies : X/R is a compact algebraic variety and possesses a universal property with respect to all holomorphic mappings of X into compact algebraic varieties.

5. A result of Stein. The following result was proved by K. Stein [15] for complex manifolds, but is true in the general case of analytic spaces.

THEOREM 3. *Let $f: X \to Y$ be a holomorphic mapping. Assume that the connected components of the fibres of f are compact. Then the equivalence relation R' defined by these connected components is proper, and the quotient ringed space X/R' is an analytic space.*

PROOF. The fact that R' is proper is of a purely topological nature, and may be proved for a continuous map of locally compact spaces when the connected components of the fibres are compact. In view of condition (ii) of §3, we have to prove that any (compact) fibre N of R' has a fundamental system of neighbourhoods which are open and saturated. Now let V be any open neighbourhood of N; if V is small enough, then $f(N) \notin f(\dot{V})$, $\dot{V}$ denoting the boundary of V. Let U be the open subset $Y - f(\dot{V})$ of Y; then $V' = V \cap f^{-1}(U)$ is open and contains N; any fibre F' of R' meeting V' does not meet $\dot{V}$, hence is contained in V (since F' is connected) and thus is contained in V'. In other words, V' is R'-saturated. Q.E.D.

Now we know that X/R' is Hausdorff (since R' is proper), and the question of proving that X/R' is an analytic space has a local character. Since f induces a holomorphic map $V' \to U$, which is proper, we are reduced to the case where the map f is proper. Now assume that $f: X \to Y$ is proper; replacing Y by $f(X)$ we may assume that f is also surjective. The direct image of the sheaf $\mathscr{H}(X)$ by f is a sheaf $\mathscr{A}$ on Y; it is a coherent $\mathscr{H}(Y)$-sheaf, by Grauert's theorem. But $\mathscr{A}$ may be identified with $\mathscr{H}(X)/R'$.

Now, in order to prove that X/R' is an analytic space, we shall show that $(X/R', \mathscr{H}(X)/R')$ satisfies condition (a) of the main theorem. Let us denote by p' the projection $X/R' \to Y$; let us take

$x'_0 \in X/R'$, and $y_0 = p'(x_0)$; let U be an open set of Y containing y_0, and let $\phi_i \in \Gamma(U, \mathscr{A})$ be sections in finite number, which generate the $\mathscr{H}(Y)_y$-module $\mathscr{A}_y$ for each point $y \in U$ (such an U exists because $\mathscr{A}$ is coherent). Moreover, let us choose a finite set of functions ψ_j holomorphic on U, which separate the points of U (such a set exists if U is small enough). Then the set $\{\phi_i, \psi_j\}$ separate the points of $p'^{-1}(U) \subset X'/R$, and condition (a) of the main theorem is satisfied. Hence Theorem 3 is proved.

Definition. Let X and Y be two analytic spaces; a map $f: X \to Y$ is called a *ramified covering* if f is a proper surjective holomorphic mapping, and if the inverse image of each point of Y is finite. One also says that X is a ramified covering of Y by means of f. It is known† that a ramified covering of a holomorphically complete space (resp. a projective algebraic variety, resp. a compact algebraic variety) is of the same type.

Now, returning to the three examples treated in §4, Theorem 3 implies the following results:

(1) Let X be a holomorphically convex analytic space; take on X the equivalence relation R defined by all functions holomorphic on X; then the fibres of R are *connected.*

(2) Let X be a compact analytic space; take on X the equivalence relation R defined by all holomorphic maps of X into projective spaces. Then the fibres of R are *connected.* There is a corresponding result for the relation defined by all holomorphic mappings of X into compact algebraic varieties.

6. A generalization.

Consider a class $\mathscr{C}$ of analytic spaces, satisfying the following conditions:

(P_1) *the product of two spaces of $\mathscr{C}$ belongs to $\mathscr{C}$;*

†In the case of holomorphically complete spaces, this follows from [5]. In the case of projective algebraic varieties, it follows from ([8], Théorème 1). The case of compact (not necessarily projective) algebraic varieties cannot be found in the literature, but the result may be deduced from a theorem of Grothendieck, asserting that any analytic coherent sheaf on a compact algebraic variety comes from an algebraic coherent sheaf (see Séminaire H. Cartan, 1956-57, Exposé 2, of Grothendieck).

(P_2) *if X is an analytic space and if, for each point $x \in X$, there exists a proper holomorphic mapping $f: X \to Y$ into a space Y of the class $\mathscr{C}$, such that the fibre $f^{-1}(f(x))$ contains x as an isolated point, then X belongs to $\mathscr{C}$.*

The condition (P_2) obviously implies :

(P'_2) *any analytic subspace of a space belonging to $\mathscr{C}$ belongs to $\mathscr{C}$.*

Moreover, if the spaces of $\mathscr{C}$ are compact, (P_2) is equivalent (modulo (P_1)) to the conjunction of (P'_2) and

(P''_2) *if $f: X \to Y$ is a ramified covering and if Y belongs to $\mathscr{C}$, then X belongs to $\mathscr{C}$.*

Now the reasoning of §§3 and 4 leads to the following :

THEOREM 4. *Let $\mathscr{C}$ be a class satisfying (P_1) and (P_2). Let X be an analytic space such that there exists a holomorphic and proper map $X \to Y$, Y belonging to $\mathscr{C}$. Then, if R denotes the equivalence relation defined on X by all holomorphic mappings of X into the spaces of the class $\mathscr{C}$, the space X/R is an analytic space belonging to $\mathscr{C}$, and the fibres of R are connected.*

We shall only sketch the proof. First, the relation R is proper because of the existence of a proper map $f: X \to Y$, where $Y \in \mathscr{C}$. Thus X/R is an analytic space (main theorem and remark). Applying the lemma and the property (P_1), we see that each point $x \in X$ possesses an open saturated neighbourhood U on which R may be defined by a holomorphic map $g: X \to Z$, where Z belongs to $\mathscr{C}$; R may also be defined on U by the map $f \times g: X \to Y \times Z$, which is proper because f is proper. Then, applying (P_2) to the space X/R, we see that X/R belongs to $\mathscr{C}$. Finally, the fibres of R are connected, because if we denote by R' the equivalence relation defined by the connected components of the fibres of R, X/R' is an analytic space (Theorem 3) and the natural map $X/R' \to X/R$ is proper (because $X \to X/R$ is proper). By (P_2) it follows that X/R' belongs to $\mathscr{C}$, which implies $R' = R$.

The examples treated in § 4 correspond to the following classes $\mathscr{C}$:

—the class $\mathscr{C}_1$ of all holomorphically complete spaces;

—the class $\mathscr{C}_2$ of all projective algebraic varieties;

—the class $\mathscr{C}_3$ of all compact algebraic varieties.

We have a further example: the class $\mathscr{C}_4$ of all "analytically complete" spaces in the sense of Grauert-Remmert [8], namely: X is analytically complete if X is holomorphically convex and if, for each $x \in X$, there is a projective space P_n and a holomorphic map $f: X \to P_n$, such that x be isolated in the fibre $f^{-1}(f(x))$. Thus Theorem 4 may be applied to the class $\mathscr{C}_4$: for each analytic space X which is holomorphically convex, there exists a quotient space X/R in the class $\mathscr{C}_4$, such that any holomorphic map of X into a space of $\mathscr{C}_4$ may be factored through X/R; moreover the fibres of R are connected.

7. Conclusion. Not very much is known about equivalence relations which are *not* proper. Consider for instance the equivalence R defined on an analytic space X by a holomorphic map $f: X \to Y$; it is *not* true, in general, that the ringed space X/R is an analytic space. If R' denotes the relation defined by the connected components of the fibres of f, then X/R' is an analytic space in some cases (cf. [16]), even if the fibres of R' are not compact. It would be worthy of interest to make further investigations in this direction.

There is another situation in which an equivalence relation arises. Consider a connected, complex Lie group G, and let R be the relation defined on G by all holomorphic functions. It is almost obvious that the fibres of R are cosets of a closed, invariant, complex Lie subgroup H of G, and that the holomorphic functions separate the points of G/H. Actually, it follows from recent work of Matsushima and Morimoto [9] that G/H is a Stein variety, and H is a connected subgroup of the centre of G. But it may happen that H be not compact, and hence the relation R be not proper; for instance, there is an abelian connected complex Lie group G

having a closed complex subgroup isomorphic to **C*** (multiplicative group of complex numbers $\neq 0$), with $G/\mathbf{C}^*$ compact of complex dimension 1, such that any function holomorphic on G is a constant.

REFERENCES

1. W. L. Baily : On the quotient of an analytic manifold...*Proc. Nat. Acad. Sci. U.S.A.* 40 (1954), 804-808.

2. H. Cartan : Variétés analytiques complexes et cohomologie, *Colloque sur les fonctions de plusieurs variables*, Bruxelles (1953).

3. H. Cartan : Quotient d'un espace analytique par un groupe d'automorphismes, *Algebraic Geometry and Algebraic Topology*, A Symposium in honor of S. Lefschetz, Princeton (1957), 90-102.

4. R. Godement : Topologie algébrique et théorie des faisceaux, *Actualités scient. et industr. n⁰* 1252, *Hermann*, Paris (1958).

5. H. Grauert : Charakterisierung der holomorph-vollständigen komplexen Räume, *Math. Annalen*, 129 (1955), 233-259.

6. H. Grauert : Forthcoming paper in the *Publications Mathématique de l'Institut des Hautes Études Scientifiques*, Paris.

7. H. Grauert und R. Remmert : Komplexe Räume, *Math. Annalen*, 136 (1958), 245-318, § 5.

8. H. Grauert et R. Remmert : Espaces analytiquement complets, *Comptes Rendus Acad. Sciences*, Paris, 245 (1957), 882-885.

9. Y. Matsushima and A. Morimoto : Sur certains espaces fibrés holomorphes sur une variété de Stein, *Bulletin de la Société Mathématique de France*, 88 (1960), 137-155.

10. R. Remmert : Sur les espaces holomorphiquement séparables et holomorphiquement convexes, *Comptes Rendus Acad. Sciences* Paris, 243 (1956), 118-121.

11. R. Remmert : Holomorphe und meromorphe Abbildungen komplexer Räume, *Math. Annalen*, 133 (1957), 328-370.

12. J. P. SERRE : Géométrie algébrique et géométrie analytique *Annales Inst. Fourier*, 6 (1955-56), 1-42.

13. J. P. SERRE : Faisceaux algébriques cohérents, *Annals of Math.* 61 (1955), 197-278.

14. K. STEIN : Überlagerungen holomorph-vollständiger komplexer Räume, *Arkiv der Math.* VII (1956), 354-361.

15. K. STEIN : Analytische Zerlegungen komplexer Räume, *Math. Annalen*, 132 (1956), 63-93.

16. K. STEIN : Die Existenz komplexer Basen zu holomorphen Abbildungen, *Math. Annalen*, 136 (1958), 1-8.

Institut Henri Poincaré
Faculté des Sciences
Paris

52.

Problèmes d'approximation dans la théorie des fonctions analytiques

Atti della 2a Riunione del Groupement des Mathématiciens d'expression latine
Florence, 24–29 (1961)

Soit X un espace analytique (complexe) au sens de Serre; l'algèbre $\mathcal{H}(X)$ des fonctions holomorphes dans X est une algèbre de fonctions sur X. Soit $\mathcal{A}$ une sous-algèbre de $\mathcal{H}(X)$, contenant les constantes; rappelons qu'on dit que X est $\mathcal{A}$-convexe si, pour tout compact $K \subset X$, la $\mathcal{A}$-enveloppe de K, formée des $x \in X$ tels que

$$|f(x)| \leq \sup_{y \in K} |f(y)| \text{ pour toute } f \in \mathcal{A},$$

est compacte.

Rappelons aussi l'une des caractérisations d'un *espace de Stein* (ou « holomorphiquement complet »): c'est un espace analytique X satisfaisant aux deux conditions suivantes:

(*a*) X est holomorphiquement convexe (c'est-à-dire $\mathcal{H}(X)$-convexe);

(*b*) les éléments de $\mathcal{H}(X)$ séparent les points de X.

Il en résulte alors (Grauert) que, pour chaque $x \in X$, toute fonction holomorphe au voisinage de x s'exprime comme fonction holomorphe d'un nombre fini d'éléments de $\mathcal{H}(X)$. Rappelons encore que, moyennant (*a*), (*b*) équivaut à la condition:

(*b'*) X ne contient aucun sous-espace analytique compact et connexe de dimension > 0.

Soit à nouveau un espace analytique X, sans autre hypothèse; et soit $\mathcal{A}$ une sous-algèbre de $\mathcal{H}(X)$, contenant les constantes. Les conditions suivantes sont équivalentes:

(*i*) pour chaque $x \in X$, toute fonction holomorphe au voisinage de x s'exprime comme fonction holomorphe d'un nombre fini d'éléments de $\mathcal{A}$; $\mathcal{A}$ sépare les points de X, et X est $\mathcal{A}$-convexe;

(*ii*) X est un espace de Stein, et $\mathcal{A}$ est dense dans $\mathcal{H}(X)$ (pour la topologie de la convergence uniforme sur les compacts de X).

Ce résultat (qui contient un théorème d'approximation) se rattache à des recherches récentes de H. ROSSI (cf. [7]). Il redonne un résultat classique : prenons le cas où X est un ouvert d'un espace de Stein Y, et où $\mathcal{A}$ est l'algèbre des restrictions à X des fonctions holomorphes dans Y. On obtient ceci : pour que X soit de Stein et que toute fonction holomorphe dans X soit limite (uniformément sur tout compact de X) de fonctions holomorphes dans Y, il faut et il suffit que X soit Y-convexe (ce qui signifie, par définition, $\mathcal{H}(Y)$-convexe).

On a cherché des critères de Y-convexité permettant d'appliquer ce théorème d'approximation. Des travaux récents de GRAUERT, DOCQUIER et R. NARASIMHAN ([2] et [6]) donnent de telles conditions de Y-convexité en faisant intervenir la notion de fonction *plurisousharmonique*. Cette notion, classique dans le cas des variétés complexes (LELONG, OKA), a été étendue de diverses manières au cas général des espaces analytiques ; nous retiendrons la définition de Narasimhan : f sur X est plurisousharmonique (resp. fortement plurisousharmonique) si, au voisinage de chaque $x \in X$, et pour toute réalisation de ce voisinage comme sous-espace analytique d'un $\mathbf{C}^N$, f s'exprime (localement) comme la trace d'une fonction plurisousharmonique (resp. fortement plurisousharmonique) de l'espace ambiant. Rappelons aussi qu'une fonction est, par définition, fortement plurisousharmonique si elle est plurisousharmonique et si de plus, au voisinage de chaque point, elle reste plurisousharmonique après addition de toute fonction de classe C^2 suffisamment petite (au sens C^2). On écrira désormais plsh, resp. F-plsh, pour plurisousharmonique (resp. fortement plurisousharmonique).

Une discussion des résultats des auteurs précités et une analyse de leurs démonstrations conduisent aux théorèmes suivants :

THÉORÈME 1. — Soient Y un espace de Stein, K une partie compacte de Y, $\widehat{K}$ son $\mathcal{H}(Y)$-enveloppe (qui est compacte). Tout point $y_0 \in \widehat{K} - K$ jouit des propriétés (équivalentes) suivantes :

(*a*) quel que soit le voisinage ouvert U de y_0, il n'existe pas de fonction F-plsh. f dans U telle que

$$f(y_0) \geq \sup_{y \in U \cap \widehat{K}} f(y) ;$$

(*b*) quel que soit le voisinage ouvert U de y_0, il n'existe pas de fonction plsh. f dans U telle que

$$f(y_0) > f(y) \text{ pour tout } y \in U \cap \widehat{K} \text{ distinct de } y_0 .$$

Ce théorème exprime une sorte de «platitude» locale de l'ensemble $\widehat{K}$ au voisinage de tout point n'appartenant pas à K. On en déduit le

THÉORÈME 2. — Soit f une fonction plsh. dans un espace de Stein Y; pour tout compact $K \subset Y$, on a

$$\sup_{x \in K} f(x) = \sup_{x \in \widehat{K}} f(x).$$

Formulation équivalente: pour tout a réel, l'ensemble (ouvert) X_a des $y \in Y$ tels que $f(y) < a$ est Y-convexe, et en particulier est un espace de Stein.

Soit maintenant Y un espace analytique (par ailleurs quelconque), et soit X un ouvert de Y, relativement compact. On dit que X est *fortement pseudo-convexe* si chaque point x_0 de la frontière ∂X possède un voisinage ouvert U (dans Y) dans lequel il existe une fonction continue F- plsh. f telle que

$$y \in X \cap U \Longleftrightarrow (y \in U \text{ et } f(y) < 0).$$

THÉORÈME 3. — Avec les notations précédentes, si X est fortement pseudo-convexe, l'espace X est holomorphiquement convexe; en particulier, si Y est un espace de Stein, il en est de même de X.

(La méthode de démonstration consiste à prouver que X est réunion d'une suite d'ouverts relativement compacts $D(\varepsilon)$, tels que $D(\varepsilon')$ ait une adhérence compacte contenue dans $D(\varepsilon)$ pour $0 < \varepsilon' < \varepsilon$, chacun des $D(\varepsilon)$ étant défini, au voisinage de chaque point x_0 de $\partial D(\varepsilon)$, par un nombre fini d'inégalités $f_i(x) < 0$, où les f_i sont F-plsh. et indéfiniment différentiables au voisinage de x_0. On montre que $D(\varepsilon)$ est holomorphiquement convexe; pour cela, on approche $D(\varepsilon)$ par l'extérieur au moyen d'ouverts D' définis par des inégalités analogues, mais avec des f_i existant dans tout un voisinage de la frontière de $\partial D(\varepsilon)$).

R. Narasimhan [6] a introduit une nouvelle classe d'espaces analytiques, qui contient à la fois les espaces de Stein et les espaces compacts. Il sont définis par les propriétés suivantes:

THÉORÈME 4. — Pour un espace analytique X, les propriétés suivantes sont équivalentes:

(*a*) pour tout faisceau analytique cohérent F sur X, et tout entier $q \geq 1$, l'espace de cohomologie $H^q(X, F)$ est de dimension finie (comme espace vectoriel sur le corps $\mathbf{C}$);

(*a'*) pour tout faisceau cohérent d'idéaux I dont le support est discret, $H^1(X, I)$ est de dimension finie;

(*b*) X est holomorphiquement convexe, et se déduit d'un espace de Stein par éclatement d'un nombre *fini* de points;

(*c*) il existe sur X une fonction numérique réelle f, plsh. et analytique-réelle, qui « tend vers $+\infty$ à l'infini sur X » (i. e: les ensembles $f(x) < a$ sont relativement compacts pour tout a réel), et qui est en outre F-plsh. hors d'un certain compact;

(*c'*) il existe, hors d'un certain compact de X, une fonction continue plsh. qui tend vers $+\infty$ à l'infini sur X; et il existe, dans le complémentaire d'un certain compact de X, une fonction continue et F-plsh.

Voici une démonstration abrégée du théorème 4:

(*b*) entraîne (*a*): soit $f: X \longrightarrow X'$ une application holomorphe, surjective et propre, X' étant un espace de Stein tel qu'il existe un sous-ensemble fini $A' \subset X'$ pour lequel f induit un isomorphisme de $X - f^{-1}(A')$ sur $X' - A'$. Alors $A = f^{-1}(A')$ est un sous-espace analytique compact de X; on montre, au moyen d'une suite exacte de cohomologie, que, pour tout entier $q \geq 1$ et tout faisceau cohérent F, l'application naturelle $H^q(X, F) \longrightarrow H^q(A, F)$ est un isomorphisme. De plus, il existe un voisinage ouvert D fortement pseudo-convexe de A, défini globalement par une inégalité portant sur une fonction continue et F-plsh. au voisinage de ∂D. D'après un raisonnement de Grauert [3], $H^q(D, F)$ est de dimension finie. Il en résulte que $H^q(X, F)$ est de dimension finie.

(*a'*) entraîne (*b*): soit donnée une suite infinie discrète de points distincts x_ν de X; soit I le faisceau cohérent d'idéaux défini par cette suite; puisque $H^1(X, I)$ est de dimension finie, il existe des constantes en nombre fini $\alpha_1, \ldots, \alpha_k$ (avec $\alpha_k \neq 0$) telles qu'on puisse trouver une f holomorphe dans X et satisfaisant à

$$f(x_\nu) = \sum_i \alpha_i \nu^i \quad \text{pour tout } \nu, \tag{1}$$

ce qui entraîne $\lim_\nu f(x_\nu) = +\infty$. Donc X est holomorphiquement convexe. Soit X' le quotient de X par la relation d'équivalence définie par les fonctions holomorphes dans X; d'après Remmert (cf. [1]), X' est un espace de Stein. L'image réciproque, dans X, d'un point de X' se réduit à un point, sauf pour un nombre fini de points de X'; sinon on pourrait choisir la suite infinie $\{x_\nu\}$ de façon que, pour tout ν, $x_{2\nu}$ et $x_{2\nu+1}$ aient même image dans X'. Si f satisfait à (1), on trouve que $f(x_{2\nu}) \neq f(x_{2\nu+1})$ pour ν assez grand; contradiction.

(*b*) entraîne (*c*): X étant holomorphiquement convexe, soit $f: X \to X'$ comme ci-dessus, X' étant de STEIN; et soit A' un sous-ensemble fini de X' tel que f induise un isomorphisme de $X - f^{-1}(A')$ sur $X' - A'$. Si X' était une *variété* de Stein, on utiliserait un plongement holomorphe $g: X' \to \mathbf{C}^N$ (cf. REMMERT et R. NARASIMHAN [5]), défini par N fonctions holomorphes g_i; alors $\sum_i g_i \bar{g}_i$ est une fonction F-plsh. sur X', analytique-réelle, qui tend vers $+\infty$ à l'infini sur X'; par composition avec $f: X \to X'$, on obtient une fonction analytique-réelle sur X, plsh., qui est F-plsh. en dehors du compact $A = f^{-1}(A')$, et tend vers $+\infty$ à l'infini de X. Dans le cas général où X' est un *espace* de STEIN, il existe une suite dénombrable de fonctions holomorphes g_i sur X', telles que: 1° un nombre fini convenable d'entre elles définissent une application propre de X' dans un $\mathbf{C}^N$; 2° au voisinage de tout point de X', il existe un nombre fini des g_i qui définissent un plongement local dans un $\mathbf{C}^N$. On peut alors choisir des constantes $\varepsilon_i > 0$ de telle sorte que $\sum_i \varepsilon_i g_i \bar{g}_i$ soit analytique-réelle sur X'; elle est F-plsh., tend vers $+\infty$ à l'infini sur X', et le raisonnement s'achève comme ci-dessus.

(*c'*) entraîne (*b*): soit g une fonction continue plsh. dans $X - K$ (K compact), tendant vers $+\infty$ à l'infini de X; soit d'autre part h une fonction continue et F-plsh. dans $X - K$; on peut supposer $h > 0$ (sinon, la remplacer par e^h); alors $g + h = f$ est continue et F-plsh. dans $X - K$, et tend vers $+\infty$ à l'infini de X. Pour a assez grand, l'ensemble X_a, complémentaire (dans X) de l'ensemble des points de $X - K$ où $f(x) \geq a$, est holomorphiquement convexe, d'après le théorème 3. Donc X est holomorphiquement convexe. Tout sous-espace analytique compact et connexe de X, de dimension > 0, est contenu dans un compact fixe de X, sinon la fonction f atteindrait sur un tel sous-espace sa borne supérieure en un point où elle est F-plsh., ce qui est impossible. De là résulte que X se déduit de X' par éclatement d'un nombre fini de points.

REMARQUE. — La démonstration précédente prouve en outre ceci: si X est un espace de STEIN, il existe sur X une f analytique-réelle, F-plsh., qui tend vers $+\infty$ à l'infini ; réciproquement, s'il existe sur un espace analytique X une fonction continue, F-plsh., qui tend vers $+\infty$ à l'infini, X est de STEIN.

BIBLIOGRAPHIE

[1] H. CARTAN, *Quotients of complex spaces* (Contribution to Function Theory, p. 1-16 ; Tata Inst. of Fund. Res., Bombay 1960).

[2] F. DOCQUIER und H. GRAUERT, *Levisches Problem und Rungescher Satz für Teilgebiete Steinscher Mannigfaltigkeiten* (Math. Ann., 140, 1960, p. 94-123).

[3] H. GRAUERT, *On Levi's problem and the imbedding of real-analytic manifolds* (Ann. of Math., 68, 1958, p. 460-472).

[4] H. GRAUERT und R. REMMERT, *Plurisubharmonische Funktionen in komplexen Räumen* (Math. Zeit., 65, 1956, p. 175-194).

[5] R. NARASIMHAN, *Imbedding of holomorphically complete complex spaces* (Amer. J. Math., 82, 1960, p. 917-934).

[6] R. NARASIMHAN, *The Levi problem for complex spaces II* (Math. Ann., 142, 1961, p. 355-365).

[7] H. ROSSI, *Analytic spaces with compact subvarieties* (Math. Ann., 146, 1962, p. 129-145).

Note rajoutée à la correction des épreuves. — A cette bibliographie, il convient d'ajouter :

[8] H. GRAUERT, *Über Modifikationen und exzeptionelle analytische Mengen* (Math. Ann., 146, 1962, p. 331-368).

53.
Faisceaux analytiques cohérents

Leçons faites en 1963 au Centro Internazionale Matematico Estivo, Varenna

1. Théorème des syzygies pour l'anneau des séries convergentes à n variables

Soit K un corps (commutatif) valué complet, non discret. On note $K\{x_1, \ldots, x_n\}$ l'anneau des séries entières convergentes à n variables $x_1, \ldots, x_n$, c'est-à-dire des séries qui convergent au voisinage de l'origine. C'est un anneau intègre et *noethérien*; de plus, c'est un anneau *local*: l'unique idéal maximal $\mathfrak{m}(\Lambda)$ de l'anneau $\Lambda = K\{x_1, \ldots, x_n\}$ se compose des séries dont le terme constant est nul, c'est-à-dire des éléments non-inversibles de Λ. L'idéal $\mathfrak{m}(\Lambda)$ est engendré par $x_1, \ldots, x_n$, et l'on a la propriété:

(P_n) *Si* J_k *désigne* (pour $0 \leqslant k \leqslant n$) *l'idéal engendré par* $x_1, \ldots, x_k$, *alors, pour* $0 \leqslant k \leqslant n - 1$, x_{k+1} *n'est pas diviseur de zéro dans l'anneau* Λ/J_k.

(En effet, Λ/J_k s'identifie à $K\{x_{k+1}, \ldots, x_n\}$, qui est un anneau intègre.)

Pour *tout* anneau Λ, on a la notion de *résolution libre* d'un Λ-module M: c'est une suite exacte (infinie à gauche)

$$\ldots \to X_n \to X_{n-1} \to \ldots \to X_1 \to X_0 \to M \to 0 \tag{1.1}$$

formée de Λ-modules et d'applications Λ-linéaires, les X_i étant des Λ-modules *libres*. Il existe toujours de telles résolutions (pour un M donné); en effet, M est quotient d'un module libre, donc on a une suite exacte

$$0 \to Y_1 \to X_0 \to M \to 0,$$

puis on a une suite exacte

$$0 \to Y_2 \to X_1 \to Y_1 \to 0,$$

et ainsi de suite; en mettant bout à bout ces suites exactes, on obtient la suite (1.1). On dit que la résolution (1.1) est de longueur $\leqslant p$ si $X_n = 0$ pour $n > p$.

Si Λ est *noethérien,* et si M est un module de type fini, il existe une résolution libre *de type fini*, c'est-à-dire dans laquelle les modules libres X_i ont chacun une base finie: en effet on peut choisir pour X_0 un module libre de base finie, et alors Y_1 est de type fini (car tout sous-module d'un module de type fini est lui-même de type fini quand l'anneau est noethérien). On peut ensuite choisir pour X_1 un module libre de base finie, et ainsi de suite.

On se propose de montrer les deux théorèmes:

Théorème 1.1. *Soit Λ un anneau local noethérien satisfaisant à la condition (P_n). Tout Λ-module de type fini possède une résolution libre, de type fini, et de longueur $\leqslant n$. Plus précisément, pour toute suite exacte*

$$X_{n-1} \xrightarrow{f} X_{n-2} \to \ldots \to X_0 \to M \to 0,$$

où les X_i sont de base finie, le noyau de f est un module libre (de base finie). [Lorsque $n = 1$, f désigne l'application $X_0 \to M$.]

Théorème 1.2. *Soit Λ un anneau comme dans le théorème* 1.1. *Si un Λ-module M de type fini possède une résolution libre de longueur $\leqslant p$, alors, pour toute suite exacte*

$$X_{p-1} \xrightarrow{f} X_{p-2} \to \ldots \to X_0 \to M \to 0,$$

où les X_i sont libres de base finie, le noyau de f est libre.

Ces théorèmes s'appliqueront notamment à l'anneau $K\{x_1, \ldots, x_n\}$, ainsi qu'à l'anneau des séries formelles $K[[x_1, \ldots, x_n]]$. On démontre, en fait, que les anneaux locaux pour lesquels le théorème 1 est vrai (pour un n convenable) sont les anneaux locaux *réguliers*, c'est-à-dire dont le complété est isomorphe à un anneau de séries formelles (cf. [15]).

On va donner, des théorèmes 1 et 2, une démonstration qui utilise les foncteurs $\mathrm{Tor}_n^\Lambda(A, B)$, où A et B désignent deux Λ-modules, et n un entier $\geqslant 0$. (cf. [5]). On a seulement besoin de savoir ici que $\mathrm{Tor}_n^\Lambda(A, B)$ est, pour chaque n, un Λ-module, foncteur covariant de A et B; que $\mathrm{Tor}_n^\Lambda(A, B) = 0$ lorsque $n \geqslant 1$ et que l'un au moins des modules A et B est libre; que $\mathrm{Tor}_0^\Lambda(A, B)$ n'est autre que le produit tensoriel $A \otimes_\Lambda B$; que, pour toute suite exacte de Λ-modules:

$$0 \to A' \to A \to A'' \to 0, \tag{1.2}$$

on a des applications linéaires

$$\delta_n \colon \mathrm{Tor}_n^\Lambda(A'', B) \to \mathrm{Tor}_{n-1}^\Lambda(A', B)$$

qui dépendent fonctoriellement de la suite exacte (2); et que la suite illimitée

$$\ldots \to \mathrm{Tor}_n^\Lambda(A', B) \to \mathrm{Tor}_n^\Lambda(A, B) \to \mathrm{Tor}_n^\Lambda(A'', B) \xrightarrow{\delta_n} \mathrm{Tor}_{n-1}^\Lambda(A', B)$$
$$\to \ldots \to \mathrm{Tor}_1^\Lambda(A'', B) \to A' \otimes_\Lambda B \to A \otimes_\Lambda B \to A'' \otimes_\Lambda B \to 0$$

est une suite exacte. Propriété analogue lorsqu'on travaille sur la variable B, et qu'on considère une suite exacte

$$0 \to B' \to B \to B'' \to 0.$$

La démonstration des théorèmes 1 et 2 va alors résulter de plusieurs lemmes:

Lemme 1 ("lemme de Nakayama"). *Soit Λ un anneau local, d'idéal maximal $\mathfrak{m}$, et soit $K = \Lambda/\mathfrak{m}$ le corps résiduel, considéré comme Λ-module. Soit M un Λ-module de type fini; si*

$$M \otimes_\Lambda K = M/\mathfrak{m} \cdot M$$

est nul, alors $M = 0$.

Par l'absurde: soit $(x_1, \ldots, x_k)$ un système minimal de générateurs du Λ-module M; puisque $M = \mathfrak{m} \cdot M$, on a

$$x_1 = \sum_{i=1}^k \lambda_i x_i, \quad \lambda_i \in \mathfrak{m},$$

d'où

$$(1 - \lambda_1)x_1 = \sum_{i=2}^k \lambda_i x_i.$$

Or $1 - \lambda_1$ a un inverse dans l'anneau local Λ, donc x_1 est combinaison linéaire de $x_2, \ldots, x_k$, contrairement à l'hypothèse de minimalité.

Corollaire du lemme 1. *Soient $x_i \in M$ des éléments en nombre fini, dont les images ξ_i dans l'espace K-vectoriel $M \otimes_\Lambda K = M/\mathfrak{m} \cdot M$ engendrent cet espace vectoriel. Si le Λ-module M est de type fini, les x_i l'engendrent.*

En effet, soit M' le sous-module de M engendré par les x_i; on a une suite exacte

$$M' \otimes_\Lambda K \xrightarrow{f} M \otimes_\Lambda K \to (M/M') \otimes_\Lambda K \to 0,$$

et puisque f est surjective par hypothèse, on a $(M/M') \otimes_\Lambda K = 0$, donc $M/M' = 0$ d'après le lemme 1, puisque M/M' est de type fini.

Lemme 2. *Soit Λ un anneau local, de corps résiduel K. Pour qu'un Λ-module Y, de type fini, soit libre, il faut et il suffit que* $\mathrm{Tor}_1^\Lambda(Y, K) = 0$.

La condition est évidemment nécessaire. Pour voir qu'elle est suffisante, on choisit des $y_i \in Y$ dont les images $\eta_i \in Y \otimes_\Lambda K$ forment une *base* de cet espace vectoriel; les y_i sont en nombre fini, et engendrent Y (corollaire du lemme 1). Soit X le Λ-module libre ayant pour base des éléments x_i en correspondance bijective avec les y_i; on a donc une application linéaire surjective $X \xrightarrow{f} Y$, qui par passage aux quotients induit un *isomorphisme* $X \otimes_\Lambda K \xrightarrow{g} Y \otimes_\Lambda K$. Soit N le noyau de f. La suite exacte des foncteurs Tor donne ici:

$$\mathrm{Tor}_1^\Lambda(Y, K) \to N \otimes_\Lambda K \to X \otimes_\Lambda K \xrightarrow{g} Y \otimes_\Lambda K.$$

Puisque g est un isomorphisme, et que $\mathrm{Tor}_1^\Lambda(Y, K) = 0$ par hypothèse, on obtient $N \otimes_\Lambda K = 0$, donc (lemme 1) $N = 0$; par suite, $f: X \to Y$ est un isomorphisme, et puisque X est libre, Y est libre. C.Q.F.D.

Lemme 3. *Soit Λ un anneau local satisfaisant à la condition (P_n). Alors on a, pour tout Λ-module M,*

$$\operatorname{Tor}_i^\Lambda(M, \Lambda/J_k) = 0 \quad \textit{pour} \quad i > k, \tag{1.3}$$

et en particulier, pour $k = n$, ($J_n = \mathfrak{m}(\Lambda)$):

$$\operatorname{Tor}_{n+1}^\Lambda(M, K) = 0. \tag{1.4}$$

En effet, considérons, pour chaque entier k tel que $1 \leqslant k \leqslant n$, la suite exacte

$$0 \to \Lambda/J_{k-1} \xrightarrow{u_k} \Lambda/J_{k-1} \xrightarrow{v_k} \Lambda/J_k \to 0, \tag{1.5}$$

où v_k est l'application canonique de Λ/J_{k-1} sur son quotient Λ/J_k, et u_k désigne la *multiplication par x_k*, qui par hypothèse est une injection. La suite exacte des Tor nous donne ici des suites exactes

$$\operatorname{Tor}_i^\Lambda(M, \Lambda/J_{k-1}) \to \operatorname{Tor}_i^\Lambda(M, \Lambda/J_k) \xrightarrow{\delta_i} \operatorname{Tor}_{i-1}(M, \Lambda/J_{k-1}). \tag{1.6}$$

On va alors prouver (1.3) par récurrence sur k: c'est trivial si $k = 0$, car $\operatorname{Tor}_i^\Lambda(M, \Lambda) = 0$ pour $i > 0$. Si (1.3) est vrai pour $k - 1 (k \geqslant 1)$, et si $i > k$, les deux termes extrêmes de la suite exacte (1.6) sont nuls, donc le terme médian est nul.

C.Q.F.D.

Nous pouvons maintenant démontrer le théorème 1.1. Nous avons, par hypothèse, des suites exactes

$$0 \to Y_1 \to X_0 \to M \to 0$$
$$0 \to Y_2 \to X_1 \to Y_1 \to 0$$
$$\cdots$$
$$0 \to Y_n \to X_{n-1} \to Y_{n-1} \to 0$$

où $X_0, \ldots, X_{n-1}$ sont libres *de base finie*. On en déduit des suites exactes

$$\operatorname{Tor}_{n+1}^\Lambda(X_0, K) \to \operatorname{Tor}_{n+1}^\Lambda(M, K) \to \operatorname{Tor}_n^\Lambda(Y_1, K) \to \operatorname{Tor}_n^\Lambda(X_0, K)$$
$$\operatorname{Tor}_{n+1}^\Lambda(X_1, K) \to \operatorname{Tor}_n^\Lambda(Y_1, K) \to \operatorname{Tor}_{n-1}^\Lambda(Y_2, K) \to \operatorname{Tor}_{n-1}^\Lambda(X_1, K)$$
$$\cdots$$
$$\operatorname{Tor}_2^\Lambda(X_{n-1}, K) \to \operatorname{Tor}_2^\Lambda(Y_{n-1}, K) \to \operatorname{Tor}_1^\Lambda(Y_n, K) \to \operatorname{Tor}_1^\Lambda(X_{n-1}, K).$$

Dans chacune de ces lignes, les termes extrêmes sont nuls, puisque les X_i sont des modules libres; on obtient donc

$$\operatorname{Tor}_{n+1}^\Lambda(M, K) \approx \operatorname{Tor}_n^\Lambda(Y_1, K) \approx \operatorname{Tor}_{n-1}^\Lambda(Y_2, K) \approx \ldots \approx \operatorname{Tor}_1^\Lambda(Y_n, K).$$

Or, d'après le lemme 3, $\operatorname{Tor}_{n+1}^\Lambda(M, K) = 0$. Donc

$$\operatorname{Tor}_1^\Lambda(Y_n, K)=0,$$

et comme Y_n est de type fini, ceci entraîne que Y_n est libre (lemme 2).

Ceci démontre le théorème 1.1.

Démontrons enfin le théorème 1.2. Supposons l'existence de suites exactes

$$0 \to B_1 \to A_0 \to M \to 0$$
$$0 \to B_2 \to A_1 \to B_1 \to 0$$
$$\dots$$
$$0 \to B_p \to A_{p-1} \to B_{p-1} \to 0,$$

où $A_0, \dots, A_{p-1}$ et B_p sont *libres* (non nécessairement de type fini). En raisonnant comme ci-dessus, on trouve

$$\mathrm{Tor}^A_{p+1}(M, K) \approx \mathrm{Tor}^A_p(B_1, K) \approx \dots \approx \mathrm{Tor}^A_1(B_p, K) = 0.$$

Donc $\mathrm{Tor}^A_{p+1}(M, K) = 0$. Soit maintenant une suite exacte comme dans l'énoncé du théorème 2 (les X_i, pour $i \leqslant p - 1$, étant libres de base finie), et soit Y_p le noyau de $X_{p-1} \to X_{p-2}$ (resp. de $X_0 \to M$ si $p = 1$). Le même raisonnement que ci-dessus montre que

$$\mathrm{Tor}^A_{p+1}(M, K) \approx \mathrm{Tor}^A_1(Y_p, K),$$

et par suite $\mathrm{Tor}^A_1(Y_p, K) = 0$; d'après le lemme 2, Y_p est libre, et le théorème 1.2 est démontré.

2. Préfaisceaux, faisceaux et espaces étalés

On rappelle ici succinctement les notions essentielles; pour plus de détails on renvoie au livre de Godement [7].

T désigne un espace topologique, donné une fois pour toutes. Un *préfaisceau* G de groupes abéliens sur T est défini par la donnée, pour chaque ouvert $U \subset T$, d'un groupe abélien $G(U)$, et pour tout couple d'ouverts (V, U) tel que $V \subset U$, d'un homomorphisme $\varphi_{VU}\colon G(U) \to G(V)$; on suppose que φ_{UU} est l'identité, et que, pour $W \subset V \subset U$, $\varphi_{WU} = \varphi_{WV} \circ \varphi_{VU}$. Un préfaisceau G est donc simplement un *foncteur contravariant* de la catégorie des ouverts de T (les morphismes étant les inclusions) dans la catégorie des groupes abéliens.

Si G et G' sont deux préfaisceaux, un morphisme $f\colon G \to G'$ est défini par la donnée, pour chaque ouvert U, d'un homomorphisme $f(U)\colon G(U) \to G'(U)$, de telle manière que, si $V \subset U$, le diagramme

$$\begin{array}{ccc} G(U) & \xrightarrow{f(U)} & G'(U) \\ \downarrow{\scriptstyle \varphi_{VU}} & & \downarrow{\scriptstyle \varphi'_{VU}} \\ G(V) & \xrightarrow{f(V)} & G'(V) \end{array}$$

soit commutatif; f est donc un morphisme du foncteur contravariant G dans le foncteur contravariant G'.

Ces définitions s'appliquent aussi bien à d'autres catégories que celles des groupes abéliens; on peut notamment considérer des *préfaisceaux d'anneaux* (à élément unité), étant entendu que, dans la catégorie des anneaux, les homomorphismes d'anneaux doivent transformer l'élément unité en l'élément unité.

L'image d'un $x \in G(U)$ par $\varphi_{VU}: G(U) \to G(V)$ se note souvent $x|V$, et s'appelle la *restriction* de x à V.

Un *faisceau* de groupes abéliens (resp. d'anneaux, etc...) sur l'espace T est, par définition, un préfaisceau G qui satisfait à la condition suivante:

(F) Si un ouvert U est réunion d'ouverts U_i, et si l'on se donne, pour chaque i, un $x_i \in G(U_i)$ de façon que

$$x_i|U_i \cap U_j = x_j|U_i \cap U_j \quad \text{quels que soient } i \text{ et } j,$$

alors il existe un $x \in G(U)$ *et un seul*, tel que

$$x|U_i = x_i \quad \text{pour tout } i.$$

Les faisceaux sur T forment une sous-catégorie pleine de la catégorie des préfaisceaux: si G et G' sont deux faisceaux, les morphismes $G \to G'$, dans la catégorie des faisceaux, sont les mêmes que dans la catégorie des préfaisceaux.

Les fonctions numériques différentiables, sur une variété différentiable T, donnent un exemple de *faisceau d'anneaux*: pour chaque ouvert U, $G(U)$ est l'anneau des fonctions différentiables dans U; la condition (F) est satisfaite. De même, sur une variété analytique complexe, on a le faisceau des fonctions holomorphes, noté souvent O: c'est un faisceau d'anneaux.

Définition: on appelle *espace étalé* sur T un couple (F, p), où F est un espace topologique, et $p: F \to T$ une application continue qui est *localement un homéomorphisme* (i.e.: chaque point $x \in F$ possède un voisinage ouvert U tel que la restriction de p à U soit un homéomorphisme de U sur un voisinage ouvert de $p(x)$).

L'espace T étant donné, les espaces étalés sont les objets d'une catégorie dont les morphismes $(F, p) \to (F', p')$ sont les applications continues $f: F \to F'$ rendant commutatif le diagramme

$$\begin{array}{ccc} F & \xrightarrow{f} & F' \\ & {\scriptstyle p}\searrow \quad \swarrow{\scriptstyle p'} & \\ & T & \end{array}$$

(autrement dit, f doit appliquer la *fibre* $F_t = p^{-1}(t)$ dans la fibre $F'_t = p'^{-1}(t)$, quel que soit $t \in T$).

Le *produit fibré* de deux espaces étalés (F, p) et (F', p') est l'espace (F'', p''), où F'' désigne le sous-espace $F \times_T F'$ du produit $F \times F'$ formé des couples (x, x') tels que $p(x) = p'(x')$, et où p'' est définie par

$$p''(x, x') = p(x) = p'(x').$$

Une *section* d'un espace étalé $p: F \to T$ est, par définition, une application $s: T \to F$ telle que $p \circ s$ soit l'identité de T. Si s est *continue*, c'est un homéomorphisme de T sur l'espace image $s(T) \subset F$.

Définition: on appelle *espace étalé en groupes abéliens* (sur T) un espace étalé (F, p) dans lequel chaque fibre F_t est munie d'une structure de groupe abélien (noté additivement), de façon que soient vérifiées les deux conditions suivantes:

(i) l'application $F \times_T F \to F$, définie par la loi de composition dans chaque fibre, est *continue* (c'est donc un morphisme d'espaces étalés);

(ii) la *section zéro* (qui à chaque $t \in T$ associe l'élément neutre du groupe F_t) est *continue*.

On définit de même un *espace étalé en anneaux* (à élément unité): chaque fibre F_t a une structure d'anneau, l'addition et la multiplication définissent deux applications *continues* $F \times_T F \to F$, la *section zéro* et la *section un* sont des sections continues.

Les espaces étalés en groupes abéliens (resp. en anneaux) sur T sont les objets d'une catégorie, dont les morphismes sont les applications $f: F \to F'$ qui sont des morphismes d'espaces étalés, et induisent en outre, pour chaque $t \in T$, un *homomorphisme* de groupes abéliens (resp. d'anneaux) $F_t \to F'_t$.

On va définir deux foncteurs covariants Γ et L: le foncteur Γ fait passer de la catégorie des espaces étalés sur T à celle des faisceaux sur T, le foncteur L fait passer de la catégorie des préfaisceaux sur T à celle des espaces étalés sur T.
Le foncteur Γ: soit (F, p) un espace étalé en groupes abéliens (resp. en anneaux à élément unité) sur T; pour chaque ouvert $U \subset T$, l'ensemble $\Gamma(U, F)$ des *sections continues* $U \to F$ est muni d'une structure de groupe abélien (resp. d'anneau à élément unité); pour $V \subset U$, on a un homomorphisme de restriction $\Gamma(U, F) \to \Gamma(V, F)$. D'où un préfaisceau noté $\Gamma(\ , F)$, ou simplement $\Gamma(F)$. Il est immédiat que c'est un faisceau. De plus, si $f: F \to F'$ est un morphisme d'espaces étalés en groupes abéliens (resp. en anneaux), f induit, pour chaque ouvert U, un homomorphisme $\Gamma(U, F) \to \Gamma(U, F')$ (à savoir celui qui, à chaque section continue $s: U \to F$, associe la section $f \circ s: U \to F'$), donc définit un morphisme $\Gamma(F) \to \Gamma(F')$. On a ainsi défini un foncteur Γ.
Le foncteur L: soit $G = (G(U), \varphi_{VU})$ un préfaisceau de groupes abéliens (resp. d'anneaux). Pour chaque $t \in T$, soit F_t le groupe abélien (resp. l'anneau)

$$\varinjlim_{U \ni t} G(U),$$

limite inductive des $G(U)$ associés aux voisinages ouverts U de t, relativement aux homomorphismes φ_{VU}. Soient F la réunion des $F_t (t \in T)$, et $p: F \to T$ la projection évidente. On va définir sur F une topologie qui fera de (F, p) un espace étalé en groupes abéliens (resp. en anneaux). Pour chaque ouvert $U \subset T$, et chaque $\xi \in G(U)$, soit

$$s_\xi: U \to F$$

l'application qui, à chaque $t \in U$, associe l'image de ξ dans la limite inductive

F_t; s_ξ est une section de F au-dessus de U. Définissons, sur F, la topologie la plus fine rendant ces sections continues; pour cette topologie, les $s_\xi(U)$ forment un système fondamental d'*ouverts* de F, et on vérifie que (F, p) est alors un espace étalé en groupes abéliens (resp. anneaux). Soit maintenant $G \to G'$ un morphisme de préfaisceaux; les homomorphismes $F_t \to F'_t$ obtenus par passage à la limite inductive définissent un morphisme $F \to F'$ d'espaces étalés en groupes abéliens (resp. en anneaux). Ceci achève de définir le foncteur L.

Avec les notations précédentes, l'application $\xi \to s_\xi$ est un homomorphisme du groupe (resp. anneau) $G(U)$ dans le groupe (resp. anneau) des sections continues du faisceau F au-dessus de U:

$$G(U) \to \Gamma(U, L(G)).$$

Quand U varie, ces homomorphismes définissent un morphisme de préfaisceaux: $G \to \Gamma L(G)$. Le faisceau $\Gamma L(G)$ s'appelle le *faisceau associé à G*.

Soit maintenant F un espace étalé quelconque en groupes abéliens (resp. anneaux). Si f: $L(G) \to F$ est un morphisme d'espaces étalés en groupes abéliens (resp. anneaux), le morphisme composé

$$G \to \Gamma L(G) \xrightarrow{\Gamma(f)} \Gamma(F)$$

est un morphisme de préfaisceaux; d'où une application

$$\mathrm{Hom}_{\mathrm{et.}}(L(G), F) \to \mathrm{Hom}_{\mathrm{pref.}}(G, \Gamma(F)); \tag{2.1}$$

elle est naturelle vis-à-vis des morphismes $G \to G'$ et $F \to F'$. On vérifie aussitôt que l'application (2.1) est une *bijection*. Elle fait donc des foncteurs L et Γ des *foncteurs adjoints* au sens de Kan. En particulier, prenons $G = \Gamma(F)$ dans (2.1); au second membre, on a un élément privilégié de $\mathrm{Hom}(\Gamma(F), \Gamma(F))$, à savoir le morphisme identique; alors (2.1) lui associe un morphisme

$$L\Gamma(F) \to F, \tag{2.2}$$

défini naturellement pour tout espace étalé F. On prouve facilement que (2.2) est un *isomorphisme d'espaces étalés*. D'autre part, lorsque G est un faisceau, le morphisme $G \to \Gamma L(G)$ est un *isomorphisme de faisceaux*.

De tout ceci il résulte que si on considère L comme un foncteur de la catégorie des *faisceaux* dans la catégorie des espaces étalés, les foncteurs L et Γ sont *inverses l'un de l'autre* (i.e.: on a un isomorphisme naturel de $L\Gamma$ avec l'identité, et un isomorphisme naturel de ΓL avec l'identité). Ceci définit une *équivalence de catégories* entre la catégorie des faisceaux de groupes abéliens (resp. d'anneaux) sur T, et la catégorie des espaces étalés en groupes abéliens (resp. en anneaux) sur T.

Désormais, par abus de langage, on dira "faisceau" au lieu d' "espace étalé". Tantôt le point de vue des faisceaux est plus commode, tantôt c'est le point de vue des espaces étalés. Par exemple, si T est une variété analytique complexe, on confondra le faisceau O des fonctions holomorphes, avec l'espace étalé en anneaux $O_t(O_t$ étant l'anneau des *germes* de fonctions holomorphes au point $t \in T$).

Faisceau constant: soit g un groupe abélien. On va définir le faisceau constant de groupe g, sur l'espace topologique T, en adoptant par exemple le point de vue des espaces étalés: on munit g de la topologie discrète, on prend pour F l'espace topologique produit $T \times g$, pour p la première projection $T \times g \to T$; chaque fibre s'identifie à g, ce qui définit la structure de groupe abélien des fibres. On note aussi g le faisceau constant défini par g. On définit de même le faisceau constant associé à un anneau.

On dit qu'un faisceau sur T est *trivial* s'il est isomorphe à un faisceau constant.

3. Faisceau de modules sur un faisceau d'anneaux

Désormais, on se donne un espace topologique T et un *faisceau d'anneaux* A (il s'agit d'anneaux commutatifs à élément unité). On adopte le point de vue des espaces étalés, bien qu'on emploie le mot "faisceau".

Définition: on appelle *faisceau de A-modules* un faisceau de groupes abéliens F, muni de la donnée, pour chaque $t \in T$, d'une structure de A_t-module sur la fibre F_t; ces données sont assujetties à la condition suivante: l'application

$$A \times_T F \to F$$

définie par la multiplication, dans chaque fibre F_t, par les scalaires de A_t, est *continue*.

Si F et F' sont deux faisceaux de A-modules, on appelle morphisme $f: F \to F'$ un morphisme de faisceaux tel que, pour chaque $t \in T$, l'application $f_t: F_t \to F'_t$ soit A_t-linéaire.

Les faisceaux de A-modules forment ainsi une catégorie. Elle possède un élément privilégié: le faisceau A lui-même, considéré comme faisceau de A-modules (chaque anneau A_t étant considéré comme A_t-module au moyen de la loi de multiplication).

La théorie des faisceaux de A-modules contient, comme cas particulier, celle des faisceaux de groupes abéliens: elle correspond au cas où A est le faisceau constant $\mathbb{Z}$ (anneau des entiers).

Soit F un faisceau de A-modules (on adopte ici le point de vue des espaces étalés); un *sous-faisceau* F' est un sous-espace *ouvert* de l'espace étalé $F \xrightarrow{p} T$, tel que, pour chaque $t \in T$, la fibre F'_t soit un sous-module du A_t-module F_t. Alors l'application $A \times_T F \to F$ définit, par restriction, une application $A \times_T F' \to F'$ qui fait de F' un faisceau de A-modules.

Soient F un faisceau de A-modules, et F' un sous-faisceau comme ci-dessus. Le *faisceau-quotient* F/F' est défini comme suit: sa fibre au-dessus de t est le A_t-module quotient F_t/F'_t, et sa topologie est la topologie-quotient de celle de F, pour l'application canonique $F \to F/F'$. On vérifie que F/F' est bien un faisceau de A-modules, et que la propriété suivante a lieu: pour tout $t \in T$, et toute section continue $s: U \to F/F'$ au-dessus d'un ouvert U contenant t, il existe un ouvert V tel que $t \in V \subset U$, et une section continue $\sigma: V \to F$, telle que la section composée $V \xrightarrow{\sigma} F \to F/F'$ soit égale à la restriction de s à V. En revanche, il n'existe pas nécessairement de section continue $U \to F$ telle que la composée $U \to F \to F/F'$ soit égale à s.

Noyau, image, conoyau: soit $u: F \to G$ un morphisme de faisceaux de A-modules (sur l'espace T). Pour chaque $t \in T$, soit Ker $u_t \subset F_t$ le noyau de l'application A_t-linéaire $u_t: F_t \to G_t$. On vérifie que les Ker u_t, quand t parcourt T, forment un *sous-faisceau* de F; on l'appelle le *noyau* du morphisme u, et on le note Ker u. De même, la collection des Im $u_t \subset G_t$ est un sous-faisceau de G, appelé l'*image* du morphisme u, et noté Im u. Enfin, le faisceau quotient $G/\text{Im}\, u$ s'appelle le *conoyau* de u, et se note Coker u.

Soit $F \xrightarrow{u} G \xrightarrow{v} H$ une suite de faisceaux de A-modules et de morphismes. On dit que c'est une *suite exacte* si

$$\text{Im}\, u = \text{Ker}\, v.$$

Ceci exprime que, pour chaque $t \in T$, la suite de A_t-modules et d'applications A_t-linéaires

$$F_t \xrightarrow{u_t} G_t \xrightarrow{v_t} H_t$$

est *exacte*.

Si $u: F \to G$ est un morphisme, on a les deux suites exactes

$$0 \to \text{Ker}\, u \to F \to \text{Im}\, u \to 0,$$

$$0 \to \text{Im}\, u \to G \to \text{Coker}\, u \to 0,$$

qui fournissent la décomposition canonique du morphisme u.

Enfin, soit $(F_i)_{i \in I}$ une famille de faisceaux de A-modules. On appelle *somme directe* de cette famile, et on note $\bigoplus_{i \in I} F_i$, le faisceau dont chaque fibre est la somme directe $\bigoplus_{i \in I} (F_i)_t$, muni d'une topologie évidente.

Exemples de faisceaux de A-modules et de morphismes.

Exemple 1: soit T une variété différentiable C^∞; soit $\mathbb{R}$ le faisceau constant défini sur T par l'anneau (corps) des nombres réels, et soit, pour chaque entier $n \geqslant 0$, Ω^n le faisceau des formes différentielles (réelles) de degré n, et de classe C^∞. On définit la suite de morphismes

$$0 \to \mathbb{R} \xrightarrow{i} \Omega^0 \xrightarrow{d} \Omega^1 \to \ldots \to \Omega^n \xrightarrow{d} \Omega^{n+1} \to \ldots, \tag{3.1}$$

où d est induit par l'opération de différentiation extérieure des formes différentielles, et i est l'inclusion (qui, à tout élément $c \in \mathbb{R}$, associe le germe de fonction constante égale à c). La suite (3.1) est une *suite exacte*, en vertu du théorème classique de Poincaré qui affirme que toute forme différentielle ω de degré $n \geqslant 1$, dans un ouvert U, telle que $d\omega = 0$, est, au voisinage de chaque point de U, égale à la différentielle extérieure d'une forme de degré $n - 1$.

Exemple 2: T désigne une variété analytique complexe, O le faisceau des fonctions holomorphes; soit $\Omega^{p,q}$ le faisceau des formes différentielles (complexes) de type (p, q), c'est-à-dire qui, avec des coordonnées locales complexes $z_1, \ldots, z_n$, s'expriment comme sommes de formes

$$f(z)dz_{i_1} \wedge \ldots \wedge dz_{i_p} \wedge d\bar{z}_{j_1} \wedge \ldots \wedge d\bar{z}_{j_q},$$

f étant de classe C^∞. Soit d'' l'opérateur de différentiation extérieure partielle (noté aussi souvent $\bar{\partial}$) qui, à chaque forme ω de type (p, q), associe la composante de type $(p, q + 1)$ de $d\omega$. On a la suite de faisceaux

$$0 \to O \xrightarrow{j} \Omega^{0,0} \xrightarrow{d''} \Omega^{0,1} \xrightarrow{d''} \ldots \to \Omega^{0,n} \xrightarrow{d''} \Omega^{0,n+1} \to \ldots \tag{3.2}$$

Le morphisme j est défini par l'inclusion de l'anneau des fonctions holomorphes dans l'anneau des fonctions complexes de classe C^∞; on sait que si f est une fonction complexe de classe C^∞ dans un ouvert U, la condition $d''f = 0$ exprime que f est *holomorphe*. La suite $O \xrightarrow{j} \Omega^{0,0} \xrightarrow{d''} \Omega^{0,1}$ est donc exacte. De plus, si on considère tous les faisceaux de la suite (3.2) comme des faisceaux de O-modules, les morphismes d'' sont des morphismes dans la catégorie des faisceaux de O-modules, puisque $d''f = 0$ pour une fonction holomorphe f. Enfin, la suite (3.2) est une *suite exacte*, en vertu du théorème de Grothendieck-Dolbeault, qui est pour d'' l'analogue du théorème de Poincaré pour d: si une forme différentielle ω de type $(p, q)(q \geqslant 1)$, dans un ouvert U, satisfait à $d''\omega = 0$, alors, au voisinage de chaque point de U, il existe une forme différentielle $\tilde{\omega}$ de type $(p, q - 1)$, telle que $d''\tilde{\omega} = \omega$.

Il n'est pas possible de donner ici la démonstration de ce résultat; mais, en raison de son importance, on va énoncer deux théorèmes précis, dont il résulte:

Théorème 3.1. *Considérons, dans l'espace* $\mathbb{C}^n = \mathbb{C} \times \ldots \times \mathbb{C}$, *le produit* $K = K_1 \times \ldots \times K_n$ *de n compacts* K_i (un dans chaque espace facteur $\mathbb{C}$). *Soit* ω *une forme différentielle de type* (p, q) $(q \geqslant 1)$ *et de classe* C^k $(n - q < k \leqslant +\infty)$ *au voisinage de K. Si* $d''\omega = 0$ *au voisinage de K, il existe, dans un voisinage de K* (éventuellement plus petit), *une forme différentielle* $\bar{\omega}$, *de type* $(p, q - 1)$ *et de classe* $C^{k-(n-q)}$, *telle que* $d''\bar{\omega} = \omega$ *au voisinage de K.*

Ce théorème se prouve, par un procédé de récurrence, à partir du lemme suivant:

Lemme. *Soit* $f(z)$ *une fonction d'une variable complexe z, bornée et de classe* C^k $(k \geqslant 1)$ *dans un ouvert borné* $D \subset \mathbb{C}$. *Alors l'intégrale*

$$\frac{1}{2\pi i} \iint_D \frac{f(t)dt \wedge d\bar{t}}{t - z} = g(z)$$

a un sens, la fonction $g(z)$ est bornée dans D, de classe C^k, et on a $d''g = f(z)d\bar{z}$. Si en outre f est fonction de classe C^h de certains paramètres réels (resp. est fonction holomorphe de certains paramètres complexes), il en est de même de g.

Théorème 3.2. *Considérons, dans l'espace $\mathbb{C}^n$, le produit $U = U_1 \times \ldots \times U_n$ de n ouverts U_i* (un dans chaque facteur $\mathbb{C}$). *Soit ω une forme différentielle de type (p, q) $(q \geqslant 1)$ et de classe C^∞ dans U, telle que $d''\omega = 0$. Alors il existe, dans U, une forme différentielle $\overline{\omega}$, de type $(p, q-1)$ et de classe C^∞, telle que $d''\overline{\omega} = \omega$ dans U.*

Ce théorème se déduit du théorème 3.1 en appliquant ce dernier à des produits de compacts $K_i \subset U_i$, puis en faisant un passage à la limite qui utilise des théorème d'approximation pour les fonctions holomorphes. Si on ne veut pas utiliser le théorème d'approximation de Runge dans le cas le plus général, on peut se borner à prouver le théorème 3.2 dans le cas où les U_i sont des *disques ouverts* de $\mathbb{C}$; ce cas suffit pour la suite, et les théorèmes A et B (voir ci-dessous) permettront ensuite de récupérer le théorème 3.2 dans le cas général.

4. Faisceaux cohérents

Comme au n° 3, on considère, sur l'espace T, des faisceaux de A-modules, A étant un faisceau d'anneaux. Si F est un tel faisceau, un morphisme $f: A \to F$ est défini par la donnée de la *section continue* $u \in \Gamma(T, F)$, image de la section-unité de A par f; u peut être choisie arbitrairement, et définit, pour chaque $t \in T$, l'application $f_t: A_t \to F_t$ par A_t-linéarité.

Désignons, pour p entier >0, par A^p le faisceau de A-modules, somme directe de p faisceaux isomorphes à A. Un morphisme $A^p \to F$ est défini par la donnée de p sections continues de F.

Pour que $f: A^p \to F$ soit *surjectif*, c'est-à-dire de conoyau 0, il faut et il suffit que les p sections $s_1, \ldots, s_p \in \Gamma(X, F)$ qui définissent f jouissent de la propriété suivante: pour tout $t \in T$, tout élément de F_t est combinaison linéaire, à coefficients dans A_t, de $s_1, \ldots, s_p$ (ou, plus exactement, des images de $s_1, \ldots, s_p$ par l'application canonique $\Gamma(X, F) \to F_t$).

Dans ce qui suit, nous suivons le mode d'exposition dû à Serre [13].

Définition: un faisceau F de A-modules est *de type fini* si tout point $t \in T$ possède un voisinage ouvert U jouissant de la propriété suivante: il existe un entier p et un morphisme *surjectif* $(A|U)^p \to F|U$ ($F|U$ désigne la restriction du faisceau F au sous-espace $U \subset T$: de même pour $A|U$).

La propriété, pour un faisceau de A-modules, d'être de type fini, a donc un caractère *local*.

Définition: un faisceau F de A-modules est dit *cohérent* s'il est de type fini, et s'il satisfait en outre à la condition

(a) pour tout ouvert $U \subset T$, et tout morphisme $(A|U)^p \to F|U$, le noyau de ce morphisme est un faisceau de type fini (dans U).

La propriété, pour un faisceau, d'être cohérent, a un caractère local.

Tout sous-faisceau de type fini d'un faisceau cohérent est cohérent: c'est trivial, d'après la condition (a).

Toute extension d'un faisceau cohérent par un faisceau cohérent est un faisceau cohérent: cela signifie que si on a une suite exacte

$$0 \to F' \to F \to F'' \to 0,$$

et si F' et F'' sont cohérents, F est cohérent. En particulier, la somme directe de deux faisceaux cohérents (donc d'un nombre fini de faisceaux cohérents) est un faisceau cohérent.

Soit $u: F \to G$ *un morphisme,* F *et* G *étant cohérents. Alors* Ker u, Im u *et* Coker u *sont des faisceaux cohérents.*

Toutes ces propriétés se prouvent sans difficulté (cf. [13]).

Elles permettent de travailler avec les faisceaux cohérents: en fait, ils forment une "catégorie abélienne".

L'intérêt de la notion de faisceau cohérent est que ceux-ci permettent de passer de propriétés *ponctuelles* à des propriétés *locales*. Par exemple:

Proposition 4.1. *Soit* $F \xrightarrow{u} G \xrightarrow{v} H$ *une suite de faisceaux cohérents et de morphismes. Si, en un point* t*, la suite* $F_t \xrightarrow{u_t} G_t \xrightarrow{v_t} H_t$ *est exacte, il en est de même en tous les points suffisamment voisins.*

En effet, le faisceau Ker $(v \circ u)$ est un faisceau cohérent M; c'est un sous-faisceau de F; le faisceau cohérent F/M est nul au point t par hypothèse, donc il est nul en tout point t' assez voisin de t (parce qu'il est de type fini). Cela signifie que $v_{t'} \circ u_{t'} = 0$ pour t' assez voisin de t, donc que Im $u \subset$ Ker v dans un voisinage de t. Dans ce voisinage, Ker v/Im u est un faisceau cohérent; ce faisceau est nul au point t, donc nul dans un voisinage de t.

C.Q.F.D.

Jusqu'à présent, rien ne garantit l'existence de faisceaux cohérents, en dehors du faisceau nul. Mais *supposons que le faisceau* A *soit cohérent* (comme faisceau de A-modules). Alors, pour tout entier $p > 0$, A^p est cohérent; le *conoyau* de tout homomorphisme $A^q \to A^p$ est donc un faisceau cohérent. On obtient de cette manière *tous* les faisceaux cohérents, au moins localement (et à un isomorphisme près). Autrement dit, *si* F *est cohérent, tout* $t \in T$ *possède un voisinage ouvert* U *dans lequel il existe une suite exacte*

$$(A|U)^q \to (A|U)^p \to F|U \to 0;$$

cela résulte des définitions, et c'est vrai même sans supposer que A soit cohérent.

Explicitons la condition: "A est cohérent". Cela exprime que A satisfait à la condition (a) (car A est évidemment de type fini): quel que soit l'ouvert $U \subset T$, et quelles que soient les sections continues $s_1, \ldots, s_p \in \Gamma(U, A)$ en nombre fini, le *faisceau des relations* entre $s_1, \ldots, s_p$ est *de type fini* dans U. [On appelle "faisceau des relations" le sous-faisceau $N \subset A^p$ tel que, en chaque point $t \in U$, N_t se compose des $(c_1, \ldots, c_p) \in (A_t)^p$ satisfaisant à $\sum_{i=1}^p c_i s_i = 0$ dans l'anneau A_t.]

Théorème d'Oka. *Si* O *est le faisceau des fonctions holomorphes sur une* *variété analytique complexe, O est un faisceau cohérent d'anneaux.*

Comme la question est locale, on peut se borner à un ouvert de $\mathbb{C}^n$. Il suffit donc de montrer que, dans $\mathbb{C}^n$, O est un faisceau cohérent. Or ceci est vrai, plus généralement, si on remplace $\mathbb{C}$ par un *corps valué complet, non discret,* K: dans K^n, le faisceau des germes de fonctions holomorphes (c'est-à-dire des germes de fonctions développables en séries entières convergentes) est un faisceau cohérent.

La démonstration est trop longue pour être donnée ici (voir par ex. [1] et [4]); elle utilise le théorème de préparation de Weierstrass.

Quand on parlera de faisceaux cohérents sur une variété analytique complexe, il sera toujours sous-entendu qu'il s'agit de faisceaux cohérents de O-modules, O désignant le faisceau des fonctions holomorphes.

Corollaire du théorème d'Oka. *Soit F un faisceau cohérent sur une variété analytique complexe T. Soit $t \in T$, et supposons que le O_t-module F_t admette une résolution libre de type fini et de longueur $\leqslant p$. Alors t possède un voisinage ouvert U dans lequel il existe une résolution libre, de type fini, de longueur $\leqslant p$, du faisceau $F|U$:*

$$0 \to X_p \to X_{p-1} \to \dots \to X_1 \to X_0 \to F|U \to 0. \tag{4.1}$$

Cela signifie que chaque faisceau X_i est isomorphe à un faisceau $(O|U)^{p_i}$, et que la suite (4.1) est exacte.

Démonstration: par hypothèse, on a une suite exacte de O_t-modules:

$$0 \to (O_t)^{q_p} \to (O_t)^{q_{p-1}} \to \dots \to (O_t)^{q_1} \to (O_t)^{q_0} \to F_t \to 0.$$

Le théorème d'Oka entraîne immédiatement qu'il existe un voisinage ouvert V de t dans laquelle cette suite se prolonge en une suite de morphismes de faisceaux

$$0 \to (O|V)^{q_p} \to (O|V)^{q_{p-1}} \to \dots \to (O|V)^{q_1} \to (O|V)^{q_0} \to F|V \to 0.$$

Comme, par hypothèse, la suite est exacte au point t, elle est exacte aux points t' assez voisins de t, par application répétée (finie) de la proposition 4.1. Si donc U est un ouvert assez petit contenant t (et contenu dans V), on aura une suite exacte de faisceaux

$$0 \to (O|U)^{q_p} \to (O|U)^{q_{p-1}} \to \dots \to (O|U)^{q_1} \to (O|U)^{q_0} \to F|U \to 0,$$

ce qui établit le corollaire.

Compte tenu du théorème 1.1, le corollaire précédent est applicable pour $p = n$, n désignant la dimension (complexe) de la variété analytique complexe T. Donc tout faisceau cohérent F admet, au voisinage de tout point, une résolution libre, de type fini, et de longueur $\leqslant n$. On démontrera plus loin (n° 6) l'existence *globale* d'une telle résolution au voisinage de tout *cube compact* de $\mathbb{C}^n$ (c'est-à-dire d'un produit de $2n$ intervalles compacts de $\mathbb{R}^{2n}$ identifié à $\mathbb{C}^n$).

5. Cohomologie à coefficients dans un faisceau de groupes abéliens

On se borne ici à un bref rappel; pour plus de détails, voir [7]. Soit X un espace topologique, donné une fois pour toutes. A chaque faisceau F de groupes abéliens, sur X, associons le *groupe abélien* $\Gamma(X, F)$ des sections continues de F au-dessus de X; et à chaque morphisme $F \to F'$, l'homomorphisme $\Gamma(X, F) \to \Gamma(X, F')$ qu'il définit. On définit ainsi un foncteur covariant de la catégorie des faisceaux (de groupes abéliens) dans la catégorie des groupes abéliens. Ce foncteur est *exact à gauche*, dans le sens suivant: si $0 \to F' \to F \to F'' \to 0$ est une suite exacte de faisceaux, la suite des homomorphismes associés

$$0 \to \Gamma(X, F') \to \Gamma(X, F) \xrightarrow{g} \Gamma(X, F'')$$

est exacte (vérification immédiate). En revanche, *g n'est pas nécessairement surjectif*; et c'est ce fait qui conduit à introduire les "foncteurs dérivés" du foncteur "section", qui sont précisément les groupes de cohomologie $H^n(X, F)$. En voici une caractérisation axiomatique:

Pour chaque entier $n \geqslant 0$, le groupe abélien $H^n(X, F)$ est un foncteur covariant (additif) du faisceau F; pour chaque suite exacte

$$0 \to F' \to F \to F'' \to 0 \tag{5.1}$$

on suppose donnés des "homomorphismes de connexion"

$$\delta^n: H^n(X, F'') \to H^{n+1}(X, F'), \quad n \geqslant 0,$$

qui dépendent fonctoriellement de la suite (5.1). Enfin, on suppose donné, pour chaque faisceau F, un isomorphisme

$$H^0(X, F) \approx \Gamma(X, F),$$

fonctoriel en F. Les données précédentes sont assujetties à deux conditions:

(i) pour toute suite exacte (5.1), la suite

$$0 \to H^0(X, F') \to H^0(X, F) \to H^0(X, F'') \xrightarrow{\delta^0} H^1(X, F') \to \dots$$
$$\dots \to H^n(X, F') \to H^n(X, F) \to H^n(X, F'') \xrightarrow{\delta^n} H^{n+1}(X, F') \to \dots$$

est exacte ("suite exacte de cohomologie");

(ii) si F est un faisceau *flasque* (ce qui signifie que, pour tout ouvert $U \subset X$, l'homomorphisme de restriction $\Gamma(X, F) \to \Gamma(U, F)$ est surjectif), on a

$$H^q(X, F) = 0 \quad \text{pour} \quad q \geqslant 1.$$

On démontre qu'il existe de tels foncteurs $H^n(X, F)$; et que si on a deux solutions du problème, il existe un unique "isomorphisme" de l'une des solutions sur l'autre. On peut donc, pour utiliser les groupes de cohomologie $H^n(X, F)$, se contenter de connaître les propriétés ci-dessus.

Pour les "calculer", il est important de connaître le théorème suivant:

Théorème 5.1. *Soit une suite exacte (illimitée à droite) de faisceaux (de groupes abéliens)*

$$0 \to F \to L^0 \to L^1 \to \ldots \to L^n \to \ldots, \tag{5.2}$$

et considérons la suite de groupes abéliens qu'elle définit

$$\Gamma(X, L^0) \to \Gamma(X, L^1) \to \ldots \to \Gamma(X, L^n) \to \ldots \tag{5.3}$$

(Cette suite n'est *pas nécessairement exacte*). *Le composé de deux homomorphismes consécutifs de la suite* (5.3) *étant zéro, cette suite définit un groupe différentiel gradué* $\Gamma(X, L^*)$ (où L^* est la somme directe des L^n), *dont l'opérateur différentiel est de degré* $+1$. *Alors on a des homomorphismes canoniques* (dépendant fonctoriellement de la suite (5.2)):

$$H^n(\Gamma(X, L^*)) \to H^n(X, F), \tag{5.4}$$

jouissant de la propriété suivante: si $H^q(X, L^n) = 0$ *pour* $q \geqslant 1$ *et* $n \geqslant 0$, *les homomorphismes* (5.4) *sont des isomorphismes.*

Ce théorème, qui généralise le théorème classique de de Rham (voir ci-dessous) se prouve comme suit: découpons la suite exacte (5.2) en petites suites exactes:

$$\begin{cases} 0 \to F \to L^0 \to Z^1 \to 0 \\ 0 \to Z^1 \to L^1 \to Z^2 \to 0 \\ \text{etc} \ldots \end{cases} \tag{5.5}$$

On a

$$\begin{aligned} H^n(\Gamma(X, L^*)) &= \operatorname{Ker}(\Gamma(X, L^n) \to \Gamma(X, L^{n+1}))/\operatorname{Im}(\Gamma(X, L^{n-1}) \to \Gamma(X, L^n)) \\ &= \operatorname{Coker}(\Gamma(X, L^{n-1}) \to \Gamma(X, Z^n)) \xrightarrow{\delta^0} H^1(X, Z^{n-1}) \\ &\xrightarrow{\delta^1} H^2(X, Z^{n-2}) \to \ldots \xrightarrow{\delta^{n-1}} H^n(X, F), \end{aligned} \tag{5.6}$$

ce qui définit l'homomorphisme (5.4). Si $H^q(X, L^n) = 0$ pour $q \geqslant 1$ et $n \geqslant 0$, la "suite exacte de cohomologie", appliquée aux petites suites exactes (5.5), montre que dans (5.6) toutes les flèches sont des isomorphismes. Ceci achève la démonstration.

Remarque. Tout faisceau de groupes abéliens F possède une résolution du type (5.2), où les L_i sont des faisceaux flasques (cf. [7]). Mais il y a souvent intérêt à utiliser d'autres résolutions. En voici deux exemples:

Exemple 1. Soit X une variété différentiable de classe C^∞, *paracompacte* (par exemple, réunion dénombrable de compacts). Appliquons le théorème précédent à la suite exacte (3.1). On obtient des homomorphismes

$$H^n(\Gamma(X, \Omega^*)) \to H^n(X, \mathbb{R}). \tag{5.7}$$

$\Gamma(X, \Omega^*)$ n'est autre que le *groupe différentiel gradué des formes différentielles* (réelles) de classe C^∞, muni de l'opérateur de différentiation extérieure. De plus on a

$$H^q(X, \Omega^n) = 0 \quad \text{pour} \quad q \geqslant 1, \quad n \geqslant 0,$$

parce que le faisceau Ω^n est *mou* et que X est *paracompact* (cf. [7]; le fait que Ω^n est mou tient à l'existence des partitions différentiables de l'unité). Donc les applications (5.7) sont des *isomorphismes* (théorème de de Rham).

Exemple 2. Soit X une variété analytique complexe, *paracompacte*. Appliquons le théorème 5.1 à la suite exacte (3.2). On obtient des homomorphismes

$$H^n(\Gamma(X, \Omega^{0,*})) \to H^n(X, O); \tag{5.8}$$

ici, $\Omega^{0,*} = \bigoplus_{q \geqslant 0} \Omega^{0,q}$; $\Gamma(X, \Omega^{0,*})$ est la somme directe des espaces de formes différentielles de type $(0, q)$, muni de l'opérateur d''; $H^n(\Gamma(X, \Omega^{0,*}))$ est donc ce qu'on appelle la d''-cohomologie de type $(0, n)$. De plus, on a

$$H^q(X, \Omega^{0,n}) = 0 \quad \text{pour} \quad q \geqslant 1, \quad n \geqslant 0,$$

car le faisceau $\Omega^{0,n}$ est mou, et la variété X paracompacte.

Il s'ensuit que *les applications* (5.8) *sont des isomorphismes* (théorème de Dolbeault). [En fait, le théorème de Dolbeault donne, plus généralement, un isomorphisme de la d''-cohomologie de type (p, q) avec $H^q(X, O^{p,0})$, $O^{p,0}$ désignant le faisceau des formes différentielles holomorphes de type $(p, 0)$].

Conséquence: soit X une variété dont la d''-cohomologie $H^n(\Gamma(X, \Omega^{0,*}))$ est nulle pour tout $n \geqslant 1$. Alors $H^n(X, O) = 0$ pour $n \geqslant 1$. Ceci s'applique notamment dans le cas où X est un *polydisque* de $\mathbb{C}^k$, en vertu du théorème 3.2.

Remarque: les isomorphismes (5.8) de l'exemple 2 sont encore valables si, au lieu de X, on prend par exemple un *compact* $K \subset X$; on considère les faisceaux induits, sur K, par les faisceaux $\Omega^{0,q}$ et O de l'espace ambiant, et on leur applique encore le théorème 5.1.

Corollaire. *Soit, dans l'espace* $\mathbb{C}^n$, *un compact* $K = K_1 \times \ldots \times K_n$, *produit de compacts* K_i *dans chacun des espaces facteurs. On a*

$$H^q(K, O) = 0 \quad \textit{pour} \quad q \geqslant 1.$$

(En effet, d'après le théorème 3.1, la d''-cohomologie de K est nulle pour le type (p, q), dès que $q \geqslant 1$.)

6. Résolution d'un faisceau cohérent au voisinage d'un cube de C^n

On va s'inspirer du mode d'exposition dû à Gunning [8].

On se propose de prouver le résultat fondamental:

Théorème 6.1. *Soit F un faisceau O-cohérent au voisinage d'un cube compact $P \subset \mathbb{C}^n$. Alors F possède, dans un voisinage de P, une résolution libre de type fini, et de longueur $\leqslant n$:*

$$0 \to X_n \to X_{n-1} \to \ldots \to X_0 \to F \to 0. \tag{6.1}$$

Tirons tout de suite quelques conséquences de ce théorème.

Théorème A pour un cube compact.—*Pour tout point $x \in P$, et tout faisceau cohérent F au voisinage de P, l'image de*

$$\Gamma(P, F) \to F_x$$

engendre F_x pour sa structure de O_x-module.

Ceci découle simplement du fait qu'on a un morphisme surjectif de faisceaux sur P:

$$O^p \to F,$$

compte tenu de l'interprétation de la surjectivité (cf. le début du no. 4).

Théorème B pour un cube compact.—*Pour tout faisceau cohérent F au voisinage de P, on a*

$$H^q(P, F) = 0 \quad \textit{pour tout entier} \quad q \geqslant 1.$$

En effet, découpons la résolution (6.1) en petites suites exactes

$$\begin{cases} 0 \to Y_1 \to X_0 \to F \to 0 \\ 0 \to Y_2 \to X_1 \to Y_1 \to 0 \\ \ldots\ldots\ldots\ldots \\ 0 \to Y_{n-1} \to X_{n-2} \to Y_{n-2} \to 0 \\ 0 \to X_n \to X_{n-1} \to Y_{n-1} \to 0 \end{cases} \tag{6.2}$$

On a

$$H^r(P, X_i) = 0 \quad \text{pour } r \geqslant 1 \quad (i = 0, \ldots, n),$$

parce que chaque X_i est isomorphe à une somme directe de faisceaux isomorphes à O, et que $H^r(P, O) = 0$ pour $r \geqslant 1$ (cf. fin du no. 5, corollaire). Alors les suites exactes de cohomologie relatives aux suites exactes (6.2) donnent successivement, pour $q \geqslant 1$,

$$H^q(P, F) \approx H^{q+1}(P, Y_1) \approx H^{q+2}(P, Y_2) \approx \ldots \approx H^{q+n}(P, X_n) = 0,$$

ce qui démontre le théorème.

Proposition 6.2. *Si on applique le foncteur* $F \rightsquigarrow \Gamma(P, F)$ *à la suite exacte* (6.1), *la suite que l'on obtient*

$$0 \to \Gamma(P, X_n) \to \Gamma(P, X_{n-1}) \to \ldots \to \Gamma(P, X_0) \to \Gamma(P, F) \to 0$$

est exacte [on obtient donc un "théorème des syzygies" pour le module $\Gamma(P, F)$ sur l'anneau $\Gamma(P, O)$ des fonctions holomorphes sur le cube compact P].

Démonstration: on applique le foncteur section aux petites suites exactes (6.2); on obtient des suites

$$\begin{cases} 0 \to \Gamma(P, Y_1) \to \Gamma(P, X_0) \to \Gamma(P, F) \to 0 \\ 0 \to \Gamma(P, Y_2) \to \Gamma(P, X_1) \to \Gamma(P, Y_1) \to 0 \\ \ldots \end{cases} \tag{6.3}$$

qui sont exactes, parce que

$$H^1(P, Y_1) = 0, \quad H^1(P, Y_2) = 0, \ldots, \quad H^1(P, X_n) = 0$$

en vertu du théorème B ci-dessus. En composant les suites exactes (6.3), on obtient la proposition 6.2.

On va maintenant prouver le théorème 6.1. Il résultera du théorème suivant, qui dépend d'un entier $p \geqslant 0$.

Théorème $(6.3.)_p$. *Soient P un cube compact de $\mathbb{C}^n$, et F un faisceau O-cohérent au voisinage de P. Supposons que, en chaque point $x \in P$, le O_x-module F_x admette une résolution libre de type fini et de longueur $\leqslant p$* (cf. n° 1). *Alors le faisceau F possède, dans un voisinage de P, une résolution libre de type fini et de longueur $\leqslant p$.*

Admettons pour un instant ce théorème. D'après le théorème 1.1, le module F_x admet une résolution libre de type fini et de longueur $\leqslant n$, et ceci quel que soit le point $x \in P$. Donc le théorème $(6.3)_n$ entraîne le théorème 6.1. Il nous reste donc seulement à prouver le théorème $(6.3)_p$, pour chaque p.

Attachons à chaque point $x \in P$ une résolution libre de type fini, de longueur $\leqslant p$, du O_x-module F_x. D'après le corollaire du théorème d'Oka, chaque point $x \in P$ possède un voisinage ouvert U dans lequel existe une résolution libre de type fini, de longueur $\leqslant p$, du faisceau $F|U$. Un raisonnement de compacité et un quadrillage convenable du cube montre alors que le théorème $(6.3)_p$ sera démontré si nous savons résoudre le problème élémentaire de "recollement" que voici:

Problème (p). Considérons, dans $\mathbb{R}^{2n} = \mathbb{R} \times \mathbb{R}^{2n-1}$, deux cubes $P' = I' \times Q$ et $P'' = I'' \times Q$, où I' et I'' désignent deux segments contigus de $\mathbb{R}$, et Q un cube compact de $\mathbb{R}^{2n-1}$; soit $P = P' \cup P'' = I \times Q$, avec $I = I' \cup I''$ (P est donc un cube compact, et $I' \cap I''$ est réduit à un point a, de sorte que $P' \cap P''$ est un cube $\{a\} \times Q$). Soit F un faisceau cohérent au voisinage de P. Supposons connue une résolution libre, de type fini et de longueur $\leqslant p$, du faisceau F dans un voisinage de P'; et de même dans un voisinage de P''. Il s'agit de constuire, dans un voisinage de P, une résolution libre, de type fini et de longueur $\leqslant p$, du faisceau F.

On va prouver, *par récurrence sur p*, que le problème (p) est soluble. La récurrence commence avec $p = 0$; mais la solution du problème (0) n'est nullement évidente. Dire que le problème (0) est soluble, c'est dire que tout faisceau cohérent F dont la restriction à P' et la restriction à P'' sont des faisceaux libres, est lui-même un faisceau libre au voisinage de P.

La solution du problème (0), puis la démonstration de la récurrence, utilisent le:

Lemme sur les matrices holomorphes inversibles—*Avec les notations précédentes, soit M une matrice carrée (à q lignes et q colonnes) holomorphe au voisinage de $P' \cap P''$, et inversible (i.e. dont le déterminant est $\neq 0$ en tout point de $P' \cap P''$, donc en tout point d'un voisinage). Alors il existe une matrice M' (à q lignes et q colonnes) holomorphe et inversible au voisinage de P', et une matrice M'' (à q lignes et q colonnes) holomorphe et inversible au voisinage de P'', telles que l'on ait*

$$M = M'' \circ M'^{-1} \quad \textit{dans un voisinage convenable de } P' \cap P''.$$

Nous ne démontrons pas ce lemme ici, et renvoyons à [3], ainsi qu'à un livre annoncé de Grauert-Remmert, qui contient une démonstration simplifiée de ce lemme.

On va maintenant résoudre le problème (0). Soit

$$\varphi' : O^{q'} \to F$$

un *isomorphisme* de faisceaux *au voisinage de P'*, et soit

$$\varphi'' : O^{q''} \to F$$

un isomorphisme de faisceaux *au voisinage de P''*. Dans un voisinage convenable de $P' \cap P''$, on peut considérer l'isomorphisme

$$\varphi''^{-1} \circ \varphi' : O^{q'} \to O^{q''};$$

L'existence d'un tel isomorphisme implique d'abord $q' = q''$; soit q leur valeur commune. Alors $\varphi''^{-1} \circ \varphi' : O^q \to O^q$ est défini par q sections continues de O^q au voisinage de $P' \cap P''$, c'est-à-dire par une matrice holomorphe M (à q lignes et q colonnes) au voisinage de $P' \cap P''$. Comme $\varphi''^{-1} \circ \varphi'$ est un isomorphisme, M est inversible. D'après le lemme précédent, on a $M = M'' \circ M'^{-1}$, d'où

$$\varphi'' \circ M'' = \varphi' \circ M' \quad \text{au voisinage de } P' \cap P''.$$

Or le premier membre est un isomorphisme $O^q \to F$ au voisinage de P', et le second un isomorphisme $O^q \to F$ au voisinage de P''. Puisque ces deux isomorphismes coïncident au voisinage de $P' \cap P''$, ils définissent, dans un voisinage convenable de $P = P' \cup P''$, un isomorphisme $O^q \to F$. Ceci résout le problème (0).

Soit maintenant $p \geqslant 1$, et supposons que le problème $(p - 1)$ soit résoluble pour tout faisceau cohérent F au voisinage de $P = P' \cup P''$. On va montrer que le problème (p) est résoluble. Par hypothèse, on a deux suites exactes de faisceaux:

$$\begin{cases} 0 \to N' \xrightarrow{\psi'} O^{q'} \xrightarrow{\varphi'} F \to 0 & \text{au voisinage de } P', \\ 0 \to N'' \xrightarrow{\psi''} O^{q''} \xrightarrow{\varphi''} F \to 0 & \text{au voisinage de } P'', \end{cases} \tag{6.3}$$

et le faisceau N' possède une résolution libre de type fini, de longueur $\leqslant p - 1$, au voisinage de P', tandis que N'' possède une résolution libre, de type fini, de longueur $\leqslant p - 1$, au voisinage de P''. Passant aux sections continues au-dessus de $P' \cap P''$, on obtient deux applications *surjectives* (cf. proposition 6.2)

$$\Gamma(P' \cap P'', O^{q'}) \xrightarrow{f'} \Gamma(P' \cap P'', F)$$

$$\Gamma(P' \cap P'', O^{q''}) \xrightarrow{f''} \Gamma(P' \cap P'', F).$$

Il existe donc une application $\Gamma(P' \cap P'', O)$-linéaire

$$g\colon \Gamma(P' \cap P'', O^{q'}) \to \Gamma(P' \cap P'', O^{q''})$$

telle que $f'' \circ g = f'$; une telle g est définie par les images des q' éléments de base $(1, 0, \ldots, 0)$, $(0, 1, 0, \ldots)$, $\ldots$, $(0, \ldots, 0, 1)$ de $\Gamma(P' \cap P'', O^{q'})$, qui sont q' sections de $O^{q''}$ au-dessus de $P' \cap P''$ (donc au-dessus d'un voisinage de $P' \cap P''$). Ces q' sections définissent un morphisme de faisceaux

$$\lambda\colon O^{q'} \to O^{q''}$$

dans un voisinage de $P' \cap P''$, et il est immédiat que

$$\varphi'' \circ \lambda = \varphi' \quad \text{au voisinage de } P' \cap P''. \tag{6.4}$$

Pour la même raison il existe, au voisinage de $P' \cap P''$, un morphisme

$$\mu\colon O^{q''} \to O^{q'}$$

tel que

$$\varphi' \circ \mu = \varphi'' \quad \text{au voisinage de } P' \cap P''. \tag{6.5}$$

Des suites exactes (6.3) on déduit les suites exactes

$$\begin{cases} 0 \to N' \oplus O^{q''} \xrightarrow{(\psi', 1)} O^{q'} \oplus O^{q''} \xrightarrow{(\varphi', 0)} F \to 0 & \text{au voisinage de } P', \\ 0 \to O^{q'} \oplus N'' \xrightarrow{(1, \psi'')} O^{q'} \oplus O^{q''} \xrightarrow{(0, \varphi'')} F \to 0 & \text{au voisinage de } P''. \end{cases} \tag{6.6}$$

Observons que, au voisinage de P', le faisceau $N' \oplus O^{q''}$ admet une résolution libre de type fini, de longueur $\leqslant p - 1$; de même pour le faisceau $O^{q'} \oplus N''$ au voisinage de P''.

Je dis que, au voisinage de $P' \cap P''$, il existe un *isomorphisme*

$$v\colon O^{q'} \oplus O^{q''} \to O^{q'} \oplus O^{q''}$$

tel que

$$(0, \varphi'') \circ v = (\varphi', 0) \quad \text{au voisinage de } P' \cap P''. \tag{6.7}$$

Pour définir v, il suffit de dire comment il opère sur les couples (x', x'') de sections de $O^{q'}$ et $O^{q''}$; posons

$$v(x', x'') = (x' - \mu x'', \lambda x' + x'' - \lambda\mu x''),$$

où λ et μ ont été définis plus haut. On vérifie aussitôt (6.7) en utilisant (6.4) et (6.5); et on prouve que v est un isomorphisme, en exhibant l'isomorphisme réciproque

$$(x', x'') \to (x' + \mu x'' - \mu\lambda x', x'' - \lambda x').$$

D'après le lemme sur les matrices holomorphes inversibles, on a

$$v = M'' \circ M'^{-1} \quad \text{au voisinage de } P' \cap P'',$$

où M' (resp. M'') est une matrice holomorphe inversible (à q lignes et q colonnes, $q = q' + q''$) au voisinage de P' (resp. P''). La relation (6.7) donne alors

$$(0, \varphi'') \circ M'' = (0, \varphi') \circ M' \quad \text{au voisinage de } P' \cap P''.$$

Il existe donc, dans un voisinage de $P = P' \cup P''$, un morphisme $\varphi\colon O^q \to F$, qui coïncide avec $(0, \varphi'') \circ M''$ au voisinage de P'', et avec $(0, \varphi') \circ M'$ au voisinage de P'. Ce morphisme φ est surjectif; soit N son noyau. Au voisinage de P', N est isomorphe à $N' \oplus O^{q''}$; au voisinage de P'', N est isomorphe à $O^{q'} \oplus N''$. Appliquons alors à N la solution du problème $(p - 1)$: on voit que N admet, au voisinage de P, une résolution libre de type fini et de longueur $p - 1$. La suite exacte

$$0 \to N \to O^q \to F \to 0$$

fournit alors une résolution de F au voisinage de P, résolution qui est libre, de type fini et de longueur $\leqslant p$.

Nous avons ainsi démontré le théorème $(6.3)_p$ pour tout p; en particulier le théorème 6.1 est établi.

7. Théorèmes A et B: passage à la limite

Au numéro précédent, nous avons établi deux théorèmes, désignés sous le nom de "théorème A" et de "théorème B", pour les cubes compacts de $\mathbb{C}^n$. On se propose d'établir des théorèmes analogues dans d'autres cas. Nous adopterons le langage suivant: nous dirons que les théorèmes A et B sont vrais pour un ouvert U (d'une variété analytique complexe X) et un faisceau cohérent F sur U, si les assertions suivantes sont vraies:

(a) l'image de $\Gamma(U, F) \to F_x$ engendre le O_x-module F_x, quel que soit $x \in U$;

(b) $H^q(U, F) = 0$ pour $q \geqslant 1$.

Proposition 7.1. *Si U est un polydisque relativement compact de $\mathbb{C}^n$, et si F est un faisceau cohérent au voisinage de l'adhérence $\overline{U}$, les théorèmes A et B sont vrais pour U et $F|U$.*

En effet, on sait que $H^r(U, O) = 0$ pour $r \geqslant 1$ (cf. la fin du n° 5). Par ailleurs, tout voisinage V de $\overline{U}$ contient un produit de disques ouverts $U_1 \times \ldots \times U_n$ contenant $\overline{U}$; par une transformation conforme sur chacune des variables complexes, on se ramène au cas où $U_1, \ldots, U_n$ sont des carrés ouverts; il existe donc un cube compact P contenu dans V et contenant $\overline{U}$. Si F est un faisceau cohérent au voisinage de $\overline{U}$, F est cohérent dans un V, donc au voisinage d'un cube compact P contenant $\overline{U}$. D'après le théorème 6.1, il existe, au voisinage de P (donc au voisinage de $\overline{U}$) une résolution libre de F, de type fini et de longueur $\leqslant n$. On peut la restreindre à l'ouvert U. Cela étant, le théorème A est vrai pour U et $F|U$ parce que, dans U, on a un morphisme surjectif de faisceaux $(O|U)^p \to F|U$. Quant au théorème B, il se démontre comme dans le cas du cube (cf. n° 6), compte tenu du fait que $H^r(U, O) = 0$ pour $r \geqslant 1$.

La proposition 7.1 n'a qu'un intérêt transitoire. On verra en effet plus loin que les théorèmes A et B sont vrais pour tout polydisque ouvert U (non nécessairement borné) et tout faisceau cohérent F sur U. Mais, pour le démontrer, il reste à surmonter une nouvelle difficulté: celle du passage à la limite. D'une facon précise, on se propose de prouver le théorème suivant:

Théorème 7.2. *Soit X une variété analytique complexe, réunion d'une suite croissante d'ouverts U_i, relativement compacts, tels que $\overline{U}_i \subset U_{i+1}$. Supposons que:*

(i) *pour tout i, l'image de l'homomorphisme de restriction*

$$\Gamma(X, O) \to \Gamma(U_i, O)$$

soit dense (pour la topologie classique de l'espace des fonctions holomorphes dans U_i: celle de la convergence uniforme sur les compacts de U_i);

(ii) *pour tout i, les théorèmes A et B soient vrais pour U_i et pour tout faisceau cohérent F au voisinage de $\overline{U}_i$.*

Alors les théorèmes A et B sont vrais pour X et pour tout faisceau cohérent F sur X.

Avant de pouvoir prouver ce théorème, quelques préliminaires topologiques sont indispensables. Ils font l'objet des numéros 8 et 9. Auparavant, signalons tout de suite une première conséquence du théorème 7.2:

Corollaire. *Les théorèmes A et B sont vrais pour tout polydisque ouvert $U \subset \mathbb{C}^n$, et tout faisceau cohérent F sur U.*

En effet, U est réunion d'une suite croissante de polydisques concentriques U_i tels que $\overline{U}_i \subset U_{i+1}$; les théorèmes A et B sont vrais pour U_i parce que F est cohérent au voisinage de $\overline{U}_i$ (cf. prop. 7.1). On applique alors le théorème 7.2.

8. Topologie des modules de type fini sur l'anneau des séries convergentes à *n* variables

Dans ce numéro, Λ désigne l'anneau $K\{x_1, \ldots, x_n\}$, où K est un corps valué complet, non discret. Par *module*, on entend un Λ-module *de type fini*. On se propose de munir chaque module d'une topologie très faible.

D'abord, on munit Λ de la topologie de la convergence simple des coefficients: un élément de Λ est une série entière (convergente) à n variables; donc est défini par les coefficients de cette série; ceci identifie Λ à une partie de K^I, avec $I = N^n (N = \{0, 1, 2, \ldots\})$; et l'on munit K^I de la *topologie-produit* (chaque facteur K étant muni de la topologie définie par la valeur absolue), et Λ de la topologie induite. Pour cette topologie, l'addition et la multiplication sont des applications *continues* $\Lambda \times \Lambda \to \Lambda$.

Soit M un module; choisissons une application linéaire surjective $\Lambda^p \to M$, qui identifie M à un quotient de Λ^p; on munit M de la topologie quotient. On montre qu'elle est indépendante de la manière dont M a été écrit comme quotient d'un module libre, et que toute application Λ-linéaire $M \to M'$ est *continue*. De plus, l'application $\Lambda \times M \to M$ (qui définit la structure de Λ-module de M) est continue. Enfin, si $M \to M'$ est une application Λ-linéaire *surjective*, la topologie de M' est la *topologie quotient* de celle de M.

Le seul résultat non trivial est celui-ci:

Proposition 8.1. *La topologie de tout module M est séparée.*

On le prouve en montrant que si on a une application Λ-linéaire surjective $f\colon \Lambda^p \to M$, il existe une application *K-linéaire continue* $g\colon M \to \Lambda^p$ telle que $f \circ g$ soit l'identité. L'existence d'une telle g se démontre par récurrence sur n (nombre des variables de l'anneau Λ), en utilisant le théorème de préparation de Weierstrass.

Corollaire. *Si N est un sous-module de M, N est fermé dans M.* (En effet, la topologie de M/N est séparée.)

9. Topologie de l'espace vectoriel Γ(X, F) des sections d'un faisceau cohérent

X désigne ici une variété analytique complexe, *réunion dénombrable de compacts.* Il en est alors de même de tout ouvert U de X. On se propose de définir, pour tout faisceau cohérent F sur X, et tout ouvert $U \subset X$, une *topologie d'espace de Fréchet* sur le $\mathbb{C}$-espace vectoriel $\Gamma(U, F)$, de façon à satisfaire aux conditions suivantes:

(a) lorsque $F = O$ (faisceau des fonctions holomorphes), la topologie de $\Gamma(U, O)$ est la topologie classique: celle de la convergence uniforme sur les compacts de U;

(b) si V est un ouvert $\subset U$, l'application de restriction $\Gamma(U, F) \to \Gamma(V, F)$ est *continue* (linéaire);

(c) lorsque $F \to F'$ est un morphisme de faisceaux cohérents, l'application linéaire $\Gamma(U, F) \to \Gamma(U, F')$ induite par ce morphisme est *continue.*

On démontre que *ce problème a une solution et une seule.* La topologie de $\Gamma(U, F)$ est définie comme suit: on examine d'abord le cas d'un "ouvert privilégié" U, c'est-à-dire tel qu'il existe, dans un voisinage de $\overline{U}$ supposé compact, un système de coordonnées locales $z_1, \ldots, z_n$ pour lequel $\overline{U}$ est défini par $|z_i| \leqslant 1$ $(1 \leqslant i \leqslant n)$, et par suite U est défini par $|z_i| < 1$. Au voisinage de $\overline{U}$, on écrit F comme quotient d'un faisceau libre, ce qui donne une suite exacte

$$0 \to N \to O^p \to F \to 0 \tag{9.1}$$

de faisceaux cohérents au voisinage de $\overline{U}$. D'après la proposition 7.1, on a $H^1(U, N) = 0$, donc la suite

$$0 \to \Gamma(U, N) \xrightarrow{f} \Gamma(U, O^p) \xrightarrow{g} \Gamma(U, F) \to 0 \tag{9.2}$$

est exacte. L'espace vectoriel $\Gamma(U, O^p) = (\Gamma(U, O))^p$ est muni de la topologie classique: c'est un espace de Fréchet. Pour chaque $x \in U$, l'application naturelle $\Gamma(U, O^p) \xrightarrow{\varphi_x} (O_x)^p$ est continue, lorsque O_x est muni de la topologie définie au n° 8 [car la convergence des fonctions holomorphes, uniformément dans un voisinage de x, entraîne la convergence de chacune de leurs dérivées au point x]. Les éléments de l'image de f sont les $\sigma \in \Gamma(U, O^p)$ dont l'image dans $(O_x)^p$ appartient à N_x, et ceci quel que soit $x \in U$. Or N_x est fermé dans $(O_x)^p$ (corollaire de la proposition 8.1); son image réciproque par φ_x est donc fermée dans $\Gamma(U, O^p)$. Ainsi l'image de f est une intersection de sous-espaces fermés de $\Gamma(U, O^p)$: c'est donc un sous-espace fermé. L'application linéaire g de la suite exacte (9.2) définit un isomorphisme du quotient de $\Gamma(U, O^p)$ par ce sous-espace fermé; munissons ce quotient de la topologie quotient, qui est une topologie d'espace de Fréchet, et transportons-la à $\Gamma(U, F)$. On obtient ainsi une topologie d'espace de Fréchet sur $\Gamma(U, F)$.

On montre facilement qu'elle ne dépend pas du choix de la résolution (9.1) au voisinage de $\overline{U}$. Ainsi la topologie de $\Gamma(U, F)$ est définie pour tout ouvert privilégié U; on vérifie aisément que si un ouvert privilégié V est contenu dans U, l'application de restriction $\Gamma(U, F) \to \Gamma(V, F)$ est continue.

Soit maintenant U un ouvert quelconque; on peut le recouvrir par une famille *dénombrable* d'ouverts privilégiés U_i; considérons l'application linéaire

$$\varphi: \Gamma(U, F) \to \prod_{i\in I} \Gamma(U_i, F)$$

qui à chaque section de F au-dessus de U, associe ses restrictions aux U_i. Munissons $\prod_i \Gamma(U_i, F)$ de la topologie-produit, qui est une topologie d'espace de Fréchet puisqu'il s'agit d'un produit dénombrable. L'image de φ est l'intersection des noyaux de toutes les applications $\psi_{j,k,x}$ (où $x \in U$, j et k étant deux indices tels que $x \in U_j \cap U_k$) définies par:

$$\psi_{j,k,x}((\sigma_i)_{i\in I}) = \sigma_j(x) - \sigma_k(x);$$

$\psi_{j,k,x}$ applique linéairement $\prod_{i\in I} \Gamma(U_i, F)$ dans F_x et est continue, donc son noyau est fermé; par suite l'image de φ est un *sous-espace fermé* de $\prod_{i\in I} \Gamma(U_i, F)$. La topologie induite sur ce sous-espace est une topologie d'espace de Fréchet: on la transporte à $\Gamma(U, F)$ au moyen de φ. Il est aisé de montrer que cette topologie sur $\Gamma(U, F)$ ne dépend pas du choix du recouvrement de U par une famille dénombrable d'ouverts privilégiés (pour comparer deux recouvrements, on les compare tous deux à un troisième, plus fin que chacun d'eux).

Il est alors facile de prouver les assertions (a), (b), (c) ci-dessus, et le problème est donc résolu. On laisse au lecteur le soin de vérifier qu'il n'a pas d'autre solution.

Bien entendu, on obtient notamment une topologie d'espace de Fréchet sur $\Gamma(X, F)$.

Proposition 9.1. *Si $x \in X$, l'application naturelle*

$$\Gamma(X, F) \to F_x \tag{9.3}$$

est continue, lorsqu'on munit $\Gamma(X, F)$ de la topologie d'espace de Fréchet ci-dessus définie et F_x de la topologie définie au n° 8 *pour les O_x-modules de type fini.*

En effet, soit U un ouvert privilégié contenant x. L'application (9.3) se factorise en

$$\Gamma(X, F) \to \Gamma(U, F) \xrightarrow{h} F_x;$$

la première est continue (propriété (b)); il reste à démontrer que h est continue. Pour cela, nous utilisons la résolution (9.1) de F au voisinage de $\overline{U}$; on trouve un diagramme commutatif

$$\begin{array}{ccc} \Gamma(U, O^p) & \xrightarrow{h'} & (O_x)^p \\ \downarrow g & & \downarrow g' \\ \Gamma(U, F) & \xrightarrow{h} & F_x \end{array}$$

où g est surjective. Comme la topologie de $\Gamma(U, F)$ est la topologie quotient de celle de $\Gamma(U, O^p)$, la continuité de h équivaut à la continuité de $g' \circ h'$; or h'

est continue (on l'a vu plus haut), et g' est continue puisque toute application O_x-linéaire de O_x-modules de type fini est continue (cf. n° 8).

C.Q.F.D.

Corollaire. *Si F' est un sous-faisceau cohérent d'un faisceau cohérent F, l'injection naturelle $f\colon \Gamma(X, F') \to \Gamma(X, F)$ est un isomorphisme de l'espace de Fréchet $\Gamma(X, F')$ sur un sous-espace fermé de l'espace de Fréchet $\Gamma(X, F)$.*

En effet, en vertu du "théorème du graphe fermé", il suffit de montrer que l'image de f est fermée; or c'est l'intersection des noyaux des applications linéaires composées $\Gamma(X, F) \to F_x \to F_x/F'_x$ quand x parcourt X.

10. Démonstration du théorème 7.2.

Nous sommes maintenant en mesure de prouver le théorème 7.2. Nous conservons les notations de son énoncé. On va prouver successivement les assertions suivantes:

(1) $H^q(X, F) = 0$ *pour* $q \geqslant 2$, *et pour tout faisceau cohérent* F. On sait déjà que $H^q(U_i, F) = 0$ et $H^{q-1}(U_i, F) = 0$ pour tout i; en fait, on va montrer que tout faisceau de groupes abéliens qui satisfait à ces hypothèses satisfait aussi à $H^q(X, F) = 0$. Rappelons (cf. [7]) qu'il existe une suite exacte

$$0 \to F \to L^0 \to L^1 \to \ldots \to L^q \to \ldots,$$

où les faisceaux L^q sont *flasques* pour $q \geqslant 0$. D'après le théorème 5.1, on a

$$H^q(X, F) \approx \operatorname{Ker}(\Gamma(X, L^q) \xrightarrow{d} \Gamma(X, L^{q+1}))/\operatorname{Im}(\Gamma(X, L^{q-1}) \xrightarrow{d} \Gamma(X, L^q)),$$

et tout revient à prouver que si $\alpha \in \Gamma(X, L^q)$ est tel que $d\alpha = 0$, il existe $\beta \in \Gamma(X, L^{q-1})$ tel que $d\beta = \alpha$.

La restriction de α à U_i est de la forme $d\beta_i$, où $\beta_i \in \Gamma(U, L^{q-1})$, puisque $H^q(U_i, F) = 0$ par hypothèse; on a ainsi:

$$\alpha = d\beta_i \quad \text{sur} \quad U_i.$$

De même, $\alpha = d\beta_{i+1}$ sur U_{i+1}; et par suite

$$d(\beta_i - \beta_{i+1}) = 0 \quad \text{sur} \quad U_i.$$

Or $H^{q-1}(U_i, F) = 0$ par hypothèse; donc il existe $\gamma_i \in \Gamma(U_i, L^{q-2})$ tel que

$$\beta_i - \beta_{i+1} = d\gamma_i \quad \text{sur} \quad U_i,$$

et puisque L^{q-2} est un faisceau flasque, γ_i est la restriction d'un élément de $\Gamma(U_{i+1}, L^{q-2})$, qu'on notera encore γ_i. Alors $\beta_{i+1} + d\gamma_i = \beta'_{i+1} \in \Gamma(U_{i+1}, L^{q-1})$, et on a

$$\alpha = d\beta'_{i+1} \quad \text{dans} \quad U_{i+1}.$$

Récrivons maintenant β_{i+1} au lieu de β'_{i+1}; alors β_{i+1} prolonge β_i. En procédant ainsi de proche en proche, on trouve une suite de sections continues β_i, $\beta_{i+1}, \ldots$ de L^{q-1}, qui se prolongent mutuellement. Elles définissent un élément $\beta \in \Gamma(X, L^{q-1})$ qui satisfait à $\alpha = d\beta$.

(2) *L'image de l'application de restriction*

$$\Gamma(U_{i+1}, F) \to \Gamma(U_i, F)$$

est dense, quel que soit le faisceau F cohérent dans X.

En vertu du théorème A appliqué à U_{i+2}, il existe, au voisinage de $\overline{U_{i+1}}$, un morphisme surjectif $O^p \to F$, d'où un diagramme commutatif

$$\begin{array}{ccc} \Gamma(U_{i+1}, O^p) & \xrightarrow{g} & \Gamma(U_i, O^p) \\ \downarrow{\scriptstyle f_{i+1}} & & \downarrow{\scriptstyle f_i} \\ \Gamma(U_{i+1}, F) & \xrightarrow{h} & \Gamma(U_i, F). \end{array}$$

L'application f_i est surjective (théorème B appliqué à U_i). L'image de h contient l'image de $h \circ f_{i+1} = f_i \circ g$. D'après l'hypothèse (i) de l'énoncé du théorème 7.2, l'image de g est dense; puisque f_i est continue et surjective, l'image de $f_i \circ g$ est dense; a fortiori l'image de h est dense, ce qui achève la démonstration.

(3) *L'image de l'application de restriction*

$$\Gamma(X, F) \to \Gamma(U_i, F)$$

est dense, quel que soit le faisceau cohérent F sur X.

Ceci se déduit de (2) par approximations successives, au moyen d'un raisonnement classique sur les espaces topologiques métrisables.

(4) *Le théorème A est vrai pour X et tout faisceau cohérent F.*

On doit montrer que si $x \in X$, l'image de l'application naturelle $\Gamma(X, F) \to F_x$ engendre F_x pour sa structure de O_x-module. Choisissons un U_i qui contienne x; l'application se factorise en

$$\Gamma(X, F) \xrightarrow{h} \Gamma(X, U_i) \xrightarrow{\varphi} F_x.$$

Puisque le théorème A est vrai pour U_i et F, l'image de φ engendre F_x comme O_x-module: tout élément de F_x s'écrit

$$\textstyle\sum_{k=1}^{p} \lambda_k \varphi(\xi_k), \quad \lambda_k \in O_x, \quad \xi_k \in \Gamma(X, U_i).$$

Or chaque ξ_k appartient à l'adhérence de l'image de h, d'après (3); comme φ est continue, on voit que tout élément de F_x est limite d'éléments du sous-module G_x de F_x, engendré par l'image de $\varphi \circ h$. Or G_x est fermé dans F_x (corollaire de la proposition 8.1); donc $G_x = F_x$, et l'assertion (4) est démontrée.

(5) *On a $H^1(X, F) = 0$ pour tout faisceau cohérent F sur X.*

Pour le montrer, on reprend le début de la démonstration de l'assertion (1): on a

$$\alpha = d\beta_i \quad \text{dans } U_i, \quad \alpha = d\beta_{i+1} \quad \text{dans } U_{i+1},$$

et $d(\beta_i - \beta_{i+1}) = 0$ dans U_i. Comme $\beta_i - \beta_{i+1} \in \Gamma(U_i, L^0)$, ceci entraîne $\beta_i - \beta_{i+1} \in \Gamma(U_i, F)$. Le faisceau F n'étant pas flasque, le raisonnement devient ici plus difficile. On utilise l'assertion (3) ci-dessus: on peut approcher arbitrairement $\beta_i - \beta_{i+1}$ par la restriction d'un élément $\gamma_i \in \Gamma(X, F)$. D'une façon précise, soit d_i une distance définissant la topologie de $\Gamma(U_i, F)$; puisque l'application $\Gamma(U_{i+1}, F) \xrightarrow{\varphi_i} \Gamma(U_i, F)$ est continue, on peut supposer que la suite des d_i satisfait à

$$d_i \circ \varphi_i \leqslant d_{i+1} \quad \text{sur} \quad \Gamma(U_{i+1}, F).$$

Choisissons $\gamma_i \in \Gamma(X, F)$ de façon que

$$d_i(\beta_i - \varphi_i(\beta_{i+1}) - \psi_i(\gamma_i)) \leqslant 2^{-i},$$

en notant $\psi_i \colon \Gamma(X, F) \to \Gamma(U_i, F)$. Remplaçons β_{i+1} par $\beta_{i+1} + \psi_{i+1}(\gamma_i)$; pour ce nouveau β_{i+1}, on a donc

$$d_i(\beta_i - \varphi_i(\beta_{i+1})) \leqslant 2^{-i}.$$

Pour chaque i, la suite des $\varphi_i(\beta_{i+n}) - \beta_i$ (quand n varie) est une suite de Cauchy dans $\Gamma(U_i, F)$, qui est complet; soit δ_i sa limite. Il est immédiat que $\varphi_i(\beta_{i+1} + \delta_{i+1}) = \beta_i + \delta_i$; donc les $\beta_i + \delta_i$ sont des sections de L^0 qui se prolongent mutuellement; ils définissent un élément $\beta \in \Gamma(X, L^0)$, et l'on a $\alpha = d\beta$, ce qui achève la démonstration.

Avec les assertions (1), (4), (5), on a prouvé que les théorèmes A et B sont vrais pour tout faisceau cohérent F sur X. Et le théorème 7.2 est enfin établi.

11. Quelques exemples d'applications des théorèmes A et B

Sans attendre d'avoir démontré les théorèmes A et B en toute généralité (c'est-à-dire pour les "espaces de Stein"; cf. ci-dessous, n° 13), nous allons donner quelques exemples qui montrent à quoi ils peuvent servir.

Exemple 1. Soit Y un *sous-espace analytique* d'une variété analytique complexe X; on appelle ainsi un sous-ensemble *fermé* de X tel que tout $x_0 \in Y$ possède un voisinage ouvert U dans lequel il existe un système fini de fonctions holomorphes $f_1, \ldots, f_k$, de manière que

$$(x \in U \cap Y) \Leftrightarrow (x \in U \text{ et } f_i(x) = 0 \quad \text{pour} \quad 1 \leqslant i \leqslant k).$$

Pour chaque $x \in X$, définissons l'idéal $I_x \subset O_x$ que voici: si $x \notin Y$, on pose $I_x = O_x$; si $x \in Y$, I_x est l'idéal des germes de fonctions holomorphes qui s'annulent identiquement sur Y. Il est immédiat que la collection des I_x, quand x parcourt X, est un *sous-faisceau* I du faisceau O (faisceau d'idéaux). De plus, ce sous-faisceau est *cohérent*: mais ceci est plus difficile à prouver; pour une démonstration, nous renvoyons à [2]. Dans le cas où Y est une *sous-variété* analytique complexe, il est élémentaire de voir que I est cohérent.

Ecrivons la suite exacte

$$\Gamma(X, O) \xrightarrow{\varphi} \Gamma(X, O/I) \to H^1(X, I);$$

puisque I est cohérent, le théorème B (supposé vrai pour X) dit que $H^1(X, I) = 0$: donc φ est *surjectif*. Interprétons ce résultat: une section continue de O/I est évidemment nulle en dehors de Y; sa restriction à Y est une section continue du faisceau induit par O/I sur Y, et on voit facilement que, réciproquement, toute section continue de O/I au-dessus de Y se prolonge en une section continue de O/I sur X (nulle hors de Y); à ce sujet, voir plus loin, n° 12. Ainsi $\Gamma(X, O/I)$ s'identifie à l'espace vectoriel des *fonctions holomorphes sur* Y, en appelant fonction holomorphe toute fonction sur Y qui, au voisinage de chaque point $y \in Y$, peut être induite par une fonction holomorphe dans X au voisinage de y. [Si Y est une sous-variété, on retrouve bien ainsi la notion de fonction holomorphe sur la variété analytique complexe Y.] On a prouvé la surjectivité de φ; d'où:

Théorème 11.1. *Soit Y un sous-espace analytique de X. Si le théorème B vaut pour X, toute fonction holomorphe sur Y est la restriction à Y d'au moins une fonction holomorphe sur X.*

En particulier, supposons que Y soit un sous-ensemble *discret* de X(c'est-à-dire se compose de points isolés sans point d'accumulation): Y est alors une sous-variété analytique de dimension zéro, et le théorème 11.1 s'applique: si le théorème B vaut pour X, *il existe une fonction f holomorphe dans X qui prend des valeurs arbitrairement données aux points d'un ensemble discret.*

On verrait facilement qu'on peut même se donner arbitrairement, en chacun des points de Y, un développement limité de la fonction holomorphe f inconnue.

Revenons au cas général d'un sous-espace analytique Y de X. Appliquons le théorème A au faisceau cohérent I (en supposant, bien entendu, qu'il soit vrai): les éléments de $\Gamma(X, I)$, c'est-à-dire les fonctions holomorphes dans X qui s'annulent identiquement sur Y, engendrent l'*idéal* I_x en chaque point $x \in X$. En particulier, si $x \notin Y$, elles engendrent O_x; cela signifie qu'il existe une $f \in \Gamma(X, I)$ qui ne s'annule pas au point x. Autrement dit, *les fonctions holomorphes dans X qui s'annulent sur Y n'ont aucun zéro commun en dehors de Y.* En fait, une analyse plus poussée montrerait que, lorsque X est réunion dénombrable de compacts et satisfait aux théorèmes A et B, tout sous-espace analytique Y peut être défini par l'annulation de $n + 1$ fonctions holomorphes dans X (n désignant la dimension complexe de la variété X).

Exemple 2. Soit F un faisceau cohérent sur une variété analytique complexe X satisfaisant au théorème B. Considérons un système fini $(s_1, \ldots, s_p)$ d'éléments de $\Gamma(X, F)$; et supposons que, pour tout $x \in X$, les images des s_i dans F_x engendrent le O_x-module F_x. Cela signifie que le morphisme de faisceaux $\varphi: O^p \to F$ défini par les p sections s_i est *surjectif* (cf. n° 4). On a donc une suite exacte

$$0 \to N \to O^p \to F \to 0,$$

où N est cohérent; puisque $H^1(X, N) = 0$ en vertu du théorème B, l'application linéaire

$$\Gamma(X, O^p) \to \Gamma(X, F)$$

définie par φ est surjective. Or elle envoie

$$(c_1, \ldots, c_p) \in (\Gamma(X, O))^p = \Gamma(X, O^p)$$

dans $\sum_{i=1}^p c_i s_i \in \Gamma(X, F)$. D'où:

Théorème 11.2. *Sous les hypothèses précédentes, tout élément de $\Gamma(X, F)$ est combinaison linéaire de $s_1, \ldots, s_p$ à coefficients holomorphes dans X.* Autrement dit: *$s_1, \ldots, s_p$ engendrent $\Gamma(X, F)$ comme module sur l'anneau $\Gamma(X, O)$.*

Par exemple, prenons $F = O$. L'hypothèse signifie que $s_1, \ldots, s_p$ sont des fonctions holomorphes dans X, sans zéro commun. La conclusion du théorème dit qu'il existe une identité

$$1 = \sum_{i=1}^p c_i s_i,$$

à coefficients c_i holomorphes dans X.

Exemple 3. Définissons d'abord, sur une variété analytique complexe X, le faisceau $\mathcal{M}$ des "fonctions méromorphes" (en toute rigueur, ce ne sont pas des fonctions, puisqu'elles peuvent admettre des points d'indétermination). Pour chaque $x \in X$, O_x est un anneau intègre; soit $\mathcal{M}_x$ son *corps des fractions*, considéré comme module sur O_x. Sur $\mathcal{M} = \bigcup_{x \in X} \mathcal{M}_x$, on peut définir une topologie qui en fait un faisceau de O-modules. Mais il est aussi commode de procéder autrement; on définit d'abord le préfaisceau G que voici: pour tout ouvert U, $G(U)$ est le $O(U)$-module des quotients f/g, où f et g sont holomorphes dans U, g n'étant identiquement nulle dans aucune composante connexe de U; alors, par définition, $\mathcal{M}$ est le faisceau associé [on vérifie que $\mathcal{M}_x$, limite inductive des $G(U)$, est bien le corps des fractions de O_x].

Par définition, une "fonction méromorphe" dans X est un élément $h \in \Gamma(X, \mathcal{M})$; tout point de x possède donc un voisinage ouvert U dans lequel h peut s'écrire comme un élément de $G(U)$.

Le morphisme naturel $\mathcal{M} \to \mathcal{M}/O$ induit une application linéaire

$$\Gamma(X, \mathcal{M}) \xrightarrow{\varphi} \Gamma(X, \mathcal{M}/O).$$

Un élément de $\Gamma(X, \mathcal{M}/O)$ est, par définition, un *système de parties principales* dans X; φ associe à toute fonction méromorphe son système de parties principales. Le *problème de Cousin* consiste, étant donné dans X un système de parties principales, à chercher s'il existe une fonction méromorphe dans X qui admette ce système de parties principales.

Théorème 11.3. *Si X satisfait au théorème B, et même, plus généralement, si $H^1(X, O) = 0$, tout système de parties principales peut être défini par une* *fonction méromorphe.*

En effet, la suite exacte de cohomologie

$$\Gamma(X, \mathcal{M}) \xrightarrow{\varphi} \Gamma(X, \mathcal{M}/O) \to H^1(X, O)$$

montre que si $H^1(X, O) = 0$, φ est surjectif.

Théorème 11.4. *Si X satisfait au théorème A, toute fonction méromorphe dans X peut s'écrire comme quotient g/f de deux fonctions holomorphes dans X, f n'étant identiquement nulle dans aucune composante connexe de X.*

Pour la démonstration, il suffit de considérer le cas où X est connexe. Soit $h \in \Gamma(X, \mathcal{M})$; en chaque point $x \in X$, soit I_x l'idéal de O_x formé des $f \in O_x$ telles que $hf \in O_x$. Il est immédiat que I_x est un idéal principal, et que si une fonction holomorphe au voisinage de x_0 engendre I_{x_0}, elle engendre aussi I_x pour x assez voisin de x_0. Donc les I_x forment un sous-faisceau *cohérent* I de O. Choisissons un point $a \in X$; d'après le théorème A, les éléments de $\Gamma(X, I)$ (c'est-à-dire les f holomorphes dans X telles que hf soit holomorphe) engendrent l'idéal I_a de l'anneau O_a. Il existe donc une telle f qui n'est pas identiquement nulle au voisinage de a, c'est-à-dire qui n'est pas identiquement nulle dans X (supposé connexe). On a

$$hf = g \in \Gamma(X, O),$$

d'où $h = g/f$, comme annoncé.

Remarque: rien ne garantit que, en tout point $x \in X$, f et g sont premières entre elles, c'est-à-dire sans diviseur commun autre que 0 ou un élément inversible de O_x. Toutefois, lorsqu'on sait résoudre le "deuxième problème de Cousin", il est possible d'écrire h sous la forme g/f, f et g étant premières entre elles en tout point; pour cela il suffit que l'espace X vérifie certaines conditions topologiques, à savoir $H^2(X, \mathbb{Z}) = 0$ ($\mathbb{Z}$ désignant le faisceau constant du groupe abélien additif des entiers); voir [12].

12. Faisceaux cohérents sur un sous-espace analytique

La question a d'abord un aspect purement *topologique*: soit X un espace topologique, et Y un sous-espace *fermé* de X. A chaque faisceau F (de groupes abéliens, resp. d'anneaux) sur X, associons sa restriction $F|Y$ à l'espace Y. Pour les sections continues, on a un homomorphisme de restriction

$$\rho: \Gamma(X, F) \to \Gamma(Y, F|Y);$$

de plus, si F est *concentré sur* Y, c'est-à-dire si $F_x = 0$ pour $x \notin Y$, ρ est une *bijection.*

Inversement, soit donné un faisceau G sur Y; cherchons un faisceau F sur X, qui soit concentré sur Y, et tel que $F|Y$ soit isomorphe à G. On voit facilement que ce problème a une solution, et que la solution est "unique à un isomorphisme près". On notera G^X la solution, G étant identifié à $G^X|Y$. Alors ρ est un isomorphisme $\Gamma(X, G^X) \approx \Gamma(Y, G)$. De plus, la considération des résolutions flasques de G (cf. [7]) montre facilement que

$$H^n(X, G^X) \approx H^n(Y, G) \quad \text{pour tout} \quad n \geqslant 0.$$

Abordons maintenant l'aspect *analytique* de la question. On suppose désormais que X est une variété analytique complexe, et Y un sous-espace analytique. Soit I le faisceau cohérent d'idéaux défini par Y (cf. n° 11, exemple 1). Soit A le faisceau d'anneaux, sur Y, défini par

$$A = (O/I)|Y.$$

Il est clair que A^X s'identifie à O/I. Le faisceau A est, par définition, le faisceau des fonctions holomorphes sur Y. Soit maintenant, sur Y, un faisceau F de A-modules; prolongé par 0 en dehors de Y, il donne un faisceau F^X, qu'on peut considérer comme faisceau de A^X-modules, c'est-à-dire de (O/I)-modules, donc aussi comme faisceau de O-modules. Nous admettons le

Théorème 12.1. *Avec les notations précédentes, si F est A-cohérent* (*c'est-à-dire cohérent comme faisceau de A-modules*), *alors F^X est O-cohérent.*

Pour la démonstration, voir [13]; elle n'a rien à voir avec les fonctions holomorphes, et s'applique chaque fois que O est un faisceau d'anneaux, I est sous-faisceau de O qui est de type fini, et est tel que O/I soit nul en dehors du sous-espace fermé Y.

Corollaire. *A est un faisceau cohérent d'anneaux sur Y.* (En effet, $O/I = A^X$ est un faisceau O-cohérent sur X). Ceci généralise le théorème d'Oka. On pourra donc travailler avec le faisceau A sur Y de la même manière qu'on a pu travailler avec le faisceau O sur X. Cependant il n'y a plus, en général, de théorème des syzygies, car l'anneau local $A_x = O_x/I_x$ n'est plus nécessairement "régulier".

On a vu que, pour tout faisceau F de groupes abéliens sur Y, on a

$$H^n(Y, F) = H^n(X, F^X).$$

D'où:

Théorème 12.2. *Si la variété analytique X satisfait aux théorèmes A et B, tout sous-espace analytique Y de X satisfait aux théorèmes A et B* (il s'agit alors des faisceaux cohérents sur Y, comme faisceau de modules sur le faisceau d'anneaux des fonctions holomorphes sur Y).

13. Espaces analytiques; espaces de Stein

Définition. On appelle *espace analytique* un espace topologique séparé X, muni d'un faisceau O d'anneaux de germes de fonctions continues à valeurs complexes, et qui satisfait à la condition suivante:

(AN) tout point $x \in X$ possède un voisinage ouvert U qui, muni du faisceau $O|U$, est *isomorphe* à un sous-espace analytique Y d'un ouvert d'un espace numérique $\mathbb{C}^N$, Y étant muni du faisceau défini au n° précédent.

Dans l'énoncé de la condition (AN) intervient la notion d'*isomorphisme* de deux espaces annelés (c'est-à-dire muni chacun d'un faisceau d'anneaux); la définition est évidente.

Le faisceau O donné sur X s'appelle le *faisceau structural* de l'espace analytique. Pour tout ouvert $U \subset X$, les éléments de $\Gamma(U, O)$ sont des fonctions continues dans U: par définition, ce sont les *fonctions holomorphes* dans U. L'anneau O_x est l'anneau des *germes* de fonctions holomorphes au point x.

Il résulte du corollaire du théorème 12.1 que le faisceau O est un faisceau *cohérent* d'anneaux.

Etant donnés deux espaces analytiques X et X', munis de leurs faisceaux structuraux O et O', une application $f: X \to X'$ est dite *holomorphe* si elle est continue, et si, pour chaque $x \in X$ et chaque $\varphi \in O'_{f(x)}$, la composée $\varphi \circ f$ (qui est un germe de fonction continue au point x) appartient à O_x.

Définition d'un espace de Stein. Un espace de Stein est un espace analytique X, réunion dénombrale de compacts, qui satisfait aux trois conditions suivantes:

(i) les fonctions holomorphes dans X séparent les points de X [cela veut dire que si x et x' sont des points distincts de X, il existe une $f \in \Gamma(X, O)$ telle que $f(x) \neq f(x')$];

(ii) les fonctions holomorphes dans X fournissent des réalisations locales pour tous les points de X [cela veut dire que, pour tout x, il existe un système fini $(f_1, \ldots, f_N)$ de fonctions holomorphes dans X tout entier, et dont la restriction à un voisinage ouvert U de x définit un isomorphisme de l'espace analytique U sur un sous-espace analytique d'un ouvert de $\mathbb{C}^N$];

(iii) X est holomorphiquement convexe [cela veut dire que, pour tout compact $K \subset X$, l'enveloppe holomorphe $\hat{K}$, définie par

$$x \in \hat{K} \Leftrightarrow \{x \in X \text{ et } |f(x)| \leqslant \sup_{y \in K} |f(y)| \quad \text{pour toute } f \in \Gamma(X, O)\},$$

est *compacte*.]

Remarques. (1) lorsque X est une *variété* analytique complexe, la condition (ii) exprime que, pour tout $x \in X$, il existe un système de coordonnées locales, dans un voisinage de x, formé de fonctions holomorphes dans tout X.

(2) Grauert a démontré que les conditions (i) et (iii) entrainent (ii); mais la démonstration est difficile et sort du cadre de ces exposés.

(3) on peut remplacer la condition (iii) par une condition plus faible: (iii') pour tout compact K, il existe un ouvert V contenant K, tel que $V \cap \hat{K}$ soit compact.

Théorème 13.1. (théorème fondamental). *Les théorèmes A et B sont vrais pour tout espace de Stein X et tout faisceau cohérent sur X.*

Pour la démonstration (dont on va seulement indiquer les grandes lignes), on utilise les conditions (i), (ii) et (iii'). Or, inversement, Serre a démontré [12] que si le théorème B est vrai pour un espace analytique X (réunion dénombrable de compacts), X satisfait à (i), (ii) et (iii), autrement dit X est un espace de Stein; pour la démonstration, il suffit de supposer que

$$H^1(X, I) = 0 \quad \text{pour tout faisceau cohérent d'idéaux.}$$

La démonstration est d'ailleurs facile. Ce résultat entraîne l'*équivalence* des conditions (iii) et (iii'), lorsque (i) et (ii) sont satisfaites.

Pour prouver le théorème 13.1, on établit d'abord un lemme:

Lemme 1. *Pour tout compact $K \subset X$, il existe un ouvert relativement compact $U \supset K$, et un système $(f_1, \ldots, f_k)$ de $f_i \in \Gamma(X, O)$, dont les restrictions à U définissent un isomorphisme de l'espace analytique U sur un sous-espace analytique d'un polydisque borné $P \subset \mathbb{C}^k$.*

La démonstration du lemme est relativement facile. En utilisant (iii'), on démontre d'abord qu'il existe un ouvert relativement compact $U \supset K$, et un système fini $(g_1, \ldots, g_p)$ de fonctions holomorphes dans X, dont les restrictions à U définissent une application *propre* de U dans un polydisque borné $P' \subset \mathbb{C}^p$. Puis, en utilisant les conditions (i) et (ii), on montre qu'il existe un système fini $(h_1, \ldots, h_q)$ de fonctions holomorphes dans X, qui sépare les points de $\overline{U}$ et fournissent, au voisinage de chaque $x \in \overline{U}$, une réalisation de X. Soit $P'' \subset \mathbb{C}^q$ un polydisque borné, assez grand pour contenir l'image de $\overline{U}$ par l'application définie par $(h_1, \ldots, h_q)$. Alors le système $(g_1, \ldots, g_p, h_1, \ldots, h_q)$ définit une application holomorphe et propre de U dans $P = P' \times P'' \subset \mathbb{C}^p \times \mathbb{C}^q = \mathbb{C}^k$ $(k = p + q)$, et réalise globalement U comme sous-espace analytique (fermé) de P.

C.Q.F.D.

Puisque, grâce au lemme, U est isomorphe à un sous-espace analytique de P, et puisque les théorèmes A et B sont vrais pour P (corollaire du théorème 7.2), ils sont vrais pour U (théorème 12.2). On va voir que l'on se trouve dans les conditions d'application du théorème 7.2. Mais auparavant, nous observons que le théorème 7.2 n'a été formulé et démontré que pour les *variétés* analytiques, alors qu'ici X est seulement un *espace analytique*. Il est donc nécessaire de généraliser d'abord le théorème 7.2 au cas des espaces analytiques.

Or la démonstration du théorème 7.2 reposait notamment sur la considération d'une topologie d'espace de Fréchet sur $\Gamma(X, F)$, lorsque F est un faisceau cohérent sur une *variété* analytique X (cf. no. 9). On va montrer maintenant comment on définit la topologie de $\Gamma(X, F)$ dans le cas où X est un espace analytique, en général. Rappelons d'abord que, lorsque X est une *variété*, cette topologie a été caractérisée par les propriétés (a), (b), (c) énoncées au n° 9; d'autre part on voit facilement qu'elle possède la propriété suivante:

(d) si la variété analytique complexe X est plongée comme sous-variété (fermée) d'une variété analytique complexe Y, si F est un faisceau cohérent sur X, et si F^Y désigne le faisceau cohérent sur Y, concentré sur X, tel que $F^Y|X = F$, alors la bijection $\Gamma(Y, F^Y) \to \Gamma(X, F)$ est un isomorphisme d'espaces de Fréchet.

Pour définir une topologie d'espace de Fréchet sur $\Gamma(X, F)$ dans le cas des espaces analytiques, on va imposer les conditions (b), (c), (d) en les formulant pour les espaces analytiques (et non plus seulement pour les variétés), et en formulant en outre (a) dans le cas où U est un ouvert d'une *variété*. Il est facile de voir (en utilisant des réalisations locales d'un espace analytique comme sous-espace analytique d'une variété) que *le problème ainsi posé admet une solution et une seule*: le raisonnement est analogue à celui fait dans le cas des variétés.

En particulier, si O est le faisceau structural d'un espace analytique X, $\Gamma(X, O)$ se trouve muni d'une topologie d'espace de Fréchet. Mais il n'est pas évident que cette topologie soit justement celle de la convergence, uniforme sur tout compact, des fonctions holomorphes. C'est d'ailleurs vrai (autrement dit la condition (a) est satisfaite aussi pour les espaces analytiques); mais il s'agit là d'un théorème assez profond, dû à Grauert et Remmert. Nous n'en aurons pas besoin.

Maintenant qu'on dispose de la topologie des espaces vectoriels $\Gamma(X, F)$, on peut recopier, dans le cas des espaces analytiques, la démonstration du théorème 7.2 donnée au numéro 10: il n'y a rien à y changer.

Revenons enfin à la démonstration du théorème 13.1. Nous avons déjà prouvé que l'espace de Stein X est réunion d'une suite croissante d'ouverts U_i, relativement compacts, tels que $\overline{U} \subset U_{i+1}$, et que les théorèmes A et B sont vrais pour chaque U_i (et tout faisceau cohérent). Il reste donc simplement, pour pouvoir appliquer le théorème 7.2, à montrer que l'hypothèse (i) du théorème 7.1 est vérifiée ici. C'est ce que dit le

Lemme 2. *Si l'ouvert U, relativement compact, de X est, comme au lemme 1, réalisé comme sous-espace analytique d'un polydisque ouvert et borné $P \subset \mathbb{C}^k$, alors l'image de l'application de restriction*

$$\Gamma(X, O) \to \Gamma(U, O)$$

est dense dans $\Gamma(U, O)$ (il s'agit de la topologie de $\Gamma(U, O)$ qu'on vient de définir ci-dessus).

En effet, considérons, dans le polydisque P, l'application de restriction

$$\Gamma(P, O(P)) \to \Gamma(U, O(U)), \tag{13.1}$$

qui est une application continue d'espaces de Fréchet (propriété (d)). D'après le théorème B appliqué au polydisque ouvert P, elle est *surjective* (cf. théorème 11.1). Or le classique développement en série entière des fonctions holomorphes dans un polydisque P nous dit que tout élément de $\Gamma(P, O(P))$ est limite (au sens de la topologie de cet espace) de *polynômes* sur l'espace $\mathbb{C}^k$. Or le plongement

$$U \to P \subset \mathbb{C}^k$$

a été défini par k fonctions $(f_1, \ldots, f_k)$ holomorphes dans X tout entier (cf. lemme 1). Il en résulte que tout élément de $\Gamma(U, O)$ est limite (au sens de la topologie de $\Gamma(U, O)$) de fonctions induites sur U par des polynômes par rapport aux f_i, donc de fonctions induites sur U par des fonctions holomorphes dans X. [Ceci est l'essentiel du théorème d'approximation de Oka-Weil.] Et le lemme 2 est démontré.

En même temps, la démonstration du théorème 13.1 est achevée.

14. Quelques exemples d'espaces de Stein

Nous mentionnons simplement ici, pour mémoire, quelques faits bien connus.

Le produit de deux espaces de Stein est un espace de Stein (c'est évident sur la définition).

Tout sous-espace analytique (fermé) *d'un espace de Stein est un espace de Stein* (même observation).

Toute variété de Stein de dimension n est réalisable (*globalement*) *comme sous-variété de l'espace* $\mathbb{C}^{2n+1}$ (théorème de Remmert et Narasimhan [10]). Le cas des *espaces* de Stein est plus compliqué.

Tout ouvert $U \subset \mathbb{C}$ *est de Stein* (cela résulte essentiellement du théorème d'approximation de Runge: toute fonction holomorphe dans U peut être arbitrairement approchée, au sens de la convergence uniforme sur les compacts de U, par des fonctions rationnelles dont les pôles appartiennent aux composantes connexes compactes de $\mathbb{C} - U$). Donc:

Tout "polycylindre" de $\mathbb{C}^n$ (i.e.: produit $U_1 \times \ldots \times U_n$ de n ouverts situés respectivement dans les n facteurs $\mathbb{C}$ de $\mathbb{C}^n$) est une variété de Stein.

Les ouverts de $\mathbb{C}^n$ qui sont de Stein sont exactement les *ouverts d'holomorphie.*

15. Structure d'un faisceau cohérent[1]

On se place sur un espace analytique X, muni de son faisceau structural O. Soit F un faisceau *cohérent* sur X. En un point $x \in X$, F_x est un module de type fini sur l'anneau local O_x; on définit le *rang* du module F_x, noté *rg* (F_x): c'est la dimension du $\mathbb{C}$-espace vectoriel

$$F_x \otimes_{O_x} \mathbb{C} = F_x/\mathfrak{m}_x \cdot F_x,$$

où $\mathfrak{m}_x$ désigne l'idéal maximal de l'anneau O_x (cf. n° 1; ici, $\mathbb{C}$ est le corps résiduel $O_x/\mathfrak{m}_x$). Puisque F_x est de type fini, l'espace vectoriel $F_x \otimes_{O_x} \mathbb{C}$ est de dimension finie: $rg(F_x)$ est *fini.*

---

(1) Les questions traitées dans ce numéro ont déjà fait l'objet d'une conférence de G. Scheja à Oberwolfach. Voir aussi [9].

On a $rg(F_x) = 0$ si et seulement si $F_x = 0$: c'est le lemme de Nakayama (n° 1, lemme 1). Plus généralement, le corollaire du lemme 1 (n° 1) montre qu'il existe un système de générateurs du O_x-module F_x en nombre égal à $rg(F_x)$. D'une façon précise: $rg(F_x)$ est le nombre d'éléments de *tout système minimal de générateurs* de F_x.

Puisque F, qui est cohérent par hypothèse, est *de type fini*, on voit que si $rg(F_x) = p$, il existe, dans un voisinage de x, un morphisme surjectif $O^p \to F$, et par suite $rg(F_y) \leqslant p$ pour tout point y assez voisin de x. Autrement dit, l'ensemble des $x \in X$ tels que $rg(F_x) \leqslant p$ est *ouvert*. On a un résultat plus précis:

Théorème 15.1. *L'ensemble*

$$E(x|rg(F_x) > m)$$

est un sous-ensemble analytique (fermé) de X.

Comme la question est locale, on se place au voisinage d'un $x_0 \in X$, et on écrit, dans ce voisinage, un début de résolution libre (de type fini) du faisceau cohérent F

$$O^q \xrightarrow{f} O^p \xrightarrow{g} F \to 0 \quad \text{(suite exacte)}. \tag{15.1}$$

En chaque point x voisin de x_0, on peut tensoriser par $\otimes_{O_x} \mathbb{C}$ la suite exacte de O_x-modules:

$$(O_x)^q \xrightarrow{f_x} (O_x)^p \xrightarrow{g_x} F_x \to 0;$$

on obtient une *suite exacte* (parce que le produit tensoriel est un foncteur "exact à droite"):

$$\mathbb{C}^q \xrightarrow{\varphi_x} \mathbb{C}^p \xrightarrow{\psi_x} F_x \otimes_{O_x} \mathbb{C} \to 0, \tag{15.2}$$

et φ_x s'interprète comme suit: le morphisme f de (15.1) est défini par q sections continues $f^1, \ldots, f^q$ de O^p, c'est-à-dire par q fonctions holomorphes $f^1, \ldots, f^q$ à valeurs dans $\mathbb{C}^p$. Alors la valeur de φ_x sur le i-ième vecteur de la base canonique de $\mathbb{C}^q$ est égale à $f^i(x)$: valeur, au point x, de la fonction holomorphe f^i. Ainsi, $f^1, \ldots, f^q$ définissent une matrice holomorphe $M(x)$ à p lignes et q colonnes; et la matrice de l'application linéaire φ_x est la valeur, au point x, de cette matrice. Cela dit, l'exactitude de la suite (15.2) donne, en comptant les dimensions des espaces vectoriels:

$$rg(F_x) = p - \dim_{\mathbb{C}} (\operatorname{Im} \varphi_x). \tag{15.3}$$

Les points x où $rg(F_x) > m$ sont donc ceux où l'image de φ_x est de dimension $<p - m$, c'est-à-dire où tous les mineurs d'ordre $p - m$ de la matrice $M(x)$ sont nuls. On obtient donc ces points x en égalant à zéro un système fini de fonctions holomorphes au voisinage de x_0. C.Q.F.D.

Corollaire du théorème 15.1. *Le support de* F (ensemble des x tels que $F_x \neq 0$) *est un sous-espace analytique.*

Etude de l'ensemble des points x où F_x est O_x-libre.

Proposition 15.2. *L'ensemble des x où F_x est libre est un ouvert U, et $rg(F_x)$ est localement constant dans U. Réciproquement, si $rg(F_x)$ est constant au voisinage de x_0, F_{x_0} est libre.*

Supposons que F_{x_0} soit libre, et soit $rg(F_{x_0}) = p$. Il existe, au voisinage de x_0, une suite exacte de faisceaux

$$0 \to N \to O^p \to F \to 0;$$

le noyau N est cohérent, et $N_{x_0} = 0$; donc $N_x = 0$ pour x assez voisin de x_0, et f est donc un isomorphisme de faisceaux au voisinage de x_0; il s'ensuit que F_x est libre de rang p pour tout x assez voisin de x_0. Réciproquement, supposons $rg(F_x) = p$ au voisinage de x_0, et écrivons, au voisinage de x_0, un début de résolution (15.1); la relation (15.3), compte tenu du fait que $rg(F_x) = p$, dit que Im $\varphi_x = 0$ pour x assez voisin de x_0; donc le morphisme f de (15.1) est nul, et $g: O^p \to F$ est un isomorphisme de faisceaux au voisinage de x_0.

Remarque: le cas où F_x est libre n'exclut pas que F_x soit réduit à 0; c'est le cas où $rg\ (F_x) = 0$.

Soit toujours F un faisceau cohérent sur X. Soit m le minimum de $rg(F_x)$ quand x parcourt X. D'après le théorème 15.1, l'ensemble des x tels que $rg(F_x) > m$ est un sous-ensemble analytique Y distinct de X. Si X est *irréductible* (c'est-à-dire si X n'est pas réunion de deux sous-espaces analytiques X' et X'' tous deux distincts de X), l'ouvert $X - Y$ est *dense dans* X. Dans le cas général (où X n'est plus nécessairement irréductible), un raisonnement facile montre que l'on a encore le résultat suivant:

Théorème 15.3. *L'ensemble des points $x \in X$ où F_x n'est pas libre est un sous-espace analytique, dont le complémentaire est un ouvert U partout dense. Le rang de F_x, aux points $x \in U$, est constant si X est irréductible.*

Supposons maintenant que X soit une *variété* analytique complexe de dimension n. Alors le théorème des syzygies (théorème 1.1) s'applique au O_x-module F_x.

Définition. On appelle *dimension homologique* de F_x, et on note $dh(F_x)$, le plus petit des entiers m tels que F_x possède une résolution libre, de type fini, et de longueur m (cf. n° 1). On convient que si $F_x = 0$, $dh(F_x) = -\infty$; sinon, $dh(F_x)$ est un entier $\geqslant 0$ et $\leqslant n$; $dh(F_x) = 0$ si et seulement si F_x est *libre* et $\neq 0$.

Si $F_x \neq 0$, le théorème 1.2 donne le critère suivant: choisissons arbitrairement une suite exacte

$$(O_x)^{p_{m-1}} \xrightarrow{f_x} (O_x)^{p_{m-2}} \to \ldots \to (O_x)^{p_0} \to F_x \to 0,$$

et soit N_x le noyau de f_x [si $m = 0$, la suite se compose uniquement de $F_x \to 0$, et $N_x = F_x$; si $m = 1$, f_x désigne $(O_x)^{p_0} \to F_x$]. *Pour que $dh(F_x) \leqslant m$, il faut et il suffit que N_x soit libre.*

Théorème 15.4. *Soit F un faisceau cohérent sur une variété analytique X. L'ensemble des $x \in X$ tels que*

$$dh(F_x) > m$$

est un sous-espace analytique de X.

En effet, c'est vrai si $m < 0$: il s'agit alors de l'ensemble des x tels que $F_x \neq 0$ (cf. corollaire du théorème 15.1). Si $m \geqslant 0$, on applique le critère précédent: on trouve l'ensemble des points où N_x n'est pas libre, ensemble auquel on applique le théorème 15.3.

On peut démontrer que *l'ensemble*

$$E(x | dh(F_x) > m)$$

est, dans X, de codimension (complexe) $> m$.

Dans le cas général où l'espace analytique X n'est plus nécessairement une variété, on introduit une notion autre que celle de dimension homologique (celle-ci pourrait être *infinie*). Réalisons localement X comme sous-espace analytique d'une *variété* Y de dimension N; si F est un faisceau $O(X)$-cohérent, notons $\hat{F}$ le faisceau, sur Y, qui induit F sur X et est nul hors de X; $\hat{F}$ doit être considéré comme faisceau $O(Y)$-cohérent. On a, pour $x \in X$,

$$dh(\hat{F}_x) \leqslant N$$

[$dh(\hat{F}_x)$ est la dimension homologique de F_x considéré comme module sur l'anneau de séries convergentes $O_x(Y)$, et non comme module sur l'anneau quotient $O_x(X)$]. On montre que la différence

$$N - dh(\hat{F}_x)$$

ne dépend pas du choix du plongement de X (au voisinage de x) dans une variété. Cet entier s'appelle la *profondeur* du O_x-module F_x, et se note

$$\text{prof}\,(F_x).$$

Il est égal à $+\infty$ si $F_x = 0$; il est fini et $\geqslant 0$ si $F_x \neq 0$.

Le théorème 15.4 a pour:

Corollaire. *Soit F un faisceau cohérent sur un espace analytique X. L'ensemble des x tels que*

$$\text{prof}\,(F_x) < k \quad (k \text{ entier, éventuellement } +\infty)$$

est un sous-espace analytique.

Si on admet le complément au théorème 15.4, relatif à la codimension de $E(x|dh(F_x) > m)$, on voit que *l'espace analytique du corollaire est de dimension* $<k$.

J.-P. Serre [15] a prouvé que la profondeur de F_x est égale à la longueur de toutes les *F_x-suites maximales*: une F_x-suite est une suite $(u_1, \ldots, u_p)$ d'éléments de l'idéal maximal $\mathfrak{m}_x \subset O_x$, telles que, si J_k (pour $0 \leqslant k < p$) désigne l'idéal de O_x engendré par $u_1, \ldots, u_k$, l'élément $u_{k+1} \in O_x/J_k$ ne soit pas diviseur de zéro pour le (O_x/J_k)-module $F_x/J_k \cdot F_x$. On observera que la condition (P_n) du n° 1 exprime que l'anneau $K\{x_1, \ldots, x_n\}$, considéré comme module sur lui-même, est de profondeur n.

Appliquons la notion de *profondeur* à l'anneau O_x lui-même (nous sommes en un point x d'un espace analytique X). Si x est un point *régulier*, c'est-à-dire si X est une variété analytique au voisinage de x, on a

$$\operatorname{prof}(O_x) = \dim_x X$$

d'après ce qui précède (le second membre désigne la dimension complexe de X au point x). Soit maintenant x un point singulier (c'est-à-dire non régulier) de X; on sait que si $\dim_x X = n$, il existe des points réguliers $y \in X$, arbitrairement voisins de x, et tels que $\dim_y (X) = n$. Il s'ensuit que

$$\operatorname{prof}(O_x) \leqslant \dim_x X, \qquad (15.4)$$

puisque l'ensemble des y tels que $\operatorname{prof}(O_y) \geqslant \operatorname{prof}(O_x)$ est ouvert (corollaire du théorème 15.4).

L'entier $\operatorname{prof}(O_x)$ corrige en quelque sorte la notion de *dimension* aux points x singuliers de X; l'entier $\dim_x X - \operatorname{prof}(O_x) \geqslant 0$ donne une mesure de la singularité du point x. Par exemple, en un point x au voisinage duquel X peut se réaliser comme *intersection complète* dans une variété Y (c'est-à-dire de façon que le sous-espace X soit défini, dans Y, en égalant un nombre de fonctions holomorphes égal à la codimension de X dans Y), la profondeur de O_x est *égale* à $\dim_x X$.

16. La cohomologie locale de Grothendieck

Voici d'abord des considérations purement topologiques. Soit A un sous-ensemble *fermé* d'un espace topologique (quelconque) X. On va définir les groupes de cohomologie de X, à coefficients dans un faisceau de groupes abéliens F, et *à supports dans A*: c'est un cas particulier de la cohomologie à supports dans une famille Φ de fermés (cf. [7]).

Tout d'abord, le *support* d'une section continue $s \in \Gamma(X, F)$ est un fermé. Les s dont le support est contenu dans A forment un sous-groupe $\Gamma_A(X, F)$ de $\Gamma(X, F)$; alors

$$F \rightsquigarrow \Gamma_A(X, F)$$

est un foncteur covariant de la catégorie des faisceaux dans la catégorie des groupes abéliens. Il est *exact à gauche*: pour toute suite exacte

$$0 \to F' \to F \to F'' \to 0,$$

la suite

$$0 \to \Gamma_A(X, F') \to \Gamma_A(X, F) \to \Gamma_A(X, F'')$$

est exacte. Les "groupes de cohomologie à supports dans A":

$$H_A^n(X, F) \quad (n \text{ entier} \geqslant 0)$$

sont les "foncteurs dérivés à droite" de ce foncteur exact à gauche. On peut en donner une caractérisation axiomatique, calquée sur celle donnée au n° 5 pour les $H^n(X, F)$. En particulier, on a un isomorphisme fonctoriel

$$H_A^0(X, F) \approx \Gamma_A(X, F),$$

et les $H_A^n(X, F)$, pour $n \geqslant 1$, sont nuls lorsque F est flasque. Comme au n° 5, les $H_A^n(X, F)$ peuvent se calculer avec une résolution flasque de F (cf. la suite exacte (5.2) du théorème 5.1).

Soit $\Gamma(X, F) \to \Gamma(X - A, F)$ l'homomorphisme de restriction; son noyau est évidemment $\Gamma_A(X, F)$. Dans le cas où $F = L^n$ ($n \geqslant 0$) est flasque, la suite

$$0 \to \Gamma_A(X, L^n) \to \Gamma(X, L^n) \to \Gamma(X - A, L^n) \to 0$$

est exacte, car toute section continue de L^n au-dessus de l'*ouvert* $X - A$ peut se prolonger en une section continue au-dessus de X, puisque L^n est flasque. On a donc une suite exacte de groupes différentiels gradués

$$0 \to \Gamma_A(X, L^*) \to \Gamma(X, L^*) \to \Gamma(X - A, L^*) \to 0,$$

et celle-ci donne naissance à une suite exacte illimitée pour les groupes de cohomologie, à savoir:

$$\begin{aligned} 0 &\to \Gamma_A(X, F) \to \Gamma(X, F) \to \Gamma(X - A, F) \to H_A^1(X, F) \\ &\to H^1(X, F) \to \dots \to H_A^n(X, F) \to H^n(X, F) \to H^n(X - A, F) \\ &\to H_A^{n+1}(X, F) \to \dots . \end{aligned} \tag{16.1}$$

(Cette suite ne dépend pas du choix de la résolution flasque L^*.) L'application

$H^n(X, F) \to H^n(X - A, F)$ de cette suite s'appelle l'homomorphisme de *restriction* pour la cohomologie.

Par le moyen de cette suite exacte, les groupes $H^n_A(X, F)$ donnent des informations sur les homomorphismes de restriction. Par exemple, supposons que $H^i_A(X, F) = 0$ pour $0 \leqslant i \leqslant r$; alors

$$H^i(X, F) \to H^i(X - A, F) \quad \text{est bijectif pour} \quad i < r,$$
$$H^r(X, F) \to H^r(X - A, F) \quad \text{est injectif.}$$

Remarque: soit U un ouvert de X tel que $U \supset A$. Il est clair que l'homomorphisme de restriction

$$\Gamma_A(X, L^*) \to \Gamma_A(U, L^*)$$

est bijectif. Donc on a des *isomorphismes* $H^n_A(X, F) \approx H^n_A(U, F)$. Les groupes $H^n_A(X, F)$ ne dépendent donc que des propriétés de X (et de F) *au voisinage de* A. D'où le nom de *cohomologie locale* (sous-entendu: locale au sens de A).

Soit maintenant U un ouvert ne contenant plus nécessairement A. On a des homomorphismes de restriction

$$H^n_A(X, F) \to H^n_{A \cap U}(U, F),$$

définis à partir de $\Gamma_A(X, L^*) \to \Gamma_{A \cap U}(U; L^*)$. On écrira, par abus de langage, $H^n_A(U, F)$ au lieu de $H^n_{A \cap U}(U; F)$. Il s'ensuit que, lorsque U parcourt l'ensemble des ouverts de X, les groupes $H_A(U, F)$ forment un *préfaisceau* de groupes abéliens: on le notera $H_A(F)$.

Soit $\mathscr{U} = (U_i)_{i \in I}$ un recouvrement ouvert de X. On peut considérer les groupes de cohomologie de $\mathscr{U}$ à valeurs dans le préfaisceau $H^q_A(F)$, soit

$$H^p(\mathscr{U}, H(F)).$$

(Pour la notion de groupes de cohomologie d'un recouvrement, voir par exemple [13]). Par la méthode habituelle on démontre l'existence d'une "suite spectrale de Leray": il existe une suite spectrale, dont le terme E_2 est défini par

$$E_2^{p,q} = H^p(\mathscr{U}, H^q_A(F)),$$

et qui converge vers le groupe gradué $H^*_A(X, F) = \oplus_{n \geqslant 0} H^n_A(X, F)$.

Des raisonnements classiques de suite spectrale donnent alors:

Proposition 16.1. *Soit F un faisceau de groupes abéliens sur l'espace X, et soit A un fermé de X. Soit $\mathscr{U} = (U_i)_{i \in I}$ un recouvrement ouvert de X, et soit $r \geqslant 0$ un entier. Supposons que, pour toute intersection finie*

$$U_{i_0 \ldots i_p} = U_{i_0} \cap \ldots \cap U_{i_p}$$

d'ouverts de $\mathcal{U}$, les groupes de cohomologie locale $H_A^q(U_{i_0 \ldots i_p}, F)$ soient nuls pour $q \leqslant r$. Alors on a

$$H_A^q(X, F) = 0 \quad pour \quad q \leqslant r.$$

Allons un peu plus loin. Supposons que l'on sache déjà que, pour *tout* ouvert $V \subset X$, on a

$$H_A^q(V, F) = 0 \quad \text{pour} \quad q < r;$$

supposons en outre que tout point $x \in X$ possède un voisinage ouvert U_x tel que $H_A^r(U_x, F) = 0$. Recouvrons X par de tels ouverts U_x, et considérons la suite spectrale de ce recouvrement: elle montre que $H_A^r(X, F) = 0$. Si on fait la même chose pour un ouvert $V \subset X$, on trouve de même que $H_A^r(V, F) = 0$. Ces considérations, appliquées par récurrence, conduisent finalement à la:

Proposition 16.2. *Soit F un faisceau de groupes abéliens sur l'espace X, et soit A un fermé de X. Soit r un entier $\geqslant 0$. Supposons que chaque point $x \in X$ possède un voisinage ouvert U tel que $H_A^q(U, F) = 0$ pour $q \leqslant r$. Alors, pour tout ouvert $V \subset X$, on a*

$$H_A^q(V, F) = 0 \quad pour \quad q \leqslant r.$$

La conclusion vaut notamment pour X lui-même: ainsi, on a pu "globaliser" la nullité des groupes $H_A^q(X, F)$ pour $q \leqslant r$, en supposant leur nullité au voisinage de chaque point.

On va appliquer ceci à un exemple déjà traité par G. Scheja [11]. Soit X une *variété* analytique complexe de dimension n. Soit A un sous-ensemble *fermé*, de dimension complexe $\leqslant p$ en chacun de ses points (ceci signifie que pour tout $x \in A$ il existe un ouvert U contenant x et un sous-ensemble analytique M de U, de dimension $\leqslant p$, tel que $A \cap U \subset M$). Un raisonnement dû à Frenkel [6] et repris par Scheja, ainsi que par Andreotti et Grauert [1], montre ceci: tout $x \in X$ possède un voisinage ouvert U tel que

$$H_A^r(U, O) = 0 \quad \text{pour} \quad r < n - p.$$

D'après la proposition 16.2, on a donc

$$H_A^r(X, O) = 0 \quad \text{pour} \quad r < n - p.$$

Mieux: soit F un faisceau cohérent *localement libre* sur X; pour V ouvert assez petit, on a $H_A^r(V, F) = 0$ pour $r < n - p$, d'après le résultat précédent. D'où finalement:

$$H_A^r(X, F) = 0 \quad \text{pour} \quad r < n - p, \text{ si } F \text{ est localement libre.} \qquad (16.2)$$

Soit maintenant F un faisceau cohérent quelconque sur la variété X. Tout

$x_0 \in X$ possède un voisinage ouvert U dans lequel on a une résolution libre de type fini:

$$0 \to O^{p_k} \to O^{p_{k-1}} \to \ldots \to O^{p_0} \to F \to 0,$$

en supposant $dh(F_x) \leqslant k$ pour x voisin de x_0. La suite exacte de cohomologie donne alors, par récurrence sur k à partir du cas $k = 0$:

$$H_A^r(U, F) = 0 \quad \text{pour} \quad r < n - k - p.$$

Donc, si $dh(F_x) \leqslant k$ pour tout $x \in X$, on a, par application de la proposition 16.2:

$$H_A^r(X, F) = 0 \quad \text{pour} \quad r < n - k - p. \tag{16.3}$$

Enfin, examinons le cas général où X est un *espace* analytique, A étant un sous-espace fermé de dimension complexe $\leqslant p$. Au voisinage de chaque point de X, on peut réaliser X comme sous-espace d'une variété Y; soit n la dimension de Y; alors, dans la formule (16.3), $n - k$ est la *profondeur* de F_x (si k est la dimension homologique de $\hat{F}_x$). Par une nouvelle application de la proposition 16.2, on trouve finalement:

Théorème 16.3. *Soit A un sous-ensemble fermé, de dimension complexe $\leqslant p$, d'un espace analytique X. Soit F un faisceau cohérent sur X; supposons que*

$$\text{prof}\,(F_x) \geqslant \rho \quad \textit{pour tout} \quad x \in X.$$

Alors on a

$$H_A^r(X, F) = 0 \quad \textit{pour} \quad r < \rho - p.$$

Par exemple, si on a

$$\text{prof}\,(F_x) \geqslant p + 2 \quad \text{en tout point} \quad x \in X,$$

alors $H_A^0(X, F)$ et $H_A^1(X, F)$ sont nuls; donc l'homomorphisme de restriction

$$\Gamma(X, F) \to \Gamma(X - A, F)$$

est *bijectif*: toute section continue de F dans $X - A$ se prolonge d'une seule manière en une section continue dans X. Ce résultat s'applique notamment au faisceau structural de l'espace X: si la profondeur de O_x est $\geqslant p + 2$ en tout point $x \in X$ (ce qui exige que $\dim_x X \geqslant p + 2$, mais exige davantage en certains points singuliers de X), alors toute fonction holomorphe dans $X - A$ se prolonge d'une seule manière en une fonction holomorphe dans X. Lorsque X est une variété de dimension n, et A un sous-espace analytique de dimension $\leqslant n - 2$, c'est un résultat classique dû à Hartogs.

17. La cohomologie locale (suite)

Nous allons donner un autre exemple de "cohomologie locale". Soit, dans une *variété* analytique X de dimension n, un *compact de Stein* A (par là nous entendons que le compact A possède un système fondamental de voisinages ouverts U qui sont des variétés de Stein). On peut alors démontrer que

$$H_A^r(X, F) = 0 \quad \textit{pour} \quad r \neq n, \text{ si } F \text{ est localement libre.} \tag{17.1}$$

La démonstration ne sera pas donnée ici; elle utilise la dualité des espaces vectoriels topologiques, car on a besoin du résultat de Serre [12]: si U est un ouvert de Stein, et F un faisceau localement libre, alors $H_c^r(U, F) = 0$ pour $r \neq n$, en notant H_c^r les groupes de cohomologie à *supports compacts*.

Mais ici, ce résultat ne se localise pas à *tout* ouvert $V \subset X$: on ne peut affirmer que $H_A^r(V, F) = 0$ pour $r < n$, F étant supposé localement libre. On ne peut donc pas utiliser la proposition 16.2, comme dans l'exemple précédent.

Pour traiter le cas où F est un faisceau *cohérent* (qu'on ne suppose plus localement libre), on ne peut plus utiliser des résolutions locales de F, puisque la proposition 16.2 ne s'applique pas. Heureusement, on peut utiliser une résolution globale: si U est un ouvert de Stein contenant A, on peut appliquer au faisceau F (sur U) le "théorème A"; il s'ensuit qu'il existe un système *fini* d'éléments de $\Gamma(U, F)$, qui engendrent le O_x-module F_x en chaque point x du compact A. On a donc, dans un voisinage de A, un morphisme surjectif $O^{p_0} \to F$, et on peut recommencer le même raisonnement sur le noyau de ce morphisme. Supposons alors que

$$dh(F_x) \leqslant k \quad \text{pour tout} \quad x \in A. \tag{17.2}$$

On aura, dans un voisinage ouvert convenable V de A, une suite exacte

$$0 \to N \to O^{p_{k-1}} \to \ldots \to O^{p_0} \to F \to 0,$$

et le faisceau N sera *localement libre* (à condition de changer V au besoin). Comme $H_A^r(X, F) = H_A^r(V, F)$, une application répétée de la suite exacte de cohomologie fournit le résultat suivant:

$$H_A^r(X, F) = 0 \quad \text{pour} \quad r < n - k, \text{ sous l'hypothèse (17.2).} \tag{17.3}$$

Envisageons maintenant le cas plus général où X est un espace analytique, A étant toujours un compact de Stein. D'après un théorème de Narasimhan [10], il existe un voisinage ouvert V de A, relativement compact, qui admet une réalisation comme sous-espace analytique d'une variété Y; soit n la dimension de Y. En raisonnant alors comme à la fin du n° 16, on obtient:

Théorème 17.1. *Soit A un compact de Stein dans un espace analytique X, et soit F un faisceau cohérent sur X. On a*

$$H^r_A(X, F) = 0 \quad pour \quad r < \rho,$$

pourvu que

$$\text{prof}\,(F_x) \geqslant \rho \quad pour\ tout \quad x \in A.$$

Par exemple, si prof $(F_x) \geqslant 2$ en tout point $x \in A$, on a $H^0_A(X, F) = 0$, $H^1_A(X, F) = 0$; donc l'homomorphisme de restriction

$$\Gamma(X, F) \to \Gamma(X - A, F)$$

est *bijectif*. Ce résultat s'applique notamment au faisceau structural O, et donne un *théorème de prolongement des fonctions holomorphes*, dont le premier exemple est dû à Hartogs (prolongement d'une fonction holomorphe donnée à l'extérieur d'une boule de $\mathbb{C}^n$, lorsque $n \geqslant 2$).

Pour terminer, je voudrais signaler que les résultats développés par Andreotti au cours de ses leçons durant la présente session (voir aussi [1]) rendent vraisemblable le théorème suivant:

Soit X une variété analytique complexe de dimension n, munie de la donnée d'une fonction p, de classe C^∞, à valeurs >0, fortement q-pseudoconvexe, et telle que les ensembles de la forme

$$0 < \varepsilon \leqslant p(x) < c < +\infty$$

soient compacts. Soit A_c le fermé défini par $p(x) \leqslant c$. Alors on a

$$H^r_{A_c}(X, F) = 0 \quad pour \quad r < k - q,$$

dès que

$$dh(F_x) \leqslant k \quad pour\ tout \quad x \in A_c.$$

(Comparer à la proposition 25 de [1].)

J'ignore comment on peut traiter le cas d'un *espace* analytique.

Bibliographie

[1] A. Andreotti et H. Grauert, Théorèmes de finitude pour la cohomologie des espaces complexes (Bull. Soc. M. de France, 90, 1962, p. 193–260).
[2] H. Cartan, Séminaire 1951–52, Exposés XV à XX.
[3] H. Cartan, *Colloque sur les fonctions de plusieurs variables* (Bruxelles 1953, p. 41–56).
[4] H. Cartan, Idéaux et modules de fonctions analytiques de variables complexes (Bull. Soc. Math. de France, 78, 1950, p. 29–64).
[5] H. Cartan and S. Eilenberg, *Homological Algebra* (Princeton Math. Series, no 19, 1956).
[6] J. Frenkel, Cohomologie non abélienne et espaces fibrés (Bull. Soc. M. de France, 85, 1957, p. 135–230).
[7] R. Godement, *Théorie des faisceaux* (Hermann, Paris 1958).

[8] R. C. GUNNING, Local theory of several complex variables (Notes miméographiées par R. Hartshorne, Princeton 1960).
[9] C. HOUZEL, Exposés 18 à 21 du Séminaire H. Cartan (1960–61).
[10] R. NARASIMHAN, Imbedding of holomorphically complete complex spaces (Amer. J. Math., 82, 1960, p. 917–934).
[11] G. SCHEJA, Riemannsche Hebbarkeitssätze für Cohomologieklassen (Math. Ann., 144, 1961, p. 345–360).
[12] J-P. SERRE, *Colloque sur les fonctions de plusieurs variables* (Bruxelles 1953, p. 57–68).
[13] J-P. SERRE, Faisceaux algébriques cohérents (Annals of Math., Series 2, 61, 1955, p. 197–278).
[14] J-P. SERRE, Un théorème de dualité (Commentarii Math. Helv., 29, 1955, p. 9–26).
[15] J-P. SERRE, Sur la dimension homologique des anneaux et des modules noethériens (Symposium Tokyo-Nikko, 1956, p. 175–190).

54.

Some applications of the new theory of Banach analytic spaces

Journal of the London Mathematical Society 41, 70–78 (1966)

I shall report on some recent work of Adrien Douady on infinite-dimensional analytic spaces and their application to the analytic parametrization of all compact analytic subspaces of a given (finite-dimensional) analytic space. This work will appear in the *Annales de l'Institut Fourier*; see also mimeographed Notes in the Leray Seminar (College de France 1965).

1. *Banach analytic manifolds*

It is an obvious generalization of the classical notion of a (complex) analytic manifold. Let us first recall the notion of a *holomorphic* (or *analytic*) mapping $U \to F$, where U is open in a Banach vector space E, and F is a Banach vector space (we shall consider only Banach spaces over the complex field **C**). A map $f: U \to F$ is called holomorphic if, for any $a \in U$, there exists some $r > 0$ and an expansion

$$f(a+x) = \sum_{n \geqslant 0} f_n(x),$$

valid for $\|x\| \leqslant r$, where f_n is a polynomial mapping $E \to F$, homogeneous of degree n, and the series

$$\sum_{n \geqslant 0} \sup_{\|x\| \leqslant r} \|f_n(x)\|$$

is convergent. (One says that $g: E \to F$ is a homogeneous polynomial of degree n if there exists a continuous, n-multilinear and symmetrical mapping $\tilde{g}: E \times \ldots \times E \to F$ such that $g(x, \ldots, x) = g(x)$; then $\tilde{g}$ is uniquely determined by g.)

This is a definition *à la* Weierstrass. An alternative definition (*à la* Cauchy) is the following one: a map $f: U \to F$ is holomorphic if it is **C**-differentiable (in other words: f possesses at each point $a \in U$ a differential, which is a continuous **C**-linear map $E \to F$); one then proves, by using the Cauchy integral, that any f holomorphic in $\|x\| < R$ admits an expansion $\sum_{n \geqslant 0} f_n(x)$ which converges for $\|x\| < R$.

The composition of two holomorphic mappings is again a holomorphic mapping. Hence we have a category $\mathscr{B}$, whose objects are the open subsets of Banach spaces, and the "morphisms" are the holomorphic maps.

In order to define a *Banach analytic manifold*, we take a Hausdorff topological space X, an open covering (Ω_i) of X, and we give, for each i, a homeomorphism $\phi_i: \Omega_i \to U_i$ (where U_i is open in some Banach space E_i), in such a way that the "change of charts" (which is a homeomorphism of some open subspace of U_i onto some open subspace of U_j) be an *isomorphism* of the category $\mathscr{B}$. When all U_i are open subsets of finite-dimensional vector spaces, we get a classical (finite-dimensional) analytic manifold.

Given two Banach analytic manifolds X and X', a map $f: X \to X'$ is called *holomorphic* if, for any $a \in X$, any chart $\phi_i: \Omega_i \to U_i$ (where $\Omega_i \ni a$) and any chart $\phi_j': \Omega_j' \to U_j'$ $\left(\text{where } U_j' \ni f(a)\right)$, the map $\phi_j' \circ f \circ (\phi_i)^{-1}$, which is defined in a neighbourhood of $\phi_i(a)$ in U_i, is a holomorphic map. Hence we have a category, whose objects are the Banach analytic manifolds, and whose morphisms are the holomorphic maps.

Example of a Banach analytic manifold: the grassmannian of a Banach vector space. Let E be a Banach space; let us say that a linear subspace F of E is a *direct subspace* if F is closed and admits a closed supplementary subspace; in other words, if there exists some $p \in \mathscr{L}(E, E)$ such that $p \circ p = p$, $\operatorname{Ker} p = F$. Let us denote by $\mathscr{G}(E)$ the set of all direct subspaces of E. We want to define on the grassmannian $\mathscr{G}(E)$ a structure of Banach analytic manifold.

For any $G \in \mathscr{G}(E)$, let i_G be the natural injection $G \to E$. Let U_G be the subset of $\mathscr{G}(E)$ consisting of all $F \in \mathscr{G}(E)$ admitting G as a supplementary subspace; for such an $F \in U_G$, let $p_{F,G}$ be the linear mapping having F as kernel and inducing on G the identity map. Now, choosing $F \in U_G$, we define a map

$$\phi_{F,G}: U_G \to \mathscr{L}(F, G)$$

by assigning to each $F' \in U_G$ the linear map

$$\lambda = p_{F',G} \circ i_F \in \mathscr{L}(F, G).$$

It is clear that $i_F - i_G \circ \lambda: F \to E$ is just an isomorphism of F onto F'. Conversely, given any $\lambda \in \mathscr{L}(F, G)$, $i_F - i_G \circ \lambda$ is the restriction to F of some automorphism of E, hence is an isomorphism of F onto a supplementary subspace of G. Thus $\phi_{F,G}$ is bijective.

Now it is easily seen that there is a unique topology on $\mathscr{G}(E)$ such that all subsets U_G be open and the mappings $\phi_{F,G}$ be homeomorphisms. Then the charts $\phi_{F,G}: U_G \to \mathscr{L}(F, G)$ provide $\mathscr{G}(E)$ with the structure of a Banach analytic manifold.

Let us return to the general theory of Banach analytic manifolds. Let X be such a manifold; for any open subset U of any Banach space, let us denote by $\mathscr{H}(X, U)$ the set of all holomorphic maps $X \to U$ (or "morphisms" of the category of Banach analytic manifolds). More generally, for any V open in X, we have the set $\mathscr{H}(V, U)$, and if $V' \subset V$, we have a restriction mapping

$$\mathscr{H}(V, U) \to \mathscr{H}(V', U).$$

This makes the collection of all $\mathscr{H}(V, U)$ (for U given, V variable) a *presheaf* of sets on the space X. Let $\mathscr{H}_X(U)$ be the associated sheaf: an element of $\Gamma\big(V, \mathscr{H}_X(U)\big)$, *i.e.* a section of the sheaf $\mathscr{H}_X(U)$ on V, is nothing else than an element of $\mathscr{H}(V, U)$, that is a holomorphic map $V \to U$.

Now let $\phi : U \to U'$ be a holomorphic map of open sets of Banach spaces; it defines in an obvious way a homomorphism of sheaves

$$\mathscr{H}_X(\phi) : \mathscr{H}_X(U) \to \mathscr{H}_X(U').$$

Hence we have a covariant functor from the category $\mathscr{B}$ into the category of sheaves on the space X; this functor will be denoted by $\mathscr{H}_X$. It is easily seen that the knowledge of the functor $\mathscr{H}_X$ determines the structure of X as a Banach analytic manifold.

This suggests the general definition of the category of *$\mathscr{B}$-functorized spaces.* An object of this category (a $\mathscr{B}$-functorized space) is a Hausdorff topological space X together with a covariant functor $\mathcal{O}_X$ from the category $\mathscr{B}$ into the category of sheaves on X. We have to define what is a "morphism" $f : (X, \mathcal{O}_X) \to (X', \mathcal{O}_{X'})$ of two $\mathscr{B}$-functorized spaces; by definition, f is a pair (f_0, f_1), where f_0 is a continuous map $X \to X'$, and f_1 is a morphism of functors

$$(f_0)^{-1}(\mathcal{O}_{X'}) \to \mathcal{O}_X;$$

here $(f_0)^{-1}(\mathcal{O}_{X'})$ is the functor which assigns to each U the inverse image of the sheaf $\mathcal{O}_{X'}(U)$, which is a sheaf on X.

A Banach analytic manifold is an example of a $\mathscr{B}$-functorized space; it is to be observed that a morphism (f_0, f_1) of two analytic manifolds is determined by the knoweldge of f_0, but this is a special feature of the Banach analytic manifolds, and it is no longer true for general $\mathscr{B}$-functorized spaces.

If $(X, \mathcal{O}_X)$ is a $\mathscr{B}$-functorized space, the topological space X is called the *support* of this $\mathscr{B}$-functorized space; if (f_0, f_1) is a morphism of two $\mathscr{B}$-functorized spaces, f_0 is called the map of their supports induced by this morphism.

We can now rephrase the definition of a Banach analytic manifold: it is a $\mathscr{B}$-functorized space $(X, \mathscr{H}_X)$ such that every point of X admits a neighbourhood which is isomorphic (as a $\mathscr{B}$-functorized space) to some open subset U of some Banach vector space (U being equipped with its canonical structure of $\mathscr{B}$-functorized space). In the theory of Banach analytic manifolds, we have a category of "models" (namely the open subsets of Banach spaces), and a Banach analytic manifold is a $\mathscr{B}$-functorized space which is *locally isomorphic to some model.*

2. *Banach analytic spaces*

We will enlarge the category of models, by defining some $\mathscr{B}$-functorized spaces which will be taken as new models.

Let us consider a pair (W, f) where W is an open subset of some Banach vector space E, and f is a holomorphic map $W \to F$ (F being a Banach vector space). We want to associate to such a pair a $\mathscr{B}$-functorized space, whose support X will be the subset $f^{-1}(0)$ of W.

Before doing this, let us first observe a particular case: assume that E and F are finite-dimensional. Then, taking a base in E and a base in F, f is just defined by giving a finite set of holomorphic functions f_i (with values in C) in an open subset W of C^n; X is the common set of zeros of the functions f_i, in other words is an analytic subset of W, in the classical sense. In this case, there is a classical procedure for defining a structure of analytic space on X, by using the sheaf of ideals generated, at each point of X, by the germs of the f_i's at this point. We now have to generalize this situation to the case when E and F are Banach vector spaces.

Given $W \subset E$ and $f: W \to F$ as above, we have to define, for each open subset U of any Banach space G, a sheaf of sets $\mathcal{O}_X(U)$ on the topological space $X = f^{-1}(0)$. We already have the sheaf $\mathscr{H}_W(U)$ on W; let $\mathscr{H}_X(U)$ be its restriction to the subspace X of W. Explicitly, a section of $\mathscr{H}_X(U)$ on an open subspace V of X is defined by giving an open subset V' of W such that $V' \cap X = V$, and a holomorphic map $V' \to U$; two such maps $\phi_1: V_1' \to U$ and $\phi_2: V_2' \to U$ (where $V_1' \cap X = V$, $V_2' \cap X = V$) define the same element of $\Gamma\big(V, \mathscr{H}_X(U)\big)$ if and only if there is an open subset $V' \subset W$ such that $V' \subset V_1' \cap V_2'$, $V' \cap X = V$, ϕ_1 and ϕ_2 having the same restriction to V'. In particular, each element of $\Gamma\big(V, \mathscr{H}_X(U)\big)$ induces a map $V \to U$.

Having defined the sheaf $\mathscr{H}_X(U)$, we want to define, using the given map $f: W \to F$, an equivalence relation in the sheaf $\mathscr{H}_X(U)$. We first define a homomorphism of sheaves of vector spaces:

$$\mathscr{H}_X\big(\mathscr{L}(F, G)\big) \to \mathscr{H}_X(G) \tag{*}$$

by assigning to each holomorphic map $\phi: V' \to \mathscr{L}(F, G)$ the map $\psi: V' \to G$ defined by

$$\psi(x) = \phi(x).f(x) \quad \text{for any } x \in V'.$$

(Here the symbol "." means that $\phi(x) \in \mathscr{L}(F, G)$ operates on $f(x) \in F$.) Clearly the map $V \to G$ induced by ψ is zero, since $f(x) = 0$ for $x \in X$. Now, let $\mathscr{N}_X^f(G)$ be the image of (*); it is a subsheaf of $\mathscr{H}_X(G)$. We have a quotient sheaf of vector spaces $\mathscr{H}_X(G)/\mathscr{N}_X^f(G)$, which is the cokernel of (*); we denote it by $\mathcal{O}_X(G)$. We see that every section of $\mathcal{O}_X(G)$ on an open subset V of X induces a map $V \to G$.

For U open in G, $\mathscr{H}_X(U)$ may be considered as a subsheaf of $\mathscr{H}_X(G)$; the equivalence relation we have just defined on $\mathscr{H}_X(G)$ induces an equivalence relation on $\mathscr{H}_X(U)$. Let $\mathcal{O}_X(U)$ be the quotient sheaf, which is identified with a subsheaf of $\mathcal{O}_X(G)$; any element of $\Gamma\big(V, \mathcal{O}_X(U)\big)$ (where V is open in X) induces a map $V \to U$. Hence we have defined the desired sheaf $\mathcal{O}_X(U)$, and at the same time we have defined a homomorphism of this sheaf *onto* a subsheaf $\mathcal{O}'_X(U)$ of the sheaf of germs of maps from X to U. Any section of $\mathcal{O}_X(U)$ defines a section of $\mathcal{O}'_X(U)$, *i.e.* a map $X \to U$; such maps are called *holomorphic*. But in general the knoweldge of the corresponding map $X \to U$ does not determine the section of $\mathcal{O}_X(U)$.

Now, given a holomorphic map $U \to U'$, it is not difficult to define a corresponding homomorphism of sheaves $\mathcal{O}_X(U) \to \mathcal{O}_X(U')$. Hence we have a functor $\mathcal{O}_X$ from the category $\mathscr{B}$ into the category of sheaves on the space X. In other words, we have defined $(X, \mathcal{O}_X)$ as a $\mathscr{B}$-functorized space, as desired.

To sum up, we have attached to each pair (W, f) a "model" $(X, \mathcal{O}_X)$, where $X = f^{-1}(0)$. This enlarged category of models contains obviously the category $\mathscr{B}$ as a subcategory. It is now a standard matter to define the *category of Banach analytic spaces*:

(1) a Banach analytic space is a $\mathscr{B}$-functorized space $(X, \mathcal{O}_X)$ such that each point of X admits an open neighbourhood which is isomorphic to some model; X is called the "support" of $(X, \mathcal{O}_X)$;

(2) a morphism $h: (X, \mathcal{O}_X) \to (X', \mathcal{O}_{X'})$ of two Banach analytic spaces is simply a morphism in the category of $\mathscr{B}$-functorized spaces. It is defined by a pair (h_0, h_1), where $h_0: X \to X'$ is a continuous map of the "supports", and h_1 is a morphism of functors

$$(h_0)^{-1}(\mathcal{O}_{X'}) \to \mathcal{O}_X.$$

The map h_0 is called *holomorphic*. In some cases, the knowledge of h_0 determines the morphism h, for instance when $(X, \mathcal{O}_X)$ is a Banach analytic *manifold*.

Since we have the notion of an induced morphism, we have a notion of "germ of morphism" (see also §4 below). It can be shown that, for U open in a Banach space G, the sheaf $\mathcal{O}_X(U)$ may be identified with the sheaf of *germs of morphisms* from $(X, \mathcal{O}_X)$ to U.

The notion of an analytic subspace of a given analytic space. We first define an *immersion* $h: (X, \mathcal{O}_X) \to (X', \mathcal{O}_{X'})$; it is a morphism such that $h_0: X \to X'$ is an injection, and, for each U, the homomorphism of sheaves

$$h_1(U): (h_0)^{-1}\left(\mathcal{O}_{X'}(U)\right) \to \mathcal{O}_X(U)$$

is surjective. An analytic subspace of an analytic space $(X', \mathcal{O}_{X'})$ is defined by giving a subspace X of X', and a structure $(X, \mathcal{O}_X)$ of analytic space, together with a morphism of functors

$$h_1: \mathcal{O}_{X'} | X \to \mathcal{O}_X$$

such that, for each U, $h_1(U)$ be a surjective homomorphism of sheaves.

Example. Let $(X, \mathcal{O}_X)$ be a Banach analytic manifold, and let $f: X \to G$ be a holomorphic map, where F is a Banach vector space. Then f defines an analytic subspace of $(X, \mathcal{O}_X)$, whose support is the subset of X consisting of those points x such that $f(x) = 0$.

3. *The grassmannian* $\mathscr{G}_A(E)$

Given a Banach vector space E, we have defined already the grassmannian $\mathscr{G}(E)$ as a Banach analytic manifold (*cf.* §1). Now let A be a Banach algebra; assume that E is given a structure of A-module; this means we are given a continuous bilinear mapping

$$A \times E \to E \quad (\text{denoted by } (a, x) \to a.x)$$

satisfying the usual identities for an A-module. Among all direct subspaces F of E, we have those which are *submodules* of E, with respect to the structure of A-module. Let $\mathscr{G}_A(E)$ be the subset of $\mathscr{G}(E)$ consisting of all sub-A-modules. We are going to define on $\mathscr{G}_A(E)$ a structure of *analytic subspace* of $\mathscr{G}(E)$.

For $G \in \mathscr{G}(E)$, let U_G be as in §1; and let F be any element of U_G. Consider the Banach space $E = \mathscr{L}(F, G)$, and define a holomorphic map

$$f: \mathscr{L}(F, G) \to \mathscr{L}(A \times F, G)$$

in the following way. We assign to every $\lambda \in \mathscr{L}(F, G)$ the bilinear map $A \times F \to G$ defined by

$$(a, x) \to p_{F', G}\Big(a.\big(i_F(x) - i_G \circ \lambda(x)\big)\Big);$$

here F' denotes the linear subspace associated to λ (*cf.* §1), so that $p_{F', G}$ is the linear map $E \to G$ which is equal to λ on F and to the identity on G. It appears that the map f is *quadratic*, and consequently holomorphic.

What is $f^{-1}(0)$? The relation $f(\lambda) = 0$ means that the linear subspace F' associated to λ (which is the image of the linear map $i_F - i_G \circ \lambda$) is a sub-A-module, in other words belongs to $U_G \cap \mathscr{G}_A(E)$. Thus, with the notations of §1, the holomorphic map

$$f \circ \phi_{F, G}: U_G \to \mathscr{L}(A \times F, G)$$

defines on $U_G \cap \mathscr{G}_A(E)$ a structure of analytic subspace of U_G. It is easy to check that this structure does not depend on the choice of $F \in U_G$. For G varying in $\mathscr{G}(E)$, the sets $U_G \cap \mathscr{G}_A(E)$ form an open covering of $\mathscr{G}_A(E)$, and the analytic structures on the open sets $U_G \cap \mathscr{G}_A(E)$ make $\mathscr{G}_A(E)$ a Banach analytic space, and in fact an analytic subspace of $\mathscr{G}(E)$.

4. *Germs of morphisms of analytic spaces*

Given two analytic spaces $(X, \mathcal{O}_X)$ and $(X', \mathcal{O}_{X'})$, we know what is a morphism $h = (h_0, h_1)$ from $(X, \mathcal{O}_X)$ to $(X', \mathcal{O}_{X'})$. Assume that $h_0(x) = x'$, x and x' being given points of X and X'. Since we can restrict a morphism to any open subset of X, we have the notion of a *germ of morphism* $(X, \mathcal{O}_X) \to (X', \mathcal{O}_{X'})$ at the point $x \in X$, mapping x into $x' \in X'$. It is worthwhile to see how such a germ may be defined. Since any Banach analytic space is locally isomorphic to some model, we may assume that $(X, \mathcal{O}_X)$ is a model defined by a pair (W, f), where W is open in a Banach space E, and $f: W \to F$ is holomorphic (F being a Banach space); in the same way we assume that $(X', \mathcal{O}_{X'})$ is the model defined by a pair (W', f'), where W' is open in E', and $f': W' \to F'$ is holomorphic. The point $x \in W$ and the point $x' \in W'$ satisfy $f(x) = 0$, $f'(x') = 0$.

Now it is easily seen that any germ of morphism of these models comes from a germ g of holomorphic mapping $W \to W'$ at the point x (sending x into x'); not every germ g of holomorphic mapping $W \to W'$ induces a germ of morphism of the models: it is necessary and sufficient that $f' \circ g$ (which is a germ of holomorphic map $W \to F'$ at the point x) belongs to the set $\mathcal{N}^f_{X,x}(F')$ (see §2). In order that two germs g_1 and g_2 define the same germ of morphism of the models, it is necessary and sufficient that their difference (which is a germ of holomorphic map $W \to E'$ at the point x) belongs to $\mathcal{N}^f_{X,x}(E')$.

Definition. A germ of morphism $(X, \mathcal{O}_X) \to (X', \mathcal{O}_{X'})$ is called *compact* if it is possible to choose the germ g in such a way that the tangent linear map (which is a continuous linear map $E \to E'$) be a *compact* linear map, in the sense of Riesz. It appears that this definition does not depend on the choice of the models representing $(X, \mathcal{O}_X)$ and $(X', \mathcal{O}_{X'})$ in a neighbourhood of x (resp. x').

Let f be a morphism $(X, \mathcal{O}_X) \to (X', \mathcal{O}_{X'})$; we shall say that f is *compact at a point* $x \in X$ if the germ of f at x is compact.

Now Douady has proved the following *finiteness criterion*: in order that an analytic space $(X, \mathcal{O}_X)$ be finite-dimensional in some neighbourhood of a point $x \in X$, it is necessary and sufficient that the *identity morphism* of $(X, \mathcal{O}_X)$ be compact at the point x. (The necessity is obvious, since any linear map of finite-dimensional vector spaces is compact.)

5. *A problem of Douady*

We now consider only classical (*i.e.* finite-dimensional) analytic spaces; and for the sake of brevity, we simply denote by a letter X such a space, omitting $\mathcal{O}_X$; the same letter X will denote its support.

Let X be a given analytic space. Consider the set S of *all compact analytic subspaces.* We want to put on S the structure of an analytic space, satisfying suitable conditions which we will make precise later. As an example, take for X the complex projective space $P_n(\mathbf{C})$; then S will be the so-called *Hilbert scheme*, as considered by Grothendieck. But in general no compactness assumption will be made about X.

In order to give details, we first observe that the sheaf $\mathcal{O}_X(\mathbf{C})$, which is a sheaf of rings, is sufficient in order to describe the structure of X as an analytic space, since X is finite-dimensional. From now on, we denote simply by $\mathcal{O}_X$ this sheaf of rings, as usual.

Definition. Let S be an analytic space. One says that a compact analytic subspace Z_s of X (depending on $s \in S$) depends *analytically* on s

if there exists an analytic subspace $Z \subset S \times X$ having the following properties:

(i) for each $s \in S$, the intersection of Z with the fibre $p^{-1}(s)$ (identified with X) is precisely Z_s (the word "intersection" has a precise meaning, not only a geometric one);

(ii) the morphism $p: Z \rightarrow S$ induced by the projection $S \times X \rightarrow S$ is *proper* and *flat*. "Proper" means, as usual, that the inverse image of any compact subset of S is a compact subset of Z; "flat" means that, for any $(s, x) \in Z$, the ring $\mathcal{O}_{Z,(s,x)}$ of the structural sheaf $\mathcal{O}_Z$ is *flat* as a $\mathcal{O}_{S,s}$-module (of course, since we have a ring homomorphism $\mathcal{O}_{S,s} \rightarrow \mathcal{O}_{Z,(s,x)}$ defined by the projection p, the ring $\mathcal{O}_{Z,(s,x)}$ has a structure of module over the ring $\mathcal{O}_{S,s}$).

The preceding definition is invariant with respect to the "change of base". This means that if Z_s depends analytically on $s \in S$, and if $g: S' \rightarrow S$ is a morphism of analytic spaces, then $Z_{g(s')}$ depends analytically on $s' \in S'$.

We are now in a position to give a precise formulation for the problem of Douady. The analytic space X being given, we look for an analytic space S and an analytic subspace Z of $S \times X$, such that the projection $Z \rightarrow S$ is proper and flat, and we impose on this pair (S, Z) a *universal property*: given any pair (S', Z') such that the projection $Z' \rightarrow S'$ is proper and flat, there must exist a *unique* morphism $g: S' \rightarrow S$ such that Z' is the inverse image of Z defined by g. It is clear that if our problem has a solution (S, Z), this solution is unique "up to a unique isomorphism".

Assume that our problem has a solution (S, Z). Consider now an analytic compact subspace Y of X; take for S' a point, and take $Z' = Y$ (Y being identified with $Y \times pt$). By the universal property, there is a unique point $s \in S$ such that $Z_s = Y$. Hence we have a bijective correspondence between the "support" of the analytic space S and the set of all compact analytic subspaces of X. We can say that S is the set of all compact analytic subspaces of X, equipped with the structure of an analytic space.

Now it remains to prove that our problem has actually a universal solution (S, Z). It is not an easy task at all. Douady succeeded in doing this; in fact he solved a slightly more general problem: let X be a given analytic space, and let $\mathscr{E}$ be a given coherent sheaf (instead of the structural sheaf $\mathcal{O}_X$); consider the set of all coherent subsheaves $\mathscr{E}'$ of $\mathscr{E}$ such that the support of $\mathscr{E}/\mathscr{E}'$ be compact; one defines on this set the structure of an analytic space, by formulating (and solving!) a suitable universal problem.

It would be impossible to give here complete details on the method used by Douady. Let us only say that in order to construct the desired analytic space S (and the subspace Z of $S \times Y$) one needs to construct auxiliary analytic spaces, which are in fact *infinite-dimensional*; that is the reason why it became necessary to have a good theory of Banach analytic spaces. Finally, the above universal problem has to be formulated in terms of Banach analytic spaces (the given X being still finite-dimensional). Then one has to construct explicitly a solution of this new universal problem; only when we have the desired space S does it become possible to prove, at the end, that S is actually finite-dimensional, by using the finiteness criterion (§4 above).

All this delicate machinery uses a very fine technique. For instance, it becomes necessary to give an exact definition of what is a coherent sheaf depending analytically on a parameter s belonging to a Banach analytic space. The grassmannians $\mathscr{G}_A(E)$ play an important role in the constructions: here E will be the Banach space consisting of all sections of a given coherent sheaf above a cube $K \subset \mathbf{C}^n$ (of course, this Banach space has to be defined, and this is possible only for cubes which are special with respect to the given sheaf), and A is then the Banach algebra of all functions holomorphic on K (this notion has also to be defined in a precise way). The desired universal analytic space S is built locally: each point of S has an open neighbourhood which is constructed as an analytic subspace of a finite product of grassmannians, each of which has the type $\mathscr{G}_A(E)$ for suitable E and A.

Besides this very important result of Douady, which opens new ways into the so-called "analytic geometry", it is interesting to note that, by using systematically the notion of Banach analytic manifold, he succeeded in giving a very elegant exposition of the results of Kuranishi concerning the problem of "moduli" for the (ordinary) analytic manifolds (see M. Kuranishi, *Annals of Math.*, 75 (1962), 536–577, and A. Douady, *Séminaire Bourbaki*, No. 277, December 1964).

55.

Sur le théorème de préparation de Weierstrass

Festschrift Weierstrass, Arbeitsgemeinschaft für Forschung des Landes Nordrhein-Westfalen, Wissenschaftliche Abhandlung, Band 33, 155–168 (1966)

Peu de théorèmes ont connu une célébrité analogue à celle du «Vorbereitungssatz», ainsi nommé par Weierstraß. Elle est justifiée, car ce théorème est un outil indispensable dans les développements contemporains des mathématiques, aussi bien en «géométrie analytique» qu'en géométrie différentielle.

1. Le Vorbereitungssatz figure pour la première fois dans le recueil publié en 1886 par Weierstraß sous le titre «Abhandlungen aus der Functionenlehre». Tandis que les quatre premiers articles de ce recueil sont des reproductions de mémoires antérieurs parus en 1876, 1880 et 1881 dans divers périodiques, le Vorbereitungssatz figure au début du cinquième article, dont Weierstraß dit dans sa préface (Vorwort): «Die fünfte Abhandlung, welche eine Reihe von Sätzen über die eindeutigen Functionen mehrerer Argumente enthält, von denen ich in meinen Vorlesungen über die Abel'schen Transcendenten Gebrauch mache, habe ich im Jahre 1879 für meine Zuhörer lithographieren lassen, ohne sie in den Buchhandel zu geben». Le paragraphe 1 est intitulé «Vorbereitungssatz», avec l'indication suivante en Fussnote: «Diesen Satz habe ich seit dem Jahre 1860 wiederholt in meinen Universitätsvorlesungen vorgetragen».

L'énoncé de Weierstraß est bien connu: *soit* $F(x, x_1, \ldots, x_n)$ *une fonction holomorphe au voisinage de l'origine ; supposons*

$$F(0, 0, \ldots, 0) = 0, \quad F_0(x) = F(x, 0, \ldots, 0) \not\equiv 0,$$

et soit p *l'entier tel que* $F_0(x) = x^p G(x)$, $G(0) \neq 0$; *alors il existe un «polynome distingué»*

$$f(x; x_1, \ldots, x_n) = x^p + a_1 x^{p-1} + \ldots + a_p$$

(dont les coefficients $a_j(x_1, \ldots, x_n)$ *sont des fonctions holomorphes au voisinage de l'origine et nulles à l'origine), et une fonction* $g(x, x_1, \ldots, x_n)$ *holomorphe et* $\neq 0$ *au voisinage de l'origine, tels que l'on ait*

$$F = f \cdot g \quad \textit{au voisinage de l'origine.} \tag{1}$$

Dans sa démonstration, Weierstraß considère la dérivée logarithmique $\frac{1}{F} \cdot \frac{\partial F}{\partial x}$; il mélange curieusement les développements formels en séries entières et le fait que le corps de base est le corps des nombres complexes, car sans invoquer explicitement l'intégrale de Cauchy il en utilise des conséquences. Une variante de la démonstration de Weierstraß est due à Simart et figure dans le Traité d'Analyse d'Emile Picard (tome II, 1ère édition 1893). On montre d'abord que, $r > 0$ étant fixé et assez petit, le nombre des racines de l'équation $F(x, x_1, \ldots, x_n) = 0$ situées dans le disque $|x| < r$ est indépendant de $x_1, \ldots, x_n$ dès que $|x_i| < r'$ assez petit (en fait, il suffirait de supposer que $F(x, x_1, \ldots, x_n) \neq 0$ pour $|x| = r$, $|x_i| < r'$, et d'appliquer le théorème classique sur l'indice d'une courbe plane fermée). Soient $\xi_j (1 \leqq j \leqq p)$ ces racines; tout revient à prouver que les fonctions symétriques élémentaires des ξ_j sont holomorphes en $x_1, \ldots, x_n$ pour $|x_i| < r'$. Grâce à une intégrale de Cauchy on montre que les

$$s_k = \sum_j (\xi_j)^k$$

sont holomorphes, puis (comme le faisait déjà Weierstraß) on utilise les formules qui expriment les fonctions symétriques élémentaires des ξ_j en fonction des s_k. En fait, dans le Traité de Picard, la démonstration n'est présentée que pour le cas d'une fonction F de deux variables ($n = 1$).

2. Au cours des décennies qui suivent la publication du Vorbereitungssatz, la démonstration, puis l'énoncé même du théorème connaissent diverses péripéties. Le livre d'Osgood [1] reproduit, à peu de choses près, la démonstration du Traité de Picard. En 1927, Wirtinger [2] reprend la méthode de Weierstraß lui-même (il écrit des développements de logarithmes en séries entières), mais il fait une distinction soigneuse entre l'aspect formel des calculs et l'étude de la convergence des séries obtenues. Wirtinger semble ignorer que, 17 ans plus tôt, Brill [3] avait déjà donné, au moins dans le cas de deux variables, un calcul formel des coefficients de la série entière cherchée, et ceci au moyen d'une méthode directe qui avait l'avantage de ne pas introduire de logarithmes; Brill avait aussi prouvé la convergence de la série. Brill ignorait lui-même que dès 1905, dans un mémoire extrêmement riche consacré à la théorie des idéaux dans l'anneau des séries entières convergentes, Lasker [4] avait indiqué le principe d'une démonstration formelle et celui d'un calcul de majorantes

à la Cauchy; en effet, après avoir énoncé le théorème de préparation sous la forme de Weierstraß, il ajoute: «*Dieser Satz ist von Weierstraß gegeben und bewiesen worden. Der Beweis könnte auch durch Koeffizientenvergleichung und, bezüglich der Konvergenz, nach dem Cauchyschen Verfahren über die Integrale analytischer Differentialgleichungen geführt werden.*» Il est dommage que Lasker n'ait pas pris la peine d'indiquer le moindre calcul, mais il avait sans aucun doute une conscience très claire de la méthode à utiliser. Nous aurons à revenir plus loin sur ce mémoire fondamental de Lasker, et sur l'usage qu'il y fait du théorème de préparation.

Le travail de Lasker semble avoir été longtemps ignoré; W. Rückert lui-même, dans son mémoire classique de 1933 [5], ne cite pas Lasker, cependant antérieur de 28 ans. A ma connaissance, ce n'est qu'en 1929 qu'on trouve dans la littérature un énoncé du Vorbereitungssatz différent de l'énoncé initial de Weierstraß, sous la forme d'un théorème de division. H. Späth [6] donne la formulation suivante: *si* $F(x, 0, \ldots, 0) = x^p G(x)$, $G(0) \neq 0$, *on a un algorithme de division qui, à chaque série convergente* $A(x, x_1, \ldots, x_n)$, *associe une série convergente* $Q(x, x_1, \ldots, x_n)$ *telle que*

$$A - FQ = R$$

soit un **polynome** *en* x *de degré* $< p$ *(à coefficients holomorphes en* $x_1, \ldots, x_n$*) ; une telle série* Q *est unique*. La démonstration de Späth consiste à faire d'abord un calcul formel, puis il montre la convergence de la série entière Q obtenue. Rückert, quatre ans plus tard, reprend cet énoncé de Späth (que appellerons désormais le «théorème de division») et montre que le théorème de Weierstraß, sous sa forme initiale, en est une conséquence immédiate: prenons en effet $A = x^p$; on obtient

$$x^p - R = FQ,$$

et on voit tout de suite que les coefficients du polynome $R(x)$ s'annulent pour $x_1 = 0, \ldots, x_n = 0$, tandis que $Q(0, \ldots, 0) \neq 0$. Vers 1930 il est donc devenu clair que le Vorbereitungssatz est valable dans l'anneau des séries entières convergentes à coefficients dans n'importe quel corps valué complet, non discret; mais cette remarque ne semble pas avoir été faite explicitement à cette époque.

3. Il n'est peut-être pas inutile de donner ici une démonstration du théorème de division pour les séries formelles, car cela va nous fournir l'occasion de formuler un énoncé plus général d'où résultent des généralisa-

tions utilisées récemment dans la théorie des «séries formelles restreintes» à coefficients dans un corps à valuation ultramétrique (non-archimédienne) [7]. Soit d'abord K un corps commutatif quelconque; une série formelle

$$F(x, x_1, \ldots, x_n) \in K[[x, x_1, \ldots, x_n]]$$

peut être considérée comme une série formelle en x, à coefficients dans l'anneau des séries formelles $K[[x_1, \ldots, x_n]] = \Lambda$. Cet anneau Λ est un **anneau local,** séparé et complet (pour la topologie définie par les puissances de l'idéal maximal de Λ). Considérons, plus généralement, un anneau commutatif Λ et un idéal $\mathfrak{m}$ de Λ, tel que Λ soit séparé et complet pour la topologie définie par les puissances de $\mathfrak{m}$. Soit $K = \Lambda/\mathfrak{m}$, et soit $\varrho : \Lambda \to K$ l'homomorphisme canonique; il induit un homomorphisme

$$\Lambda[[x]] \to K[[x]],$$

que nous noterons encore ϱ. Soit $F(x) \in \Lambda[[x]]$ tel que

$$\varrho(F(x)) = \sum_{i \geqq p} k_i x^i, \ k_i \in K,$$

avec k_p **inversible** dans K. On a alors un théorème de division: *tout élément* $A(x) \in \Lambda[[x]]$ *définit un unique élément* $Q(x) \in \Lambda[[x]]$ *tel que*

$$A(x) - F(x)Q(x) = R(x)$$

soit un polynome de degré $< p$ *(à coefficients dans* Λ*).*

Démonstration: on a par hypothèse

$$F(x) = \sum_{i<p} \lambda_i x^i + x^p G(x),$$

avec $\lambda_i \in \mathfrak{m}$ pour $i < p$, et $\varrho(G(0))$ inversible dans K. Alors $G(0)$ est inversible dans Λ puisque Λ est séparé et complet; donc $G(x)$ est inversible dans l'anneau $\Lambda[[x]]$. On a ainsi

$$F(x) = G(x) \cdot (x^p - H(x)),$$

les coefficients de $H(x)$ étant tous dans $\mathfrak{m}$. Puisque $G(x)$ est inversible, tout revient à trouver $\bar{Q}(x) = G(x)Q(x)$ tel que

$$A(x) - (x^p - H(x))\,\bar{Q}(x)$$

soit un polynome de degré $< p$. Ecrivons de nouveau $Q(x)$ au lieu de $\bar{Q}(x)$. On recherche donc $Q(x) \in \Lambda[[x]]$ tel que

$$A(x) \equiv (x^p - H(x))\, Q(x), \tag{2}$$

la congruence $\equiv$ étant prise modulo le Λ-module des polynomes (en x) de degré $< p$. L'**unicité** de $Q(x)$ est immédiate: si on a

$$(x^p - H(x))\, Q(x) \equiv 0 \tag{3}$$

et si tous les coefficients de $Q(x) = \sum_{i \geqq 0} q_i x^i$ sont dans une puissance $\mathfrak{m}^k$ de l'idéal $\mathfrak{m}$, ils sont dans $\mathfrak{m}^{k+1}$, car si on regarde dans (3) le coefficient de x^{p+i} dans $H(x)\, Q(x)$, on voit que $q_i \in \mathfrak{m}^{k+1}$. Ainsi tous les q_i sont nuls.

L'**existence** de $Q(x)$ satisfaisant à (2) se prouve comme suit: les relations

$$\begin{aligned} &x^p Q_0(x) \equiv A(x) \\ &x^p Q_1(x) \equiv H(x)\, Q_0(x) \\ &\dots\dots\dots\dots \\ &x^p Q_{k+1}(x) \equiv H(x)\, Q_k(x) \\ &\dots\dots\dots\dots \end{aligned} \tag{4}$$

définissent évidemment, de proche en proche, les $Q_k(x)$. Par récurrence sur k, on voit que les coefficients de $Q_k(x)$ sont dans $\mathfrak{m}^k$; donc la série $\sum_{k \geqq 0} Q_k(x)$ converge dans $\Lambda[[x]]$, puisque Λ est complet. Sa somme $Q(x)$ satisfait à (2).

La démonstration précédente, appliquée dans le cas où $\Lambda = K[[x_1, \dots, x_n]]$, K étant un corps valué complet non discret, permet de montrer, par un calcul facile de majorantes, que si $F(x)$ et $A(x) \in K[[x, x_1, \dots, x_n]]$ sont des séries **convergentes,** il en est de même de $Q(x)$.

4. **Le théorème de division dans le cas du corps complexe C.** – Dans ce cas, l'usage de l'intégrale de Cauchy permet d'apporter une précision utile [8]. Convenons de dire qu'une fonction est holomorphe sur un compact Δ si elle est définie et holomorphe dans un voisinage de Δ. Notons $\Delta(r, r')$ le compact

$$|x| \leqq r, \quad |x_i| \leqq r' \text{ pour } 1 \leqq i \leqq n.$$

Soit toujours $F(x, x_1, \ldots, x_n)$ holomorphe à l'origine, telle que $F(x, 0, \ldots, 0) = x^p G(x)$, $G(0) \neq 0$. Pour $r > 0$ assez petit, F est holomorphe sur le compact $\Delta(r, 0)$ et on a

$$\text{(i)} \qquad F(x, 0, \ldots, 0) \neq 0 \text{ pour } 0 < |x| \leqq r.$$

r étant ainsi choisi, prenons $r' > 0$ assez petit pour que les conditions suivantes soient satisfaites:

$$\text{(ii)} \qquad \begin{array}{l} F \text{ est holomorphe sur } \Delta(r, r'), \\ F(x, x_1, \ldots, x_n) \neq 0 \text{ pour } |x| = r, \ |x_i| \leqq r'. \end{array}$$

Théorème: *si r et r' satisfont à* (i) *et* (ii), *à toute fonction $A(x, x_1, \ldots, x_n)$ holomorphe sur $\Delta(r, r')$ correspond une unique fonction $Q(x, x_1, \ldots, x_n)$ holomorphe sur $\Delta(r, r')$ telle que*

$$A - FQ = R$$

soit un polynome en x de degré $< p$; de plus il existe une constante $\alpha > 0$ (ne dépendant que de F, r et r', non de A) telle que

$$\sup_{\Delta(r, r')} |Q(x, x_1, \ldots, x_n)| \leqq \alpha \cdot \sup_{\Delta(r, r')} |A(x, x_1, \ldots, x_n)|.$$

Ce théorème a une conséquence intéressante. Avant de l'énoncer, il sera commode d'introduire quelques notations. Pour tout point a de l'espace numérique $\mathbf{C}^n$ nous avons l'anneau $\mathcal{O}_a$ des germes (au point a) de fonctions holomorphes au voisinage de a. Pour chaque fonction f holomorphe dans un voisinage de a, nous noterons $\gamma_a(f)$ son germe au point a. Ces notations étant posées, considérons un système de fonctions $f_1, \ldots, f_p$ holomorphes dans un ouvert $V \subset \mathbf{C}^n$, et soit $a \in V$; nous dirons qu'un ouvert U tel que $a \in U \subset V$ est **privilégié** pour $(f_1, \ldots, f_p)$ si, pour toute fonction f **holomorphe dans** U et telle que $\gamma_a(f)$ appartienne à l'idéal de $\mathcal{O}_a$ engendré par $\gamma_a(f_1), \ldots, \gamma_a(f_p)$, il existe $c_1, \ldots, c_p$ **holomorphes dans** U et telles que $f = \sum_{i=1}^{p} c_i f_i$ dans U. Alors le théorème de division, tel qu'il a été précisé ci-dessus, permet de prouver [8], par récurrence sur n, que **le point a possède un système fondamental de voisinages privilégiés pour $(f_1, \ldots, f_p)$.**

5. **Quelques applications du théorème de Weierstraß.** Deux d'entre elles sont déjà explicitées dans le mémoire de Lasker [4]:

1) l'anneau $K\{x_1, \ldots, x_n\}$ *des séries convergentes à coefficients dans un corps valué complet K, non discret, est* **noethérien;** *en d'autres termes, tout idéal de cet anneau admet un système fini de générateurs ;*

2) l'anneau $K\{x_1, \ldots, x_n\}$ *est* **factoriel;** *en d'autres termes, c'est un anneau intègre dans lequel tout idéal principal* $\neq 0$ *s'écrit d'une seule manière comme produit d'idéaux principaux irréductibles.*

Pour l'une des propriétés comme pour l'autre, la démonstration se fait par récurrence sur n, et la récurrence utilise le théorème de préparation; celui-ci permet notamment de ramener la factorialité de $K\{x_1, \ldots, x_n\}$ au théorème de Gauß, qui dit que l'anneau des polynomes à une variable, à coefficients dans un anneau factoriel, est lui-même factoriel.

Bien entendu, on a deux théorèmes analogues pour l'anneau des séries formelles $K[[x_1, \ldots, x_n]]$ (à coefficients dans un corps quelconque K): cela résulte du théorème de préparation pour les séries formelles (on peut d'ailleurs s'en passer pour montrer que cet anneau est noethérien).

Le théorème de préparation sert aussi à une étude plus approfondie des idéaux de l'anneau $\Lambda = K\{x_1, \ldots, x_n\}$. Nous allons munir l'anneau Λ d'une topologie très faible: un élément de Λ est une série convergente, déterminée par la donnée de ses coefficients; donc Λ s'identifie (comme espace vectoriel sur K) à un sous-espace de K^I, où I désigne N^n (N désignant l'ensemble des entiers naturels $\geqq 0$). Munissons K de la topologie définie par la valeur absolue, et K^I de la topologie-produit; elle induit sur Λ la topologie de la convergence simple des coefficients. Il est remarquable que **tout idéal de** $K\{x_1, \ldots, x_n\}$ **est fermé** pour cette topologie (et est donc fermé pour toute topologie plus fine) [9]. Pour le voir, on se sert du théorème de division. Voici comment on procède: considérons, plus généralement, un Λ-module M de type fini (c'est-à-dire engendré par un nombre fini d'éléments); le choix d'un système de p générateurs de M définit un isomorphisme de M avec un quotient du module Λ^p (somme directe de p exemplaires de Λ); la topologie-quotient de celle de Λ^p définit sur M une topologie qui, en fait, ne dépend pas du choix des générateurs. Toute application Λ-linéaire $\varphi: M \to M'$ de Λ-modules de type fini est alors continue, et si en outre φ est surjective, la topologie de M' est quotient de celle de M. Il reste à montrer que si N est un sous-module d'un module de type fini M, N est **fermé** dans M (ce qui généralise la propriété énoncée pour les idéaux de Λ). Tout revient à prouver que la topologie du module quotient M/N est séparée. D'une manière générale, montrons que la topologie de tout module de type fini M est séparée: soit $f: \Lambda^p \to M$ une application Λ-linéaire surjective; il suffit de montrer l'existence d'une application K-linéaire **continue** $g: M \to \Lambda^p$ telle que $f \circ g$ soit l'identité; or l'existence de g se prouve par récurrence sur le nombre n des variables de l'anneau $\Lambda = K\{x_1, \ldots, x_n\}$, et la récurrence utilise précisément le théorème de division.

6. Le théorème de préparation permet aussi de passer de propriétés **ponctuelles** aux propriétés **locales.** Nous allons l'expliquer sur un exemple: le **théorème d'Oka** [10] sur la «cohérence» du «faisceau structural» d'une variété analytique complexe. Plaçons-nous (ce qui ne restreint pas la généralité) dans un ouvert U de l'espace numérique $\mathbf{C}^n$. Soient $f_1, \ldots, f_p$ des fonctions holomorphes dans U, en nombre fini; pour chaque $a \in U$, considérons le sous-module R_a de $(\mathcal{O}_a)^p$ formé des systèmes $(c_1, \ldots, c_p)$ de germes de fonctions holomorphes au point a, tels que $\sum_{i=1}^{r} c_i \gamma_a(f_i) = 0$ (R_a est le «module des relations holomorphes entre les fonctions f_i au point a»). Le théorème d'Oka affirme que le «faisceau» des sous-modules $R_a \subset (\mathcal{O}_a)^p$ est «cohérent», ce qui signifie ceci: prenons, dans un voisinage V de a, q sytèmes de p fonctions holomorphes dans V:

$$(c_i^1)_{1 \leqq i \leqq p}, \ldots, (c_i^q)_{1 \leqq i \leqq p}$$

tels que d'une part $\sum_i c_i^j f_i = 0$ au voisinage de a (pour $1 \leqq j \leqq q$), d'autre part, les q systèmes

$$(\gamma_a(c_i^1)), \ldots, (\gamma_a(c_i^q))$$

engendrent le $\mathcal{O}_a$-module R_a. Alors le théorème d'Oka affirme que, pour tout $x \in U$ assez voisin de a, les q systèmes

$$(\gamma_x(c_i^1)), \ldots, (\gamma_x(c_i^q))$$

engendrent le $\mathcal{O}_x$-module R_x. La démonstration utilise de façon essentielle le théorème de préparation de Weierstraß. Observons que ce théorème d'Oka est valable si on remplace le corps complexe $\mathbf{C}$ par n'importe quel corps valué complet non discret.

Un autre théorème dont la démonstration nécessite le théorème de Weierstraß est le suivant: considérons, dans un ouvert $U \subset \mathbf{C}^n$ (ici, il est essentiel d'avoir affaire au corps algébriquement clos $\mathbf{C}$), l'ensemble M des points $x \in U$ qui annulent des fonctions $f_1, \ldots, f_p$ holomorphes dans U. Pour chaque point $a \in U$, soit I_a l'idéal de l'anneau $\mathcal{O}_a$ formé des germes de fonctions holomorphes qui s'annulent identiquement sur M au voisinage de a (observons que si $a \notin M$, on a $I_a = \mathcal{O}_a$, et réciproquement). On démontre [11] que le faisceau des idéaux I_a est «cohérent»: si des fonctions $g_1, \ldots, g_q$ holomorphes au voisinage de a sont telles que $\gamma_a(g_1), \ldots, \gamma_a(g_q)$ engendrent l'idéal I_a, alors, pour tout point x assez voisin de a, $\gamma_x(g_1), \ldots, \gamma_x(g_q)$ engendrent l'idéal I_x.

7. **Une généralisation du théorème de division.** Introduisons d'abord la notion de K-**algèbre analytique** (K désignant toujours un corps valué complet, non discret). C'est, par définition, une K-algèbre A, non réduite à 0, telle qu'il existe un entier $n \geqq 0$ et un homomorphisme surjectif d'algèbres $K\{x_1, \ldots, x_n\} \to A$. Il est clair qu'une telle algèbre A est une algèbre locale dont l'idéal maximal $\mathfrak{m}(A)$ est l'image de l'idéal maximal de $K\{x_1, \ldots, x_n\}$.

On a le théorème suivant [12]:

Théorème. – *Soient A et B deux K-algèbres analytiques, et soit $u: A \to B$ un homomorphisme d'algèbres. Soient $b_i \in B$ des éléments en nombre fini ; alors les deux assertions suivantes sont équivalentes :*

(i) *les images des b_i dans le K-espace vectoriel $B/\mathfrak{m}(A) \cdot B$ engendrent cet espace vectoriel ;*

(ii) *les b_i engendrent B pour sa structure de A-module définie par u.*

($\mathfrak{m}(A) \cdot B$ désigne le sous-espace vectoriel de B engendré par les éléments de la forme $u(m)b$, où $m \in \mathfrak{m}(A)$ et $b \in B$).

A priori, il est évident que (ii) entraîne (i). La réciproque a pour conséquence le théorème de division, comme on va le voir: soient $F(x, x_1, \ldots, x_n)$ et l'entier p comme dans le théorème de Weierstraß, et soit B l'algèbre quotient de $K\{x, x_1, \ldots, x_n\}$ par l'idéal engendré par F. Prenons $A = K\{x_1, \ldots, x_n\}$, et soit $u: A \to B$ l'homomorphisme composé de l'injection canonique $K\{x_1, \ldots, x_n\} \to K\{x, x_1, \ldots, x_n\}$ et de l'application canonique de $K\{x, x_1, \ldots, x_n\}$ sur son quotient B. L'espace vectoriel

$B/\mathfrak{m}(A) \cdot B$ s'identifie évidemment au quotient de l'algèbre de polynomes $K[x]$ par l'idéal engendré par x^p, et a donc pour base les images de $1, x, \ldots, x^{p-1}$ dans $B/\mathfrak{m}(A) \cdot B$. Appliquons alors le théorème précédent, en prenant pour éléments b_i les images de $1, x, \ldots, x^{p-1}$ dans B. On trouve que ces éléments engendrent B comme A-module, ce qui exprime précisément le théorème de division.

Corollaire: *Si le K-espace $B/\mathfrak{m}(A) \cdot B$ est de dimension finie, l'algèbre B est un A-module de type fini.*

8. **Etude locale des sous-ensembles analytiques.** Bornons-nous, ce qui ne restreint pas la généralité, au cas où l'on étudie, au voisinage de l'origine $0 \in \mathbf{C}^n$, l'ensemble M des solutions d'un système d'équations

$$f_i(x) = 0 \qquad (1 \leqq i \leqq p),$$

où les f_i sont holomorphes au voisinage de 0. D'une façon précise, on se propose d'étudier le «germe» M_0 de M au point 0. En principe, si l'on en croit Osgood [1], c'est à Weierstraß lui-même que remonterait le théorème suivant: M_0 est, d'une seule manière, réunion finie de germes **irréductibles** d'ensembles analytiques; en outre, une description géométrique précise d'un germe irréductible est donnée, dans laquelle intervient notamment la notion de **dimension** d'un tel germe. En fait, en me reportant à la référence de Weierstraß donnée par Osgood, je n'ai pas réussi à trouver une étude complète dans le cas général, et je crois que le mérite de celle-ci revient à Rückert [5]. En fait, il s'agit d'étudier le germe d'ensemble analytique (au point 0) défini par un idéal I de l'anneau $\mathbf{C}\{x_1, \ldots, x_n\}$, compte tenu du fait que cet idéal est de type fini. (On trouvera un exposé d'ensemble de cette question dans [13].)

On étudie d'abord le cas où I est un idéal **premier,** en considérant l'anneau quotient $\mathbf{C}\{x_1, \ldots, x_n\}/I$, qui est alors intègre. Grâce au théorème de préparation de Weierstraß, on prouve un lemme de «normalisation» analogue à celui qui est si utile dans la théorie des variétés algébriques: en faisant au besoin sur les coordonnées $x_1, \ldots, x_n$ de l'espace ambiant une transformation linéaire, on se ramène au cas où, pour un entier k convenable, l'homomorphisme composé de l'injection naturelle $\mathbf{C}\{x_1, \ldots, x_k\} \to \mathbf{C}\{x_1, \ldots, x_n\}$ et de l'application canonique de $\mathbf{C}\{x_1, \ldots, x_n\}$ sur son quotient $\mathbf{C}\{x_1, \ldots, x_n\}/I$ est une **injection** telle que $\mathbf{C}\{x_1, \ldots, x_n\}/I$ soit un module de type fini sur $\mathbf{C}\{x_1, \ldots, x_k\}$. ($k$ est alors la dimension du germe irréductible M_0 défini par l'idéal I.) A partir de là, il reste à décrire la structure géométrique du germe irréductible M_0, puis à montrer que tout germe de fonction holomorphe qui s'annule identiquement sur M_0 appartient à l'idéal I. Ensuite, il suffit de puiser dans l'arsenal purement algébrique de la théorie des anneaux pour prouver que, dans le cas d'un idéal I quelconque, tout germe de fonction holomorphe qui s'annule identiquement sur le germe d'ensemble analytique défini par I a une puissance qui appartient à I («Nullstellensatz» de Hilbert).

Dans ce qui précède, le fait que le corps $\mathbf{C}$ est algébriquement clos joue un rôle essentiel. Néanmoins, le théorème de préparation permet aussi une description des germes de sous-ensembles analytiques définis sur le corps réel $\mathbf{R}$; une étude fine a conduit Łojasiewicz (voir [14]) à l'important résultat suivant: soit f une fonction analytique-réelle dans un ouvert $U \subset \mathbf{R}^n$, soit M l'ensemble des $x \in U$ tels que $f(x) = 0$, et soit $d(x, M)$ la distance de $x \in U$ à l'ensemble M; alors, pour tout compact $K \subset U$, il existe $\alpha > 0$ et $\beta > 0$ tels que

$$|f(x)| \geqq \alpha(d(x, M))^\beta \text{ pour tout } x \in K$$

(On peut dire, très grossièrement, que si $x \notin M$, $f(x)$ n'est pas «trop petit».) Ce résultat a permis à Łojasiewicz de résoudre le problème de la division d'une «distribution» par une fonction analytique-réelle non identiquement nulle. Il joue d'autre part un rôle important dans la démonstration (fort délicate) qu'a donnée récemment Malgrange [15] du «théorème de préparation différentiable», dont je voudrais maintenant dire quelques mots.

9. **Le théorème de préparation différentiable.** Il ne s'agit plus de l'algèbre $K\{x_1, \ldots, x_n\}$ des séries convergentes, mais de la $\mathbf{R}$-algèbre $\mathscr{E}(x_1, \ldots, x_n)$ des **germes de fonctions différentiables.** Précisons: $x_1, \ldots, x_n$ désignant maintenant n variables réelles (coordonnées dans l'espace $\mathbf{R}^n$), une fonction $f(x_1, \ldots, x_n)$, à valeurs réelles, définie et différentiable (c'est-à-dire indéfiniment différentiable) dans un voisinage de l'origine $(0, \ldots, 0)$, définit un **germe** à l'origine; l'ensemble $\mathscr{E}(x_1, \ldots, x_n)$ de tous ces germes a une structure d'anneau (définie par l'addition et la multiplication des fonctions), ou plus précisément d'algèbre sur le corps réel $\mathbf{R}$. On identifie l'algèbre $\mathscr{E}(x_1, \ldots, x_{n-1})$ à une sous-algèbre de $\mathscr{E}(x_1, \ldots, x_n)$, à savoir la sous-algèbre des germes de fonctions indépendantes de x_n. On a alors le

Théorème de division de Malgrange: *soit* $F \in \mathscr{E}(x_1, \ldots, x_n)$, *telle que* $F(0, \ldots, 0) = 0$, $F(0, \ldots, 0, x_n) = (x_n)^p G(x_n)$, *G différentiable*, $G(0) \neq 0$. *Alors pour toute* $A \in \mathscr{E}(x_1, \ldots, x_n)$ *il existe une* $Q \in \mathscr{E}(x_1, \ldots, x_n)$ *telle que*

$$A - FQ = R$$

soit un polynome en x_n, *de degré* $< p$, *à coefficients dans* $\mathscr{E}(x_1, \ldots, x_{n-1})$.

Contrairement à ce qui avait lieu dans le cas analytique, l'unicité de Q n'est plus assurée ici. Mais, comme dans le cas analytique, le «théorème de division» entraîne un «théorème de préparation»: en effet, si on applique le théorème de division à $A = (x_n)^p$, on trouve que, F étant donnée comme ci-dessus, il existe un polynome «distingué»

$$f = (x_n)^p + a_1(x_n)^{p-1} + \cdots + a_p,$$

à coefficients $a_i \in \mathscr{E}(x_1, \ldots, x_{n-1})$ satisfaisant à $a_i(0, \ldots, 0) = 0$, tel que $f = FQ$, avec $Q \in \mathscr{E}(x_1, \ldots, x_n)$, $Q(0, \ldots, 0) \neq 0$. Autrement dit, **F est «équivalente» à un polynome distingué de degré** p (l'équivalence s'entend modulo le groupe multiplicatif des éléments inversibles de l'anneau $\mathscr{E}(x_1, \ldots, x_n)$).

Quelques commentaires ne seront pas inutiles. Tandis que l'algèbre $\mathbf{R}\{x_1, \ldots, x_n\}$ des séries convergentes se plongeait dans l'algèbre des séries formelles $\mathbf{R}[[x_1, \ldots, x_n]]$, ici on a un homomorphisme

$$\mathscr{E}(x_1, \ldots, x_n) \to \mathbf{R}[[x_1, \ldots, x_n]],$$

à savoir celui qui associe à tout germe de fonction différentiable son développement de Taylor à l'origine. Un théorème d'Emile Borel assure que cet homomorphisme est **surjectif**; son noyau se compose évidemment des germes de fonctions $f(x_1, \ldots, x_n)$ qui sont nulles ainsi que toutes leurs dérivées à l'origine. C'est la présence de ces fonctions «plates» qui rend difficile la démonstration du théorème de Malgrange.

Malgrange prouve d'abord le théorème de division dans un cas particulier: celui où F est un polynome distingué en x_n dont les coefficients sont des fonctions **analytiques** de $x_1, \ldots, x_{n-1}$. Malgré cette hypothèse restrictive, les difficultés sont considérables, et il ne peut être question d'en donner même une idée. Signalons toutefois que l'inégalité de Łojasiewicz intervient dans la démonstration. Une fois prouvé le théorème de division dans ce cas particulier, il n'est plus très difficile d'y ramener le cas général, grâce à une série d'astuces. On démontre même un résultat plus fort que le théorème de division, et analogue au théorème du n° 7 ci-dessus. Avant de l'énoncer, introduisons la notion d'**algèbre différentiable** (de même qu'au n° 7 nous avions introduit la notion d'algèbre analytique).

Par définition, une algèbre différentiable est définie par la donnée d'une **R**-algèbre A non réduite à 0 et (pour un entier $n \geqq 0$ convenable) d'un homomorphisme surjectif de **R**-algèbres

$$\lambda : \mathscr{E}(x_1, \ldots, x_n) \to A.$$

Il est clair que A est alors une algèbre locale dont l'idéal maximal $\mathfrak{m}(A)$ est l'image de l'idéal maximal de $\mathscr{E}(x_1, \ldots, x_n)$. Les algèbres différentiables sont les objets d'une catégorie dont les morphismes sont définis comme suit: un morphisme de $(\lambda : \mathscr{E}(x_1, \ldots, x_n) \to A)$ dans $(\mu : \mathscr{E}(y_1, \ldots, y_p) \to B)$ est un homomorphisme d'algèbres $u : A \to B$ tel qu'il existe des germes d'applications différentiables

$$(*) \qquad x_i = \varphi_i(y_1, \ldots, y_p) \qquad (1 \leqq i \leqq n)$$

rendant commutatif le diagramme

$$\begin{array}{ccc} \mathscr{E}(x_1, \ldots, x_n) & \xrightarrow{\varphi^*} & \mathscr{E}(y_1, \ldots, y_p) \\ \downarrow{\scriptstyle \lambda} & & \downarrow{\scriptstyle \mu} \\ A & \xrightarrow{u} & B \end{array}$$

où φ^* est l'homomorphisme défini par le changement de variables (*).

Nous pouvons maintenant énoncer le

Théorème de Malgrange: *Soient* $(\lambda : \mathscr{E}(x_1, \ldots, x_n) \to A)$ *et* $(\mu : \mathscr{E}(y_1, \ldots, y_p) \to B)$ *deux algèbres différentiables, et soit* $u : A \to B$ *un morphisme de la première dans la seconde. Soient* $b_i \in B$ *des éléments en nombre fini; alors les deux assertions suivantes sont équivalentes:*

(i) *les images des* b_i *dans le* **R***-espace vectoriel* $B/\mathfrak{m}(A) \cdot B$ *engendrent cet espace vectoriel;*

(ii) *les* b_i *engendrent* B *pour sa structure de* A*-module définie par l'homomorphisme* u.

Comme au n° 7, on montre que ce théorème entraîne le théorème de division.

Il est bon d'ajouter que c'est Thom qui a le premier conjecturé le «théorème de préparation différentiable», laissant à Malgrange le soin de le démontrer. Aujourd'hui ce théorème est en train de devenir un outil essentiel en topologie différentielle, dans l'étude des germes d'applications différentiables f d'une variété M dans une variété M' (il s'agit de germes en un point $(x, x') \in M \times M'$). Dans cet ordre d'idées, on connaissait déjà des résultats isolés: celui de M. Morse concernant le cas où $M' = \mathbf{R}$, f admettant en x un «point critique non-dégénéré»; ceux de Whitney [16] concernant certains types d'applications dégénérées. D'une manière générale, on voudrait, dans la mesure du possible, classifier tous ces germes d'applications (c'est-à-dire trouver, dans chaque classe, une forme canonique pour f moyennant un choix convenable des coordonnées locales dans M et dans M'). Il semble probable que, grâce au théorème de Malgrange, cette classification sera possible au moins dans le cas où l'algèbre des germes (en x) de fonctions différentiables sur M est, au moyen de f, un module de type fini sur l'algèbre des germes (en x') de fonctions différentiables sur M'.

Comme on le voit, le théorème de préparation de Weierstraß continue à être une source d'inspiration pour les mathématiciens contemporains, et ce fait justifie, à mes yeux, la place privilégiée qu'avec le recul du temps on doit lui attribuer dans l'ensemble de son œuvre.

BIBLIOGRAPHIE

[1] *F. Osgood*, Lehrbuch der Funktionentheorie, II.
[2] *Wirtinger*, Crelle's Journal, 158, 1927, 260–267.
[3] *Brill*, Math. Annalen, 69, 1910, 538–549.
[4] *Lasker*, Math. Annalen, 60, 1905, 20–116.
[5] *Rückert*, Math. Annalen, 107, 1933, 259–281.
[6] *Späth*, Journ. f. r. u. a. Math., 161, 1929, 95–100.
[7] *P. Salmon*, Bull. Soc. Math. de France, 92, 1964, 385–410.
[8] *H. Cartan*, Annales E.N.S., 61, 1944, 149–197.
[9] *H. Cartan*, Faisceaux analytiques cohérents (Centro Int. Mat. Estivo, Roma 1963).
[10] *K. Oka*, Bull. Soc. Math. de France, 78, 1950, 1–28.
[11] *H. Cartan*, Bull. Soc. Math. de France, 78, 1950, 29–64.
[12] *C. Houzel*, Sém. Cartan 1960/61, exposé 18.
[13] *M. Hervé*, Several complex variables, local theory (Oxford Univ. Press 1963).
[14] *B. Malgrange*, Sém. Schwarz 1959/60, exposé 22.
[15] *B. Malgrange*, Sém. Cartan 1962/63, exposés 11, 12, 13 et 22.
[16] *H. Whitney*, Annals of Math. 62, 1955, 374–410.

56.

Sur l'anneau des germes de fonctions holomorphes dans un espace de Banach

Séminaire sur les espaces analytiques, Editions de l'Académie de la République socialiste de Roumanie, Bucarest, 129–135 (1971)

Ce premier exposé est destiné à servir d'introduction à l'exposé de Pierre Mazet. Il est essentiellement consacré à quelques résultats obtenus par J. P. Ramis (Voir Thèse à paraître dans la Collection des « Ergebnisse »). On pourra aussi consulter un exposé de H. Cartan au Séminaire Bourbaki (n° 354, février 1969).

1. LE THÉORÈME DE PRÉPARATION DE WEIERSTRASS

Soit E un espace de Banach sur le corps complexe $\mathbf{C}$; le cas classique est celui où E est de dimension finie, mais on ne fait pas cette hypothèse ici. Un germe de fonction holomorphe à l'origine 0 de E est défini par une série

$$f = \sum_{n \geqslant 0} f_n,$$

où $f_n : E \to \mathbf{C}$ est un polynôme homogène de degré n, continu, de manière que la série converge normalement dans un voisinage de 0. Cette dernière condition signifie qu'il existe $r > 0$ tel que

$$\sum_{n \geqslant 0} \sup_{|x| \leqslant r} |f_n(x)| < +\infty.$$

L'ensemble des germes de fonctions holomorphes à l'origine de E forme un *anneau* $\mathcal{O}(E)$. Il est immédiat que cet anneau est *intègre*; c'est un anneau *local* (si $f_0 \neq 0$, l'inverse f^{-1} existe et appartient à $\mathcal{O}(E)$). Il n'est *pas* noethérien si la dimension de E est infinie, car l'idéal maximal (formé des f telles que $f_0 = 0$) ne peut être engendré par un nombre fini d'éléments). Néanmoins, et c'est là un premier résultat important dû à Ramis, $\mathcal{O}(E)$ est un *anneau factoriel*, i.e.: tout élément $f \neq 0$ et non inversible s'écrit comme produit d'une famille finie d'éléments *irréductibles*, qui sont bien déterminés à des facteurs inversibles près (rappelons qu'une f est irréductible si f n'est pas inversible et ne peut pas s'écrire comme produit de deux éléments non inversibles). La démonstration du fait que $\mathcal{O}(E)$ est un anneau factoriel, que nous ne donnons pas ici, repose de manière essentielle sur le théorème de préparation de Weierstrass, que nous allons maintenant formuler de façon précise.

Pour cela, considérons une décomposition directe

$$E = E' \oplus E''$$

de E en deux sous-espaces fermés, avec $\dim E'' = 1$. Le sous-espace E'' se compose donc des multiples scalaires d'un élément $a \neq 0$ de E. Le projecteur $E \to E'$, de noyau E'', définit une injection d'anneaux $\mathcal{O}(E') \to \mathcal{O}(E)$, qui permet d'identifier $\mathcal{O}(E')$ à un sous-anneau de $\mathcal{O}(E)$; on définit alors une injection d'anneaux

$$\mathcal{O}(E')\,[X] \to \mathcal{O}(E)$$

(où $\mathcal{O}(E')\,[X]$ désigne l'anneau des polynômes en X, à coefficients dans $\mathcal{O}(E'')$, en associant au polynôme X la forme linéaire composée

$$E \to E'' \to \mathbf{C},$$

où la première application est la projection de noyau E', et la seconde application est l'application linéaire qui prend la valeur 1 sur l'élément $a \in E''$. On identifiera désormais l'anneau $\mathcal{O}(E')\,[X]$ à un sous-anneau de $\mathcal{O}(E)$. Nous pouvons maintenant énoncer le:

Théorème de préparation. *Soit $f \in \mathcal{O}(E)$, $f \neq 0$. Choisissons un $a \in E$ tel que $f_n(a) \neq 0$ pour un n, et soit p le plus petit n tel que $f_n(a) \neq 0$ (p est l'ordre de la restriction de f à la droite complexe $E'' = \mathbf{C}a$). Soit E' un supplémentaire fermé du sous-espace E'' (un tel E' existe); identifions $\mathcal{O}(E')\,[X]$ à un sous-anneau de $\mathcal{O}(E)$ comme ci-dessus. Alors toute $g \in \mathcal{O}(E)$ s'écrit d'une seule manière*

$$g = fq + r, \text{ avec } \begin{cases} q \in \mathcal{O}(E), \\ r \in \mathcal{O}(E')\,[X], \deg r < p. \end{cases}$$

On en déduit aussitôt (en prenant $g = X^p$) que f est « équivalente » à un polynôme *distingué* $P(X)$ de degré p, c'est-à-dire que

$$f = hP,$$

avec $h \in \mathcal{O}(E)$, h inversible, et P unitaire de degré p, les coefficients de $P(X)$ étant tous, sauf celui de X^p, dans l'idéal maximal de $\mathcal{O}(E')$.

Le théorème de préparation entraîne que l'homomorphisme naturel

$$\mathcal{O}(E') \to \mathcal{O}(E)/(f)$$

composé de l'injection $\mathcal{O}(E') \to \mathcal{O}(E)$ et de l'application canonique de $\mathcal{O}(E)$ sur son quotient par l'idéal principal (f) est une injection qui fait de $\mathcal{O}(E)/(f)$ un $\mathcal{O}(E')$-module libre ayant une base formée de p éléments (à savoir les classes de $1, X, X^2, \ldots, X^{p-1}$).

2. DÉCOMPOSITION NORMALE POUR UN IDÉAL I

Passons du cas d'un idéal principal (f) à celui d'un idéal quelconque $I \subset \mathcal{O}(E)$. On dira qu'une décomposition directe

$$E = E' \oplus E''$$

(où E' et E'' sont des sous-espaces fermés, avec $\dim E'' < +\infty$) est une ***décomposition normale*** pour l'idéal I si l'homomorphisme $\mathcal{O}(E') \to \mathcal{O}(E)/I$, composé de l'injection $\mathcal{O}(E') \to \mathcal{O}(E)$ induite par le projecteur $E \to E'$ de noyau E'', et de la projection canonique $\mathcal{O}(E) \to \mathcal{O}(E)/I$ satisfait aux deux conditions suivantes :

(i) c'est une injection (i.e. : $\mathcal{O}(E') \cap I = 0$) ;

(ii) elle fait de $\mathcal{O}(E)/I$ un $\mathcal{O}(E')$-module de type fini.

Naturellement, il n'est pas question d'affirmer que, I étant donné, une telle décomposition normale existe. Dans le cas où $\mathcal{O}(E)$ était remplacé par l'anneau des polynômes à n variables, et I par un idéal de cet anneau, l'existence d'une décomposition normale ne serait autre que le « lemme de normalisation » de E. Noether ; d'où la terminologie introduite ici.

La condition (i) implique que I est contenu dans l'idéal maximal de $\mathcal{O}(E)$; quant à la condition (ii), elle a une interprétation géométrique (pas évidente) : elle exprime que si I'' désigne l'idéal de $\mathcal{O}(E'')$ formé des restrictions à E'' des éléments de I, l'origine 0 est le seul zéro commun aux éléments de I'' (I'' est évidemment un idéal de type fini, puisque $\mathcal{O}(E'')$ est noethérien).

La notion de décomposition normale est particulièrement intéressante dans le cas où I est un idéal premier p. Rappelons d'abord une définition : p est de *hauteur finie* s'il existe une chaîne finie d'idéaux premiers tous distincts

$$0 \subset p_1 \subset \dots \subset p_h = p$$

qui soit maximale (i.e. telle qu'il soit impossible d'insérer entre deux termes consécutifs de cette chaîne un idéal premier distinct de chacun de ces deux termes). Dans le cas qui nous intéresse (c'est-à-dire celui des idéaux premiers de l'anneau $\mathcal{O}(E)$), on démontre que l'entier h (appelé la longueur de la chaîne maximale se terminant en p) est un invariant de l'idéal p (cela tient à ce que l'anneau de fractions $\mathcal{O}(E)_p$ est un anneau noethérien régulier). On l'appelle la *hauteur* de l'idéal premier p.

Par exemple, dans l'anneau factoriel $\mathcal{O}(E)$, un idéal premier de *hauteur un* n'est autre qu'un idéal principal engendré par un élément $f \neq 0$ et *irréductible*.

Ces définitions étant posées, on a un premier résultat fondamental :

THÉORÈME 1. *Si p est un idéal premier de hauteur finie dans l'anneau $\mathcal{O}(E)$, il existe une décomposition normale de E pour l'idéal p. Pour une telle décomposition $E' \oplus E''$, la dimension de E'' est égale à la hauteur de p.*

Si la hauteur où h est 0 ou 1, la démonstration est facile : dans le cas où $h = 1$, on applique le théorème de préparation. Dans le cas général, on fait une démonstration par récurrence sur la hauteur h, en utilisant le théorème de Cohen-Seidenberg (relèvement des idéaux premiers) et, à chaque étape de la récurrence, le théorème de préparation.

3. IDÉAUX ET GERMES D'ENSEMBLES ANALYTIQUES

On a la notion de *germe* de sous-ensemble de E au point $0 \in E$. Un tel germe X est, par définition, un *germe d'ensemble analytique* s'il existe un germe d'application holomorphe $f: E \to \mathbf{C}^n$ tel que $X = f^{-1}(0)$. (N.B : on peut généraliser cette définition au cas où f prendrait ses valeurs dans un espace de Banach, mais nous laisserons ici de côté cette généralisation.)

Un germe d'ensemble analytique non vide X est ***réductible*** s'il existe deux germes d'ensembles analytiques X_1 et X_2, tous deux distincts de X (en tant que germes) et tels que $X = X_1 \cup X_2$. Sinon, X est dit irréductible (s'il est non vide).

A chaque germe d'ensemble analytique X on associe l'idéal $\mathcal{J}(X)$ formé des éléments de $\mathcal{O}(E)$ qui s'annulent identiquement sur X. Inversement, à un idéal I *de type fini* on associe un germe d'ensemble analytique, noté $\mathcal{V}(I)$, défini par un système d'équations $f_i = 0$, où les f_i parcourent un système fini de générateurs de l'idéal I (il est immédiat que le germe obtenu est indépendant du choix des f_i). En revanche, il n'est pas question de définir $\mathcal{V}(J)$ pour un idéal quelconque J; toutefois si l'idéal J est « géométrique », c'est-à-dire (par définition) s'il existe un idéal de type fini I tel que

$$I \subset J \subset \mathcal{J}(\mathcal{V}(I))$$

alors on pose $\mathcal{V}(J) = \mathcal{V}(I)$, car $\mathcal{V}(I)$ ne dépend visiblement pas du choix de I.

Pour que X soit *irréductible*, il faut et il suffit que l'idéal associé $\mathcal{J}(X)$ soit *premier* : c'est évident.

Le deuxième théorème fondamental de Ramis est le suivant :

THÉORÈME 2. *Soit* $\mathfrak{p}$ *un idéal premier de* $\mathcal{O}(E)$. *Supposons qu'il existe une décomposition* $E = E' \oplus E''$ *normale pour* $\mathfrak{p}$. *Alors il existe un germe d'ensemble analytique* X *tel que* $\mathfrak{p} = \mathcal{J}(X)$. (Un tel X est donc *irréductible.*) *En outre, la projection* $E \to E'$ (de noyau E'') *induit un germe d'application holomorphe*

$$f: X \to E'$$

qui définit X *comme « revêtement ramifié » du germe de* E' *à l'origine.*

La notion de « revêtement ramifié » qui intervient dans la deuxième partie de cet énoncé généralise la notion classique en dimension finie, et fournit ainsi une *description géométrique d'un germe d'ensemble analytique irréductible* quelconque (puisque l'idéal $\mathcal{J}(X)$ d'un tel germe X est premier).

Pour être précis, nous allons détailler cette notion. En réalité, c'est d'un *germe* de revêtement ramifié qu'il s'agit dans l'énoncé du théorème 2. Voici la définition précise d'un revêtement ramifié, relativement à une décomposition $E = E' \oplus E''$. Soit U un ouvert connexe de E' ; un revêtement ramifié de base U, relativement à la projection $p : E \to E'$, est défini par la donnée d'un sous-ensemble $X \subset p^{-1}(U)$ tel que l'application $p : X \to U$ possède les propriétés suivantes : il existe un sous-ensemble analytique principal $A \subset U$ (c'est-à-dire un sous-ensemble fermé $A \subset U$ qui, au voisinage de chacun de ses points, est définissable par l'annulation d'une fonction holomorphe scalaire non identiquement nulle), tel que $X' = p^{-1}(U - A)$ soit un *revêtement* de $U - A$ à un nombre *fini* de feuillets (soit d leur nombre), que X' soit dense dans X, que, en outre, au voisinage de chaque point $x' \in X'$, X' soit le graphe d'une application holomorphe, à valeurs dans E'', définie dans un voisinage de $p(x')$ dans U, et enfin que, pour tout $a \in A$, il existe un ouvert V de U, contenant a, et un compact $K \subset E''$, tels que $p^{-1}(V) \cap X'$ soit contenu dans $V \times K$. L'entier d s'appelle alors le *degré* du revêtement ramifié ; il ne dépend pas du choix de A.

On démontre que, sous les hypothèses précédentes, il existe un système fini de fonctions holomorphes dans l'ouvert $p^{-1}(U) \subset E$, (en fait, ce sont des polynômes en les coordonnées de E'' à coefficients holomorphes dans U), dont l'annulation simultanée définit exactement X. Ceci entraîne que X est bien un sous-ensemble analytique $p^{-1}(U)$, et X définit alors, à l'origine de E, un germe de sous-ensemble analytique, qui est un « germe de revêtement ramifié ». On observera que X, au voisinage de chaque point de l'ouvert dense $X' = p^{-1}(U - A)$, est une ***sous-variété analytique*** de E, de codimension égale à la dimension p du sous-espace E''. Ceci précise la structure de germe analytique de X à l'origine, et donne une interprétation de la dimension de E'' (c'est-à-dire, lorsque $E' \oplus E''$ est une décomposition normale pour un idéal premier $\mathfrak{p}$, une interprétation géométrique de la *hauteur* de $\mathfrak{p}$).

Ici se termine notre exposé introductif. Signalons toutefois que, dans l'exposé de Mazet qui lui fait suite, on prouvera un

THÉORÈME 3. *Soit $\mathfrak{p}$ un idéal premier de $\mathcal{O}(E)$. S'il existe un idéal de type fini I tel que $\mathfrak{p} = \mathfrak{I}(\mathcal{V}(I))$, alors l'idéal $\mathfrak{p}$ est de hauteur finie.*

Ce théorème, joint aux théorèmes 1 et 2 qui précèdent, permettra de conclure que, pour un idéal premier $p \subset \mathcal{O}(E)$, les propriétés suivantes sont équivalentes :

(a) p est de hauteur finie ;

(b) il existe une décomposition normale $E = E' \oplus E''$ pour l'idéal p ;

(c) il existe un germe d'ensemble analytique X (nécessairement irréductible) tel que $\mathcal{J}(X) = p$.

En outre, lorsqu'il en est ainsi, la hauteur de p est égale à la dimension de E'', et à la codimension de X en chacun des points « réguliers » de X (un point étant « régulier » si X est, au voisinage d'un tel point, une sous-variété analytique).

57.

Sur les travaux de K. Stein

Schriftenreihe des Mathematischen Instituts der Universität Münster (1973)

Les travaux de Karl Stein s'échelonnent sur plus de 30 années. Au cours de ce temps, la théorie des fonctions analytiques de variables complexes a connu un développement considérable; les idées ont évolué et de nouveaux concepts ont été introduits. En relisant l'oeuvre de Stein, on revit l'histoire de cette évolution.

Il ne saurait être question de faire ici une analyse détaillée de ces travaux, article par article; nous allons plutôt essayer de dégager quelques points essentiels et de marquer de quelle manière Karl Stein a contribué à faire éclore les idées nouvelles.

1. Je passe rapidement sur la première période (1937–1940), qui est celle d'une étroite collaboration du jeune Stein et de son maître Heinrich Behnke. Enveloppes d'holomorphie de sous-ensembles sans point intérieur, problèmes d'approximation, approche classique des deux problèmes de Cousin sont les sujets étudiés ensemble par le maître et l'élève. Un autre sujet est celui de la convergence des suites de domaines d'holomorphie dans $\mathbb{C}^n$, qu'ils soient univalents ou étalés; mentionnons simplement le classique théorème de Behnke-Stein.

Naturellement, la collaboration de Stein avec Behnke se prolongera bien au-delà de 1940, en fait jusqu'en 1954. Mais à partir de 1940 environ la personnalité de Stein s'affirme. Son "Habilitationsschrift", paru aux Mathematische Annalen en 1941 sous le titre "Topologische Bedingungen für die Existenz analytischer Funktionen komplexer Veränderlichen zu vorgegebenen Nullstellenflächen" [10], marque une date décisive: ce travail consacre en effet l'entrée de la Topologie algébrique dans l'Analyse complexe. Comme on l'a deviné, il s'agit du "deuxième problème de Cousin" et des questions topologiques qui y sont liées. On se place, bien entendu, dans un *domaine d'holomorphie*, puisqu'à cette époque on n'avait pas encore pris l'habitude de penser aux variétés analytiques complexes au sens abstrait; les "variétés de Stein" n'avaient pas encore été inventées. Elles le seront en 1950–51, lorsque Stein, revenant sur le même sujet dix ans plus tard, observera que les résultats de son mémoire de 1941, établis pour le cas d'un domaine d'holomorphie, restent valables pour ce qu'il appelle un ouvert "R-convexe" d'une variété complexe. Un ouvert U est dit "R-convexe" s'il possède les trois fameuses propriétés que tout le monde connaît aujourd'hui: (i) les fonctions holomorphes dans U séparent les points de U; (ii) tout point de U possède un système de coordonnées locales formées de fonctions holomorphes dans U tout entier; (iii) U est "holomorphiquement convexe".

2. Permettez-moi d'analyser le contenu des trois mémoires parus en 1941, puis en 1950 et 1951 sur le second problème de Cousin. Rappelons qu'une *donnée de Cousin* consiste en un recouvrement de la variété complexe X par des ouverts U_i (qu'on peut supposer connexes), dans chacun desquels on s'est donné une fonction holomorphe f_i non identiquement nulle, de manière que le quotient f_i/f_j soit, dans $U_i \cap U_j$, une fonction holomorphe g_{ij} partout $\neq 0$. Le deuxième problème de Cousin consiste à trouver, si possible, une f holomorphe dans X telle que, dans chaque U_i, le quotient f/f_i soit holomorphe et partout $\neq 0$. Une telle donnée revient à celle d'un "diviseur" V sur X (c'est-à-dire d'une famille localement finie d'hypersurfaces affectées chacune d'un ordre de multiplicité qui est un entier > 0); et l'on cherche alors une fonction holomorphe dans X qui admette V comme diviseur (notons que V est l'initiale de "Verteilung").

En 1939, K. Oka avait montré que si X est un domaine d'holomorphie, la condition pour qu'il existe une f holomorphe admettant un diviseur donné V est de nature *purement topologique*: si le problème de Cousin peut être résolu avec une fonction continue (à valeurs complexes), il admet aussi une solution holomorphe. Ce résultat fondamental était pourtant loin d'épuiser la question: il restait à définir explicitement les *obstructions topologiques* à l'existence d'une solution continue (resp. holomorphe). Et il était alors nécessaire de rebâtir une démonstration d'existence, le résultat théorique de Oka étant de peu de secours. Tel est le problème auquel Stein s'attaque dans son mémoire de 1941 [10].

Nous savons aujourd'hui que la donnée d'un diviseur V sur X définit un élément $u \in H^2(X; \mathbb{Z})$ du second groupe de cohomologie de X à coefficients entiers; on peut par exemple considérer u comme l'élément qui correspond, dans la "dualité de Poincaré", à la classe d'homologie du $(2n\text{-}2)$-cycle défini par V (n désigne la dimension complexe de X); u est aussi la *classe de Chern* du fibré en droites complexes défini par le diviseur V. Mais en 1940 la cohomologie était une notion encore pratiquement inconnue . . . Dans son Habilitationsschrift [10], Stein définit les *nombres d'intersection* du diviseur V avec les classes d'homologie de dimension 2 de X (non seulement les classes entières, mais aussi les classes modulo m, m entier quelconque). Il prouve que le problème de Cousin ne peut avoir une solution que si tous ces nombres d'intersection sont nuls. Cette condition nécessaire est-elle suffisante? Stein montre que si X est un domaine d'holomorphie, et si tous les nombres d'intersection de V sont nuls, alors pour tout ouvert U relativement compact de X il existe dans U une solution du problème de Cousin pour le diviseur V restreint à U. Mais il ne peut pas conclure que le problème de Cousin a une solution dans X tout entier; et il s'avérera en effet plus tard qu'en général il n'en a pas. Dès 1941, Stein observe que si le groupe d'homologie $H_1(X; \mathbb{Z})$ est *libre* (c'est-à-dire abélien-libre), alors la nullité des nombres d'intersection est suffisante pour la solution du problème de Cousin.

Dans le mémoire [10] de 1941 il y a d'autres résultats: puisqu'on n'est pas toujours assuré de l'existence d'une solution du second problème de Cousin, la question se pose de savoir s'il existe des solutions non uniformes. En 1941, Stein se borne à considérer le cas où X est un polycylindre, et il montre alors que tout diviseur V est le diviseur d'une fonction holomorphe qui, par chaque lacet de X, se reproduit multipliée par un facteur holomorphe partout $\neq 0$, facteur que l'on peut d'ailleurs astreindre à des conditions supplémentaires.

Dans un mémoire paru en 1950 aux Acta Mathematica [13], et intitulé "Primfunktionen und multiplikative automorphe Funktionen auf nichtgeschlossenen Riemannschen Flächen und Zylindergebieten", Stein reprend la question de l'existence de solutions non uniformes du problème de Cousin, dans le cas particulier du produit $R \times R'$ de deux "surfaces de Riemann" connexes et non compactes. Mais ce travail va être éclipsé par le célèbre mémoire paru aux Mathematische Annalen en 1951 [15], qui est d'ailleurs celui où l'on trouve pour la première fois la notion de variété de Stein, sous une autre dénomination évidemment. Je voudrais maintenant parler plus en détail des résultats de ce travail fondamental, car il illustre à merveille la façon dont progressent les mathématiques.

Soit X une variété complexe. On introduit les deux notions de fonction *additivement automorphe* et de fonction *multiplicativement automorphe*, comme suit: soit $\tilde{X}$ le revêtement universel de X, et notons $p\colon \tilde{X} \to X$ l'application canonique. Soit $\Pi = \pi_1(X, x_0)$ le groupe fondamental de X, qui opère dans $\tilde{X}$ ("Decktransformationen"). Une fonction additivement automorphe est une F holomorphe dans $\tilde{X}$ telle que, pour tout $\sigma \in \Pi$,

$$F(\sigma \cdot x) - F(x)$$

soit de la forme $f_\sigma(p(x))$, où f_σ est holomorphe dans X. L'application $\sigma \mapsto f_\sigma$ est un homomorphisme du groupe Π dans le groupe additif $\Gamma(X, O_X)$ des fonctions holomorphes dans X, et induit donc un homomorphisme

$$B_1(X) \to \Gamma(X, O_X), \tag{1}$$

où $B_1(X)$ désigne le premier groupe de Betti de X, quotient du groupe d'homologie $H_1(X) = H_1(X; \mathbb{Z})$ par le sous-groupe de torsion Tors $H_1(X)$. Les éléments de $\Gamma(X, O_X)$, images de l'homomorphisme (1), s'appellent les *périodes* (additives) de F.

De même, une fonction *multiplicativement automorphe* est, par définition, une fonction Φ holomorphe dans $\tilde{X}$ et telle que

$$\Phi(\sigma \cdot x) = \Phi(x) \cdot \varphi_\sigma(p(x)),$$

où $\varphi_\sigma \in \Gamma(X, O_X^*)$ est holomorphe dans X et partout $\neq 0$. Alors l'application $\sigma \mapsto \varphi_\sigma$ définit un homomorphisme

$$H_1(X) \to \Gamma(X, O_X^*) \tag{2}$$

du groupe d'homologie $H_1(X)$ dans le groupe *multiplicatif* $\Gamma(X, O_X^*)$. Cette fois, (2) ne définit pas, en général, un homomorphisme de $B_1(X)$ dans $\Gamma(X, O_X^*)$, car $\Gamma(X, O_X^*)$ possède des éléments d'ordre fini autres que la constante 1, par exemple les racines de l'unité. Il est clair qu'une fonction multiplicativement automorphe Φ définit un diviseur $V(\Phi)$ sur X.

Ayant introduit ces notions, Stein prouve, entre autres, les résultats suivants (en supposant, bien entendu, que X soit une "variété de Stein"):

(i) Etant donné arbitrairement un homomorphisme du type (1), il existe une fonction F additivement automorphe qui donne naissance à cet homomorphisme; F admet donc des "périodes" arbitrairement données.

(ii) Soit donné un diviseur V sur X; pour qu'il existe une fonction multiplicativement automorphe Φ admettant le diviseur V, et dont les périodes soient des *constantes, racines de l'unité*, il faut et il suffit que l'invariant $u \in H^2(X; \mathbb{Z})$ du diviseur V ait une intersection nulle avec tous les éléments de $H_2(X; \mathbb{Z})$ (classes d'homologie entières). Cette condition exprime que l'image de u dans $H^2(X; \mathbb{Q})$ est nulle, ou, ce qui revient au même en utilisant le théorème des coefficients universels, que u est dans $\operatorname{Ext}^1(H_1(X); \mathbb{Z})$. Les périodes de Φ définissent alors un élément de $\operatorname{Hom}(H_1(X), \mathbb{Q}/\mathbb{Z})$ dont l'image canonique dans $\operatorname{Ext}^1(H_1(X), \mathbb{Z})$ est précisément u.

(iii) Si de plus on exige que les périodes multiplicatives de Φ soient nulles sur Tors $H_1(X)$, alors une condition nécessaire et suffisante est que les intersections de u avec les 2-cycles (mod m) soient nulles pour tout entier $m \neq 0$. Ces conditions expriment très exactement que u est non seulement dans $\operatorname{Ext}^1(H_1(X), \mathbb{Z})$ mais dans $\operatorname{Ext}^1(B_1(X), \mathbb{Z})$; ce dernier groupe n'est autre que celui des éléments *divisibles* de $H^2(X; \mathbb{Z})$. C'est justement la situation rencontrée dix ans plus tôt dans [10]; on comprend maintenant pourquoi, lorsque $B_1(X)$ est libre, le problème de Cousin admet une solution uniforme chaque fois que les "nombres d'intersection" du diviseur donné V sont tous nuls.

Dans le même travail [15], Stein annonce le résultat suivant: il existe toujours, dans $\mathbb{C}^2$, un domaine d'holomorphie X dont le groupe de Betti $B_1(X)$ soit un groupe *dénombrable* arbitrairement donné. Chemin faisant, il prouve un curieux résultat d'algèbre: pour qu'un groupe abélien dénombrable G soit libre, il faut et il suffit que $\operatorname{Ext}^1(G, \mathbb{Z}) = 0$; de plus, si G supposé dénombrable n'est pas libre, le groupe $\operatorname{Ext}^1(G, \mathbb{Z})$ a la puissance du continu.

(iv) Enfin, Stein montre qu'étant donné arbitrairement un homomorphisme $\varphi: B_1(X) \to \mathbb{Q}/\mathbb{Z}$, il existe toujours une fonction multiplicativement automorphe Φ admettant ce système de périodes. Si V est le diviseur défini par Φ, l'invariant $u \in \operatorname{Ext}^1(B_1(X), \mathbb{Z})$ de V est l'élément canoniquement défini par $\varphi \in \operatorname{Hom}(B_1(X); \mathbb{Q}/\mathbb{Z})$. Il en résulte que tout élément *divisible* $u \in H^2(X; \mathbb{Z})$ est l'invariant d'un diviseur convenable. [On sait que Serre a montré plus tard que, en fait, pour tout $u \in H^2(X; \mathbb{Z})$, il existe un diviseur positif V dont l'invariant soit u].

On peut dire que ce mémoire [15] marque une date historique dans le développement de la "Géométrie analytique" en relation avec la Topologie algébrique.

3. Puisque nous avons parlé des *variétés de Stein*, nous pouvons rappeler que Serre, dans sa conférence au Colloque de Bruxelles en 1953, avait posé une série de problèmes. Deux d'entre eux étaient formulés comme suit:

Un revêtement d'une variété de Stein est-il toujours une variété de Stein? Plus généralement, un espace fibré analytique dont la base et la fibre sont des variétés de Stein est-il toujours une variété de Stein?

Une réponse affirmative à la première question a été fournie par Stein lui-même [23]. La démonstration utilise la forme définitive du théorème de Behnke-Stein: si X est réunion d'une suite croissante d'ouverts de Stein X_ν, et si chaque couple $(X_{\nu+1}, X_\nu)$ est une "paire de Runge", alors X est de Stein. On applique ce résultat au revêtement universel $\tilde{X}$ de la variété de Stein X; on utilise aussi de manière essentielle le théorème d'Oka qui dit ceci: tout domaine étalé dans $\mathbb{C}^n$ et "pseudo-convexe" est une variété de Stein.

Quant au second problème (un fibré dont la base et la fibre sont de Stein est-il de Stein?), il n'est, à ma connaissance, pas encore complètement résolu aujourd'hui, malgré une série de résultats valables dans des cas particuliers (cf. notamment les travaux de Matsushima-Morimoto, Gerd Fischer, Königsberger).

4. Mais revenons à l'année 1951. A peine le grand mémoire sur le second problème de Cousin était-il paru aux Mathematische Annalen, que paraissait dans le même journal un autre travail [16], signé de Behnke et Stein, sur les "modifications" des variétés analytiques complexes. L'idée naïve est la suivante: pour "modifier" X, on enlève de X une partie fermée N et on la remplace par autre chose N^*. Hopf avait montré comment son "σ-Prozess" permettait de remplacer, dans une variété complexe de dimension 2, un point par une sphère S^2. En réalité, S^2 doit être considérée ici comme la droite projective complexe $P_1(\mathbb{C})$; dans une variété complexe de dimension n, on fait "éclater" un point en le remplaçant par un espace projectif $P_{n-1}(\mathbb{C})$, qui n'est autre que l'espace des directions tangentes au point que l'on fait éclater. On sait combien la théorie des éclatements s'est développée et perfectionnée depuis; mentionnons par exemple les fameux résultats de Hironaka sur la "résolution des singularités". En 1951, on n'en était pas encore là; mais c'est justement dans cet article [16] de Behnke et Stein que l'on trouve l'une des premières tentatives pour définir une notion générale d'*espace analytique* pouvant inclure des singularités internes. Behnke et Stein prennent comme modèles les *revêtements ramifiés* d'ouverts de $\mathbb{C}^n$; les espaces analytiques qu'ils définissent par ce procédé ne sont autres que les espaces analytiques *normaux*, comme le démontreront plus tard Grauert et Remmert.

Soit alors X un tel espace analytique; enlevons de X un sous-ensemble *compact* N, et remplaçons N par N^* lui aussi compact. Behnke et Stein prouvent le résultat suivant: s'il existe, dans un voisinage ouvert V de N, une fonction holomorphe qui soit nulle en tout point de N mais ne soit identiquement nulle au voisinage d'aucun point de V, alors N^* est nécessairement contenu dans un vrai sous-ensemble analytique de l'espace modifié X^*. La démonstration utilise une généralisation d'un théorème de Radó, qui constitue le point central du mémoire: soit U un ouvert de $\mathbb{C}^n$, et soit V un sous-ensemble ouvert non vide de U; soit $f\colon V \to \mathbb{C}$ une fonction holomorphe; si $f(x)$ tend vers 0 quand x tend vers n'importe quel point frontière de V intérieur à U, alors f se prolonge en une fonction holomorphe dans U, nulle en tout point du complémentaire de V; donc si U est connexe et f non identiquement nulle, $U \backslash V$ est contenu dans l'hypersurface de U définie par l'équation $f(x) = 0$. Comme je l'ai signalé à cette époque, une forme équivalente de ce théorème est la suivante: soit $f\colon U \to \mathbb{C}$ une fonction *continue*; si f est holomorphe en tout point $x \in U$ tel que $f(x) \neq 0$, alors f est holomorphe dans U; sous cette forme il existe une démonstration simple: on est ramené au cas d'une seule variable complexe, et dans ce cas on applique à $\log|f(x)|$ la théorie élémentaire des fonctions sous-harmoniques. Bien entendu, cette généralisation du théorème de Radó s'applique aussi au cas où U est un espace analytique *normal*.

5. Nous en arrivons maintenant aux travaux publiés par Karl Stein en collaboration avec son élève Reinhold Remmert. Le premier de la série est celui paru en 1953 aux Mathematische Annalen [20]; il est consacré à l'étude des "singularités essentielles" des sous-ensembles analytiques. Le principal résultat de Stein et Remmert s'est révélé d'une grande fécondité; il a reçu au cours des années suivantes un grand nombre d'applications, jusque dans la théorie des fonctions automorphes. Rothstein et Peter Thullen avaient ouvert la voie; notamment, Thullen avait prouvé en 1935 le théorème suivant: soit U un ouvert de $\mathbb{C}^n$; enlevons de U une sous-variété analytique F de codimension un, et supposons donnée dans $U\backslash F$ une hypersurface M (sous-ensemble analytique de $U\backslash F$, fermé dans $U\backslash F$, et de codimension un); soit $\overline{M}$ l'adhérence de M dans U; disons qu'un point $x \in F$ est *régulier* pour M s'il existe un voisinage ouvert V de x (dans U) tel que $V \cap \overline{M}$ soit un sous-ensemble analytique de V (donc une hypersurface); sinon $x \in F$ sera dit point *singulier essentiel* pour M. Alors Thullen démontre que si F est *connexe*, il n'y a que deux possibilités: ou bien tous les points de F sont réguliers pour M, ou bien ils sont tous singuliers essentiels. Pour cela il montre (F étant connexe ou non) que l'ensemble des points de F qui sont réguliers pour M est ouvert et fermé. La démonstration est en relation étroite avec la généralisation du théorème de Radó dont on a parlé plus haut.

Si Thullen s'était borné à considérer le cas des hypersurfaces, c'est parce que la technique de l'époque ne permettait pas d'aborder le cas général. Remmert et Stein, dans [20], développent cette technique indispensable; faute de trouver dans la littérature existante une exposition correcte et complète de la théorie des germes de *sous-ensembles analytiques*, ils consacrent une part importante de leur article à une mise au point détaillée de cette théorie. Ils peuvent ensuite prouver le théorème fondamental de prolongement des sous-ensembles analytiques: soit X une variété analytique complexe, et soit F un sous-ensemble analytique de X (fermé dans X), de codimension $\geqslant k$ en chacun de ses points. Dans $X\backslash F$, soit E un sous-ensemble analytique (fermé dans $X\backslash F$) de codimension égale à k en chacun de ses points. Définissons comme plus haut les points $x \in F$ qui sont réguliers pour E, et ceux qui sont singuliers essentiels. Alors l'*ensemble S des points de F qui sont singuliers essentiels pour E est un sous-ensemble analytique de F dont la codimension* (dans X) *est égale à k en chacun de ses points.*

Voici deux corollaires:

Corollaire 1: tout point $x \in F$ en lequel la codimension de F est $>k$ est un point régulier pour E. En particulier, si F est de codimension $>k$ en chacun de ses points, et si E est un sous-ensemble analytique de $X\backslash F$, de codimension k en chacun de ses points, alors l'adhérence $\overline{E}$ est un sous-ensemble analytique de X, de codimension k en chacun de ses points.

Corollaire 2: si F est globalement irréductible dans X, de codimension k, alors les points de F sont tous réguliers pour E, ou sont tous singuliers essentiels pour E.

Le corollaire 1 s'applique notamment lorsque F est réduit à un point et E

n'a pas de composante de dimension 0: un tel sous-ensemble analytique E ne peut pas avoir de singularité isolée. Par exemple, un cône qui est analytique en tout point sauf peut-être en son sommet, est aussi analytique en son sommet, et par suite est *algébrique*; ainsi le théorème de Remmert-Stein entraîne immédiatement le théorème de Chow, qui dit que tout sous-ensemble analytique de l'espace projectif $P_n(\mathbb{C})$ est algébrique.

La démonstration du théorème de Remmert-Stein est assez subtile. Cependant, telle qu'elle est, elle a pu être adaptée avec peu de changements au cas où X est une variété banachique complexe de dimension infinie (Ramis).

Signalons tout de suite une application, parmi bien d'autres, du théorème de prolongement de Remmert-Stein. Il s'agit d'un résultat publié par Stein en 1968 [34]; énonçons-le ici dans le cas des applications holomorphes. On se propose d'étendre le classique théorème de prolongement de Riemann au cas d'une application holomorphe à valeurs non dans $\mathbb{C}$, mais dans un espace analytique quelconque. Voici le théorème de Stein: soient X une variété analytique complexe, A un sous-ensemble analytique irréductible de X, Y un espace analytique complexe, et soit

$$f\colon X\backslash A \to Y$$

une application holomorphe; pour chaque point $x \in X\backslash A$, considérons la dimension complexe de la fibre au point x:

$$\dim_x f^{-1}(f(x)),$$

et soit $\delta(f)$ le minimum de cette dimension. Alors si

$$\dim A < \delta(f) - 1,$$

f se prolonge en une application holomorphe $X \to Y$; si $\dim A = \delta(f) - 1$, on peut seulement affirmer que f se prolonge en une "application méromorphe", et si le prolongement $\bar{f}$ n'est pas holomorphe, alors chaque point de A est point d'indétermination de $\bar{f}$. Nous voyons intervenir ici la notion d'application méromorphe, due à Remmert et Stoll; dans le cas le plus général elle a été longuement étudiée par Stein lui-même dans plusieurs articles parus entre 1963 et 1968 ([30], [31], [33], [35]). Le théorème que je viens de citer n'est d'ailleurs qu'un cas particulier d'un résultat concernant le prolongement des "applications méromorphes".

6 A partir de 1953 et pendant une dizaine d'années, Stein s'attaque à une notion nouvelle, sous des dénominations diverses: "analytische Projektionen", "analytische Zerlegungen", "komplexe Basen zu holomorphen Abbildungen". Cela commence avec l'exposé fait au Colloque de Bruxelles en 1953 [18]. L'idée est la suivante: soit f une application holomorphe non constante d'une variété complexe M, connexe, de dimension quelconque n, à valeurs dans une variété V de dimension un (par exemple, $\mathbb{C}$ ou la droite projective $P_1(\mathbb{C})$). On cherche à factoriser f en

$$M \xrightarrow{f'} V' \xrightarrow{g} V,$$

où $g: V' \to V$ est une surface de Riemann (application holomorphe à fibres discrètes), et ceci de façon universelle vis-à-vis d'un problème qu'il faut arriver à formuler de manière précise.

Pour cela, considérons les applications holomorphes $f_1: M \to V_1$ (où V_1 est une variété quelconque de dimension un) qui *dépendent analytiquement* de f; parmi elles, on en cherche une $f': M \to V'$ qui jouisse de la propriété suivante: toute f_1 du type précédent se factorise d'une seule manière en

$$M \xrightarrow{f'} V' \xrightarrow{g_1} V_1,$$

où g_1 est holomorphe (alors g_1 est une "surface de Riemann"). En utilisant des résultats de Koch, Stein prouve que ce problème universel admet une solution, évidemment unique à isomorphisme près. On obtient la solution en définissant V' comme quotient de M par une relation d'équivalence explicite; les classes d'équivalence sont contenues dans les fibres de l'application f, et chacune d'elles est réunion de composantes connexes d'une même fibre.

Dans les mémoires suivants, le problème est repris sous une forme plus générale. On précise d'abord la notion de *rang* d'une application holomorphe, et celle de *dépendance* de deux applications holomorphes. Le rang $r_x(f)$ d'une application holomorphe $f: X \to Y$ en un point $x \in X$ est, par définition, la *codimension*, au point x, de la fibre $f^{-1}(f(x))$ dans X (ici, X et Y sont des espaces analytiques au sens général, pas nécessairement des variétés complexes; et la dimension de Y n'est plus supposée égale à un). Soient alors deux applications holomorphes

$$f: X \to Y, \quad f_0: X \to Y_0$$

de même source X; on dit que f_0 *dépend de* f si l'application

$$x \mapsto (f(x), f_0(x))$$

de X dans $Y \times Y_0$ possède, en tout point $x \in X$, un rang égal à $r_x(f)$; si en outre f dépend de f_0, on dit que f et f_0 sont *liées* ("verwandt"); ceci est une relation d'équivalence. Une condition nécessaire et suffisante, de nature géométrique, pour que f et f_0 soient liées est la suivante: considérons les "surfaces de niveau" de f, c'est-à-dire les *composantes connexes des fibres* de l'application f; alors f et f_0 sont liées si et seulement si elles ont les mêmes surfaces de niveau. On pose alors le problème suivant:

$f: X \to Y$ étant donnée, existe-t-il, parmi toutes les $f_0: X \to Y_0$ liées à f, une application particulière

$$f^*: X \to X^*$$

jouissant de la propriété universelle suivante: pour toute $f_0: X \to Y_0$ dépendant de f il existe une unique application holomorphe $g_0: X^* \to Y_0$ qui factorise f_0, c'est-à-dire rende commutatif le diagramme

$$\begin{array}{ccc} & \overset{f^*}{\nearrow} & X^* \\ X & & \downarrow g_0 \\ & \underset{f_0}{\searrow} & Y_0 \end{array}$$

En particulier, f se factorise en $X \xrightarrow{f^*} X^* \xrightarrow{g} Y$; le couple (X^*, f^*), s'il existe, est évidemment unique à isomorphisme près. On l'appelle une *base complexe* pour $f: X \to Y$. On dit aussi que $f^*: X \to X^*$ est une application holomorphe *maximale* pour f.

Dans sa formulation du problème, Stein exige que f^* soit surjective, mais il ne semble pas qu'il soit nécessaire d'imposer cette condition, qui paraît résulter des données du problème.

On voit bien que l'espace analytique X^*, s'il veut bien exister, va se construire comme le quotient de X par une relation d'équivalence convenable. On est ainsi conduit à chercher quand un quotient d'un espace analytique peut être, de manière naturelle, muni d'une structure d'espace analytique. Ceci explique, je pense, la dénomination de "analytische Zerlegungen".

Stein examine d'abord le cas où la relation d'équivalence est *propre* (au sens topologique). Rappelons que, dans un espace localement compact X, une relation d'équivalence R est propre si elle satisfait à l'une des trois conditions équivalentes suivantes:

(i) le R-saturé d'un compact est compact;

(ii) chaque classe d'équivalence est compacte et possède un système fondamental de voisinages ouverts *saturés*;

(iii) l'espace-quotient X/R est localement compact, et l'application canonique $p: X \to X/R$ est propre (i.e.: l'image réciproque de tout compact est compacte).

Voici le théorème que prouve Stein [24]: soit $f: X \to Y$ une application holomorphe. Supposons que les surfaces de niveau de f soient compactes. Alors la relation d'équivalence R qu'elles définissent est propre, et l'espace quotient X/R possède naturellement une structure d'espace analytique (la structure quotient au sens des espaces annelés).

En fait, la démonstration donnée par Stein en 1956 suppose que X est une variété lisse; mais le résultat est général, comme l'a montré H. Cartan en utilisant le théorème de projection de Grauert. Bien entendu, si l'espace X est normal, il en est de même du quotient X/R. Il est clair que si l'on pose $X/R = X^*$, et si on note $f^*: X \to X^*$ l'application canonique, le couple (X^*, f^*) est une *base complexe* pour l'application $f: X \to Y$.

Mais Stein prouve aussi l'existence d'une base complexe dans d'autres cas que le cas propre. En 1958 [26] il donne le théorème suivant: soit $f: X \to Y$ une application holomorphe dont le rang local $r_x(f)$ est égal à une constante r indépendante de $x \in X$; alors il existe une base complexe $f^*: X \to X^*$ pour f, l'espace X^* est de dimension r, et l'application f^* est surjective. La démonstration utilise de manière essentielle un résultat de Remmert qui dit ceci: si f est de rang constant r, alors l'image par f du germe d'espace X au point x est un germe d'espace analytique de dimension r.

Signalons une conséquence intéressante de la propriété universelle d'une base complexe $f^*: X \to X^*$: l'homomorphisme des groupes fondamentaux

$$\pi_1(X, x_0) \to \pi_1(X^*, x_0^*)$$

défini par f (où $x^* = f^*(x_0)$) est *surjectif*.

Stein revient à nouveau sur le problème des bases complexes en 1963 [30]; il y prouve ce qui suit. Soit X un espace analytique irréductible, et soit $f: X \to Y$ une application holomorphe; soit $r(f) = \sup_{x \in X} r_x(f)$ le rang global de f. Supposons qu'il existe un sous-espace analytique A de X tel que si g désigne la restriction de f à A, g soit *propre* et $r(g) = r(f)$. Alors il existe une base complexe $f^*: X \to X^*$ pour l'application f. De plus l'image $f(A)$ est égale à $f(X)$, et c'est un sous-espace analytique de dimension $r(f)$. Ici on utilise le classique théorème de Remmert qui dit que l'image d'un espace analytique par une application holomorphe propre est un sous-espace analytique.

L'extension de tous ces résultats au cas des "applications méromorphes" fait l'objet d'un long mémoire paru en 1964 [31]. Rappelons la définition d'une *application méromorphe* $f: X \underset{m}{\to} Y$. Ce n'est pas une application à proprement parler, mais une correspondance dont le graphe $G(f) \subset X \times Y$ satisfait aux conditions suivantes (que nous formulons, pour simplifier, dans le cas où l'espace X est irréductible):

(i) le graphe $G(f)$ est un sous-ensemble analytique irréductible du produit $X \times Y$;

(ii) il existe dans X un ouvert non vide U tel que $G(f) \cap (U \times Y)$ soit le graphe d'une fonction holomorphe $U \to Y$.

Pour $x \in X$, notons $f(x)$ l'ensemble des $y \in Y$ tels que $(x, y) \in G(f)$; on voit alors que $f(x)$ n'est jamais vide; les x tels que $f(x)$ ne soit pas réduit à un point sont les *points d'indétermination* de f. Si l'espace X est irréductible au point x, l'ensemble $f(x)$ des valeurs d'indétermination est connexe. L'application de projection $X \times Y \to X$ induit une application holomorphe $G(f) \to X$, qui est une *modification propre* de X; ainsi, après éclatement de X, f devient une vraie application holomorphe $\hat{f}: G(f) \to Y$. On dit que l'application méromorphe f est propre si $\hat{f}$ est une application propre.

On peut, sous certaines conditions, définir la composée de deux applications méromorphes; en particulier, si on a une application méromorphe $f: X \underset{m}{\to} Y$, on peut, pour certains sous-ensembles analytiques $A \subset X$, définir la restriction $f|_m A$, qui est une application méromorphe $A \underset{m}{\to} Y$. Stein pose alors le problème des applications méromorphes *maximales*. Tout d'abord, le *rang* $r(f)$ d'une application méromorphe $f: X \underset{m}{\to} Y$ est défini comme le rang (global) de l'application holomorphe associée $\hat{f}$. On a alors la notion d'applications méromorphes dépendantes, et celle d'applications méromorphes liées (verwandt). Stein prouve que si A est un sous-ensemble analytique de X tel que la restriction $f|_m A$ existe, si les rangs $r(f)$ et $r(f|_m A)$ sont égaux, et si $f|_m A$ est propre, alors les images $f(A)$ et $f(X)$ sont égales, et constituent un sous-espace analytique *irréductible* de Y, de dimension $r(f)$. Ensuite Stein prouve le théorème suivant:

Si $f: X \underset{m}{\to} Y$ est une application méromorphe propre, il existe une application méromorphe propre $f^*: X \underset{m}{\to} X^*$ jouissant de la propriété universelle que l'on devine. Il y a aussi un théorème pour le cas où f n'est pas supposée propre, mais je n'entre pas dans les détails techniques.

7. La notion d'application maximale joue un rôle de premier plan dans le grand mémoire de 1960 écrit en collaboration avec R. Remmert [27], intitulé "Eigentliche holomorphe Abbildungen". Ne pouvant en faire ici une analyse détaillée, je signale seulement quelques-uns des problèmes étudiés. Tout d'abord, étant donné une application holomorphe et propre $\tau: X \underset{m}{\to} Y$, où X est un espace *normal*, les auteurs définissent une factorisation canonique de τ, unique à isomorphisme près:

$$X \xrightarrow{\alpha} {}'X \xrightarrow{\beta} {}^*Y \xrightarrow{\gamma} Y,$$

où α, β, γ sont des applications holomorphes *propres* telles que:

(i) α est liée à τ et est maximale pour τ;

(ii) β est un "revêtement ramifié";

(iii) γ est quasi-injective, i.e. les fibres de γ sont ponctuelles, sauf des fibres exceptionnelles situées au-dessus d'un vrai sous-ensemble analytique de Y (les fibres exceptionnelles sont finies).

Les auteurs s'intéressent spécialement au cas où α et γ sont des isomorphismes, c'est-à-dire au cas où τ est un revêtement ramifié. Ils posent le problème: deux espaces analytiques X et Y, de même dimension, étant donnés, existe-t-il des applications holomorphes $\tau: X \to Y$ qui fassent de X un revêtement ramifié de Y? Il y a des conditions nécessaires, de nature topologique: par exemple les nombres de Betti de Y doivent être au plus égaux à ceux de X. Il y a aussi des conditions de nature analytique; par exemple, le nombre maximum de fonctions holomorphes indépendantes doit être le même pour X et pour Y. Ce mémoire contient une foule d'autres résultats que je regrette de n'avoir pas la possibilité de mentionner ici.

8. Je voudrais enfin dire quelques mots des travaux de Stein qui se rapportent aux questions d'*approximation*. Sans revenir sur les articles écrits en collaboration avec Behnke en 1939 et 1949, je mentionne le travail de 1961 en collaboration avec K. J. Ramspott [29]: on y considère une paire de Runge (X, Y); Y est donc une variété de Stein, et X un ouvert de Stein dans Y, tel que l'image de l'application $\Gamma(Y, O_Y) \to \Gamma(X, O_X)$ soit dense. On se propose, pour une telle paire de Runge, d'étudier l'approximation des formes différentielles holomorphes *fermées*. On prouve notamment le théorème suivant:

Pour que les formes holomorphes fermées de degré q, sur X, puissent être arbitrairement approchées (au sens de la convergence compacte des coefficients) par des formes holomorphes fermées de degré q sur Y, il faut et il suffit que l'homomorphisme $B_q(X) \to B_q(Y)$ soit injectif (en notant $B_q(X)$ et $B_q(Y)$ les groupes de Betti). Si on exige en outre que les périodes des formes soient entières, alors la condition est que l'homomorphisme $F_q(X) \to F_q(Y)$ soit injectif et que son conoyau soit sans torsion; $F_q(X)$ désigne le quotient du groupe d'homologie $H_q(X; \mathbb{Z})$ par le sous-groupe des éléments sur lesquels s'annulent tous les homomorphismes $H_q(X) \to \mathbb{Z}$.

Chemin faisant, les auteurs prouvent un résultat inédit sur les groupes abéliens *dénombrables*: pour qu'un tel groupe A soit abélien-libre, il faut et il suffit que, pour tout élément $a \neq 0$ de A, il existe un homomorphisme $\varphi: A \to \mathbb{Z}$ tel que $\varphi(a) \neq 0$.

Dans ce même mémoire est aussi étudiée la question de l'approximation des applications holomorphes à valeurs dans un groupe de Lie complexe.

Je regrette d'avoir dû passer sous silence une quantité de résultats dans l'oeuvre si riche de Karl Stein. Il est heureux qu'une célébration comme celle d'aujourd'hui nous donne l'occasion de jeter un regard d'ensemble sur ce qui a été accompli depuis 35 ans sous nos yeux. Il nous reste à nous tourner vers l'avenir: un avenir plein d'inconnu, mais aussi plein de promesses, un avenir à la construction duquel je suis sûr que Karl Stein apportera une ardente contribution, en faisant profiter les jeunes chercheurs de la riche expérience acquise au cours d'une vie exemplaire, entièrement consacrée à la recherche désintéressée.

Bibliographie

[1] Zur Theorie der Funktionen mehrerer Veränderlichen. Die Regularitätshüllen niederdimensionaler Mannigfaltigkeiten. Math. Ann. 114, 543–569 (1937).

[2] (mit H. Behnke): Analytische Funktionen mehrerer Veränderlichen zu vorgegebenen Null- und Polstellenflächen. Jahresber. Deutsch. Math.-Verein. 47, 177–192 (1937).

[3] (mit H. Behnke): Suites convergentes de domaines d'holomorphie. C. R. Acad. Sci. Paris 206, 1704–1706 (1938).

[4] Über das zweite Cousinsche Problem und die Quotientendarstellung meromorpher Funktionen mehrerer Veränderlichen. Sb. Bayer. Akad. Wiss., 139–149 (1939).

[5] Verallgemeinerungen des Picardschen Satzes in der Funktionentheorie mehrerer komplexer Veränderlichen. Math.-Physikal-Semesterber. 83–96 (1938/1939).

[6] (mit H. Behnke): Approximation analytischer Funktionen in vorgegebenen Bereichen des Raumes von *n* komplexen Veränderlichen. Nachr. Ges. Wiss. Göttingen 1, 195–202 (1939).

[7] (mit H. Behnke): Konvergente Folgen von Regularitätsbereichen und die Meromorphiekonvexität. Math. Ann. 116, 204–216 (1939).

[8] (mit H. Behnke): Die Sätze von Weierstrass und Mittag-Leffler auf Riemannschen Flächen. Vjschr. Naturforsch. Ges. Zürich 85, 178–190 (1940).

[9] (mit H. Behnke): Konvexität in der Funktionentheorie mehrerer komplexer Veränderlichen. Mitt. Math. Ges. Hamburg 8, 34–81 (1940).

[10] Topologische Bedingungen für die Existenz analytischer Funktionen komplexer Veränderlichen zu vorgegebenen Nullstellenflächen. Math. Ann. 117, 727–757 (1941).

[11] (mit H. Behnke): Entwicklung analytischer Funktionen auf Riemannschen Flächen. Math. Ann. 120, 430–461 (1948).

[12] (mit H. Behnke): Konvergente Folgen nichtschlichter Regularitätsbereiche. Ann. Mat. pura appl. 28, 317–326 (1949).

[13] Primfunktionen und multiplikative automorphe Funktionen auf nichtgeschlossenen Riemannschen Flächen und Zylindergebieten. Acta Math. 83, 165–196 (1950).

[14] (mit H. Behnke): Elementarfunktionen auf Riemannschen Flächen als Hilfsmittel für die Funktionentheorie mehrerer Veränderlichen. Canad. J. Math. 2, 152–165 (1950).

[15] Analytische Funktionen mehrerer komplexer Veränderlichen zu vorgegebenen Periodizitätsmoduln und das zweite Cousinsche Problem. Math. Ann. 123, 201–222 (1951).

[16] (mit H. Behnke): Modifikation komplexer Mannigfaltigkeiten und Riemannscher Gebiete. Math. Ann. 124, 1–16 (1951).

[17] (mit H. Behnke): Die Singularitäten der analytischen Funktionen mehrerer Veränderlichen. Nieuw. Arch. Wisk. 23, 227–242 (1951).

[18] Analytische Projektionen komplexer Mannigfaltigkeiten. Coll. Fonctions de plusieurs variables, Bruxelles 1953, p. 97–105.

[19] Un théorème sur le prolongement des ensembles analytiques. Sém. H. Cartan 1953/54, exp. 13/14. Ecole Norm. Sup., Paris 1954 (auch: New York und Amsterdam: Benjamin 1967).

[20] (mit R. Remmert): Über die wesentlichen Singularitäten analytischer Mengen. Math. Ann. 126, 263–306 (1953).
[21] (mit H. Behnke): Der Severische Satz über die analytische Fortsetzung von Funktionen mehrerer Veränderlichen und der Kontinuitätssatz. Ann. Mat. pura appl. 36, 297–313 (1954).
[22] Analytische Abbildungen allgemeiner analytischer Räume. Coll. de Topologie, Strasbourg (1954).
[23] Überlagerungen holomorph vollständiger komplexer Räume, Arch. Math. 7, 354–361 (1956).
[24] Analytische Zerlegungen komplexer Räume. Math. Ann. 132, 63–93 (1956).
[25] Leçons sur la théorie des fonctions de plusieurs variables complexes. Vorlesungsausarbeitung, hektographiert, Varenna (1956).
[26] Die Existenz komplexer Basen zu holomorphen Abbildungen. Math. Ann. 136, 1–8 (1958).
[27] (mit R. Remmert): Eigentliche holomorphe Abbildungen. Math. Z. 73, 159–189 (1960).
[28] Einführung in die Funktionentheorie mehrerer Veränderlichen. Vorlesungsausarbeitung (K. Wolffhardt), hektographiert, München (1962).
[29] (mit K.-J. Ramspott): Über Rungesche Paare komplexer Mannigfaltigkeiten. Math. Ann. 145, 444–463 (1962).
[30] Maximale holomorphe und meromorphe Abbildungen, I. Amer. J. Math. 85, 298–315 (1963).
[31] Maximale holomorphe und meromorphe Abbildungen, II. Amer. J. Math. 86, 823–869 (1964).
[32] On factorization of holomorphic mappings. Proc. Conf. Complex Analysis 1964, p. 1–7.
[33] Über die Äquivalenz meromorpher und rationaler Funktionen. Sb. d. Bayer. Akad. d. Wiss. 1967, p. 87–99.
[34] Fortsetzung holomorpher Korrespondenzen. Invent. math. 6, 78–90 (1968).
[35] Meromorphic mappings. L'Enseignement Math. 14, 29–46 (1968/70).
[36] Topics on holomorphic correspondences. Rocky Mountain J. 2, 443–463 (1972).

58.

Domaines bornés symétriques dans un espace de Banach complexe

Publicado en «Actas del V Congreso de la Agrupación de Matemáticos de Expresión Latina», Madrid (1978)

1. Le cas classique (en dimension finie)

On se place dans $\mathbb{C}^n$, ou plus généralement dans un espace vectoriel E sur $\mathbb{C}$, de dimension finie. Et l'on considère un *domaine borné* D dans E (domaine = ouvert connexe).

Les automorphismes holomorphes $D \longrightarrow D$ forment un groupe, noté G (D), dont les propriétés générales ont été étudiées par H. Cartan (1931-35). Sur G (D) on considère la topologie de la *convergence compacte* (c'est-à-dire de la convergence uniforme sur les compacts de D). C'est une topologie de groupe, qui rend continue l'application naturelle $G(D) \times D \longrightarrow D$ (action de G (D) à gauche sur D). Pour cette topologie, G (D) est *localement compact*; de façon précise l'ensemble des $f \in G(D)$ tels que $f(a) \in A$ (pour $a \in D$ et A compact dans D) est compact. De plus, et c'est là un résultat fondamental, il existe sur G (D) une structure de *variété analytique réelle*, compatible avec la topologie, qui fait de G (D) un *groupe de Lie réel*, avec la propriété supplémentaire que l'application $G(D) \times D \longrightarrow D$ est *analytique*. Enfin, si $a \in D$, le sous-groupe $G_a(D)$ formé des f tels que $f(a) = a$ (sous-groupe d'isotropie de a) est un groupe de Lie *compact*, isomorphe à un sous-groupe (fermé) du groupe linéaire G L (E). L'isomorphisme se précise comme suit: à chaque $f \in G_a(D)$ on associe l'application linéaire tangente $T_a(f)$: $E \longrightarrow E$; le noyau de cet homomorphisme est nul.

L'algèbre de Lie $\mathfrak{g}$ (D) du groupe G (D) se concrétise comme suit: c'est l'algèbre de Lie des champs de vecteurs holomorphes $D \longrightarrow E$ qui proviennent des sous-groupes à un paramètre de G (D). Si ψ est un tel champ de vecteurs, non identiquement nul, alors $i\psi$ n'appartient pas à $\mathfrak{g}$ (D) ($i = \sqrt{-1}$); c'est dans ce sens précis que $\mathfrak{g}$ (D) est une algèbre de Lie *réelle*.

Partant de ces résultats, et de sa familiarité avec les groupes de Lie et les espaces riemanniens symétriques, E. Cartan a réussi, en 1935, à donner une classification complète des *domaines bornés symétriques*. Donnons d'abord une définition : D étant un domaine borné, et a un point de D, on appelle symétrie par rapport à a un élément $\sigma \in G(D)$ tel que σ^2 soit l'identité, et que a soit *point fixe isolé* de σ. Un tel σ, s'il en existe, est alors unique ; on le notera σ_a. Le domaine D est dit *symétrique* si, pour tout point $a \in D$, existe la symétrie σ_a. Si D est symétrique, on montre que G (D) opère *transitivement* dans D (autrement dit, D est «homogène»), et D est alors isomorphe à un domaine *cerclé* borné [rappelons qu'un domaine D est dit cerclé s'il contient l'origine 0 et s'il est stable par le groupe à un paramètre $z \longmapsto e^{i\theta} z$ (θ réel)]. On notera que, réciproquement, si un domaine borné D est cerclé et homogène, il est symétrique. D'autre part, un domaine borné homogène est un *domaine d'holomorphie* (c'est le domaine total d'existence d'une fonction holomorphe bornée), et comme un domaine d'holomorphie cerclé est *étoilé* (par rapport à l'origine 0), on conclut que tout domaine cerclé homogène est étoilé, donc contractile, et en fait homéomorphe à une boule ouverte de E. Ainsi tout domaine borné symétrique est contractile.

E. Cartan a de plus montré que tout domaine borné symétrique est un *produit* de domaines bornés symétriques *irréductibles* (c'est-à-dire non isomorphes à un produit de plusieurs domaines bornés symétriques). Et surtout il a donné une classification complète des domaines bornés symétriques irréductibles, en exhibant pour chaque classe de domaines isomorphes un *modèle* (qui est cerclé). Il y a *quatre grandes classes* (les modèles de la première classe dépendent de deux entiers arbitraires, ceux de chacune des trois autres classes dépendent d'un entier arbitraire), et il y a en outre deux *domaines exceptionnels*, de dimension 16 et 27 respectivement, dont les groupes d'automorphismes sont les groupes de Lie exceptionnels E_6 et E_7.

En fait, les modèles des 4 grandes classes sont tous du type suivant, comme l'a observé L. Harris [4]. Considérons deux espaces hilbertiens complexes X et Y de dimension finie, puis l'espace vectoriel $\mathcal{L}(X, Y)$ des applications linéaires continues ; à chaque $x \in \mathcal{L}(X, Y)$ est associée l'application adjointe $x^* \in \mathcal{L}(Y, X)$. Considérons alors un sous-espace vectoriel $E \subset \mathcal{L}(X, Y)$, stable par l'application $x \longmapsto x x^* x$ de $\mathcal{L}(X, Y)$ dans lui-même ; alors la *boule-unité ouverte* de E (pour la norme usuelle sur $\mathcal{L}(X, Y)$) est un domaine borné symétrique, d'ailleurs cerclé.

Or les définitions qu'on vient de donner conservent un sens si X et Y sont des espaces hilbertiens complexes de dimension infinie : pourvu que le sous-espace vectoriel E soit *fermé*, la boule-unité ouverte de E est un domaine borné de l'espace de Banach E, et on vérifie que c'est un domaine symétrique. Nous avons ainsi une *première classe d'exemples* de domaines bornés symétriques en dimension infinie.

Ceci conduit à penser qu'une étude générale des domaines bornés symétriques en dimension infinie présente de l'intérêt. Voici d'ailleurs un *deuxième exemple*: soit K un espace compact, et soit $\mathcal{C}$ (K, $\mathbb{C}$) l'espace vectoriel des fonctions continues K $\longrightarrow$ $\mathbb{C}$, muni de la norme de la convergence uniforme. C'est un espace de Banach. La boule-unité ouverte B (K, $\mathbb{C}$) est un domaine borné symétrique: en effet, elle est évidemment cerclée ; et c'est un domaine *homogène*, car si $f_0 \in$ B (K, $\mathbb{C}$), il existe un automorphisme σ de B (K, $\mathbb{C}$), tel que $\sigma(0) = f_0$, à savoir

$$\sigma(f) = \frac{f + f_0}{1 + \bar{f}_0 f}.$$

Une *variante* de cet exemple est celle-ci: on fixe un point $x_0 \in$ K, et on considère la boule-unité du Banach $\mathcal{C}_0$ (K, $\mathbb{C}$) formé des $f \in \mathcal{C}$ (K, $\mathbb{C}$) telles que $f(x_0) = 0$. Il revient au même de considérer, pour un espace *localement compact* X, la boule-unité du Banach formé des fonctions continues X $\longrightarrow$ $\mathbb{C}$ qui «tendent vers zéro à l'infini».

2. Le groupe G (D) en dimension infinie

C'est J. P. Vigué qui a entrepris l'étude systématique du groupe G (D) lorsque D est un domaine borné d'un espace de Banach E sur $\mathbb{C}$, et plus particulièrement dans le cas où D est un domaine borné symétrique. Certaines des méthodes utilisables en dimension finie peuvent se transposer, mais d'autres doivent être abandonnées (par exemple celles qui utilisent des arguments de compacité, ou celles qui reposent sur la connaissance de la structure des groupes de Lie en dimension finie). D'ailleurs certains résultats cessent d'être vrais: par exemple, on verra que le groupe G (D) n'est pas toujours un groupe de Lie. Toutefois, la moisson des résultats obtenus est encourageante, et elle conduit à de nouveaux problèmes.

Dans tout ce qui suit, E désignera un espace de Banach complexe, et D un domaine borné de E. On notera G (D) le groupe de tous les automorphismes holomorphes D $\longrightarrow$ D. Il faut d'abord préciser la topologie dont on munit le groupe G (D): c'est la topologie de la *convergence uniforme locale*, définie comme suit. Soit B une boule fermée contenue dans D ; nous dirons que B est *complètement intérieure* à D si D contient une boule concentrique et de rayon strictement plus grand. On considère alors, sur G (D), la topologie de la convergence uniforme sur une boule fermée B complètement intérieure à D ; elle ne dépend pas du choix de B, et c'est une topologie de groupe. Le groupe G (D) est alors *complet* pour chacune de ses deux structures uniformes. Si E est de dimension finie, on retrouve la topologie de la convergence compacte.

Pour cette topologie sur G (D), l'application naturelle $G(D) \times D \longrightarrow D$ est continue. De plus, chaque fois que l'on a un groupe topologique Γ qui agit à gauche sur D par des automorphismes holomorphes, de manière que l'application $\Gamma \times D \longrightarrow D$ soit continue, alors l'homomorphisme évident $\Gamma \longrightarrow G(D)$ est *continu* (ceci caractérise la topologie de G (D)).

Que faut-il entendre par l'assertion: G (D) *est un groupe de Lie?* Cela veut dire qu'il existe sur G (D) une structure de variété analytique réelle banachique, compatible avec la topologie de G (D), telle que la loi de composition de G (D) soit analytique (ainsi que l'application $f \longmapsto f^{-1}$ de G (D) dans G (D)), et telle en outre que l'application naturelle $G(D) \times D \longrightarrow D$ soit analytique (autrement dit, $f(x)$ est une fonction analytique du couple (f, x) sur le produit de la variété analytique réelle G (D) et de la variété analytique complexe D). On verra dans un instant que si elle existe, une telle structure de groupe de Lie sur G (D) est unique.

Il revient au même de demander que la composante connexe de l'élément neutre de G (D) soit ouverte et soit un groupe de Lie. De toute façon, on peut montrer qu'*il existe un plus grand groupe de Lie connexe opérant dans D par automorphismes holomorphes*. Voici le sens précis qu'il faut donner à cette assertion. Disons qu'un groupe de Lie connexe Γ agit sur D par automorphismes holomorphes si l'on s'est donné un homomorphisme $\rho_\Gamma : \Gamma \longrightarrow G(D)$ de façon que l'application $\Gamma \times D \longrightarrow D$ qui en résulte soit *analytique* (ce qui entraîne que ρ_Γ est continu). Ces couples (Γ, ρ_Γ) sont les objets d'une catégorie dont les morphismes sont les homomorphismes continus (donc analytiques) $\Gamma_1 \xrightarrow{\varphi} \Gamma_2$ tels que le composé

$$\Gamma_1 \xrightarrow{\varphi} \Gamma_2 \xrightarrow{\rho_{\Gamma_2}} G(D)$$

soit ρ_{Γ_1}. On va construire un *objet final* de cette catégorie, c'est-à-dire un groupe de Lie connexe (qu'on notera $\Gamma(D)$) et un homomorphisme continu $\rho_D : \Gamma(D) \longrightarrow G(D)$ rendant analytique l'application $\Gamma(D) \times D \longrightarrow D$, de façon que chaque homomorphisme $\rho_\Gamma : \Gamma \longrightarrow G(D)$ se factorise d'une seule manière en

$$\Gamma \xrightarrow{\varphi} \Gamma(D) \xrightarrow{\rho_D} G(D),$$

où φ est un homomorphisme continu (donc analytique). Un tel couple $(\Gamma(D), \rho_D)$ est unique (à isomorphisme près). Il est clair que $\Gamma(D)$ mérite d'être appelé le plus grand groupe de Lie connexe opérant sur D par automorphismes holomorphes.

Voici comment est défini le groupe de Lie $\Gamma(D)$. On commence par définir une algèbre de Lie banachique $\mathfrak{g}(D)$ comme suit: chaque groupe de

Lie Γ à un paramètre réel (additif) d'automorphismes de D est caractérisé par un champ de vecteurs holomorphe, c'est-à-dire une application holomorphe: ψ: D $\longrightarrow$ E. Si $(t, x) \longmapsto \varphi(t, x)$ est l'application $\Gamma \times D \longrightarrow D$ définissant l'action de Γ, on a

$$\psi(x) = \lim_{t \to 0} \frac{\varphi(t, x) - x}{t}.$$

On n'obtient pas ainsi tous les champs de vecteurs holomorphes. Mais l'ensemble des champs obtenus, qui est, par définition, $\mathfrak{g}(D)$, possède les propriétés suivantes: si ψ_1 et $\psi_2 \in \mathfrak{g}(D)$, alors $\lambda_1 \psi_1 + \lambda_2 \psi_2 \in \mathfrak{g}(D)$ pour tous λ_1 et λ_2 réels, et de plus le crochet $[\psi_1, \psi_2]$ appartient à $\mathfrak{g}(D)$. Sur $\mathfrak{g}(D)$, la topologie de la convergence uniforme sur une boule fermée complètement intérieure à D ne dépend pas du choix de cette boule; on montre en outre que, pour cette structure uniforme, $\mathfrak{g}(D)$ est *complet*. Ainsi $\mathfrak{g}(D)$ est une *algèbre de Lie banachique* (réelle). On sait que l'algèbre de Lie $\mathfrak{g}(D)$ définit alors un «groupuscule» de Lie G, l'application exponentielle étant un isomorphisme (de variétés banachiques) d'un voisinage de 0 dans $\mathfrak{g}(D)$ sur G. On obtient en même temps un homomorphisme ρ: G $\longrightarrow$ G (D) dont on prouve que (si G a été pris assez petit) c'est un *homéomorphisme* de G *sur son image* $\rho(G)$ munie de la topologie induite par la topologie de G (D). Soit alors $\Gamma(D)$ le sous-groupe de G (D) engendré par cette image, et munissons-le de la topologie pour laquelle les images (par ρ) des voisinages de 1 dans G forment un système fondamental de voisinages de $1 \in \Gamma(D)$. Il est clair que $\Gamma(D)$ est un groupe de Lie connexe, et que l'injection $\Gamma(D) \hookrightarrow G(D)$ est *continue* (i. e. la topologie de $\Gamma(D)$ est plus fine que la topologie induite par la topologie de G (D)). De plus, l'application $\Gamma(D) \times D \longrightarrow D$ est analytique. On voit alors facilement que $\Gamma(D)$ est l'objet final cherché. De plus, l'homomorphisme continu injectif ρ_D: $\Gamma(D) \longrightarrow G(D)$ induit un *homéomorphisme* d'un voisinage de $1 \in \Gamma(D)$ *sur son image* (qui n'est peut-être pas un voisinage de 1 dans G (D)).

Cela dit, G (D) est un groupe de Lie si et seulement si ρ_D est une application *ouverte*, c'est-à-dire transforme tout voisinage de $1 \in \Gamma(D)$ dans un voisinage de $1 \in G(D)$. Et alors $\Gamma(D)$ n'est autre que la composante connexe de l'élément neutre dans G (D).

Vigué donne plusieurs exemples de domaines bornés pour lesquels il n'en est pas ainsi, i. e. G (D) n'est pas un groupe de Lie (circonstance qui ne se produit jamais en dimension finie). Dans l'un des exemples, le groupe $\Gamma(D)$ est réduit à l'élément neutre, tandis que G (D) est *totalement discontinu non discret*. Dans un autre exemple, la topologie de $\Gamma(D)$ n'est pas celle induite par la topologie de G (D).

3. Le cas des domaines bornés symétriques

Lorque D est borné symétrique, le groupe G (D) est toujours un groupe de Lie. Mais ce résultat n'est obtenu qu'au terme d'une longue étude, dont nous allons parler maintenant.

Disons d'abord que, pour tout D borné (symétrique ou non), chaque $f \in$ G (D) est entièrement caractérisé par la connaissance de $f(a) \in$ D et de la dérivée $f'(a) \in$ G L (E) pour un point particulier $a \in$ D (résultat de H. Cartan, qui se transpose à la dimension infinie). De même, chaque $\psi \in \mathfrak{g}$ (D) est caractérisé par $\psi(a) \in$ E et $\psi'(a) \in \mathcal{L}$ (E, E).

Soit $a \in$ D. Si D admet une symétrie par rapport à a, cette symétrie est, par définition, un $\sigma \in$ G (D) tel que σ^2 soit l'identité et que a soit point fixe isolé de σ. Il s'ensuit que $\sigma(a) = a$ et $\sigma'(a) = -\mathrm{id}_E$ (ceci se voit en regardant une carte locale dans laquelle σ est *linéaire*, ce qui est facile à réaliser: en supposant par exemple que a est l'origine 0, la fonction holomorphe $f(x) = 1/2\,(x + \sigma'(0) \cdot \sigma(x))$ définit une telle carte locale). Réciproquement, si un $\sigma \in$ G (D) satisfait à $\sigma(a) = a$ et $\sigma'(a) = -\mathrm{id}_E$, σ est une symétrie par rapport à a (car σ^2 est alors l'identité). Une telle symétrie est *unique*, puisque $\sigma(a)$ et $\sigma'(a)$ sont connus. On la notera σ_a.

Supposons que σ_a existe, et prenons a comme origine 0. La symétrie σ_0 agit sur l'algèbre de Lie $\mathfrak{g}$ (D) par automorphismes intérieurs, i. e.: $(\sigma_0 \cdot \psi)(x) = \sigma'_0(\sigma_0(x)) \cdot \psi(\sigma_0(x))$. On en déduit que l'espace vectoriel $\mathfrak{g}$ (D) est somme directe $\mathfrak{g}^+$ (D) + $\mathfrak{g}^-$ (D), avec

$$\psi \in \mathfrak{g}^+ (\mathrm{D}) \quad \text{si} \quad \sigma_0 \cdot \psi = \psi, \qquad \psi \in \mathfrak{g}^- (\mathrm{D}) \quad \text{si} \quad \sigma_0 \cdot \psi = -\psi.$$

Comme $\psi(0)$ et $\psi'(0)$ caractérisent un $\psi \in \mathfrak{g}$ (D), on voit que $\psi \in \mathfrak{g}^+$ si et seulement si $\psi(0) = 0$, $\psi \in \mathfrak{g}^-$ si et seulement si $\psi'(0) = 0$. Prenons une carte locale dans laquelle σ_0 est linéaire; on a donc $\sigma_0(x) = -x$; alors les $\psi \in \mathfrak{g}^+$ sont des fonctions *impaires* de x et les $\psi \in \mathfrak{g}^-$ des fonctions *paires* de x.

Il est immédiat que le crochet de deux éléments de $\mathfrak{g}^+$ (D) est dans $\mathfrak{g}^+$ (D : $\mathfrak{g}^+$ (D) est la *sous-algèbre de Lie* des «rotations infinitésimales» (terminologie de E. Cartan), c'est-à-dire des champs de vecteurs qui engendrent les sous-groupes à un paramètre du groupe d'isotropie G_0 (D). Le crochet de deux éléments de $\mathfrak{g}^-$ (D) est dans $\mathfrak{g}^+$ (D), celui d'un élément de $\mathfrak{g}^+$ et d'un élément de $\mathfrak{g}^-$ est dans $\mathfrak{g}^-$.

Supposons désormais que le domaine borné D soit *symétrique* (par rapport à chacun de ses points). Alors, pour un point a voisin de 0, l'automorphisme $\sigma_a \circ \sigma_0$ est voisin de l'identité. En utilisant ce fait (et pas mal de technique!), on prouve que pour tout $b \in$ E il existe un $\psi \in \mathfrak{g}^-$ (D) (nécessairement unique) tel que $\psi(0) = b$ (et $\psi'(0) = 0$). L'application $\psi \longmapsto \psi(0)$ de $\mathfrak{g}^-(D)$ dans E est $\mathbb{R}$-linéaire, continue et bijective, donc c'est un *isomorphisme d'espaces de Banach réels* (théorème de Banach). Les $\psi \in \mathfrak{g}^-(D)$ s'appellent les «transvections infinitésimales». De ceci il résulte que l'application $\psi \longmapsto \psi(0)$ de $\mathfrak{g}(D)$ dans E est un épimorphisme direct, et par suite l'application orbitale $\Gamma(D) \longrightarrow D$, qui à $g \in \Gamma(D)$ associe $g(0)$, est une *submersion directe*. D'après le théorème des fonctions implicites il existe donc un voisinage U de 0 dans D et une application analytique réelle F: $U \longrightarrow \Gamma(D)$ telle que

$$F(0) = \mathrm{id}, \quad F(x)\cdot(0) = x \quad \text{pour tout} \quad x \in U.$$

Par suite D est *homogène* sous l'action de $\Gamma(D)$ (car l'orbite de 0 est ouverte et fermée), et a fortiori D est homogène sous l'action de G (D). Ainsi *tout domaine borné symétrique est homogène.*

NOTATIONS.—L'unique $\psi \in \mathfrak{g}^-(D)$ tel que $\psi(0) = \xi \in E$ sera noté X_ξ; l'application $x \longmapsto X_\xi(x)$ est donc un champ de vecteurs holomorphe tel que $X_\xi(0) = \xi$.

L'espace vectoriel complexifié $\mathfrak{g}(D) \otimes_{\mathbb{R}} \mathbb{C}$ s'identifie à un $\mathbb{C}$-espace vectoriel de champs de vecteurs holomorphes, puisque $\mathfrak{g}(D)$ ne contient pas à la fois ψ et $i\psi$ pour $\psi \neq 0$. Pour $\xi \in E$, posons

$$Y_\xi = 1/2\,(X_\xi - i\,X_{i\xi}),\quad Z_\xi = 1/2\,(X_\xi + i\,X_{i\xi})\,;$$

ce sont deux éléments de l'algèbre de Lie complexifiée. On a

$$Y_\xi(0) = \xi, \quad Z_\xi(0) = 0,$$

et, pour tout $\lambda \in \mathbb{C}$:

$$Y_{\lambda\xi} = \lambda\,Y_\xi, \quad Z_{\lambda\xi} = \bar{\lambda}\,Z_\xi.$$

(Y_ξ est une fonction $\mathbb{C}$-linéaire de ξ, Z_ξ est une fonction $\mathbb{C}$-antilinéaire de ξ). Les Y_ξ forment une algèbre de Lie abélienne: $[Y_\xi, Y_\eta] = 0$, et de même pour les Z_ξ (on transpose un raisonnement de E. Cartan).

Le fait que les Y_ξ forment une algèbre de Lie abélienne a une conséquence importante: il existe dans un voisinage de 0 une *carte locale dans laquelle les champs Y_ξ sont constants*: $Y_\xi(x) = \xi$ pour tout x. Nous dirons dans un instant comment cette carte locale est définie. On montre alors que dans une telle carte, les transformations du groupe d'isotropie $G_0(D)$ sont *linéaires* (i. e. appartiennent à G L (E)), ainsi que les rotations infinitésimales (i. e. $\mathfrak{g}^+(D) \subset \mathcal{L}(E, E)$). De plus, dans une telle carte, $Z_\xi(x)$ est un *polynôme homogène de degré* 2 en x. On notera, pour chaque $\xi \in E$,

$Z(\xi, x, y)$ la fonction $\mathbb{C}$-bilinéaire symétrique de x et y telle que $Z(\xi, x, x) = Z_\xi(x)$; Z est ainsi une application $\mathbb{R}$-trilinéaire $E \times E \times E \longrightarrow E$, qui est de plus $\mathbb{C}$-antilinéaire en la première variable ξ, et $\mathbb{C}$-linéaire en chacune des deux autres variables, avec en outre $Z(\xi, x, y) = Z(\xi, y, x)$. Dans la carte locale en question, on a

$$X_\xi(x) = \xi + Z(\xi, x, x).$$

Voici la définition explicite du changement de carte qui rend les Y_ξ constants. Notons φ: $D \longrightarrow \mathcal{L}_C(E, E)$ l'application holomorphe définie par

$$\varphi(x) = \{ \xi \longmapsto Y_\xi(x) \}.$$

Puisque $\varphi(0) = \mathrm{id}_E$, la valeur de $\varphi(x)$, pour x assez voisin de 0, est dans $GL(E)$, donc l'application $x \longmapsto (\varphi(x))^{-1}$ est une application holomorphe d'un voisinage U de 0 dans $\mathcal{L}_C(E, E)$. On peut la considérer comme une 1-forme différentielle ω sur U, à valeurs dans E. Or on a $d\omega = 0$ parce que les crochets $[Y_\xi, Y_\eta]$ sont nuls. D'après le «théorème de Poincaré», il existe, dans un voisinage V de 0, une f holomorphe $V \longrightarrow E$ telle que $f(0) = 0$, $df = \omega$; on a $f'(0) = \mathrm{id}_E$, donc f définit un changement de carte au voisinage de 0. La relation $df = \omega$ exprime que $f'(x) \cdot Y_\xi(x) = \xi$ pour x voisin de 0, donc le changement de carte transforme le champ Y_ξ dans le champ constant ξ. C. Q. F. D.

Il se produit alors un *miracle*: cette carte locale f: $V \longrightarrow E$ se prolonge d'elle-même en une application holomorphe $D \longrightarrow E$, qui est un *isomorphisme* de D sur un *domaine cerclé borné* D'. La démonstration de ce fait est très sophistiquée, mais le résultat est fort simple. Ainsi D est isomorphe à un domaine cerclé borné (fait que E. Cartan avait constaté à la fin de sa classification, sans en donner d'explication) ; on pourra donc supposer désormais que D est un domaine cerclé borné. Observons que chaque $a \in D$ est l'*unique point fixe* de la symétrie σ_a. Par ailleurs D, comme domaine homogène, est nécessairement un *domaine d'holomorphie*. Or tout domaine cerclé d'holomorphie est *étoilé* par rapport à 0. Donc D est homéomorphe à une boule ouverte de E, et en particulier est contractile.

La fonction trilinéaire Z: $E \times E \times E \longrightarrow E$ attachée à D est très précieuse, et elle caractérise D (voir plus loin). On notera que dans le premier exemple de domaines symétriques donné plus haut (où D est la boule-unité ouverte de E, sous-espace vectoriel fermé de $\mathcal{L}(X, Y)$ stable par $x \longmapsto x x^* x$), on a

$$Z(\xi, x, x) = -x \xi^* x \quad \text{pour} \quad \xi, x \in \mathcal{L}(X, Y);$$

(si ξ et x sont dans E, on a aussi $x\xi^* x \in$ E). Dans le deuxième exemple, où D = B (K, ℂ), on a

$$Z(\xi, x, x) = -\bar{\xi} x^2 \quad \text{pour} \quad \xi, x \in \mathcal{C}(K, \mathbb{C}).$$

Dans le cas général, la fonction Z permet de caractériser les $f \in GL(E)$ qui appartiennent au groupe d'isotropie $G_0(D)$: ce sont les f telles que

$$f(Z(\xi, x, x)) = Z(f(\xi), f(x), f(x)).$$

Or un théorème récent de L. Harris et W. Kaup dit que si un sous-groupe de GL(E) est défini par l'annulation de ℝ-polynômes dont le degré est borné, c'est un groupe de Lie (réel). Ici, $G_0(D)$ est défini par l'annulation de ℝ-polynômes de degré 3 en f, et le théorème s'applique. Il s'ensuit que $G_0(D)$ est un groupe de Lie. Alors un raisonnement facile permet de montrer que *le groupe* G (D) *est lui-même un groupe de Lie* lorsque D est borné et symétrique. On utilise pour cela l'existence d'une F analytique réelle $U \longrightarrow \Gamma(D)$ (où U est un voisinage de 0) telle que $F(0) = \text{id.}$, $F(x)\cdot(0) = x$ pour $x \in U$.

En fait, ce dernier résultat peut même être perfectionné (Vigué) : il existe une application analytique réelle $F: D \longrightarrow \Gamma(D)$ telle que $F(0) = \text{id.}$, $F(x)\cdot(0) = x$ pour tout $x \in D$. Cela résulte du fait que l'application analytique réelle $E \longrightarrow D$ définie par $\xi \longmapsto \exp(X_\xi)\cdot(0)$ est bijective et que son inverse $\varphi: D \longrightarrow E$ est analytique réelle. On prend alors

$$F(x) = \exp X_{\varphi(x)}.$$

Un des problèmes qui restent ouverts est le suivant : tout domaine cerclé borné et homogène D est-il *convexe* (au sens usuel du mot)? Il en est ainsi en dimension finie, mais on ne connait pas de raison pour cette constatation expérimentale. De toute façon, D est la composante connexe (contenant l'origine 0) de l'ensemble (ouvert) des points $x \in E$ tels que l'application ℝ-linéaire $\xi \longmapsto X_\xi(x)$ appartienne à $GL_{\mathbb{R}}(E)$ (résultat dû à Vigué). On voit ainsi comment la connaissance de la fonction trilinéaire Z permet de déterminer D.

Il reste à trouver un système de conditions nécessaires et suffisantes pour qu'une fonction trilinéaire $Z: E \times E \times E \longrightarrow E$ soit associée à un domaine cerclé borné et homogène. C'est ce qu'a fait Vigué, utilisant des résultats de W. Kaup sur les variétés banachiques symétriques.

4. PRODUITS CONTINUS DE DOMAINES BORNÉS

Reste à savoir ce que devient, en dimension infinie, la notion de domaine borné symétrique *irréductible*, et par quoi il convient de remplacer la notion de *produit* (fini) de domaines bornés. Par exemple, dans le cas où $D = B(K, \mathbb{C})$, si l'espace compact K a un nombre fini de points, D n'est autre que le produit d'un nombre fini de disques ; dans le cas général, D est une sorte de produit «continu» indexé précisément par l'espace compact K.

En ce qui concerne les produits finis, rappelons que, en dimension finie, la composante connexe $G^0(D_1 \times D_2)$ du groupe des automorphismes du produit de deux domaines bornés D_1 et D_2 ne contient rien d'autre que le produit $G^0(D_1) \times G^0(D_2)$: en d'autres termes, tout automorphisme de $D_1 \times D_2$ suffisamment voisin de l'identité est le produit d'un automorphisme de D_1 et d'un automorphisme de D_2 (H. Cartan, 1936). Cet énoncé reste vrai en dimension infinie.

Il reste à définir la notion de *produit continu* de domaines bornés (Vigué). On commence par la notion d'*espace de Banach au-dessus de* S (où S est un espace topologique, qu'on suppose complètement régulier). C'est défini par la donnée d'un espace topologique $\mathcal{E}$, d'une application continue $p : \mathcal{E} \longrightarrow S$ et, sur chaque fibre $p^{-1}(s) = \mathcal{E}_s$, d'une structure d'espace de Banach sur $\mathbb{C}$, la norme q_s sur $\mathcal{E}_s$ étant la restriction à $\mathcal{E}_s$ d'une application continue $q : \mathcal{E} \longrightarrow \mathbb{R}^+$. On suppose que la multiplication d'un vecteur par un scalaire est une application continue $\mathcal{E} \times \mathbb{C} \longrightarrow \mathcal{E}$, et que l'addition des vecteurs est une application continue $\mathcal{E} \times_S \mathcal{E} \longrightarrow \mathcal{E}$. Pour toute section continue f : $S \longrightarrow \mathcal{E}$ (telle donc que $p \circ f = \mathrm{id}_S$), on définit une norme

$$\| f \| = \sup_{s \in S} q(f(s)),$$

et on note $\Gamma(S, \mathcal{E})$ l'espace vectoriel des sections continues f de norme finie ; c'est un espace de Banach pour la norme. On fait en outre l'hypothèse suivante : pour chaque $s \in S$, l'application d'évaluation $f \longmapsto f(s)$ est une application *surjective*

$$\mathrm{ev}_s : \Gamma(S, \mathcal{E}) \longrightarrow \mathcal{E}_s.$$

C'est alors une application ouverte (théorème de Banach). Si maintenant D est un domaine borné du Banach $\Gamma(S, \mathcal{E})$, l'image $\mathrm{ev}_s(D) = D_s$ est un domaine borné de $\mathcal{E}_s$.

Considérons la réunion $\mathcal{D}$ des D_s. On montre que c'est un *ouvert* de $\mathcal{E}$. Pour qu'une section continue f : $S \longrightarrow \mathcal{D}$ appartienne à D, il *faut* qu'elle satisfasse à la condition suivante: $\exists\, \varepsilon > 0$ tel que, pour tout $s \in S$, la boule de $\mathcal{E}_s$ ayant pour centre $f(s)$ et pour rayon ε est contenue dans D_s (cette condition provient du fait que D est ouvert). Par définition, on dit que D *est produit continu des* D_s (au-dessus de S) si, réciproquement, toute section continue $f: S \longrightarrow \mathfrak{D}$ qui satisfait à cette condition appartient à D. Alors D *est entièrement detérminé par les* D_s.

A cette notion de produit continu au-dessus de S correspond une notion de S-*automorphisme*. On dit qu'un automorphisme holomorphe $\varphi: D \longrightarrow D$ est un S-automorphisme s'il existe un homéomorphisme $\Phi: \mathfrak{D} \longrightarrow \mathfrak{D}$ compatible avec la projection $\mathfrak{D} \longrightarrow S$ et tel que: 1.° pour tout $s \in S$, la restriction Φ_s de Φ à D_s soit un automorphisme holomorphe de D_s; 2.° pour toute section $f \in D$, on ait

$$\varphi(f) = \Phi \circ f.$$

Un tel automorphisme $\varphi: D \longrightarrow D$ est alors déterminé par la collection des automorphismes $\Phi_s: D_s \longrightarrow D_s$ (et inversement φ détermine les Φ_s). Dans le cas particulier où S est fini et discret, D est produit des D_s, et dire que φ est un S-automorphisme équivaut à dire que φ est produit des automorphismes Φ_s.

Revenant au cas général où D est produit continu des D_s, Vigué prouve, sous certaines hypothèses restrictives de caractère un peu technique, que *si D est produit continu des D_s, tout automorphisme holomorphe de D, suffisamment voisin de l'identité, est un S-automorphisme.*

On en déduit ceci: supposons de plus que D soit *symétrique*. Comme toute symétrie de D fait partie d'un groupe à un paramètre (puisque D est isomorphe à un domaine cerclé), il s'ensuit qu'une telle symétrie est un S-automorphisme. De là on déduit aussitôt que *chacun des D_s est un domaine symétrique*.

On peut espérer que ce résultat permettra de débrouiller la question de l'«irréductibilité» des domaines bornés symétriques et leur classification.

BIBLIOGRAPHIE

[1] Elie CARTAN: *Sur les domaines bornés homogènes de l'espace de* n *variables complexes.* «Oeuvres complètes», I, 2, pp. 1259-1305.

[2] Henri CARTAN: *Sur les groupes de transformations analytiques.* Collection à la mémoire de J. Herbrand, éd. Hermann, 1935.

[3] Henri CARTAN: *Les transformations du produit topologique de deux domaines bornés.* «Bull. Soc. Math. de France», 64, 1936, pp. 37-48.

[4] L. HARRIS: *Lecture Notes*, n.° 364, pp. 13-46.

[5] L. HARRIS and W. KAUP: *Linear algebraic groups in infinite dimensions* (à paraître à «l'Illinois Journal of Math.»).

[6] W. KAUP: *Algebraic characterization of symmetric complex Banach manifolds*. «Math. Ann.», 228, 1977, pp. 39-64.

[7] J. P. VIGUÉ: *Le groupe des automorphismes analytiques d'un domaine borné d'un espace de Banach complexe. application aux domaines bornés symétriques*. «Ann. scient. Ecole Normale Sup.», 4e série, 9, 1976, pp. 203-282.

[8] J. P. VIGUÉ: *Les domaines bornés symétriques d'un espace de Banach complexe et les systèmes triples de Jordan*. «Math. Ann.», 229, 1977, pp. 223-231.

[9] J. P. VIGUÉ: *Automorphismes analytiques des produits continus de domaines bornés* (à paraître).

Printed in the United States
By Bookmasters